多源、多分辨地空瞬变电磁法

李　淼　著

科　学　出　版　社
北　京

内 容 简 介

本书是作者在近十年来地空瞬变电磁法理论研究与应用实践的基础上撰写而成，系统介绍了多发射源、微分脉冲的多分辨理论，将瞬变电磁场转换为高分辨虚拟波场的三维一体波场变换方法及多分辨的拟地震成像技术，并介绍了该理论及成像技术在金属矿勘查、煤矿采空区探测、高速公路探测三个重要领域的应用。

本书可供高等院校地球物理学及相关专业的师生，以及地球物理电磁法相关领域科研人员和技术人员学习参考。

图书在版编目（CIP）数据

多源、多分辨地空瞬变电磁法/李貅著. —北京：科学出版社，2024.11
ISBN 978-7-03-074492-0

Ⅰ. ①多…　Ⅱ. ①李…　Ⅲ. ①瞬变电磁法　Ⅳ. ①P631.3

中国版本图书馆 CIP 数据核字（2022）第 257864 号

责任编辑：杨　丹　汤宇晨 / 责任校对：崔向琳
责任印制：徐晓晨 / 封面设计：陈　敬

科学出版社 出版
北京东黄城根北街 16 号
邮政编码：100717
http://www.sciencep.com

北京九州迅驰传媒文化有限公司印刷
科学出版社发行　各地新华书店经销

*

2024 年 11 月第　一　版　开本：720×1000　1/16
2024 年 11 月第一次印刷　印张：25 1/4
字数：506 000

定价：398.00 元

（如有印装质量问题，我社负责调换）

前　　言

电磁勘探是勘探地球物理学的重要分支，与地震勘探同为深地探测的主流方法，是矿产资源勘查的支柱技术。我国正处于科技创新的关键时期，大深度、高精度、快速与低成本电磁探测理论和方法技术突破，有助于提升电磁勘探在地球物理学科中的地位，服务于国家重大战略需求。

地空瞬变电磁法由 Nabighian 提出，探测模式基于传统长偏移距瞬变电磁法发展而来，通常使用一个(或多个)长度为 1～2km 的接地导线作为发射源，将接收装置搭载于无人机飞行平台上，可以实现非接触式信息采集，勘探深度大，适合山区勘探，勘探速度快，应用范围广，是一种用于深部找矿的理想探测方法。

传统意义的地空电磁成像方法不能满足越来越高的深部探测要求，迫切需要探索新的多分辨的地空电磁成像方法，由此提出了“多分辨”的概念。多分辨是指既能分辨不同尺度大小的地质体，也能分辨不同埋藏深浅的地质体。多分辨的地空电磁成像方法不同于传统意义上的单一成像方法，它是场源、波场转换和偏移成像多个环节构成的一个完整的成像系统。

在前人研究的基础上，作者率领团队，历经十余年，系统研究了“多源、多分辨地空瞬变电磁法”的理论和成像技术，该理论和技术的核心包括三方面的内容。

(1) 使场源适应多分辨的要求。一方面，采用多辐射源激发，建立多辐射源电磁理论，三维仿真的结果证明了源的排列及电流方向等因素对信号影响的差异，合理布设多个电性源，可以达到加大勘探深度、提高多个目标体分辨能力的目的；另一方面，为了破除传统方波激发的瞬变电磁场分辨率受限的壁垒，采用微分脉冲激发，可以消除低频干扰，实现窄带激发，通过多脉冲扫描激发，很好地实现多分辨激发，然后融入相关叠加技术，破解多分辨激发的难题。

(2) 为将瞬变电磁场转化为多分辨的虚拟波场，研究了一套三维一体的波场变换方法。要实现瞬变电磁场的多分辨成像，必须将扩散场转化成波场。首先，由于波场的转换过程是不适定的，采用精细积分的方法求解波场转换的不适定问题，可以得到高精度的波场；其次，由于电磁波的速度太快，严重地影响了场的分辨率，在波场变换中引入降速因子，用数学的办法将虚拟电磁波场的速度降下来，可以有效地提高电磁波场的分辨率；最后，采用多窗口扫时变换相关叠加技术，可以较好地实现瞬变电磁虚拟波场的多分辨信息提取，获得多分辨的波场信号。

(3) 将求得的多分辨波场信号进行三维有限差分偏移成像。为了进一步提高偏移成像的分辨率，依据多脉宽微分脉冲的虚拟波场，提出了瞬变电磁法虚拟波场的“叠前偏移”成像技术，通过一系列的处理步骤，可以获得地下复杂地质体高精度、多分辨的清晰图像。

本书从现代电磁场的理论出发，力求建立多源、多分辨地空瞬变电磁法的理论体系和技术方法。随着理论和技术的不断完善，该法将在金属矿产的勘探开发中发挥举足轻重的作用。

全书共 12 章。第 1 章概述多源、多分辨地空瞬变电磁法，介绍发射与接收装置、发射机与接收机、发射波形、数据处理与解释、发展前景。第 2 章、第 3 章分别论述岩、矿石的导电性和多源电磁场理论。第 4 章详细论述多源地空全域视电阻率定义及快速解释方法。第 5 章从多辐射场源激发的地空瞬变电磁场和基于微分脉冲激发的多分辨地空瞬变电磁场两个方面，全面介绍多源、多分辨辐射场。第 6 章论述瞬变电磁场的数值模拟方法。第 7 章从瞬变电磁波场变换基本原理，基于电磁波场降速的多分辨波场变换方法理论，基于精细积分法的高精度波场变换方法，多尺度、多分辨扫时波场变换，全面论述多分辨瞬变电磁波场变换方法。第 8 章是基于全波形反演的高分辨速度分析。第 9 章从 Kirchhoff 积分偏移、Born 近似偏移成像算法、三维有限差分偏移和基于微分脉冲的有限差分“叠前偏移成像”，完整论述多分辨瞬变电磁偏移成像方法。第 10 章介绍瞬变电磁场物理模拟技术。第 11 章从典型金属矿床瞬变电磁场特征、城市地下复杂模型瞬变电磁场特征、地下水力联系模型瞬变电磁场特征和多层煤层充水采空区模型四个方面，讨论地质靶体的瞬变电磁场特征。第 12 章在金属矿勘查、煤矿采空区探测和高速公路探测三个典型应用领域，介绍地空瞬变电磁应用。

本书直接或间接地集成了众多学者和博士研究生的智慧，中国科学院地质与地球物理研究所的薛国强研究员长期参与了本书的相关研究工作，对本书的构思与撰写提供建议；长安大学的戚志鹏、周建美、孙乃泉、齐彦福、刘文韬、李文翰老师，山东大学的孙怀凤教授也参与了本书的研究工作，在此对他们表示由衷的感谢。另外，感谢博士研究生李贺、范克睿、鲁凯亮、樊亚楠、景旭、杨航、马劼、程旺盛、曹华科、李梓源等为本书做出的贡献。

本书主要内容基于作者主持的国家自然科学基金重点项目(41830101)和面上项目的研究成果，对国家自然科学基金委员会的资助表示感谢。书中引用了一些国内外学者论著的部分内容，在此对他们表示诚挚的感谢。

限于作者水平，书中难免存在不足之处，欢迎广大读者提出宝贵意见。

李　貅

2024 年 1 月

目　　录

第1章　概　　论

1.1　多源、多分辨地空瞬变电磁法简介

随着深部探测的要求越来越高，传统意义的瞬变电磁成像方法不能满足越来越高的深部探测要求，迫切需要探索新的多分辨的瞬变电磁法。多源、多分辨地空瞬变电磁方法不同于传统意义上的方法，它是场源、数据处理、资料解释多个环节构成的一个完整的解释系统。

多源地空瞬变电磁法采用多个接地电性源向地下发射电磁场，在空中用无人机载磁场传感器接收磁场垂直分量。该系统结合了航空电磁法工作效率高和地面电磁法采集信号信噪比高的优点，适合在山区、无人区、沼泽等地区进行详细地质调查工作，工作方式灵活多变，是一种极具潜力的电法勘探新方法。

多分辨是指既能分辨尺度大小的地质体，也能分辨埋藏深浅的地质体。要实现多分辨目标，首先要使场源适应多分辨的要求。传统的场源采用一定基频的方波激发瞬变电磁场，特点是激发宽带场，但由于低频干扰，分辨率受限。采用微分脉冲激发，可以消除低频干扰，实现窄带激发。通过多脉冲扫描激发，可以很好地实现多分辨激发，然后融入相关叠加技术，完全可以破解多分辨激发的难题。

地空电磁法是矿产、油气资源探查的重要手段，以地壳中各种类型的岩石矿体导电性差异为基本依据，通过观测电磁场的时空分布，实现地下目标体的有效探测，在铜、钼、铅、锌、铝土、铀、海底热液硫化物等金属矿产资源及油气、地热等能源的勘查中起到了重要的作用。我国铁、铜、铝、钾盐等矿产资源和石油、天然气等能源对外依存度为55%～80%。矿产资源短缺、石油天然气能源后备探明储量不足，已成为制约我国经济发展的重大问题。诸多研究表明，深部资源开发潜力巨大，但矿产资源开采深度普遍停留在500m以下，开展大深度矿产和油气资源探测，是构建国家资源安全体系的有效途径(滕吉文，2006a，2006b)。此外，深层地热、干热岩等清洁能源的探查与开发越来越受到重视。大地电磁法(MT)和音频大地电磁法(AMT)属天然源电磁探测方法，在人文干扰较为严重的地区极易受到噪声的影响，深部探测精度不高(Boteler et al.，2019)。可控源音频大地电磁法(CSAMT)和瞬变电磁法(TEM)应运而生，但受限于发射功率低、低频成分缺失等，CSAMT和TEM的探测深度一般为1500m和500m，不能满足深部资源探测的需求(薛国强等，2007，2013)。目前，深部矿产资源探测的最大瓶颈是分辨率问题，随着深部探测对分辨率

的要求越来越高，传统的电磁探测方法已无法满足要求，多源、多分辨地空瞬变电磁法是破解这一难题的最有力手段。随着理论和技术的不断完善，该法将在金属矿产的勘探开发中发挥举足轻重的作用。

1.2 发射与接收装置

不同方法的接收与发射装置排列存在较大差异，一般情况下，分为两大类：磁性源和电性源。

1.2.1 磁性源发射与接收装置

发射源采用大定回线源，采用边长达数百米的巨型回线，在空中用机载小型线圈接收，沿测线逐点观测衰减电压(图 1.2.1)。该装置发射磁矩大，适合深部找矿。

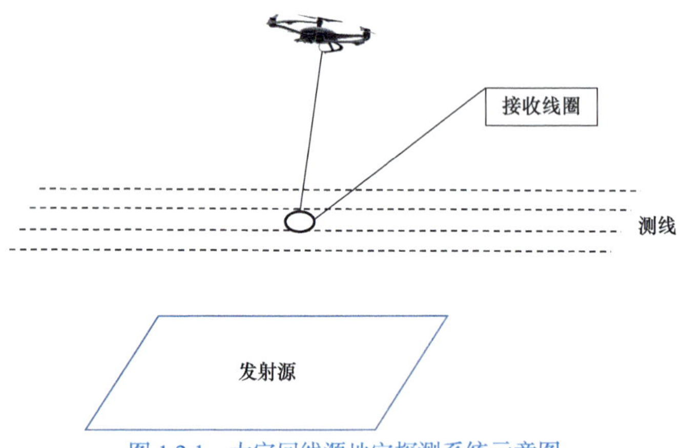

图 1.2.1 大定回线源地空探测系统示意图

加拿大 Fugro 公司于 1977 年研制了首套商用大定回线源地空时间域电磁系统，随后，Elliot(1998)也研制了大定回线源地空时间域 FLAIRTEM 系统。由于该系统采用大定回线作为激励源，要求发射回线铺设范围大，地形复杂区域施工效率仍然受限(林君等，2021)。

1.2.2 电性源发射与接收装置

多源地空瞬变电磁法采用多个接地电性源向地下发射电磁场，在空中用无人机载磁场传感器接收磁场垂直分量(图 1.2.2)。该系统结合了航空电磁法工作效率

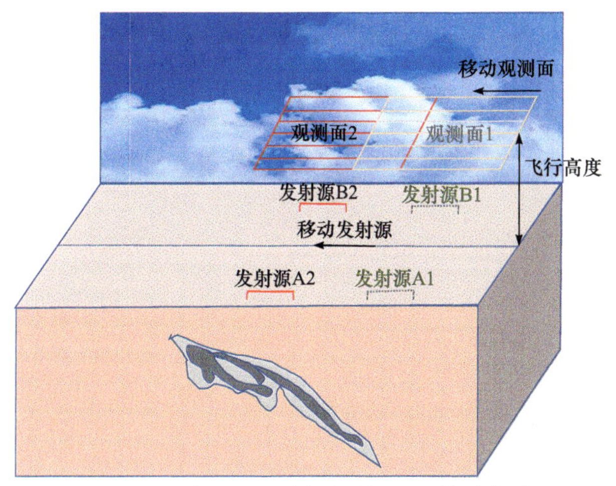

图 1.2.2 多源地空瞬变电磁探测系统示意图

高和地面电磁法采集信号信噪比高的优点，适合在山区、无人区、沼泽等地区进行详细地质调查工作，工作方式灵活多变，是一种极具潜力的电法勘探新方法。

Mogi 等(1998)研制了首套电性源地空电磁系统 GREATEM，验证了系统的有效性与可靠性，揭示了电性源相对于回线源在地空电磁探测中的优势。该系统在日本东北部磐梯山的火山结构调查、海岸地区三维沙脊和盐水分布调查中均取得了较好的效果(Mogi et al.，2009)。

1.3 发射机与接收机

1.3.1 发射机

世界首套回线源地空时间域电磁探测系统 Turair(加拿大产)诞生于 20 世纪 70 年代初，90 年代后出现了 FlairTEM(南非产)、TerraAir(加拿大产)、GreaTEM(日本产)，一般发射回线尺寸为 2km×4km，采用 15kW 发电机供电，发射基频为 200Hz 或 400Hz，发射电流为 4～10A。

电性源地空时间域电磁探测系统 FlairTEM 由 Elliott Geophysics International Pty Ltd 公司开发，以 Zonge 公司的地面瞬变电磁装备为基础升级改造，发射基频为 1～32Hz，发射波形为占空比 1∶1 的方波，最大发射功率 25kW；TerraAir 系统由 Fugro 公司开发，采用 Geonics 公司的 EM-37 系统作为发射装置，发射电流为 5.5A；GreaTEM 系统由日本北海道大学开发，发射机最大输出为(500V，50A)，发射电流为 24A。我国研发的装备以吉林大学林君院士团队研发的 JL-GAEM 系统为代表，利用方波作为发射波形，可随意设置基频；长安大学李貅教授团队提出使用加拿大凤凰公司 V-8 电磁发射机(图 1.3.1)，用 TDK27000TE 发电机(图 1.3.2)供电，发射基频为 0.0156～32Hz，发射波形为占空比 1∶1 的方波，最大发射功率 25kW。

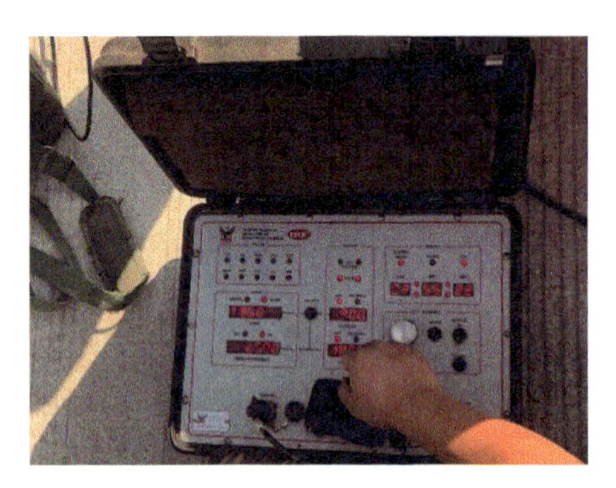

图 1.3.1 V-8 电磁发射机

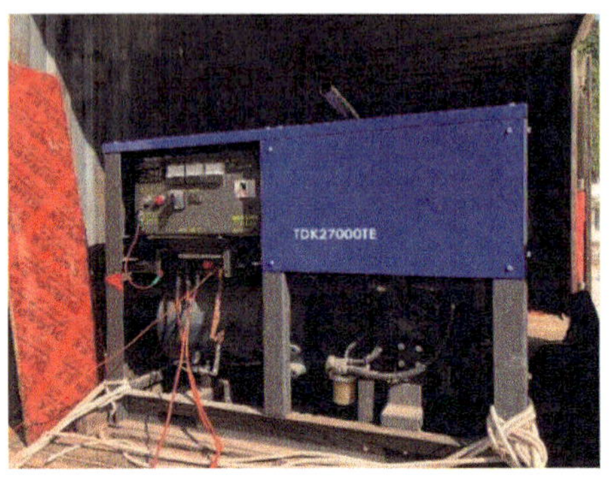

图 1.3.2 TDK27000TE 发电机

1.3.2 接收机

FlairTEM 系统的接收装置使用 Zonge 公司的 GDP32 接收机，接收线圈有效面积为 10000m^2。TerraAir 系统采用 Fugro 公司的接收系统，接收时持续工作，不与发射机同步。GreaTEM 系统接收装置有两种型号：鲶型适用于深部探测，被挂在有人直升机上；鳗型适用于浅部探测，可悬吊在重载无人机下，采用高精度同步时钟同步。

JL-GAEM 系统实现了三分量接收，接收线圈通过软绳悬于无人机下方。长安大学李貅教授团队选用骄鹏公司的 GeoPen airTEM124sd 接收机，该装备是专门为地空电磁探测研制的接收机(图 1.3.3)，其特点是：体积小(10cm×10cm×8cm)、质量小(600g)；采用全波形采样，不需要与发射机同步；可与任何一种发射机配套使用。接收平台采用 KWT-X6L-15 型六旋翼无人机(图 1.3.4)，该无人机巡航时间接近 1h。

图 1.3.3 GeoPen airTEM124sd 接收机

图 1.3.4 KWT-X6L-15 型六旋翼无人机

1.4 发射波形

20 世纪 70～80 年代，人们认识到关断一次场后测量瞬变场衰减的时间域方法比频率域方法要优越得多，这是电磁法取得进展的一个重要原因(Nabighian，1987)。传统的瞬变电磁法，不论是磁性源发射还是电性源发射的发射波形多为方波，一般占空比为 1∶1。方波激发的瞬变电磁场是宽带的，有利也有弊。有利的是宽带场信息量丰富；不利的是更容易受到干扰，且各种信号叠加在一起严重影响了分辨率。随着勘探要求的提高，方波激发的瞬变场不能满足高分辨的需要，由此发展出了微分脉冲的激发波形，这是一种窄带激发瞬变场，分辨率明显提高。通过一系列由窄到宽的微分脉冲波形激发，可以实现多分辨激发。

1.4.1 常用的激发场波形

在瞬变电磁场中，由于激发场的波形不同，产生的瞬变电磁响应有所不同。激发场的波形有多种具有周期性的脉冲序列，常用的激发场波形只有占空比为 1∶1 的双极性方波，如图 1.4.1 所示。

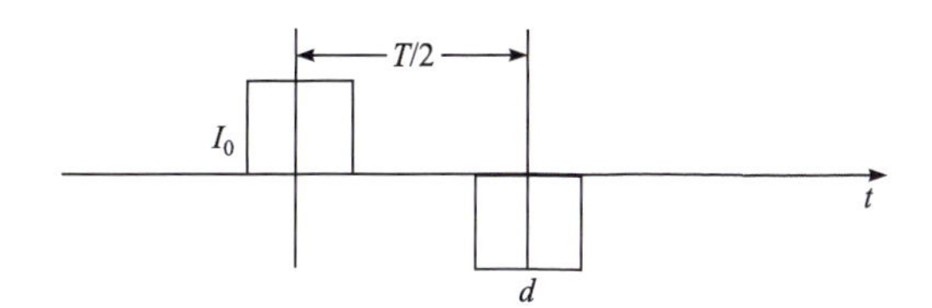

图 1.4.1　占空比为 1∶1 的双极性方波

I_0 为发射电流；T 为发射周期；d 为发射波形脉宽；t 为时间

传统的双极性方波只具有理论意义，在实际工作中，由于仪器存在关断时间，不可能发射方波，一般发射的是梯形波。

1.4.2 微分脉冲激发波形

随着瞬变电磁法探测要求不断提高，多分辨探测的概念被提出，实现多分辨探测是值得关注的课题。为了实现多分辨探测，不得不把关注点放在场的激发上，为此提出了微分脉冲激发的概念。考虑关断时间的微分脉冲激发波形如图 1.4.2 所示。

为了说明微分脉冲比方波脉冲具有更高的分辨率，取脉宽 20μs 和 80μs 的两组方波脉冲和微分脉冲的频谱进行比较，如图 1.4.3 所示。

从图 1.4.3 可以看出，相同脉宽的方波脉冲较微分脉冲频率成分更加丰富，微分脉冲的辐射能量更加集中，主要集中在主频附近。随着发射脉宽由小变大，矩形脉冲的截止频率减小，微分脉冲的主频也向低频方向移动。从不同脉宽的频谱

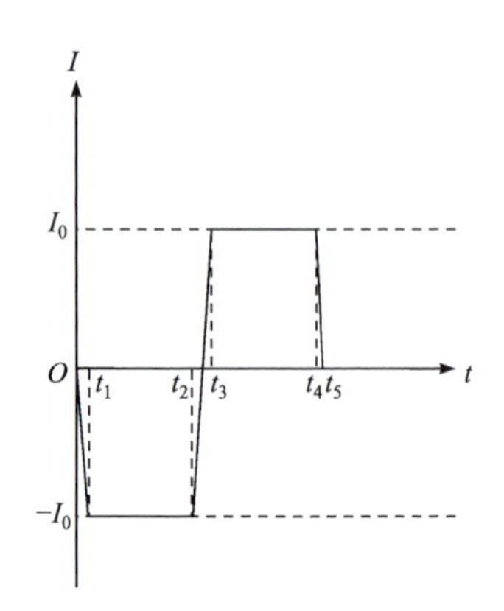

图 1.4.2 微分脉冲激发波形示意图

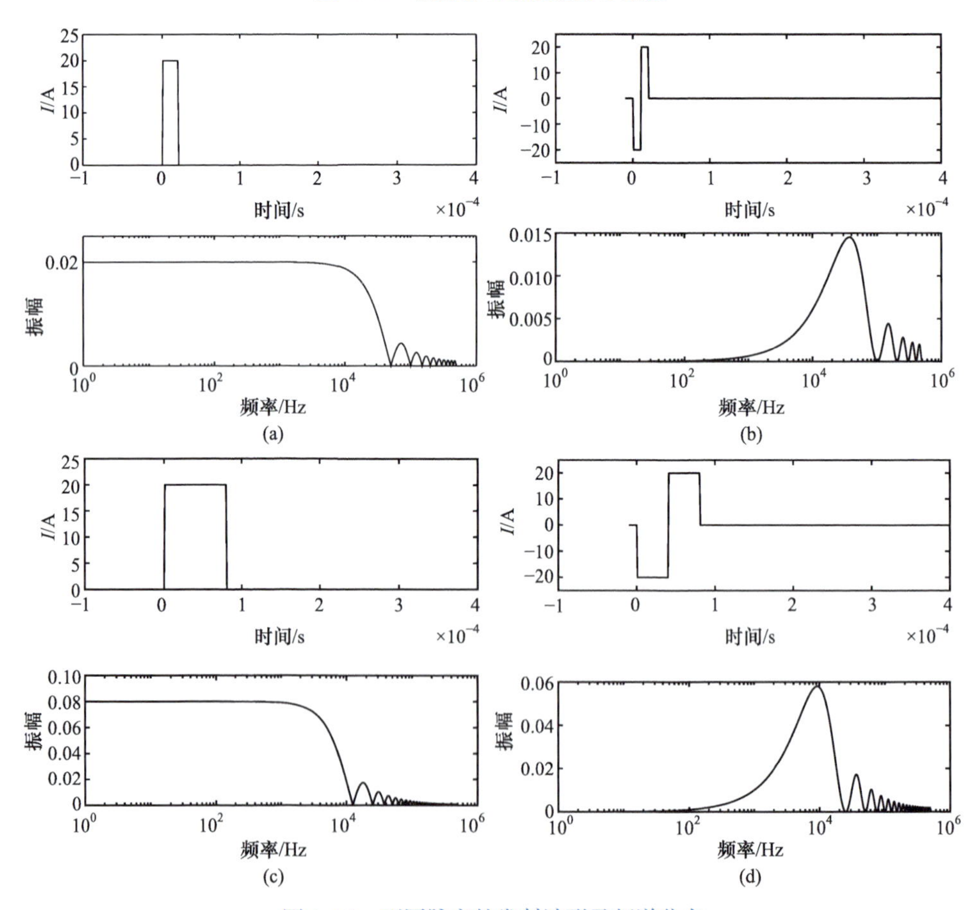

图 1.4.3 不同脉宽的发射波形及频谱分布

(a) 脉宽 20μs 的方波脉冲及频谱；(b) 脉宽 20μs 的微分脉冲及频谱；
(c) 脉宽 80μs 的方波脉冲及频谱；(d) 脉宽 80μs 的微分脉冲及频谱

分布规律可以得出如下结论：方波脉冲激发的频谱从零频一直到截止频率呈平台

分布，频率成分丰富，属宽带激发，激发频率存在混叠效应，不能突出某一频率的激发作用，使其分辨率受到影响；微分脉冲激发的频谱主要集中在主频附近，属于窄带激发，没有低频干扰，分辨率大大提高，通过发射一系列的微分脉冲，就可以实现多分辨探测。

1.5　数据处理与解释

1.5.1　数据处理

瞬变电磁法的数据处理是非常重要的。在干扰比较剧烈的地区，常用的滤波算法处理结果不能令人信服，这时经验和人的因素更为重要。考虑到现有仪器水平、外部环境的干扰、复杂的地质条件及有限的不规则数据采集点等因素，地球物理的数据处理和解释充其量只能是一个物理概念，或者说是地质信息和个人经验二者巧妙平衡的产物(Nabighian，1987)。通过提高辐射功率、提高信噪比，可以提高数据质量。当瞬变电磁衰减曲线存在局部跳跃但整体规律明显时，可以通过多点滤波、函数拟合和小波滤波等方法进行光滑处理；当干扰比较严重且整体规律不明显时，首先要了解该地区复杂的地质模型，进行正演仿真，以此作为参考，采用手动的方法进行圆滑。

1.5.2　全域视电阻率的计算

视电阻率定义的问题困扰了人们很长时间。传统的可控源音频大地电磁法(CSAMT)采用人工场源，按远区近似公式计算视电阻率，造成远区测量信号微弱，背离了人工源信号强大的初衷。瞬变电磁全域视电阻率的计算针对 CSAMT 的不足提出了新的解决方案，先研究瞬变电磁场随电阻率的变化规律，如果瞬变电磁场的某个分量与电阻率呈单调分布，可以基于反函数定理建立视电阻率的定义式，但推导十分繁琐，根本无法实现。因此，另辟蹊径放弃繁琐的推导，直接将瞬变电磁场的分量表达式进行泰勒展开，取其线性主部，建立电阻率的迭代式，将一个复杂的视电阻率定义问题转化为一个简单的通过迭代方式实现的定义问题。由此定义的视电阻率公式，适用于全时域、全空域，大大拓展了瞬变电磁法的观测范围，提高了观测精度、速度和野外效率。

1.5.3　数据解释

1) 电阻率成像法

电阻率成像不是几何光学意义的成像，而是指广义的成像，是不同位置处电阻率随深度变化的像。一般通过全域视电阻率的定义式计算出视电阻率与时间的关系曲线，再利用等效导电平面快速算法，获得深度与时间的关系曲线，将两者通过时间联系起来，建立视电阻率与深度的关系曲线，由此可以获得不同位置处的视电阻率断面分布和视电阻率三维数据体分布。

2) 拟地震成像法

由于瞬变电磁场满足的微分方程事实上是一个扩散方程，因此不能采用大家熟悉的波动方程求解方法。瞬变电磁场的波场变换通过数学积分变换，将满足扩散方程的瞬变电磁场转换为满足波动方程的波场，然后借助地震中发展起来的一些比较成熟的成像方法技术，求解被探目标体的物性和几何参数。瞬变电磁场满足的扩散方程主要刻画电磁涡流场的感应扩散特征，基于扩散方程的偏移成像及反演方法，一般对电性界面的分辨能力较差。寻找到一个数学上的处理方法，将瞬变电磁场变换成波场，即提取出电磁响应中与传播有关的特征，压制或去除电磁波传播过程中与频散、衰减有关的特征。将瞬变电磁场的求解问题转化为波动方程的求解问题，就能将地震偏移成像技术、玻恩(Born)近似反演技术、层析成像反演技术等用于瞬变电磁场的反演解释中。大量的理论计算表明，这种变换得到的虚拟波场不仅满足波动方程，而且类似地震子波，具有传播、反射、透射特征。

3) 多分辨成像法

多分辨是指既能分辨尺度大小的地质体，又能分辨埋藏深浅的地质体。要实现多分辨目标，首先要使场源适应多分辨的要求。传统的场源采用一定基频的方波激发瞬变电磁场，其特点是激发宽带场，但由于低频干扰，分辨率受限，不能满足多分辨的要求。采用微分脉冲激发，可以消除低频干扰，实现窄带激发。通过多脉冲扫描激发，可以很好地实现多分辨激发，然后融入相关叠加技术，完全可以破解多分辨激发的难题。其次，成像方法要与微分脉冲激发相适应。采用精细积分的方法求解波场转换的不适定问题，可以得到高精度的波场。由于电磁波的速度太快，严重地影响了场的分辨率，在波场变换中引入降速因子，用数学的方法使虚拟电磁波场的速度降下来，可以有效地提高电磁波场的分辨率。在整个波场变换中，将精细积分法与多窗口扫时变换实现最佳匹配，并将电磁波降速的方法融入其中，实现了三位一体、互相不可分的多分辨波场变换方法；将求得的多分辨的波场信号用于三维全波形反演技术进行速度分析，形成三维速度数据体；用三维有限差分法、有限元法、有限体积法进行基于微分脉冲的“叠前偏移成像”。

4) 局部反演法

基于微分脉冲可以建立局部反演法，即在一个测点上，单个微分脉冲是窄带激发的，存在一个主频对应着峰值功率。主频峰值激发的深度范围非常有限，反演时只考虑主频峰值激发的有限范围，反演的参数少。精细积分法反演计算精度高、速度快，对测点的全部微分脉冲，进行主频峰值激发附近范围的反演，可以得到该测点从上到下的地电断面电性参数。对全区的所有测点均进行微分脉冲对应的局部反演，最终可以得到全区的电性参数分布数据体。

1.6 发 展 前 景

随着科学技术(如电磁场理论、电磁探测装备和计算机技术)的发展，深部电磁探测理论和技术在地球物理学科中的地位迅速提高。由于电磁探测技术可以实现非接触式信息采集，三维、高效和密集的信息采集已经成为电磁探测的巨大优势。深部电磁探测的主要应用领域：①复杂地形条件下的深部矿产资源探测；②城市地下空间探测；③重大工程深部不良地质体探测；④国防领域。

经过长期的理论研究和大量的实践，深部电磁探测需要攻克的科学问题和可能取得的突破如下。

1) 多分辨探测的理论与技术

传统的电磁探测方法无法实现多分辨探测，必须在新的理论指导下建立新的探测方法，才能得以实现。多分辨探测是指不论地质体的尺度、埋深、电性差异有多么复杂，都能够进行可分辨的探测，必须在以下四个方面进行突破。

(1) 多分辨激发。传统的瞬变电磁场用方波进行激发，辐射场是宽带的，使得复杂地质体的尺度、埋深、电性差异产生的电磁响应信号混叠在一起，不利于多分辨探测。微分脉冲激发的辐射场，是能量集中的窄带场，某一微分脉冲产生的辐射场一定会最佳地作用于某一尺度、埋深、电性固定的地质体，对于多个复杂地质体采用宽窄不同的微分脉冲扫描激发，可以实现多分辨探测。因此，突破微分脉冲扫描激发理论是多分辨探测的重要创新。

(2) 多源激发。从一个角度研究地质体在地下空间的分布，不如从多个角度研究得全面、清楚。从理论上系统研究多辐射源不同辐射方向探测区域磁场强度(或电磁响应)三分量的分布特征，研究各辐射源的供电方向与不同位置、不同分量场强的加强程度关系，根据探测要求，构建多辐射源的最佳组合方式。

(3) 多分辨成像。①基于拟地震方法的成像技术：对于每一个微分脉冲产生的散射场信号，研究高分辨的扫时波场变换算法，用走时和波形联合反演的方法实现三维速度分析，最终进行逆时偏移成像。对于微分脉冲扫描产生的辐射场，完全可以突破“叠前偏移成像”技术。②基于全域视电阻率的成像技术：基于反函数定理思想，提出全域视电阻率定义方法。采用泰勒展开的办法，将磁场强度的积分表达式展成级数，取其线性主部，建立迭代关系的视电阻率定义式，实现时间上不分早晚、距离上不分远近的全域视电阻率成像。因此，研究多分辨成像的理论和方法是多分辨探测研究的重要组成部分。

(4) 多分辨探测装备。按照多分辨探测的理论和方法研制发射机和接收机，研制适合无人机载的高灵敏度、高精度、重量轻、小型化的多分量磁场传感器。

2) 多尺度信息提取的理论与技术

为了实现三维逆合成孔径目标异常的多尺度信息提取，利用相邻位置上同一地质体产生的电磁场具有较好的相关性，根据不同位置信号的相关系数生成不同的权值函数，相邻各列信号在做相关叠加时以权函数进行加权；利用三维逆合成孔径算法，加强重建的地质异常体信号，从而提高信噪比，达到突出弱异常的目的，进而提高分辨率。对于不同尺度、不同埋深的地质体，可选用不同的孔径，分批次对实测数据进行多次逆合成孔径异常提取，实现多尺度信息提取。

3) 基于发、收信息纠缠编码、解码的三维直接反演理论与技术

三维地空多分辨探测方法的辐射场波形复杂，信息采集海量，传统的三维反演计算量太大，不可能完成，三维地空多分辨探测方法的反问题只能另辟蹊径。针对每一个微分脉冲产生的辐射场，应用高分辨的正演方法研究地质目标体产生的散射场与辐射场最佳纠缠关系，对微分脉冲进行适当编码，利用纠缠关系在接收端对散射场进行解码，就可以确定微分脉冲激发的辐射场与地质目标体的对应关系，实现直接反演。对 n 个微分脉冲进行编码，解码后就可以找到与之对应的 n 个地质目标体，实现多分辨直接反演。

基于发、收信息纠缠编码、解码的三维直接反演理论与技术的突破，将会颠覆当前的地球物理反问题。

第 2 章　岩、矿石的导电性

2.1　电 磁 参 数

2.1.1　电导率

电磁场基本方程的欧姆定律，给出了电流和电场之间的关系：

$$\boldsymbol{J}=\boldsymbol{\sigma}\boldsymbol{E} \tag{2.1.1}$$

式中，$\boldsymbol{\sigma}$ 是表征介质物理性质的一个参数，称为电导率，单位是 $\mathrm{S\cdot m^{-1}}$。

因为电场强度 $\boldsymbol{E}$ 和电流密度 $\boldsymbol{J}$ 都是矢量，所以 $\boldsymbol{\sigma}$ 必定为一张量，在直角坐标系中，$\boldsymbol{\sigma}$ 的张量表示为

$$\boldsymbol{\sigma}=\begin{vmatrix}\sigma_{xx} & \sigma_{xy} & \sigma_{xz}\\ \sigma_{yx} & \sigma_{yy} & \sigma_{yz}\\ \sigma_{zx} & \sigma_{zy} & \sigma_{zz}\end{vmatrix} \tag{2.1.2}$$

各向同性的岩、矿石在三个主轴方向上的电导率相同，且为常数。结构或成分完全对称的地质介质极为罕见，所以各向同性的岩、矿石极为少见。如果介质的电导率随观测方向的改变而不同，则称这种介质是各向异性的。若这种非对称性在原子或分子的水平上依然存在，则称为本征各向异性。此外，有些由各向同性矿物和岩石单元构成的集合体，其平均电导率可能与外加的电场方向有关，整体上是各向异性的，通常称为结构各向异性。

有些岩、矿石的结构在某一平面上是均匀的，即三个主轴方向的电导率中有两个相等，这时称为旋转各向同性。

一般情况下，岩、矿石的电导率不一定是常数，它可以随时间、湿度、压力及其他一些环境因素的改变而变化。

2.1.2　介电常数

在麦克斯韦基本方程中，电场的本构关系可表示为

$$\boldsymbol{D}=\varepsilon\boldsymbol{E} \tag{2.1.3}$$

式中，ε 为介电常数，在各向异性介质中，介电常数也是一个张量，即

$$\boldsymbol{\varepsilon}=\begin{vmatrix}\varepsilon_{11} & \varepsilon_{12} & \varepsilon_{13}\\ \varepsilon_{21} & \varepsilon_{22} & \varepsilon_{23}\\ \varepsilon_{31} & \varepsilon_{32} & \varepsilon_{33}\end{vmatrix} \tag{2.1.4}$$

就介电常数而言，大多数的岩、矿石是各向异性的。与电导率不同的是，即使在不存在导电介质的情况下，介电常数仍有一个确定的值，这就是自由空间的介电常数 ε_0，其值为 $8.854\times10^{-12}\text{F}\cdot\text{m}^{-1}$。

2.1.3 磁导率

麦克斯韦基本方程组中的第三个本构方程把磁场强度和磁感应强度联系在一起，即

$$\boldsymbol{B}=\mu\boldsymbol{H} \tag{2.1.5}$$

式中，μ 为介质的磁导率。就磁导率而言，大多数岩、矿石也是各向异性的，有

$$\mu=\begin{vmatrix}\mu_{11} & \mu_{12} & \mu_{13}\\ \mu_{21} & \mu_{22} & \mu_{23}\\ \mu_{31} & \mu_{32} & \mu_{33}\end{vmatrix} \tag{2.1.6}$$

自由空间中，磁场强度和磁感应强度的关系是

$$\boldsymbol{B}=\mu_0\boldsymbol{H} \tag{2.1.7}$$

式中，μ_0 为自由空间中的磁导率，$\mu_0=4\pi\times10^{-7}\text{H}\cdot\text{m}^{-1}$。

2.2 岩、矿石的电阻率

岩、矿石的导电性通常用电导率 σ 表示，电导率的倒数为电阻率 ρ。电阻率由欧姆定律定义，即物质中某点的电场强度 $\boldsymbol{E}$ 与通过该点的电流密度 $\boldsymbol{J}$ 成正比，其比例系数为电阻率 ρ，有

$$\boldsymbol{E}=\rho\boldsymbol{J} \tag{2.2.1}$$

式中，电场强度 $\boldsymbol{E}$ 的单位为 $\text{V}\cdot\text{m}^{-1}$；电流密度 $\boldsymbol{J}$ 的单位为 $\text{A}\cdot\text{m}^{-2}$；电阻率 ρ 的单位为 $\Omega\cdot\text{m}$。

2.2.1 矿物的电阻率

岩、矿石都是由矿物组成的，按导电机理的不同，矿物可分为三种类型，金属导体、半导体和固体电解质。

1. 金属导体的电阻率

各种天然金属均属于金属导体。天然金属中常见的自然金和自然铜的电阻率最小，自然金的电阻率约为 $2\times10^{-8}\,\Omega\cdot m$，自然铜的电阻率为 $1.2\times10^{-8}\sim3\times10^{-7}\,\Omega\cdot m$。以石墨形式出现的碳也属于具有某种特殊性的金属导体，石墨顺节理面的电阻率为 $3.6\times10^{-7}\sim1\times10^{-6}\,\Omega\cdot m$，垂直节理面的电阻率为 $2.82\times10^{-4}\sim1\times10^{-2}\,\Omega\cdot m$。表2.2.1列出了某些金属的电阻率。

表 2.2.1　某些金属的电阻率(Nabighian，1987)

金属(0℃)	电阻率/($10^{-8}\,\Omega\cdot m$)	金属(0℃)	电阻率/($10^{-8}\,\Omega\cdot m$)	金属(0℃)	电阻率/($10^{-8}\,\Omega\cdot m$)
锂	8.5	镓	41.0	铯	18.0
铍	5.5	砷	35.0	钡	59.0
钠	4.3	伽	11.6	镧	59.0
镁	4.0	锶	33.0	铈	71.0
铝	2.5	锆	42.0	镨	62.0
钾	6.3	钼	4.3	铪	29.0
钙	4.2	钌	11.7	钽	14.0
钛	83.0	铼	4.5	钨	5.0
铬	15.3	钯	10.0	锇	9.1
铁	9.0	银	1.5	铱	5.0
钴	6.3	镉	6.7	铂	9.8
镍	6.3	铟	8.5	碲	14.0
铜	1.6	锡	10.0	铅	19.0
锌	5.5	锑	36.0	铋	100.0

2. 半导体的电阻率

大多数金属矿物属于半导体，其电阻率大于金属导体。这类介质的导电性也是由电子传输产生的，它与金属导体的不同之处在于其自由电子数量比较少，激发的能量来自热扰动。因此，半导体材料的电阻率一般随温度的升高而降低。另外，自然界中矿物的成分是不同的，这些因素会对导电性产生影响，因此半导体导电矿物的电阻率变化范围很宽。表 2.2.2 为某些半导体矿物的电阻率。

表 2.2.2　某些半导体矿物的电阻率(Nabighian，1987)

	矿物名称	电阻率/(Ω·m)
硫化物	辉银矿　Ag_2S	$(1.5\sim2)\times10^{-5}$
	辉铋矿　Bi_2S_3	$3\sim570$
	斑铜矿　$Fe_2S_3\cdot nCu_2S$	$1.6\times10^{-6}\sim6\times10^{-3}$
	辉铜矿　Cu_2S	$8\times10^{-5}\sim1\times10^{-4}$
	黄铜矿　$Fe_2S_3\cdot Cu_2S$	$1.5\times10^{-4}\sim9\times10^{-3}$
	铜蓝　CuS	$3\times10^{-6}\sim8.3\times10^{-5}$
	方铅矿　PbS	$6.8\times10^{-6}\sim9\times10^{-2}$
	褐硫锰矿　MnS_2	$10\sim20$
	白铁矿　FeS_2	$0.001\sim150$
	黑辰砂　$4HgS$	$2\times10^{-6}\sim1\times10^{-3}$
	针镍矿　NiS	$(2\sim4)\times10^{-7}$
	辉钼矿　MoS_2	$0.12\sim7.5$
	针黄铁矿　$(Fe,Ni)_9S_8$	$(1\sim11)\times10^{-6}$
	硫黄铁矿　Fe_7S_8	$2\times10^{-6}\sim1.6\times10^{-4}$
	黄铁矿　FeS_2	$1.2\times10^{-3}\sim6\times10^{-1}$
	闪锌矿　ZnS	$2.7\times10^{-6}\sim1.2\times10^{-4}$
锑–硫化合物	辉铁锑矿　$FeSb_2S_4$	$0.0083\sim2$
	硫锑铅矿　$Pb_5Sb_4S_{11}$	$2\times10^{3}\sim4\times10^{4}$
	园柱锡矿　$Pb_3Sn_4Sb_2S_{14}$	$2.5\sim60$
	辉锑锡铅矿　$Pb_5Sn_3Sb_2S_{14}$	$1.2\sim4$
	硫锑铋矿　$Ni_9(Bi,Sb)_2S_8$	$1\times10^{-6}\sim8.3\times10^{-5}$
	脆硫锑铅矿　$Pb_4FeSb_6S_{14}$	$0.02\sim0.15$
	黝铜矿　Cu_3SbS_3	$0.3\sim30000$
砷–硫化合物	毒砂　$FeAsS$	$(20\sim300)\times10^{-6}$
	辉砷钴矿　$SoAsS$	$(6.5\sim130)\times10^{-3}$
	硫砷铜矿　Cu_3AsS_4	$(0.2\sim40)\times10^{-3}$
	硫砷镍矿　$NiAsS$	$(1\sim160)\times10^{-6}$
	硫砷钴矿　$(Co,Fe)AsS$	$(5\sim100)\times10^{-6}$
锑化物	锑银矿　Ag_2Sb	$(0.12\sim1.2)\times10^{-6}$
砷化物	砷锑矿　$SbAs_3$	$70\sim60000$

续表

矿物名称		电阻率/(Ω·m)
砷化物	斜方砷铁矿　$FeAs_2$	$(2\sim270)\times10^{-6}$
	红砷镍矿　NiAs	$(0.1\sim2)\times10^{-6}$
	方钴矿　$CoAs_3$	$(1\sim400)\times10^{-6}$
	少砷方钴矿　$CoAs_2$	$(1\sim12)\times10^{-6}$
碲化物	碲铅矿　PbTe	$(20\sim200)\times10^{-6}$
	碲金矿　$AuTe_2$	$(6\sim12)\times10^{-6}$
	碲汞矿　HgTe	$(4\sim100)\times10^{-6}$
	碲银矿　Ag_2Te	$(4\sim100)\times10^{-6}$
	叶碲金矿　$Pb_6Au(S,Te)_{14}$	$(20\sim80)\times10^{-6}$
	针碲金银矿　$AgAuTe_4$	$(4\sim20)\times10^{-6}$
氧化物	褐锰矿　Mn_2O_3	0.16～1.0
	锡石　SnO_2	$4.5\times10^{-4}\sim1\times10^{-4}$
	赤铜矿　Cu_2O	10～50
	锰钡矿　$(Ba,Na,K)Mn_8O_{16}$	$(2\sim100)\times10^{-3}$
	钛铁矿　$FeTiO_3$	0.001～4
	磁铁矿　Fe_3O_4	52×10^{-6}
	水锰矿　MnO · OH	0.018～0.5
	黑铜矿　CuO	6000
	硬锰矿　$m\text{MnO}\cdot\text{MnO}_2\cdot n\text{H}_2$	0.04～6000
	软锰矿　MnO_2	0.007～30
	金红石　TiO_2	29～910
	晶质铀矿　UO	1.5～200

2.2.2　岩石的电阻率

岩石的电阻率通常不是某一特定值，几种常见岩石的电阻率如表 2.2.3 所示，其电阻率是在一定范围内变化的。沉积岩电阻率一般较小，如黏土电阻率为 $1\sim2\times10^2\,\Omega\cdot\text{m}$，砂岩的电阻率为 $10\sim10^3\,\Omega\cdot\text{m}$，致密灰岩电阻率较高，可以达到 $10^4\,\Omega\cdot\text{m}$；岩浆岩的电阻率较大，如花岗岩电阻率为 $6\times10^2\sim10^5\,\Omega\cdot\text{m}$；变质岩的电阻率也较大，如片麻岩的电阻率为 $2\times10^2\sim3.4\times10^4\,\Omega\cdot\text{m}$；海水的电阻率最小，为 $0.1\sim2\,\Omega\cdot\text{m}$。

以上三大类岩石的电阻率的变化固然与其矿物成分有关，但在很大程度上取决于它们的孔隙度或裂隙以及其中含水分的多少。

表 2.2.3　某些常见岩石的电阻率

类别	名称	电阻率 /(Ω·m)	名称	电阻率 /(Ω·m)	名称	电阻率 /(Ω·m)
沉积岩	黏土	$1\sim2\times10^2$	页岩	$50\sim3\times10^2$	白云岩	$1.5\times10^2\sim9\times10^3$
	含水黏土	$0.5\sim10$	砂岩	$10\sim10^3$	破碎含水白云岩	$170\sim600$
	亚黏土	$28\sim100$	粉砂岩	$10\sim10^2$	溶洞冲水或泥沙	$56\sim952$
	砾石夹黏土	$2.2\times10^2\sim7\times10^3$	泥岩	$10\sim10^2$	硬石膏	$10^4\sim10^6$
	亚黏土夹砾石	$80\sim240$	砾岩	$10\sim10^4$	岩盐	$10^4\sim10^6$
	卵石	$3\times10^2\sim6\times10^3$	石灰岩	$60\sim10^4$		
	含水卵石	$10^2\sim8\times10^2$	泥灰岩	$10\sim10^2$		
岩浆岩	花岗岩	$6\times10^2\sim10^5$	辉绿岩	$2\times10^2\sim10^5$		
	正常岩	$10^2\sim10^5$	辉长岩	$10^2\sim10^4$		
	闪长岩	$5\times10^4\sim10^5$	玄武岩	$10^2\sim10^5$		
变质岩	片麻岩	$2\times10^2\sim3.4\times10^4$	石英岩	$2\times10^2\sim10^5$		
	大理岩	$10^2\sim10^5$	泥质板岩	$10\sim10^2$		
其他	潜水	$<10^2$	岩溶水	$15\sim30$		
	河水	$10\sim10^2$	海水	$0.1\sim2$		

2.2.3　影响岩石电阻率的因素

埋于地下的岩石，其电阻率大小与组成成分有关。当岩石中含有导电矿物时，电阻率将随导电矿物含量的增加而降低。此外，岩石的结构在一定条件下也会影响其电阻率。例如，导电矿物含量相同的情况下，侵染状结构矿物颗粒组成的岩石电阻率大于细脉状结构矿物颗粒组成的岩石，原因是前者的导电矿物互不连接，而后者的导电矿物是电流的通道。

岩石的孔隙度、含水性及含水矿化度等因素都明显地影响电阻率。当岩石中孔隙度大而含水时，其电阻率往往随含水矿化度的增高而降低。自然界地下水矿化度的变化范围很大，当组成成分和孔隙度相同的岩石埋于不同地下水环境时，其电阻率不同；当地下水条件相同而岩石孔隙度不同时，其电阻率也不一样。因此，岩浆岩和变质岩往往比沉积岩电阻率大是前者较后者致密、孔隙度小引起的。

对于层状结构的岩石，各层电阻率不同，垂直于层理的电阻率大于沿层理的电阻率。

当岩石所处的外界温度发生改变时，其电阻率会相应地发生变化，一般表现为温度升高，电阻率降低，这是因为岩石中所含水溶液的电阻率与温度有明显的变化关系。在 0℃以下的负温区，随温度的降低，含水岩石的电阻率明显增大，这是因为岩石孔隙中的水溶液结冰后导电性变差。可见，在寒冷地区工作时，需要通过接地极向地下供电和通过接地接收电场信号，电极接地电阻很大，会产生较大困难。

在交变电磁场作用下，岩石的导电性除与传导电流有关外，还与位移电流有关。因此，导电介质中的总电流密度是传导电流密度与位移电流密度之和，两者之比称为电磁系数 m，则有

$$m=\left|\frac{j_\rho}{j_D}\right|=\frac{1}{\omega\varepsilon\rho} \tag{2.2.2}$$

式中，j_ρ 为传导电流密度；j_D 为位移电流密度；ω 为角频率；ε 为介电常数；ρ 为电阻率。从麦克斯韦方程组可以知道导电介质中的总电流密度：

$$\boldsymbol{j}=(\mathrm{i}\omega\varepsilon+\sigma)\boldsymbol{E} \tag{2.2.3}$$

可导出复电阻率的振幅表达式

$$\left|\rho^*\right|=\frac{\rho\sqrt{1-(1/m)^2}}{1+(1/m)^2} \tag{2.2.4}$$

从式(2.2.4)看出，当 $m\geqslant 10$ 时，ρ^* 不随频率变化，即

$$\left|\rho^*\right|=\rho \tag{2.2.5}$$

当 $m\leqslant 0.1$ 时，ρ^* 反比于频率，即

$$\left|\rho^*\right|=\frac{1}{\omega\varepsilon} \tag{2.2.6}$$

因此，低频电磁法中不考虑位移电流影响，即视岩石导电性不随频率变化。在频率超过 10^6Hz 的高频电磁法中，才考虑位移电流的作用，岩石的电阻率与频率成反比。

总之，影响岩石电阻率的因素是多方面的，在勘查区为沉积岩的地质调查中，岩石的孔隙度、含水饱和度及矿化度是主要因素。在变质岩和岩浆岩地质调查区，岩石中导电矿物含量和结构是决定性因素(孟令顺等，2015；李金铭，2005)。

第3章　多源电磁场理论

3.1　电磁场基本方程

麦克斯韦方程是英国科学家麦克斯韦根据法拉第等前人关于电磁现象的实验定律提出的电磁学基本定律，是反映宏观电磁现象的普遍规律，是电磁理论的基本方程。基本麦克斯韦方程是与时间有关的电磁场量所满足的方程，可分为微分、积分两种形式(李貅等，2021a)。时间域麦克斯韦方程的微分形式是

$$\nabla \times \boldsymbol{H} = \sum \boldsymbol{J} + \frac{\partial \boldsymbol{D}}{\partial t} \tag{3.1.1}$$

$$\nabla \times \boldsymbol{E} = -\frac{\partial \boldsymbol{B}}{\partial t} \tag{3.1.2}$$

$$\nabla \cdot \boldsymbol{B} = 0 \tag{3.1.3}$$

$$\nabla \cdot \boldsymbol{D} = \rho \tag{3.1.4}$$

式中，$\boldsymbol{E}$ 为电场强度$(\mathrm{V} \times \mathrm{m}^{-1})$；$\boldsymbol{H}$ 为磁场强度$(\mathrm{A} \times \mathrm{m}^{-1})$；$\boldsymbol{D}$ 为电位移矢量$(\mathrm{C} \cdot \mathrm{m}^{-2})$；$t$ 为时间(s)；$\boldsymbol{B}$ 为磁感应强度$(\mathrm{Wb} \cdot \mathrm{m}^{-2})$；$\sum \boldsymbol{J}$ 为多源电流密度$(\mathrm{A} \cdot \mathrm{m}^{-2})$；$\rho$ 为电荷密度$(\mathrm{C} \cdot \mathrm{m}^{-3})$。式(3.1.1)表示多源传导电流密度和位移电流密度是磁场的旋度源；式(3.1.2)表示变化的磁场是电场的旋度源；式(3.1.3)表示磁场是无散场；式(3.1.4)表示电荷密度是电场的散度源。微分形式的麦克斯韦方程组描述了空间任意点上场与场源的时空变化关系。

式(3.1.1)～式(3.1.4)这四个微分方程之间具有一定的关系，并不是完全独立的。如果加上电流连续性方程：

$$\nabla \cdot \boldsymbol{J} = -\frac{\partial \rho}{\partial t} \tag{3.1.5}$$

将其作为一个基本方程一并考虑，可以证明两个旋度方程[式(3.1.1)、式(3.1.2)]和式(3.1.5)为独立方程，另外两个散度方程[式(3.1.3)、式(3.1.4)]不是独立方程，可以由独立方程导出。

时间域麦克斯韦方程的积分形式是(李貅等，2021a)

$$\oint_l \boldsymbol{H} \cdot \mathrm{d}l = \iint_s \left(\sum \boldsymbol{J} + \frac{\partial \boldsymbol{D}}{\partial t} \right) \cdot \mathrm{d}\boldsymbol{S} \tag{3.1.6}$$

$$\oint_l \boldsymbol{E} \cdot \mathrm{d}l = \iint_s \left(\frac{\partial \boldsymbol{B}}{\partial t} \right) \cdot \mathrm{d}\boldsymbol{S} \tag{3.1.7}$$

$$\oiint_s \boldsymbol{D} \cdot \mathrm{d}\boldsymbol{S} = \iiint_V \rho \mathrm{d}V \tag{3.1.8}$$

$$\oiint_s \boldsymbol{B} \cdot \mathrm{d}\boldsymbol{S} = 0 \tag{3.1.9}$$

式(3.1.6)为多源全电流安培定律，表示多源传导电流和位移电流(变化的电流)都可以产生磁场；式(3.1.7)为法拉第电磁感应定律，表示变化的磁场可以产生电场；式(3.1.8)为电场高斯定理，表示电荷可以产生电场；式(3.1.9)为磁场高斯定理，也称为磁通连续原理。这组方程描述了任意空间区域(体积中或曲面上)场源与该空间区域边界(封闭曲面或闭合曲线)场的关系。最后，加上一个电流连续性方程的积分形式作为一个基本方程：

$$\oiint_s \boldsymbol{J} \cdot \mathrm{d}\boldsymbol{S} = -\iiint_V \frac{\partial \rho}{\partial t} \mathrm{d}V \tag{3.1.10}$$

3.2　物质的电磁特性

前述 $\boldsymbol{B}$ 与 $\boldsymbol{H}$ 、$\boldsymbol{D}$ 和 $\boldsymbol{E}$ 等场量的关系，实际反映介质极化对场的影响，称为本构关系或物质方程。物质受场的作用时极化电荷或电流产生的二次场，会与一次场叠加，形成总场，介质的影响宏观上由本构关系描述(李貅等，2021a)。

3.2.1　各向同性介质

1. 电极化与介电常数

极化过程由极化强度 $\boldsymbol{P}$ 描述：

$$\boldsymbol{P} = \lim_{\Delta v \to 0} \frac{\sum_{\Delta v} \boldsymbol{p}}{\Delta v} = \varepsilon_0 \chi \boldsymbol{E} \tag{3.2.1}$$

其中，Δv 为介质中任意点所取的小体积；$\sum_{\Delta v} \boldsymbol{p}$ 为 Δv 内所有偶极距之和；ε_0 为真空介电常数；χ 为(电)极化率。因此，极化强度是单位体积的偶极矩。体极化电荷为

$$\rho' = -\nabla \cdot \boldsymbol{P} \tag{3.2.2}$$

在介质 1 和 2 的界面上，由于两种介质中极化强度($\boldsymbol{P}_1$ 和 $\boldsymbol{P}_2$)不同而出现的面感应电荷为

$$\sigma' = -(\boldsymbol{P}_2 - \boldsymbol{P}_1)\cdot \boldsymbol{n} \tag{3.2.3}$$

式中，$\boldsymbol{n}$ 为界面上由介质 1 指向介质 2 的单位法向矢量。

代入高斯定理，有

$$\nabla \cdot \boldsymbol{E} = (\rho + \rho')/\varepsilon \tag{3.2.4}$$

式中，ε 为介电常数，得

$$\nabla \cdot (\varepsilon_0 \boldsymbol{E}) = \rho + (-\nabla \cdot \boldsymbol{P}) = \rho - \nabla \cdot (\varepsilon_0 \chi \boldsymbol{E}) \tag{3.2.5}$$

$$\nabla \cdot (\varepsilon_0 \boldsymbol{E} + \varepsilon_0 \chi \boldsymbol{E}) = \nabla \cdot [\varepsilon_0 (1+\chi) \boldsymbol{E}] = \rho \tag{3.2.6}$$

令

$$\varepsilon_0 (1+\chi)\, \boldsymbol{E} = \boldsymbol{D} \tag{3.2.7}$$

令

$$1+\chi = \varepsilon_{\mathrm{r}} \tag{3.2.8}$$

$$\varepsilon_0 (1+\chi) = \varepsilon_0 \varepsilon_{\mathrm{r}} \tag{3.2.9}$$

即有

$$\boldsymbol{D} = \varepsilon \boldsymbol{E} = \varepsilon_0 \varepsilon_{\mathrm{r}} \boldsymbol{E} \tag{3.2.10}$$

式中，ε_{r} 为介质的相对介电常数。

2. 磁化与磁化率

磁化过程是介质内分子电流极化的结果，因此可以进行与电介质类似的处理，定义磁化强度 $\boldsymbol{M}$ 为

$$\boldsymbol{M} = \lim_{\Delta v \to 0} \left(\sum_{\Delta v} \boldsymbol{m} \Big/ \Delta v \right) = \chi_{\mathrm{m}} \boldsymbol{H} \tag{3.2.11}$$

式中，$\boldsymbol{m}$ 为分子电流磁矩；$\sum_{\Delta v} \boldsymbol{m}$ 为 Δv 内分子电流磁矩之和；χ_{m} 为磁化率。

类似于电场中讨论极化问题的步骤，可得磁感应强度 $\boldsymbol{B}$：

$$\boldsymbol{B} = \mu \boldsymbol{H} = \mu_0 \mu_{\mathrm{r}} \boldsymbol{H} \tag{3.2.12}$$

式中，μ_0 为自由空间中的磁导率；μ 为磁导率，$\mu = \mu_0 (1+\chi_{\mathrm{m}})$；$\mu_{\mathrm{r}}$ 为相对磁导率。

3. 电导率

在导电介质中，传导电流密度与电场强度的关系为

$$\boldsymbol{J} = \sigma \boldsymbol{E} \tag{3.2.13}$$

式中，σ 为介质电导率，这个本构关系是由欧姆定律导出的。

一般来说，ε、μ 和 σ 都是空间坐标的函数，但在均匀介质中，它们可以用

常数表示。

3.2.2 各向异性介质

物质由于晶体结构、层理、片理或其中晶粒的定性排列不同，在电磁性质上呈现出各向异性，这时的本构关系远比各向同性的情况复杂，引入相应的数学工具表示这种关系(李貅等，2021a)。

各向异性介质受到电场作用时，由于介质在不同方向的响应不同，$\boldsymbol{P}$ 与电场 $\boldsymbol{E}$ 方向不同。为了表示这种复杂的 $\boldsymbol{P}$-$\boldsymbol{E}$ 关系，先假设电场 $\boldsymbol{E}$ 是沿 x 轴方向的：$\boldsymbol{E}=E_1\boldsymbol{e}_1$，$\boldsymbol{e}_1$ 为 x 轴方向的单位矢量。一般情况下，$\boldsymbol{P}$ 不沿 x 轴方向，因此须用其正交分量表示：

$$\begin{aligned}\boldsymbol{P}_1&=\varepsilon_0\chi_{1i}E_1\boldsymbol{e}_1\\ \boldsymbol{P}_2&=\varepsilon_0\chi_{2i}E_2\boldsymbol{e}_2\\ \boldsymbol{P}_3&=\varepsilon_0\chi_{3i}E_3\boldsymbol{e}_3\end{aligned}\tag{3.2.14}$$

式中，$\chi_{1i}(i=1,2,3)$ 表示在沿 x 轴方向的场强作用下介质沿 x、y、z 方向的极化率；E_1、E_2、E_3 表示电场沿 x、y、z 方向的模。

同理，当 $\boldsymbol{E}$ 分别为 $E_1\boldsymbol{e}_1$、$E_2\boldsymbol{e}_2$、$E_3\boldsymbol{e}_3$ 时，可写出类似关系。因此，对任意方向的电场作用，即 $\boldsymbol{E}=E_1\boldsymbol{e}_1+E_2\boldsymbol{e}_2+E_3\boldsymbol{e}_3$，极化强度为

$$\begin{aligned}\boldsymbol{P}&=\boldsymbol{P}_1+\boldsymbol{P}_2+\boldsymbol{P}_3\\ &=\varepsilon_0(\chi_{11}E_1+\chi_{12}E_2+\chi_{13}E_3)\boldsymbol{e}_1+\varepsilon_0(\chi_{21}E_1+\chi_{22}E_2+\chi_{23}E_3)\boldsymbol{e}_2\\ &\quad+\varepsilon_0(\chi_{31}E_1+\chi_{32}E_2+\chi_{33}E_3)\boldsymbol{e}_3\\ &=\sum_i\sum_j\varepsilon_0\chi_{ij}E_j\boldsymbol{e}_j\end{aligned}\tag{3.2.15}$$

由此可见，如果上述关系中的 9 个 χ_{ij} 组成一个 3×3 矩阵：

$$\boldsymbol{\chi}=\begin{bmatrix}\chi_{11}&\chi_{12}&\chi_{13}\\ \chi_{21}&\chi_{22}&\chi_{23}\\ \chi_{31}&\chi_{32}&\chi_{33}\end{bmatrix}\tag{3.2.16}$$

则 $\boldsymbol{P}$-$\boldsymbol{E}$ 的关系就可以用矩阵表示：

$$(P_1,P_2,P_3)=\varepsilon_0\begin{bmatrix}\chi_{11}&\chi_{12}&\chi_{13}\\ \chi_{21}&\chi_{22}&\chi_{23}\\ \chi_{31}&\chi_{32}&\chi_{33}\end{bmatrix}\begin{bmatrix}E_1\\ E_2\\ E_3\end{bmatrix}=\varepsilon_0[\chi][E]\tag{3.2.17}$$

若进一步令

$$\varepsilon_{ij}=\varepsilon_0(1+\chi_{ij})\tag{3.2.18}$$

则有

$$\boldsymbol{\varepsilon}=\begin{bmatrix}\varepsilon_{11} & \varepsilon_{12} & \varepsilon_{13}\\ \varepsilon_{21} & \varepsilon_{22} & \varepsilon_{23}\\ \varepsilon_{31} & \varepsilon_{32} & \varepsilon_{33}\end{bmatrix} \tag{3.2.19}$$

因此，各向异性介质中电场的本构关系可以表示为

$$(D_1,D_2,D_3)=[\varepsilon][E] \tag{3.2.20}$$

磁各向异性介质中 $\boldsymbol{B}$ 与 $\boldsymbol{H}$ 的关系同导电介质中 $\boldsymbol{J}$ 与 $\boldsymbol{E}$ 的关系，可进行完全类似的讨论和表示。

3.3 势函数及其方程

为了便于求解，需要引入不同的势函数，引入矢量势 $\boldsymbol{A}$ 和标量势 φ。为了充分利用电场方程和磁场方程的对偶性以简化问题，相同形式地引入磁矢势 $\boldsymbol{A}_\mathrm{m}$ 和磁标势 φ_m。

3.3.1 电性源和磁性源

电性源指电流和自由电荷密度分布，其中，传导电流 $\boldsymbol{J}$ 可以分为两部分，即

$$\boldsymbol{J}=\boldsymbol{J}'+\sum\boldsymbol{J}'' \tag{3.3.1}$$

式中，$\boldsymbol{J}'$ 为导电介质中存在电场产生的电流，$\boldsymbol{J}'=\sigma\boldsymbol{E}$；$\sum\boldsymbol{J}''$ 为外加的多个场源的电流，如发电机、电池中的电流，不随场强 $\boldsymbol{E}$ 变化。

实际上不存在“磁流”或“磁荷”，但可以在形式上把磁场方程中的对应部分写作与电场方程类似的形式。

令

$$\boldsymbol{J}_\mathrm{m}=\frac{\partial\boldsymbol{B}}{\partial t} \tag{3.3.2}$$

式中，$\boldsymbol{J}_\mathrm{m}$ 为磁流密度。磁感应强度 $\boldsymbol{B}$ 也可以分为两部分：

$$\boldsymbol{B}=\mu_0\boldsymbol{H}+\mu_0\boldsymbol{M}=\mu_0\boldsymbol{H}+\boldsymbol{M}'+\boldsymbol{M}''$$

式中，$\boldsymbol{M}'$ 为感应磁化产生的磁化强度，$\boldsymbol{M}'=\mu_0\chi_\mathrm{m}\boldsymbol{H}$；$\boldsymbol{M}''$ 可表示剩磁或外加场源(如永久磁铁、交流线圈、天线等)的磁化强度。

$$\boldsymbol{B}=\mu_0(1+\chi_\mathrm{m})\boldsymbol{H}+\boldsymbol{M}''=\mu\boldsymbol{H}+\boldsymbol{M}'' \tag{3.3.3}$$

因此

$$\boldsymbol{J}_\mathrm{m}=\frac{\partial\boldsymbol{B}}{\partial t}=\mu\frac{\partial\boldsymbol{H}}{\partial t}+\frac{\partial\boldsymbol{M}''}{\partial t}=\boldsymbol{J}'_\mathrm{m}+\boldsymbol{J}''_\mathrm{m} \tag{3.3.4}$$

式中，$J''_{\mathrm{m}} = \dfrac{\partial \boldsymbol{M}''}{\partial t}$，对应外加源，不随磁场变化。

3.3.2　电性源的电磁势及其方程

假设场源只有电性源 $\boldsymbol{J}''$ 和 ρ，则由麦克斯韦方程中的 $\nabla \cdot \boldsymbol{B} = 0$ 可知，$\boldsymbol{B}$ 可以写成另一矢量函数的旋度：

$$\boldsymbol{B} \equiv \nabla \times \boldsymbol{A} \tag{3.3.5}$$

式中，$\boldsymbol{A}$ 为电矢势。代入 $\boldsymbol{E}$ 的旋度方程，得

$$\boldsymbol{E} = -\nabla \varphi - \frac{\partial \boldsymbol{A}}{\partial t} \tag{3.3.6}$$

于是，由麦克斯韦方程组得到关于 $\boldsymbol{A}$、φ 的方程：

$$\begin{cases} \nabla \times \nabla \times \boldsymbol{A} + \mu\varepsilon \nabla \dfrac{\partial^2 \boldsymbol{A}}{\partial t^2} + \mu\varepsilon \nabla \dfrac{\partial \varphi}{\partial t} = \mu \boldsymbol{J} \\ \nabla^2 \varphi + \nabla \cdot \dfrac{\partial \boldsymbol{A}}{\partial t} = -\rho / \varepsilon \end{cases} \tag{3.3.7}$$

由 $\boldsymbol{A}$ 的定义可知，在不影响 $\boldsymbol{B}$ 的前提下，$\boldsymbol{A}$ 可有一定的任意性，因此不妨要求 $\boldsymbol{A}$、φ 满足洛伦兹条件(规范化条件)：

$$\nabla \cdot \boldsymbol{A} + \mu\varepsilon \frac{\partial \varphi}{\partial t} = 0 \tag{3.3.8}$$

得到 $\boldsymbol{A}$ 和 φ 的方程

$$\begin{cases} \nabla^2 \boldsymbol{A} - \mu\varepsilon \dfrac{\partial^2 \boldsymbol{A}}{\partial t^2} = -\mu \boldsymbol{J} \\ \nabla^2 \varphi - \mu\varepsilon \dfrac{\partial^2 \varphi}{\partial t^2} = -\rho / \varepsilon \end{cases} \tag{3.3.9}$$

对于时谐场(时间因子用 $\mathrm{e}^{-\mathrm{i}\omega t}$ 表示)，$\dfrac{\partial}{\partial t} = -\mathrm{i}\omega$，方程进一步简化为

$$\begin{cases} \nabla^2 \boldsymbol{A} + \omega^2 \mu\varepsilon \boldsymbol{A} = -\mu \boldsymbol{J} \\ \nabla^2 \varphi + \omega^2 \mu\varepsilon \varphi = -\rho / \varepsilon \end{cases} \tag{3.3.10}$$

式(3.3.10)等号右端的 $\boldsymbol{J}$ 包含 $\boldsymbol{E}$，在求解时是有困难的，因此常采取另一种处理方法，其基本点是把 $\boldsymbol{J}$ 中的 $\sum \boldsymbol{J}''$ 部分分离出来：

$$\boldsymbol{J} = \boldsymbol{J}' + \sum \boldsymbol{J}'' = \sigma\left(-\nabla \varphi - \frac{\partial \boldsymbol{A}}{\partial t}\right) + \sum \boldsymbol{J}'' \tag{3.3.11}$$

并取规范化条件：

$$\nabla \cdot \boldsymbol{A} + \mu\varepsilon \frac{\partial \varphi}{\partial t} + \mu\sigma\varphi = 0 \tag{3.3.12}$$

于是，电磁势的方程为

$$\begin{cases} \nabla^2 \boldsymbol{A} - \mu\varepsilon \dfrac{\partial^2 \boldsymbol{A}}{\partial t^2} - \mu\sigma \dfrac{\partial \boldsymbol{A}}{\partial t} = -\mu \sum \boldsymbol{J}'' \\ \nabla^2 \varphi - \mu\varepsilon \dfrac{\partial^2 \varphi}{\partial t^2} - \mu\sigma \dfrac{\partial \varphi}{\partial t} = -\rho / \varepsilon \end{cases} \tag{3.3.13}$$

该方法的优点是在场源以外的区域，方程是齐次的，给求解带来很大方便。方程等号左端增加的每一项并不增加实质的困难，因为对于稳恒场，第 2、3 项均为零，对于真空或绝缘媒质，第 3 项为零，特别是对于最重要的时谐场情况。

$$-\mu\varepsilon \frac{\partial^2 \boldsymbol{A}}{\partial t^2} - \mu\sigma \frac{\partial \boldsymbol{A}}{\partial t} = \omega^2 \mu \left(\varepsilon + \mathrm{i} \frac{\sigma}{\omega} \right) \boldsymbol{A} = (\omega^2 \mu\varepsilon + \mathrm{i}\omega\mu\sigma) \boldsymbol{A} = k^2 \boldsymbol{A}$$

式中，$k^2 = \omega^2 \mu\varepsilon + \mathrm{i}\omega\mu\sigma$。$\boldsymbol{A}$、$\varphi$ 的方程为

$$\begin{cases} \nabla^2 \boldsymbol{A} + k^2 \boldsymbol{A} = -\mu \sum \boldsymbol{J}'' \\ \nabla^2 \varphi + k^2 \varphi = -\rho / \varepsilon \end{cases} \tag{3.3.14}$$

仍保持原有的形式，只有其中 k^2 为复量。

由式(3.3.14)解出 $\boldsymbol{A}$、φ，即可求得 $\boldsymbol{E}$、$\boldsymbol{B}$。

3.3.3 磁性源的电磁势及其方程

如果只有磁性场源，只考虑单个场源情况，即 $\boldsymbol{J}'' = 0$，$\rho = 0$，则麦克斯韦方程为

$$\begin{cases} \nabla \times \boldsymbol{E}_{\mathrm{m}} = -\mu \dfrac{\partial \boldsymbol{H}_{\mathrm{m}}}{\partial t} - \boldsymbol{J}''_{\mathrm{m}} \\ \nabla \times \boldsymbol{H}_{\mathrm{m}} = \sigma \boldsymbol{E}_{\mathrm{m}} + \varepsilon \dfrac{\partial \boldsymbol{E}_{\mathrm{m}}}{\partial t} \\ \nabla \cdot \boldsymbol{D}_{\mathrm{m}} = 0 \\ \nabla \cdot \boldsymbol{B}_{\mathrm{m}} = 0 \end{cases} \tag{3.3.15}$$

式中，下标 m 表示由磁性源产生的场。

$\boldsymbol{B}_{\mathrm{m}}$ 的方程可以改写为

$$\nabla \cdot \boldsymbol{H}_{\mathrm{m}} = -\mu_0 \nabla \cdot \frac{\boldsymbol{M}'}{\mu} = \frac{\rho'_{\mathrm{m}}}{\mu} \tag{3.3.16}$$

式中，ρ'_{m} 可表示“磁荷密度”，于是方程组在形式上与电性源的情况完全类似。由 $\nabla\cdot\boldsymbol{D}=0$，可以把 $\boldsymbol{D}$ 写成另一矢量函数的旋度：

$$\boldsymbol{D}\equiv-\nabla\times\boldsymbol{A}_{\mathrm{m}} \tag{3.3.17}$$

式中，$\boldsymbol{A}_{\mathrm{m}}$ 为磁矢势，代入 $\boldsymbol{H}_{\mathrm{m}}$ 的旋度方程，得

$$\boldsymbol{H}_{\mathrm{m}}=-\nabla\varphi_{\mathrm{m}}-\frac{\partial\boldsymbol{A}_{\mathrm{m}}}{\partial t}-\frac{\sigma}{\varepsilon}\boldsymbol{A}_{\mathrm{m}}$$

式中，φ_{m} 为磁标势。把以上 $\boldsymbol{D}$、$\boldsymbol{H}$ 代入麦克斯韦方程组并取规范化条件：

$$\nabla\cdot\boldsymbol{A}_{\mathrm{m}}+\mu\varepsilon\frac{\partial\varphi_{\mathrm{m}}}{\partial t}=0 \tag{3.3.18}$$

得

$$\nabla^2\boldsymbol{A}_{\mathrm{m}}-\mu\varepsilon\frac{\partial^2\boldsymbol{A}_{\mathrm{m}}}{\partial t^2}-\mu\sigma\frac{\partial\boldsymbol{A}_{\mathrm{m}}}{\partial t}=-\varepsilon\boldsymbol{J}''_{\mathrm{m}} \tag{3.3.19}$$

$$\nabla^2\varphi_{\mathrm{m}}-\mu\varepsilon\frac{\partial^2\varphi}{\partial t^2}-\mu\sigma\frac{\partial\varphi_{\mathrm{m}}}{\partial t}=-\frac{\rho'_{\mathrm{m}}}{\mu} \tag{3.3.20}$$

由此可求得磁性源的 $\boldsymbol{A}_{\mathrm{m}}$、$\varphi_{\mathrm{m}}$ 和相应的场强函数。

普遍地说，当磁性源和电性源同时存在时，根据场的叠加性，电磁场为两类场源产生的场之和：

$$\boldsymbol{E}=-\nabla\varphi-\frac{\partial\boldsymbol{A}}{\partial t}-\frac{1}{\varepsilon}\nabla\times\boldsymbol{A}_{\mathrm{m}} \tag{3.3.21}$$

$$\boldsymbol{H}=\frac{1}{\mu}\nabla\times\boldsymbol{A}-\frac{\partial\boldsymbol{A}_{\mathrm{m}}}{\partial t}-\frac{\sigma}{\varepsilon}\boldsymbol{A}_{\mathrm{m}}-\nabla\varphi_{\mathrm{m}} \tag{3.3.22}$$

由于场方程的相似性，只需先求出 $\boldsymbol{A}$、φ 或 $\boldsymbol{A}_{\mathrm{m}}$、$\varphi_{\mathrm{m}}$，另一部分可通过电磁类比得到。

3.4　边界条件和辐射条件

3.4.1　边界条件

麦克斯韦方程的微分形式只适用于介质的物理性质处于连续的空间区域，但实际遇到的介质总是有边界的，在边界面上其物理性质发生突变，导致边界面处矢量场也发生突变。因此，边界面上麦克斯韦方程的微分形式已失去意义，边界面两侧矢量场的关系要由麦克斯韦方程积分形式导出的边界条件确定。边界条件对于求得微分方程的定解是不可少的，它实际是把电磁场方程用于不同介质分界

面的结果(李貅等，2021a)。

在两种不同介质的边界上，由麦克斯韦方程的积分形式得到的边界面两侧电磁场的对应关系为

麦克斯韦方程积分形式　　相应的边界条件

$$\oint_l \boldsymbol{H}\cdot \mathrm{d}l=\iint_s\left(\boldsymbol{J}+\frac{\partial \boldsymbol{D}}{\partial t}\right)\cdot \mathrm{d}\boldsymbol{S} \qquad \boldsymbol{n}\times(\boldsymbol{H}_2-\boldsymbol{H}_1)=\boldsymbol{J}_{\mathrm{s}} \tag{3.4.1}$$

$$\oint_l \boldsymbol{E}\cdot \mathrm{d}l=\iint_s\left(\frac{\partial \boldsymbol{B}}{\partial t}\right)\cdot \mathrm{d}\boldsymbol{S} \qquad \boldsymbol{n}\times(\boldsymbol{E}_2-\boldsymbol{E}_1)=0 \tag{3.4.2}$$

$$\oiint_s \boldsymbol{D}\cdot \mathrm{d}\boldsymbol{S}=\iiint_V \rho \mathrm{d}V \qquad \boldsymbol{n}\cdot(\boldsymbol{D}_2-\boldsymbol{D}_1)=\rho_{\mathrm{s}} \tag{3.4.3}$$

$$\oiint_s \boldsymbol{B}\cdot \mathrm{d}\boldsymbol{S}=0 \qquad \boldsymbol{n}\cdot(\boldsymbol{B}_2-\boldsymbol{B}_1)=0 \tag{3.4.4}$$

$$\oiint_s \boldsymbol{J}\cdot \mathrm{d}\boldsymbol{S}=-\iiint_V \frac{\partial \rho}{\partial t}\mathrm{d}V \qquad \boldsymbol{n}\cdot(\boldsymbol{J}_2-\boldsymbol{J}_1)=-\frac{\partial \rho_{\mathrm{s}}}{\partial t} \tag{3.4.5}$$

式中，$\boldsymbol{J}_{\mathrm{s}}$ 为面(传导)电流密度；ρ_{s} 为自由电荷面密度；$\boldsymbol{n}$ 为介质 1 指向媒质 2 的单位法向矢量。对于无限空间问题，当场源只分布在有限空间时，应有距原点的距离 $r\to\infty$ 时场函数趋于零的性质。

3.4.2　辐射条件

对于辐射或散射等波场问题，还要考虑无穷远处的“辐射条件”。由于涉及亥姆霍兹方程的解等问题，此处只介绍条件，具体说明将在以后进行。

辐射条件是如果场源分布在有限区域内，ψ 在一闭曲面 S 外满足方程：

$$\nabla^2\psi+k^2\psi=-g \tag{3.4.6}$$

则 ψ 在下列条件下有唯一确定的解。

(1) ψ 在 S 上满足齐次边界条件 $\alpha\psi+\beta\dfrac{\partial\psi}{\partial \boldsymbol{n}}=0$，其中 $\boldsymbol{n}$ 为 S 的法向方向，α、β 为常数；

(2) 当距原点的距离 $r\to\infty$ 时，ψ 保持以 $\lim r\psi$ 有限小方式趋于零；

(3) ψ 满足辐射条件：

$$\lim_{r\to\infty} r\left(\frac{\partial\psi}{\partial r}-\mathrm{i}k\psi\right)=0$$

它的物理意义是在距离场源充分远处，只有发散(沿 r 增加方向传播)的行波。

3.5　均匀全空间中的偶极子场

偶极子场源可分为电偶极子和磁偶极子。电偶极子是指两端接地或不接地的通有电流 I 的短导线，其长度 l 远小于供电和接收之间的距离 r ，电偶极子的偶极矩 $P_{\mathrm{E}}=Il$ 。磁偶极子是指小型多匝线圈，其直径与发射和接受之间距离(简称“收–发距”)相比较很小，磁矩为 $P_{\mathrm{M}}=ISN$ ，其中 S 为发射线圈面积， N 为匝数。

3.5.1　均匀全空间中偶极子场源的矢量位

由电磁场理论可知，电偶极子在直角坐标系和球坐标系(图 3.5.1)中的矢量位表达式为(李貅等，2021a)

$$\begin{cases} A_z=\dfrac{P_{\mathrm{E}}}{4\pi}\dfrac{\mathrm{e}^{-kR}}{R}, \quad A_x=A_y=0 \\ A_R=\dfrac{P_{\mathrm{E}}}{4\pi}\dfrac{\mathrm{e}^{-kR}}{R}\cos\theta \\ A_\theta=-\dfrac{P_{\mathrm{E}}}{4\pi}\dfrac{\mathrm{e}^{-kR}}{R}\sin\theta, \quad A_\varphi=0 \end{cases} \tag{3.5.1}$$

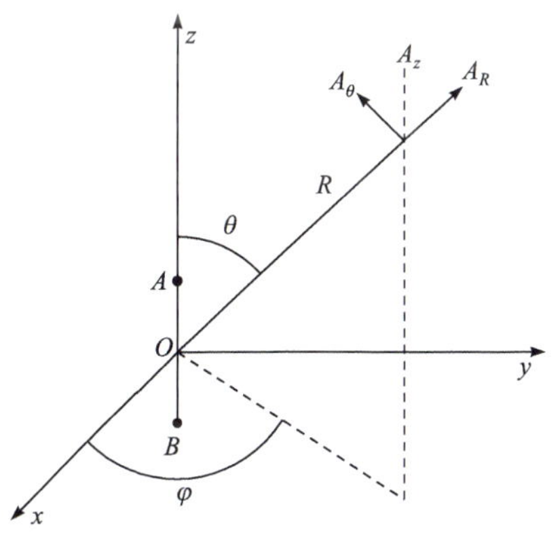

图 3.5.1　全空间中电偶极子场

式中，k 为波数。为了证明式(3.5.1)成立，可利用直流偶极子磁场的毕奥–萨伐尔定律：

$$H_\varphi=\frac{P_{\mathrm{E}}}{4\pi}\frac{\sin\varphi}{R} \tag{3.5.2}$$

因为 $\boldsymbol{H}=\nabla\times\boldsymbol{A}$ ，则在球坐标系 R 、θ 、φ 中，有

$$\begin{cases} H_\varphi=(\nabla\times\boldsymbol{A})_\varphi=\dfrac{1}{R}\left(A_\theta+R\dfrac{\partial A_\theta}{\partial R}-\dfrac{\partial A_R}{\partial\theta}\right)=\dfrac{P_{\mathrm{E}}}{4\pi}\dfrac{\sin\theta}{R^2} \\ H_R=(\nabla\times\boldsymbol{A})_R=\dfrac{1}{R\sin\theta}\left(A_\varphi\cos\theta+\sin\theta\dfrac{\partial A_\varphi}{\partial\theta}-\dfrac{\partial A_\theta}{\partial\varphi}\right)=0 \\ H_\theta=(\nabla\times\boldsymbol{A})_\theta=\dfrac{1}{R\sin\theta}\left(\dfrac{\partial A_R}{\partial\varphi}-A_\varphi\sin\theta-R\sin\theta\dfrac{\partial A_\varphi}{\partial R}\right)=0 \end{cases} \tag{3.5.3}$$

从这一方程组中可以解出未知量 A_θ 、A_φ 和 A_R 。由于问题的对称性，场分量不应与 φ 有关，即

$$\frac{\partial A_\theta}{\partial\varphi}=\frac{\partial A_R}{\partial\varphi}=\frac{\partial A_\varphi}{\partial\varphi}=0$$

故可将式(3.5.3)简化为

$$\begin{cases} A_\theta + R\dfrac{\partial A_\theta}{\partial R} - \dfrac{\partial A_\varphi}{\partial \varphi} = \dfrac{P_{\mathrm{E}}}{4\pi}\dfrac{\sin\theta}{R} \\ A_\varphi \cos\theta + \dfrac{\partial A_\varphi}{\partial \theta} = 0 \\ A_\varphi + R\dfrac{\partial A_\varphi}{\partial R} = 0 \end{cases} \tag{3.5.4}$$

式(3.5.4)的解为

$$\begin{cases} A_R = \dfrac{P_{\mathrm{E}}}{4\pi}\dfrac{\cos\theta}{R} \\ A_\theta = -\dfrac{P_{\mathrm{E}}}{4\pi}\dfrac{\sin\theta}{R} \\ A_\varphi = 0 \end{cases} \tag{3.5.5}$$

在式(3.5.1)中令 $\omega = 0$ (k 与 ω 相关，$\omega = 0$ 时 $k = 0$)，得到式(3.5.5)。因为式(3.5.5)是直流偶极子的矢量位分量，所以式(3.5.1)在 $\omega = 0$ 的极限情况是很自然的。

从式(3.5.5)可见，直流偶极子的矢量位仅仅是从源中心到观测点的距离 R 的函数，并且只有垂直分量。显然，对于交变偶极子也是如此，即

$$A_z = A(R), \quad A_x = A_y = 0$$

在这种情况下，亥姆霍兹方程为

$$\frac{1}{R^2}\frac{\partial}{\partial R}R^2\frac{\partial A}{\partial R} = kA$$

或者

$$\frac{\partial^2}{\partial R^2}AR = kAR \tag{3.5.6}$$

该式的一般解为

$$A = C_1\frac{\mathrm{e}^{kR}}{R} + C_2\frac{\mathrm{e}^{-kR}}{R} \tag{3.5.7}$$

式中，C_1、C_2 为常数，考虑无穷远条件(矢量位在无穷远处为零)，式(3.5.7)中只能选择：

$$A_z = C_2\frac{\mathrm{e}^{-kR}}{R}, \quad A_x = A_y = 0 \tag{3.5.8}$$

式(3.5.8)与式(3.5.5)比较，应得

$$C_2 = \frac{P_{\mathrm{E}}}{4\pi}$$

$$\begin{cases} A_z = \dfrac{P_{\mathrm{E}}}{4\pi}\dfrac{\mathrm{e}^{-kR}}{R} \\ A_x = A_y = 0 \end{cases} \tag{3.5.9}$$

由于矢量位具有球对称性，因此由它产生的电磁波为球面波。

对于磁偶极子源的情况，可以考虑磁偶极子轴方向为 z 轴。这时，矢量位只有 z 分量，并表示为 A_z^*，满足的方程为

$$\frac{1}{R}\frac{\partial}{\partial R}R^2\frac{\partial A_z^*}{\partial R}-k^2A_z^*=0 \tag{3.5.10}$$

其解为

$$A_z=C\frac{\mathrm{e}^{-kR}}{R} \tag{3.5.11}$$

式中，C 为积分常数。取式(3.5.11)的散度，有

$$\nabla\cdot\boldsymbol{A}^*=\frac{\partial A_z^*}{\partial z}=-C\frac{\mathrm{e}^{-kR}}{R^2}(1+kR)\cos\theta$$

已知矢量和标量位的关系为

$$\nabla\cdot\boldsymbol{A}^*=\mathrm{i}\omega\mu\varphi^*$$

因此，有

$$\varphi^*=\frac{C}{\mathrm{i}\omega\mu}\frac{\mathrm{e}^{-kR}}{R^2}(1+kR)\cos\theta \tag{3.5.12}$$

磁偶极子引起的静磁场标量位表达式为

$$\varphi_0^*=\frac{P_{\mathrm{M}}}{4\pi R^2}\cos\theta \tag{3.5.13}$$

这一表达式是式(3.5.12)在 $\omega\to 0$ 极限情况的结果，于是可以得出

$$C=\mathrm{i}\omega\mu\frac{P_{\mathrm{M}}}{4\pi} \tag{3.5.14}$$

将式(3.5.14)代入式(3.5.1)，得

$$\begin{cases}A_z^*=\mathrm{i}\omega\mu\dfrac{P_{\mathrm{M}}}{4\pi}\dfrac{\mathrm{e}^{-kR}}{R}\\A_x^*=A_y^*=0\end{cases} \tag{3.5.15}$$

3.5.2　均匀全空间中电偶极子场源的电磁场

将式(3.5.1)代入式(3.5.3)中，并考虑

$$A_\varphi=\frac{\partial A_R}{\partial\varphi}=\frac{\partial A_\theta}{\partial\varphi}=0$$

$$\frac{\partial}{\partial R}\frac{\mathrm{e}^{-kR}}{R}=\frac{-1-kR}{R^2}\mathrm{e}^{-kR}$$

得电偶极子场源的磁场分量表达式：

$$\begin{cases} H_{\varphi}=\dfrac{P_{\mathrm{E}}}{4\pi}\dfrac{\mathrm{e}^{-kR}}{R^{2}}(1+kR)\sin\theta \\ H_{R}=H_{\theta}=0 \end{cases} \tag{3.5.16}$$

在球坐标系中，电场分量表达式为

$$\begin{cases} E_{R}=\mathrm{i}\omega\mu\left(A_{R}-\dfrac{1}{k^{2}}\dfrac{\partial}{\partial R}\nabla\cdot\boldsymbol{A}\right) \\ E_{\theta}=\mathrm{i}\omega\mu\left(A_{\theta}-\dfrac{1}{k^{2}R}\nabla\cdot\boldsymbol{A}\right) \\ E_{\varphi}=\mathrm{i}\omega\mu\left(A_{\varphi}-\dfrac{1}{k^{2}R\sin\theta}\dfrac{\partial}{\partial\varphi}\nabla\cdot\boldsymbol{A}\right) \end{cases} \tag{3.5.17}$$

由于

$$\nabla\cdot\boldsymbol{A}=\frac{1}{R^{2}\sin\theta}\left(\frac{\partial}{\partial R}R^{2}A_{R}\sin\theta+\frac{\partial}{\partial\theta}RA_{\theta}\sin\theta+\frac{\partial}{\partial\varphi}RA_{\varphi}\right) \tag{3.5.18}$$

且 $A_{\varphi}=0$，则将式(3.5.1)代入式(3.5.18)，得

$$\nabla\cdot\boldsymbol{A}=-\frac{P_{\mathrm{E}}}{4\pi}\frac{\mathrm{e}^{-kR}}{R^{2}}(1+kR)\cos\theta$$

考虑到 $\dfrac{\partial}{\partial\varphi}(\nabla\cdot\boldsymbol{A})=0$，故由式(3.5.12)得

$$\begin{cases} E_{R}=-\mathrm{i}\omega\mu\dfrac{2P_{\mathrm{E}}}{4\pi}\dfrac{\mathrm{e}^{-kR}}{kR^{3}}(1+kR)\cos\theta \\ E_{\theta}=-\mathrm{i}\omega\mu\dfrac{P_{\mathrm{E}}}{4\pi}\dfrac{\mathrm{e}^{-kR}}{kR^{3}}(1-kR+k^{2}R^{2})\sin\theta \\ E_{\varphi}=0 \end{cases} \tag{3.5.19}$$

当忽略位移电流，即 $-\mathrm{i}\omega\mu/k^{2}=\rho$，则利用 $k=b-\mathrm{i}a$ 和 $P_{\mathrm{E}}=P_{\mathrm{E0}}\mathrm{e}^{-\mathrm{i}\omega t}$，其中 P_{E0} 为 P_{E} 的模，得到无限均匀介质中似稳状态下电偶极子场源的电磁场分量(李貅等，2021a)：

$$\begin{cases} H_{\varphi}=\dfrac{P_{\mathrm{E0}}}{4\pi}\dfrac{\mathrm{e}^{-bR}}{R^{2}}\sin\theta(1+kR)\mathrm{e}^{\mathrm{i}(bR-\omega t)} \\ E_{R}=\dfrac{2\rho P_{\mathrm{E0}}}{4\pi}\dfrac{\mathrm{e}^{-kR}}{R^{3}}\cos\theta(1+kR)\mathrm{e}^{\mathrm{i}(bR-\omega t)} \\ E_{\theta}=\dfrac{\rho P_{\mathrm{E0}}}{4\pi}\dfrac{\mathrm{e}^{-kR}}{R^{3}}\sin\theta(1+kR+k^{2}R^{2})\mathrm{e}^{\mathrm{i}(bR-\omega t)} \\ H_{R}=H_{\theta}=E_{\varphi}=0 \end{cases} \tag{3.5.20}$$

分析式(3.5.20)可得到电偶极子场的特点如下：磁力线具有闭合的同心圆形态，且位于垂直偶极子轴的平面上；磁场强度极大值位于“赤道平面”上，零值在偶极子轴上；电力线位于偶极子的“子午面”上。

3.5.3　均匀全空间中磁偶极子场源的电磁场

从式(3.5.10)出发，利用矢量位 $\boldsymbol{A}$ 和 $\boldsymbol{A}^*$ 之间的类比关系，即可写出磁偶极子的电磁场表达式。式(3.5.19)和式(3.5.20)中必须以 P_{M}、H_R^*、H_θ^*、E_φ^* 及 $-\varepsilon'$ 来分别代替 P_{E}、E_R、E_θ、H_φ 及 μ，此时得(李貅等，2021a)

$$\begin{cases} E_\varphi^* = \dfrac{P_{\mathrm{M}}}{4\pi}\dfrac{\mathrm{e}^{-kR}}{R^2}(1+kR)\sin\theta \\ H_R^* = \mathrm{i}\omega\varepsilon'\dfrac{2P_{\mathrm{M}}}{4\pi}\dfrac{\mathrm{e}^{-kR}}{k^2R^3}(1+kR)\cos\theta \\ H_\theta^* = \mathrm{i}\omega\varepsilon'\dfrac{P_{\mathrm{M}}}{4\pi}\dfrac{\mathrm{e}^{-kR}}{k^2R^3}(1+kR+k^2R^2)\sin\theta \\ H_\varphi^* = E_R^* = E_\theta^* = 0 \end{cases} \tag{3.5.21}$$

3.6　均匀半空间上方水平单个电偶极子的电磁场

在均匀半空间上方研究交变电偶极子场源的正常电磁场，是电法勘探的重要理论问题。AB 中心点到观测点之间距离大于 AB 长度的3～5倍，在观测点处的场可近似认为是偶极子场。长导线场源的电磁场求解问题，实质上以偶极子场源电磁场的积分方式来求解，因为这样的场源可看成偶极子场源的组合。

3.6.1　矢量位表达式

设在两种介质分界面上 h 高度处沿 x 方向有长度为 $\mathrm{d}x = L$ 的电偶极子。其中的电流为 $I = I_0\mathrm{e}^{-\mathrm{i}\omega t}$，坐标原点在偶极子中心处，$z$ 轴朝下，见图 3.6.1。需要解的方程是

$$\nabla^2\boldsymbol{A} - k^2\boldsymbol{A} = 0$$

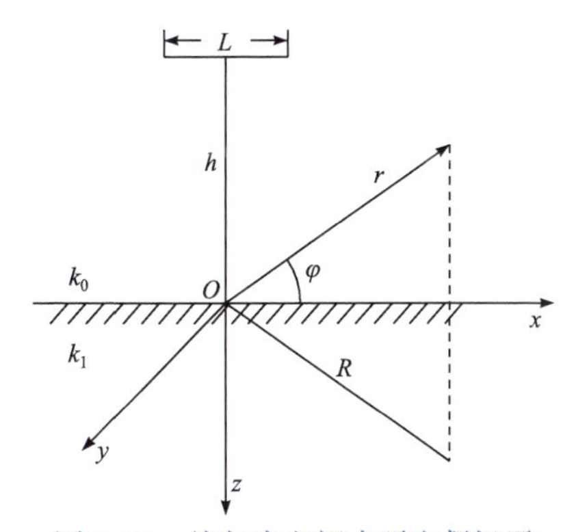

图 3.6.1　均匀半空间水平电偶极子

显然，这样的偶极子场分布相对于通过偶极子的铅垂面来说是对称的。因此，除 x 方向的矢量位分量之外，还出现 z 方向的分

量。也就是说，分界面的影响不仅改变 A_x 分量，而且破坏场在 z 方向有对称性，出现矢量位的感应分量 A_z 。

亥姆霍兹方程在柱坐标系中可写为

$$\frac{\partial^2 A}{\partial r^2}+\frac{1}{r}\frac{\partial A}{\partial r}+\frac{1}{r^2}\frac{\partial^2 A}{\partial \varphi^2}+\frac{\partial^2 A}{\partial z^2}-k^2 A=0 \tag{3.6.1}$$

式中，A 为矢量位 $\boldsymbol{A}$ 的 x 或 z 分量；$k=\sqrt{-\mathrm{i}\omega\sigma\mu}$ 。

利用分离变量法解式(3.6.1)，其通解为

$$A=\sum_{n=0}^{\infty}\cos n\varphi\int_0^{\infty}(C_1\mathrm{e}^{uz}+C_2\mathrm{e}^{-uz})J_n(\lambda r)\mathrm{d}\lambda \tag{3.6.2}$$

式中，$u=\sqrt{\lambda^2+k^2}$ ；$r=\sqrt{x^2+y^2}$ ；J_n 为 n 阶贝塞尔函数；λ 为柱坐标下变量。显然，由于 $\sin n\varphi$ 的奇函数性质，积分为 0，因此在解式(3.6.2)中未能出现。

当频率趋于零($\omega\to 0$)时，矢量位 $\boldsymbol{A}$ 的解应转变为直流电场的情形，可以写为

$$A_x=\frac{P_{\mathrm{E}}}{4\pi}\int_0^{\infty}\mathrm{e}^{\pm\lambda z}J_0(\lambda r)\mathrm{d}\lambda \tag{3.6.3}$$

$$A_z=\frac{P_{\mathrm{E}}}{4\pi}\cos\varphi\int_0^{\infty}\mathrm{e}^{\pm\lambda z}J_1(\lambda r)\mathrm{d}\lambda \tag{3.6.4}$$

式中，$P_{\mathrm{E}}=IL$ 。可见，当 $n=0$ 时，由式(3.6.2)可得式(3.6.3)；当 $n=1$ 时，由式(3.6.2)可得式(3.6.4)。

在上半空间 $(k=k_0)$ ，有

$$A_{x0}=\frac{P_{\mathrm{E}}}{4\pi}\frac{\mathrm{e}^{-k_0 R}}{R}+\int_0^{\infty}C_1\mathrm{e}^{u_0 z}J_0(\lambda r)\mathrm{d}\lambda \tag{3.6.5}$$

$$A_{z0}=\frac{P_{\mathrm{E}}}{4\pi}\cos\varphi\int_0^{\infty}C_2\mathrm{e}^{u_0 z}J_1(\lambda r)\mathrm{d}\lambda \tag{3.6.6}$$

在下半空间 $(k=k_1)$ ，有

$$A_{z1}=\frac{P_{\mathrm{E}}}{4\pi}\int_0^{\infty}C_3\mathrm{e}^{-u_1 z}J_0(\lambda r)\mathrm{d}\lambda \tag{3.6.7}$$

$$A_{z1}=\frac{P_{\mathrm{E}}}{4\pi}\cos\varphi\int_0^{\infty}C_4\mathrm{e}^{-u_1 z}J_1(\lambda r)\mathrm{d}\lambda \tag{3.6.8}$$

式中，$R=\sqrt{r^2+z^2}$ ；C_1～C_4 为积分常数，由下面列出的边界条件来确定。

当 $z=h$ 时，有

$$\begin{cases} A_{x0}=A_{x1} \\ \mu_0 A_{x0}=\mu_1 A_{x1} \\ \dfrac{1}{k_0^2}\nabla\cdot\boldsymbol{A}_0=\dfrac{1}{k_1^2}\nabla\cdot\boldsymbol{A}_1 \\ \dfrac{\partial A_{z0}}{\partial z}=\dfrac{\partial A_{z1}}{\partial z} \end{cases} \tag{3.6.9}$$

设 $\mu_0=\mu_1$，由索末菲积分：

$$S=\frac{\mathrm{e}^{-kR}}{R}=\int_0^\infty \frac{\lambda}{u}\mathrm{e}^{-uz}J_0(\lambda r)\mathrm{d}\lambda,\quad z>0 \tag{3.6.10}$$

由第一、第二及第四边界条件分别给出：

$$C_2\mathrm{e}^{-u_0h}=C_4\mathrm{e}^{-u_1h}$$

$$\frac{P_\mathrm{E}}{4\pi}\frac{\lambda}{u_0}\mathrm{e}^{-u_0h}+C_1\mathrm{e}^{u_0h}=C_3\mathrm{e}^{-u_1h}$$

$$-\frac{P_\mathrm{E}}{4\pi}\lambda\mathrm{e}^{-u_0h}+C_1u_0\mathrm{e}^{u_0h}=-C_3u_1\mathrm{e}^{-u_1h}$$

为了利用第三边界条件，首先计算散度，然后求得

$$-\frac{P_\mathrm{E}}{4\pi}\frac{\lambda^2}{u_0k_0^2}\mathrm{e}^{-u_0h}-C_1\frac{\lambda}{k_0^2}\mathrm{e}^{u_0h}+C_2\frac{u_0}{k_0^2}\mathrm{e}^{u_0h}$$
$$=-C_3\frac{\lambda}{k_1^2}\mathrm{e}^{-u_1h}-C_4\frac{u_1}{k_1^2}\mathrm{e}^{-u_1h}$$

令 $h=0$，即在地面上，有

$$\begin{cases} C_2=C_4 \\ C_1-C_3=-\dfrac{P_\mathrm{E}}{4\pi}\dfrac{\lambda}{u_0} \\ C_1u_0+C_3u_1=\dfrac{P_\mathrm{E}}{4\pi}\lambda \\ -C_1\dfrac{\lambda}{k_0^2}+C_2\dfrac{u_0}{k_0^2}+C_3\dfrac{\lambda}{k_1^2}+C_4\dfrac{u_1}{k_1^2}=\dfrac{P_\mathrm{E}}{4\pi}\dfrac{\lambda^2}{k_0^2u_0} \end{cases}$$

解上述方程组，得

$$\begin{cases} C_1 = \dfrac{P_\mathrm{E}}{4\pi}\dfrac{\lambda}{u_0}\dfrac{u_0 - u_1}{u_0 + u_1} \\ C_3 = \dfrac{P_\mathrm{E}}{4\pi}\dfrac{\lambda}{u_0 + u_1} \\ C_2 = C_4 = \dfrac{2P_\mathrm{E}}{4\pi}\dfrac{\lambda^2(k_1^2 - k_0^2)}{(u_0 + u_1)(k_1^2 u_0 + k_0^2 u_1)} \end{cases}$$

当上半空间为空气介质时，即 $k_0 = 0$，在 $z<0$ 的介质中，有

$$A_{x0} = \frac{2P_\mathrm{E}}{4\pi}\int_0^\infty \frac{\lambda}{\lambda + u_1}\mathrm{e}^{\lambda z} J_0(\lambda r)\mathrm{d}\lambda \tag{3.6.11}$$

$$A_{z0} = \frac{2P_\mathrm{E}}{4\pi}\cos\varphi\int_0^\infty \frac{\lambda}{\lambda + u_1}\mathrm{e}^{\lambda z} J_1(\lambda r)\mathrm{d}\lambda \tag{3.6.12}$$

在下半空间($z>0$)中，有

$$A_{x1} = \frac{2P_\mathrm{E}}{4\pi}\int_0^\infty \frac{\lambda}{\lambda + u_1}\mathrm{e}^{-u_1 z} J_0(\lambda r)\mathrm{d}\lambda \tag{3.6.13}$$

$$A_{z1} = \frac{2P_\mathrm{E}}{4\pi}\cos\varphi\int_0^\infty \frac{\lambda}{\lambda + u_1}\mathrm{e}^{-u_1 z} J_1(\lambda r)\mathrm{d}\lambda \tag{3.6.14}$$

3.6.2 地面电磁场表达式

接下来求电场和磁场在地面上的各个分量，由

$$E_x = \mathrm{i}\omega\mu\left(A_{x1} - \frac{1}{k_1^2}\frac{\partial}{\partial x}\nabla\cdot\boldsymbol{A}_1\right) \tag{3.6.15}$$

$$\nabla\cdot\boldsymbol{A}_1 = -\frac{2P_\mathrm{E}}{4\pi r^3}x \tag{3.6.16}$$

式中，E_x 为电场 x 分量。将式(3.6.13)和式(3.6.16)代入式(3.6.15)，得

$$E_x = \mathrm{i}\omega\mu\frac{2P_\mathrm{E}}{4\pi}\left[\int_0^\infty \frac{\lambda}{\lambda + u_1}\mathrm{e}^{-u_1 z} J_0(\lambda r)\mathrm{d}\lambda + \frac{1}{k_1^2}\frac{\partial}{\partial x}\frac{x}{r^3}\right] \tag{3.6.17}$$

由

$$E_y = -\mathrm{i}\omega\mu\frac{1}{k_1^2}\frac{\partial}{\partial y}\nabla\cdot\boldsymbol{A}_1 \tag{3.6.18}$$

将式(3.6.16)代入式(3.6.18)，得

$$E_y = \frac{P_\mathrm{E}\rho_1}{2\pi r^3}3\cos\varphi\sin\varphi \tag{3.6.19}$$

式中，E_y 为电场 y 分量；ρ_1 为第一层电阻率。

由 $\boldsymbol{H}=\nabla\times\boldsymbol{A}$，可写出：

$$H_x=\frac{\partial A_{z1}}{\partial y}=\frac{y}{r}\frac{\partial A_{z1}}{\partial r} \tag{3.6.20}$$

$$H_y=\frac{\partial A_{x1}}{\partial z}-\frac{\partial A_{z1}}{\partial x} \tag{3.6.21}$$

$$H_z=-\frac{\partial A_{x1}}{\partial y}=-\frac{y}{r}\frac{\partial A_{x1}}{\partial r} \tag{3.6.22}$$

在地面($z=0$)，将式(3.6.13)和式(3.6.14)代入式(3.6.20)、式(3.6.21)和式(3.6.22)，得

$$H_x=\frac{2P_{\mathrm{E}}}{4\pi}\frac{y}{r}\frac{\partial}{\partial r}\left[\cos\varphi\int_0^{\infty}\frac{\lambda}{\lambda+u_1}J_1(\lambda r)\mathrm{d}\lambda\right] \tag{3.6.23}$$

$$H_y=\frac{2P_{\mathrm{E}}}{4\pi}\left[\frac{\partial}{\partial z}\int_0^{\infty}\frac{\lambda}{\lambda+u_1}J_0(\lambda r)\mathrm{d}\lambda-\frac{\partial}{\partial x}\cos\varphi\int_0^{\infty}\frac{\lambda}{\lambda+u_1}J_1(\lambda r)\mathrm{d}\lambda\right] \tag{3.6.24}$$

$$H_z=\frac{2P_{\mathrm{E}}}{4\pi}\frac{y}{r}\int_0^{\infty}\frac{\lambda^2}{\lambda+u_1}J_1(\lambda r)\mathrm{d}\lambda \tag{3.6.25}$$

由于实际中使用的电性源可能长达数千米，在近区和过渡区，场源不能被看作电偶极子源。这时对于空间任意一点，想要得到精确的频率域磁场计算结果，需要沿着场源进行积分。积分方法的求解比较困难，本书采用简化积分法，采用剖分叠加、有限求和的方式，将长度为 ds 的场源剖分成 m 段电偶极子，然后将每一段电偶极子产生的频率域磁场叠加在一起，近似计算总场源的频率域磁场(图 3.6.2)。

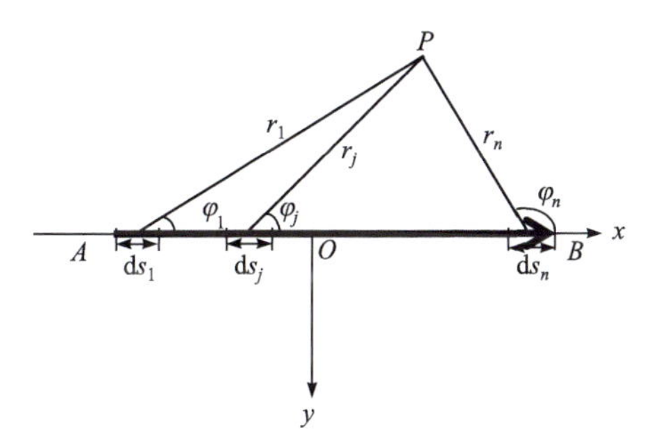

图 3.6.2　单辐射场源剖分俯视图

ds_j 为剖分的第 j 个电偶极子的长度；φ_j 和 r_j 分别为测点在地表的投影 P 与第 j 个电偶极子的夹角和对应的偏移距；j 取 1～n

均匀大地单辐射场源在空中产生的频率域磁场强度表达式为

$$\begin{cases} H_x(\omega)=\sum_{j=1}^{n}\left[-\frac{P_{\mathrm{E}j}}{2\pi}\frac{\sin\varphi_j\cos\varphi_j}{r_j}\int_0^{\infty}\frac{2\lambda}{\lambda+u_1}\mathrm{e}^{\lambda z}J_1(\lambda r_j)\mathrm{d}\lambda\right.\\ \qquad\left.+\frac{P_{\mathrm{E}j}}{2\pi}\sin\varphi_j\cos\varphi_j\int_0^{\infty}\frac{\lambda^2}{\lambda+u_1}\mathrm{e}^{\lambda z}J_0(\lambda r_j)\mathrm{d}\lambda\right] \\ H_y(\omega)=\sum_{j=1}^{n}\left[\frac{P_{\mathrm{E}j}}{2\pi}\frac{(\cos^2\varphi_j-\sin^2\varphi_j)}{r_j}\int_0^{\infty}\frac{\lambda}{\lambda+u_1}\mathrm{e}^{\lambda z}J_1(\lambda r_j)\mathrm{d}\lambda\right.\\ \qquad\left.+\frac{P_{\mathrm{E}j}}{2\pi}\sin^2\varphi_j\int_0^{\infty}\frac{\lambda^2}{\lambda+u_1}\mathrm{e}^{\lambda z}J_0(\lambda r_j)\mathrm{d}\lambda\right] \\ H_z(\omega)=\sum_{j=1}^{n}\frac{P_{\mathrm{E}_j}}{2\pi}\sin\varphi_j\int_0^{\infty}\frac{\lambda^2}{\lambda+u_1}\mathrm{e}^{\lambda z}J_1(\lambda r_j)\mathrm{d}\lambda \end{cases} \tag{3.6.26}$$

式中，$P_{\mathrm{E}j}=I\mathrm{d}s_j$，$I$为电流强度，$\mathrm{d}s_j$为剖分的第$j$个电偶极子的长度；$\varphi_j$和$r_j$分别为测点$M$在地表的投影$P$与第$j$个电偶极子的夹角和对应的偏移距；$n$为电性源的剖分个数。

3.7 水平层状介质上方多辐射源水平电偶极子的电磁场

3.7.1 单辐射源表达式

设有n层各向同性水平层状大地，电偶极子A、B位于地表，沿x轴正方向放置，坐标原点O位于电偶极子中心，空中任意测点M至地表的距离为z，M在地表的投影P距坐标原点O的距离为r，r与x轴正方向的夹角为φ，见图3.7.1。

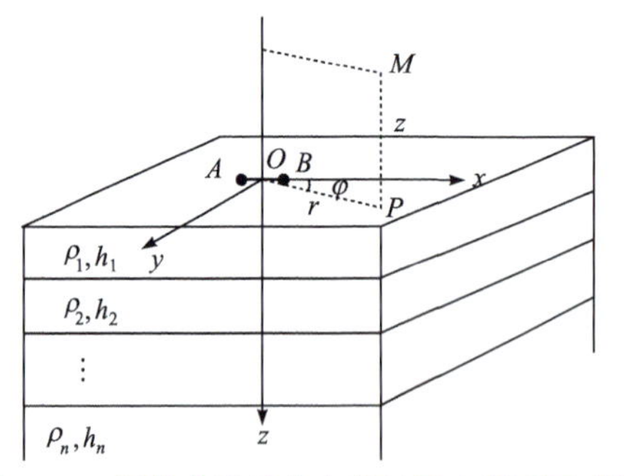

图3.7.1　层状大地地表电偶极子坐标系示意图

设在如图3.7.1所示的n层水平介质地表分界面上，沿x方向有长度为$\mathrm{d}L$的电偶极子，电流为$I=I_0\mathrm{e}^{-\mathrm{i}\omega t}$，其中$I_0$为$I$的模。坐标原点位于偶极子中心对应正下方地表处，$z$轴朝下。为求解电磁场各分量场值，引入矢量位$\boldsymbol{A}$，则需要求解的方程是

$$\nabla^2\boldsymbol{A}-k^2\boldsymbol{A}=0 \tag{3.7.1}$$

对于均匀无限大地中的电偶极子场，有且只有x方向分量，即只有A_x分量不为零。对于如图3.7.1所示的模型，电偶极子场的分布很明显相对于通过电偶极子

的铅垂面来说是对称的，所以没有 y 方向的分量，即 $A_y = 0$ 。由于分界面破坏了场在 z 方向的对称性，因此出现了矢量位的感应分量 A_z 。矢量位 $\boldsymbol{A}$ 只有 A_x 和 A_z 分量，$A_y = 0$ 。场分量表示为

$$\boldsymbol{B} = \mu_0 \nabla \times \boldsymbol{A} \tag{3.7.2}$$

$$\boldsymbol{E} = \mathrm{i}\omega\mu_0 \boldsymbol{A} - \nabla \Phi \tag{3.7.3}$$

式中，

$$\Phi = \frac{\mathrm{i}\omega\mu_0}{k^2} \nabla \cdot \boldsymbol{A} \tag{3.7.4}$$

在柱坐标中，A_x 和 A_z 分量均满足：

$$\frac{\partial^2 \boldsymbol{A}}{\partial^2 r} + \frac{1}{r}\frac{\partial \boldsymbol{A}}{\partial r} + \frac{\partial^2 \boldsymbol{A}}{\partial z^2} - k^2 \boldsymbol{A} = 0 \tag{3.7.5}$$

层状大地距离地表 h 高度处放置的电偶极子在空中产生的电矢量位 A_{x0} 由均匀介质中的矢量位和感应二次场的矢量位共同组成，即

$$A_{x0} = \frac{P_{\mathrm{E}}}{4\pi} \int_0^{\infty} \left(\frac{\lambda}{u_0} \mathrm{e}^{-u_0|z+h|} + \frac{-\dfrac{\lambda}{u_0}\dfrac{u_1}{R_1} + \lambda}{u_0 + \dfrac{u_1}{R_1}} \mathrm{e}^{-u_0 h} \mathrm{e}^{u_0 z} \right) J_0(\lambda r) \mathrm{d}\lambda \tag{3.7.6}$$

空中的电矢量位 A_{x0} 根据位置的不同可分为

$$\begin{cases} A_{x0} = \dfrac{P_{\mathrm{E}}}{4\pi} \displaystyle\int_0^{\infty} \left[\frac{\lambda}{u_0} \mathrm{e}^{-u_0(z+h)} + \frac{-\dfrac{\lambda}{u_0}\dfrac{u_1}{R_1} + \lambda}{u_0 + \dfrac{u_1}{R_1}} \mathrm{e}^{-u_0 h} \mathrm{e}^{u_0 z} \right] J_0(\lambda r) \mathrm{d}\lambda \quad (|z| < h) \\ A_{x0} = \dfrac{P_{\mathrm{E}}}{4\pi} \displaystyle\int_0^{\infty} \left[\frac{\lambda}{u_0} \mathrm{e}^{u_0(z+h)} + \frac{-\dfrac{\lambda}{u_0}\dfrac{u_1}{R_1} + \lambda}{u_0 + \dfrac{u_1}{R_1}} \mathrm{e}^{-u_0 h} \mathrm{e}^{u_0 z} \right] J_0(\lambda r) \mathrm{d}\lambda \quad (|z| > h) \end{cases} \tag{3.7.7}$$

当求解空中的电磁场时，应使用 $|z| > h$ 对应的电矢量位，即

$$A_{x0} = \frac{P_{\mathrm{E}}}{4\pi} \int_0^{\infty} \left[\frac{\lambda}{u_0} \mathrm{e}^{u_0(z+h)} + \frac{-\dfrac{\lambda}{u_0}\dfrac{u_1}{R_1} + \lambda}{u_0 + \dfrac{u_1}{R_1}} \mathrm{e}^{-u_0 h} \mathrm{e}^{u_0 z} \right] J_0(\lambda r) \mathrm{d}\lambda \tag{3.7.8}$$

将电偶极子放置于地表，即 $h = 0$ ，在空中有

$$A_{x0}=\frac{P_{\mathrm{E}}}{4\pi}\int_0^{\infty}\left(\frac{\lambda}{u_0}\mathrm{e}^{u_0 z}+\frac{-\frac{\lambda}{u_0}\frac{u_1}{R_1}+\lambda}{u_0+\frac{u_1}{R_1}}\mathrm{e}^{u_0 z}\right)J_0(\lambda r)\mathrm{d}\lambda=\frac{P_{\mathrm{E}}}{4\pi}\int_0^{\infty}\frac{2\lambda\mathrm{e}^{\lambda z}}{\lambda+u_1/R_1}J_0(\lambda r)\mathrm{d}\lambda \quad (3.7.9)$$

类比均匀大地地表电偶极子在空中产生的电矢量位[式(3.6.11)、式(3.6.12)]，设层状大地地表电偶极子在空中产生的电矢量位 A_{z0} 满足如下形式：

$$A_{z0}=\frac{P_{\mathrm{E}}}{4\pi}\cos\varphi\int_0^{\infty}d_0\mathrm{e}^{u_0 z}J_1(\lambda r)\mathrm{d}\lambda \quad (3.7.10)$$

已知层状大地地表电偶极子在地表处产生的电矢量位 A_{z1} 为

$$A_{z1}=\frac{P_{\mathrm{E}}}{2\pi}\cos\varphi\int_0^{\infty}\frac{\lambda}{\lambda+u_1/R_1}J_1(\lambda r)\mathrm{d}\lambda \quad (3.7.11)$$

根据地表处电矢量位须满足的边界条件 $A_{z0}\big|_{z=0}=A_{z1}$ ，可得

$$d_0=\frac{2\lambda}{\lambda+u_1/R_1} \quad (3.7.12)$$

则

$$A_{z0}=\frac{P_{\mathrm{E}}}{4\pi}\cos\varphi\int_0^{\infty}\frac{2\lambda}{\lambda+u_1/R_1}\mathrm{e}^{\lambda z}J_1(\lambda r)\mathrm{d}\lambda \quad (3.7.13)$$

根据式(3.7.3)、式(3.7.9)和式(3.7.1)，可得层状大地地表电偶极子在空中产生的频率域磁场强度表达式为

$$\begin{cases}H_x(\omega)=\dfrac{P_{\mathrm{E}}}{2\pi}\sin\varphi\cos\varphi\displaystyle\int_0^{\infty}\frac{\lambda^2}{\lambda+u_1/R_1}\mathrm{e}^{\lambda z}J_0(\lambda r)\mathrm{d}\lambda \\ \qquad -\dfrac{P_{\mathrm{E}}}{2\pi}\dfrac{\sin\varphi\cos\varphi}{r}\displaystyle\int_0^{\infty}\frac{2\lambda}{\lambda+u_1/R_1}\mathrm{e}^{\lambda z}J_1(\lambda r)\mathrm{d}\lambda \\ H_y(\omega)=\dfrac{P_{\mathrm{E}}}{2\pi}\sin^2\varphi\displaystyle\int_0^{\infty}\frac{\lambda^2}{\lambda+u_1/R_1}\mathrm{e}^{\lambda z}J_0(\lambda r)\mathrm{d}\lambda \\ \qquad +\dfrac{P_{\mathrm{E}}}{2\pi}\dfrac{(\cos^2\varphi-\sin^2\varphi)}{r}\displaystyle\int_0^{\infty}\frac{\lambda}{\lambda+u_1/R_1}\mathrm{e}^{\lambda z}J_1(\lambda r)\mathrm{d}\lambda \\ H_z(\omega)=\dfrac{P_{\mathrm{E}}}{2\pi}\sin\varphi\displaystyle\int_0^{\infty}\frac{\lambda^2}{\lambda+u_1/R_1}\mathrm{e}^{\lambda z}J_1(\lambda r)\mathrm{d}\lambda\end{cases} \quad (3.7.14)$$

式中，

$$\begin{cases}R_1=\coth\left[u_1h_1+\operatorname{arcoth}\dfrac{u_1}{u_2}\coth\left(u_2h_2+\cdots+\operatorname{arcoth}\dfrac{u_{n-1}}{u_n}\right)\right] \\ u_i=\sqrt{\lambda^2+k_i^2}\end{cases} \quad (3.7.15)$$

在导电介质中，若忽略位移电流，$k_i = -\mathrm{i}\omega\mu\sigma_i$，$\sigma_i$ 是第 i 层地层的电导率。

基于电性源剖分叠加的思想，结合图 3.6.2，可得层状大地单辐射场源在空中产生的频率域磁感应强度表达式为

$$\begin{cases} B_x(\omega) = \sum_{j=1}^{m}\left[-\frac{P_{\mathrm{E}j}}{2\pi}\frac{\mu_0 \sin\varphi_j \cos\varphi_j}{r_j}\int_0^{\infty}\frac{2\lambda}{\lambda + u_1/R_1}\mathrm{e}^{\lambda z}J_1(\lambda r_j)\mathrm{d}\lambda \right. \\ \qquad \left. + \frac{P_{\mathrm{E}j}}{2\pi}\mu_0 \sin\varphi_j \cos\varphi_j \int_0^{\infty}\frac{\lambda^2}{\lambda + u_1/R_1}\mathrm{e}^{\lambda z}J_0(\lambda r_j)\mathrm{d}\lambda\right] \\ B_y(\omega) = \sum_{j=1}^{m}\left[\frac{P_{\mathrm{E}j}}{2\pi}\frac{\mu_0(\cos^2\varphi_j - \sin^2\varphi_j)}{r_j}\int_0^{\infty}\frac{\lambda}{\lambda + u_1/R_1}\mathrm{e}^{\lambda z}J_1(\lambda r_j)\mathrm{d}\lambda \right. \\ \qquad \left. + \frac{P_{\mathrm{E}j}}{2\pi}\mu_0 \sin^2\varphi_j \int_0^{\infty}\frac{\lambda^2}{\lambda + u_1/R_1}\mathrm{e}^{\lambda z}J_0(\lambda r_j)\mathrm{d}\lambda\right] \\ B_z(\omega) = \sum_{j=1}^{m}\frac{P_{\mathrm{E}_j}}{2\pi}\mu_0 \sin\varphi_j \int_0^{\infty}\frac{\lambda^2}{\lambda + u_1/R_1}\mathrm{e}^{\lambda z}J_1(\lambda r_j)\mathrm{d}\lambda \end{cases} \tag{3.7.16}$$

3.7.2　多辐射源表达式

同样采用剖分叠加的思想，将单辐射场源叠加，得到多辐射场源情况下的电磁场表达式。图 3.7.2 为多辐射场源存在时电性源剖分俯视图。

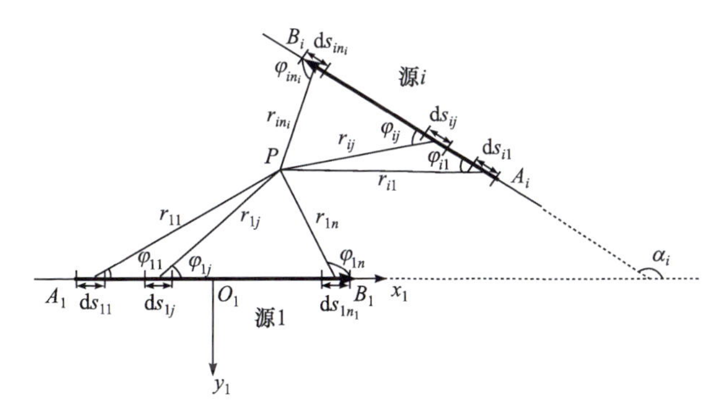

图 3.7.2　多辐射场源存在时电性源剖分俯视图

选定一个电性源所在的坐标系为标准坐标系(如图 3.7.2 中的源 1)，根据式(3.7.16)，可得均匀大地多辐射源在空中产生的频率域磁感应强度表达式为(张莹莹等，2015)

$$
\begin{cases}
B_x(\omega)=\sum_{i=1}^{n}\sum_{j=1}^{n_j}\cos\alpha_i\left[-\frac{P_{\mathrm{E}ij}}{2\pi}\frac{\mu_0\sin\varphi_{ij}\cos\varphi_{ij}}{r_{ij}}\int_0^{\infty}\frac{2\lambda}{\lambda+u_1}\mathrm{e}^{\lambda z}J_1(\lambda r_{ij})\mathrm{d}\lambda\right.\\
\qquad\left.+\frac{P_{\mathrm{E}ij}}{2\pi}\mu_0\sin\varphi_{ij}\cos\varphi_{ij}\int_0^{\infty}\frac{\lambda^2}{\lambda+u_1}\mathrm{e}^{\lambda z}J_0(\lambda r_{ij})\mathrm{d}\lambda\right]\\
\qquad-\sum_{i=1}^{n}\sum_{j=1}^{n_i}\sin\alpha_i\left[\frac{P_{\mathrm{E}ij}}{2\pi}\frac{\mu_0(\cos^2\varphi_{ij}-\sin^2\varphi_{ij})}{r_{ij}}\int_0^{\infty}\frac{\lambda}{\lambda+u_1}\mathrm{e}^{\lambda z}J_1(\lambda r_{ij})\mathrm{d}\lambda\right.\\
\qquad\left.+\frac{P_{\mathrm{E}ij}}{2\pi}\mu_0\sin^2\varphi_{ij}\int_0^{\infty}\frac{\lambda^2}{\lambda+u_1}\mathrm{e}^{\lambda z}J_0(\lambda r_{ij})\mathrm{d}\lambda\right]\\
B_y(\omega)=\sum_{i=1}^{n}\sum_{j=1}^{n_j}\sin\alpha_i\left[-\frac{P_{\mathrm{E}ij}}{2\pi}\frac{\mu_0\sin\varphi_{ij}\cos\varphi_{ij}}{r_{ij}}\int_0^{\infty}\frac{2\lambda}{\lambda+u_1}\mathrm{e}^{\lambda z}J_1(\lambda r_{ij})\mathrm{d}\lambda\right.\\
\qquad\left.+\frac{P_{\mathrm{E}ij}}{2\pi}\mu_0\sin\varphi_{ij}\cos\varphi_{ij}\int_0^{\infty}\frac{\lambda^2}{\lambda+u_1}\mathrm{e}^{\lambda z}J_0(\lambda r_{ij})\mathrm{d}\lambda\right]\\
\qquad+\sum_{i=1}^{n}\sum_{j=1}^{n_i}\cos\alpha_i\left[\frac{P_{\mathrm{E}ij}}{2\pi}\frac{\mu_0(\cos^2\varphi_{ij}-\sin^2\varphi_{ij})}{r_{ij}}\int_0^{\infty}\frac{\lambda}{\lambda+u_1}\mathrm{e}^{\lambda z}J_1(\lambda r_{ij})\mathrm{d}\lambda\right.\\
\qquad\left.+\frac{P_{\mathrm{E}ij}}{2\pi}\mu_0\sin^2\varphi_{ij}\int_0^{\infty}\frac{\lambda^2}{\lambda+u_1}\mathrm{e}^{\lambda z}J_0(\lambda r_{ij})\mathrm{d}\lambda\right]\\
B_z(\omega)=\sum_{i=1}^{n}\sum_{j=1}^{n_i}\frac{P_{\mathrm{E}ij}}{2\pi}\mu_0\sin\varphi_{ij}\int_0^{\infty}\frac{\lambda^2}{\lambda+u_1}\mathrm{e}^{\lambda z}J_1(\lambda r_{ij})\mathrm{d}\lambda
\end{cases}
\tag{3.7.17}
$$

式中，$P_{\mathrm{E}ij}=I\mathrm{d}s_{ij}$，$I$ 为电流强度，$\mathrm{d}s_{ij}$ 为第 i 个电性源剖分的第 j 个电偶极子的长度；$u_1=\sqrt{\lambda^2+k_1^2}$，$k_1$ 为介质的波数，$k_1=-\mathrm{i}\omega\mu\sigma_1-\omega^2\mu\varepsilon$；$n$ 为电性源的总个数；n_i 为第 i 个电性源的剖分个数；α_i 为第 i 个电性源与标准坐标系下的电性源之间的矢量夹角；φ_{ij} 和 r_{ij} 分别为空中任一测点 M 在地表的投影 P 与第 i 个电性源剖分的第 j 个电偶极子的夹角和对应的偏移距。

3.7.3 频率域响应与时间域响应的变换

1. 激发场为阶跃波

当采用阶跃波作为激发场的发射波形时，有

$$
I=\begin{cases}I_0 & (t<0)\\ 0 & (t\geqslant 0)\end{cases}
\tag{3.7.18}
$$

根据频谱分析理论，谐变场量 $F(\omega)$ 与时间场量 $f(t)$ 存在如下对应关系(李貅，2002；方文藻等，1993；朴化荣，1990)：

$$f(t)=\frac{1}{2\pi}\int_{-\infty}^{\infty}\frac{F(\omega)}{-\mathrm{i}\omega}\mathrm{e}^{\mathrm{i}\omega t}\mathrm{d}\omega \tag{3.7.19}$$

根据积分变换理论，可得频率域磁感应强度与时间域磁感应强度的变换关系(陈向斌等，2008；王华军，2004)：

$$\begin{cases} B(t)=B_0-\dfrac{2}{\pi}\displaystyle\int_0^{\infty}\frac{\mathrm{Im}\,B(\omega)}{\omega}\cos(\omega t)\mathrm{d}\omega \\ B(t)=\dfrac{2}{\pi}\displaystyle\int_0^{\infty}\frac{\mathrm{Re}\,B(\omega)}{\omega}\sin(\omega t)\mathrm{d}\omega \end{cases} \tag{3.7.20}$$

相应的时间导数为

$$\begin{cases} \dfrac{\partial B(t)}{\partial t}=-\dfrac{2}{\pi}\displaystyle\int_0^{\infty}\mathrm{Im}\,B(\omega)\sin(\omega t)\mathrm{d}\omega \\ \dfrac{\partial B(t)}{\partial t}=-\dfrac{2}{\pi}\displaystyle\int_0^{\infty}\mathrm{Re}\,B(\omega)\cos(\omega t)\mathrm{d}\omega \end{cases} \tag{3.7.21}$$

结合式(3.7.17)、式(3.7.20)和式(3.7.21)，可实现均匀大地多辐射场源时间域电磁响应的计算。

2. 激发场为微分脉冲

已得知微分脉冲由两个同脉宽的正负方波组成，每个方波又可由两个阶跃波构成，所以在忽略二次电流耦合影响的条件下，可采用阶跃响应移位相加减来计算微分脉冲的电磁响应。

微分脉冲可看成是分别由 I_1、I_2、I_3、I_4 四个阶跃波合成，如图 3.7.3 所示，每个阶跃波可表示为

$$I_1=\begin{cases}-I_0 & (t<0)\\ 0 & (t\geqslant 0)\end{cases},\quad I_2=\begin{cases}-I_0 & (t<t_1)\\ 0 & (t\geqslant t_1)\end{cases},\quad I_3=\begin{cases}I_0 & (t<t_1)\\ 0 & (t\geqslant t_1)\end{cases},\quad I_4=\begin{cases}I_0 & (t<t_2)\\ 0 & (t\geqslant t_2)\end{cases} \tag{3.7.22}$$

式中，t_2 为微分脉冲的脉宽，$t_2=2t_1$。

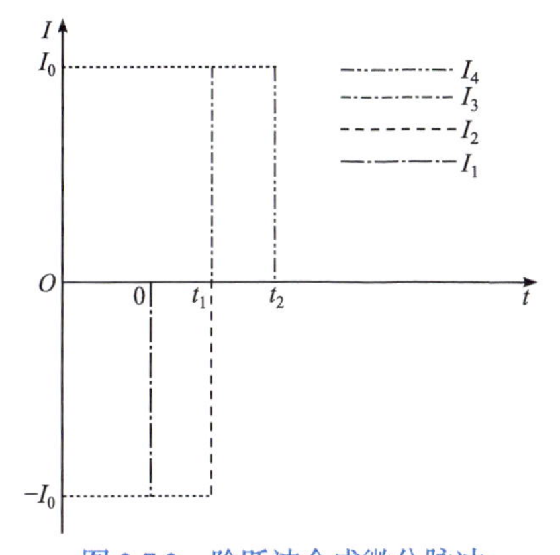

图 3.7.3　阶跃波合成微分脉冲

当采用阶跃波作为激发场的发射波形时，有

$$I=\begin{cases}I_0 & (t<0)\\ 0 & (t\geqslant 0)\end{cases} \tag{3.7.23}$$

由图 3.7.3 和式(3.7.22)可得到

$$\begin{aligned}B_1(t)&=-B(t)\\ B_2(t)&=-B(t-t_1)\\ B_3(t)&=B(t-t_1)\\ B_4(t)&=B(t-t_2)\end{aligned} \tag{3.7.24}$$

式中，$B(t)$ 为阶跃波产生的磁感应强度。微分脉冲的磁感应强度为

$$B_{微分脉冲}(t)=\left[B_2(t)-B_1(t)\right]+\left[B_4(t)-B_3(t)\right]=B(t)-2B(t-t_1)+B(t-t_2) \tag{3.7.25}$$

因此，要求出微分脉冲的磁感应强度，只需要求出阶跃波的磁感应强度。同样，结合式(3.7.17)、式(3.7.20)和式(3.7.21)，可实现均匀大微分脉冲场源时间域电磁响应的计算。

3.8 瞬变电磁场的数值计算方法

由 3.7 节已知，在水平层状大地表面上，电偶极源瞬变电磁场表达式为一双重积分，其中内层积分为含有零阶或一阶贝塞尔函数的汉克尔型积分，外层为正弦或余弦积分。利用线性数字滤波法计算这种形式的积分，实现瞬变电磁场的正演计算(李貅等，2021a)。

3.8.1 汉克尔积分的计算

电偶极子激发的频域磁感应强度见式(3.7.16)，是一个汉克尔型的积分，根据汉克尔变换：

$$f_{\mathrm{h}}(b)=\int_0^{\infty}g(\lambda)\lambda J_v(\lambda b)\mathrm{d}\lambda \qquad (b>0) \tag{3.8.1}$$

式中，J_v 为 v 阶第一类贝塞尔函数，且 $v>-1$。令 $\lambda=\mathrm{e}^{-x}/r_0$，$b=r_0\mathrm{e}^{y}$，将其代入式(3.8.1)，可得

$$f_{\mathrm{h}}(r_0\mathrm{e}^{y})r_0\mathrm{e}^{y}=\int_{-\infty}^{\infty}g\left(\frac{\mathrm{e}^{-x}}{r_0}\right)\frac{\mathrm{e}^{-x}}{r_0}J_v(\mathrm{e}^{y-x})\mathrm{e}^{y-x}\mathrm{d}x \tag{3.8.2}$$

记

$$\begin{cases} F(y)=f_{\mathrm{h}}(r_0\mathrm{e}^y)r_0\mathrm{e}^y \\ G(x)=g\left(\dfrac{\mathrm{e}^{-x}}{r_0}\right)\dfrac{\mathrm{e}^{-x}}{r_0} \\ H_v(y)=J_v(\mathrm{e}^y)\mathrm{e}^y \end{cases} \tag{3.8.3}$$

则式(3.8.2)可化为

$$F(y)=\int_{-\infty}^{\infty}G(x)H_v(y-x)\mathrm{d}x=G*H_v \tag{3.8.4}$$

在满足抽样定理的情况下，连续信号 $G(x)$ 可由离散信号 $G(N\varDelta)$ 来表示

$$G(x)=\sum_{N=-\infty}^{\infty}P\left(\frac{x}{\varDelta}-N\right)G(N\varDelta) \tag{3.8.5}$$

式中，$\varDelta$ 为采样间隔；$P(x)$ 为冲激函数；N 为离散段数。将式(3.8.5)代入式(3.8.4)，可得

$$F(y)=\sum_{N=-\infty}^{\infty}G(N\varDelta)\int_{-\infty}^{\infty}P\left(\frac{x}{\varDelta}-N\right)H_v(y-x)\mathrm{d}x \tag{3.8.6}$$

令 $z=x-N\varDelta$，则

$$F(y)=\sum_{n=-\infty}^{\infty}G(n\varDelta)\int_{-\infty}^{\infty}P\left(\frac{z}{\varDelta}\right)H_v(y-N\varDelta-z)\mathrm{d}z=\sum_{N=-\infty}^{\infty}G(N\varDelta)H_v^*(y-N\varDelta) \tag{3.8.7}$$

式中，

$$H_v^*(y)=\int_{-\infty}^{\infty}P\left(\frac{z}{\varDelta}\right)H_v(y-z)\mathrm{d}z \tag{3.8.8}$$

将式(3.8.7)中的 y 进行离散化，可得

$$F(m\varDelta)=\sum_{N=-\infty}^{\infty}G(N\varDelta)H_v^*[(m-N)\varDelta] \tag{3.8.9}$$

令 $n=m-N$，则式(3.8.9)可化为

$$F(m\varDelta)=\sum_{n=-\infty}^{\infty}G[(m-n)\varDelta]H_v^*(n\varDelta) \tag{3.8.10}$$

由于 $r_0=b/\mathrm{e}^{m\varDelta}$，则

$$G[(m-n)\varDelta]=g\left(\frac{\mathrm{e}^{-(m-n)\varDelta}}{r_0}\right)\frac{\mathrm{e}^{-(m-n)\varDelta}}{r_0}=g\left(\frac{\mathrm{e}^{n\varDelta-m\varDelta}}{r_0}\right)\frac{\mathrm{e}^{n\varDelta-m\varDelta}}{r_0}=g\left(\frac{\mathrm{e}^{n\varDelta}}{b}\right)\frac{\mathrm{e}^{n\varDelta}}{b} \tag{3.8.11}$$

将式(3.8.11)代入式(3.8.10)可得离散的汉克尔变换的表达式为

$$f_{\mathrm{h}}(b)=\frac{1}{b}\sum_{n=-\infty}^{\infty}\left[g\left(\frac{\mathrm{e}^{n\varDelta}}{b}\right)\frac{\mathrm{e}^{n\varDelta}}{b}\right]H_v^*(n\varDelta) \tag{3.8.12}$$

式中，$H_v^*(n\Delta)$ 为汉克尔变换滤波系数。

3.8.2 正弦、余弦积分的计算

已经证明，均匀大地表面上阶跃波激励的单偶极源频率域电磁场与时间域电磁场[式(3.7.20)]可通过正弦变换和余弦变换建立关系，记正弦变换和余弦变换形式分别为

$$\begin{cases} f_s(t) = \int_0^\infty K(\omega)\sin(\omega t)\mathrm{d}\omega \\ f_c(t) = \int_0^\infty K(\omega)\cos(\omega t)\mathrm{d}\omega \end{cases} \tag{3.8.13}$$

式(3.8.13)可看成是傅里叶变换的特殊形式，其中 $K(\omega)$ 为核函数。由于正弦函数和余弦函数的存在，该积分属高震荡型积分，特别是当 t 很大时，对应的正余弦函数周期较小，震荡情况愈加严重，这显然不利于进行积分计算。对于这类积分，可以采用线性数字滤波的方法计算时间域磁感应强度。

根据贝塞尔函数与正弦函数和余弦函数之间的关系式：

$$\begin{cases} \sin(z) = \sqrt{\dfrac{\pi z}{2}} J_{1/2}(z) \\ \cos(z) = \sqrt{\dfrac{\pi z}{2}} J_{-1/2}(z) \end{cases} \tag{3.8.14}$$

则式(3.8.13)可化为

$$\begin{cases} f_s(t) = \sqrt{\dfrac{\pi t}{2}} \int_0^\infty g(\omega)\omega J_{1/2}(\omega t)\mathrm{d}\omega \\ f_c(t) = \sqrt{\dfrac{\pi t}{2}} \int_0^\infty g(\omega)\omega J_{-1/2}(\omega t)\mathrm{d}\omega \end{cases} \tag{3.8.15}$$

式中，$g(\omega) = K(\omega)\big/\sqrt{\omega}$。结合式(3.8.1)、式(3.8.12)和式(3.8.14)，可得

$$\begin{cases} f_s(t) = \sqrt{\dfrac{\pi}{2}} \cdot \dfrac{1}{t} \sum\limits_{n=-\infty}^{\infty} K\left(\dfrac{\mathrm{e}^{n\Delta}}{t}\right) \cdot c\sin(n\Delta) \\ f_c(t) = \sqrt{\dfrac{\pi}{2}} \cdot \dfrac{1}{t} \sum\limits_{n=-\infty}^{\infty} K\left(\dfrac{\mathrm{e}^{n\Delta}}{t}\right) \cdot c\cos(n\Delta) \end{cases} \tag{3.8.16}$$

且有，

$$\begin{cases} c\sin(n\Delta) = \sqrt{\mathrm{e}^{n\Delta}} \cdot H_{1/2}^*(n\Delta) \\ c\cos(n\Delta) = \sqrt{\mathrm{e}^{n\Delta}} \cdot H_{-1/2}^*(n\Delta) \end{cases} \tag{3.8.17}$$

其中，$H_{1/2}^*$、$H_{-1/2}^*$ 分别为正、负1/2阶汉克尔变换滤波系数；$\Delta = \ln 10/20$。

第 4 章　多源地空全域视电阻率定义及快速解释方法

4.1　多辐射场源地空瞬变电磁场随电阻率的变化规律

在研究多辐射场源地空瞬变电磁法的全域视电阻率定义前，需要先分析瞬变响应与电阻率参数之间的函数关系(张莹莹等, 2015)。多辐射场源地空瞬变电磁法正演理论中，式(3.7.17)、式(3.7.20)和式(3.7.21)采用数字线性滤波算法完成，为了使分析不失一般性，采用两个相交的电性源对多辐射场源地空瞬变电磁法瞬变响应的特征进行分析，源及测点坐标的俯视图见图 4.1.1。

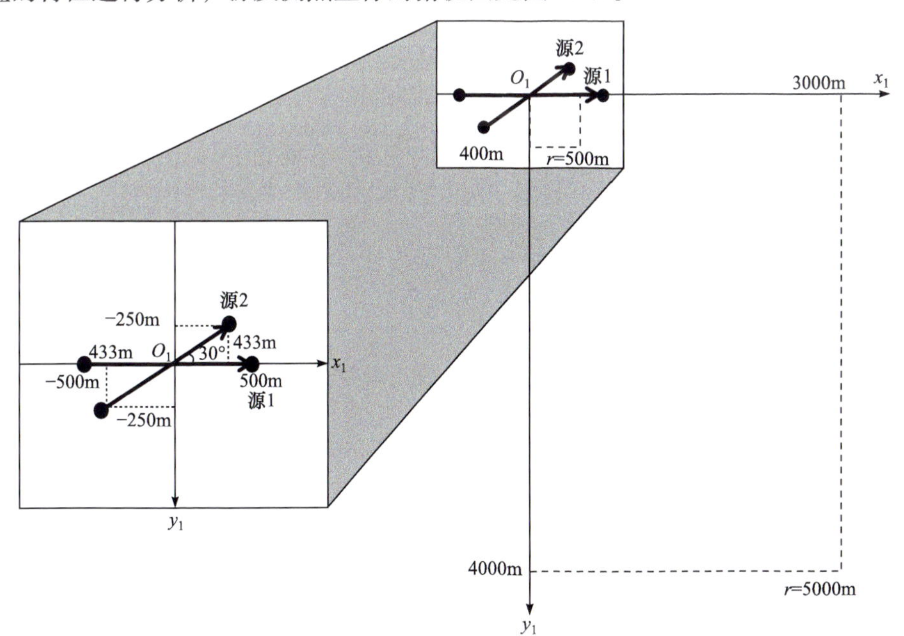

图 4.1.1　均匀半空间模型多辐射场源地空瞬变电磁法坐标系俯视图

计算采用的参数如下：源 1 和源 2 的长度均为 1000m，两个源之间的夹角为 30°，电流大小均为 50A，电流方向如图 4.1.1 中箭头所示；测点 M1 和 M2 位于飞行高度 100m 处，距离源 1 的偏移距分别为 500m 和 5000m，在(x_1, y_1, z_1)坐标系中的坐标分别为(300m, 400m, −100m)和(3000m, 4000m, −100m)。

图 4.1.2 和图 4.1.3 分别为不同偏移距下图 4.1.1 多辐射场源地空瞬变电磁响应$\partial B_p(t)/\partial t\,(p=x,y,z)$和$B_p(t)\ (p=x,y,z)$随均匀半空间模型电阻率的变化。从

图 4.1.2 中可以看出，在电阻率变化范围(10^{-3}～$10^{4}\Omega\cdot m$)内，无论是小偏移距(500m)还是大偏移距(5000m)情况下，$\partial B_p(t)/\partial t\,(p=x,y,z)$ 随电阻率变化的曲线形态复杂，且 x、y、z 三个分量都是关于电阻率的多值函数，用 $\partial B_p(t)/\partial t\,(p=x,y,z)$ 进

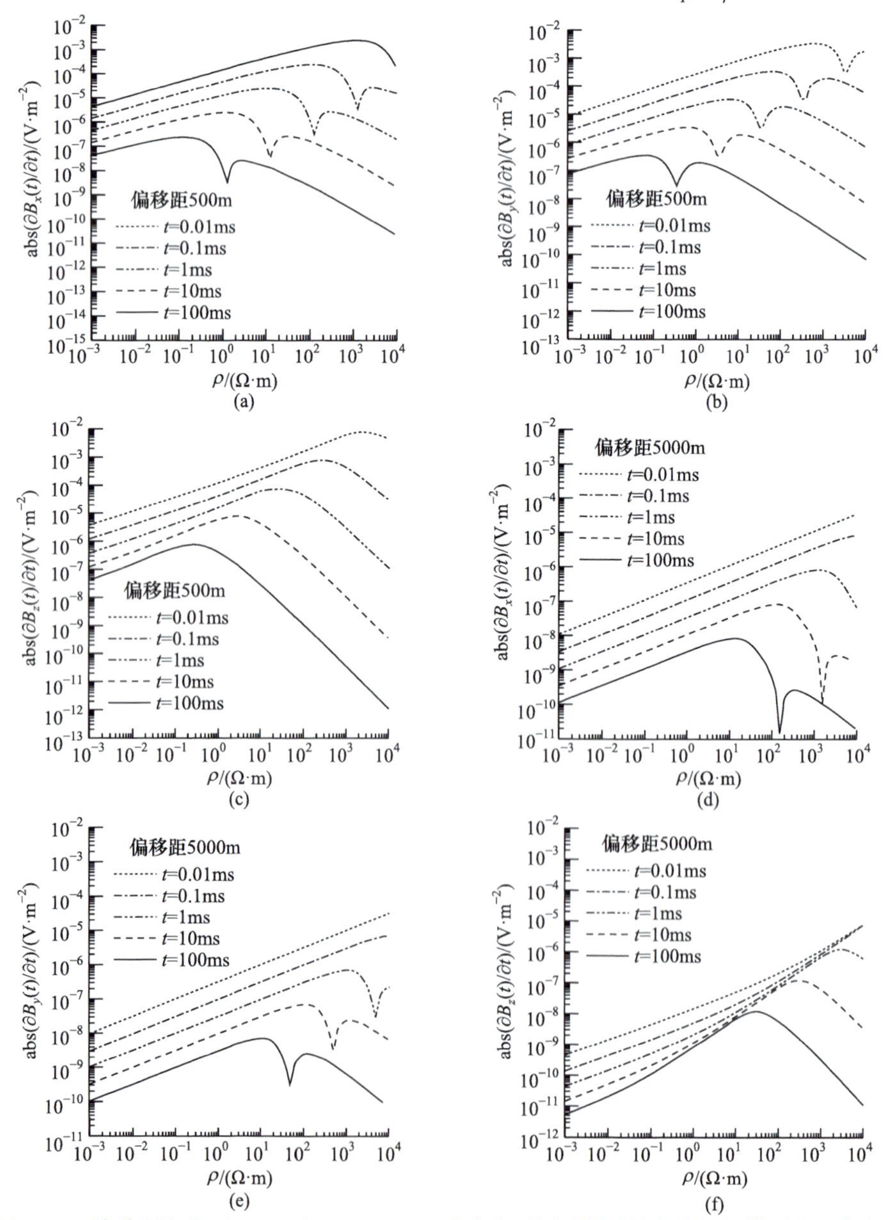

图 4.1.2 偏移距变化下 $\partial B_p(t)/\partial t\,(p=x,y,z)$ 响应在不同时刻随均匀半空间模型电阻率变化

(a) 偏移距 500m，$\partial B_x(t)/\partial t$；(b) 偏移距 500m，$\partial B_y(t)/\partial t$；(c) 偏移距 500m，$\partial B_z(t)/\partial t$；(d) 偏移距 5000m，$\partial B_x(t)/\partial t$；(e) 偏移距 5000m，$\partial B_y(t)/\partial t$；(f) 偏移距 5000m，$\partial B_z(t)/\partial t$；abs 表示取数据的绝对值，后同

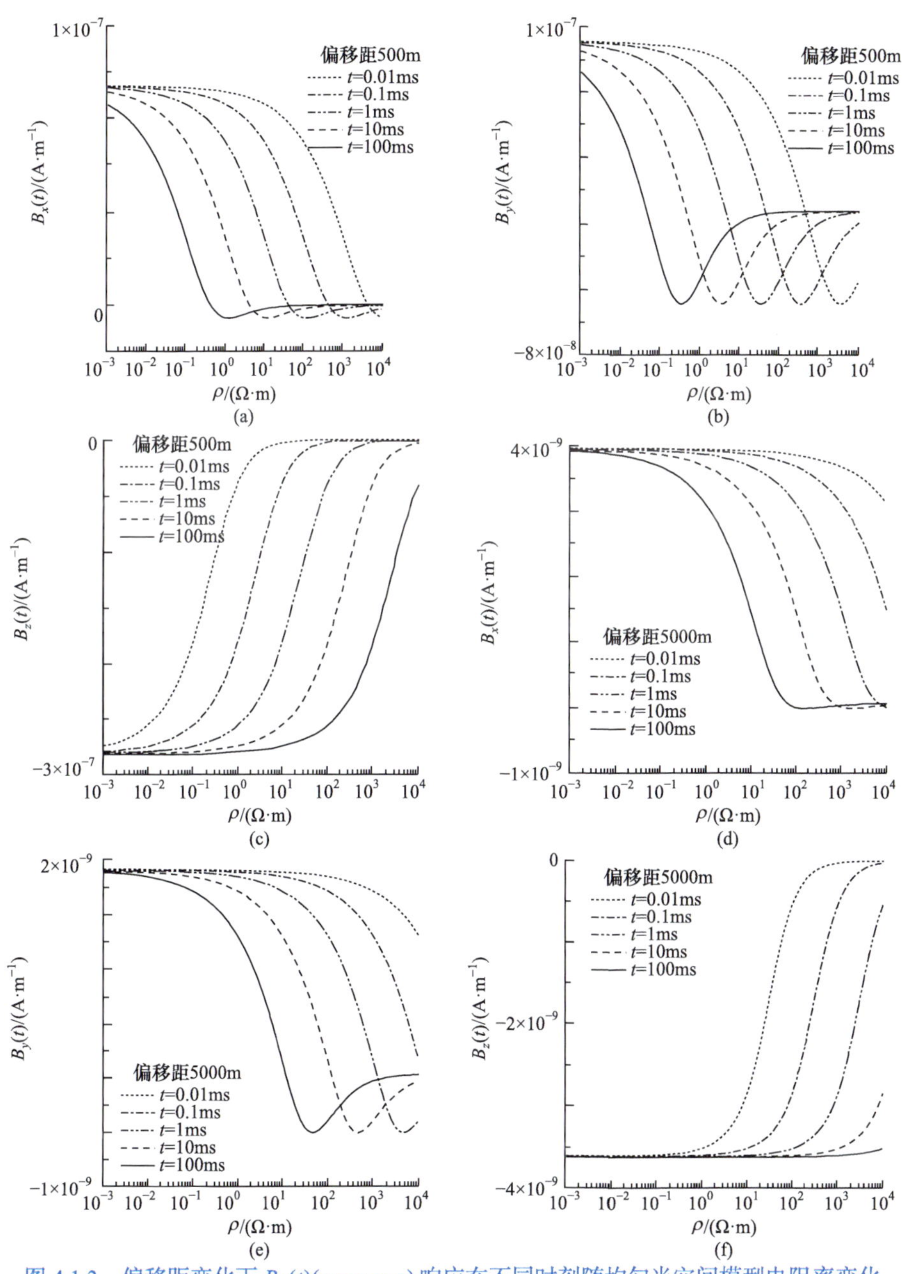

图 4.1.3　偏移距变化下 $B_p(t)(p=x,y,z)$ 响应在不同时刻随均匀半空间模型电阻率变化

(a) 偏移距 500m，$B_x(t)$；(b) 偏移距 500m，$B_y(t)$；(c) 偏移距 500m，$B_z(t)$；(d) 偏移距 5000m，$B_x(t)$；(e) 偏移距 5000m，$B_y(t)$；(f) 偏移距 5000m，$B_z(t)$

行视电阻率定义的难度较大；从图 4.1.3 中可以看出，$B_z(t)$ 在小偏移距和大偏移距情况下，在任何时刻均可视为半空间电阻率的单调函数，$B_p(t)$ $(p=x,y,z)$ 的情

况与$\partial B_p(t)/\partial t\,(p=x,y,z)$类似。

图 4.1.4 和 4.1.5 分别为不同飞行高度下图 4.1.1 的多辐射场源地空瞬变电磁响

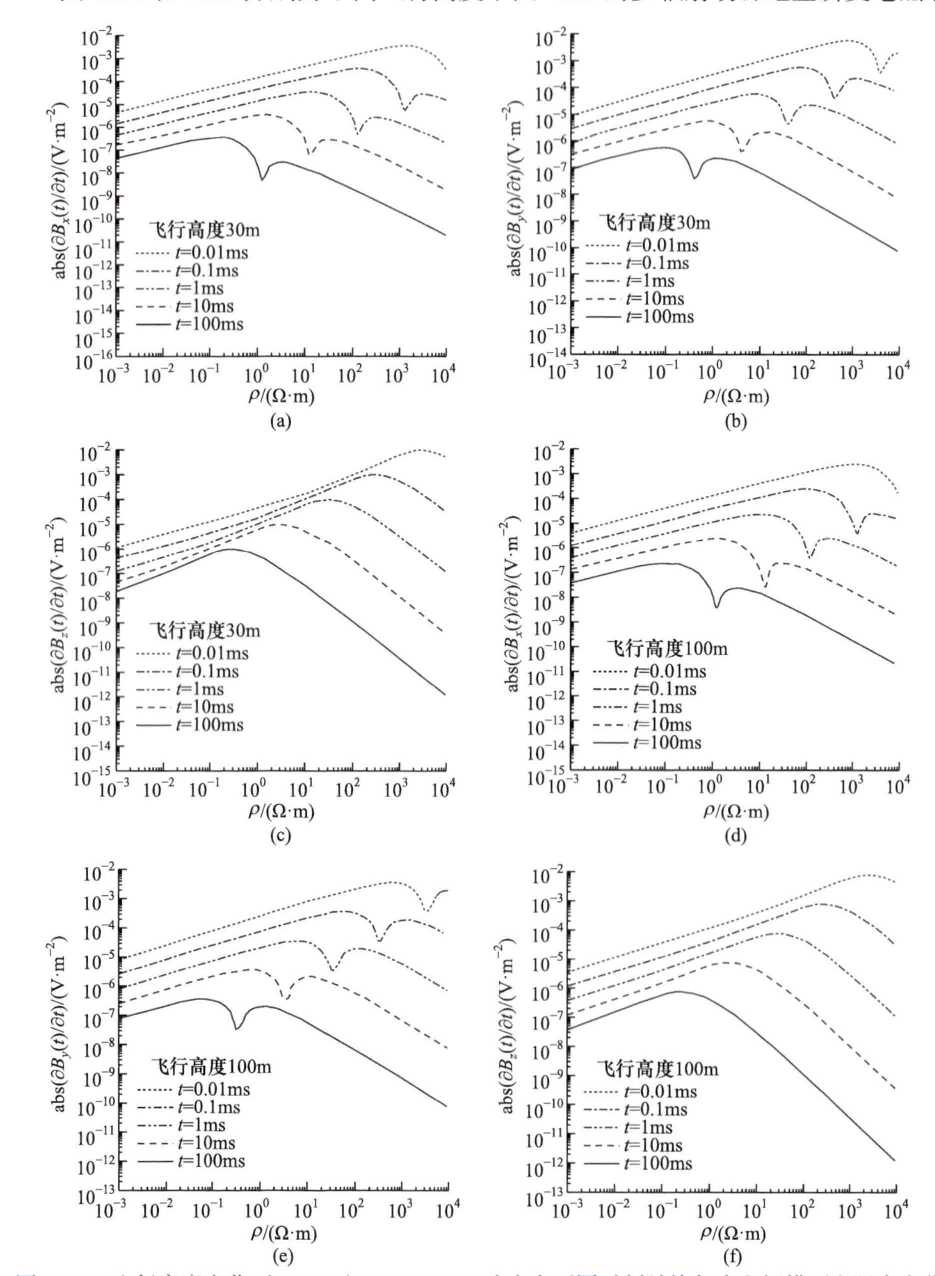

图 4.1.4 飞行高度变化下$\partial B_p(t)/\partial t\,(p=x,y,z)$响应在不同时刻随均匀半空间模型电阻率变化

(a) 飞行高度 30m，$\partial B_x(t)/\partial t$；(b) 飞行高度 30m，$\partial B_y(t)/\partial t$；(c) 飞行高度 30m，$\partial B_z(t)/\partial t$；(d) 飞行高度 100m，$\partial B_x(t)/\partial t$；(e) 飞行高度 100m，$\partial B_y(t)/\partial t$；(f)飞行高度 100m，$\partial B_z(t)/\partial t$

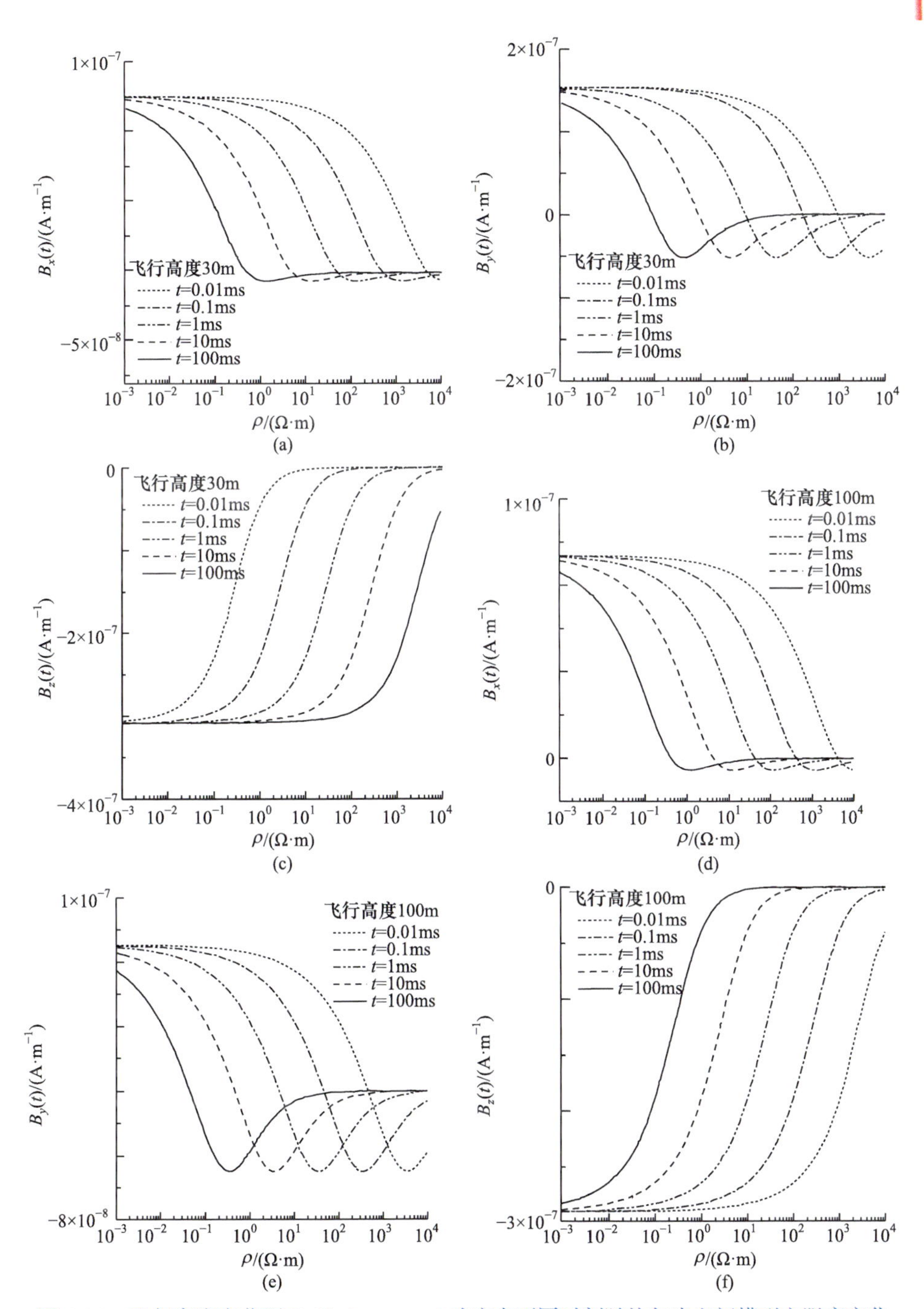

图 4.1.5 飞行高度变化下 $B_p(t)$ $(p=x,y,z)$ 响应在不同时刻随均匀半空间模型电阻率变化

(a) 飞行高度 30m，$B_x(t)$；(b) 飞行高度 30m，$B_y(t)$；(c) 飞行高度 30m，$B_z(t)$；(d) 飞行高度 100m，$B_x(t)$；(e) 飞行高度 100m，$B_y(t)$；(f) 飞行高度 100m，$B_z(t)$

应$\partial B_p(t)/\partial t(p=x,y,z)$和$B_p(t)$ $(p=x,y,z)$随均匀半空间模型电阻率的变化，计算采用的参数同图4.1.2和图4.1.3，飞行高度有30m和100m两种情况。从图4.1.4中可以看出，瞬变电磁响应$\partial B_p(t)/\partial t(p=x,y,z)$的曲线形态不受飞行高度变化的影响。受坐标系方向的影响，多辐射场源情况下的磁感应强度$B_p(t)$ $(p=x,y)$曲线随半空间电阻率变化的形态复杂，但垂直分量$B_z(t)$是单调函数，形态简单。通过上述分析可知，对于多辐射场源地空瞬变电磁法，虽然瞬变响应$B_p(t)$ $(p=x,y)$曲线的形态也较复杂，但采取一定的措施，结合$B(t)$进行视电阻率定义的诸多优点，总体来说采用$B(t)$进行全域视电阻率定义更为合适。

4.2 多辐射场源地空全域视电阻率定义理论

4.2.1 全域视电阻率迭代式的建立

由于多辐射场源地空瞬变电磁法$B(t)$响应与电阻率之间存在复杂的隐函数关系，无法直接得到一个用$B(t)$表示的显式关系式来表达视电阻率。考虑到$B_z(t)$是关于电阻率的单调函数，$B_x(t)$、$B_y(t)$和$\partial B_p(t)/\partial t(p=z)$是关于电阻率的双值函数，该双值函数可以看成是两个单调函数的组合，这就为基于反函数定理思想定义视电阻率创造了条件。可以基于反函数定理提出全域视电阻率定义方法，在视电阻率计算过程中同时考虑位置坐标、时间等各个参数，实现时间上不分早晚、距离上不分远近和空间上不分高低的视电阻率定义(张莹莹等，2015)。

由于$B_z(t)$是关于电阻率的单调函数，根据反函数定理可知，必然存在一个电阻率唯一地对应一个$B_z(t)$。基于此，可以采用泰勒展开的办法，将磁感应强度的积分表达式展成级数形式，取其线性主部，建立迭代关系的视电阻率定义式。

将磁感应强度的z分量记为$B_p(\rho,C,t)(p=z)$，其中C表示测点在空中的位置坐标参数。为保证较快收敛，建议按照实际应用情况，用电阻率覆盖范围内的一个中间值作为初值$\rho_\tau^{(0)}$。在$\rho_\tau^{(0)}$的邻域内对$B_p(\rho,C,t)(p=z)$进行泰勒展开：

$$
\begin{aligned}
B_p(\rho,C,t)=&B_p(\rho_\tau^{(0)},C,t)+B_p{}'(\rho_\tau^{(0)},C,t)(\rho-\rho_\tau^{(0)})\\
&+\frac{B_p{}''(\rho_\tau^{(0)},C,t)}{2!}(\rho-\rho_\tau^{(0)})^2+\cdots\\
&+\frac{B_p{}^{(n)}(\rho_\tau^{(0)},C,t)}{n!}(\rho-\rho_\tau^{(0)})^n+R_n(\rho)\quad(p=z)
\end{aligned}
\tag{4.2.1}
$$

假设$\rho_\tau^{(0)}$的邻域很小，在$\rho_\tau^{(0)}$的邻域内保留式(4.2.1)的前两项，即线性主部，有

$$B_p(\rho,C,t)\approx B_p(\rho_\tau^{(0)},C,t)+B_p{}'(\rho_\tau^{(0)},C,t)(\rho-\rho_\tau^{(0)})\quad (p=z) \tag{4.2.2}$$

对式(4.2.2)进行整理，可得

$$\rho=\frac{B_p(\rho,C,t)-B_p(\rho_\tau^{(0)},C,t)}{B_p{}'(\rho_\tau^{(0)},C,t)}+\rho_\tau^{(0)}\quad (p=z) \tag{4.2.3}$$

将式(4.2.3)写成迭代的形式

$$\rho_\tau^{(i+1)}\approx\Delta\rho_\tau^{(i)}+\rho_\tau^{(i)}\quad (i=0,1,2,\cdots) \tag{4.2.4}$$

其中，

$$\Delta\rho_\tau^{(i)}=\frac{B_p(\rho,C,t)-B_p(\rho_\tau^{(i-1)},C,t)}{B_p{}'(\rho_\tau^{(i-1)},C,t)}\quad (p=z) \tag{4.2.5}$$

式(4.2.5)的迭代终止条件为

$$\left|\frac{B_p(\rho,C,t)-B_p(\rho_\tau^{(i)},C,t)}{B_p(\rho,C,t)}\right|<\varepsilon\quad (p=z) \tag{4.2.6}$$

式中，ε 为给定的迭代终止误差限；$B_p(\rho,C,t)(p=z)$ 为测得的磁感应强度 z 分量；$B_p(\rho_\tau^{(i)},C,t)(p=z)$ 为电阻率为 $\rho_\tau^{(i)}$ 的半空间模型计算结果。该迭代算法的流程见图 4.2.1。

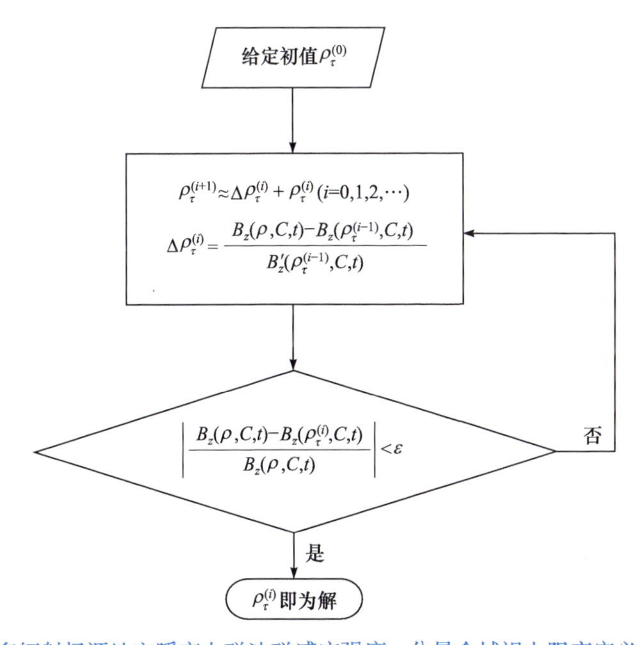

图 4.2.1　多辐射场源地空瞬变电磁法磁感应强度 z 分量全域视电阻率定义方法流程图

4.2.2 场域电阻率为双值函数时的视电阻率的定义

大量模拟计算表明，多辐射场源地空瞬变电磁法的 $B_x(t)$ 、$B_y(t)$，在视电阻率定义中出现了双解问题。对于双解问题，首先需要找到极值点所在位置，在极值点处将曲线分成两部分，分开后的曲线满足单调条件。可按上述办法进行视电阻率定义，但在极值点两侧被视为无解区域，成为无合适解问题。对于无合适解问题，为了得到完整的视电阻率曲线，采用最小曲率插值方法对空缺的数据进行补足，该法能够保证曲线按最小曲率变化且保持曲线光滑，无约束点原位最小曲率差分迭代算法见式(4.2.7)(王万银，2010；王万银等，2010)。利用 $B_x(t)$ 和 $B_y(t)$ 进行视电阻率定义的流程见图 4.2.2。

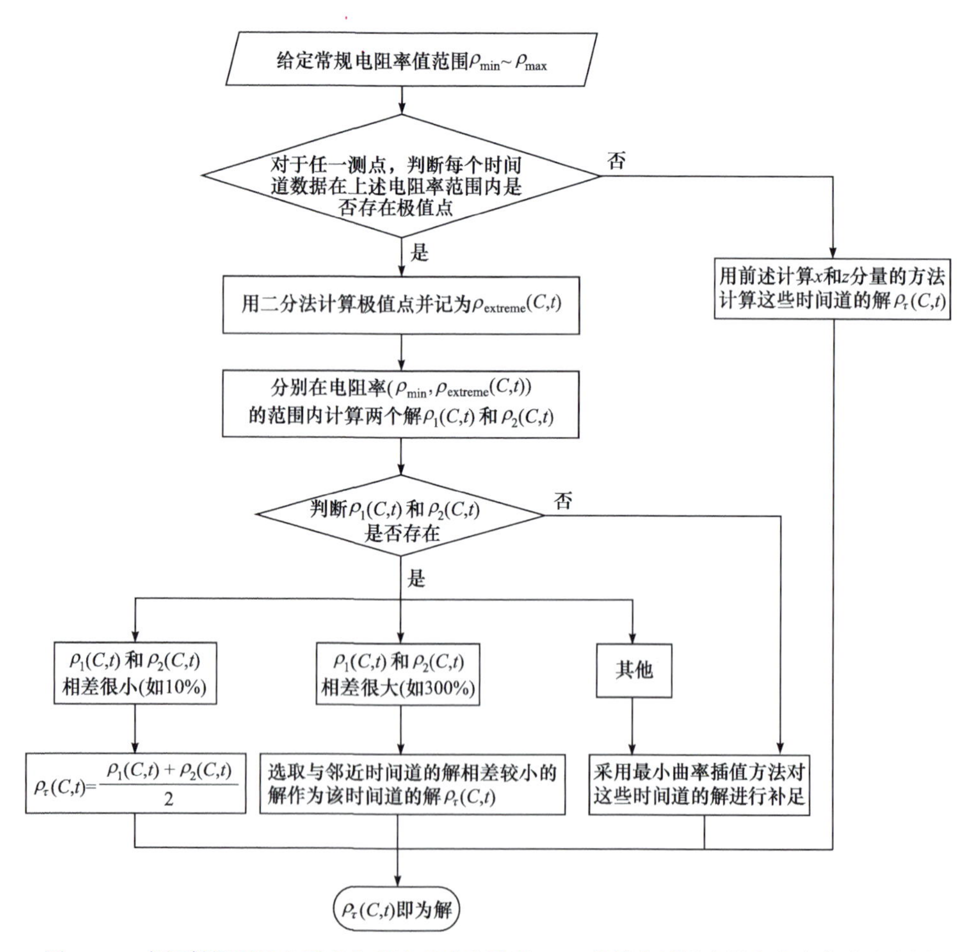

图 4.2.2 多辐射场源地空瞬变电磁法磁感应强度 x、y 分量全域视电阻率定义方法流程图

$$\rho_{\tau}^{(k)}(i)=-\frac{1}{6}\left\{\rho_{\tau}^{(k-1)}(i+2)+\rho_{\tau}^{(k)}(i-2)-4\left[\rho_{\tau}^{(k-1)}(i+1)+\rho_{\tau}^{(k)}(i-1)\right]\right\}\quad(i=1,2,\cdots,M)$$

$$\begin{cases}\rho_{\tau}(i-1)=2\rho_{\tau}(i)-\rho_{\tau}(i+1)\quad(i=1)\\ \rho_{\tau}(i+1)=2\rho_{\tau}(i)-\rho_{\tau}(i-1)\quad(i=M)\\ \rho_{\tau}(i-2)=\rho_{\tau}(i+2)-2\left[\rho_{\tau}(i)-\rho_{\tau}(i-1)\right]\quad(i=1)\\ \rho_{\tau}(i+2)=\rho_{\tau}(i-2)+2\left[\rho_{\tau}(i)-\rho_{\tau}(i-1)\right]\quad(i=M)\end{cases}\tag{4.2.7}$$

式中，k 为迭代的次数；M 为参与插值的总个数；$\rho_{\tau}(i)$ 为第 i 个时间道的视电阻率，一般在需要插值的区域左右两端各取 2 个值参与计算。

图 4.2.3 为单辐射场源地空瞬变电磁法中由 $B_y(t)$ 求得的视电阻率曲线补足前后的对比图。模型参数如下：三层模型的电阻率 $\rho_1=100\Omega\cdot\text{m}$，$\rho_2=10\Omega\cdot\text{m}$，$\rho_3=100\Omega\cdot\text{m}$；层厚 $h_1=20\text{m}$，$h_2=10\text{m}$；电性源的长度为 1000m；电流大小为 50A，电流方向如图 4.2.3(a)中箭头所示；飞行高度 100m；偏移距 500m 的测点位

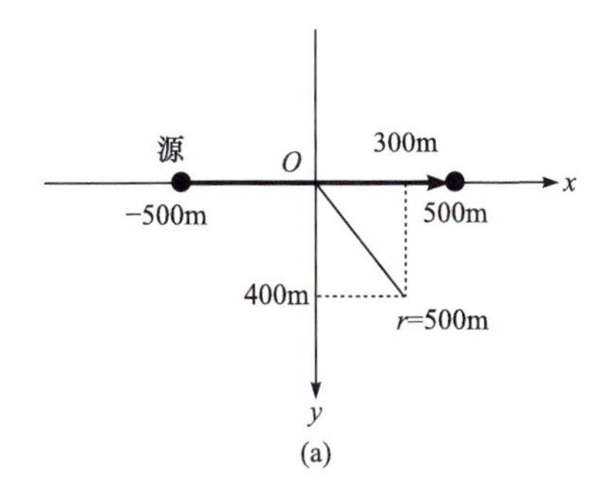

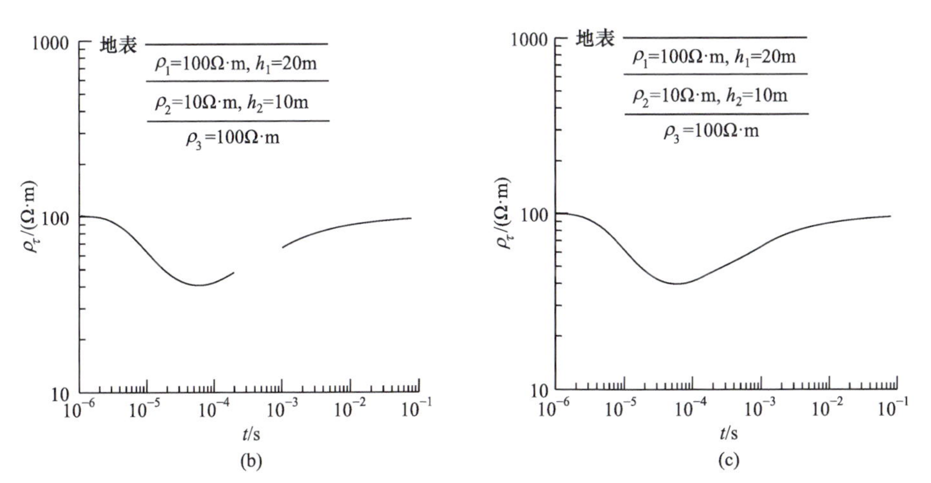

图 4.2.3　单辐射场源地空瞬变电磁法磁感应强度 y 分量最小曲率补足前后的全域视电阻率对比

(a) 源及测点坐标俯视图；(b) 补足前；(c) 补足后

置坐标为(300m, 400m, −100m)。图 4.2.3(b)中空白的一段曲线对应无合适解情况，与图 4.2.3(c)对比可以看出，经过最小曲率补足后，得到的视电阻率曲线能够光滑、渐变、完整地反映设计模型的电性变化。由于可以保证曲线按照最小曲率光滑变化，该法适合对 $B_y(t)$ 定义的视电阻率曲线进行补足。

4.2.3 水平层状大地全域视电阻率定义实例分析

1. 二层曲线

设计改变第二层电阻率的二层模型，对多辐射场源地空瞬变电磁法多分量全域视电阻率算法的有效性进行验证，模型参数如下：电性源 1、2 的长度均为 1000m，电流方向如图 4.2.4(b)中箭头所示，两源之间的夹角为 30°，电流大小均为 50A；观测点位于飞行高度 100m 处，距源 1 的偏移距为 500m，在 (x_1, y_1, z_1) 坐标系中的坐标为(300m, 400m, −100m)；二层模型第一层的电阻率 $\rho_1 = 100\Omega\cdot\text{m}$，层厚 $h_1 = 20\text{m}$；改变第二层的电阻率 ρ_2 为 $2\Omega\cdot\text{m}$、$5\Omega\cdot\text{m}$、$10\Omega\cdot\text{m}$、$30\Omega\cdot\text{m}$、

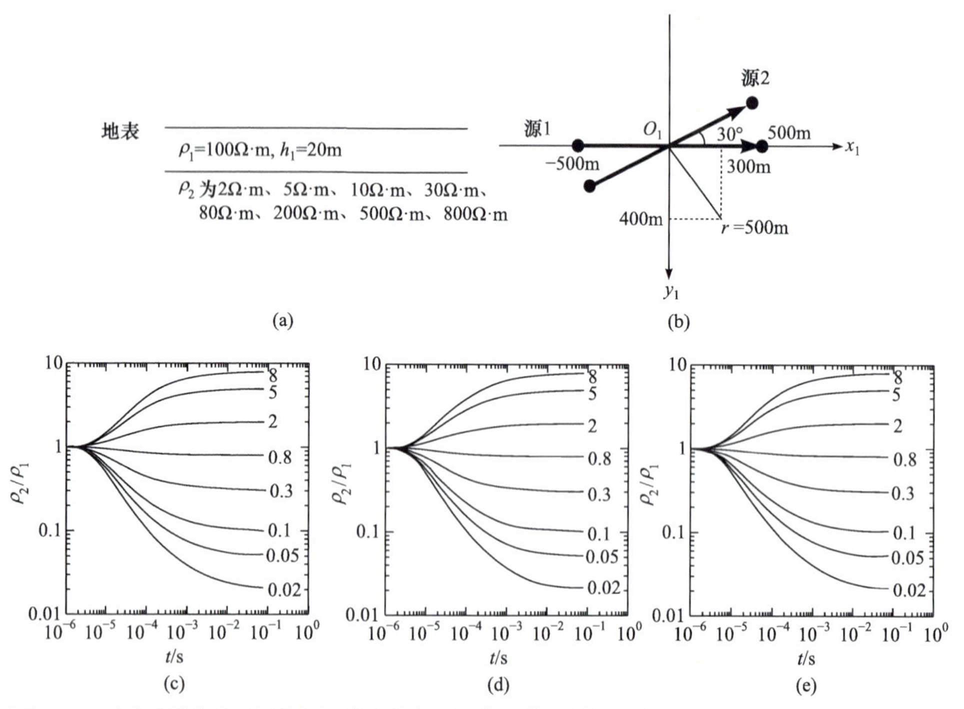

图 4.2.4 多辐射场源地空瞬变电磁法改变二层模型第二层电阻率时用 $B_p(t)$ $(p = x, y, z)$ 定义的全域视电阻率曲线

(a) 模型示意图；(b) 源及测点坐标俯视图；(c) $B_x(t)$ 视电阻率曲线；(d) $B_y(t)$ 视电阻率曲线；(e) $B_z(t)$ 视电阻率曲线

80 $\Omega\cdot$m、200 $\Omega\cdot$m、500 $\Omega\cdot$m、800 $\Omega\cdot$m，层厚为无穷大。使用 $B_p(t)$ $(p=x,y,z)$ 定义的多辐射场源地空瞬变电磁法多分量全域视电阻率曲线见图 4.2.4(c)～(e)，可见随着第二层电阻率的变化，视电阻率曲线呈现有规律的变化，不仅能够在早期和晚期逐渐趋于模型的第一层和最后一层电阻率，还能够完整、渐变、光滑地反映模型的电性信息变化。

2. 三层曲线

设计改变第二层电阻率的四种典型三层模型，全域视电阻率曲线如图 4.2.5 所示。各模型的参数如下：H 型各层的电阻率 $\rho_1=100\Omega\cdot$m，ρ_2 为 5 $\Omega\cdot$m、10 $\Omega\cdot$m、30 $\Omega\cdot$m、50 $\Omega\cdot$m，$\rho_3=100\Omega\cdot$m，层厚 $h_1=20$m，$h_2=10$m；K 型各层的电阻率 $\rho_1=10\Omega\cdot$m，ρ_2 为 30 $\Omega\cdot$m、60 $\Omega\cdot$m、100 $\Omega\cdot$m、200 $\Omega\cdot$m，$\rho_3=10\Omega\cdot$m，层厚 $h_1=10$m，$h_2=20$m；A 型各层的电阻率 $\rho_1=30\Omega\cdot$m，ρ_2 为 50 $\Omega\cdot$m、60 $\Omega\cdot$m、70 $\Omega\cdot$m、80 $\Omega\cdot$m，$\rho_3=100\Omega\cdot$m，层厚 $h_1=10$m，$h_2=20$m；Q 型各层的电阻率 $\rho_1=100\Omega\cdot$m，ρ_2 为 20 $\Omega\cdot$m、30 $\Omega\cdot$m、50 $\Omega\cdot$m、80 $\Omega\cdot$m，$\rho_3=10\Omega\cdot$m，层厚 $h_1=20$m，$h_2=10$m。从图 4.2.5 中可以看出，对于不同模型，由 $B_p(t)$ $(p=x,y,z)$ 得到的全域视电阻率曲线对地下的电性信息都有很好的反映，中间层电阻率与第一层和第三层的电阻率差异越大，视电阻率曲线对地下电性信息的反映就越明显。此外，对比图 4.2.5(c)和(f)可以发现，对于同样倍数的电阻率差异，图 4.2.5(c)明显

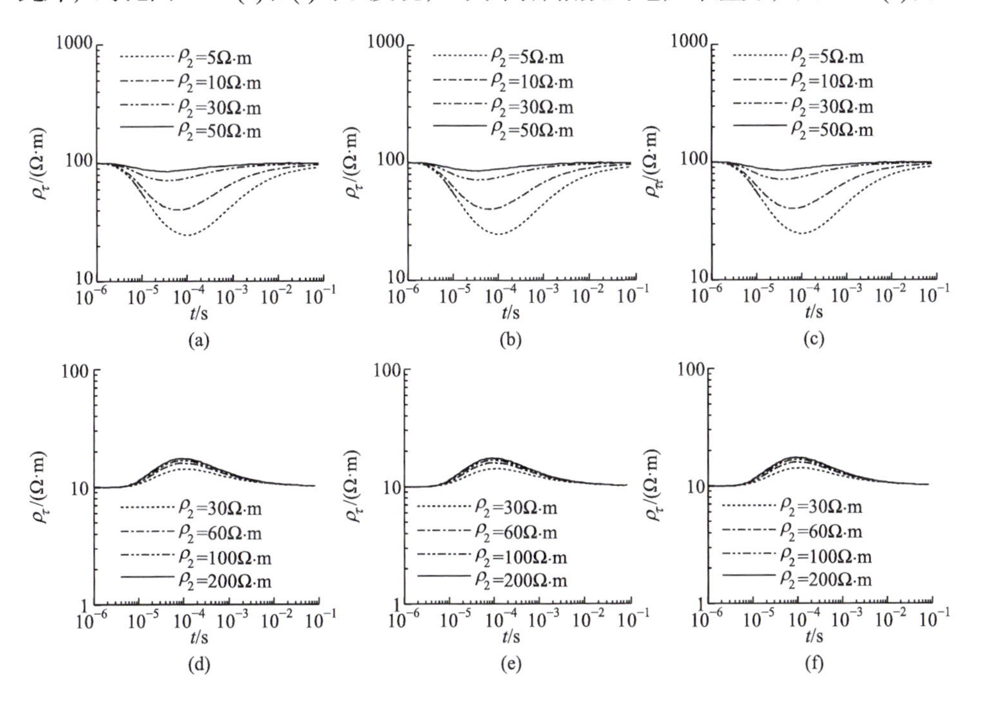

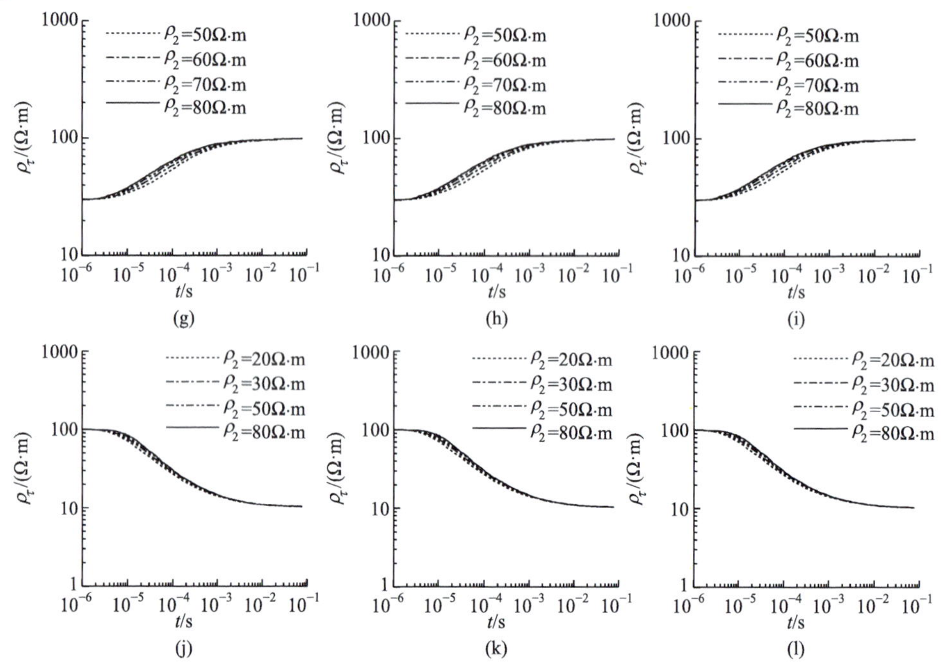

图 4.2.5　单辐射场源地空瞬变电磁法三层模型第二层电阻率变化时用 $B_p(t)$ $(p=x,y,z)$ 定义的全域视电阻率曲线

(a) H 型，x 分量；(b) H 型，y 分量；(c) H 型，z 分量；(d) K 型，x 分量；(e) K 型，y 分量；(f) K 型，z 分量；(g) A 型，x 分量；(h) A 型，y 分量；(i) A 型，z 分量；(j) Q 型，x 分量；(k) Q 型，y 分量；(l) Q 型，z 分量

比(f)能够更好地反映地下电性信息的变化，这表明地空瞬变电磁法对低阻体的探测能力要高于高阻体。

4.2.4　偏移距对多辐射场源全域视电阻率的影响

设计如图 4.2.6(a)所示的模型，分析偏移距对多辐射场源地空瞬变电磁法全域视电阻率的影响。电性源 1、2 的长度均为 1000m，两源之间的夹角为 30°，电流大小均为 50A，电流方向如图 4.2.6(a)中箭头所示；观测点位于飞行高度 100m 处，距离源 1 的偏移距分别为 500m、1500m、3000m 和 5000m，在 (x_1, y_1, z_1) 坐标系中的坐标分别为(300m, 400m, −100m)，(1060m, 1060m, −100m)，(2121m, 2121m, −100m) 和 (3000m, 4000m, −100m)；三层模型的电阻率 $\rho_1 = 500\Omega\cdot\text{m}$，$\rho_2 = 100\Omega\cdot\text{m}$，$\rho_3 = 500\Omega\cdot\text{m}$；层厚 $h_1 = 800\text{m}$，$h_2 = 800\text{m}$。从图 4.2.6 中可以看出，全域视电阻率定义方法同样适用于多辐射场源地空瞬变电磁法，且随着偏移距的变化，视电阻率曲线在早期和晚期均能趋于模型的首层和底层电阻率，各分量视电阻率曲线之间的分异均较小。

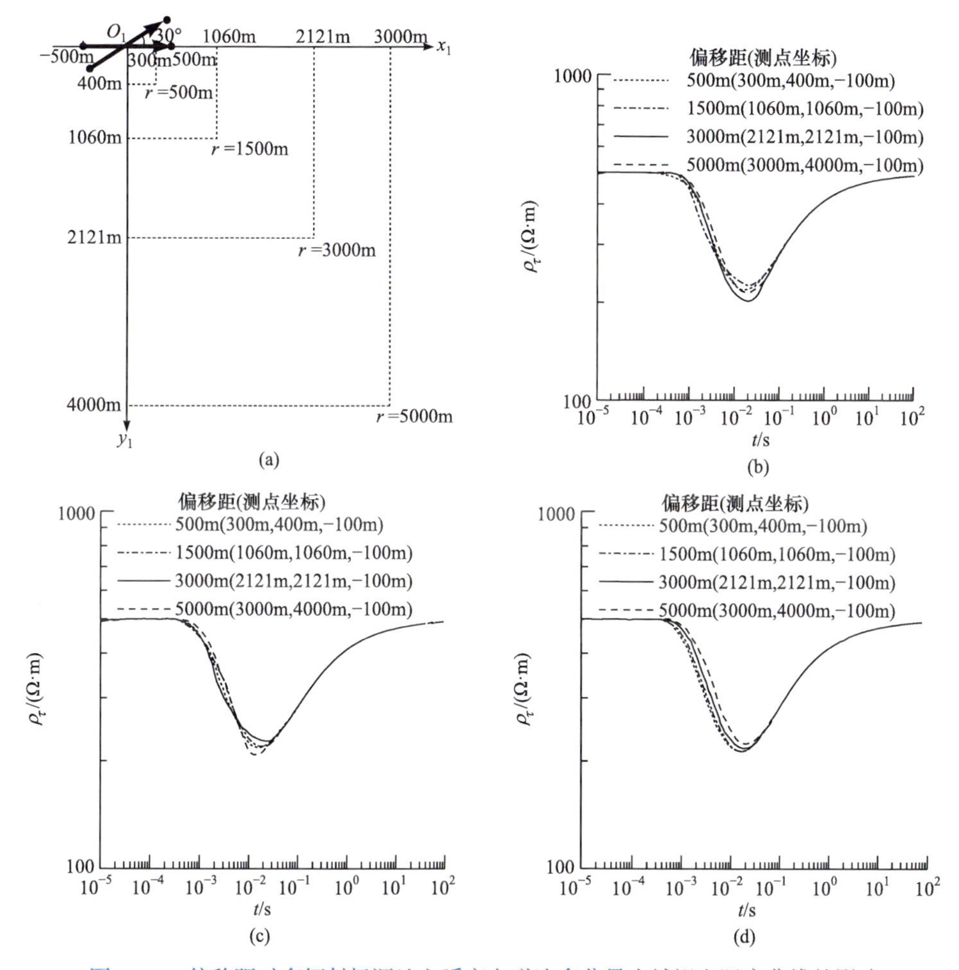

图 4.2.6　偏移距对多辐射场源地空瞬变电磁法多分量全域视电阻率曲线的影响

(a) 源及测点坐标俯视图；(b) 偏移距对 $B_x(t)$ 视电阻率曲线的影响；
(c) 偏移距对 $B_y(t)$ 视电阻率曲线的影响；(d) 偏移距对 $B_z(t)$ 视电阻率曲线的影响

4.2.5　飞行高度对多辐射场源全域视电阻率的影响

为了分析飞行高度对多辐射场源地空瞬变电磁法全域视电阻率的影响，设计了如下模型：电性源 1、2 的长度均为 1000m，两源之间的夹角为 30°，电流大小均为 50A，电流方向如图 4.2.7(a)中箭头所示；飞行高度有 30m、50m、100m 和 150m 四种情况，距离源 1 偏移距为 500m 的测点在 (x_1, y_1, z_1) 坐标系中投影的坐标为 (300m, 400m)；三层 H 型模型的电阻率 $\rho_1 = 100\Omega\cdot\text{m}$，$\rho_2 = 10\Omega\cdot\text{m}$，$\rho_3 = 100\Omega\cdot\text{m}$；层厚 $h_1 = 20\text{m}$，$h_2 = 10\text{m}$。从图 4.2.7 可以看出，多辐射场源地空瞬变电磁法全域视电阻率定义受飞行高度的影响很小。

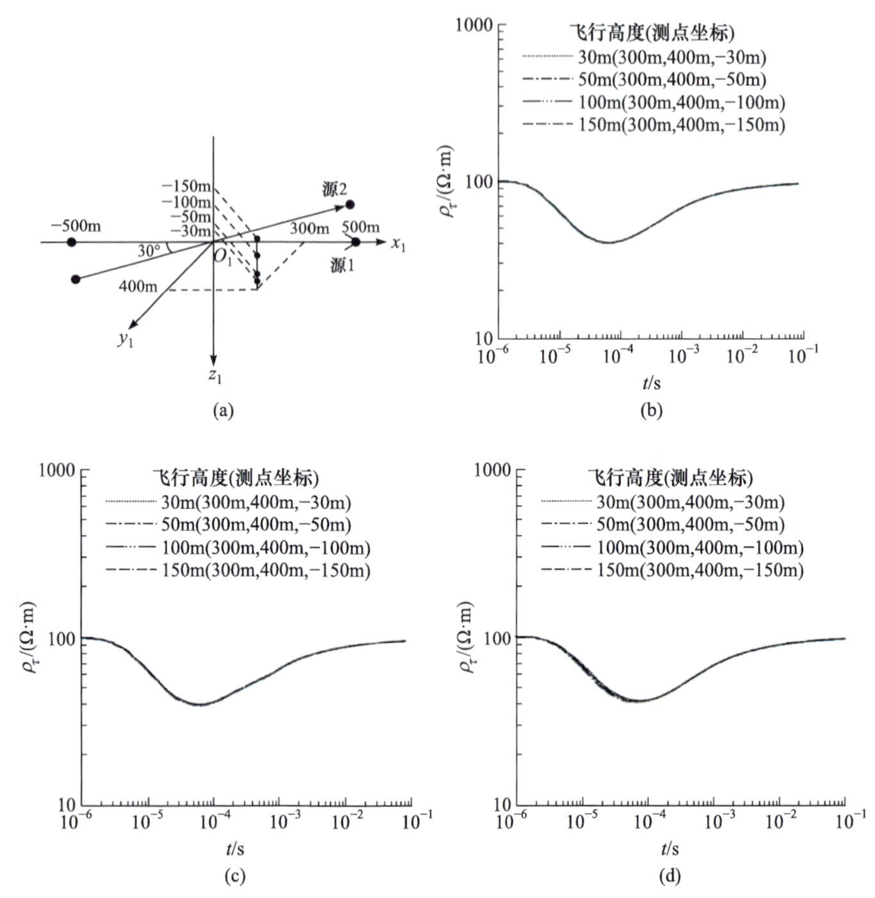

图 4.2.7　飞行高度对多辐射场源地空瞬变电磁法多分量全域视电阻率曲线的影响

(a) 源及测点坐标俯视图；(b) 飞行高度对 $B_x(t)$ 视电阻率曲线的影响；
(c) 飞行高度对 $B_y(t)$ 视电阻率曲线的影响；(d) 飞行高度对 $B_z(t)$ 视电阻率曲线的影响

4.3　多辐射场源地空瞬变电磁法快速解释方法

多辐射场源地空瞬变电磁法是基于单辐射场源地空瞬变电磁法的一种电磁勘探新方法。该方法一方面延续了单辐射场源地空瞬变电磁法工作效率高、观测信号信噪比高、勘探深度大的优点，另一方面在单辐射场源地空瞬变电磁法的基础上做了进一步的发展。该法采用多个发射源同时发射大功率瞬变电磁场，通过调整发射源的位置及电流方向，可有效加强不同分量采集信号强度，削弱随机噪声，减少电性源体积效应的影响，更全面反映地下异常体信息，进一步提高勘探深度。视纵向电导参数对时间的灵敏度高，不仅可以在较早的时间范围内以较高的灵敏度和信噪比分辨清楚电性层，还能在晚期反映深层位电性特征。基于等效导电平面法推导的电偶极子磁场响应公式，不仅可用于解决单辐射场源、多辐射场源地空瞬变电磁法的快速解释问题，还可利用电偶极子叠加原理实现带偏移距的地面瞬变电磁法快速解释，且由于该法计算速度快，可进行地空瞬变电磁法快速实时成像。

4.3.1　多辐射场源等效导电平面法原理

等效导电平面法是建立在全空间理论基础上的一种瞬变电磁解释方法，是根据视纵向电导曲线的特征值直观划分地层的一种近似解释方法(李貅，2002)。根据电磁理论，可用一导电平面来代替地下均匀介质，然后根据镜像法求出空间任一点的感应电磁场。当电源断开时，由于电磁感应，导电平面上产生涡流。为了求出涡流产生的电磁场，在导电平面下方的对称位置放置虚源代替导电平面中的涡流，在空间任一点某一时刻观测到的二次场响应信号就等同于对应某一深度虚源产生的信号，在另一时刻观测到的感应信号又可以等同于对应另外一个深度虚源产生的信号。这样，随着时间的推移，导电平面会上下“浮动”，从而实现空间任一点的感应电磁场计算。

根据平面内涡流的分布可知，矢量势 $\boldsymbol{A}$ 仅有 A_φ 分量，并仅是 r 的函数。根据镜像法原理，像源在空中任意一点产生的矢量势分量 A_φ (异常场)可表示为(李貅，2002)

$$A_\varphi = f\left(Z+\frac{2t}{\mu_0\sigma}\right)\bigg|_{Z=2h+z} = f\left(2h+z+\frac{2t}{\mu_0\sigma}\right) \tag{4.3.1}$$

式中，h 为地表距导电平面的距离；z 为空间任意一点距地表的高度；σ 为导电平面的面电导率。电流强度为 I、长度为 $\mathrm{d}s$ 的单个电偶极子在空间任意一点产生的磁场强度垂直分量为

$$H_z = M\frac{y}{R^3}, \quad M=\frac{I\mathrm{d}s}{4\pi} \tag{4.3.2}$$

考虑到等效导电平面的“浮动”，把式(4.3.1)代入式(4.3.2)，可得

$$H_z(t) = M\frac{y}{\left[x^2+y^2+(2h+z+2t/\mu_0\sigma)^2\right]^{3/2}} \tag{4.3.3}$$

式(4.3.3)为等效导电平面法计算均匀大地表面单个电偶极子在空间任一点处瞬变场的近似计算公式。

设在地表铺设有 m 个电性源，A_iB_i 表示第 i 个电性源，电流强度为 I_i，源的长度为 $\mathrm{d}s_i$；源 A_1B_1 沿 x 轴放置，中点位于坐标原点 O，z 轴向下，整个 xyz 坐标系满足右手坐标系；飞行器与地表的距离为 z，在地表的投影为 P；导电平面电导率为 σ，距地表的距离为 h；虚源 $A_i'B_i'$ 关于导电平面与地表的电性源 A_iB_i 对称，见图 4.3.1。

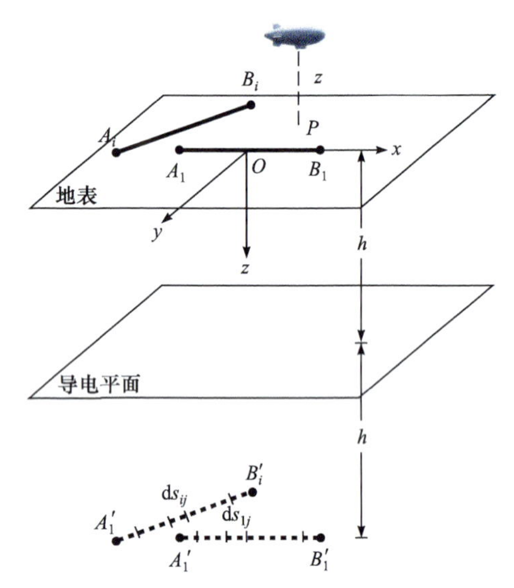

图 4.3.1　多辐射场源地空瞬变电磁法等效导电平面示意图

根据式(4.3.3)，可得均匀大地表面 m 个电性源在空间任一点处瞬变电磁场的近似计算公式为

$$H_z(t)=\sum_{i=1}^{m}\sum_{j=1}^{n_i}\frac{I_i\mathrm{d}s_{ij}}{4\pi}\frac{y_{ij}}{\left[x_{ij}^2+y_{ij}^2+\left(2h+z+\dfrac{2t}{\mu_0 S}\right)^2\right]^{3/2}}\tag{4.3.4}$$

令

$$\overline{m}=2h+z+\frac{2t}{\mu_0 S}$$

则

$$H_z(t)=\sum_{i=1}^{m}\sum_{j=1}^{n_i}\frac{I_i\mathrm{d}s_{ij}}{4\pi}\frac{y_{ij}}{\left(x_{ij}^2+y_{ij}^2+\overline{m}^2\right)^{3/2}}$$

式中，m 为地表电性源的个数；n_i 为第 i 个电性源的剖分段数；I_i 为第 i 个电性源的电流强度；$\mathrm{d}s_{ij}$ 为第 i 个电性源第 j 段电偶极子的长度；x_{ij} 和 y_{ij} 分别为空中任意一点在地表的投影 P 在第 i 个电性源第 j 段电偶极子所在坐标系下的 x 和 y 坐标；S 为导电平面至地表范围内介质的总纵向电导；t 为时间延迟。

令 $\overline{m}^2 \gg x_{ij}^2+y_{ij}^2$，可得晚期磁感应强度垂直分量的近似表达式为

$$H_z(t)=\sum_{i=1}^{m}\sum_{j=1}^{n_i}\frac{I_i\mathrm{d}s_{ij}}{4\pi}\frac{y_{ij}}{\overline{m}^3}\tag{4.3.5}$$

对于水平层状介质，引入等效导电平面的深度 $h_{效}$：

$$h_{效}=\left[\frac{\int_0^H \sigma(z)z^g \mathrm{d}z}{\int_0^H \sigma(z)\mathrm{d}z}\right]^{\frac{1}{g}}=\left[\frac{\int_0^H \sigma(z)z^g \mathrm{d}z}{S}\right]^{\frac{1}{g}} \tag{4.3.6}$$

式中，$\sigma(z)$ 为介质电导率；H 为研究深度；g 为确定上、下地层的相对权参数。

对于变化的研究深度 H，将式(4.3.6)的 H_z 作为 H 的函数，并考虑晚期条件 $\bar{m}^2 \gg x_{ij}^2+y_{ij}^2$，得

$$H_z(H)=\sum_{i=1}^{m}\sum_{j=1}^{n_i}\frac{I_i \mathrm{d}s_{ij}}{4\pi}\frac{y_{ij}}{\left[2h(H)+z+\dfrac{2t}{\mu_0 S(H)}\right]^3}=\sum_{i=1}^{m}\sum_{j=1}^{n_i}\frac{I_i \mathrm{d}s_{ij} y_{ij}}{4\pi}h_z(H) \tag{4.3.7}$$

式中，

$$h_z(H)=\frac{1}{\left[2h(H)+z+\dfrac{2t}{\mu_0 S(H)}\right]^3} \tag{4.3.8}$$

利用式(4.3.8)逐渐增加 H，对每一 H 计算过渡曲线，得一组 $h_z(H)$ 曲线，得到这组曲线的包络线方程为

$$\frac{\mathrm{d}h_z(H)}{\mathrm{d}H}=0 \tag{4.3.9}$$

解方程式(4.3.9)可得

$$\frac{t}{\mu_0 S(H)}=\frac{1}{g}\left[\frac{H^g}{h^{g-1}(H)}-h(H)\right] \tag{4.3.10}$$

式中，

$$h(H)=\left[\frac{\int_0^H \sigma(z)z^g \mathrm{d}z}{S(H)}\right]^{1/g} \tag{4.3.11}$$

即为对应于某研究深度 H 的等效导电平面深度，有

$$\bar{m}=2h+z+\frac{2t}{\mu_0 S}=2\frac{H^g+(g-1)h^g}{gh^{g-1}}+z \tag{4.3.12}$$

由式(4.3.12)可知，对于给定的 g，给出不同的研究深度 H，就可确定与 H 对应的 $\bar{m}$。将 $\bar{m}$ 代入式(4.3.7)、式(4.3.8)便可得到 $H_z(\bar{m})$，然后根据式(4.3.12)即可

确定时间，进而得到 $H_z(t)$ 近似计算曲线。

根据上述分析可知，等效导电平面算法近似计算层状模型空中瞬变响应的精度主要由参数 g 决定。中心回线方法的等效导电平面近似算法中，g 是根据解析形式的晚期瞬变响应公式确定的。通过这种方法得到的 g，计算晚期瞬变响应的精度尚可，但早期瞬变响应的误差很大(与解析解的相对误差高达 20%)，最终影响等效导电平面近似算法的计算精度。

由于多辐射场源可视作单辐射场源情况的叠加，单辐射场源又可视作电偶极子源情况的叠加，接下来以电偶极子源为例讨论 g 的选取。在求解 g 的过程中发现，g 取不同值时，正演得到的瞬变场在双对数坐标系下与计算精度较高的滤波解呈现不同的相对关系。图 4.3.2 为均匀半空间模型下改变 g 后得到的瞬变响应与滤波解对比，模型参数如下：源 AB 长度 10m，电流大小 100A，均匀半空间模型电阻率为 $100\Omega\cdot\text{m}$，测点位置(300m, 400m, −50m)。图 4.3.2(a)为测点及源所在坐标系，AB 表示电性源，M 表示空中的测点，P 表示 M 在地表的投影，z 表示空中测点 M 距地表的高度。从图 4.3.2(b)中可以看出，改变 g 对早期响应的影响较小，对晚期响应的影响较大，若想在全时域提高等效导电平面近似计算的精度，仅靠调节 g 是不行的。通过调整 g，可以找到一条在双对数坐标系下与滤波解线性程度最高的瞬变响应曲线，如果采用这个 g，再通过校正方法将对应的瞬变响应曲线校正到滤波解处，就可提高等效导电平面法的正演计算精度。

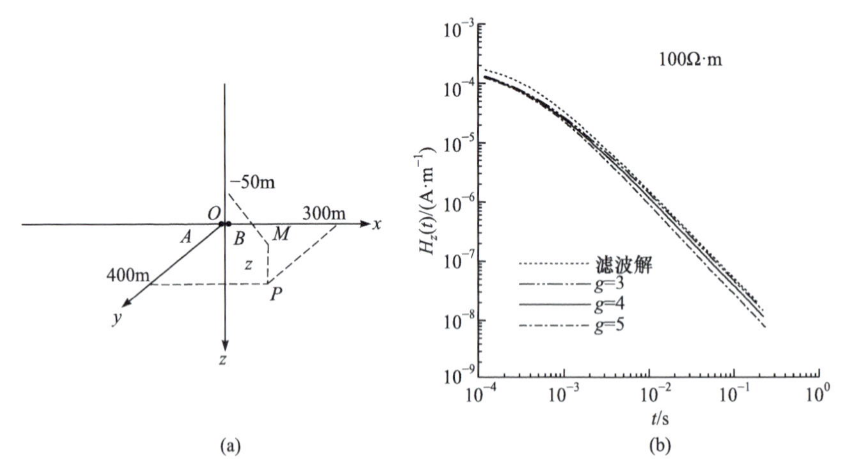

图 4.3.2　均匀半空间模型下改变 g 对等效导电平面正演瞬变响应影响

(a) 测点及源所在坐标系；(b) 改变 g 值对正演瞬变响应的影响

通过大量对比试验发现，当 g=4.25 时，等效导电平面法得到的瞬变响应与滤波解在双对数坐标系下的线性程度最高，这时再通过一个系数(1.4)，就可大大提高两条曲线的拟合程度。多辐射场源地空瞬变电磁法等效导电平面法近似计算磁场强度垂直分量的公式为(张莹莹等，2016)

$$
\begin{cases}
\overline{m} = 2\dfrac{H^g + (g-1)h^g}{gh^{g-1}} + z \quad (g = 4.25) \\
H_z(t) = 1.4\sum_{i=1}^{m}\sum_{j=1}^{n_i}\dfrac{I_i \mathrm{d}s_{ij}}{4\pi}\dfrac{y_{ij}}{\left(x_{ij}^2 + y_{ij}^2 + \overline{m}^2\right)^{3/2}} \\
t = \mu_0 S\dfrac{H^g - h^g}{gh^{g-1}} \quad (g = 4.25)
\end{cases}
\tag{4.3.13}
$$

设计了四种典型层状模型对式(4.3.13)的等效导电平面正演算法进行验证。图 4.3.3 为 A 型、H 型、K 型、Q 型模型的等效导电平面解与滤波解对比及相对误差分布。计算采用的源长度均为 100m，电流大小 100A，为不失一般性，两个电性源之间的夹角为 30°，接收机高度−50m，测点位置(300m, 400m, −50m)；A 型模型参数：$\rho_1 = 100\Omega\cdot\mathrm{m}$，$\rho_2 = 200\Omega\cdot\mathrm{m}$，$\rho_3 = 300\Omega\cdot\mathrm{m}$，$h_1 = 30\mathrm{m}$，$h_2 = 20\mathrm{m}$；H 型模型参数：$\rho_1 = 100\Omega\cdot\mathrm{m}$，$\rho_2 = 50\Omega\cdot\mathrm{m}$，$\rho_3 = 100\Omega\cdot\mathrm{m}$，$h_1 = 30\mathrm{m}$，$h_2 = 20\mathrm{m}$；K 型模型参数：$\rho_1 = 100\Omega\cdot\mathrm{m}$，$\rho_2 = 500\Omega\cdot\mathrm{m}$，$\rho_3 = 100\Omega\cdot\mathrm{m}$，$h_1 = 30\mathrm{m}$，$h_2 = 20\mathrm{m}$；Q 型模型参数：$\rho_1 = 500\Omega\cdot\mathrm{m}$，$\rho_2 = 200\Omega\cdot\mathrm{m}$，$\rho_3 = 100\Omega\cdot\mathrm{m}$，$h_1 = 30\mathrm{m}$，$h_2 = 20\mathrm{m}$；测点坐标和模型坐标俯视图分别见图 4.3.3(a)和(b)。由图 4.3.3 可知，对于这四种

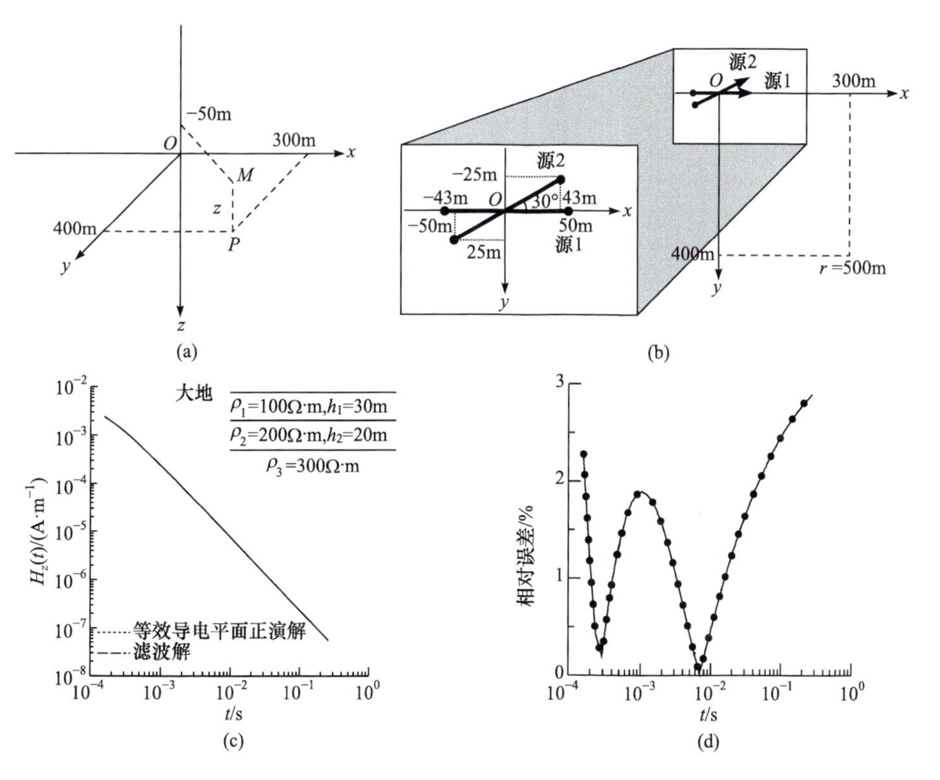

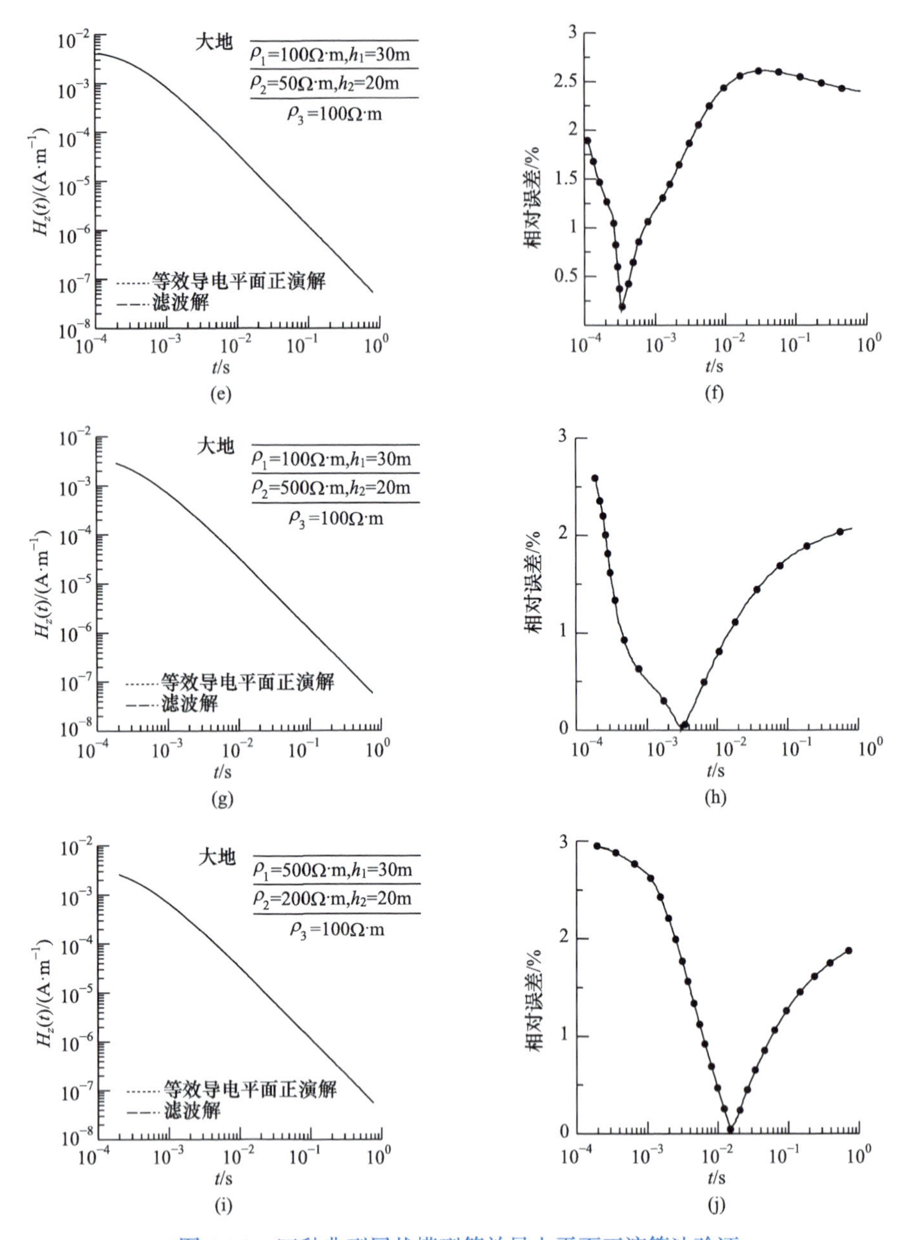

图 4.3.3　四种典型层状模型等效导电平面正演算法验证

(a) 测点坐标；(b) 模型坐标俯视图；(c) A 型模型等效导电平面解与滤波解对比；(d) A 型模型等效导电平面解与滤波解相对误差；(e) H 型模型等效导电平面解与滤波解对比；(f) H 型模型等效导电平面解与滤波解相对误差；(g) K 型模型等效导电平面解与滤波解对比；(h) K 型模型等效导电平面解与滤波解相对误差；(i) Q 型模型等效导电平面解与滤波解对比；(j) Q 型模型等效导电平面解与滤波解相对误差

典型地电模型，等效导电平面法正演得到的近似解与滤波解吻合很好，相对误差均不足 3%。相比中心回线法等效导电平面近似算法高达 20%的相对误差，本书提出的算法有效提高了等效导电平面算法正演的精度。

4.3.2　微分电导成像法原理

根据式(4.3.13)，可得多辐射源地空瞬变电磁法计算磁感应强度对时间导数的公式为

$$\frac{\partial B_z(t)}{\partial t}=1.4\sum_{i=1}^{m}\sum_{j=1}^{n_i}\frac{-6I_i\mathrm{d}s_{ij}y_{ij}}{4\pi S}\frac{2h+z+\dfrac{2t}{\mu_0 S}}{\left[x_{ij}^2+y_{ij}^2+\left(2h+z+\dfrac{2t}{\mu_0 S}\right)^2\right]^{5/2}} \tag{4.3.14}$$

即

$$\frac{\partial B_z(t)}{\partial t}=1.4\sum_{i=1}^{m}\sum_{j=1}^{n_i}\frac{-6I_i\mathrm{d}s_{ij}y_{ij}}{4\pi S}\frac{\overline{m}}{\left(x_{ij}^2+y_{ij}^2+\overline{m}^2\right)^{5/2}} \tag{4.3.15}$$

令

$$K_{ij}=-1.4\frac{6I_i\mathrm{d}s_{ij}y_{ij}}{4\pi},\quad F_{ij}(\overline{m})=\frac{\overline{m}}{\left(x_{ij}^2+y_{ij}^2+\overline{m}^2\right)^{5/2}} \tag{4.3.16}$$

则式(4.3.15)可以写成

$$\frac{\partial B_z(t)}{\partial t}=\sum_{i=1}^{m}\sum_{j=1}^{n_i}\frac{K_{ij}}{S}F_{ij}(\overline{m}) \tag{4.3.17}$$

式(4.3.17)即为用等效导电平面法计算多辐射场源地空瞬变电磁法空中任意一点瞬变场的计算公式。将式(4.3.17)表示成随时间变化的视纵向电导函数(张莹莹等，2016)：

$$S_\tau(t)=\frac{\displaystyle\sum_{i=1}^{m}\sum_{j=1}^{n_i}K_{ij}F_{ij}(\overline{m})}{\dfrac{\partial B_z(t)}{\partial t}} \tag{4.3.18}$$

由式(4.3.18)可知，在获得实测的 $\partial B_z(t)/\partial t$ 后，需要知道 $F_{ij}(\overline{m})$ 的值才能得到 $S_\tau(t)$，但在野外工作中无法直接得到 $F_{ij}(\overline{m})$ 的值。由式(4.3.16)可知，求 $F_{ij}(\overline{m})$ 的问题可以转化为求 $\overline{m}$ 的问题，引入辅助函数 $\varphi_{ij}(\overline{m})$，令

$$\varphi_{ij}(\overline{m})=\frac{\left|\dfrac{\partial^2 B_z(t)}{\partial t^2}\right|}{\left[\dfrac{\partial B_z(t)}{\partial t}\right]^2}\cdot\frac{\mu_0 K_{ij}}{2} \tag{4.3.19}$$

结合式(4.3.16)、式(4.3.17)和式(4.3.19)，可得

$$\varphi_{ij}(\overline{m})=\left(x_{ij}^2+y_{ij}^2+\overline{m}^2\right)^{3/2}\left|\frac{x_{ij}^2+y_{ij}^2}{\overline{m}^2}-4\right| \tag{4.3.20}$$

从上述分析可知，$\overline{m}$ 的大小直接决定了等效导电平面法的最终结果。如果 $\overline{m}$ 取得了最优解，$S_\tau(t)$ 就能得到最优解，反演结果也最接近实际模型。建立目标函数：

$$\varPhi(\overline{m})=\left\|\frac{\left|\dfrac{\partial^2 B_z(t)}{\partial t^2}\right|}{\left[\dfrac{\partial B_z(t)}{\partial t}\right]^2}\cdot\frac{\mu_0 K_{ij}}{2}-\left(x_{ij}^2+y_{ij}^2+\overline{m}^2\right)^{3/2}\left|\frac{x_{ij}^2+y_{ij}^2}{\overline{m}^2}-4\right|\right\|^2 \tag{4.3.21}$$

当该函数取极小值时，$\overline{m}$ 值取得最优解。

获得 $\overline{m}$ 后，结合式(4.3.16)和式(4.3.18)即可求得 $S_\tau(t)$，再根据式(4.3.22)得到等效导电平面与地表之间的距离(张莹莹等，2016)：

$$h_\tau(t)=\frac{1}{2}\left[1.4\frac{\sum_{i=1}^{m}\sum_{j=1}^{n_i}3I_i\mathrm{d}s_{ij}y_{ij}}{2\pi S_\tau\dfrac{\partial B_z(t)}{\partial t}}\right]^{1/4}-\frac{t}{\mu_0 S_\tau}-\frac{z}{2} \tag{4.3.22}$$

求得 $S_\tau(t)$ 和 $h_\tau(t)$ 后，对纵向电导数据在深度进行一次和二次微分，得到纵向电导微分成像数据。图 4.3.4 为四种典型层状模型纵向电导、一次微分和二次微分成像曲线。由图 4.3.4 可知，纵向电导的二次微分对地电模型的界面有很好的识别能力，曲线起跳的方向反映了相邻界面的电阻率变化趋势(高阻进入低阻时起跳为正，低阻进入高阻时起跳为负)，振幅则反映了相邻界面电阻率差异的大小，差异越大振幅越大(戚志鹏等，2015；李貅等，2013b)。

4.3.3 相关叠加合成算法

二次求导的微分电导成像方法计算速度快，对电性界面反映灵敏，但是从数学的角度分析，微分运算是放大变化的过程，在这一过程中误差也会被放大。由于野外采集数据往往存在干扰和误差，视纵向电导微分成像会产生许多假异常，因此该法受干扰和误差的影响较大。为了压制视纵向电导微分成像带来的假异常，突出真异常界面的振幅，可以采用相关叠加合成算法(李貅等，2012)。该法对空中观测点周边一定范围内的观测信号进行相关叠加处理，对于相邻的测点 i–1、i、i+1，得到的瞬变电磁信号具有相关性，测点间距越近，相关性越强。相关叠加合

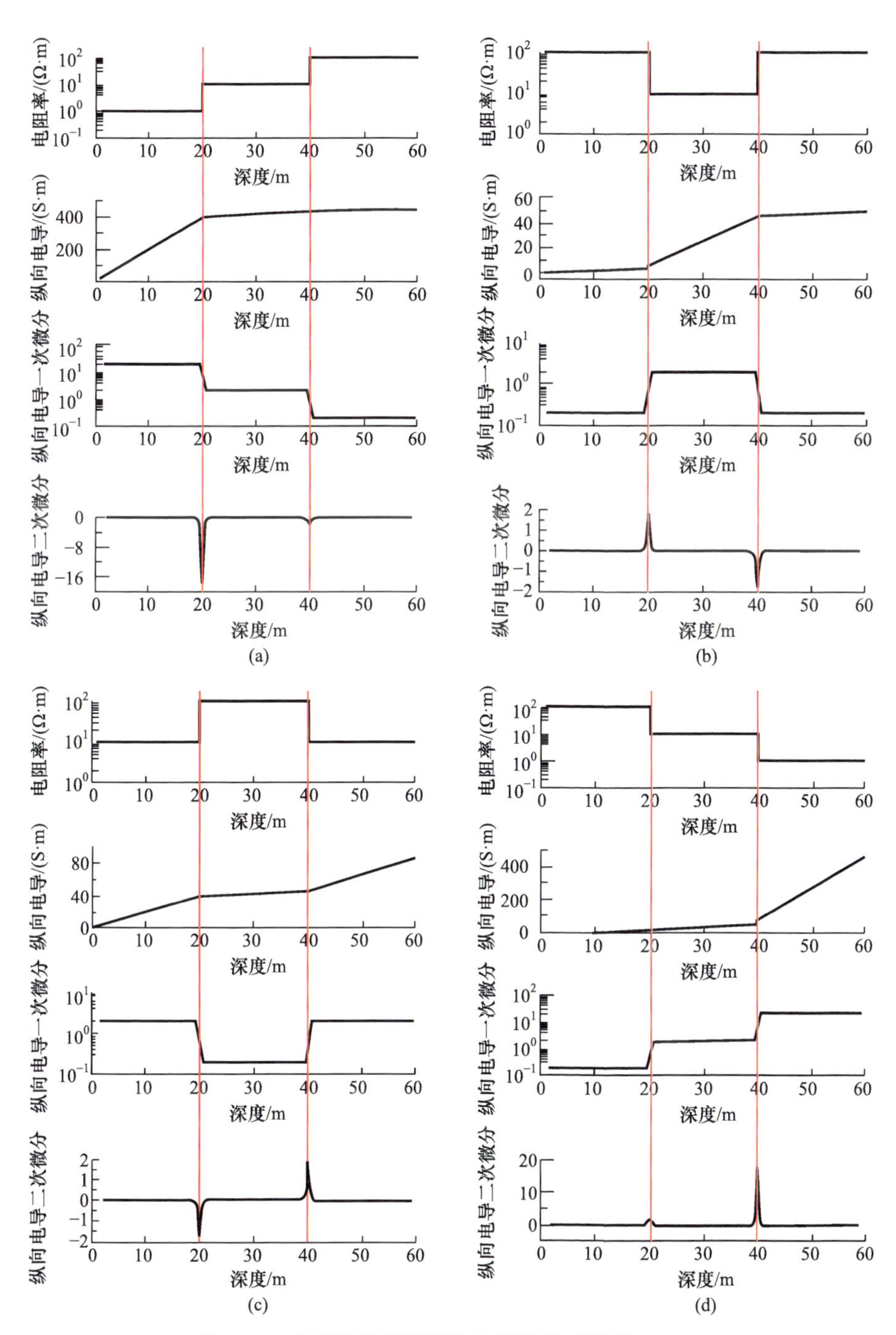

图 4.3.4　典型层状模型微分电导特征(李貅等，2013)

(a) A 型模型；(b) H 型模型；(c) K 型模型；(d) Q 型模型

成算法正是利用相邻测点的相关性对视纵向电导微分成像曲线进行相关叠加，加强反映地电结构的真实异常，而干扰和误差的相关性较差，在计算中会得到压制，最终达到有效压制噪声、提高信噪比、加强有用信号、提高分辨率的目的。

两列数据的归一化互相关系数为

$$\rho_{ab}(\tau)=\frac{\sum_{j=1}^{m}W(r_a,h_j)W(r_b,h_j-\tau)}{\left\{\sum_{j=1}^{m}\left[W(r_a,h_j)\right]^2\sum_{j=1}^{m}\left[W(r_b,h_j)\right]^2\right\}^{1/2}} \tag{4.3.23}$$

其中，a、b 为进行互相关的两列数据点；r_a、r_b 为两数据点坐标；h_j 为视深度；m 为采样道数；W 为视纵向电导微分成像数据；τ 为深度的偏移量。

图 4.3.5 是相关叠加合成示意图，以 i 点为中心，阐述 n 点合成的过程。分别计算 i 点与 $i-\frac{n-1}{2},\cdots,i-1,i+1,\cdots,i+\frac{n-1}{2}$ 测点的归一化互相关系数，通过改变 τ 得到最大相关系数 $\rho_{-\frac{n-1}{2}},\cdots,\rho_{-1},\rho_1,\cdots,\rho_{\frac{n-1}{2}}$，此时的 $\tau_{-\frac{n-1}{2}},\cdots,\tau_{-1},\tau_1,\cdots,\tau_{\frac{n-1}{2}}$ 即为最佳偏移深度；将 $\rho_{-\frac{n-1}{2}},\cdots,\rho_{-1},\rho_1,\cdots,\rho_{\frac{n-1}{2}}$ 与 $-\frac{n-1}{2},\cdots,-1,1,\cdots,\frac{n-1}{2}$ 测点的数据相乘，得到新的视纵向电导微分数据 $W'_{-\frac{n-1}{2}},\cdots,W'_{-1},W'_1,\cdots,W'_{\frac{n-1}{2}}$，$i$ 点的视纵向电导数据记作 W_0，i 点的自相关系数为 1，偏移深度 τ 为 0。n 点合成即为 $W'_{-\frac{n-1}{2}},\cdots,W'_{-1},W'_1,\cdots,W'_{\frac{n-1}{2}}$，按照最佳偏移深度 $\tau_{-\frac{n-1}{2}},\cdots,\tau_{-1},\tau_1,\cdots,\tau_{\frac{n-1}{2}}$ 叠加到中心点 W_0 上，得到新的 i 点数据 W'_0，即

$$W'(r_a,h)=\sum_{b=-\mathrm{int}(n/2)}^{a=\mathrm{int}(n/2)}\rho_{ab}^{\max}(\tau_{\mathrm{b}})W(r_{\mathrm{b}},h-\tau_{\mathrm{b}}) \tag{4.3.24}$$

其中，τ_{b} 为最佳偏移深度；$\rho_{ab}^{\max}$ 为最大相关系数；n 为合成点数，取奇数；$\mathrm{int}(n/2)$ 表示对 $n/2$ 取整运算。

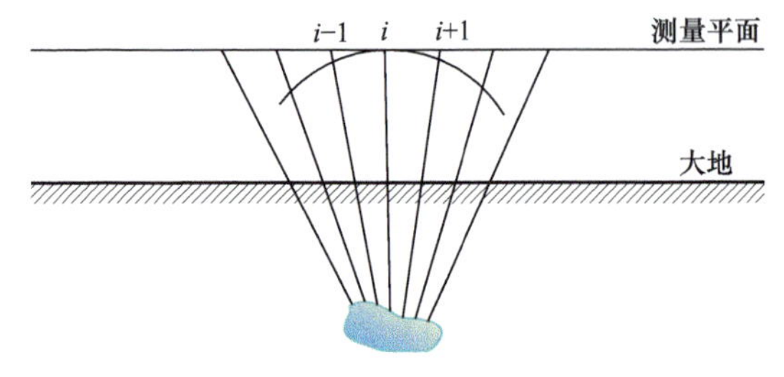

图 4.3.5　相关叠加合成示意图

4.3.4 三维模型计算

为了验证多辐射场源地空瞬变电磁法微分电导成像算法，设计了如下三维模型：在电阻率为100Ω·m的均匀大地中，赋存两个电阻率为10Ω·m的块状体，两个异常体的顶板埋深均为80m，异常体尺寸大小均为60m×60m×100m，块状体之间的距离为80m；两个互相平行的发射源长度均为100m，距两个块状体中轴线的距离均为100m；电流大小30A，电流方向相反；接收机位于空中100m处。三维正演采用矢量有限元法完成，模型及俯视图见图4.3.6。

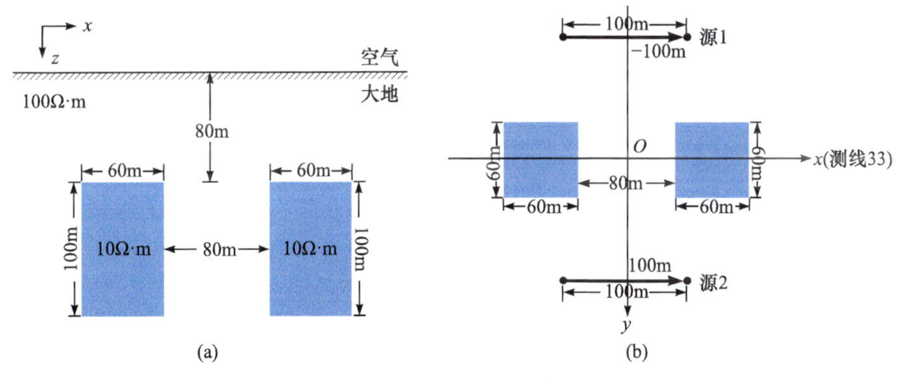

图 4.3.6 三维模型示意图

(a) 异常体模型；(b) 模型俯视图

测线 33 位于两个块状异常体的中轴线上，对这条剖面的正演数据进行微分电导成像。由图4.3.7可知，微分电导成像结果显示存在三个较明显的界面。第一个界面指示地表，由于空气和大地的电性差异很大，该界面的反应比较强烈，且遍布整个区域；第二个界面的范围较窄，指示两个低阻块状体的顶板位置；第三个界面的振幅虽然很小，但也可从微分电导成像结果中判断出来，指示两个低阻块状体的底板位置。由于异常体埋深较大，异常体底界面深度出现了偏差，且微分电导波形出现了展宽现象。图 4.3.7(b)是对三维正演数据加 10%白噪后的微分电导成像结果，对比图4.3.7(a)可以看出，微分电导结果受噪声的影响较大，只有指示地表第一个界面的信号较强且完整，指示低阻异常体的信号受到较大的干扰，只能依稀从微分电导结果中分辨出异常体顶板和底板位置。此外，噪声还会带来诸多假异常干扰。采用五点合成对图 4.3.7 的微分电导成像结果进行相关叠加合成处理，结果见图4.3.8。由图可见，计算误差等带来的干扰、随机噪声等不具有相关性，因此进行相关叠加合成后均得到压制，而电性差异变化较大的界面对应信号均得到了加强。

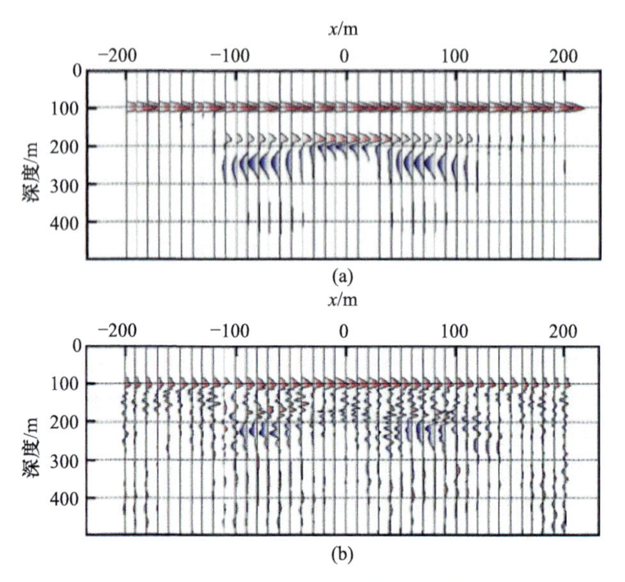

图 4.3.7 测线 33 剖面微分电导成像结果

(a) 无噪声；(b) 加 10%白噪

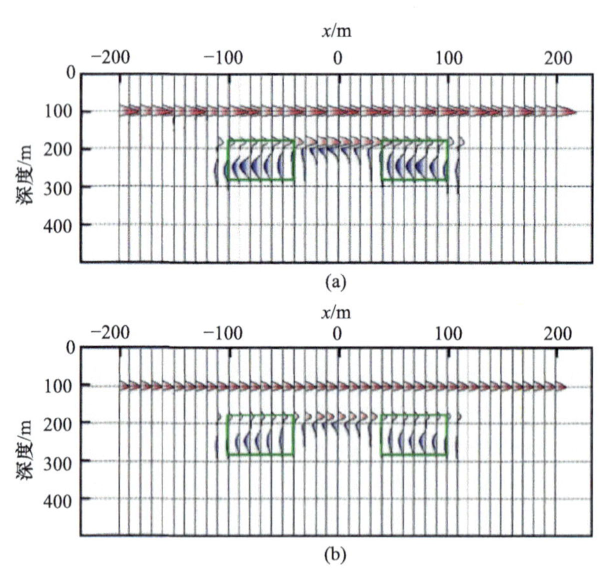

图 4.3.8 测线 33 剖面相关叠加合成成像结果

(a) 无噪声；(b) 加 10%白噪

第 5 章　多源、多分辨辐射场

5.1　多辐射场源激发的地空瞬变电磁场

发展多辐射源、高分辨地空瞬变电磁探测方法是破解深部精细探测的重要手段。该方法在地面采用多个电偶源发射大功率瞬变电磁场(图 1.2.2)，大大提高辐射场强度，提高信噪比和压制干扰。接收系统布设在无人机飞行平台上，信息采集采用全域、高密度、扫面性三维测量方式，由于是在空中测量，工作效率成倍提高，特别适合沼泽、森林、地面难以到达地区及地面工作难以展开的山区。

5.1.1　三维空间多辐射场源模拟理论

采用三维矢量有限元法对不同地质体多个辐射源情况下的地空瞬变电磁响应开展模拟研究，分析多辐射源下不同辐射方向电磁响应的分布特征。研究表明，由多辐射场源作为地空电磁法的发射源，通过分散布设的线源，在地下激发与地质体多方位耦合的电磁场，能够获得地下地质体多方位不同高度的耦合信息。同时，多辐射场源能够增强源电磁场的辐射强度，减少电性源体积效应影响，研究结果为地空电磁法深部精细探测提供理论依据。

时间域麦克斯韦方程组第一、第二方程为(李贺，2016)

$$\nabla\times\boldsymbol{E}=-\mu_0\frac{\partial\boldsymbol{H}}{\partial t} \tag{5.1.1}$$

$$\nabla\times\boldsymbol{H}=\sigma\boldsymbol{E}+\boldsymbol{J}_{\mathrm{s}} \tag{5.1.2}$$

式中，$\boldsymbol{E}$ 为电场强度；$\boldsymbol{H}$ 为磁场强度；σ 为介质电导率；μ_0 为介质的磁导率；$\boldsymbol{J}_{\mathrm{s}}$ 为多个电流源电流密度之和，$\boldsymbol{J}_s=\sum_{i=1}^{m}\boldsymbol{J}_{\mathrm{s}i}$，$m$ 为电流源个数，$\boldsymbol{J}_{\mathrm{s}i}$ 为第 i 个电流源电流密度。对式(5.1.1)两端取旋度，得

$$\nabla\times\nabla\times\boldsymbol{E}=-\mu_0\frac{\partial\nabla\times\boldsymbol{H}}{\partial t} \tag{5.1.3}$$

将式(5.1.2)代入式(5.1.3)中，得

$$\nabla\times\nabla\times\boldsymbol{E}=-\mu_0\frac{\partial(\sigma\boldsymbol{E}+\boldsymbol{J}_{\mathrm{s}})}{\partial t} \tag{5.1.4}$$

整理可得(Li et al., 2018a, 2013; Schwarzbach et al., 2013; Um et al., 2010; Movahhedi et al., 2007)

$$\nabla \times \nabla \times \boldsymbol{E} = -\mu_0 \sigma \frac{\partial \boldsymbol{E}}{\partial t} + \mu_0 \frac{\partial \boldsymbol{J}_s}{\partial t} = 0 \tag{5.1.5}$$

根据电磁场理论，在无源区的两种导电介质的界面，电磁场满足如下四个边界条件：

$$\begin{aligned} &\boldsymbol{n} \times (\boldsymbol{E}_1 - \boldsymbol{E}_2) = 0 \\ &\boldsymbol{n} \cdot (\boldsymbol{D}_1 - \boldsymbol{D}_2) = 0 \\ &\boldsymbol{n} \times (\boldsymbol{H}_1 - \boldsymbol{H}_2) = 0 \\ &\boldsymbol{n} \cdot (\boldsymbol{B}_1 - \boldsymbol{B}_2) = 0 \end{aligned} \tag{5.1.6}$$

式中，$\boldsymbol{n}$ 为两种介质界面处的单位法向分量，方向为由介质 2 指向介质 1；$\boldsymbol{D}$ 为电位移矢量。

对于无穷远边界，电场和磁场在无穷远边界上的切向分量为零，即

$$\begin{aligned} &\nabla \times \boldsymbol{E}\big|_{\Gamma} = 0 \\ &\nabla \times \boldsymbol{H}\big|_{\Gamma} = 0 \end{aligned} \tag{5.1.7}$$

根据加权余量法，电场控制方程的加权余量方程为

$$\int_V \boldsymbol{f} \cdot \left(\nabla \times \nabla \times \boldsymbol{E} + \sigma \mu_0 \frac{\partial \boldsymbol{E}}{\partial t} + \mu_0 \frac{\partial \boldsymbol{J}_s}{\partial t} \right) \mathrm{d}V = 0 \tag{5.1.8}$$

式中，$\boldsymbol{f}$ 为矢量基函数。根据矢量分析恒等式、高斯公式及边界条件，可将式(5.1.8)写为

$$\int_V \left[(\nabla \times \boldsymbol{f}) \cdot (\nabla \times \boldsymbol{E}) + \sigma \mu_0 \boldsymbol{f} \cdot \frac{\partial \boldsymbol{E}}{\partial t} + \mu_0 \boldsymbol{f} \cdot \frac{\partial \boldsymbol{J}_s}{\partial t} \right] \mathrm{d}V = 0 \tag{5.1.9}$$

式(5.1.9)即为矢量有限元法的矢量变分方程。

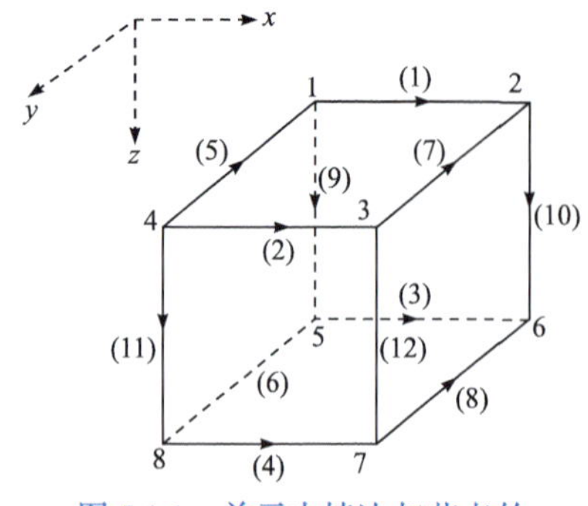

图 5.1.1　单元中棱边与节点的关系(李贺，2016)

采用六面体单元剖分，单元中棱边与节点的关系如图 5.1.1 所示。

在六面体单元中，将电场切向分量赋予各个单元的棱边上。采用惠特尼(Whitney)型插值基函数(李贺，2016)，使得插值基函数的散度为 0，而旋度不等于 0。在计算区域存在介质不连续性时，可以保证电场强度的切向分量连续，法向分量不连续，可以有效地避免“伪解”的现象。

式(5.1.9)中含有电场对时间的偏导数项，采用向后差分的方式进行离散，即

$$\frac{\partial \boldsymbol{E}_n}{\partial t_n}=\frac{\boldsymbol{E}_n-\boldsymbol{E}_{n-1}}{t_n-t_{n-1}} \tag{5.1.10}$$

式中，$\boldsymbol{E}_n$、$\boldsymbol{E}_{n-1}$分别为第n个、第$n-1$个时间步的电场强度；t_n、t_{n-1}分别为第n次、第$n-1$次迭代的时间步长。将式(5.1.10)代入式(5.1.9)，通过单元分析，可将式(5.1.9)写成矩阵形式：

$$\boldsymbol{A}_{\mathrm{e}}\boldsymbol{E}_{\mathrm{e}}^{n}=\boldsymbol{b}_{\mathrm{e}} \tag{5.1.11}$$

式中，

$$\boldsymbol{A}_{\mathrm{e}}=\int_V\left[(\nabla\times N_i)\cdot(\nabla\times N_j)+\frac{\sigma\mu_0}{t_n-t_{n-1}}N_i\cdot N_j\right]\mathrm{d}V \tag{5.1.12}$$

$$\boldsymbol{b}_{\mathrm{e}}=\frac{\sigma\mu_0}{t_n-t_{n-1}}\int_V\boldsymbol{E}_{n-1}\cdot N_i\mathrm{d}V-\frac{\mu_0}{t_n-t_{n-1}}\int_V(\boldsymbol{J}_n-\boldsymbol{J}_{n-1})\cdot N_i\mathrm{d}V \tag{5.1.13}$$

式中，N为插值基函数；$\boldsymbol{E}_{\mathrm{e}}^{n}$为待求第$n$个时刻的电场在六面体单元各个棱边上投影值形成的列向量；$\boldsymbol{J}_n$为第n个时刻外界所施加的多个源的电流密度。

在求得六面体单元棱边上的电场强度$\boldsymbol{E}_{\mathrm{e}}^{n}$后，可进一步求得磁感应强度对时间的导数：

$$\frac{\partial B_z}{\partial t}=-\left(\frac{\partial E_y}{\partial x}-\frac{\partial E_x}{\partial y}\right) \tag{5.1.14}$$

即可求得电磁相应的垂直分量。

将电流密度直接施加到与电场水平分量重合的单元棱边上，如图 5.1.2 所示。

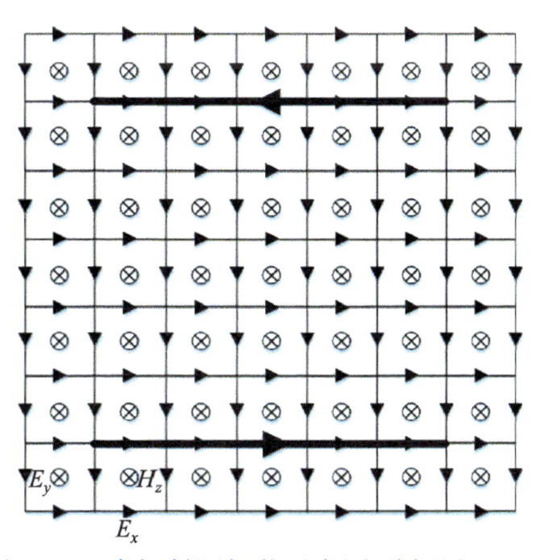

图 5.1.2　多辐射源加载示意图(孙怀凤，2013)

5.1.2　三维地质模型多辐射场特征分析

为了对比多辐射场源和单辐射场源的电磁响应特点，设计两个不同的三维地质模型，并利用自主开发的瞬变电磁三维模拟软件对单辐射源和多辐射源下的电磁响应特征进行模拟分析(李貅等，2021b)。假设地空电磁系统采集的为垂直磁场分量。

1. 模型一

半空间电阻率为$100\ \Omega\cdot\mathrm{m}$；异常体尺寸为 $200\mathrm{m}\times200\mathrm{m}\times30\mathrm{m}$，电阻率为$1\ \Omega\cdot\mathrm{m}$，顶板埋深 100m；测线位于$y$=0m 处，飞行高度分别为 10m、30m、50m；

分别计算单源和双源激发情况下的电磁响应。

1) 单一地质体、单辐射源电磁响应特征

单辐射源与单一模型三维立体图如图 5.1.3(a)所示，其中源 1 长 300m，位于(−150m, −150m, 0m)～(150m, −150m, 0m)，供电电流 15A。测线(y= 0m)不同飞行高度 10m、30m、50m 的磁场垂直分量衰减电压多测道图分别如图 5.1.3(b)、(c)和(d)所示，由图可知垂直分量多测道图呈单峰分布，飞行高度 10m 的磁场垂直分量幅值较大，飞行高度 50m 的磁场垂直分量幅值较小。

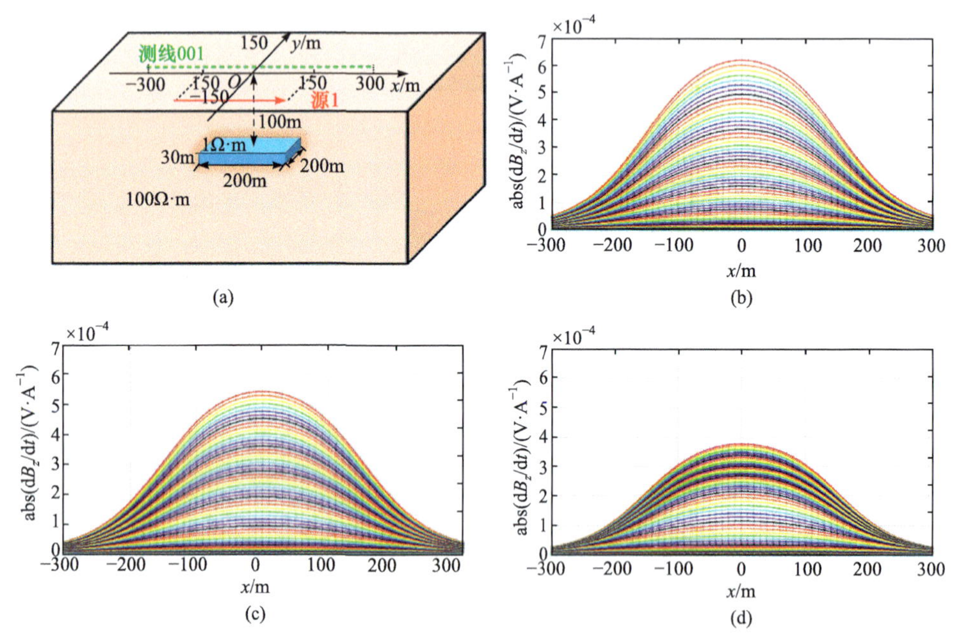

图 5.1.3 不同飞行高度磁场垂直分量衰减电压多测道图(单辐射源)(李貅等，2021b)

(a) 模型三维立体图；(b) 飞行高度 10m 的垂直分量衰减电压多测道图；(c) 飞行高度 30m 的垂直分量衰减电压多测道图；(d) 飞行高度 50m 的垂直分量衰减电压多测道图

2) 单一地质体、多辐射源磁场垂直分量响应特征

当两个辐射源的电流方向相反时，地电模型如图 5.1.4(a)所示，源 1 与图 5.1.3(a)一致，源 2 位于(150m, 150m, 0m)～(−150m, 150m, 0m)，供电电流均为 15A。图 5.1.4(b)、(c)和(d)分别为测线(y=0m)不同飞行高度 10m、30m、50m 的磁场垂直分量衰减电压多测道图。由图可知，垂直分量衰减电压多测道图呈单峰分布，飞行高度 10m 的磁场垂直分量幅值较大，飞行高度的 50m 磁场垂直分量幅值较小。与图 5.1.3 计算结果比较，可以得知：当两个辐射源以相反方向的电流进行发射时，激发的能量在空间具有一定的叠加作用，地下目标体的响应特征虽然彼此相似，但是两个电流方向相反且相互平行的辐射源电磁响应幅值明显大于单辐射源的情况，从而大大加强了探测信号强度。

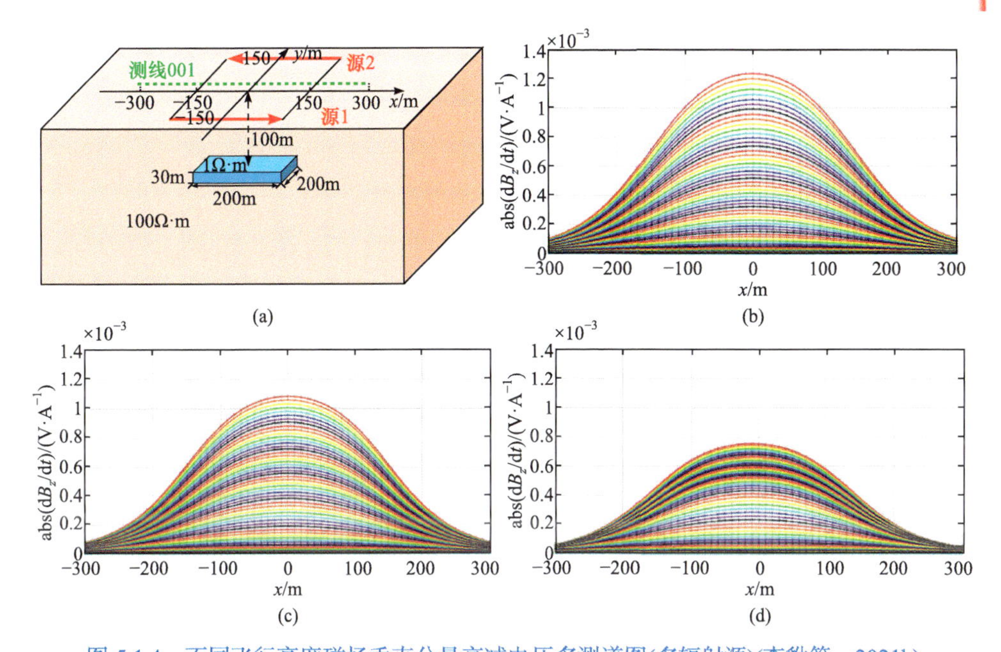

图 5.1.4　不同飞行高度磁场垂直分量衰减电压多测道图(多辐射源)(李貅等，2021b)

(a) 模型三维立体图；(b) 飞行高度 10m 的垂直分量衰减电压多测道图；(c) 飞行高度 30m 的垂直分量衰减电压多测道图；(d) 飞行高度 50m 的垂直分量衰减电压多测道图

2. 模型二

半空间电阻率为100Ω·m；异常体为两个直立板目标体，尺寸均为300m×200m×50m，顶板埋深均为 100m，电阻率均为1Ω·m，两板间水平距离500m，关于 y 轴对称放置，如图 5.1.5(a)所示；电源长均为 500m，电源距 O 点500m，供电电流 15A。取飞行高度 20m，分别计算在单源、双源和四源激发情况下的电磁响应。

1) 两个地质体单辐射源磁场垂直分量电磁响应特征

单辐射源激发模型如图 5.1.5(a)所示，激发源 1 长 500m，位于(−250m, −500m, 0m)～(250m, −500m, 0m)，供电电流 15A，飞行高度 20m。垂直磁场平面分布如图 5.1.5(b)所示。说明由单源激发时，由场垂直分量电磁响应不能区分这两个目标体。

2) 两个地质体、两个辐射源磁场垂直分量电磁响应特征

两个目标体水平距离 500m，模型参数不变，如图 5.1.6(a)所示。激发源 1 与图 5.1.5 模型一致，激发源 2 长 500m，位于(250m, 500m, 0m)～(−250m, 500m, 0m)，供电电流 15A。当利用双源同时激发时，取飞行高度 30m，在如图 5.1.6(b)所示的垂直磁场平面中，出现了两个异常体的外边界轮廓，但是两个异常体之间的边界仍然比较模糊。

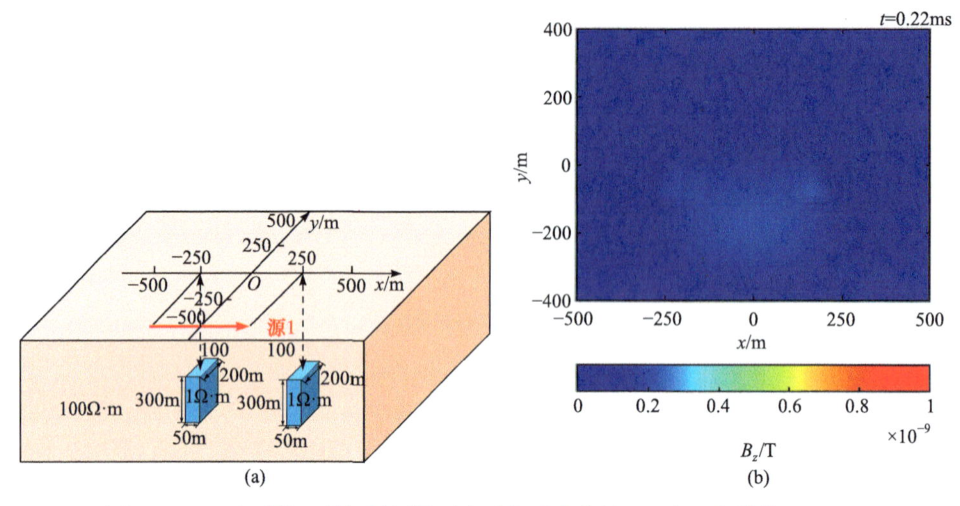

图 5.1.5　双地质体、单辐射源模型和磁场垂直分量(B_z)平面(李貅等，2021b)

(a) 模型三维立体图；(b) 飞行高度 20m 的磁场垂直分量平面

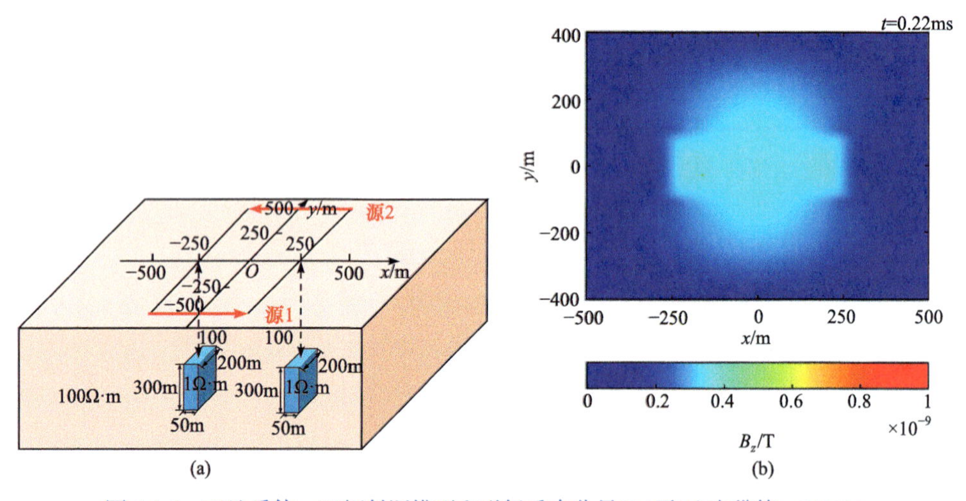

图 5.1.6　双地质体、双辐射源模型和磁场垂直分量(B_z)平面(李貅等，2021b)

(a) 模型三维立体图；(b) 飞行高度 30m 的磁场垂直分量平面

3) 两个地质体、四个辐射源磁场垂直分量电磁响应特征

两个目标体模型参数不变，如图 5.1.6(a)所示，利用四个激发源同时进行激发。源长均为 500m，源 1、源 2 与图 5.1.6(a)一致，源 3 位于(500m, −250m, 0m)～(500m, 250m, 0m)，源 4 位于(−500m, 250m, 0m)～(−500m, −250m, 0m)，供电电流均为 15A，飞行高度为 30m，可以看到两个目标体分异明显。当利用四个辐射源激发时，由如图 5.1.7(b)所示的垂直磁场平面可知，两个目标体的异常对称，异常幅值较高，其内边界的清晰度提高。通过与图 5.1.6(b)相比，可以认为四个发射源的垂直磁场响应比两个发射源的响应效果更好，反映的地质目标更真实。

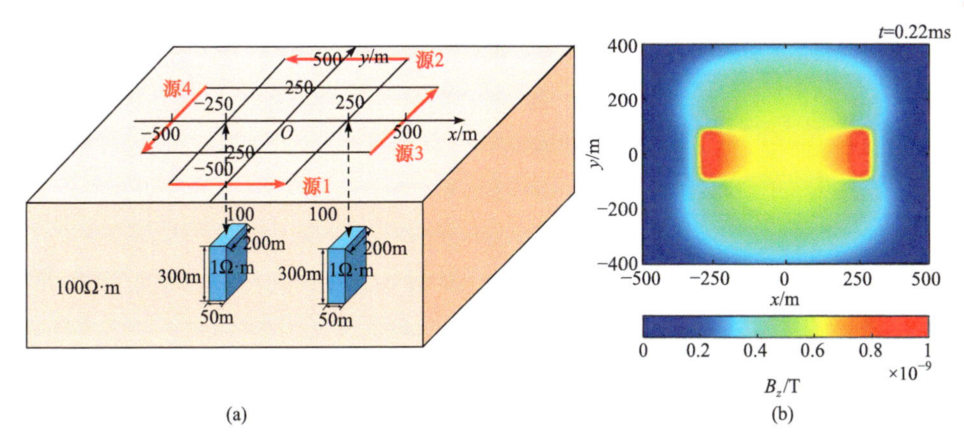

图 5.1.7　双地质体、四个辐射源模型和磁场垂直分量平面(李貅等，2021b)

(a) 模型三维立体图；(b) 飞行高度 30m 的磁场垂直分量平面

地空电磁法兼具探测深度大和探测效率高的优点，对于深部资源调查具有重要意义。在实际应用中，地空电磁法一般采用单源激发，导致接收到的信号较弱，难以获得高精度解释结果。当采用单源激发时，由于仅在一个方向激发，场的幅值和分辨率受到限制，获取的地质体信息是不全面的，或者目标体不能得到有效的识别。当采用多辐射场源作为地空电磁法的发射源时，能够获得不同角度的电磁场辐射信息，从而获得比单源激发更高的分辨率。特别是四个源同时进行激发，对于两个块体有很好的识别能力。利用源的排列及电流方向等因素对信号影响的差异，合理布设电性源，可以达到增加勘探深度、提高多个目标体分辨能力的目的。

3. 模型三

半空间电阻率为 100Ω·m；上层四个目标地质体顶板埋深为 150m，电阻率均为 10Ω·m；下层四个目标地质体顶板埋深为 300m，电阻率均为 1Ω·m，下层异常体距上层异常体 100m，如图 5.1.8 所示；飞行高度 10m。

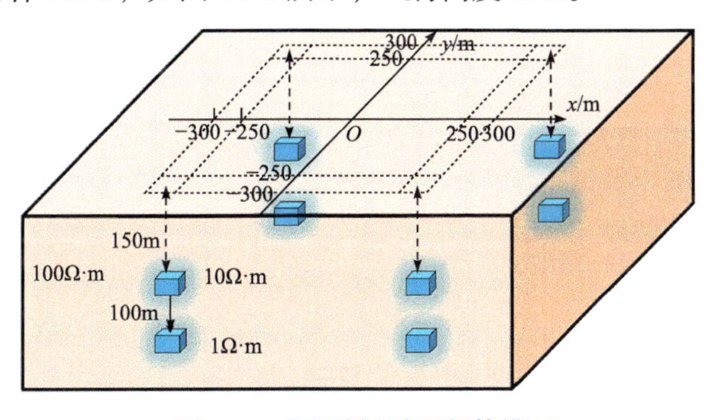

图 5.1.8　两层低阻多目标体模型

1) 单辐射源激发

源 1 长 800m，位于(−400m, −800m, 0m)～(400m, −800m, 0m)，发射电流为 15A，测线位于 $y = 280$m 处，点距 10m。单辐射源激发模型如图 5.1.9 所示。

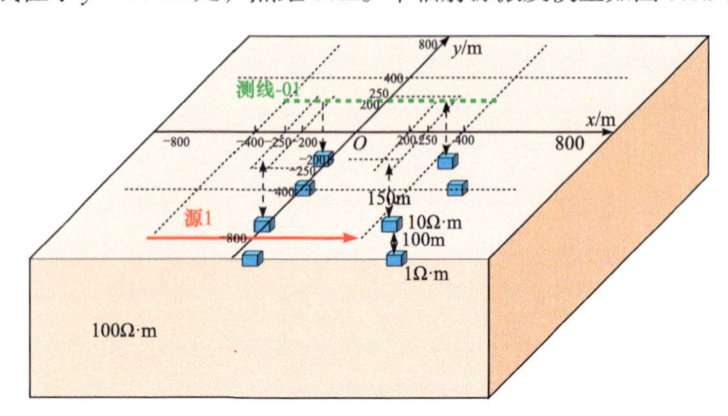

图 5.1.9 单辐射源激发模型示意图

采用三维矢量有限元进行模拟测量，得到磁场垂直分量响应，进行视电阻率计算，该条测线的视电阻率剖面如图 5.1.10 所示。可以看出，虽然在横向上可以清晰地分辨出块体异常，并且位置准确，但在纵向上还是不能分开两层异常块体，可见单辐射源激发时视电阻率处理的效果并不明显。

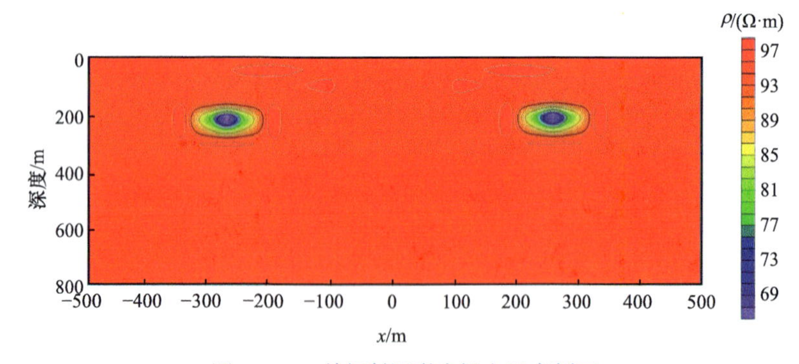

图 5.1.10 单辐射源激发视电阻率剖面

2) 多辐射源激发

四条辐射源长度均为 800m，源 1 位于(−400m, −800m, 0m)～(400m, −800m, 0m)，源 2 位于(800m, −400m, 0m)～(800m, 400m, 0m)，源 3 位于(400m, 800m, 0m)～(−400m, 800m, 0m)，源 4 位于(−800m, 400m, 0m)～(−800m, −400m, 0m)，发射电流均为 15A。测线共四条，测线-01 位于 y=280m 处，测线-02 位于 y=−280m 处，测线-03 位于 x=−280m 处，测线-04 位于 x=280m 处，点距均为 10m。多辐射源激发模型如图 5.1.11 所示。

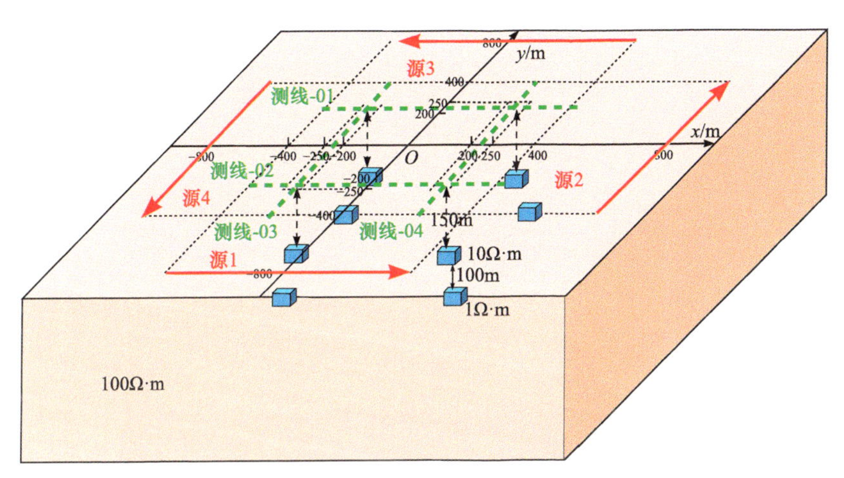

图 5.1.11　多辐射源激发模型示意图

采用三维矢量有限元进行模拟测量，得到磁场垂直分量响应，进行视电阻率计算，这四条测线的视电阻率剖面如图 5.1.12～图 5.1.15 所示。可以看出，多源激发不仅可以在横向上清晰地分辨出块体异常，位置准确，而且在纵向上也能很明显地分开两层异常块体，对比图 5.1.10 可见多辐射源激发时视电阻率处理的效果要明显优于单辐射源激发时的视电阻率处理结果，此时八个低阻异常体分异明显。

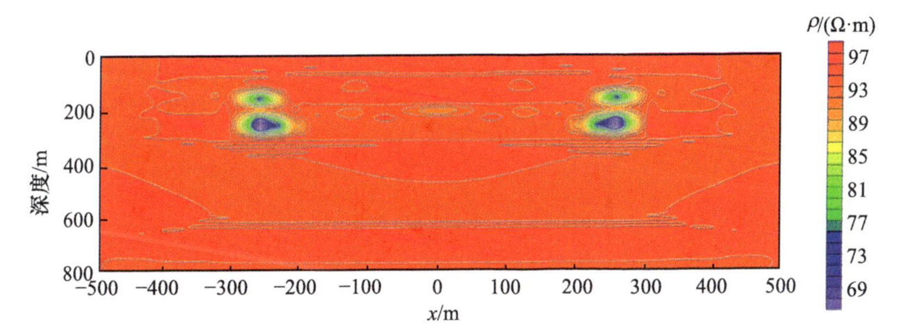

图 5.1.12　多源激发测线-01 视电阻率剖面

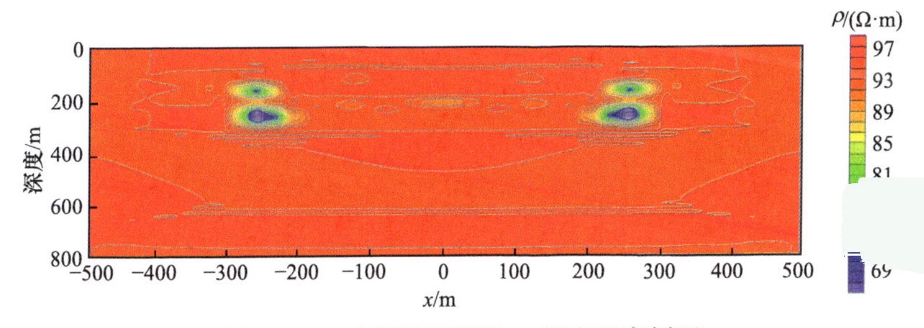

图 5.1.13　多源激发测线-02 视电阻率剖面

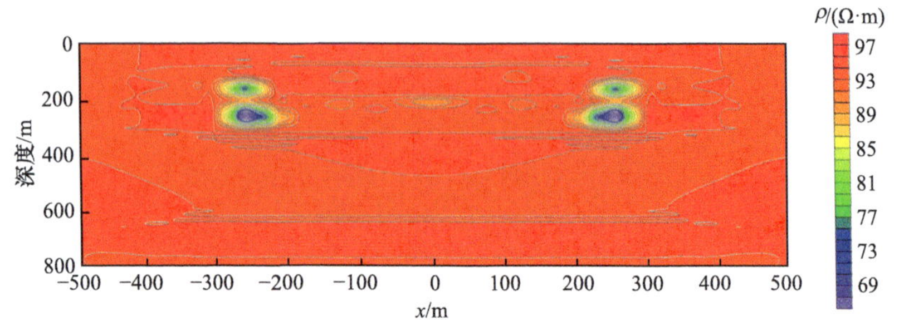

图 5.1.14　多源激发测线-03 视电阻率剖面

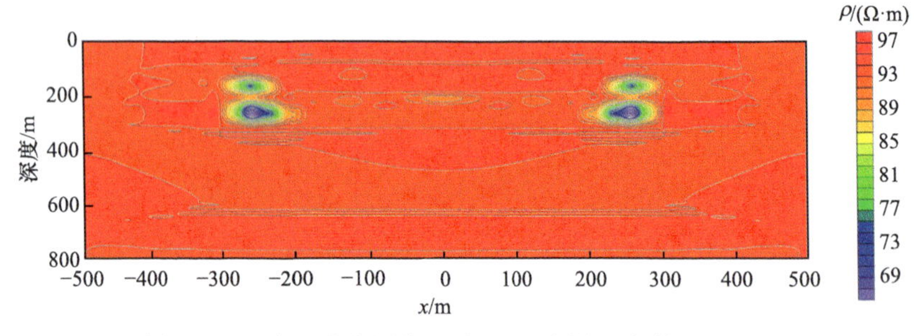

图 5.1.15　多源激发测线-04 视电阻率剖面(胡伟明，2022)

5.2　基于微分脉冲激发的多分辨地空瞬变电磁场

电磁探测的方法对分辨率的要求越来越高，过去人们往往在数据处理和解释方法上下功夫，忽略场源的作用。由于辐射场本身的分辨率受限，处理和解释的方法再好也达不到高分辨的要求。改变辐射场的激发波形，采用微分脉冲激发，消除低频干扰，通过一系列的微分脉冲扫描激发方式，实现多分辨激发，这是提高辐射场分辨率的重要途径。

5.2.1　微分脉冲辐射场多分辨特性分析

为了证明微分脉冲扫描激发方式产生的辐射场具有多分辨的特性，先要对微分脉冲的频谱特征进行详细分析，对比同一脉宽的方波与微分脉冲的频谱特征；然后对比一系列不同脉宽的方波与微分脉冲的频谱特征，证明微分脉冲产生的辐射场具有多分辨的特性。

发射三组脉宽分别为 20μs、40μs、80μs 的方波和微分脉冲，并对各波形进行快速傅里叶变换，即可得到对应波形的频谱分布。图 5.2.1 为不同脉宽的发射波形和频谱分布，其中(a)、(b)、(c)分别为 20μs、40μs、80μs 三种不同脉宽的方波和频谱分布，(d)、(e)、(f)分别为 20μs、40μs、80μs 三种不同脉宽的微分脉冲和频谱分

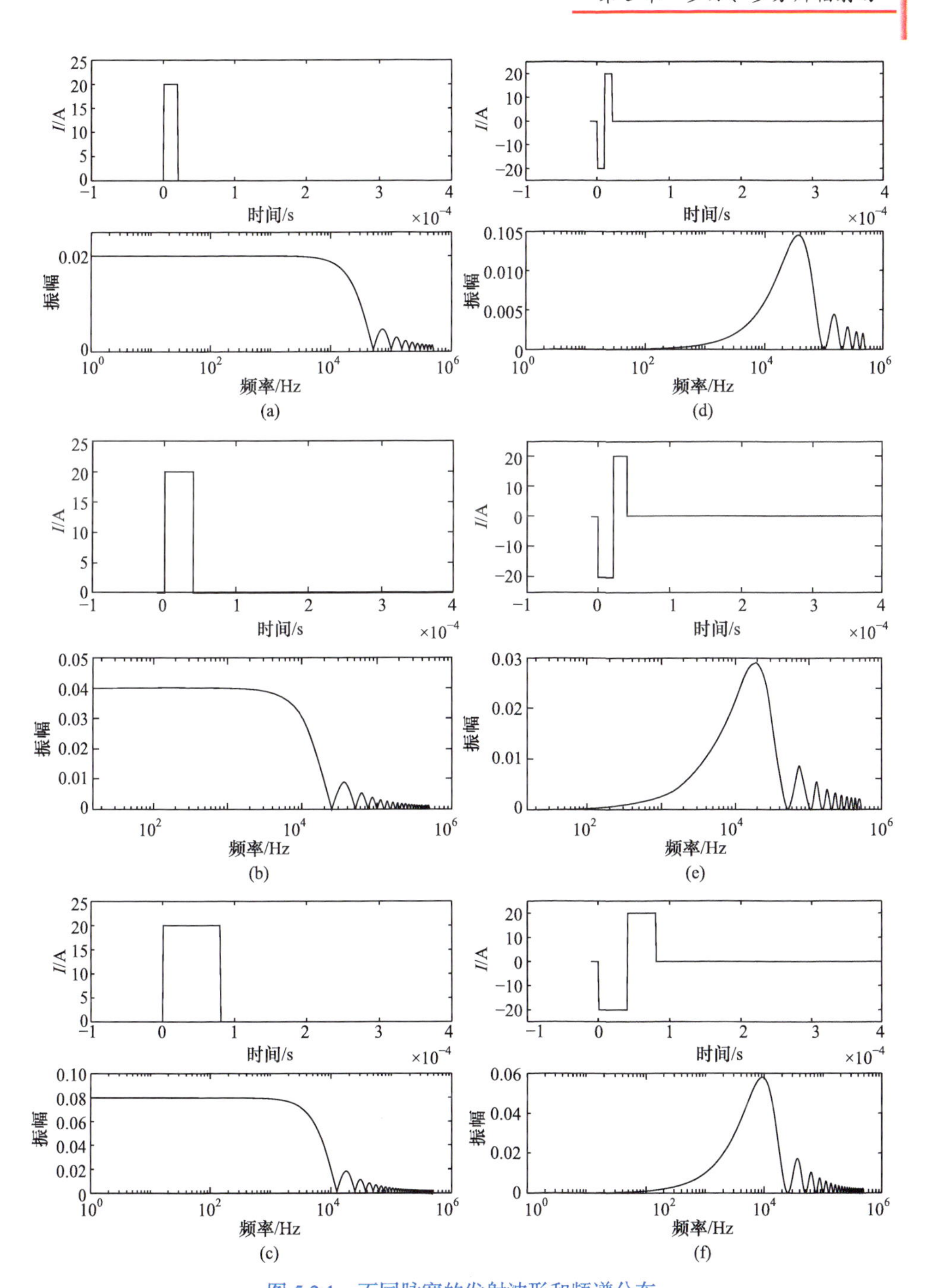

图 5.2.1　不同脉宽的发射波形和频谱分布

(a) 脉宽 20μs 方波；(b) 脉宽 40μs 方波；(c) 脉宽 80μs 方波；(d) 脉宽 20μs 微分脉冲；(e) 脉宽 40μs 微分脉冲；(f) 脉宽 80μs 微分脉冲

布。从图 5.2.1 可以看出：相同脉宽的方波较于微分脉冲来说，频率成分丰富，从零频到截止频率幅值呈高位分布；微分脉冲的辐射能量更加集中，主要集中在主频附近，没有低频干扰；随着发射脉宽由小变大，方波的截止频率越来越小，辐射能量幅值随之增大，微分脉冲对应的主频向着低频方向逐渐移动，辐射能量幅值也随着脉宽的增大而增大。

可见，采用微分脉冲激发可以消除低频干扰，实现窄带激发，通过多脉冲扫描激发，很好地实现了多分辨激发，然后融入相关叠加技术，可以破解多分辨激发的难题。

5.2.2 基于微分脉冲的水平层状模型地空瞬变电磁表达式

由于微分脉冲是由两个同脉宽的正负方波组成的，每个方波又可由两个阶跃波组成，在忽略二次电流耦合影响的条件下，可采用阶跃响应移位加减来计算微分脉冲的电磁响应。

微分脉冲由 I_1、I_2、I_3、I_4 四个阶跃波合成，如图 5.2.2 所示，即

$$I_1=\begin{cases}-I_0 & (t<0)\\ 0 & (t\geqslant 0)\end{cases},I_2=\begin{cases}-I_0 & (t<t_1)\\ 0 & (t\geqslant t_1)\end{cases},I_3=\begin{cases}I_0 & (t<t_1)\\ 0 & (t\geqslant t_1)\end{cases},I_4=\begin{cases}I_0 & (t<t_2)\\ 0 & (t\geqslant t_2)\end{cases} \tag{5.2.1}$$

式中，t_2 为微分脉冲的脉宽，$t_2=2t_1$。

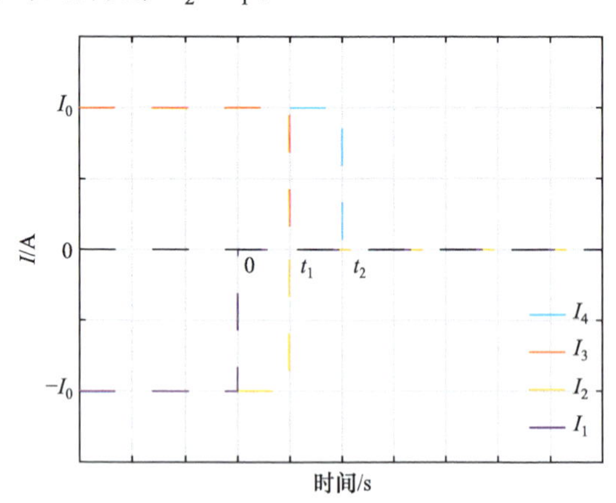

图 5.2.2 由阶跃波组成的微分脉冲示意图

当采用阶跃波作为激发场的发射波形时：

$$I=\begin{cases}I_0 & (t<0)\\ 0 & (t\geqslant 0)\end{cases} \tag{5.2.2}$$

由图 5.2.2 和式(5.2.1)可得到

$$
\begin{aligned}
B_1(t) &= -B(t) \\
B_2(t) &= -B(t-t_1) \\
B_3(t) &= B(t-t_1) \\
B_4(t) &= B(t-t_2)
\end{aligned} \tag{5.2.3}
$$

则微分脉冲的磁感应强度为

$$
B_{微分脉冲}(t) = \left[B_2(t) - B_1(t)\right] + \left[B_4(t) - B_3(t)\right] = B(t) - 2B(t-t_1) + B(t-t_2) \tag{5.2.4}
$$

因此，要求微分脉冲的电磁响应只需要求出阶跃波响应及已知微分脉冲的脉宽。

已知阶跃波频率域与时间域磁感应强度之间的表达式：

$$
B(t) = \frac{1}{2\pi}\int_{-\infty}^{\infty} \frac{B(\omega)}{-\mathrm{i}\omega} \mathrm{e}^{-\mathrm{i}\omega t} \mathrm{d}\omega \tag{5.2.5}
$$

$B(\omega)$ 又可表示为 $B(\omega) = \mathrm{Re}\,B(\omega) + \mathrm{i}\,\mathrm{Im}\,B(\omega)$，将其代入式(5.2.5)，再结合三角函数并进行化简，最后可得到阶跃波时间域磁感应强度表达式为

$$
\begin{cases}
B(t) = B_0 - \dfrac{2}{\pi}\displaystyle\int_0^{\infty} \dfrac{\mathrm{Im}\,B(\omega)}{\omega} \cos(\omega t) \mathrm{d}\omega \\
B(t) = \dfrac{2}{\pi}\displaystyle\int_0^{\infty} \dfrac{\mathrm{Re}\,B(\omega)}{\omega} \sin(\omega t) \mathrm{d}\omega
\end{cases} \tag{5.2.6}
$$

再将式(5.2.6)代入式(5.2.4)，则可得到微分脉冲的磁感应强度时间域表达式为

$$
\begin{aligned}
B_{微分脉冲}(t) = &-\frac{2}{\pi}\int_0^{\infty} \frac{\mathrm{Im}B(\omega)}{\omega} \cos\omega t \mathrm{d}\omega + \frac{4}{\pi}\int_0^{\infty} \frac{\mathrm{Im}B(\omega)}{\omega} \cos\left[\omega(t-t_1)\right] \mathrm{d}\omega \\
&-\frac{2}{\pi}\int_0^{\infty} \frac{\mathrm{Im}B(\omega)}{\omega} \cos\omega\left[\omega(t-t_2)\right] \mathrm{d}\omega
\end{aligned} \tag{5.2.7}
$$

5.2.3 基于微分脉冲激发的上下两个低阻薄层响应特征

为了讨论微分脉冲对两层低阻薄层的探测分辨能力，设计五层各向同性层状模型，中间含有两层低阻薄层。设计电性源装置形式及电流方向如图 5.2.3(a)所示。电性源长 1000m，发射电流大小为 50A，接收点 P 的坐标为(0m, −1000m,−20m)，由此可知其偏移距为 1000m，飞行高度为 20m。五层地层模型参数如图 5.2.3(b)所示。第一层电阻率 ρ_1 为 100Ω·m，层厚 h_1 为 30m；第二层电阻率 ρ_2 为 10Ω·m，层厚 h_2 为 10m；第三层电阻率 ρ_3 为 100Ω·m，层厚 h_3 为 110m 或 60m；第四层电阻率 ρ_4 为 10Ω·m，层厚 h_4 为 10m；第五层电阻率 ρ_5 为 100Ω·m。

取 $h_3 = 110\text{m}$ 的模型进行计算，分别计算六组脉宽由小到大分别为 100μs、500μs、1ms、5ms、10ms、100ms 的方波响应曲线，十组脉宽由小到大分别为 50μs、150μs、300μs、450μs、600μs、750μs、900μs、1ms、3ms、5ms 的微分脉冲响应曲线。

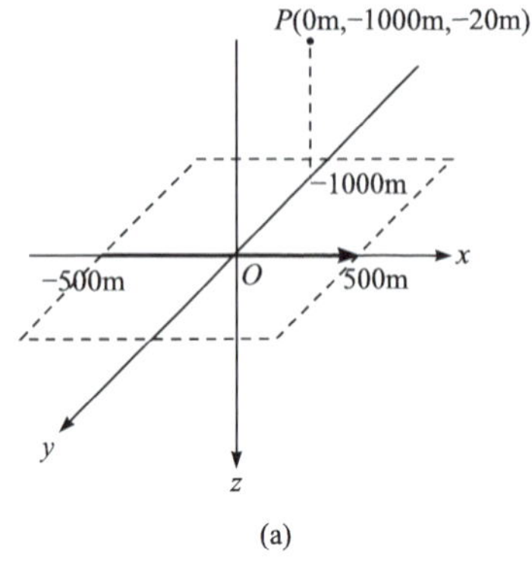

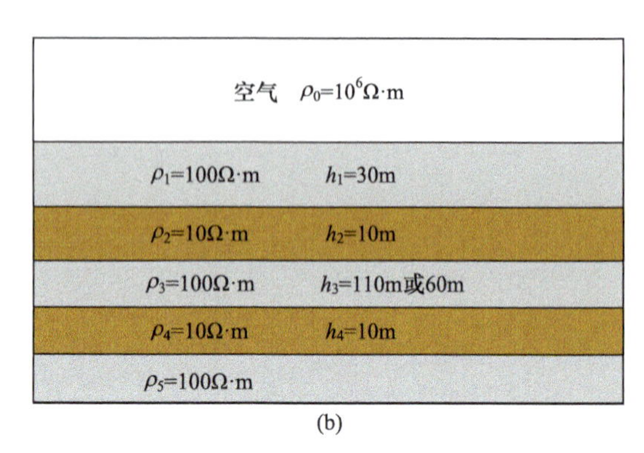

图 5.2.3 电性源装置形式及模型参数

(a) 电性源装置形式；(b) 模型参数

图 5.2.4 给出了 $h_3=110m$ 时两层低阻薄层模型一系列不同脉宽的方波与微分脉冲垂直磁感应强度 B_z 的相对异常曲线(用模型的响应曲线减去均匀半空间的响应曲线，然后比上均匀半空间的响应曲线)。从图 5.2.4(a)方波相对异常曲线可以看出，六组脉宽的方波均对第一层低阻薄层反映明显，随着发射脉宽的增大，相对异常逐渐减小。

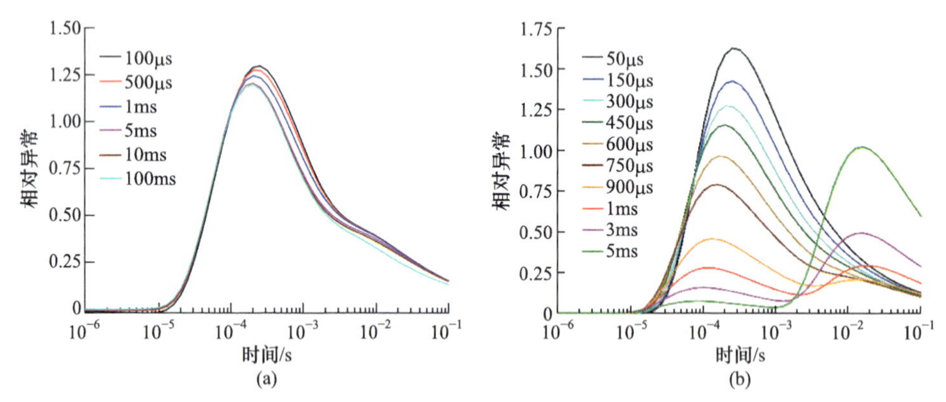

图 5.2.4 $h_3=110m$ 时两层低阻薄层模型不同脉宽的相对异常曲线

(a) 方波相对异常曲线；(b) 微分脉冲相对异常曲线

从图 5.2.4(b)微分脉冲相对异常曲线可以看出，对于第一层低阻薄层，随着发射脉宽的增大，相对异常值逐渐减小且幅值最高点逐渐前移。随着脉宽继续增加，第二层低阻薄层的相对异常开始出现，随着发射脉宽的进一步增大，相对异常值逐渐增大且幅值最高点逐渐前移。

为了进一步凸显微分脉冲较方波对两层低阻薄层的探测分辨能力更强，在原有模型上将两层低阻薄层中间的大地背景夹层厚度 h_3 从 110m 减小到 60m。同样发射六组脉宽由小到大分别为 100μs、500μs、1ms、5ms、10ms、100ms 的方波，十组脉宽由小到大分别为 50μs、150μs、300μs、450μs、600μs、750μs、900μs、1ms、3ms、5ms 的微分脉冲，对该地层模型分别进行计算，结果如图 5.2.5 所示。

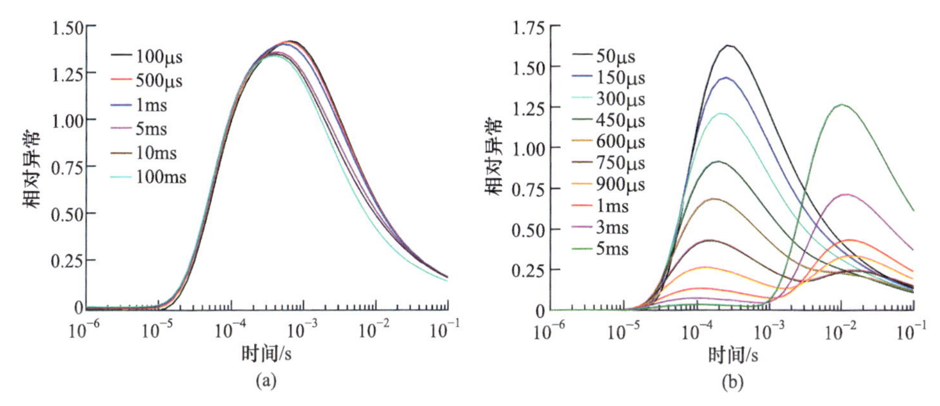

图 5.2.5　$h_3=60\text{m}$ 时两层低阻薄层模型不同脉宽的相对异常曲线

(a) 方波相对异常曲线；(b) 微分脉冲相对异常曲线

综合对比图 5.2.4 和图 5.2.5，可以看出，当两个低阻薄层的距离拉近后，微分脉冲对第二层低阻薄层的相对异常更明显。可见，微分脉冲可以将两层低阻薄层很好地分隔开来，这就证明了微分脉冲对于分辨多层低阻薄层优势更大，具有更好的探测分辨能力。

5.2.4　基于微分脉冲激发的垂直分布的三个异常体响应特征

设计三个垂直分布的异常体模型，如图 5.2.6 所示，其中图 5.2.6(a)为异常体模型，图 5.2.6(b)为异常体网格剖分 xOz 平面。模型具体参数如下：导线源长 600m，发射电流为 20A，围岩电阻率为$100\Omega\cdot\text{m}$；三个异常体电阻率均为$1\Omega\cdot\text{m}$，大小分

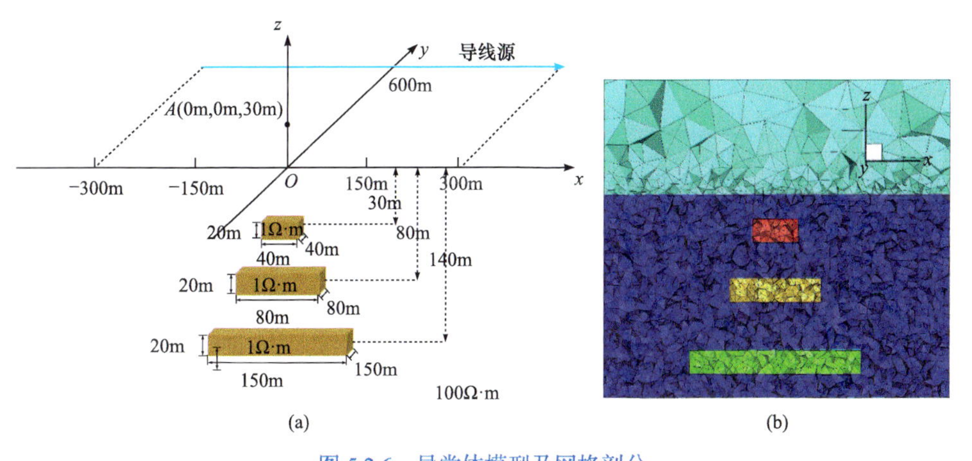

图 5.2.6　异常体模型及网格剖分

(a) 异常体模型；(b) 异常体网格剖分 xOz 平面

别为 40m×40m×20m、80m×80m×20m、150m×150m×20m，三个异常体的中心埋深分别为 30m、80m、140m；飞行高度为 30m。

分别选择 5μs、10μs、50μs、100μs、300μs、500μs、1ms、5ms 一系列不同脉宽的方波和微分脉冲进行计算。图 5.2.7 是异常体正上方 *A* 点处方波和微分脉冲 B_z 的相对异常曲线。由图 5.2.7(a)可看出，发射一系列不同脉宽的方波并不能达到分辨三个异常体的效果。由图 5.2.7(b)可看出，当微分脉冲的脉宽较小时，高频成分占主导地位，对于浅层探测更有效，脉宽为 5μs、10μs、50μs、100μs 的微分脉冲相对异常曲线分别出现了三个大小不一的凸起异常，这正好与设计的三个低阻异常体相对应。当微分脉冲的脉宽为 300μs～5ms 时，随着脉宽的增大，相对异常出现的时间前移且幅值逐渐减小，在接收时间段内只有一个明显凸起，已经分辨不出三个异常体。综上，通过异常体正上方处相对异常曲线可得，发射一系列不同脉宽的微分脉冲可分辨三个埋深不同、尺度大小不一的异常体，而方波并不具备这种能力。

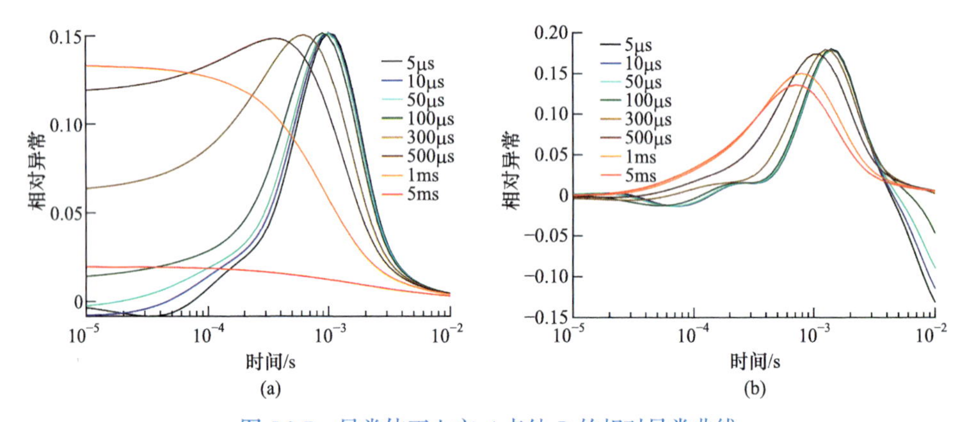

图 5.2.7　异常体正上方 *A* 点处 B_z 的相对异常曲线

(a) 方波相对异常曲线；(b) 微分脉冲相对异常曲线

第 6 章　瞬变电磁场的数值模拟方法

6.1　三维时域有限差分正演

时域有限差分(FDTD)方法是直接在时间域求解麦克斯韦方程组，针对麦克斯韦方程组在有源媒质情况下，推导有限差分迭代方程，给出适用于任意三维复杂模型的激励源加载方式，同时可以考虑关断时间的回线源激发 TEM 三维时域有限差分正演(孙怀凤等，2013)，使数值模拟更接近真实情况，给出了 FDTD 求解麦克斯韦方程组的边界条件和稳定性条件。

6.1.1　控制方程与有限差分离散

1. 无源媒质中的麦克斯韦方程组

均匀、有耗、非磁性、无源媒质中的麦克斯韦旋度方程为

$$\nabla \times \boldsymbol{E} = -\frac{\partial \boldsymbol{B}}{\partial t} \tag{6.1.1a}$$

$$\nabla \times \boldsymbol{H} = \varepsilon \frac{\partial \boldsymbol{E}}{\partial t} + \sigma \boldsymbol{E} \tag{6.1.1b}$$

$$\nabla \cdot \boldsymbol{E} = 0 \tag{6.1.1c}$$

$$\nabla \cdot \boldsymbol{H} = 0 \tag{6.1.1d}$$

式中，$\boldsymbol{E}$ 为电场强度；$\boldsymbol{H}$ 为磁场强度；$\boldsymbol{B}$ 为磁感应强度；σ为电导率；ε为介电常数；t 为时间。

以式(6.1.1)为基础分别进行两种变换。

变换(1)：直接对式(6.1.1)进行整理。对式(6.1.1a)即法拉第电磁感应定律取旋度，并考虑式(6.1.1c)即库仑定律，可以得到电场的齐次阻尼波动方程为

$$\nabla^2 \boldsymbol{E} - \mu\varepsilon \frac{\partial^2 \boldsymbol{E}}{\partial t^2} - \mu\sigma \frac{\partial \boldsymbol{E}}{\partial t} = 0 \tag{6.1.2}$$

电场与磁场存在严格的对称关系，因而可以直接得到磁场的齐次阻尼波动方程为

$$\nabla^2 \boldsymbol{H} - \mu\varepsilon \frac{\partial^2 \boldsymbol{H}}{\partial t^2} - \mu\sigma \frac{\partial \boldsymbol{H}}{\partial t} = 0 \tag{6.1.3}$$

变换(2)：先进行准静态近似，然后进行整理。按照准静态近似条件，忽略位移电流项的麦克斯韦方程组为

$$\nabla \times \boldsymbol{E} = -\frac{\partial \boldsymbol{B}}{\partial t} \tag{6.1.4a}$$

$$\nabla \times \boldsymbol{H} = \sigma \boldsymbol{E} \tag{6.1.4b}$$

$$\nabla \cdot \boldsymbol{E} = 0 \tag{6.1.4c}$$

$$\nabla \cdot \boldsymbol{H} = 0 \tag{6.1.4d}$$

按照变换(1)的方法对式(6.1.4)进行类似的变换，可以分别得到电场和磁场的扩散方程为

$$\begin{cases} \nabla^2 \boldsymbol{E} - \mu\sigma \dfrac{\partial \boldsymbol{E}}{\partial t} = 0 \\ \nabla^2 \boldsymbol{H} - \mu\sigma \dfrac{\partial \boldsymbol{H}}{\partial t} = 0 \end{cases} \tag{6.1.5}$$

以电场为例，阻尼波动方程[式(6.1.2)]和扩散方程[式(6.1.5)]是可以通过准静态条件直接由阻尼波动方程得到扩散方程。在一定的边界条件下，可以通过求解阻尼波动方程[式(6.1.2)]的解来代替扩散方程[式(6.1.5)]的解(Oristaglio et al.，1984)。事实上，在有耗大地中传播的电磁波仅在非常早的时间表现为波动特性，位移电流很小且会很快消失，传导电流占支配地位，波动特性会很快消失而仅剩下电磁场扩散特性，这为后面引入虚拟位移电流项，构建显式时域有限差分格式奠定了基础。

瞬变电磁勘探中一般忽略位移电流，其电磁场问题符合准静态条件下的麦克斯韦方程组[式(6.1.4)]。由于忽略了位移电流，式(6.1.4b)缺少电场对时间的导数，无法构成 FDTD 计算所需要的显式时间步进格式。根据 FDTD 数值计算的需要，并根据前述的阻尼波动方程与扩散方程的相互转化关系，人为地加入一项虚拟位移电流，将方程变为

$$\nabla \times \boldsymbol{H} = \gamma \frac{\partial \boldsymbol{E}}{\partial t} + \sigma \boldsymbol{E} \tag{6.1.6}$$

式中，γ 为具有介电常数的量纲，称为虚拟介电常数，包含 γ 的项具有电流的量纲，称为虚拟位移电流。

γ 的取值需要满足一定的条件，才能够既保持计算结果稳定，又保持电磁场的扩散特性。部分学者的研究发现，引入该虚拟位移电流项并给定合适的 γ 取值，能够放松 FDTD 迭代过程中对时间网格的划分要求又不影响计算结果。针对式(6.1.6)，Wang 等(1993)介绍了一种改进的 Du Fort-Frankel 方法，来构建显式的无条件稳定差分格式，采用这种方法进行差分方程的构建。如果不进行准静态近似而直接采用式(6.1.1)进行求解并取大地的实际介电常数，同样能够得到合理的结果，这是因为在有耗的大地中，电磁场的波动特性会很快消失而只剩下电磁场的扩散特性。由于迭代稳定性的要求，这时会要求时间网格划分非常短，总的计算时间将会达到难以接受的程度。实际上，使用式(6.1.6)替换麦克斯韦方程组

式(6.1.1b)可以直接导出阻尼波动方程，因此引入虚拟位移电流后的麦克斯韦方程组时域有限差分离散与式(6.1.1)的离散方式类似。

在直角坐标系中将麦克斯韦方程组写成分量的形式(葛德彪等，2005)：

$$\begin{cases}\dfrac{\partial E_z}{\partial y}-\dfrac{\partial E_y}{\partial z}=-\dfrac{\partial B_x}{\partial t}\\ \dfrac{\partial E_x}{\partial z}-\dfrac{\partial E_z}{\partial x}=-\dfrac{\partial B_y}{\partial t}\\ \dfrac{\partial E_y}{\partial x}-\dfrac{\partial E_x}{\partial y}=-\dfrac{\partial B_z}{\partial t}\end{cases}\tag{6.1.7}$$

和

$$\begin{cases}\dfrac{\partial H_z}{\partial y}-\dfrac{\partial H_y}{\partial z}=\gamma\dfrac{\partial E_x}{\partial t}+\sigma E_x\\ \dfrac{\partial H_x}{\partial z}-\dfrac{\partial H_z}{\partial x}=\gamma\dfrac{\partial E_y}{\partial t}+\sigma E_y\\ \dfrac{\partial H_y}{\partial x}-\dfrac{\partial H_x}{\partial y}=\gamma\dfrac{\partial E_z}{\partial t}+\sigma E_z\end{cases}\tag{6.1.8}$$

Best 等(1985)在进行低频电磁响应计算时发现，如果忽略式(6.1.1d)将导致计算结果不正确。Wang 等(1993)以直流极限情况(可以认为频率为 0)为例说明了这一现象。瞬变电磁勘探采用的是宽频带电磁场，并且低频电磁场是实现测深的主要部分，因此在进行三维正演时必须考虑低频电磁响应计算结果的可靠性。Wang 等(1993)在研究三维问题时给出了一种显式包含式(6.1.1d)的方法：对于磁场的计算，可以先求解磁场的两个分量 H_x 和 H_y，然后通过这两个分量及麦克斯韦方程组中的第四方程来求解磁场的 H_z 分量。将式(6.1.7)变形得到磁场分量表达式：

$$\begin{cases}-\dfrac{\partial B_x}{\partial t}=\dfrac{\partial E_z}{\partial y}-\dfrac{\partial E_y}{\partial z}\\ -\dfrac{\partial B_y}{\partial t}=\dfrac{\partial E_x}{\partial z}-\dfrac{\partial E_z}{\partial x}\\ \dfrac{\partial B_z}{\partial z}=-\dfrac{\partial B_x}{\partial x}-\dfrac{\partial B_y}{\partial y}\end{cases}\tag{6.1.9}$$

式(6.1.8)和式(6.1.9)即为无源区域电磁场计算的基本方程。

2. Yee 晶胞格式与有限差分离散

采用如图 6.1.1 所示的 Yee 晶胞格式和坐标系进行网格离散，即每一个电场(磁场)分量均由 4 个磁场(电场)分量包围，这样的电场、磁场空间分布形式符合法拉第电磁感应定律和安培环路定理的结构形式，同时满足麦克斯韦方程组的差分计算要求。电场和磁场在空间和时间上的采样约定按照表 6.1.1 设置，在空间设置上完全遵循 Yee 晶胞格式的要求。在时间采样设置上，同一时刻仅有电场或磁场进行采样，在时间轴上，电场和磁场交替采样，采样间隔为半个时间步。

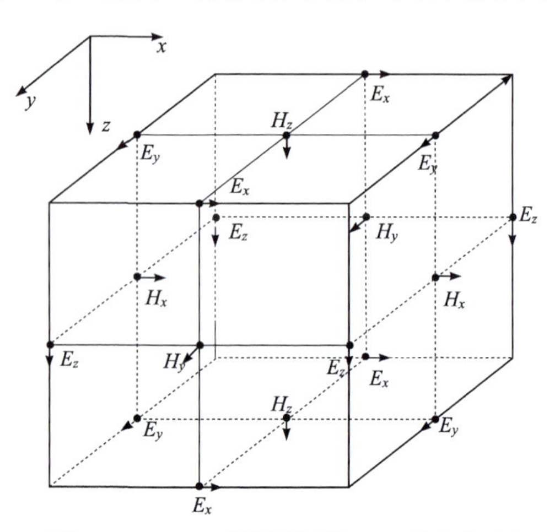

图 6.1.1 FDTD 计算采用的 Yee 晶胞格式

表 6.1.1 Yee 晶胞中的电场和磁场分量的空间和时间采样约定

电磁场分量		空间分量采样			时间采样
		x 坐标	y 坐标	z 坐标	
E 节点	E_x	$i+1/2$	j	k	n
	E_y	i	$j+1/2$	k	
	E_z	i	j	$k+1/2$	
H 节点	H_x	i	$j+1/2$	$k+1/2$	$n+1/2$
	H_y	$i+1/2$	j	$k+1/2$	
	H_z	$i+1/2$	$j+1/2$	k	

这样的空间与时间设置可以使离散化的麦克斯韦旋度方程构成显式的时域有限差分格式，同时符合电磁场在空间与时间域中传播的客观规律。通过迭代求解离散差分方程，能够得到不同时刻电磁场在空间的分布。

以差分代替微分可以对基本方程进行求解，由于欧拉前向差分是有条件稳定的，对离散时间步的要求比较严格，因此在进行空间离散时采用后向差分，在进行时间离散时采用中心差分。以 $f(x,y,z,t)$表示电场或磁场在直角坐标系中的某一分量，采用表 6.1.1 中给出的空间和时间采样约定，得到电磁场分量一阶偏导数的差分近似表达式为

$$\left.\frac{\partial f(x,y,z,t)}{\partial x}\right|_{x=i\Delta x}=\frac{f^n(i+1/2,j,k)-f^n(i-1/2,j,k)}{\Delta x}+O(\Delta x) \tag{6.1.10}$$

$$\left.\frac{\partial f(x,y,z,t)}{\partial y}\right|_{y=j\Delta y}=\frac{f^n(i,j+1/2,k)-f^n(i,j-1/2,k)}{\Delta y}+O(\Delta y) \tag{6.1.11}$$

$$\left.\frac{\partial f(x,y,z,t)}{\partial z}\right|_{z=k\Delta z}=\frac{f^n(i,j,k+1/2)-f^n(i,j,k-1/2)}{\Delta z}+O(\Delta z) \tag{6.1.12}$$

$$\left.\frac{\partial f(x,y,z,t)}{\partial t}\right|_{t=nt}=\frac{f^{n+1/2}(i,j,k)-f^{n-1/2}(i,j,k)}{\Delta t}+O(\Delta t) \tag{6.1.13}$$

式中，O 表示用于定量描述有限差分法的截断误差；$O(\Delta x)$、$O(\Delta y)$、$O(\Delta z)$ 分别表示包含 Δx、Δy、Δz 的高阶无穷小；Δx、Δy、Δz 分别表示单元内沿着空间 x、y、z 方向的网格间距；Δt 表示时间离散化的步长。

接下来以式(6.1.8)中的第一式为例进行电场显式差分格式的求解，根据上述差分格式及电磁场的采样约定，方程中的各偏导数分量分别为

$$\frac{\partial H_z^{n+1/2}(i+1/2,j+1/2,k)}{\partial y}=\frac{H_z^{n+1/2}(i+1/2,j+1/2,k)-H_z^{n+1/2}(i+1/2,j-1/2,k)}{\Delta y}+O(\Delta y) \tag{6.1.14}$$

$$\frac{\partial H_y^{n+1/2}(i+1/2,j,k+1/2)}{\partial z}=\frac{H_y^{n+1/2}(i+1/2,j,k+1/2)-H_y^{n+1/2}(i+1/2,j,k-1/2)}{\Delta z}+O(\Delta z) \tag{6.1.15}$$

$$\frac{\partial E_x^{n+1/2}(i+1/2,j,k)}{\partial t}=\frac{E_x^{n+1}(i+1/2,j,k)-E_x^{n}(i+1/2,j,k)}{\Delta t}+O(\Delta t) \tag{6.1.16}$$

传导电流项中的电场分量在 $n+1/2$ 时刻的采样，与表 6.1.1 中的约定是违背的，因此需要对其进行处理，采用相邻电场采样时刻的值进行近似：

$$E_x^{n+1/2}(i+1/2,j,k)=\frac{E_x^{n+1}(i+1/2,j,k)+E_x^{n}(i+1/2,j,k)}{2} \tag{6.1.17}$$

将式(6.1.14)～式(6.1.17)代入式(6.1.8)的第一式，可以得到

$$\begin{aligned}&\frac{H_z^{n+1/2}(i+1/2,j+1/2,k)-H_z^{n+1/2}(i+1/2,j-1/2,k)}{\Delta y}\\&-\frac{H_y^{n+1/2}(i+1/2,j,k+1/2)-H_y^{n+1/2}(i+1/2,j,k-1/2)}{\Delta z}\\&=\gamma\frac{E_x^{n+1}(i+1/2,j,k)-E_x^{n}(i+1/2,j,k)}{\Delta t}\\&+\sigma(i+1/2,j,k)\frac{E_x^{n+1}(i+1/2,j,k)+E_x^{n}(i+1/2,j,k)}{2}\end{aligned} \tag{6.1.18}$$

即

$$E_x^{n+1}(i+1/2,j,k)=\frac{2\gamma-\sigma(i+1/2,j,k)\Delta t}{2\gamma+\sigma(i+1/2,j,k)\Delta t}E_x^{n}(i+1/2,j,k)+\frac{2\Delta t}{2\gamma+\sigma(i+1/2,j,k)\Delta t}\cdot\left[\frac{H_z^{n+1/2}(i+1/2,j+1/2,k)-H_z^{n+1/2}(i+1/2,j-1/2,k)}{\Delta y}-\frac{H_y^{n+1/2}(i+1/2,j,k+1/2)-H_y^{n+1/2}(i+1/2,j,k-1/2)}{\Delta z}\right] \tag{6.1.19}$$

同理，可以得到电场 y 和 z 方向分量的表达式为

$$E_y^{n+1}(i,j+1/2,k)=\frac{2\gamma-\sigma(i,j+1/2,k)\Delta t}{2\gamma+\sigma(i,j+1/2,k)\Delta t}E_y^{n}(i,j+1/2,k)+\frac{2\Delta t}{2\gamma+\sigma(i+1/2,j,k)\Delta t}\cdot\left[\frac{H_x^{n+1/2}(i,j+1/2,k+1/2)-H_x^{n+1/2}(i,j+1/2,k-1/2)}{\Delta z}-\frac{H_z^{n+1/2}(i+1/2,j+1/2,k)-H_z^{n+1/2}(i-1/2,j+1/2,k)}{\Delta x}\right] \tag{6.1.20}$$

$$E_z^{n+1}(i,j,k+1/2)=\frac{2\gamma-\sigma(i,j,k+1/2)\Delta t}{2\gamma+\sigma(i,j,k+1/2)\Delta t}E_z^{n}(i,j,k+1/2)+\frac{2\Delta t}{2\gamma+\sigma(i+1/2,j,k)\Delta t}\cdot\left[\frac{H_y^{n+1/2}(i+1/2,j,k+1/2)-H_y^{n+1/2}(i-1/2,j,k+1/2)}{\Delta x}-\frac{H_x^{n+1/2}(i,j+1/2,k+1/2)-H_x^{n+1/2}(i,j-1/2,k+1/2)}{\Delta y}\right] \tag{6.1.21}$$

方程中的电导率为给定的模型参数，由于电场在 Yee 晶胞的棱边上采样，所以电导率的取值需要根据对电场空间采样位置有贡献的 4 个 Yee 晶胞共同确定。采用立方体网格剖分时，4 个 Yee 晶胞各贡献体积的 1/4 用于计算平均电导率，则式(6.1.19)～式(6.1.21)中的电导率按照式(6.1.22)～式(6.1.24)进行求解：

$$\sigma(i+1/2,j,k)=\frac{1}{4}\cdot\left[\sigma(i+1/2,j-1,k-1)+\sigma(i+1/2,j-1,k)+\sigma(i+1/2,j,k-1)+\sigma(i+1/2,j,k)\right] \tag{6.1.22}$$

$$\sigma(i,j+1/2,k)=\frac{1}{4}\cdot\left[\sigma(i-1,j+1/2,k-1)+\sigma(i-1,j+1/2,k)+\sigma(i,j+1/2,k-1)+\sigma(i,j+1/2,k)\right] \tag{6.1.23}$$

$$\sigma(i,j,k+1/2)=\frac{1}{4}\cdot\left[\sigma(i-1,j-1,k+1/2)+\sigma(i,j-1,k+1/2)+\sigma(i-1,j,k+1/2)+\sigma(i,j,k+1/2)\right] \tag{6.1.24}$$

以式(6.1.9)中的第一式为例建立磁场的显式差分格式，同样根据差分方程通用表达式及电磁场的采样约定，方程中的各偏导数项分别为

$$\frac{\partial E_z^n(i,j,k+1/2)}{\partial y}=\frac{E_z^n(i,j+1/2,k+1/2)-E_z^n(i,j-1/2,k+1/2)}{\Delta y}+O(\Delta y) \tag{6.1.25}$$

$$\frac{\partial E_y^n(i,j+1/2,k)}{\partial z}=\frac{E_y^n(i,j+1/2,k+1/2)-E_y^n(i,j+1/2,k-1/2)}{\Delta z}+O(\Delta y) \tag{6.1.26}$$

$$\frac{\partial B_x^n(i,j+1/2,k+1/2)}{\partial t}=\frac{B_x^{n+1/2}(i,j+1/2,k+1/2)-B_x^{n-1/2}(i,j+1/2,k+1/2)}{(\Delta t_{n-1}+\Delta t_n)/2}+O(\Delta t) \tag{6.1.27}$$

将式(6.1.25)和式(6.1.26)中不满足表 6.1.1 电场空间采样约定的电场分量，采用相邻空间方向上的采样点进行近似，即

$$E_z^n(i,j+1/2,k+1/2)=\frac{E_z^n(i,j+1,k+1/2)+E_z^n(i,j,k+1/2)}{2} \tag{6.1.28}$$

$$E_y^n(i,j+1/2,k+1/2)=\frac{E_y^n(i,j+1/2,k+1)+E_y^n(i,j+1/2,k)}{2} \tag{6.1.29}$$

为了保持差分格式为交错网格的形式，并使磁场的变化仅与其周围的电场分量相关，考虑电场近似格式：

$$E_z^n(i,j,k+1/2)=\frac{E_z^n(i,j+1/2,k+1/2)+E_z^n(i,j-1/2,k+1/2)}{2} \tag{6.1.30}$$

$$E_y^n\left(i,j+1/2,k\right)=\frac{E_y^n\left(i,j+1/2,k-1/2\right)+E_y^n\left(i,j+1/2,k+1/2\right)}{2} \tag{6.1.31}$$

代入式(6.1.9)中的第一式，可以得到

$$B_x^{n+1/2}(i,j+1/2,k+1/2)=B_x^{n-1/2}(i,j+1/2,k+1/2)-\frac{\Delta t_{n-1}+\Delta t_n}{2}\cdot\left[\frac{E_z^n(i,j+1,k+1/2)-E_z^n(i,j,k+1/2)}{\Delta y}-\frac{E_y^n(i,j+1/2,k+1)-E_y^n(i,j+1/2,k)}{\Delta z}\right] \tag{6.1.32}$$

同理，可以得到磁场的 y 分量表达式为

$$B_y^{n+1/2}(i+1/2,j,k+1/2)=B_x^{n-1/2}(i+1/2,j,k+1/2)-\frac{\Delta t_{n-1}+\Delta t_n}{2}\cdot\left[\frac{E_x^n(i+1/2,j,k+1)-E_x^n(i+1/2,j,k)}{\Delta z}-\frac{E_z^n(i+1,j,k+1/2)-E_z^n(i,j,k+1/2)}{\Delta x}\right] \tag{6.1.33}$$

由于进行了低频近似处理，磁场 z 分量的计算方法与 x 和 y 分量都不同，针对式(6.1.9)中的第三式，有关系式：

$$\frac{\partial B_z^{n+1/2}(i+1/2,j+1/2,k)}{\partial z}=\frac{B_z^{n+1/2}(i+1/2,j+1/2,k+1/2)-B_z^{n+1/2}(i+1/2,j+1/2,k-1/2)}{\Delta z}+O(\Delta z) \tag{6.1.34}$$

$$\frac{\partial B_x^{n+1/2}(i,j+1/2,k+1/2)}{\partial x}=\frac{B_x^{n+1/2}(i+1/2,j+1/2,k+1/2)-B_x^{n+1/2}(i-1/2,j+1/2,k+1/2)}{\Delta x}+O(\Delta x) \tag{6.1.35}$$

$$\frac{\partial B_y^{n+1/2}(i+1/2,j,k+1/2)}{\partial y}=\frac{B_y^{n+1/2}(i+1/2,j+1/2,k+1/2)-B_y^{n+1/2}(i+1/2,j-1/2,k+1/2)}{\Delta y}+O(\Delta y) \tag{6.1.36}$$

对于不恰好在空间采样点的部分分量，仍然采用邻近的近似，有

$$B_z^{n+1/2}(i+1/2,j+1/2,k+1/2)=\frac{B_z^{n+1/2}(i+1/2,j+1/2,k+1)+B_z^{n+1/2}(i+1/2,j+1/2,k)}{2} \tag{6.1.37}$$

$$B_x^{n+1/2}(i+1/2,j+1/2,k+1/2)=\frac{B_x^{n+1/2}(i+1,j+1/2,k+1/2)+B_x^{n+1/2}(i,j+1/2,k+1/2)}{2} \tag{6.1.38}$$

$$B_y^{n+1/2}(i+1/2,j+1/2,k+1/2)=\frac{B_y^{n+1/2}(i+1/2,j+1,k+1/2)+B_y^{n+1/2}(i+1/2,j,k+1/2)}{2} \tag{6.1.39}$$

为了使磁场 z 分量的计算保持在一个 Yee 晶胞内，考虑的电磁场近似关系有

$$B_z^{n+1/2}(i+1/2,j+1/2,k)=\frac{B_z^{n+1/2}(i+1/2,j+1/2,k-1/2)+B_z^{n+1/2}(i+1/2,j+1/2,k+1/2)}{2} \tag{6.1.40}$$

$$B_x^{n+1/2}(i,j+1/2,k+1/2)=\frac{B_x^{n+1/2}(i-1/2,j+1/2,k+1/2)+B_x^{n+1/2}(i+1/2,j+1/2,k+1/2)}{2} \tag{6.1.41}$$

$$B_y^{n+1/2}(i+1/2,j,k+1/2)=\frac{B_y^{n+1/2}(i+1/2,j-1/2,k+1/2)+B_y^{n+1/2}(i+1/2,j+1/2,k+1/2)}{2}\tag{6.1.42}$$

将式(6.1.34)～式(6.1.42)代入式(6.1.9)中的第三式，可得

$$\begin{aligned}B_z^{n+1/2}(i+1/2,j+1/2,k)=&B_z^{n+1/2}(i+1/2,j+1/2,k+1)\\&+\Delta z\left[\frac{B_x^{n+1/2}(i+1,j+1/2,k+1/2)-B_x^{n+1/2}(i,j+1/2,k+1/2)}{\Delta x}\right.\\&\left.+\frac{B_y^{n+1/2}(i+1/2,j+1,k+1/2)-B_y^{n+1/2}(i+1/2,j,k+1/2)}{\Delta y}\right]\end{aligned}\tag{6.1.43}$$

考虑磁感应强度 $\boldsymbol{B}$ 与磁场强度 $\boldsymbol{H}$ 直接的关系式：

$$\boldsymbol{B}=\mu\boldsymbol{H}\tag{6.1.44}$$

式中，μ 为导电媒质的磁导率，在非磁性介质中采用真空磁导率。

式(6.1.19)、式(6.1.20)、式(6.1.21)和式(6.1.32)、式(6.1.33)、式(6.1.43)就构成了瞬变电磁场在有耗媒质中传播的电场和磁场时域有限差分格式。

3. 有源媒质中的 Maxwell 方程组

在有源媒质中，式(6.1.1b)必须包含源电流项，修改为

$$\nabla\times\boldsymbol{H}=\gamma\frac{\partial\boldsymbol{E}}{\partial t}+\sigma\boldsymbol{E}+\boldsymbol{J}_{\mathrm{s}}\tag{6.1.45}$$

式中，$\boldsymbol{J}_{\mathrm{s}}$ 为源电流密度。

根据图 6.1.1 中的网格形式及坐标系，在直角坐标情况下，式(6.1.45)表示为

$$\begin{cases}\dfrac{\partial H_z}{\partial y}-\dfrac{\partial H_y}{\partial z}=\gamma\dfrac{\partial E_x}{\partial t}+\sigma E_x+\boldsymbol{J}_{\mathrm{s}x}\\\dfrac{\partial H_x}{\partial z}-\dfrac{\partial H_z}{\partial x}=\gamma\dfrac{\partial E_y}{\partial t}+\sigma E_y+\boldsymbol{J}_{\mathrm{s}y}\\\dfrac{\partial H_y}{\partial x}-\dfrac{\partial H_x}{\partial y}=\gamma\dfrac{\partial E_z}{\partial t}+\sigma E_z+\boldsymbol{J}_{\mathrm{s}z}\end{cases}\tag{6.1.46}$$

由于激励源电流位于 xOy 平面内，源电流不存在 z 方向的分量，因此式中仅存在 $\boldsymbol{J}_{\mathrm{s}x}$ 和 $\boldsymbol{J}_{\mathrm{s}y}$。

采用前述的差分格式离散方法，考虑软源的加载方式，将发射回线源所在网格按照差分格式进行正常迭代，可得到电场 FDTD 迭代的差分形式为

$$E_x^{n+1}(i+1/2,j,k)=\frac{2\gamma-\sigma(i+1/2,j,k)\Delta t}{2\gamma+\sigma(i+1/2,j,k)\Delta t}\cdot E_x^n(i+1/2,j,k)+\frac{2\Delta t}{2\gamma+\sigma(i+1/2,j,k)\Delta t}\cdot\left[\frac{H_z^{n+1/2}(i+1/2,j+1/2,k)-H_z^{n+1/2}(i+1/2,j-1/2,k)}{\Delta y}-\frac{H_y^{n+1/2}(i+1/2,j,k+1/2)-H_y^{n+1/2}(i+1/2,j,k-1/2)}{\Delta z}\right]-\frac{2\Delta t}{2\gamma+\sigma(i+1/2,j,k)\Delta t}J_{sx}^{n+1/2} \tag{6.1.47}$$

$$E_y^{n+1}(i,j+1/2,k)=\frac{2\gamma-\sigma(i,j+1/2,k)\Delta t}{2\gamma+\sigma(i,j+1/2,k)\Delta t}\cdot E_y^n(i,j+1/2,k)+\frac{2\Delta t}{2\gamma+\sigma(i,j+1/2,k)\Delta t}\cdot\left[\frac{H_x^{n+1/2}(i,j+1/2,k+1/2)-H_x^{n+1/2}(i,j+1/2,k-1/2)}{\Delta z}-\frac{H_z^{n+1/2}(i+1/2,j+1/2,k)-H_z^{n+1/2}(i-1/2,j+1/2,k)}{\Delta x}\right]-\frac{2\Delta t}{2\gamma+\sigma(i,j+1/2,k)\Delta t}J_{sy}^{n+1/2} \tag{6.1.48}$$

$$E_z^{n+1}(i+1/2,j,k)=\frac{2\varepsilon(i+1/2,j,k)-\sigma(i+1/2,j,k)\Delta t}{2\varepsilon(i+1/2,j,k)+\sigma(i+1/2,j,k)\Delta t}E_z^n(i+1/2,j,k)+\frac{2\Delta t}{2\varepsilon(i+1/2,j,k)+\sigma(i+1/2,j,k)\Delta t}\cdot\left[\frac{H_y^{n+1/2}(i+1/2,j+1/2,k)-H_y^{n+1/2}(i+1/2,j-1/2,k)}{\Delta x}-\frac{H_x^{n+1/2}(i+1/2,j,k+1/2)-H_x^{n+1/2}(i+1/2,j,k-1/2)}{\Delta y}-J_{sz}^{n+1/2}\right] \tag{6.1.49}$$

激发源加载方式仅与电场的 x 和 y 分量有关，因此 $\boldsymbol{E}_z$ 的迭代公式与无源区域的相同。

迭代格式中包含了源电流项，回线源瞬变电磁的激发源是细导线，在实际建模中细导线的尺寸远小于晶胞尺寸，因此不能通过晶胞来模拟细导线。由于回线源的存在，源所在的单元网格需要进行特殊的处理，以保证计算结果的可靠性。图 6.1.2 给出了回线棱边与角点处细导线源与网格的相对位置。根据法拉第电磁感应定律和安培环路定理，有

$$-\int_l E\cdot \mathrm{d}l=\mu\frac{\partial}{\partial t}\iint_s H\cdot \mathrm{d}s \tag{6.1.50}$$

$$\int_l H \cdot \mathrm{d}l = \gamma \frac{\partial}{\partial t} \iint_s E \cdot \mathrm{d}s \tag{6.1.51}$$

源所在单元的电磁场可以由上述积分求解得到。

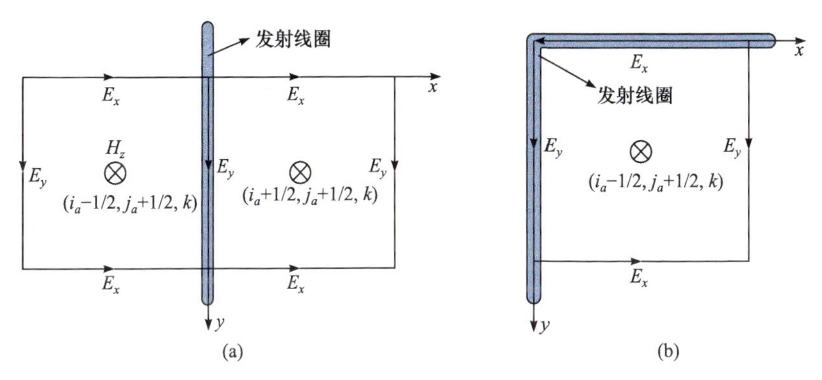

图 6.1.2 导线源与相邻单元的位置示意图

(a) 发射回线棱边与网格位置示意图；(b) 发射回线角点与网格位置示意图；i_a、j_a 为网格节点

进行源的处理时，将其施加在 Yee 晶胞的棱边上，细导线与电场的空间位置重合，因此邻近单元仅需要处理网格中心的磁场分量。由前述的电磁场差分迭代格式可知，每一个 Yee 晶胞的磁场仅与该晶胞表面的电场分量及磁场分量上一时刻的值有关，本例中仅需要求解 $\boldsymbol{H}_z$ 分量。前文为了保证 FDTD 对低频电磁场求解的正确性，没有采用电场分量求解 $\boldsymbol{H}_z$，而是采用磁场的 x 和 y 分量来求解 z 分量，因此本处的磁场 z 分量可以不需要进行特殊处理。

6.1.2 激励源的施加与边界条件

1. 回线激励源的施加

按照 FDTD 计算中电流密度激励源的施加方法，并结合本节采用的 Yee 晶胞格式，将回线源施加在 Yee 晶胞的棱边上，如图 6.1.3 所示，与电场的空间采样位置重合。激发电流波形理论上是可以任意设置的，因此本书给出的算法适用于各种发射波形的时间域电磁法三维正演计算。为了方便与阶跃电流激发的计算结果进行对比，本小节采用梯形波作为激发源，考虑激发电流的上升沿、持续时间和下降沿。梯形波发射电流波形与使用开关函数整型后的上升沿和下降沿如图 6.1.4(a)所示，0～t_1 为激发电流上升沿，t_1～t_2 为激发电流持续时间(波形平台期)，t_2～t_3 为激发电流下降沿。

FDTD 计算中需要采用一个平滑的激励函数来降低噪声和冲击效应对计算结果的影响，图 6.1.4(a)中所示的梯形波函数存在四个不可导拐点，在图中用空心圆

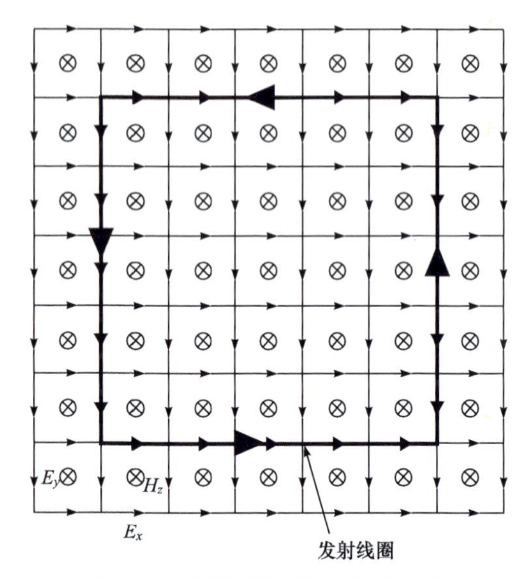

图 6.1.3　回线源与网格位置示意图

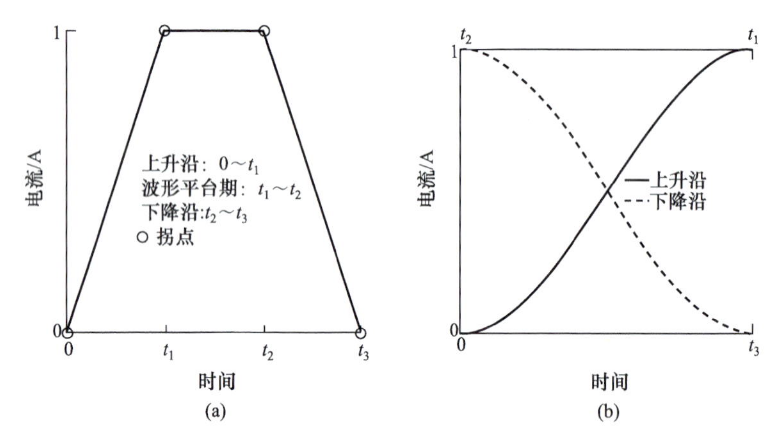

图 6.1.4　梯形波发射电流波形与使用开关函数整型后的上升沿和下降沿示意图

(a) 梯形波发射电流波形；(b) 使用开关函数整型后的上升沿和下降沿

圈标出。为了避免这四个不可导拐点对计算的冲击效应，采用开关函数对激发波形的上升沿和下降沿进行处理。

借鉴微波计算时，在谐场建立过程中，采用升余弦函数进行处理。本小节采用升余弦函数和降余弦函数作为开关函数，分别处理激发电流波形的上升沿和下降沿，对于归一化的激发电流强度，这 2 个开关函数分别为

$$U(t)=\begin{cases}0 & t<0\\ 0.5[1-\cos(\pi t/t_1)] & 0\leqslant t<t_1\\ 1 & t\geqslant t_1\end{cases}\tag{6.1.52}$$

和

$$U(t)=\begin{cases}1 & t<t_2\\ 0.5\left(1+\cos\dfrac{\pi t}{t_3-t_2}\right) & t_2\leqslant t<t_3\\ 0 & t\geqslant t_3\end{cases}\tag{6.1.53}$$

式中，$U(t)$为不同时刻的电流值；t_1、t_2、t_3为图 6.1.4 的不同时刻。

图 6.1.4(b)是采用开关函数整型的上升沿和下降沿，可以看出使用开关函数处理消除了原有梯形函数的不可导拐点，能够保证 FDTD 计算值采用平滑的激励源。

瞬变电磁法是宽频带的勘探方法，进行变换后必须要保证发射波形的频谱范围不丢失。为此，将原梯形波信号与变换后的信号分别进行傅里叶变换到频率域，并绘制振幅谱分布和相位谱分布的对比曲线，证明加入开关函数后对原梯形波激励函数频谱分布影响并不大，对频带宽度不会造成明显的影响，从而进行的开关函数处理是有效的。

经过开关函数处理的信号与原信号必须具有相同的频带宽度，对变换前后的信号分别进行傅里叶变换，以比较其振幅谱和相位谱是否一致。

采用开关函数处理前的梯形波函数可以写为

$$U_1(t)=\begin{cases}0 & t<0\\ \dfrac{t}{t_1} & 0\leqslant t<t_1\\ 1 & t_1\leqslant t<t_2\\ \dfrac{t-t_3}{t_2-t_3} & t_2\leqslant t<t_3\\ 0 & t\geqslant t_3\end{cases}\tag{6.1.54}$$

经过开关函数式(6.1.52)和式(6.1.53)处理后的激励函数为

$$U_2(t)=\begin{cases}0 & t<0\\ 0.5\left[1-\cos(\pi t/t_1)\right] & 0\leqslant t<t_1\\ 1 & t_1\leqslant t<t_2\\ 0.5\left(1+\cos\dfrac{\pi t}{t_3-t_2}\right) & t_2\leqslant t<t_3\\ 0 & t\geqslant t_3\end{cases}\tag{6.1.55}$$

对于低频电磁场计算，采用狄利克雷(Dirichlet)边界条件(第一类边界条件)。对于地面情况，在剖分模型除地面边界外的剩余 5 个外边界上，电场的切向分量和磁场的垂向分量设置为 0，地面采用 Wang 等(1993)给出的向上延拓的边界条件，这就要求模型要剖分到足够大的区域。

2. 电偶极子阵列源的设计与加载

电偶极子阵列源具有阵列发射、阵列接收、数据量大、突出有效信号、增强信噪比、抗噪性较好、分辨率高等特性，特别可用于微小尺度异常体的三维成像。阵列源的几何空间如图 6.1.5 所示。

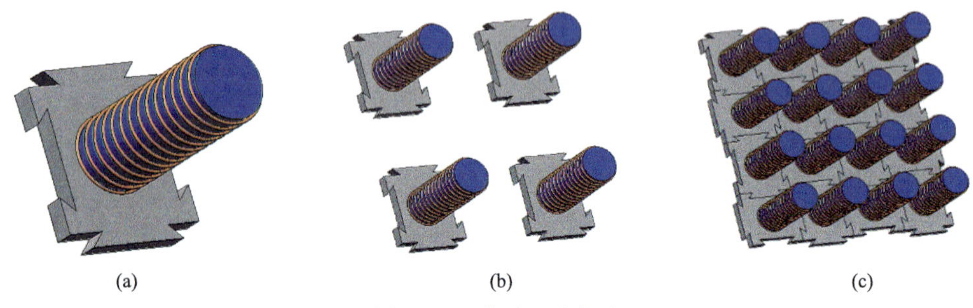

图 6.1.5 阵列源示意图

(a) 阵列源 1×1；(b) 阵列源 2×2；(c) 阵列源 4×4

从图 6.1.5 中可以看出，棒状阵列源位于螺旋天线中间，这样设计的好处在于可以消除源场之间的互感响应，并且可以对辐射场起到聚束的作用。瞬变电磁的时域有限差分计算不同于一般的电磁场计算，需要讨论超宽带情况下数值稳定性、阵列源加载等问题。对小目标体仿真时，由于阵列源尺寸的问题，阵列源的激发脉冲处于皮秒量级，脉冲对应的谐波也处于毫米波波段。毫米波处于电磁场的超高频波段，以往的数值稳定性条件更加难以满足计算的需求，需要重新讨论正演的计算稳定性问题。以上这些问题都很重要，直接关系着仿真的成败。

由于阵列源是多个偶极子通过一定几何空间排列得到的复合发射源，因此首先考虑单个源的施加。电流源为电偶极子源，沿 z 轴方向放置，设电偶极子源 $J_{sz}(J_{sx}=J_{sy}=0)$ 位于 E_z 节点(j_s,k_s)处，在时域有限差分中，电流源处在一个晶胞内，其电流密度(单位为 $\mathrm{A\cdot m^{-2}}$)为

$$J_{sz}(j_s,k_s)=\frac{I(t)}{\Delta x\Delta y} \tag{6.1.56}$$

由式(6.1.49)(取 n=1)和式(6.1.56)，可得离散的电场 E_z 迭代格式：

$$\begin{aligned}E_z^{n+1}(i+1/2,j,k)=&\frac{2\varepsilon(i+1/2,j,k)-\sigma(i+1/2,j,k)\Delta t}{2\varepsilon(i+1/2,j,k)+\sigma(i+1/2,j,k)\Delta t}E_z^n(i+1/2,j,k)\\&+\frac{2\Delta t}{2\varepsilon(i+1/2,j,k)+\sigma(i+1/2,j,k)\Delta t}\cdot\left[\frac{H_y^{n+1/2}(i+1/2,j+1/2,k)-H_y^{n+1/2}(i+1/2,j-1/2,k)}{\Delta x}\right.\\&\left.-\frac{H_x^{n+1/2}(i+1/2,j,k+1/2)-H_x^{n+1/2}(i+1/2,j,k-1/2)}{\Delta y}-J_{sz}^{n+1/2}\right]\end{aligned} \tag{6.1.57}$$

式中，Δt 为时间增量；ε 为介电常数；σ 为电导率。本小节采用电偶极子中加入梯形波电流的方式替代方波进行加载，以保证计算的正确。为了保证在计算过程中脉冲的上升沿与下降沿拐点处可导，这里在上升沿和下降沿处采用升余弦函数和降余弦函数对不可导位置进行平滑处理(孙怀凤等，2013)：

$$P(t)=\begin{cases}0.5\left[1-\cos(\pi t/t_1)\right] & 0\leqslant t<t_1\\ 1 & t_1\leqslant t<t_2\\ 0.5\left(1+\cos\dfrac{\pi t}{t_3-t_2}\right) & t_2\leqslant t<t_3\end{cases}\tag{6.1.58}$$

式中，$P(t)$ 为电流波形函数；t_1 为脉冲的上升沿结束时刻；t_2 为脉冲结束时刻；t_3 为脉冲下降沿结束时刻。图 6.1.6 为梯形波发射波形。

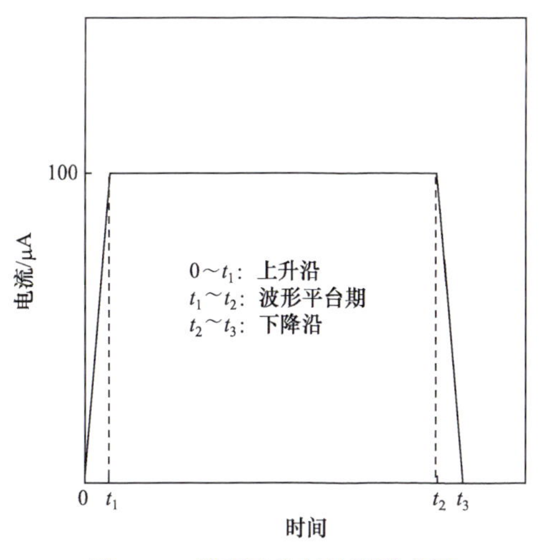

图 6.1.6　梯形波发射波形示意图

对于阵列源的加载，采用 $N\times N$ 的方阵形式(N 为 y、z 坐标位置上放置的电偶极子个数)，阵列偶极子沿 z 轴方向放置，同时将阵列源的单元放置在网格的棱边上，以方便计算。正演仿真中不具有辐射源之间的互感现象，偶极子阵列源在网格中的位置如图 6.1.7 所示。

在阵列源情况下，式(6.1.57)可以写为

$$\begin{aligned}E_z^{n+1}(i+1/2,j,k)&=\frac{2\varepsilon(i+1/2,j,k)-\sigma(i+1/2,j,k)\Delta t}{2\varepsilon(i+1/2,j,k)+\sigma(i+1/2,j,k)\Delta t}E_z^n(i+1/2,j,k)\\&\quad+\frac{2\Delta t}{2\varepsilon(i+1/2,j,k)+\sigma(i+1/2,j,k)\Delta t}\cdot\left[\frac{H_y^{n+1/2}(i+1/2,j+1/2,k)-H_y^{n+1/2}(i+1/2,j-1/2,k)}{\Delta x}\right.\\&\quad\left.-\frac{H_x^{n+1/2}(i+1/2,j,k+1/2)-H_x^{n+1/2}(i+1/2,j,k-1/2)}{\Delta y}-\sum_{j_s=1}^{N}\sum_{k_s=1}^{N}J_z^{n+1/2}\right]\end{aligned}\tag{6.1.59}$$

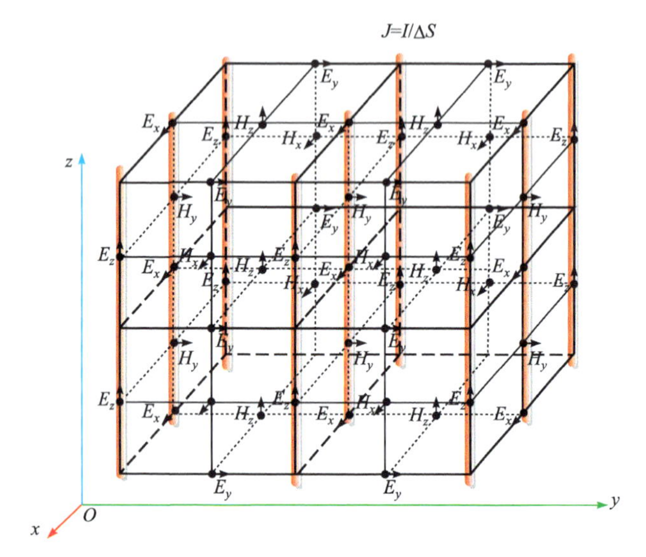

图 6.1.7　阵列源与网格位置示意图

阵列源中的每个电偶极子均按式(6.1.59)加载相同的梯形波电流脉冲。在进行正演计算时应当注意，由于计算时间步长较小，经典时域有限差分法的稳定性条件已不再适用，需要有比柯朗(Courant)稳定性条件更为苛刻的因果关系，才能保证计算的正确。一般情况下，为了解决这一问题，考虑使用电磁场的相似性原理，保证计算结果的稳定和正确。

总之，超高频的瞬变电磁仿真方法需要考虑正演计算的稳定性问题，与现有的仿真方法相比，超高频的瞬变电磁仿真需要更为苛刻的稳定性条件，否则会直接导致计算失败。

6.1.3　稳定性与数值色散

1) 稳定性条件

为了满足数值的稳定性，必须保证系统是因果系统，即电磁波在媒质中的传播速度小于数值模拟的速度。阻尼波动方程中电磁波传播的速度为

$$v=\frac{1}{\sqrt{\mu\gamma}} \tag{6.1.60}$$

则要求的稳定性条件为

$$v\Delta t\leqslant\frac{1}{\sqrt{\frac{1}{(\Delta x)^2}+\frac{1}{(\Delta y)^2}+\frac{1}{(\Delta z)^2}}} \tag{6.1.61}$$

当采用均匀网格划分时，整理后可以得到对时间网格划分的要求：

$$\Delta t \leqslant \delta\sqrt{\frac{\gamma\mu}{3}} \tag{6.1.62}$$

式中，δ 为单元网格空间离散步长。从式(6.1.62)可以看出，适当放大虚拟介电常数 γ 可以使时间间隔 Δt 的取值适当增大，减少迭代次数。式(6.1.62)变形后的一个形式是

$$\gamma \geqslant \frac{3}{\mu}\left(\frac{\Delta t}{\delta}\right)^2 \tag{6.1.63}$$

γ 与 Δt 的相互依赖关系使问题更加复杂。虚拟位移电流是为了方便构建显式的 FDTD 差分格式而引入的，必须对虚拟位移电流项进行适当的限制，以保证其不至于太大而淹没了扩散场的特性。Oristaglio 等(1984)在分析二维 Du Fort-Frankel 差分格式时给出了虚拟位移电流的限制条件，Wang 等(1993)结合三维问题给出了经验公式：

$$\Delta t_{\max} = \alpha\delta\sqrt{\frac{\mu\sigma t}{6}} \tag{6.1.64}$$

并给出了 α 的取值建议范围为 0.1～0.2。

实际实现过程中，电流关断后的时间步取值先按照式(6.1.64)得到满足要求的时间步网格，然后通过式(6.1.63)求解合适的虚拟介电常数，以此来满足 Courant 稳定性要求。为了保证激发源能够产生合适的一次场，在开始至电流关断的时间范围内，采用真实介电常数代替 γ 并采用等间距时间剖分。

采用上述的稳定性条件，对 301×301×100 个网格的均匀模型进行 FDTD 计算，发现可以迭代十几万步而不发散。

2) 数值色散

即使是非色散媒质使用 FDTD 进行数值模拟，也会产生数值色散现象，这是数值差分造成的。数值色散造成的误差与 FDTD 在空间和时间上的采样密度有关。空间采样密度取决于电磁波的波长，随着网格尺寸的变化，FDTD 存在慢波效应，并且 FDTD 模拟的电磁波传播速度误差随着网格尺寸的减半以大约 4∶1 的比例下降。通用的网格尺寸抑制数值色散条件为

$$\delta \leqslant \frac{\lambda}{12} \tag{6.1.65}$$

式中，λ 为波长。

1MHz 的电磁波在真空中传播的波长约为 300m，此时要求网格尺寸不大于 25m。瞬变电磁勘探虽然是宽频带场，但在有耗媒质中高频电磁波被迅速吸收，仅留下低频谐波成分丰富的电磁波，并且电磁波在有耗媒质中的传播速度小于在

真空中的传播速度，相应的波长会增大，频谱分布范围基本小于 1MHz，因此进行空间网格人工剖分时满足式(6.1.65)即可。

时间采样的限制可以类似地按照空间采样的选择方法进行，通用的时间网格抑制数值色散的条件为

$$\Delta t \leqslant \frac{T}{12} \tag{6.1.66}$$

式中，T 为电磁波的周期。

1MHz 的电磁波周期为 10^{-6}s，此时要求时间间隔不大于 0.83×10^{-7}s，更低频的电磁波对最大时间间隔的要求更宽松。

6.1.4 并行计算技术

三维建模是计算密集型问题,采用传统的串行编程方案会造成计算效率低下,无法满足三维模拟的计算速度要求。时域有限差分法具有天然的并行性，虽然本书针对瞬变电磁问题求解的改造会使之丧失部分并行性，但总体来讲，采用并行算法仍然能够极大地提高计算效率。本小节针对求解问题的需要，分别采用基于 OpenMP 的共享内存多核多线程并行计算技术和基于 OpenACC 并行计算方案的图形处理单元(GPU)计算技术，对算法进行并行化，并对两者的计算效率进行对比。结果表明，采用多核计算技术能够提高计算效率，与中央处理器(CPU)相比，GPU 拥有成百上千的计算核心，在不显著增加成本的情况下，采用 CPU+GPU 的异构并行技术相比于单纯采用 CPU 并行方案的计算效率有巨大的提高。本书所有的并行化和后续的计算都是在一台配置为 Intel® CoreTM i7 950 CPU(4 核 8 线程，主频 3.2GHz)和 NVIDIA® GTX 460 显卡(拥有 336 个计算统一设备体系结构(CUDA)计算核心和 1024M 显存)的计算机上进行的，并在一台配置为 NVIDIA® Tesla K20 的工作站上进行对比测试。

1) 基于共享内存的 CPU 多核多线程并行计算方案

为了充分利用计算机的多核多线程计算资源，对算法结构进行适当的改进，可以大幅提高计算效率。采用 OpenMP 并行计算技术实现多核多线程的共享内存并行计算。优化的部分集中于电磁场的迭代计算，因此以该部分的并行优化为例进行分析，采用单线程编程思路和多线程并行计算方法的循环结构对比如图 6.1.8 所示。传统的串行编程模式会造成严重的 CPU 饥饿现象，尤其是对于拥有多核心的 CPU；采用基于 OpenMP 的并行计算技术则能够在同一时刻进行多个子程序模块的计算，充分利用多线程的优势。

仅采用如图 6.1.8(b)所示的循环结构框架，4 核 8 线程的 CPU 仍然存在饥饿现象，因此在每个子模块计算单元中仍然采用 OpenMP 技术进行多线程优化。例

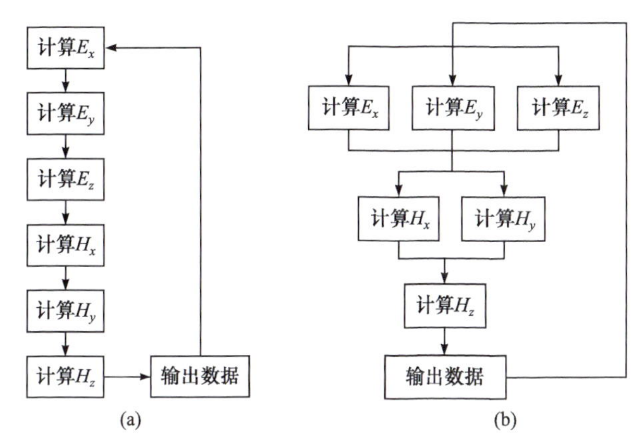

图 6.1.8　单线程与多线程编程循环结构

(a) 单线程编程循环结构；(b) 多线程并行计算循环结构

如，在求解 H_z 分量时，根据系统当前空闲的线程情况将计算区域自动划分为多个部分，然后让每一个线程计算一部分，划分时尽量让每个线程的工作量相同。图 6.1.9 是将 1 块计算区域划分为 4 个线程进行计算的示例。此外，CPU 多核多线程并行计算还采用了工业界高性能计算采用的向量算术逻辑单元(VALU)技术、数据预提取(prefetch)技术和并行数据输出技术，采用 Intel 最新的 SSE4.2 指令集。通过上述的综合方法和现代技术进行程序优化和设计，使计算过程中计算机的 CPU 能够一直处于满负荷(CPU 利用率为 100%)或接近满负荷状态。

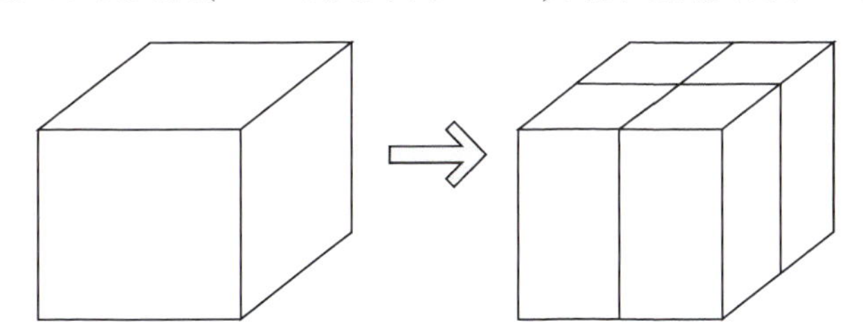

图 6.1.9　计算区域进行多线程划分示意图

2) 基于 CPU+GPU 的并行计算方案

与 CPU 不同，GPU 体积较大，并且不需要逻辑控制单元，因此可以封装更多的浮点运算单元。本书采用的 GTX460 显卡拥有 336 个 CUDA 计算单元，NVIDIA 公司基于 Kepler 架构的 Tesla K20X 系列高性能计算卡拥有 2688 个 CUDA 计算单元，双精度浮点计算能力峰值达到 1.31T FLOPS(FLOPS 是计算机系统运算速度的一种度量单位，即每秒钟平均执行完成的浮点操作次数)。在瞬变电磁三维问题的求解过程中，通过 GPU 进行计算密集的循环计算，采用 CPU 进行整体程序的逻辑控制和结果输出会得到更高的计算效率。CPU+GPU 异构计算的模式需要对整体程序架构进行重新设计，让计算密集部分在 GPU 中进行，CPU 主要进行逻辑控制部分和数据的读写部分，计算密集部分的程序框图如图 6.1.10 所示。

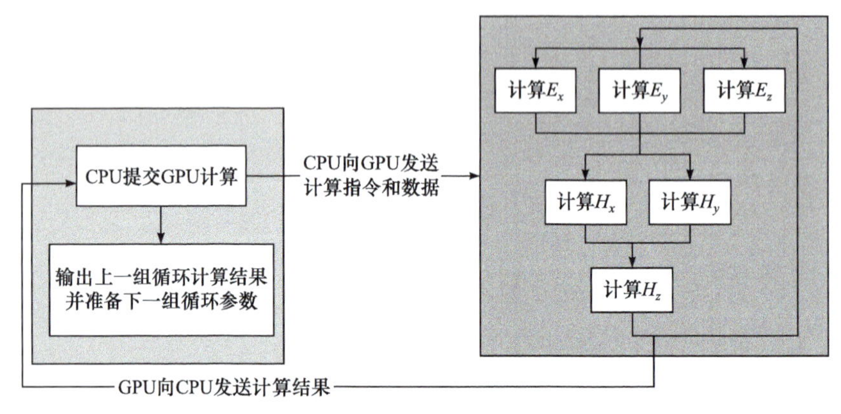

图 6.1.10 计算密集部分 CPU 与 GPU 协调工作程序框图

与单纯采用 CPU 多线程并行模式相比，采用 GPU 相当于引入了数量更多的“线程”来进行浮点运算，GPU 中进行计算的部分根据相应的优化准则进行并行化，因此其计算效率能够得到明显的提高。在实际设置过程中，采用一定的间隔将多次的迭代循环划分成不同的部分，每次由 CPU 向 GPU 提交一组循环计算，GPU 计算完成后将结果返回给 CPU，然后再次接受 CPU 分配的下一组循环计算。

3) 性能对比

采用高度优化的 CPU 多核多线程并行计算和 CPU+GPU 异构工作模式的并行计算，分别进行相同模型的计算并进行性能加速对比。由于对 FDTD 算法进行了一定的改进，并且针对瞬变电磁数值计算的特殊模型，不再采用文献中给出的 FDTD 计算性能公式，而是针对循环计算密集部分采用每分钟处理的迭代次数进行评估。针对网格数目为 140×140×180 个的非均匀网格模型，不同并行计算技术性能对比如图 6.1.11 所示。与 GTX460 相比，K20 的计算效率仅提高不足 4 倍，分析可能是因为当前模型较小，GPU 处于饥饿状态，大模型的计算加速比可能会更高。

6.1.5 模型计算

1. 三维多层采空区模型正演模拟

开发三维时域有限差分正演程序的真正意义在于对任意复杂模型瞬变电磁响应进行正演模拟。前文的分析与对比已经验证了改进的瞬变电磁三维时域有限差分正演算法对均匀半空间模型、层状模型的计算结果是可靠的，并且对

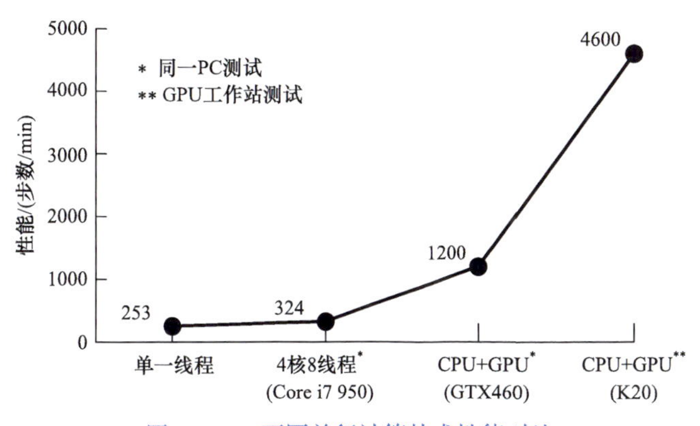

图 6.1.11　不同并行计算技术性能对比

于包含低阻三维异常体的模型同样能够适应。为了检验算法对非常复杂三维模型的计算能力与计算效果，概化设计了如图 6.1.12 所示的含有两层煤、两层充水采空区且煤层间存在砂、页岩夹层的三维复杂模型。详细的电阻率及地质体尺寸见表 6.1.2，表中的电阻率参数是根据地质手册中的取值范围和建议值给出的。

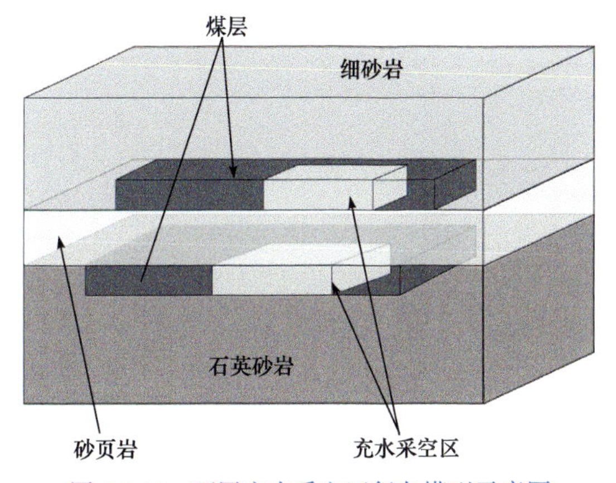

图 6.1.12　两层充水采空区复杂模型示意图

表 6.1.2　两层充水采空区复杂模型参数

地层	尺寸(长×宽×高)/(m×m×m)	电阻率/(Ω·m)
细砂岩	3000×3000×100	100
上层煤	510×510×10	500
上层充水采空区	160×100×10	10
砂页岩	3000×3000×40	150
下层煤	810×810×10	500

续表

地层	尺寸(长×宽×高)/(m×m×m)	电阻率/(Ω·m)
下层充水采空区	200×110×10	10
石英砂岩	3000×3000×800	800

图 6.1.13 为该复杂模型网格划分和发射回线的俯视图。模型设计仍然采用 301×301×100 个网格，网格剖分采用 10m 立方体的均匀网格，设计采用 150m×150m 的发射线框。进行数值计算时可以方便地设置多点阵列式接收，针对本模型定回线源的方式，提取了图 6.1.13 所示的测线 X148、测线 X151、测线 X154 共 3 条测线的结果进行分析。每条测线的测点按照网格在 y 方向的编号设置，这样设计测线和测点的编号恰好与网格的 x 坐标和 y 坐标重合，发射回线恰好在模型中间，过回线中心点的测线为测线 X151，回线中心点的测点恰好为点 151。

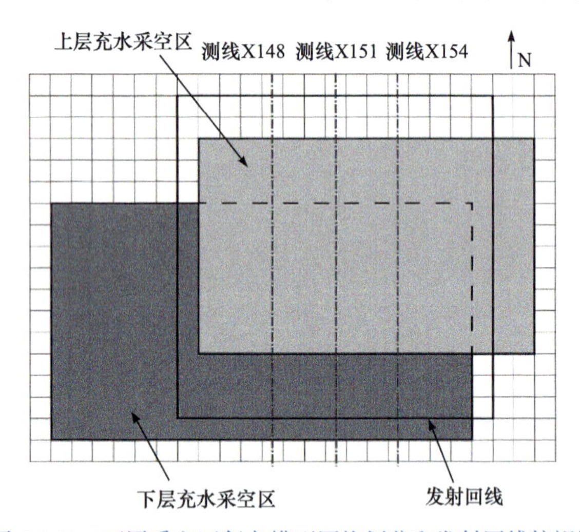

图 6.1.13　两层采空区复杂模型网格划分和发射回线俯视图

图 6.1.14～图 6.1.16 为选定的 3 条测线上不同测点的感应电动势衰减曲线。从图 6.1.14～图 6.1.16 的分图(a)和(c)可以看出，位于矩形回线外部的各测点的感应电动势早期为负值，晚期为正值，在时间采样轴上存在一个电动势方向反转的尖点；外部各测点的感应电动势衰减曲线在晚期趋于一致，出现同一渐近线，并且以点 151 为中心点；南北两侧的测点存在类似的变化规律，电动势方向反转的时刻非常接近，这是因为采用了回线源并且对称观测。早期的电动势方向反转显示了电磁场由回线源向外逐步扩散的过程，最大电流密度在地面的投影到达观测点前后电动势方向会出现反转，其过程对应了“烟圈”的向外扩散过程，这一点从后续地面磁场等值线分布图分析中会再次得到验证。在有耗媒质中，电磁场是

逐步衰减消退的，由于传导电流的存在，电流密度峰值随时间迅速衰减，相应的磁场强度也迅速减小。在晚期，空间中的电磁场差异已经非常小，即使是存在一定距离的不同观测点上的电动势也趋于一致，达到同一渐近线水平。这与电磁场在有耗媒质中的传播规律是一致的。

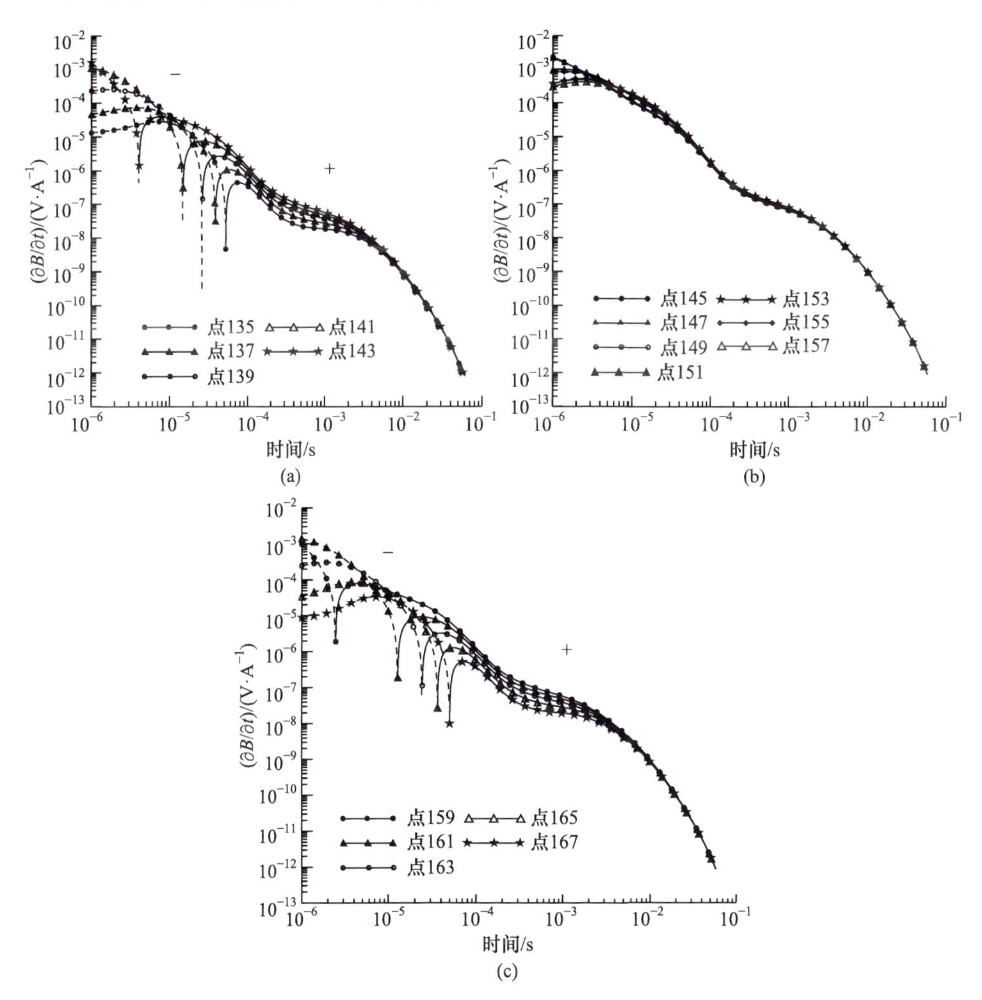

图 6.1.14　测线 X148 上回线内外各测点的感应电动势衰减曲线(孙怀凤，2013)

(a) 回线外部北侧测点感应电动势衰减曲线；(b) 回线内部测点感应电动势衰减曲线；(c) 回线外部南侧测点感应电动势衰减曲线；虚线绘制的衰减曲线表示观测得到的感应电动势为负值，实线绘制的衰减曲线表示观测得到的感应电动势为正值，由于在双对数坐标系中无法绘制负值，将观测得到的负值感应电动势取绝对值进行绘制，后同

图 6.1.14～图 6.1.16 的分图(b)是发射回线内部测点感应电动势衰减曲线。就电磁场的理论本身而言，可以认为发射回线是螺线管，磁力线是垂直于发射回线并且闭合的，回线内部与回线外部的磁力线条数是相同的。回线内部的磁感应强度相对较大，观测到的感应电动势幅值也相对较大，并且由于电磁场在有耗大地

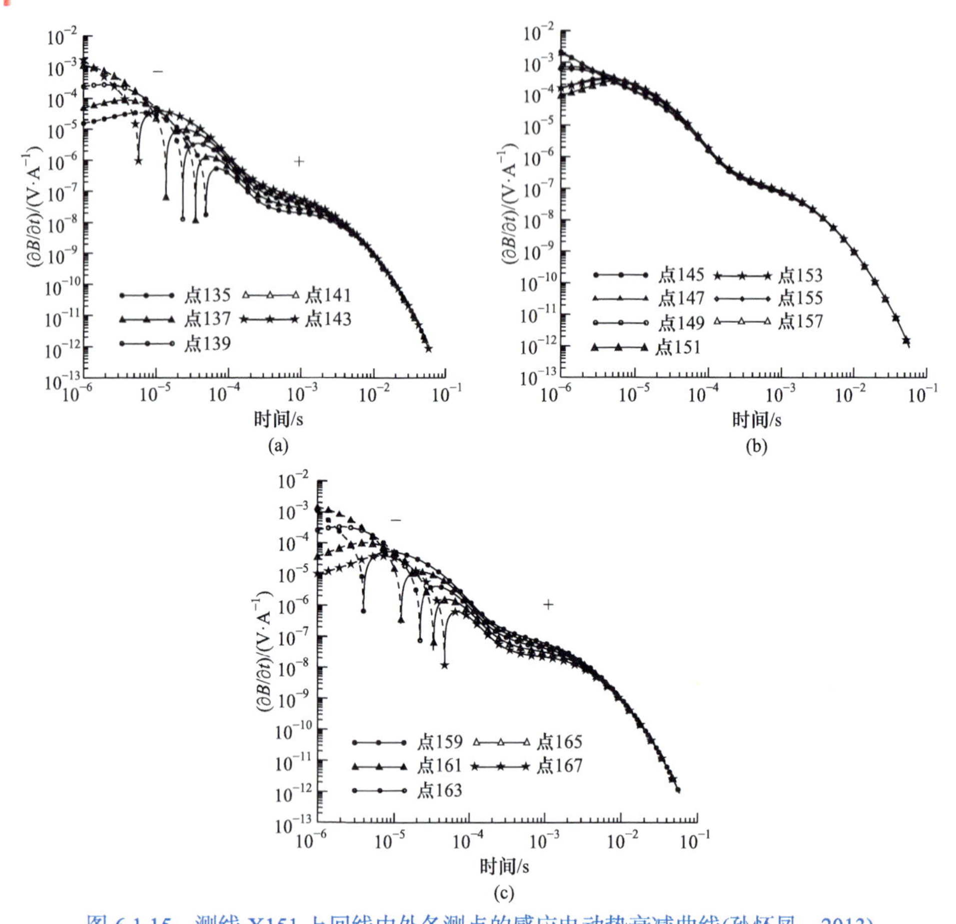

图 6.1.15 测线 X151 上回线内外各测点的感应电动势衰减曲线(孙怀凤，2013)

(a) 回线外部北侧测点感应电动势衰减曲线；(b) 回线内部测点感应电动势衰减曲线；(c) 回线外部南侧测点感应电动势衰减曲线

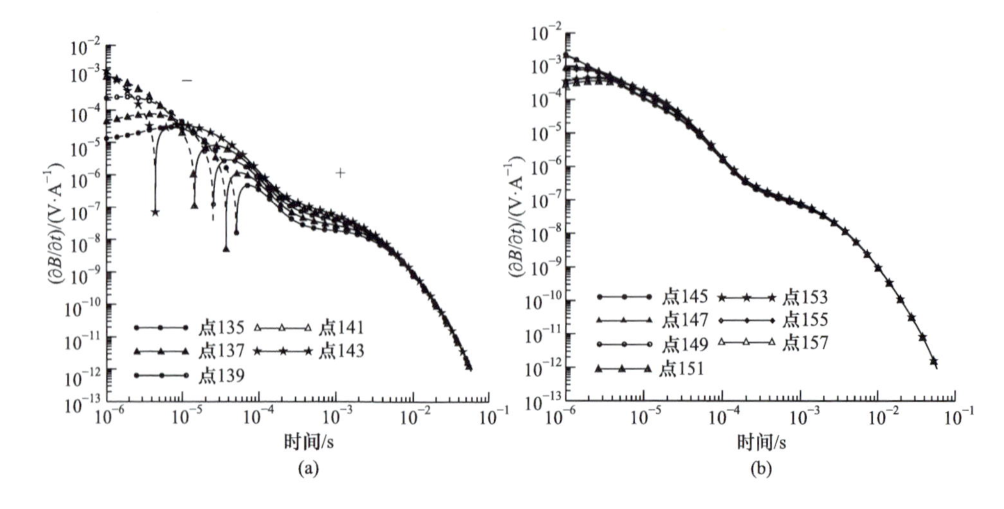

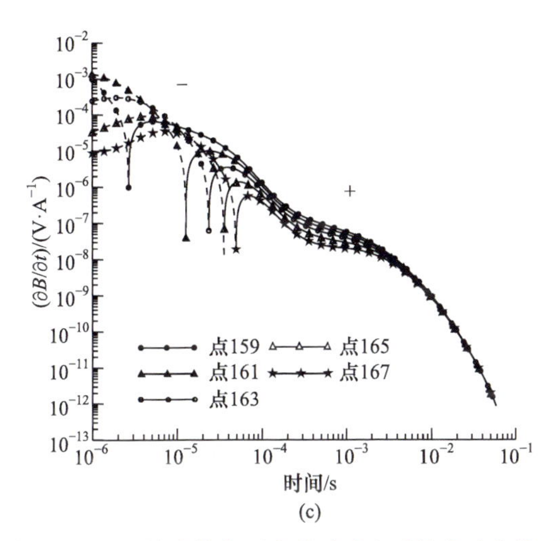

图 6.1.16　测线 X154 上回线内外各测点的感应电动势衰减曲线(孙怀凤，2013)
(a) 回线外部北侧测点感应电动势衰减曲线；(b) 回线内部测点感应电动势衰减曲线；(c) 回线外部南侧测点感应电动势衰减曲线

中向外、向下传播的特性，电流密度的峰值不会经过回线内部的测点。可以看出，中心点附近的测点与中心点的响应趋势基本保持一致，全部为正值且响应的大小基本相同，早期由于电磁场变化剧烈而存在一定的差异。回线附近的电磁场变化最剧烈，即使在回线内部，靠近边框的测点仍然存在边框效应，出现感应电动势偏大的情况。回线内部的测点仍然表现为以中心点 151 对称的规律，如图 6.1.14(b)中的点 145 与点 153、点 147 与点 155、点 149 与点 157 均表现为对称相似，类似的规律在图 6.1.15(b)和图 6.1.16(b)中同样存在。

将回线中心点的衰减曲线在双对数坐标下作图，从图 6.1.17(a)所示的衰减曲线可以看出明显的低电阻率异常，由于存在关断时间，早期的衰减曲线存在一段抬升之后迅速衰减。关断后 10μs 采用晚期视电阻率公式计算中心点的视电阻率曲线，如图 6.1.17(b)所示。从视电阻率曲线中可以明显地看到两层低阻体的存在，第一层低阻体位于 40μs 左右，第二层低阻体位于 1～7ms，7ms 以后视电阻率逐渐变大，说明探测深度已经达到了模型的石英砂岩层(高阻层)。

对选定的 3 条测线位于回线内部的测点进行数据处理，绘制视电阻率等值线断面，如图 6.1.18 所示，(a)、(b)、(c)分别对应测线 X148、测线 X151 和测线 X154。

由于测点超出了回线边长 1/3 的范围，视电阻率等值线断面中两侧的测点存在一定的边框效应，但这并不影响本例对模拟结果的分析。三条测线的视电阻率等值线断面显示，在 40μs 左右存在一层低阻异常，在 7ms 左右存在另一层低阻异常。以测点 151 为中心，测线 X148 和测线 X154 的视电阻率断面中第一层低阻体并不完全对称，南侧的低阻体明显大于北侧，这与模型设计是相符的。三条测

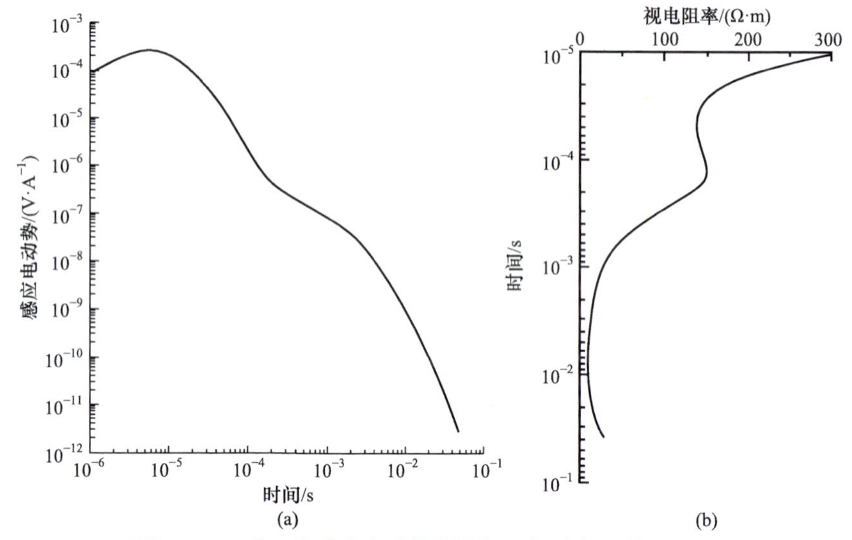

图 6.1.17 中心点感应电动势与视电阻率(孙怀凤等，2013)

(a) 中心点感应电动势；(b) 中心点视电阻率

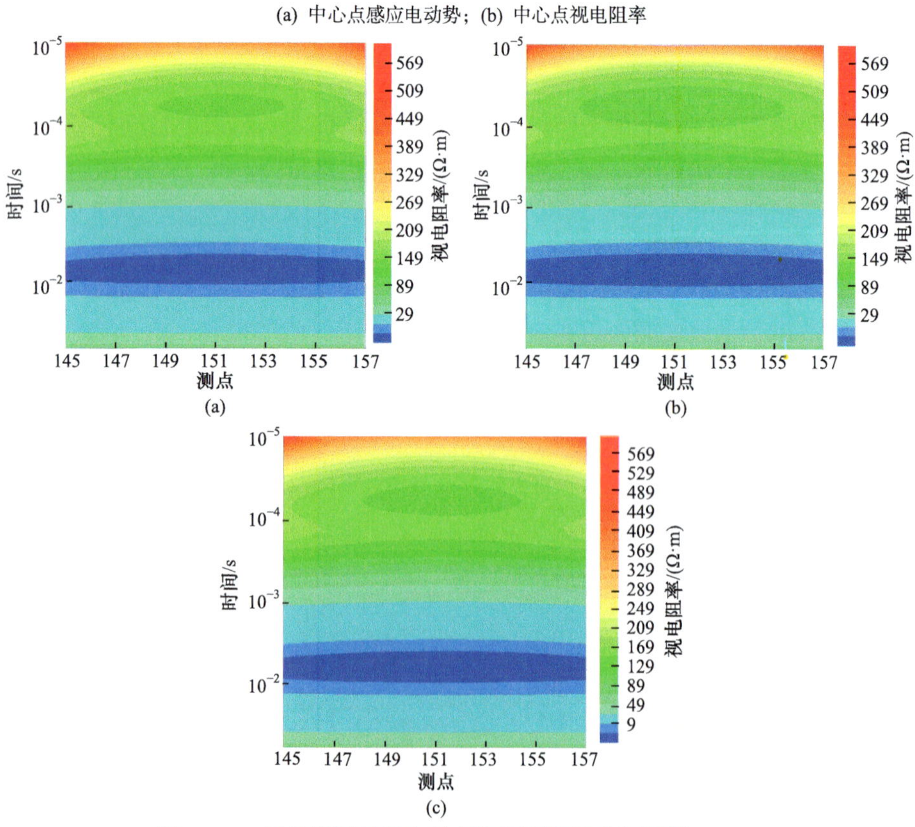

图 6.1.18 选定测线的视电阻率等值线断面(孙怀凤等，2013)

(a) 测线 X148；(b) 测线 X151；(c) 测线 X154

线的视电阻率断面上，第一层低阻体的规模明显小于第二层低阻体的规模，这是电磁场本身特性造成的，晚期的电磁场频率更小，探测深度相对较大，但分辨率相应降低。三条测线的视电阻率等值线均能够反映探测目标并且与模型设置吻合较好。

2. 堤坝隐患三维正演

在阵列源激发情况下，用三维时域有限差分法对堤坝隐患进行三维仿真。先研究不同深度的河水和不同电阻率下的河水对探测的影响，并分析电磁场分布特征；然后，模拟不同规模坝体及坝底隐患，总结响应特征及规律，分析电磁场分布特征。仿真结果证明阵列源具有较好的探测能力。

1) 坝体渗漏隐患的响应特征

模型参数设置：设计堤坝顶部宽为 6m，下部宽为 32m，坝高为 13m，迎水坡和背水坡坡比均为 1∶1，河水深度为 8m；阵列源规模为 3×3，发射单元长度均为 0.6m，发射单元与发射单元的间距均为一个网格(0.2m)，发射源放置于堤坝模型中心处，发射电流为 10A，脉宽为 0.1ms；电流关断后采集 0.1ms，上升沿和下降沿均为 1μs；堤坝电阻率为 $100\Omega\cdot m$，河水和渗漏隐患的电阻率分别设置为 $1\Omega\cdot m$、$5\Omega\cdot m$、$10\Omega\cdot m$，空气电阻率设置为 $10000\Omega\cdot m$。设置不同宽度的渗漏隐患，分析不同宽度渗漏隐患的响应特征及规律，模型如图 6.1.19 所示。

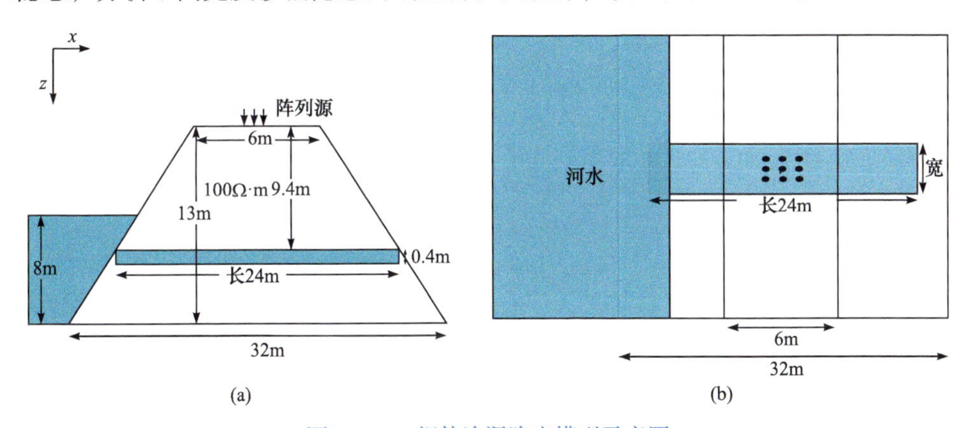

图 6.1.19　坝体渗漏隐患模型示意图

(a) 坝体渗漏隐患模型 *xoz* 方向示意图；(b) 坝体渗漏隐患模型 *xoy* 方向示意图

测点都位于阵列源中心，计算测点处感应电动势各分量的衰减曲线。从图 6.1.20～图 6.1.22 可以看出，渗漏隐患的宽度越大，感应电动势衰减曲线表现的低阻异常就越明显。渗漏隐患宽度增加，导致低阻的渗漏隐患体积增大，引起的二次场能量增强。当河水和渗漏隐患电阻率较小时，可以从感应电动势 x 分量上找出明显的异常信号，但当河水和渗漏隐患电阻率变大时，从感应电动势 x 分量上无法清楚地发现异常信号。对比感应电动势 y 分量，当河水和渗漏隐患电阻率变大时，依然可以分辨出不同宽度的渗漏隐患异常信号。当河水和渗漏隐患电阻率继续变大时，感应电动势 x 分量和 y 分量的异常特征都变得不明显，且会与无异常曲线(堤坝)较早重合。因为二次场主要是异常体自身感应出的场，当电阻率变大时，感应出的二次场能量会减少且衰减快，所以从感应电动势的衰减曲线上变现为异常信号较小且与无异常衰减曲线重合较早。

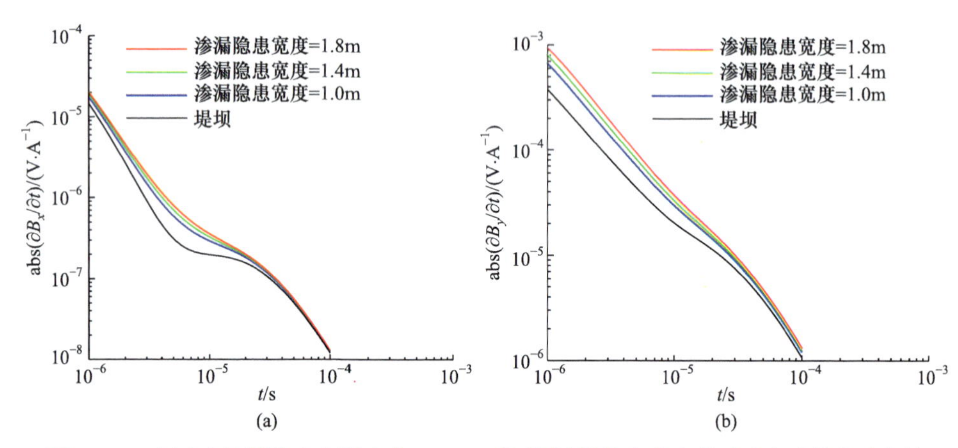

图 6.1.20　河水和渗漏隐患电阻率为 1Ω · m 时不同渗漏隐患宽度的感应电动势衰减曲线

(a) 感应电动势 x 分量；(b) 感应电动势 y 分量

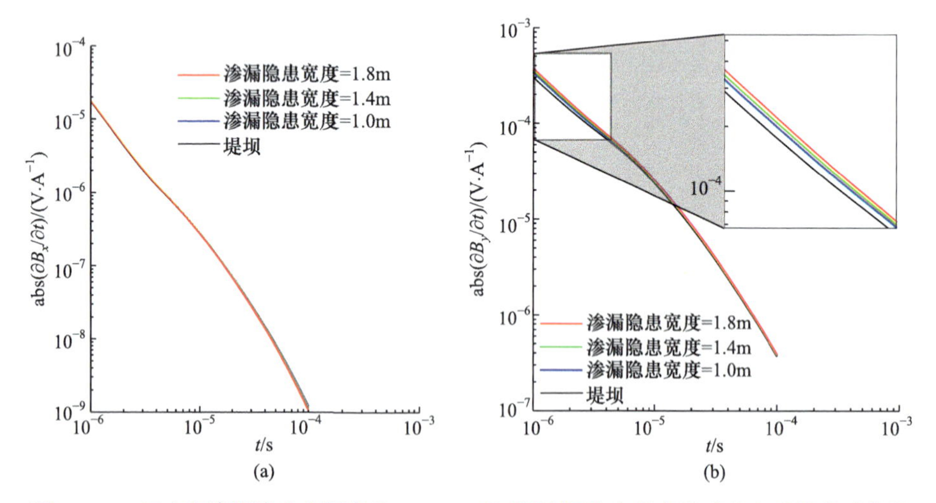

图 6.1.21　河水和渗漏隐患电阻率为 5Ω · m 时不同渗漏隐患宽度的感应电动势衰减曲线

(a) 感应电动势 x 分量；(b) 感应电动势 y 分量

图 6.1.23～图 6.1.25 为不同河水和堤坝坝体渗漏隐患电阻率情况下坝体渗漏隐患宽度为 1.0m 时二次场 3μs 等值线断面。以上 3 图的分图(a)、(b)、(c)分别为磁场 x、y、z 方向三分量等值线断面，可以明显从磁场 x 分量等值线断面上看到磁力线在异常位置稍微弯曲，从磁场 y 分量等值线断面能够明显看出坝体渗漏引

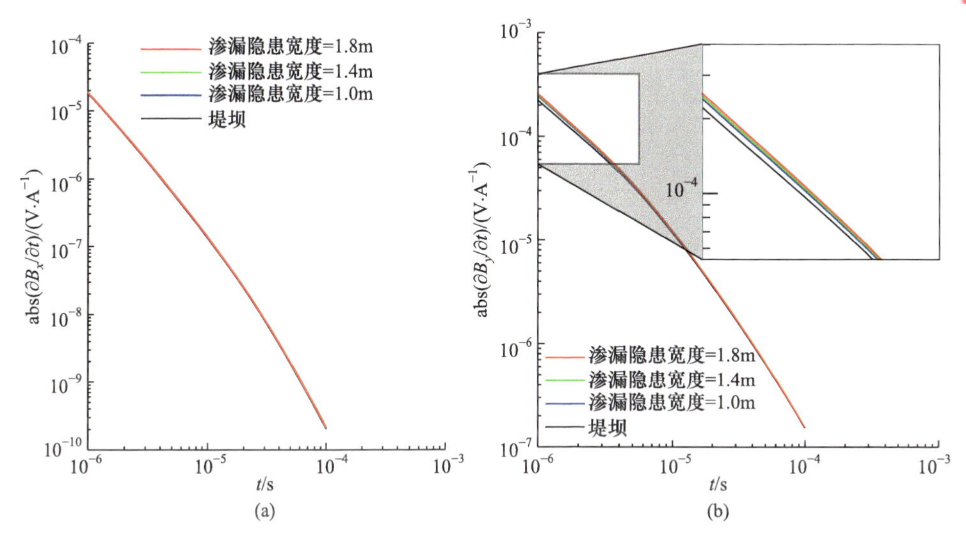

图 6.1.22　河水和渗漏隐患电阻率为 10Ω · m 时不同渗漏隐患宽度的感应电动势衰减曲线

(a) 感应电动势 x 分量；(b) 感应电动势 y 分量

起的磁力线弯曲，磁场 z 分量等值线断面上基本看不出坝体渗漏引起的磁力线弯曲。磁力线在坝体渗漏处的弯曲是低阻异常对磁场有吸引作用造成的。图 6.1.23～图 6.1.25 的分图(d)、(e)、(f)分别为电场 x、y、z 方向三分量等值线断面，可以看出：电场 x 分量只对堤坝的形态勾勒明显，但是对坝体渗漏并不明显；电场 y 分量堤坝形态描绘不明显，但是坝体渗漏描绘最明显；电场 z 分量不仅对堤坝形态、河水与空气、河水与迎水坡分界面描绘较好，还对坝体渗漏的边界描绘较好。

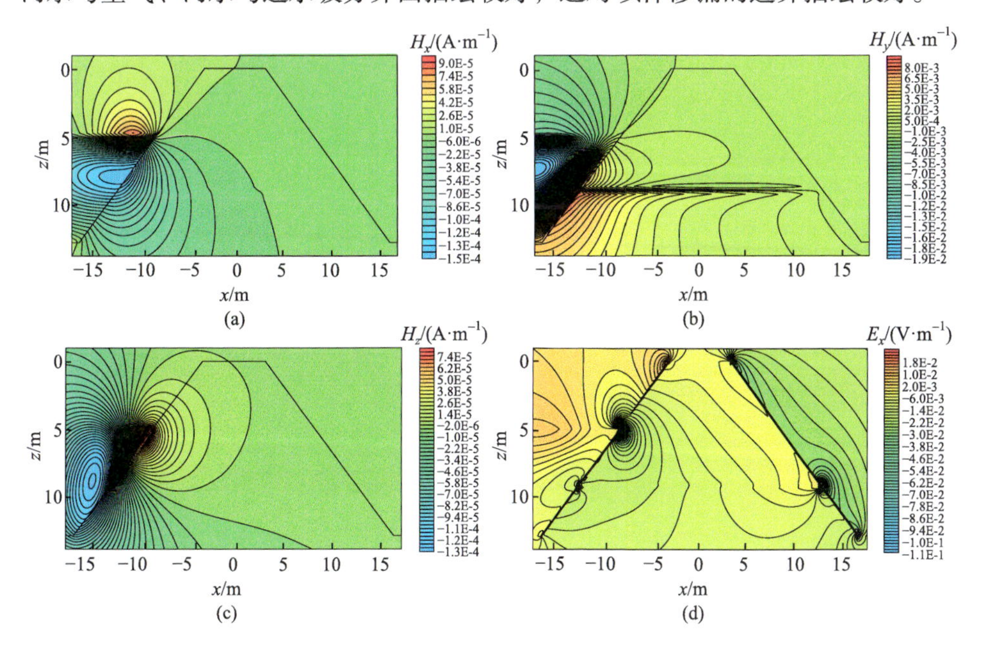

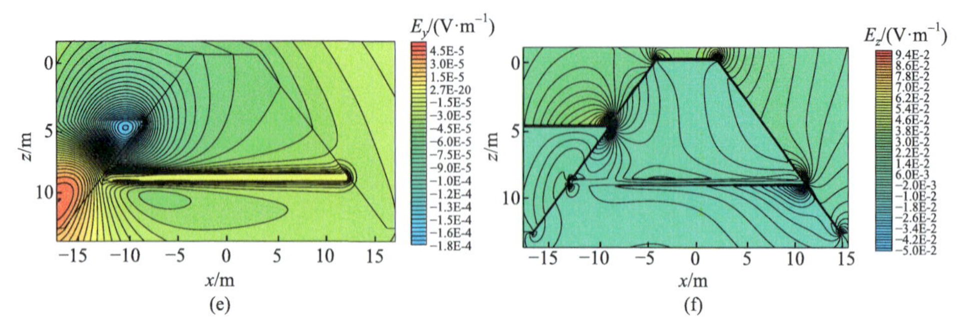

图 6.1.23　河水和渗漏隐患电阻率为 1Ω · m、坝体渗漏隐患宽度为 1.0m 在 3μs 的等值线断面

(a) 磁场 x 分量；(b) 磁场 y 分量；(c) 磁场 z 分量；(d) 电场 x 分量；(e) 电场 y 分量；(f) 电场 z 分量

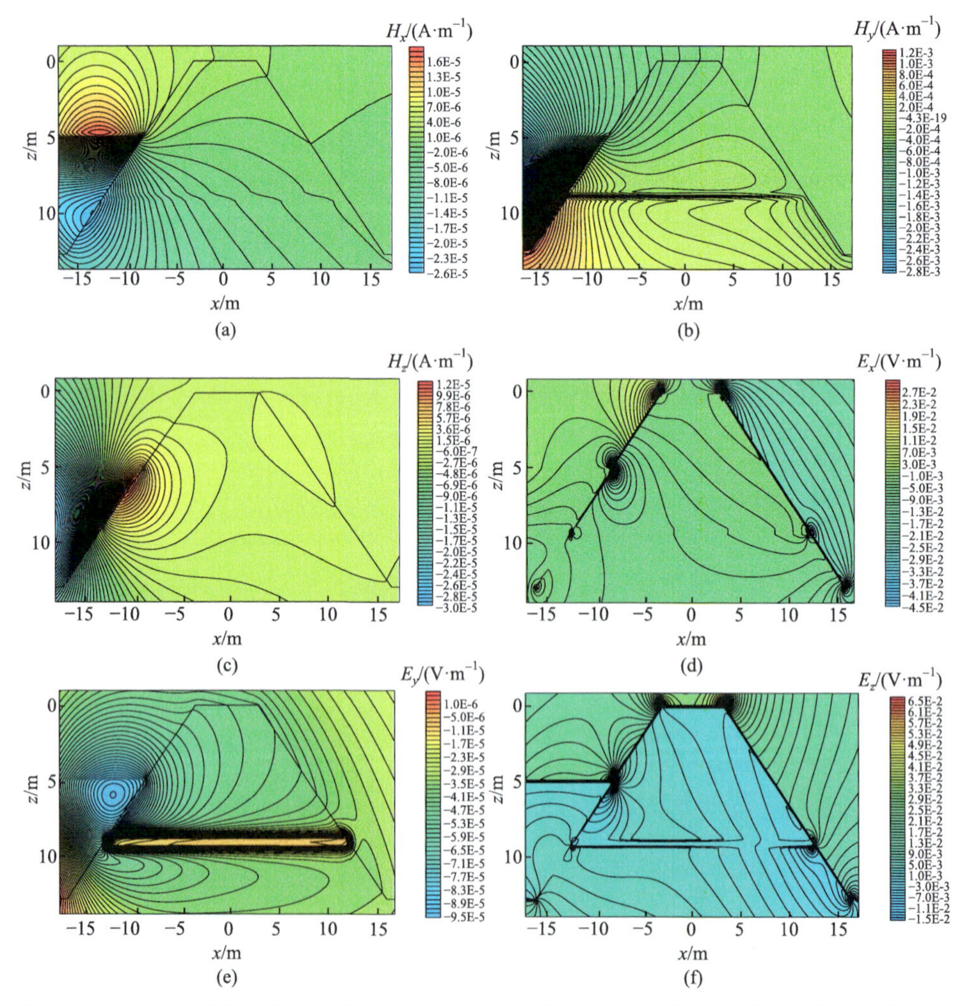

图 6.1.24　河水和渗漏隐患电阻率为 5Ω · m、坝体渗漏隐患宽度为 1.0m 在 3μs 的等值线断面

(a) 磁场 x 分量；(b) 磁场 y 分量；(c) 磁场 z 分量；(d) 电场 x 分量；(e) 电场 y 分量；(f) 电场 z 分量

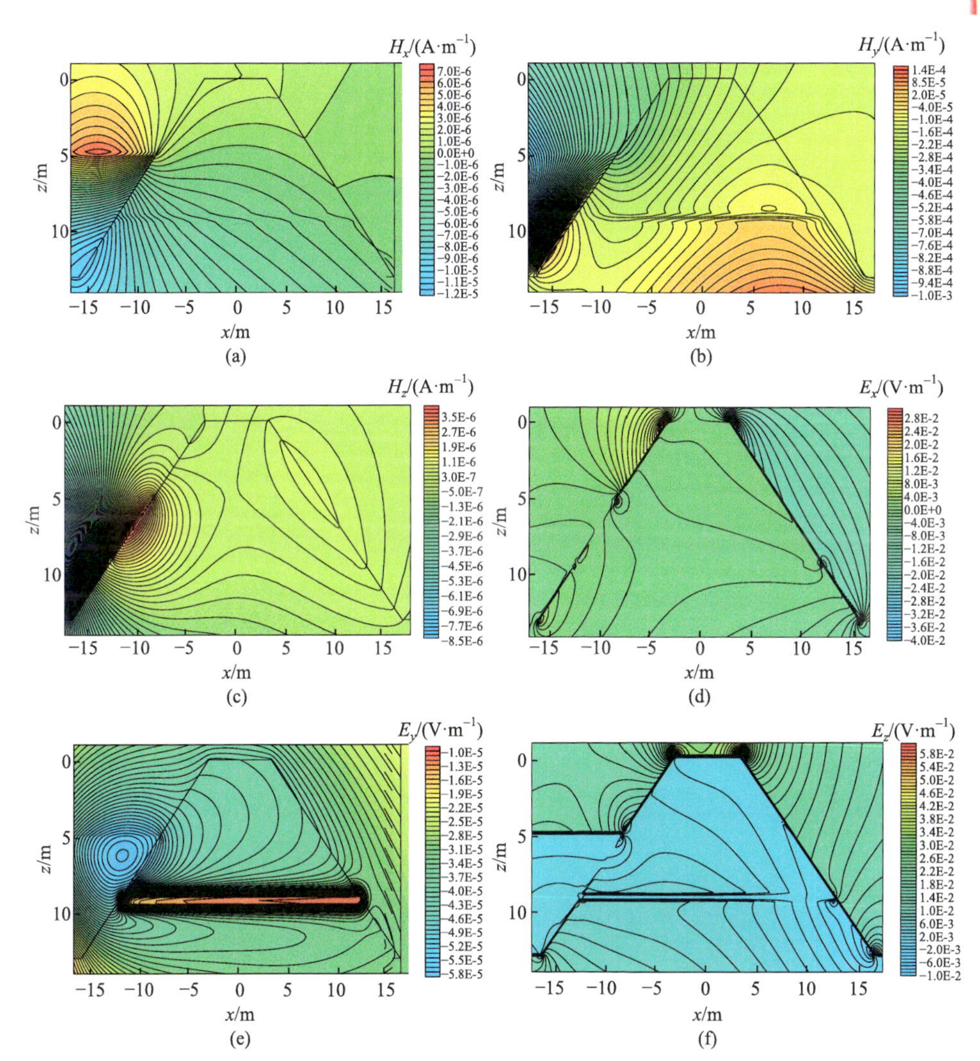

图 6.1.25　河水和渗漏隐患电阻率为 10Ω · m、坝体渗漏隐患宽度为 1.0m 在 3μs 的等值线断面

(a) 磁场 x 分量；(b) 磁场 y 分量；(c) 磁场 z 分量；(d) 电场 x 分量；(e) 电场 y 分量；(f) 电场 z 分量

2) 坝体倾斜裂隙渗漏隐患响应特征

模型参数设置：设计堤坝顶部宽为 6m，下部宽为 32m，坝高为 13m，迎水坡和背水坡坡比均为 1∶1，河水深度为 8m；阵列源规模为 3×3，发射单元长度均为 0.6m，发射单元与发射单元的间距均为一个网格(0.2m)，发射源放置于堤坝模型中心处，发射电流为 10A，脉宽为 0.1ms；电流关断后采集 0.1ms，上升沿和下降沿均为 1μs；堤坝电阻率为 100Ω·m，水体电阻率设置为 1Ω·m，裂隙渗漏隐患电阻率设置为 1Ω·m，空气电阻率设置为 10000Ω·m。研究坝体倾斜裂隙渗漏隐患响应的特征，模型如图 6.1.26 所示。

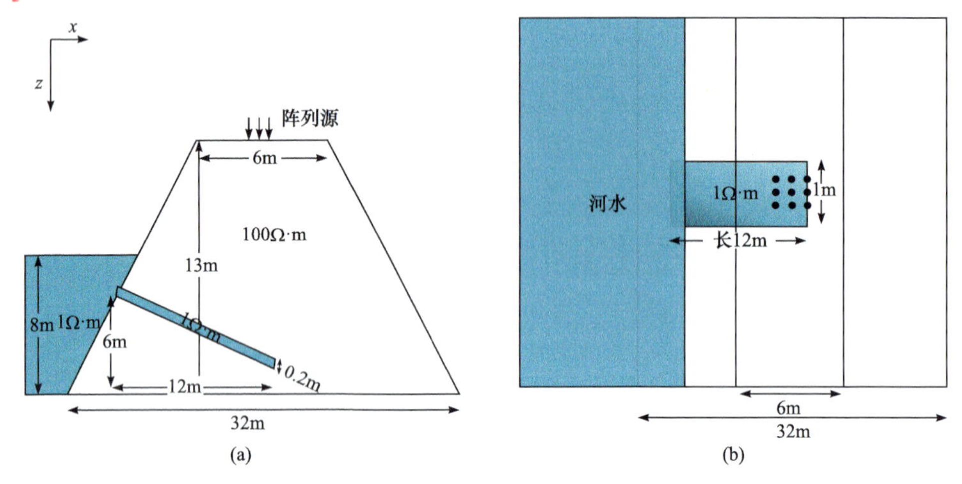

图 6.1.26　坝体倾斜裂隙渗漏隐患模型示意图

(a) 坝体倾斜裂隙渗漏隐患模型 *xoz* 方向示意图；(b) 坝体倾斜裂隙渗漏隐患模型 *xoy* 方向示意图

图 6.1.27 为堤坝坝体倾斜裂隙渗漏隐患感应电动势衰减曲线。测点位于阵列源中心 *x* 方向距离 2m 处，是裂隙的正上方。从图 6.1.27 的衰减曲线可以明显看出，感应电动势 *x* 分量衰减曲线几乎和无隐患的堤坝感应电动势 *x* 分量衰减曲线相互重叠，不易分辨堤坝是否存在渗漏异常；从感应电动势 *y* 分量衰减曲线可以明显看出，具有倾斜裂隙渗漏隐患的阵列源瞬变电磁感应电动势衰减曲线明显高于无渗漏隐患的堤坝曲线。

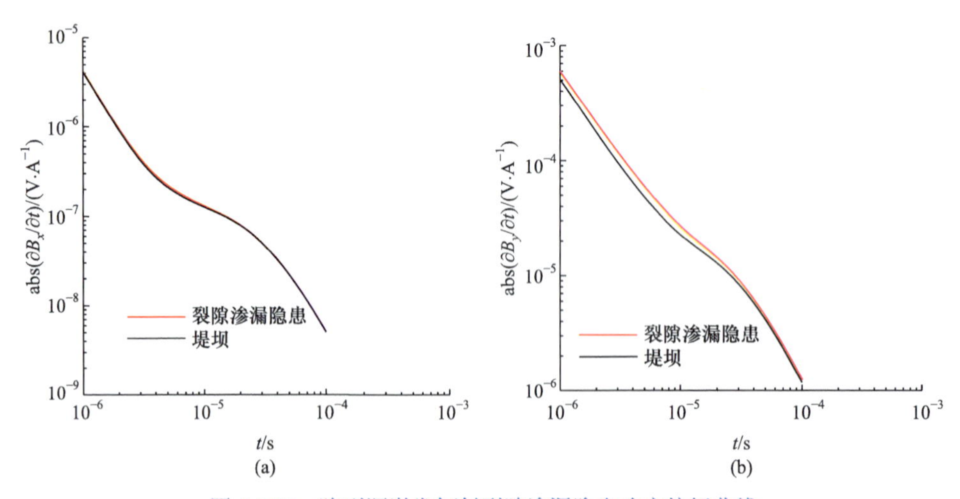

图 6.1.27　阵列源激发倾斜裂隙渗漏隐患响应特征曲线

(a) 感应电动势 *x* 分量；(b) 感应电动势 *y* 分量

图 6.1.28 为坝体倾斜裂隙渗漏阵列源瞬变电磁二次场 3μs 的等值线断面，从磁场 *x* 分量只能看出磁力线在倾斜裂隙渗漏隐患处稍稍弯曲，电场三个方向的分

量均明显地描绘出了倾斜裂隙渗漏隐患。

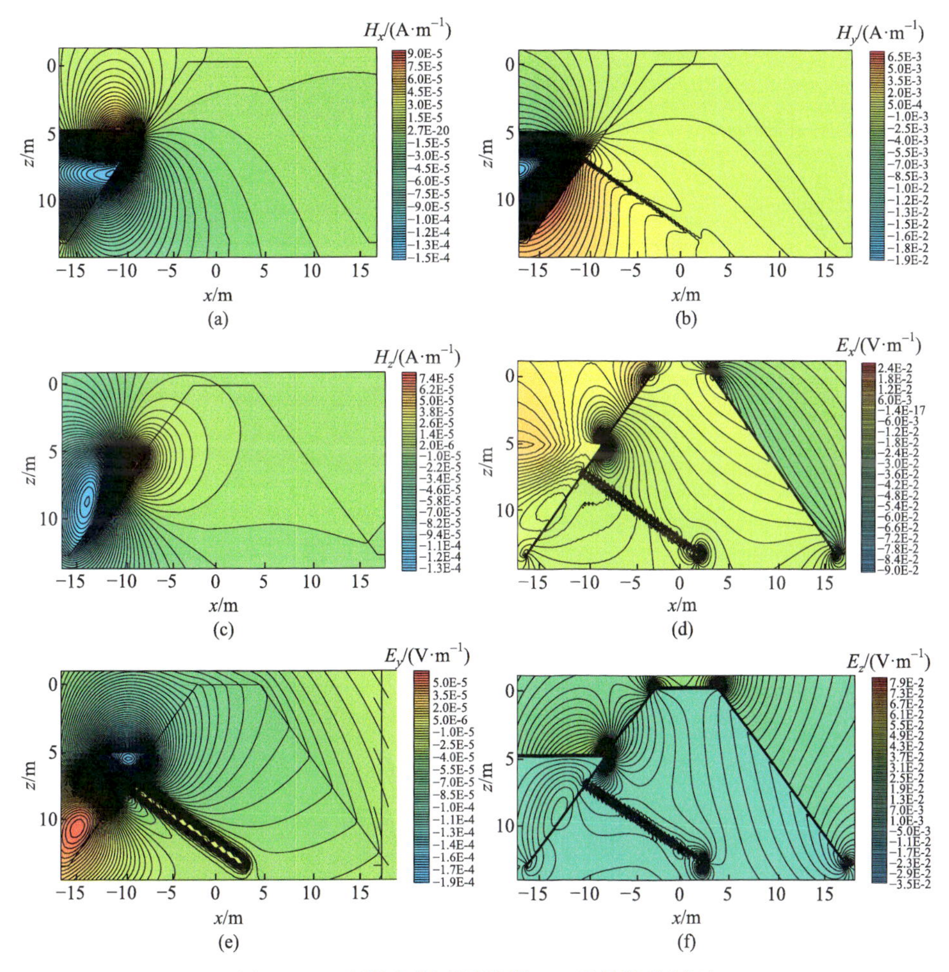

图 6.1.28　坝体倾斜裂隙渗漏 3μs 的等值线断面

(a) 磁场 x 分量；(b) 磁场 y 分量；(c) 磁场 z 分量；(d) 电场 x 分量；(e) 电场 y 分量；(f) 电场 z 分量

3) 坝底管涌隐患的响应特征

模型参数设置：设计堤坝顶部宽为 6m，下部宽为 32m，坝高为 13m，迎水坡和背水坡坡比均为 1∶1，设置河水深度为 8m；阵列源规模为 3×3，发射单元长度均为 0.6m，发射单元与发射单元的间距均为一个网格(0.2m)，发射源放置于堤坝模型中心处，发射电流为 10A，脉宽为 0.1ms；电流关断后采集 0.1ms，上升沿和下降沿均为 1μs；堤坝电阻率为 $100\Omega\cdot m$，河水和管涌隐患电阻率分别为 $1\Omega\cdot m$、$5\Omega\cdot m$、$10\Omega\cdot m$，xoz 面横截面尺寸为 $0.8m\times0.8m$，空气电阻率设置为 $10000\Omega\cdot m$。研究管涌隐患的响应特征，模型如图 6.1.29 所示。

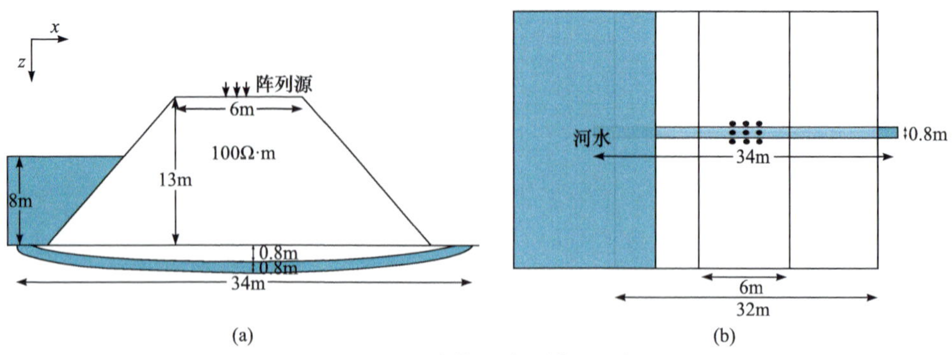

图 6.1.29 坝底管涌隐患模型示意图

(a) 坝底管涌隐患模型 *xoz* 方向示意图；(b) 坝底管涌隐患模型 *xoy* 方向示意图

测点位于阵列源中心，从图 6.1.30～图 6.1.32 可以看出，在不同河水和管涌

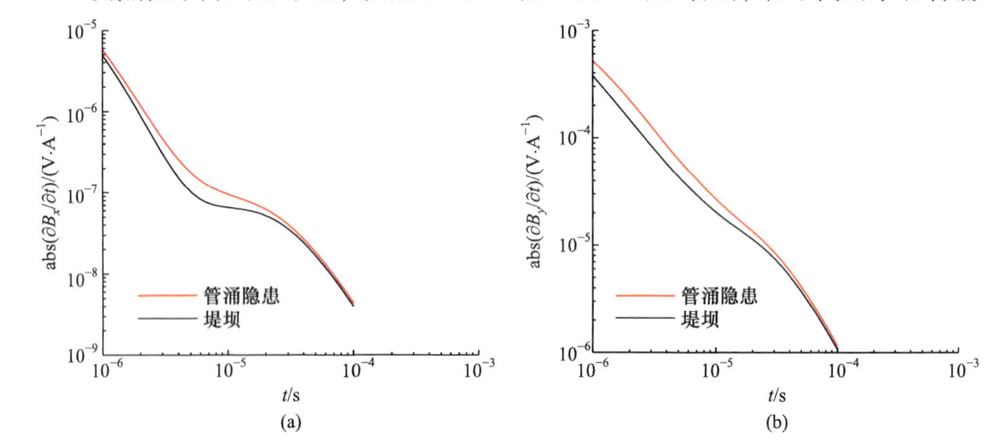

图 6.1.30 河水和管涌电阻率为 1Ω · m 时管涌隐患感应电动势衰减曲线

(a) 感应电动势 *x* 分量；(b) 感应电动势 *y* 分量

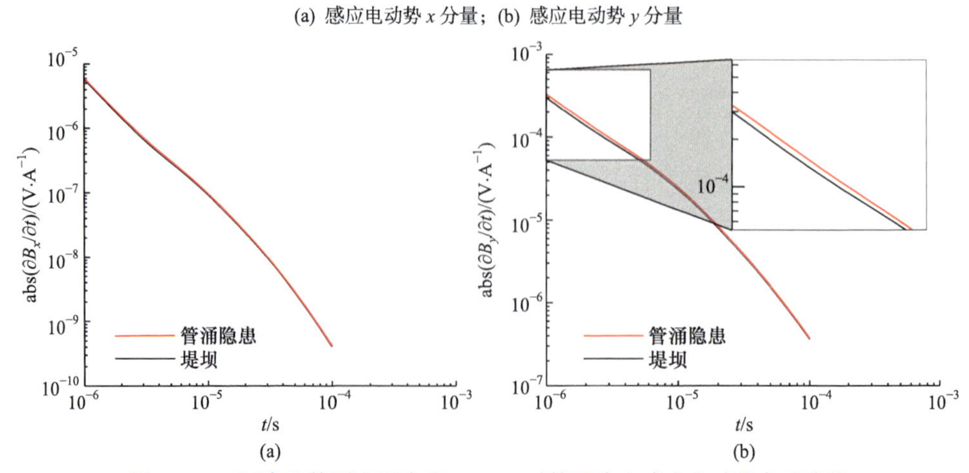

图 6.1.31 河水和管涌电阻率为 5Ω · m 时管涌隐患感应电动势衰减曲线

(a) 感应电动势 *x* 分量；(b) 感应电动势 *y* 分量

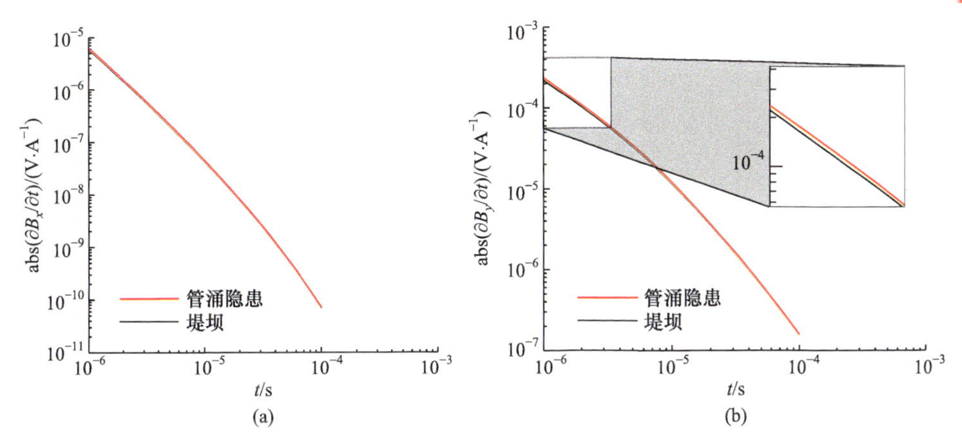

图 6.1.32　河水和管涌电阻率为 10Ω · m 时管涌隐患感应电动势衰减曲线

(a) 感应电动势 x 分量；(b) 感应电动势 y 分量

电阻率条件下，管涌隐患的电阻率与堤坝自身的电阻率比值越小，探测效果越显著。典型参数差距较大，感应出的二次场能量就越强，且感应电动势 y 分量较感应电动势 x 分量更容易区分是否存在异常。

6.2　求解时域电磁场的矢量有限元法

电磁场有限元法大体分为标量有限元法和矢量有限元法(vector finite element method)，二者最大的区别就是对求解区域进行插值剖分时采用的插值基函数不同、自由度的赋存位置不同，它们有各自的优缺点，适用领域也不同。标量有限元法适合求解标量场，而矢量有限元法适合求解矢量场。采用常规的标量有限元法求解瞬变电磁场时，往往会遇到很多困难，如不同介质界面处的边界条件不能自动满足。由于不同介质的电性、磁性参数不同，根据电磁场连续条件可知电场强度、磁场强度(不存在面电流时)的切向分量连续，而法向分量是不连续的。标量有限元法将未知量赋予节点，进而在相邻单元的公共棱边上有唯一值，未知量的切向分量和法向分量都是连续的，因此产生了“伪解”现象，即非物理解(毛立峰等，2006；阎述，2003)。

综合考虑，本节选择矢量有限元法。与标量有限元法(节点有限元法)将自由度赋予单元节点不同，矢量有限元法使用矢量基函数来近似未知函数，将自由度赋予单元网格的棱边，因此也称为棱边有限元法(edge-based finite element method)。标量有限元法与矢量有限元法的剖分单元如图 6.2.1 所示。由于矢量基函数在棱边上有恒定值，并且方向沿棱边，因此采用矢量有限元法不仅保证了电磁场切向分量的连续性，而且未强加电磁场法向分量的连续性。相比于标量有限元法，矢量有限元法的待求量更少(标量有限元法每个单元的待求量为 12 个，矢量有限元法每个单元的待求量为 8 个)，而且可非常方便地强加介质与导体的边界条件，也不难处理目标体边缘处的建模。在电磁辐射和散射领域，矢量有限元法的应用已非常成熟(刘长生，2009；孙向阳等，2008)。

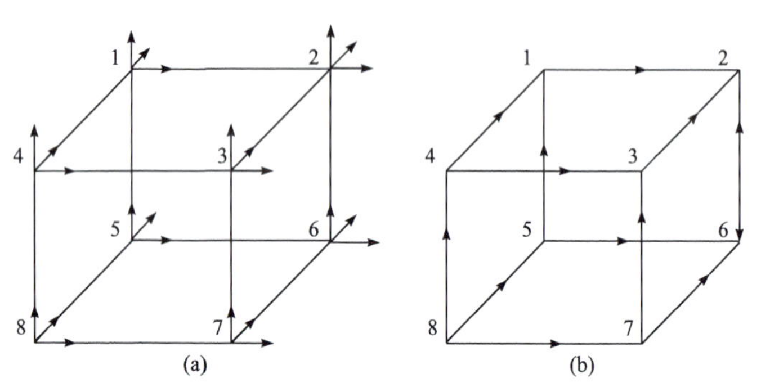

图 6.2.1　标量有限元法与矢量有限元法剖分单元示意图

(a) 标量有限元法；(b) 矢量有限元法

电磁场三维时域有限元正演的计算方式大体包括两大类：第一类是间接法，先得出频率域电磁场，再通过时频转换方法转化到时间域；第二类是直接法，利用差分格式对含有时间的偏导项进行离散，然后直接在时间域求解电磁场。第一类求解方法在求解过程中的精度无法得到保证，不同的时频转换方法对结果的精度有很大的影响，且受限于加源方式，无法对各种不同发射波形进行全波形正演。这种策略的加源方式主要有三类：直接采取 delta 函数加源、采取伪 delta 函数加源、采取异常场背景场法加源。不难看出，这种策略受限于加源方式，无法对各种不同发射波形进行全波形正演。第二类方法直接从时间域出发计算瞬变电磁场，加源方式是将矩形回线源的电流密度直接插入麦克斯韦方程组中，并且考虑上升沿和关断时间，这种直接法的加源方式具有更广泛的适应性，且可实现全波形的三维正演。归纳考虑，可直接在时间域利用矢量有限元法来进行瞬变电磁的三维正演计算。

6.2.1　矢量有限元变分方程

1) 边值问题

由麦克斯韦方程组可知：

$$\nabla \times \boldsymbol{E} = -\mu_0 \frac{\partial \boldsymbol{H}}{\partial t} \tag{6.2.1}$$

$$\nabla \times \boldsymbol{H} = \sigma \boldsymbol{E} + \boldsymbol{J}_s \tag{6.2.2}$$

对式(6.2.1)左右两边同时取旋度：

$$\nabla\times\nabla\times\boldsymbol{E}=-\mu_0\frac{\partial\nabla\times\boldsymbol{H}}{\partial t} \tag{6.2.3}$$

将式(6.2.2)代入式(6.2.3)，得

$$\nabla\times\nabla\times\boldsymbol{E}=-\mu_0\frac{\partial(\sigma\boldsymbol{E}+\boldsymbol{J}_\mathrm{s})}{\partial t} \tag{6.2.4}$$

$$\nabla\times\nabla\times\boldsymbol{E}+\mu_0\sigma\frac{\partial\boldsymbol{E}}{\partial t}+\mu_0\frac{\partial\boldsymbol{J}_\mathrm{s}}{\partial t}=0 \tag{6.2.5}$$

为了唯一确定电磁场，在无源区域两种介质的界面，电磁场在边界上必须满足：

$$\begin{cases}\boldsymbol{n}\times(\boldsymbol{E}_1-\boldsymbol{E}_2)=0\\ \boldsymbol{n}\cdot(\boldsymbol{D}_1-\boldsymbol{D}_2)=0\\ \boldsymbol{n}\times(\boldsymbol{H}_1-\boldsymbol{H}_2)=0\\ \boldsymbol{n}\cdot(\boldsymbol{B}_1-\boldsymbol{B}_2)=0\end{cases} \tag{6.2.6}$$

式中，$\boldsymbol{D}$ 为电位移矢量；$\boldsymbol{B}$ 为磁感应强度；下标 1、2 表示两种介质；$\boldsymbol{n}$ 为两种介质界面处的单位法向分量，方向为由介质 2 指向介质 1。

对于无穷远边界，电场或者磁场在无穷远边界上的切向分量为零，即满足：

$$\begin{aligned}\nabla\times\boldsymbol{E}\big|_\Gamma&=0\\ \nabla\times\boldsymbol{H}\big|_\Gamma&=0\end{aligned} \tag{6.2.7}$$

2) 变分方程

根据加权余量法，电场控制方程的余量为

$$R=\int_V\left(\nabla\times\nabla\times\boldsymbol{E}+\sigma\mu_0\frac{\partial\boldsymbol{E}}{\partial t}+\mu_0\frac{\partial\boldsymbol{J}_\mathrm{s}}{\partial t}\right)\mathrm{d}V \tag{6.2.8}$$

将伽辽金加权余量积分表达式[式(6.2.8)]应用于电场亥姆霍兹方程[式(6.2.5)]，并对全区域中的某个单元进行积分，有

$$\int_V\boldsymbol{f}\cdot\left(\nabla\times\nabla\times\boldsymbol{E}+\sigma\mu_0\frac{\partial\boldsymbol{E}}{\partial t}+\mu_0\frac{\partial\boldsymbol{J}_\mathrm{s}}{\partial t}\right)\mathrm{d}V=0 \tag{6.2.9}$$

式中，$\boldsymbol{f}$ 为矢量基函数。根据矢量分析恒等式：

$$\boldsymbol{B}\cdot(\nabla\times\boldsymbol{A})=\boldsymbol{A}\cdot(\nabla\times\boldsymbol{B})+\nabla\cdot(\boldsymbol{A}\times\boldsymbol{B}) \tag{6.2.10}$$

式中，$\boldsymbol{A}$ 和 $\boldsymbol{B}$ 是矢量。依据式(6.2.10)，将式(6.2.9)中的第一项积分分解为两项，有

$$\int_V\boldsymbol{f}\cdot(\nabla\times\nabla\times\boldsymbol{E})\mathrm{d}V=\int_V(\nabla\times\boldsymbol{E})\cdot(\nabla\times\boldsymbol{f})\mathrm{d}V+\int_V\nabla\cdot((\nabla\times\boldsymbol{E})\times\boldsymbol{f})\mathrm{d}V \tag{6.2.11}$$

根据高斯公式：

$$\int_{V_e} \nabla \cdot \boldsymbol{A} \mathrm{d}V = \oint_{S_a} \boldsymbol{n}_a \cdot \boldsymbol{A} \mathrm{d}a \tag{6.2.12}$$

式中，$\boldsymbol{A}$ 为三维矢量；S_a 为单元的边界；$\boldsymbol{n}_a$ 为边界 S_a 外法向的单位向量。

利用式(6.2.12)，将式(6.2.11)等号右侧第二项的体积分转化为面积分：

$$\int_V \nabla \cdot \left((\nabla \times \boldsymbol{E}) \times \boldsymbol{f} \right) \mathrm{d}V = \oint_a \boldsymbol{n}_a \cdot \left((\nabla \times \boldsymbol{E}) \times \boldsymbol{f} \right) \mathrm{d}a \tag{6.2.13}$$

再根据公式：

$$\boldsymbol{A} \cdot (\boldsymbol{B} \times \boldsymbol{C}) = (\boldsymbol{A} \times \boldsymbol{B}) \cdot \boldsymbol{C} \tag{6.2.14}$$

并加入无穷远的边界条件，式(6.2.13)可写为

$$\int_V \nabla \cdot \left((\nabla \times \boldsymbol{E}) \times \boldsymbol{f} \right) \mathrm{d}V = \int_\Gamma \boldsymbol{f} \cdot \left(\boldsymbol{n}_\Gamma \times (\nabla \times \boldsymbol{E}) \right) \mathrm{d}\Gamma = 0 \tag{6.2.15}$$

那么，式(6.2.9)最终可写为

$$\int_V \left[(\nabla \times \boldsymbol{f}) \cdot (\nabla \times \boldsymbol{E}) + \sigma \mu_0 \boldsymbol{f} \cdot \frac{\partial \boldsymbol{E}}{\partial t} + \mu_0 \boldsymbol{f} \cdot \frac{\partial \boldsymbol{J}_s}{\partial t} \right] \mathrm{d}V = 0 \tag{6.2.16}$$

式(6.2.16)就是有限元法分析的矢量变分方程。

6.2.2 剖分插值与刚度矩阵

1. 六面体剖分插值

采用六面体单元剖分，并采用 Whitney 型插值基函数。在六面体单元中，棱边与节点的关系如图 6.2.2 所示。

在矩形单元中，每个单元在 x、y、z 方向的棱边长度分别记为 l_x、l_y、l_z。将电场切向分量的自由度赋予各个单元的棱边上。将场值近似为线性变化，则各个棱边上的电场强度可表示为

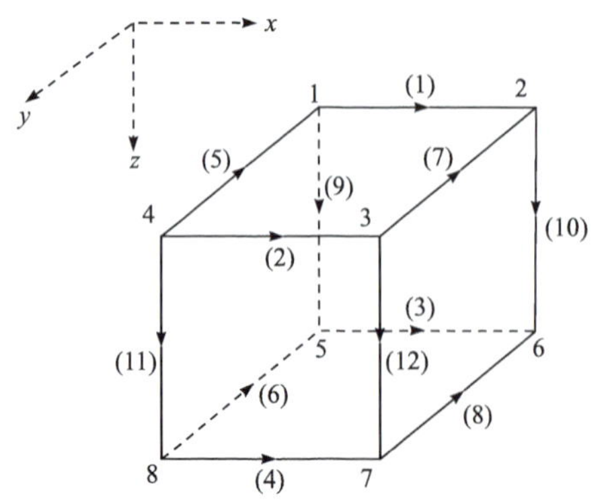

图 6.2.2　六面体单元中棱边与节点的对应关系

$$\begin{cases} \boldsymbol{E}_e^x = \sum_{i=1}^{4} \boldsymbol{E}_e^{xi} N_e^{xi} \\ \boldsymbol{E}_e^y = \sum_{i=1}^{4} \boldsymbol{E}_e^{yi} N_e^{yi} \\ \boldsymbol{E}_e^z = \sum_{i=1}^{4} \boldsymbol{E}_e^{zi} N_e^{zi} \end{cases} \tag{6.2.17}$$

式中，N 为 x、y、z 三个方向的插值基函数；$\boldsymbol{E}$ 为待求解；下标 e 表示单元。插值基函数可由式(6.2.18)～式(6.2.20)确定：

$$
\begin{cases}
N_e^{x1} = \dfrac{1}{l_y l_z}\left(y_e^c + \dfrac{l_y}{2} - y\right)\left(z_e^c + \dfrac{l_z}{2} - z\right) \\
N_e^{x2} = \dfrac{1}{l_y l_z}\left(y + \dfrac{l_y}{2} - y_e^c\right)\left(z_e^c + \dfrac{l_z}{2} - z\right) \\
N_e^{x3} = \dfrac{1}{l_y l_z}\left(y_e^c + \dfrac{l_y}{2} - y\right)\left(z + \dfrac{l_z}{2} - z_e^c\right) \\
N_e^{x4} = \dfrac{1}{l_y l_z}\left(y + \dfrac{l_y}{2} - y_e^c\right)\left(z + \dfrac{l_z}{2} - z_e^c\right)
\end{cases}
\tag{6.2.18}
$$

$$
\begin{cases}
N_e^{y1} = \dfrac{1}{l_x l_z}\left(z_e^c + \dfrac{l_z}{2} - z\right)\left(x_e^c + \dfrac{l_x}{2} - x\right) \\
N_e^{y2} = \dfrac{1}{l_x l_z}\left(z + \dfrac{l_z}{2} - z_e^c\right)\left(x_e^c + \dfrac{l_x}{2} - x\right) \\
N_e^{y3} = \dfrac{1}{l_x l_z}\left(z_e^c + \dfrac{l_z}{2} - z\right)\left(x + \dfrac{l_x}{2} - x_e^c\right) \\
N_e^{y4} = \dfrac{1}{l_x l_z}\left(z + \dfrac{l_z}{2} - z_e^c\right)\left(x + \dfrac{l_x}{2} - x_e^c\right)
\end{cases}
\tag{6.2.19}
$$

$$
\begin{cases}
N_e^{z1} = \dfrac{1}{l_x l_y}\left(x_e^c + \dfrac{l_x}{2} - x\right)\left(y_e^c + \dfrac{l_y}{2} - y\right) \\
N_e^{z2} = \dfrac{1}{l_x l_y}\left(x + \dfrac{l_x}{2} - x_e^c\right)\left(y_e^c + \dfrac{l_y}{2} - y\right) \\
N_e^{z3} = \dfrac{1}{l_x l_y}\left(x_e^c + \dfrac{l_x}{2} - x\right)\left(y + \dfrac{l_y}{2} - y_e^c\right) \\
N_e^{z4} = \dfrac{1}{l_x l_y}\left(x + \dfrac{l_x}{2} - x_e^c\right)\left(y + \dfrac{l_y}{2} - y_e^c\right)
\end{cases}
\tag{6.2.20}
$$

式中，x_e^c、y_e^c、z_e^c分别为单元中心点的 x、y、z 坐标。

由插值基函数的表达式可以看出，这些插值基函数的散度为 0，而旋度不等于 0。因此，采用矢量有限元法求解瞬变电磁场就可以自动满足电磁场的连续条件——当计算区域存在介质不连续性时，电场强度、磁场强度的切向分量连续，法向分量不连续。这样就可以有效地避免“伪解”现象。Whitney 型单元的棱边与节点的关系如表 6.2.1 所示。

表 6.2.1　Whitney 型单元棱边和节点的对应关系

棱边编号	节点 1 编号	节点 2 编号
1	1	2
2	4	3
3	5	6
4	8	7
5	1	4
6	5	8
7	2	3
8	6	7
9	1	5
10	2	6
11	4	8
12	3	7

由于式(6.2.16)中有电场对时间的偏导项，首先需要对时间项进行离散。采取后向差分的方式进行离散，即

$$\frac{\partial \boldsymbol{E}_n}{\partial t_n}=\frac{\boldsymbol{E}_n-\boldsymbol{E}_{n-1}}{t_n-t_{n-1}} \tag{6.2.21}$$

将式(6.2.21)代入式(6.2.16)，得

$$\int_V (\nabla\times N_i)\cdot(\nabla\times N_j)\boldsymbol{E}_n \mathrm{d}V+\sigma\mu_0\int_V N_i\frac{\boldsymbol{E}_n-\boldsymbol{E}_{n-1}}{t_n-t_{n-1}}\mathrm{d}V+\mu_0\int_V N_i\frac{\boldsymbol{J}_n-\boldsymbol{J}_{n-1}}{t_n-t_{n-1}}\mathrm{d}V=0 \tag{6.2.22}$$

化简后得

$$\begin{aligned}&\int_V (\nabla\times N_i)\cdot(\nabla\times N_j)\mathrm{d}V\boldsymbol{E}_n+\frac{\sigma\mu_0}{t_n-t_{n-1}}\int_V N_i\cdot N_j \mathrm{d}V\boldsymbol{E}_n\\&=\sigma\mu_0\int_V N_i\frac{\boldsymbol{E}_{n-1}}{t_n-t_{n-1}}-\mu_0\int_V N_i\frac{\boldsymbol{J}_n-\boldsymbol{J}_{n-1}}{t_n-t_{n-1}}\mathrm{d}V\end{aligned} \tag{6.2.23}$$

将式(6.2.23)写成矩阵形式，可得到矢量有限元的刚度矩阵：

$$\boldsymbol{A}_\mathrm{e}\boldsymbol{E}_\mathrm{e}^n=\boldsymbol{b}_\mathrm{e} \tag{6.2.24}$$

式中，

$$\boldsymbol{A}_\mathrm{e}=\int_V\left[(\nabla\times N_i)\cdot(\nabla\times N_j)+\frac{\sigma\mu_0}{t_n-t_{n-1}}N_i\cdot N_j\right]\mathrm{d}V \tag{6.2.25}$$

$$\boldsymbol{b}_{\mathrm{e}}=\frac{\sigma\mu_0}{t_n-t_{n-1}}\int_V \boldsymbol{E}_{n-1}\cdot N_i\mathrm{d}V-\frac{\mu_0}{t_n-t_{n-1}}\int_V\left(\boldsymbol{J}_n-\boldsymbol{J}_{n-1}\right)\cdot N_i\mathrm{d}V \tag{6.2.26}$$

$\boldsymbol{E}_{\mathrm{e}}^n$ 为待求第 n 个时刻的电场在六面体单元的各个棱边上投影值形成的列向量；$\boldsymbol{J}_n$ 为第 n 个时刻外界提供的电流密度；矩阵 $\boldsymbol{A}_{\mathrm{e}}$ 可以分为 $\boldsymbol{A}_{1\mathrm{e}}$ 和 $\boldsymbol{A}_{2\mathrm{e}}$ 两部分。

对于 $\boldsymbol{A}_{1\mathrm{e}}$，有

$$\boldsymbol{A}_{1\mathrm{e}}=\iiint_V\left[\left(\nabla\times N_{\mathrm{e}}^i\right)\cdot\left(\nabla\times N_{\mathrm{e}}^j\right)\right]\mathrm{d}V \tag{6.2.27}$$

将矩阵 $\boldsymbol{A}_{1\mathrm{e}}$ 写成分块矩阵的形式：

$$\boldsymbol{A}_{1\mathrm{e}}=\begin{bmatrix}\boldsymbol{A}_{1\mathrm{e}}^{xx} & \boldsymbol{A}_{1\mathrm{e}}^{xy} & \boldsymbol{A}_{1\mathrm{e}}^{xz}\\ \boldsymbol{A}_{1\mathrm{e}}^{yx} & \boldsymbol{A}_{1\mathrm{e}}^{yy} & \boldsymbol{A}_{1\mathrm{e}}^{yz}\\ \boldsymbol{A}_{1\mathrm{e}}^{zx} & \boldsymbol{A}_{1\mathrm{e}}^{zy} & \boldsymbol{A}_{1\mathrm{e}}^{zz}\end{bmatrix} \tag{6.2.28}$$

每个子矩阵的表达式为

$$\begin{cases}\boldsymbol{A}_{1\mathrm{e}}^{xx}=\iiint_{V_{\mathrm{e}}}\left[\dfrac{\partial\left\{N_{\mathrm{e}}^x\right\}}{\partial y}\dfrac{\partial\left\{N_{\mathrm{e}}^x\right\}^{\mathrm{T}}}{\partial y}+\dfrac{\partial\left\{N_{\mathrm{e}}^x\right\}}{\partial z}\dfrac{\partial\left\{N_{\mathrm{e}}^x\right\}^{\mathrm{T}}}{\partial z}\right]\mathrm{d}V\\ \boldsymbol{A}_{1\mathrm{e}}^{yy}=\iiint_{V_{\mathrm{e}}}\left[\dfrac{\partial\left\{N_{\mathrm{e}}^y\right\}}{\partial z}\dfrac{\partial\left\{N_{\mathrm{e}}^y\right\}^{\mathrm{T}}}{\partial z}+\dfrac{\partial\left\{N_{\mathrm{e}}^y\right\}}{\partial x}\dfrac{\partial\left\{N_{\mathrm{e}}^y\right\}^{\mathrm{T}}}{\partial x}\right]\mathrm{d}V\\ \boldsymbol{A}_{1\mathrm{e}}^{zz}=\iiint_{V_{\mathrm{e}}}\left[\dfrac{\partial\left\{N_{\mathrm{e}}^z\right\}}{\partial x}\dfrac{\partial\left\{N_{\mathrm{e}}^z\right\}^{\mathrm{T}}}{\partial x}+\dfrac{\partial\left\{N_{\mathrm{e}}^z\right\}}{\partial y}\dfrac{\partial\left\{N_{\mathrm{e}}^z\right\}^{\mathrm{T}}}{\partial y}\right]\mathrm{d}V\\ \boldsymbol{A}_{1\mathrm{e}}^{zx}=\left[\boldsymbol{A}_{1\mathrm{e}}^{xz}\right]^{\mathrm{T}}=-\iiint_{V_{\mathrm{e}}}\left[\dfrac{\partial\left\{N_{\mathrm{e}}^x\right\}}{\partial z}\dfrac{\partial\left\{N_{\mathrm{e}}^z\right\}^{\mathrm{T}}}{\partial x}\right]\mathrm{d}V\\ \boldsymbol{A}_{1\mathrm{e}}^{xy}=\left[\boldsymbol{A}_{1\mathrm{e}}^{yx}\right]^{\mathrm{T}}=-\iiint_{V_{\mathrm{e}}}\left[\dfrac{\partial\left\{N_{\mathrm{e}}^x\right\}}{\partial y}\dfrac{\partial\left\{N_{\mathrm{e}}^y\right\}^{\mathrm{T}}}{\partial x}\right]\mathrm{d}V\\ \boldsymbol{A}_{1\mathrm{e}}^{yz}=\left[\boldsymbol{A}_{1\mathrm{e}}^{zy}\right]^{\mathrm{T}}=-\iiint_{V_{\mathrm{e}}}\left[\dfrac{\partial\left\{N_{\mathrm{e}}^y\right\}}{\partial z}\dfrac{\partial\left\{N_{\mathrm{e}}^z\right\}^{\mathrm{T}}}{\partial y}\right]\mathrm{d}V\end{cases} \tag{6.2.29}$$

经过运算，式(6.2.29)可化简为

$$
\begin{cases}
\boldsymbol{A}_{1\mathrm{e}}^{xx} = \dfrac{l_x l_z}{6l_y}\boldsymbol{K}_1 + \dfrac{l_x l_y}{6l_z}\boldsymbol{K}_2 \\
\boldsymbol{A}_{1\mathrm{e}}^{yy} = \dfrac{l_x l_y}{6l_z}\boldsymbol{K}_1 + \dfrac{l_y l_z}{6l_x}\boldsymbol{K}_2 \\
\boldsymbol{A}_{1\mathrm{e}}^{zz} = \dfrac{l_y l_z}{6l_x}\boldsymbol{K}_1 + \dfrac{l_x l_z}{6l_y}\boldsymbol{K}_2 \\
\boldsymbol{A}_{1\mathrm{e}}^{xy} = \left[\boldsymbol{A}_{1\mathrm{e}}^{yx}\right]^{\mathrm{T}} = -\dfrac{l_z}{6}\boldsymbol{K}_3 \\
\boldsymbol{A}_{1\mathrm{e}}^{zx} = \left[\boldsymbol{A}_{1\mathrm{e}}^{xz}\right]^{\mathrm{T}} = -\dfrac{l_y}{6}\boldsymbol{K}_3 \\
\boldsymbol{A}_{1\mathrm{e}}^{yz} = \left[\boldsymbol{A}_{1\mathrm{e}}^{zy}\right]^{\mathrm{T}} = -\dfrac{l_x}{6}\boldsymbol{K}_3
\end{cases}
\tag{6.2.30}
$$

式中，矩阵 $\boldsymbol{K}_1$、$\boldsymbol{K}_2$、$\boldsymbol{K}_3$ 分别为

$$
\boldsymbol{K}_1 = \begin{bmatrix} 2 & -2 & 1 & -1 \\ -2 & 2 & -1 & 1 \\ 1 & -1 & 2 & -2 \\ -1 & 1 & -2 & 2 \end{bmatrix}
\tag{6.2.31}
$$

$$
\boldsymbol{K}_2 = \begin{bmatrix} 2 & 1 & -2 & -1 \\ 1 & 2 & -1 & -2 \\ -2 & -1 & 2 & 1 \\ -1 & -2 & 1 & 2 \end{bmatrix}
\tag{6.2.32}
$$

$$
\boldsymbol{K}_3 = \begin{bmatrix} 2 & 1 & -2 & -1 \\ -2 & -1 & 2 & 1 \\ 1 & 2 & -1 & -2 \\ -1 & -2 & 1 & 2 \end{bmatrix}
\tag{6.2.33}
$$

对于矩阵 $\boldsymbol{A}_{2\mathrm{e}}$，有

$$
\boldsymbol{A}_{2\mathrm{e}} = \frac{\sigma\mu_0}{t_n - t_{n-1}} \iiint_V N_i \cdot N_j \mathrm{d}V
\tag{6.2.34}
$$

同样将其写成分块矩阵，有

$$
\boldsymbol{A}_{2\mathrm{e}} = \frac{\sigma\mu_0}{t_n - t_{n-1}} \begin{bmatrix} \boldsymbol{A}_{2\mathrm{e}}^{xx} & 0 & 0 \\ 0 & \boldsymbol{A}_{2\mathrm{e}}^{yy} & 0 \\ 0 & 0 & \boldsymbol{A}_{2\mathrm{e}}^{zz} \end{bmatrix}
\tag{6.2.35}
$$

式(6.2.35)中的 $A_{2\mathrm{e}}^{xx}$ 、$A_{2\mathrm{e}}^{yy}$ 、$A_{2\mathrm{e}}^{zz}$ 为矩阵 $A_{2\mathrm{e}}$ 的子矩阵，表达式为

$$A_{2\mathrm{e}}^{xx}=A_{2\mathrm{e}}^{yy}=A_{2\mathrm{e}}^{zz}=\iiint_{V_\mathrm{e}}\left(N_\mathrm{e}^x\right)\cdot\left(N_\mathrm{e}^x\right)^\mathrm{T}\mathrm{d}V=\frac{l_xl_yl_z}{36}\boldsymbol{K}_4 \tag{6.2.36}$$

式中，$\boldsymbol{K}_4$ 为

$$\boldsymbol{K}_4=\begin{bmatrix}4&2&2&1\\2&4&1&2\\2&1&4&2\\1&2&2&4\end{bmatrix} \tag{6.2.37}$$

同理，对于矩阵 $\boldsymbol{b}_\mathrm{e}$ ，也可以将其分为两部分 $\boldsymbol{b}_{1\mathrm{e}}$ 和 $\boldsymbol{b}_{2\mathrm{e}}$ 。

对于矩阵 $\boldsymbol{b}_{1\mathrm{e}}$ ，有

$$\boldsymbol{b}_{1\mathrm{e}}=\frac{\sigma\mu_0}{t_n-t_{n-1}}\int_V\boldsymbol{E}_{n-1}\cdot N_i\mathrm{d}V \tag{6.2.38}$$

同样将其写成分块矩阵的形式：

$$\boldsymbol{b}_{1\mathrm{e}}=\frac{\sigma\mu_0}{t_n-t_{n-1}}\begin{bmatrix}A_{2\mathrm{e}}^{xx}&0&0\\0&A_{2\mathrm{e}}^{yy}&0\\0&0&A_{2\mathrm{e}}^{zz}\end{bmatrix}\cdot\begin{bmatrix}\boldsymbol{E}_{\mathrm{e}x}^{n-1}\\\boldsymbol{E}_{\mathrm{e}y}^{n-1}\\\boldsymbol{E}_{\mathrm{e}z}^{n-1}\end{bmatrix} \tag{6.2.39}$$

式中，$\boldsymbol{E}_\mathrm{e}^{n-1}$ 为上一时刻求得的电场值，为已知量，可表示为

$$\begin{cases}\boldsymbol{E}_{\mathrm{e}x}^{n-1}=\left[\boldsymbol{E}_{\mathrm{e}1}^{n-1}\quad\boldsymbol{E}_{\mathrm{e}2}^{n-1}\quad\boldsymbol{E}_{\mathrm{e}3}^{n-1}\quad\boldsymbol{E}_{\mathrm{e}4}^{n-1}\right]^\mathrm{T}\\\boldsymbol{E}_{\mathrm{e}y}^{n-1}=\left[\boldsymbol{E}_{\mathrm{e}5}^{n-1}\quad\boldsymbol{E}_{\mathrm{e}6}^{n-1}\quad\boldsymbol{E}_{\mathrm{e}7}^{n-1}\quad\boldsymbol{E}_{\mathrm{e}8}^{n-1}\right]^\mathrm{T}\\\boldsymbol{E}_{\mathrm{e}z}^{n-1}=\left[\boldsymbol{E}_{\mathrm{e}9}^{n-1}\quad\boldsymbol{E}_{\mathrm{e}10}^{n-1}\quad\boldsymbol{E}_{\mathrm{e}11}^{n-1}\quad\boldsymbol{E}_{\mathrm{e}12}^{n-1}\right]^\mathrm{T}\end{cases} \tag{6.2.40}$$

对于矩阵 $\boldsymbol{b}_{2\mathrm{e}}$ ，有

$$\boldsymbol{b}_{2\mathrm{e}}=-\frac{\mu_0}{t_n-t_{n-1}}\int_V\left(\boldsymbol{J}_n-\boldsymbol{J}_{n-1}\right)\cdot N_i\mathrm{d}V \tag{6.2.41}$$

将其写成分块矩阵的形式：

$$\boldsymbol{b}_{2\mathrm{e}}=-\frac{\mu_0}{t_n-t_{n-1}}\begin{bmatrix}A_{2\mathrm{e}}^{xx}&0&0\\0&A_{2\mathrm{e}}^{yy}&0\\0&0&A_{2\mathrm{e}}^{zz}\end{bmatrix}\cdot\begin{bmatrix}\boldsymbol{J}_{\mathrm{e}x}^{n}-\boldsymbol{J}_{\mathrm{e}x}^{n-1}\\\boldsymbol{J}_{\mathrm{e}y}^{n}-\boldsymbol{J}_{\mathrm{e}y}^{n-1}\\\boldsymbol{J}_{\mathrm{e}z}^{n}-\boldsymbol{J}_{\mathrm{e}z}^{n-1}\end{bmatrix} \tag{6.2.42}$$

式中，$\boldsymbol{J}$ 为电流密度。对剖分区域的所有单元进行分析后，整体合成这些单元生成刚度矩阵，进而形成实系数的大型线性方程组。

2. 四面体剖分插值

采用适用性更强的非结构四面体网格对计算模型进行剖分，设电场式(6.2.5)的残差为

$$\boldsymbol{p} = \nabla\times\nabla\times\boldsymbol{E} + \mu\sigma\frac{\partial \boldsymbol{E}}{\partial t} + \mu\frac{\partial \boldsymbol{j}}{\partial t} \tag{6.2.43}$$

设定第 τ 个四面体单元的残差加权积分为

$$R^{\tau} = \iiint_V \boldsymbol{W}\cdot\boldsymbol{p}^{\tau}\mathrm{d}v \tag{6.2.44}$$

式中，$\boldsymbol{W}$ 为加权系数，将形函数 $\boldsymbol{N}$ 代替加权系数 $\boldsymbol{W}$，可得

$$R_j^{\tau} = \iiint_V \boldsymbol{N}_j\cdot\left(\nabla\times\nabla\times\boldsymbol{E} + \mu\sigma\frac{\partial \boldsymbol{E}}{\partial t} + \mu\frac{\partial \boldsymbol{j}}{\partial t}\right)\mathrm{d}v \tag{6.2.45}$$

这里假设在一个网格单元中磁导率和电导率均为不变的定值，不随位置变化。

由于瞬变电磁计算的是矢量电场，因此将计算量赋值在四面体网格单元的各个棱边上，如图 6.2.3 和表 6.2.2 所示。

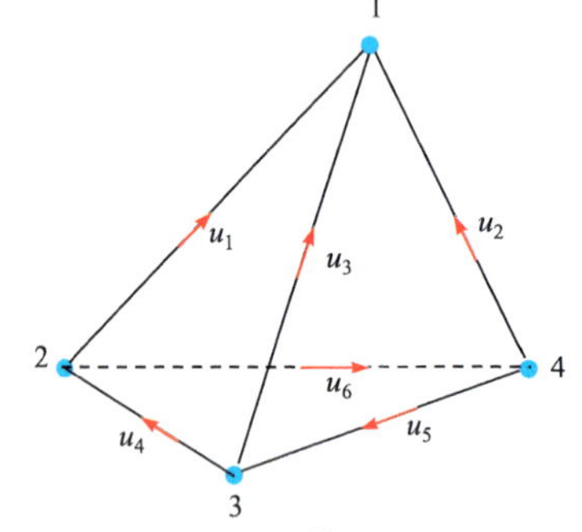

图 6.2.3　矢量四面体网格(Jin，2002)

表 6.2.2　四面体单元节点和棱边对应关系(Jin，2002)

棱边 j	节点 j_1	节点 j_2
1	2	1
2	4	1
3	3	1
4	3	2
5	3	4
6	2	4

剖分网格单元内任一点处的电场强度都可以表示为 $\boldsymbol{N}^{\tau}$ 与其对应的棱边上切向电场值 $\boldsymbol{e}^{\tau}$ 乘积的代数和：

$$\boldsymbol{E}^{\tau} = \sum_{j=1}^{6}\boldsymbol{N}_j^{\tau}\cdot\boldsymbol{e}_j^{\tau} \tag{6.2.46}$$

将式(6.2.46)代入式(6.2.45)，可得

$$R_j^\tau = \iiint_V \boldsymbol{N}_j^\tau \cdot \left(\nabla \times \nabla \times \sum_{i=1}^{6} \boldsymbol{N}_i^\tau \cdot \boldsymbol{e}_j^\tau + \mu\sigma \frac{\partial \sum_{i=1}^{6} \boldsymbol{N}_i^\tau \cdot e_j^\tau}{\partial t} + \mu \frac{\partial \boldsymbol{j}}{\partial t} \right) \mathrm{d}v \tag{6.2.47}$$

令残差加权积分为 0，将式(6.2.47)化简为矩阵形式，即可得到瞬变场有限元控制方程：

$$\boldsymbol{M}\frac{\mathrm{d}\boldsymbol{e}}{\mathrm{d}t} + \boldsymbol{S}\boldsymbol{e} + \boldsymbol{J} = 0 \tag{6.2.48}$$

式中，$\boldsymbol{M}$ 为质量矩阵；$\boldsymbol{S}$ 为刚度矩阵；$\boldsymbol{e}$ 为待求量(电场强度)。

$$\begin{cases} \boldsymbol{M}^\tau[i,j] = \mu\sigma \iiint_V \boldsymbol{N}_j^\tau \cdot \boldsymbol{N}_i^\tau \mathrm{d}v \\ \boldsymbol{S}^\tau[i,j] = \iiint_V (\nabla \times \boldsymbol{N}_j^\tau) \cdot (\nabla \times \boldsymbol{N}_i^\tau) \mathrm{d}v \\ \boldsymbol{J}^\tau[i,j] = \mu \iiint_V \boldsymbol{N}_j^\tau \cdot \frac{\partial \boldsymbol{j}}{\partial t} \mathrm{d}v \end{cases} \tag{6.2.49}$$

将矢量插值基函数定义为(Jin，2002)

$$\boldsymbol{N}_j^\tau = (\boldsymbol{N}_{j_1}^\tau \nabla \boldsymbol{N}_{j_2}^\tau - \boldsymbol{N}_{j_2}^\tau \nabla \boldsymbol{N}_{j_1}^\tau) \cdot L_j^\tau \tag{6.2.50}$$

式中，L_j^τ 为第 τ 个单元的第 j 条棱边长度；$\boldsymbol{N}_j^\tau$ 为节点 j 的标量插值基函数，其下角标的数字代表第 τ 个四面体单元第 j 条棱边的两个节点，$\boldsymbol{N}_j^\tau$ 可写为

$$\boldsymbol{N}_j^\tau(x,y,z) = \frac{1}{6V^\tau}\left(a_j^\tau + b_j^\tau x + c_j^\tau y + d_j^\tau z\right) \tag{6.2.51}$$

四面体单元的体积用 V^τ 表示，且式(6.2.51)中的系数 a_j^τ、b_j^τ、c_j^τ、d_j^τ 只与四面体单元的节点坐标相关，有

$$\frac{1}{6V^\tau}\begin{vmatrix} \Phi_1^\tau & \Phi_2^\tau & \Phi_3^\tau & \Phi_4^\tau \\ x_1^\tau & x_2^\tau & x_3^\tau & x_4^\tau \\ y_1^\tau & y_2^\tau & y_3^\tau & y_4^\tau \\ z_1^\tau & z_2^\tau & z_3^\tau & z_4^\tau \end{vmatrix} = \frac{1}{6V^\tau}\left(a_1^\tau\Phi_1^\tau + a_2^\tau\Phi_2^\tau + a_3^\tau\Phi_3^\tau + a_4^\tau\Phi_4^\tau\right) \tag{6.2.52}$$

$$\frac{1}{6V^\tau}\begin{vmatrix} 1 & 1 & 1 & 1 \\ \Phi_1^\tau & \Phi_2^\tau & \Phi_3^\tau & \Phi_4^\tau \\ y_1^\tau & y_2^\tau & y_3^\tau & y_4^\tau \\ z_1^\tau & z_2^\tau & z_3^\tau & z_4^\tau \end{vmatrix} = \frac{1}{6V^\tau}\left(b_1^\tau\Phi_1^\tau + b_2^\tau\Phi_2^\tau + b_3^\tau\Phi_3^\tau + b_4^\tau\Phi_4^\tau\right) \tag{6.2.53}$$

$$\frac{1}{6V^{\tau}}\begin{vmatrix} 1 & 1 & 1 & 1 \\ x_1^{\tau} & x_2^{\tau} & x_3^{\tau} & x_4^{\tau} \\ \Phi_1^{\tau} & \Phi_2^{\tau} & \Phi_3^{\tau} & \Phi_4^{\tau} \\ z_1^{\tau} & z_2^{\tau} & z_3^{\tau} & z_4^{\tau} \end{vmatrix} = \frac{1}{6V^{\tau}}\left(c_1^{\tau}\Phi_1^{\tau} + c_2^{\tau}\Phi_2^{\tau} + c_3^{\tau}\Phi_3^{\tau} + c_4^{\tau}\Phi_4^{\tau}\right) \tag{6.2.54}$$

$$\frac{1}{6V^{\tau}}\begin{vmatrix} 1 & 1 & 1 & 1 \\ x_1^{\tau} & x_2^{\tau} & x_3^{\tau} & x_4^{\tau} \\ y_1^{\tau} & y_2^{\tau} & y_3^{\tau} & y_4^{\tau} \\ \Phi_1^{\tau} & \Phi_2^{\tau} & \Phi_3^{\tau} & \Phi_4^{\tau} \end{vmatrix} = \frac{1}{6V^{\tau}}\left(d_1^{\tau}\Phi_1^{\tau} + d_2^{\tau}\Phi_2^{\tau} + d_3^{\tau}\Phi_3^{\tau} + d_4^{\tau}\Phi_4^{\tau}\right) \tag{6.2.55}$$

式中，Φ_j^{τ} 为第 j 个节点的节点函数；

$$V^{\tau} = \frac{1}{6}\begin{vmatrix} 1 & 1 & 1 & 1 \\ x_1^{\tau} & x_2^{\tau} & x_3^{\tau} & x_4^{\tau} \\ y_1^{\tau} & y_2^{\tau} & y_3^{\tau} & y_4^{\tau} \\ z_1^{\tau} & z_2^{\tau} & z_3^{\tau} & z_4^{\tau} \end{vmatrix} \tag{6.2.56}$$

已知标量插值基函数 $\boldsymbol{N}_j^{\tau}(x_i,y_i,z_i)$ 满足：

$$\boldsymbol{N}_j^{\tau}(x_i,y_i,z_i) = \begin{cases} 1, & i=j \\ 0, & i \neq j \end{cases} \tag{6.2.57}$$

$$\sum_{j=1}^{4}\boldsymbol{N}_j^{\tau}(x_i,y_i,z_i) = 1 \tag{6.2.58}$$

在与四面体单元的顶点 i 相对的表面上，任意一点 $\boldsymbol{r}(x,y,z)$满足：

$$\boldsymbol{N}_j^{\tau}(x_i,y_i,z_i) = 0 \tag{6.2.59}$$

对矢量插值函数两端同时取散度，可得

$$\nabla \cdot \boldsymbol{N}_j^{\tau} = 0 \tag{6.2.60}$$

表明矢量插值基函数在四面体网格单元中无条件满足无源条件，即散度为零。

采用与六面体剖分同样的方法，对式(6.2.16)电场求时间导数，并对时间项进行离散，采取后向差分的方式进行离散。另外，通过单元分析、系数矩阵组装，最后形成矢量有限元的刚度矩阵方程，解方程后得到棱边上的电场强度。

6.2.3 源的加载

1. 六面体剖分源的加载

1) 地表回线源的加载

将电流密度直接施加到与电场水平分量重合的单元棱边上，如图 6.2.4 所示。

这种直接的加源方式具有更好的适用性。激发电流的波形理论上是可以任意设置的,所以本小节给出的算法可以对任意波形的瞬变电磁场进行全波形的三维正演。

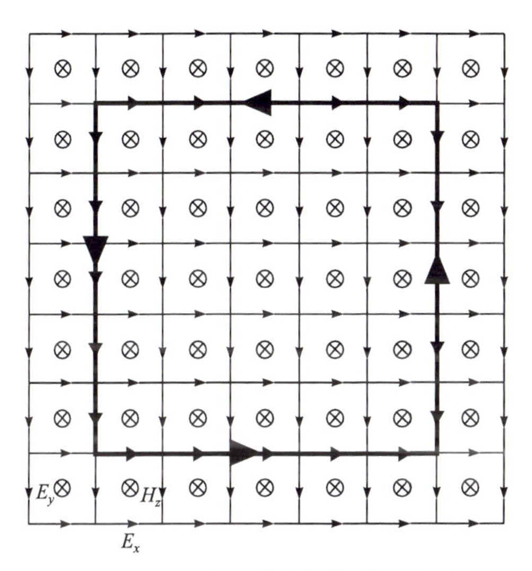

图 6.2.4　地表回线源的加载示意图

2) 地表电性源的加载

将电流密度直接施加到与电场水平分量重合的单元棱边上，如图 6.2.5 所示。

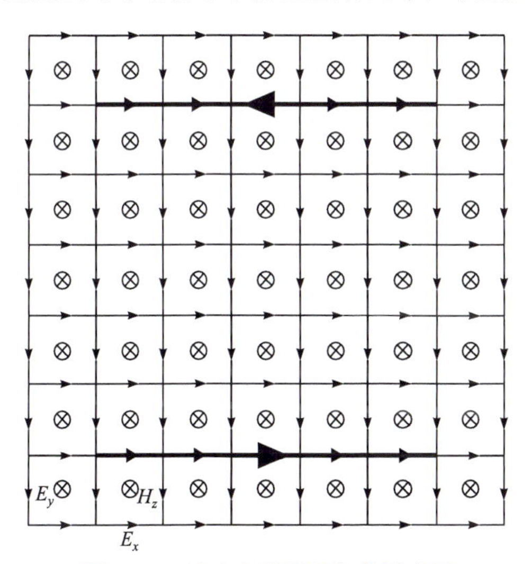

图 6.2.5　地表电性源的加载示意图

3) 激发波形

(1) 梯形波。图 6.2.6 给出了一种典型的梯形波发射电流波形。0～t_1 为激发源的上升沿，t_1～t_2 为激发源的持续时间(波形平台期)，t_2～t_3 为激发源的下降沿。梯形波上升沿和下降沿的时间是极短的，本小节为了更直观地反映波的形状，给出的是一种抽象的波形示意图。

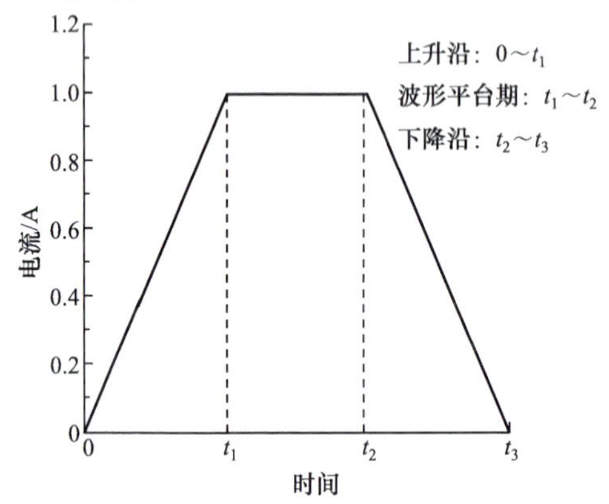

图 6.2.6 梯形波发射电流示意图

梯形波的波函数为

$$I(t)=\begin{cases}0 & t<0\\ \dfrac{t}{t_1} & 0\leqslant t<t_1\\ 1 & t_1\leqslant t<t_2\\ \dfrac{t-t_3}{t_2-t_3} & t_2\leqslant t<t_3\\ 0 & t\geqslant t_3\end{cases}\tag{6.2.61}$$

(2) 微分脉冲。图 6.2.7 给出了一种典型的微分脉冲发射电流波形。0～t_1 为脉冲上升沿，t_1～t_2 为反向脉冲的持续时间，t_2～t_3 为正、负脉冲过渡沿，t_3～t_4 为正向脉冲持续时间，t_4～t_5 为脉冲下降沿。

微分脉冲波函数为

$$I_0(t)=\begin{cases}0 & t<0\\ -\dfrac{A\cdot t}{t_1} & 0\leqslant t<t_1\\ -A & t_1\leqslant t<t_2\\ \dfrac{2A\cdot(t-t_3)}{t_2-t_3}-A & t_2\leqslant t<t_3\\ A & t_3\leqslant t<t_4\\ \dfrac{A\cdot(t-t_5)}{t_4-t_5} & t_4\leqslant t<t_5\\ 0 & t\geqslant t_5\end{cases}\tag{6.2.62}$$

式中，A 为电流的强度。

对于电流密度 J，有关系式

$$J = I(t) / S \tag{6.2.63}$$

式中，S 为源所在棱边的单元网格的横截面积。将式(6.2.63)代入式(6.2.26)中，解式(6.2.24)可得到六面体棱边上的电场值。

2. 四面体剖分源的加载

地表电性源可看成是由多个电偶极子构成的(Yin et al.，2016)，同样将电流密度直接施加到与电场水平分量重合的单元棱边上，如图 6.2.8 所示。

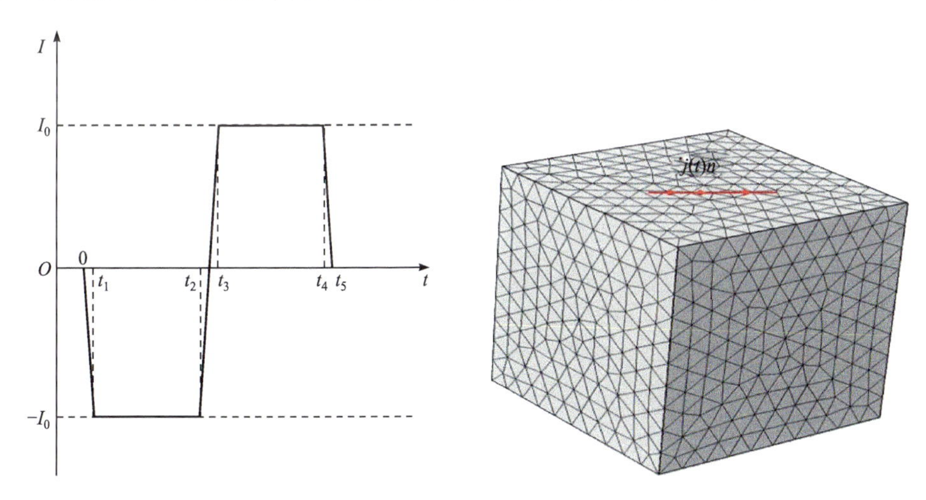

图 6.2.7　微分脉冲发射电流示意图　　　图 6.2.8　电偶极子源空间离散示意图

根据电磁场原理，采用狄拉克函数描述电偶极子的电流密度(齐彦福等，2017)：

$$\boldsymbol{j}(\boldsymbol{r},t) = j(t)\hat{\boldsymbol{n}}\delta(\boldsymbol{r} - \boldsymbol{r}_0) \tag{6.2.64}$$

式中，$\boldsymbol{r}_0$ 为电偶极子在空间的位置坐标；$\hat{\boldsymbol{n}}$ 为表示电流方向的单位向量；$j(t)$ 为电流密度变化函数。

电流密度又可表示为

$$j(t) = I_0(t)\mathrm{d}l \tag{6.2.65}$$

式中，I_0 为 t 时刻的电流强度；$\mathrm{d}l$ 为偶极子的长度。

将式(6.2.64)代入 $\boldsymbol{J}^\tau$ 的计算公式中，并由狄拉克函数的筛选性质可得到

$$\boldsymbol{J}^\tau(i) = \boldsymbol{N}_i^\tau(r)\hat{\boldsymbol{n}}\frac{\mathrm{d}I_0(t)}{\mathrm{d}t}L \tag{6.2.66}$$

式中，L 为穿过单元的导线长度；$\boldsymbol{N}_i^\tau$ 为第 τ 个四面体网格单元的矢量插值基函数。

将式(6.2.66)代入有限元控制方程[式(6.2.48)]，解控制方程便可得到四面体棱边上的电场值。

6.2.4 稳定性条件

在时域有限元法中，时间步长的选取要根据计算区域的网格剖分大小和采取的差分格式来确定。如果网格剖分的单元的尺寸不均匀，时间步长一般选为

$$\Delta t \approx \frac{\lambda}{15c} \tag{6.2.67}$$

式中，λ 为感兴趣频段最大频率对应的最短波长；c 为真空中的光速。

虽然时域电磁场是宽频带的场，但是在有耗的媒质中高频电磁场会被迅速吸收，仅留下以低频谐波成分为主的电磁场。瞬变电磁场的频率分布基本小于1MHz，早期 1MHz 的时域电磁场在真空中的波长约为 300m，数值模拟时选取的时间步长不能大于 7×10^{-8}s。在晚期，这些高频成分被很快地吸收，剩下的是以低频谐波为主要成分的电磁场，而且频率的分布基本小于 1000Hz。1000Hz 的时域电磁场在真空中的波长约为 3×10^{8}s，这时数值模拟选取的最大时间步长为 7×10^{-5}s。总而言之，在进行数值模拟时，越低频的电磁场对最大时间步长的要求越宽松。

6.2.5 计算实例

1. 三层水平层状模型

选取 A、H、K 三种典型的三层模型进一步进行验证，将三维瞬变电磁时域有限元(FETD)的解与负阶跃脉冲的线性数字滤波解进行对比。发射线圈同样采用的是 100m×100m 的方形回线，激发电流为 100A，上升沿、下降沿均为 1μs，脉冲持续时间为 5ms。三种典型三层模型的地电参数如表 6.2.3 所示。

表 6.2.3 三种典型三层模型的地电参数

模型	A 型		H 型		K 型	
	厚度/m	电阻率/(Ω·m)	厚度/m	电阻率/(Ω·m)	厚度/m	电阻率/(Ω·m)
第一层	40	10	50	100	50	100
第二层	100	50	30	10	30	1000
第三层	—	1000	—	100	—	100

通过对比图 6.2.9～图 6.2.11 中三种模型的感应电动势衰减曲线和误差，可

以得到三维时域矢量有限元计算得到的感应电动势衰减曲线与负阶跃脉冲的线性数字滤波解仅在早期存在较大的差异，这仍然是三维时域矢量有限元计算考虑了关断时间引起的，晚期几条曲线拟合较好，在双对数坐标系中几乎重合。此外，层状模型的线性数字滤波解并不是真正的解析解，其计算值同样存在数值误差。整体来看，三维瞬变电磁直接时域矢量有限元正演方法对于层状模型的计算是正确的。

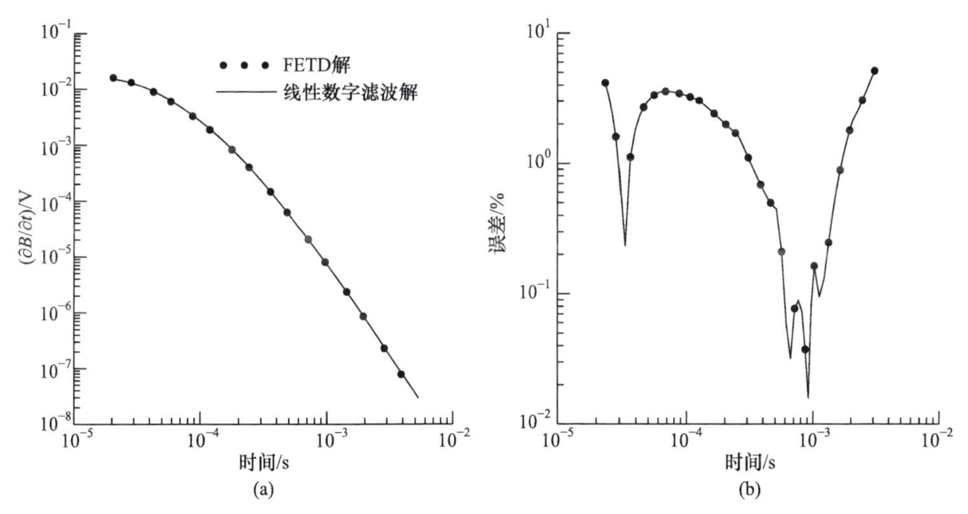

图 6.2.9 A 型模型的 FETD 解与线性数字滤波解对比(李貅等，2022)

(a) 感应电动势衰减曲线；(b) 误差

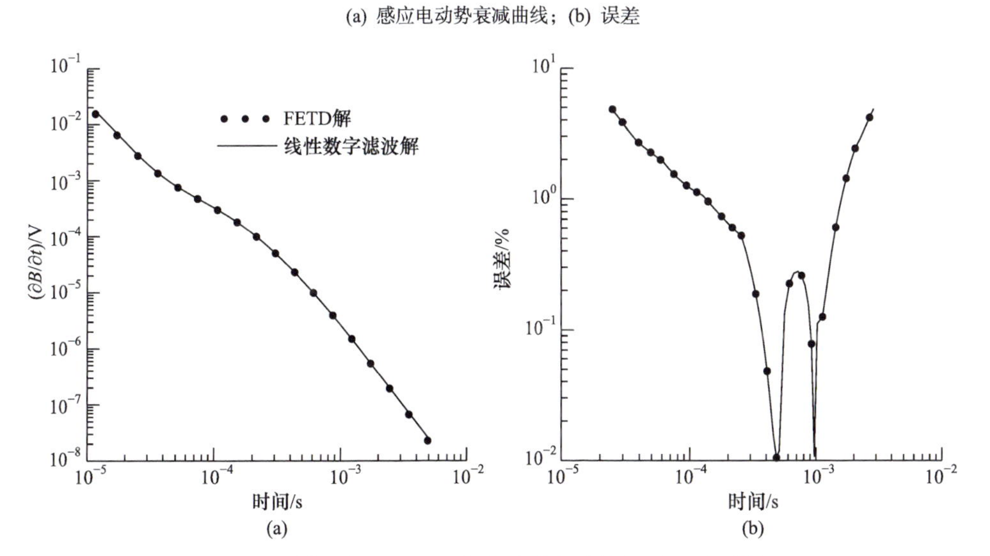

图 6.2.10 H 型模型的 FETD 解与线性数字滤波解对比(李貅等，2022)

(a) 感应电动势衰减曲线；(b) 误差

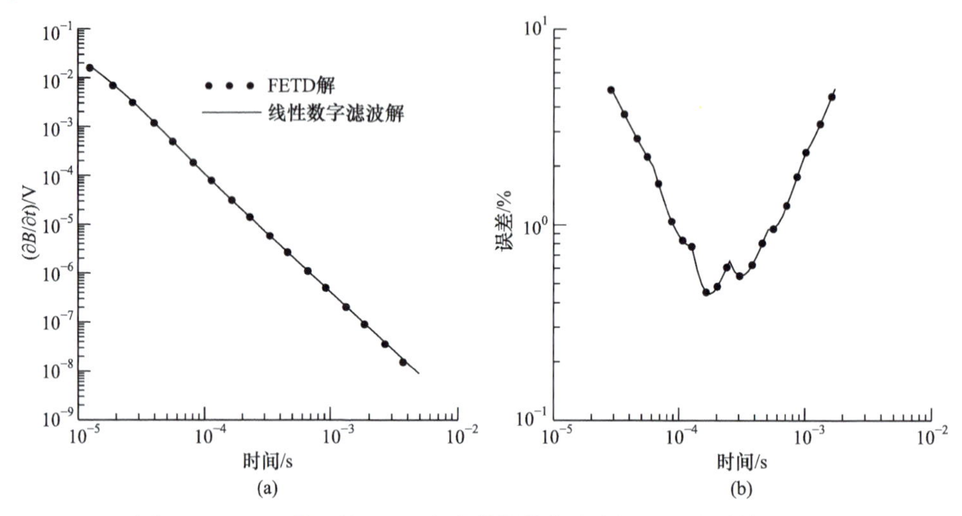

图 6.2.11　K 型模型的 FETD 解与线性数字滤波解对比(李貅等，2022)

(a) 感应电动势衰减曲线；(b) 误差

2. 三维低阻块体模型模拟

两个块体模型如图 6.2.12 所示，模型剖分的最小尺寸为 10m，节点数为 65×65×57，发射电流为 100A。

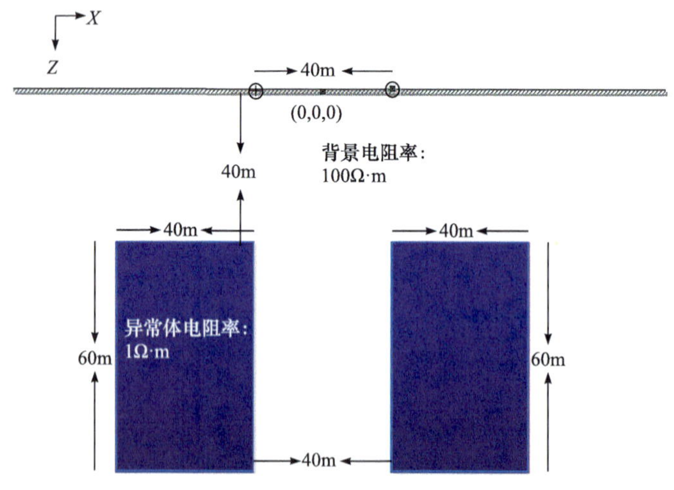

图 6.2.12　两个块体模型示意图

倾斜块体模型如图 6.2.13 所示，模型剖分的最小尺寸为 10m，节点数为 67×67×57，发射电流为 100A。

图 6.2.14 和图 6.2.15 所示的视电阻率断面与设计的模型基本保持一致。前文的分析与对比已经验证了三维时域有限元正演方法对均匀半空间模型、层状模型

的计算结果是可靠的，并且同样能够适应包含三维低阻异常体的模型，这进一步验证了三维时域有限元正演方法的准确性。

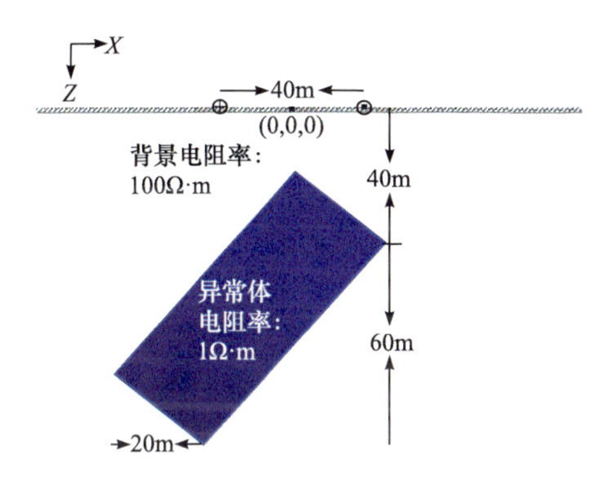

图 6.2.13　倾斜块体模型示意图

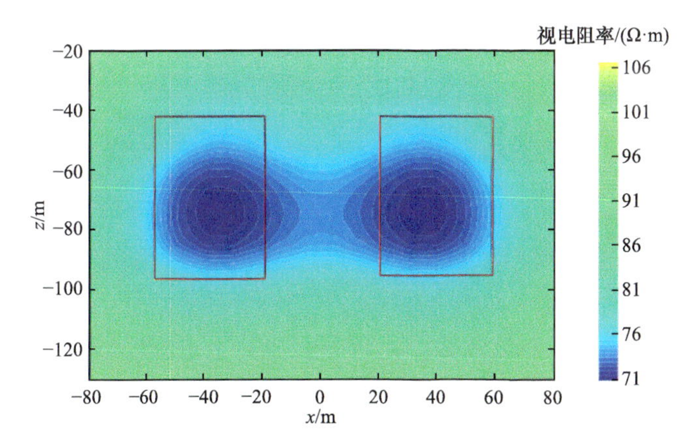

图 6.2.14　两个块体模型的视电阻率断面(李猕等，2022)

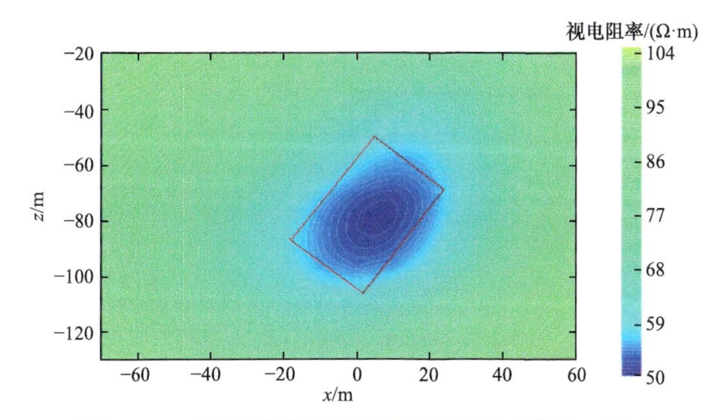

图 6.2.15　倾斜块体模型的视电阻率断面(李猕等，2022)

3. 浅海水下模型计算

海岸带是人类活动最集中的区域，世界上大部分的人口和城市集中在海岸带区域。受人类活动的影响，浅海区域地形变化较快，快速确定浅海水下地形对于经济建设、科学研究等具有重要的现实意义。

浅海水下山谷地形模型如图 6.2.16 所示，飞机的飞行高度为 50m，发射线圈的等效半径 r 为 16m，发射磁矩为 256000A·m^2。

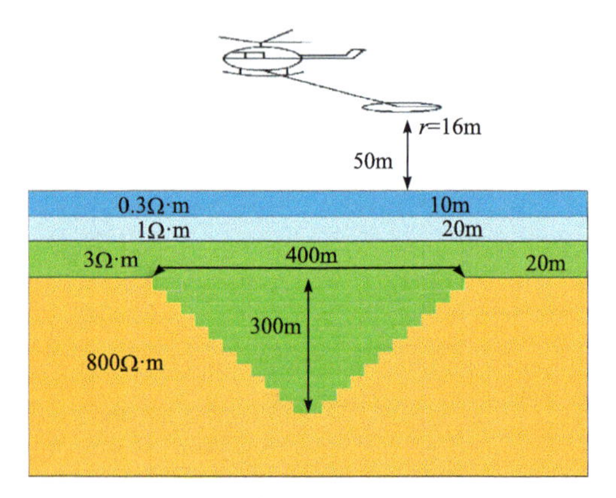

图 6.2.16 浅海水下山谷地形模型示意图

浅海水下山脊地形模型如图 6.2.17 所示，飞机的飞行高度为 50m，发射线圈的等效半径为 16m，发射磁矩为 256000 A·m^2。

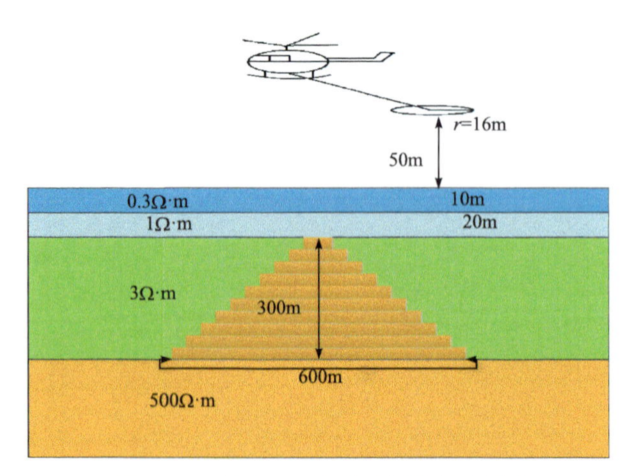

图 6.2.17 浅海水下山脊地形模型示意图

视电阻率断面(图 6.2.18、图 6.2.19)均可以明显反映浅海水下地形的起伏，与设计的模型基本保持一致，进一步说明三维瞬变电磁直接时域有限元正演的可靠

性，可以为海岸带区域的经济建设、科学研究等提供准确的浅海地形资料。

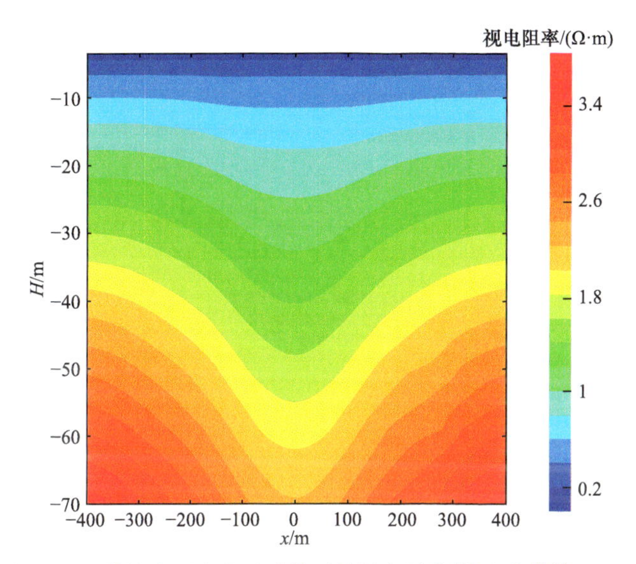

图 6.2.18　浅海水下山谷地形模型的视电阻率断面(李貅等，2022)

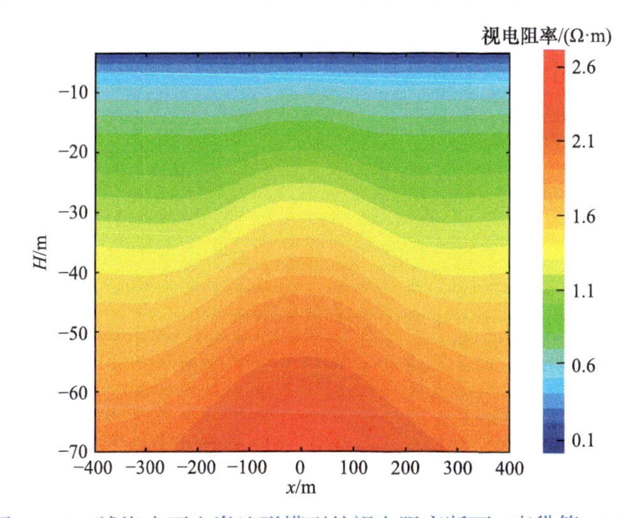

图 6.2.19　浅海水下山脊地形模型的视电阻率断面 (李貅等，2022)

地空瞬变电磁系统采用的是置于地表的电性源或回线源发射瞬变电磁场，在空中用无人机携带的探头采集信号，采用全域、扫面性、高密度的三维测量方法。这种系统与航空系统相比，信号的信噪比更高。另外，由于发射源是位于地面的，发射功率较大，勘探深度较大，更加适用于深部找矿，与地面瞬变电磁法比较，观测装置在空中，地空系统的工作效率得到了很大的提高，可以在山区、沼泽等复杂地形地区展开工作。与传统的电法工作方式相比，地空系统采用的是全域观测方式，信息采集量更大，对地下信息反映得也更加全面。为了更好地推广地空瞬变电磁法，进行地空瞬变电磁法的三维正演是很有必要的。分别采用直接时域矢量有限元法对单源地空瞬变电磁系统和多源系统进行三维正演。

4. 多源地空瞬变电磁三维模型

为了增强瞬变电磁信号的强度、提高信号的信噪比、更加全面地反映地下异常体位置等，采用多辐射源进行地空瞬变电磁三维正演。

在均匀半空间中含有两块低阻异常体，两块异常体的埋深均为 40m，它们之间的间距为 120m。均匀半空间的电阻率为$100\Omega\cdot\text{m}$，异常体的电阻率为$10\Omega\cdot\text{m}$。在地表铺设两条长 100m 的电性源，两条电性源平行，电流方向相反，电流大小为 10A，接收高度为 100m。具体的模型参数如图 6.2.20 所示。

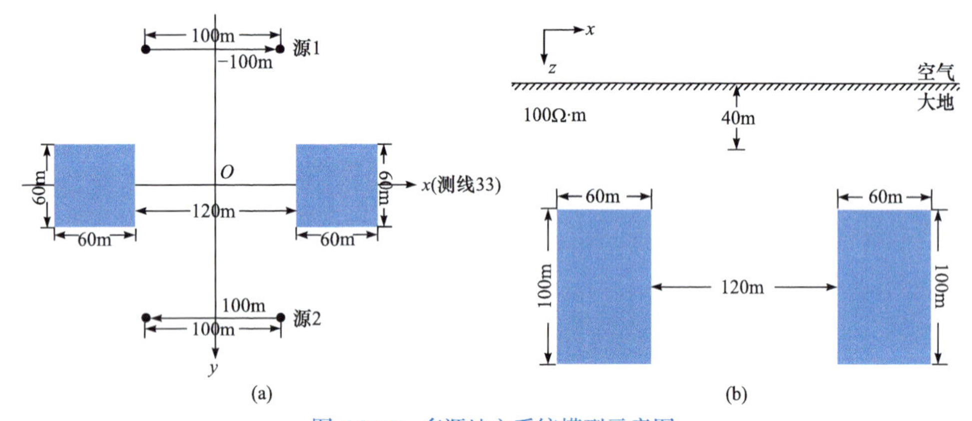

图 6.2.20　多源地空系统模型示意图

(a) z 方向模型俯视图；(b) y 方向模型俯视图

在模型中设置了测线 33，并利用电性源地空瞬变电磁的全域视电阻率法定义了相应的视电阻率，并画出全域视电阻率断面，如图 6.2.21 所示。

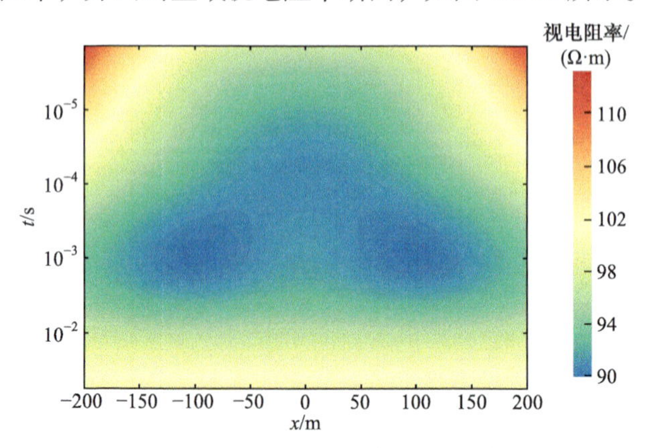

图 6.2.21　测线 33 全域视电阻率断面(李貅等，2022)

全域视电阻率断面可以明显地反映出两个低阻的异常。与设计的模型对比，发现全域视电阻率断面的形态与地质体的形态基本一致，说明电性源地空瞬变电磁法能够有效地勘探地下的目标体。

5. 起伏地表地空三维模型

为了分析地形对地空瞬变电磁响应的影响，设计如图 6.2.22 所示的山峰和山谷模型。山峰和山谷的最大起伏高度均为 40m，地下为电阻率 100Ω·m 的均匀半空间，发射源长度为 1000m；接收机沿地表飞行，飞行高度保持为 30m。图 6.2.23 为早期(10μs～3.7ms)B_z 响应多测道图，与水平地表均匀半空间响应对比，结果显示山峰地形产生明显的负异常，而山谷模型产生正异常，这种影响随着时间的推移逐渐减弱。

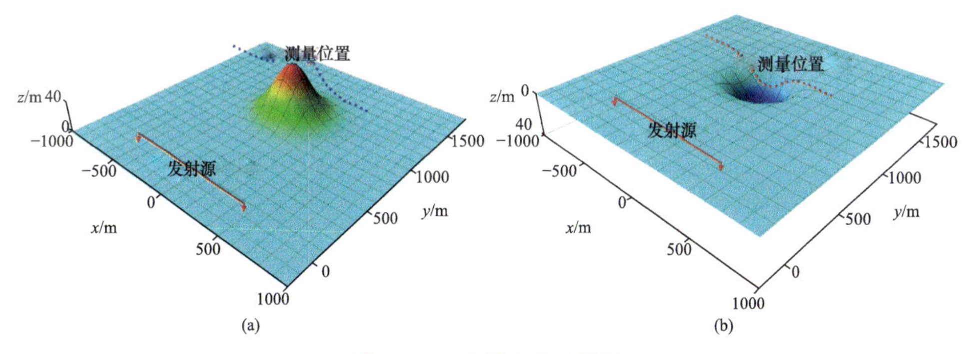

图 6.2.22　山峰和山谷模型
(a) 山峰模型；(b) 山谷模型

6. 起伏地形下双地质体模型航空瞬变电磁响应模拟

起伏地形条件下，在地下设计两个地质体，倾斜板状体和块状体，如图 6.2.24 所示。围岩的电阻率为 100Ω·m；倾斜板状体电阻率设置为 10Ω·m，尺寸设置为 300m×30m，z 方向垂直高度为 250m，倾斜角度为 60°；块状体的电阻率设为 1Ω·m，边长为 200m。倾斜板状体顶部到水平地面的距离为 60m，块状体顶部到水平地面的距离为 125m，这两个异常体与起伏地表之间的距离随位置的变化而变化。

机载设备飞行高度 30m，发射线框半径 15m，线圈匝数为 1，发射波形采用阶跃波。整个观测区域布置 11 条测线，一条测线布设 171 个观测点，共计 1881 个观测点。图 6.2.25 整个观测区在四个不同时间节点上的航空电磁响应三维曲面，不难从图中看出，在早期时间节点仅存在起伏地形的响应。地形凸起处，电磁响应呈现相对低异常，在 x=0m、y=500m 附近，相对低异常达到极大值；地形凹陷处，电磁响应则表现出相对高异常，见图 6.2.24(a)。由于块状体处

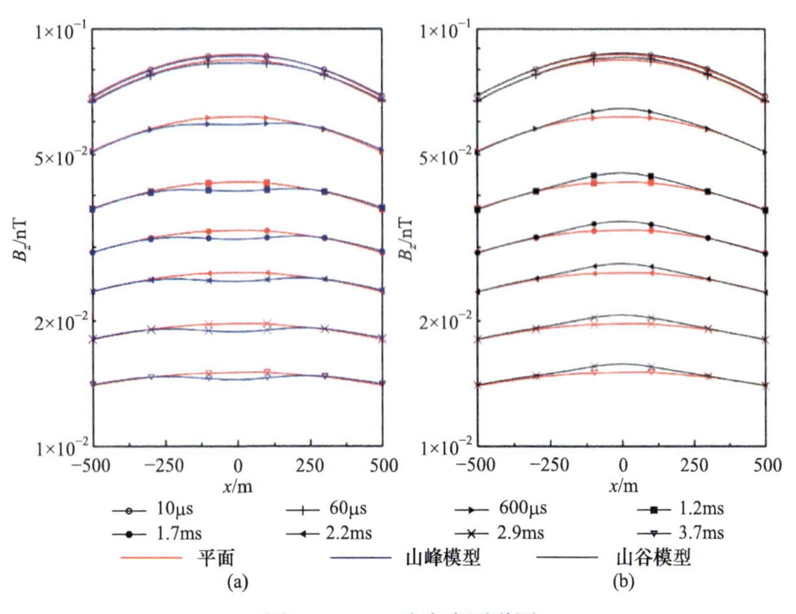

图 6.2.23 B_z响应多测道图

(a) 山峰模型；(b) 山谷模型

于凸起地形下方，相对于倾斜板状体埋藏较深，随着时间的推移，倾斜板状体的异常响应先表现出来，随后块状体异常响应才出现。由于地下埋藏有异常体，地形的影响减弱，直到晚期电磁波穿过异常体后，才表现出轻微的复杂地表电磁响应。

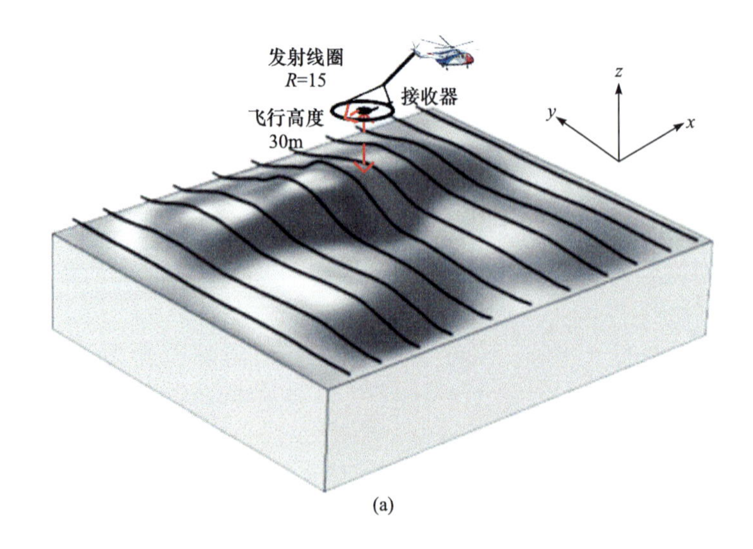

(a)

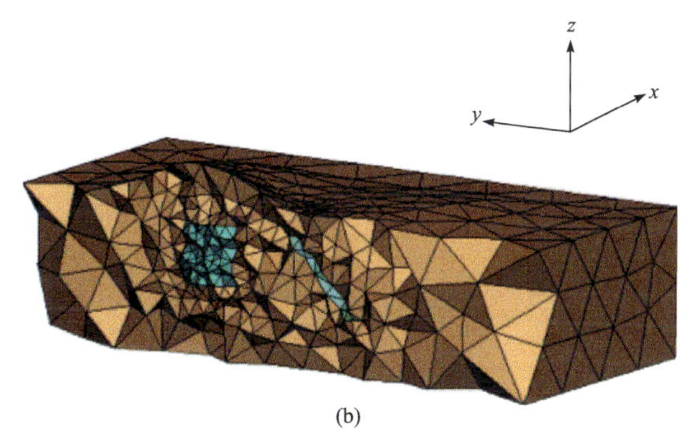

(b)

图 6.2.24　均匀半空间含双地质体模型(任运通等，2020)

(a) 观测示意图；(b) 剖分网格

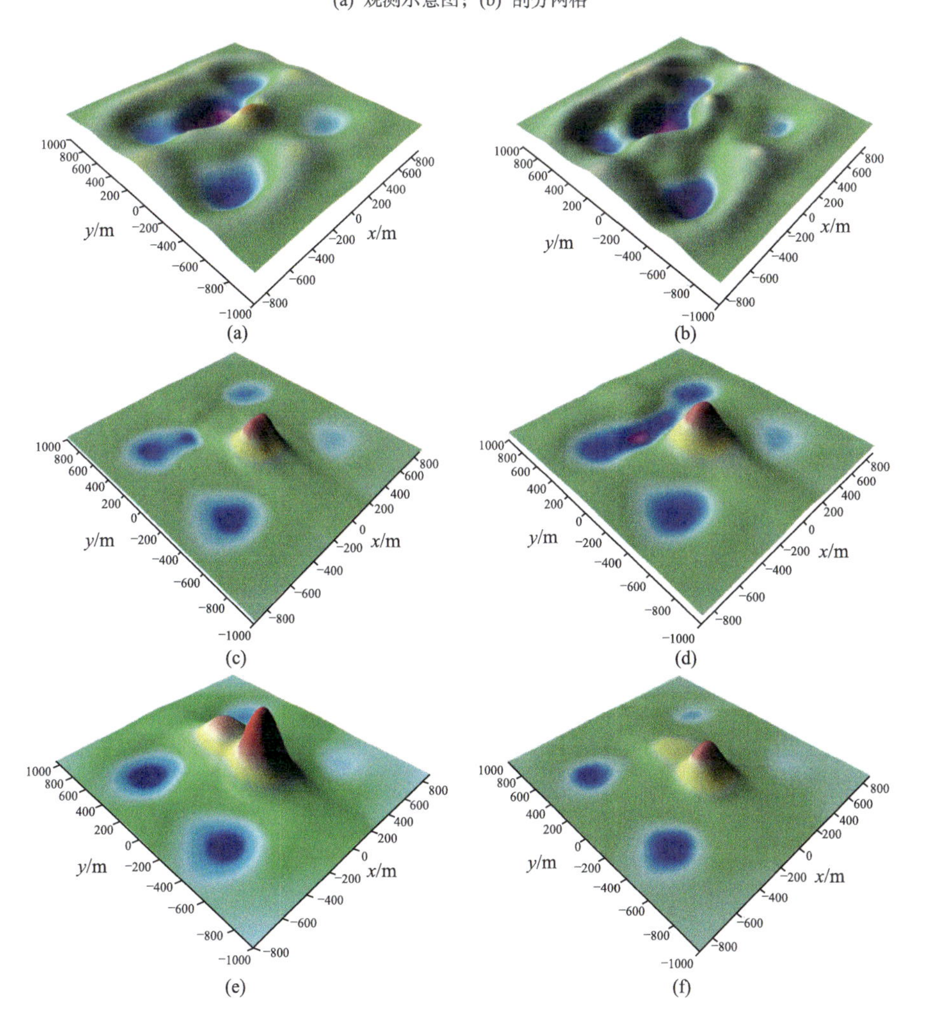

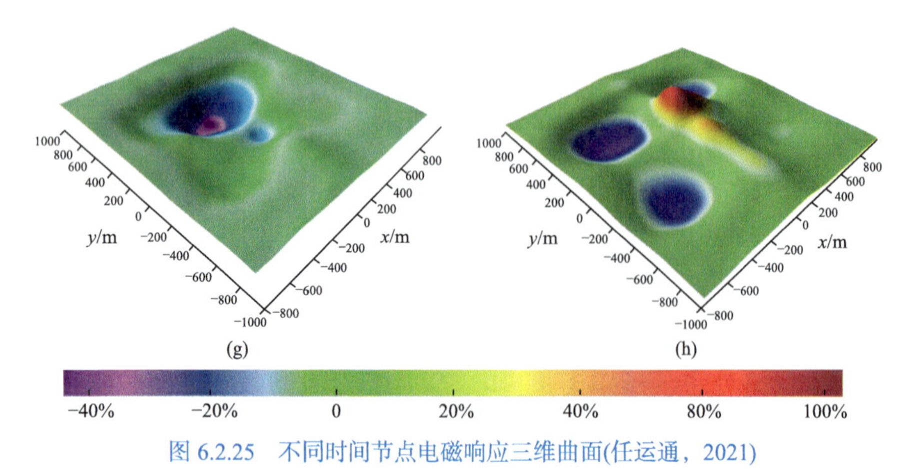

图 6.2.25　不同时间节点电磁响应三维曲面(任运通，2021)

(a) 关断时间 0.08ms 的 B_z 曲面；(b) 关断时间 0.08ms 的 $\mathrm{d}B_z/\mathrm{d}t$ 曲面；(c) 关断时间 0.684ms 的 B_z 曲面；(d) 关断时间 0.684ms 的 $\mathrm{d}B_z/\mathrm{d}t$ 曲面；(e) 关断时间 3ms 的 B_z 曲面；(f) 关断时间 3ms 的 $\mathrm{d}B_z/\mathrm{d}t$ 曲面；(g) 关断时间 3ms 的 B_z 曲面；(h) 关断时间 10ms 的 $\mathrm{d}B_z/\mathrm{d}t$ 曲面；低异常为负值，高异常为正值，数据表示相对大小

6.3　求解时域电磁场的矢量有限体积法

瞬变电磁法三维正演包括空间离散和时间离散两部分。合适的空间域离散方法是瞬变电磁正演方法通用性与可拓展性的关键。本节从麦克斯韦方程组出发，采用有限体积法实现瞬变电磁三维空间域离散，采用无条件稳定的后推欧拉法(Haber et al.，2002)完成时间域迭代求解。

对于空间离散，首先引入内积定义，采用简单的自然边界条件，将瞬变电磁法的控制方程转化为弱形式表示。将计算区域划分为一系列的控制体积单元，采用交错网格对弱形式的控制方程进行有限体积空间离散。基于算子思想，对控制方程中微分算子、内积算子、插值投影算子进行空间离散，得到矩阵形式的离散算子。这些矩阵算子保持了连续算子的物理性质，因此具有通用性，可作为固定模块，灵活应用于控制方程中，完成空间域的离散，得到空间离散形式的拟态电磁场控制方程。对于时间离散，为了同时保证计算精度和效率，采用分段等间隔的时间步迭代，利用直接法实现快速求解。

6.3.1　控制方程的弱解形式

瞬变电磁法的时间域麦克斯韦方程，忽略位移电流，有

$$\frac{\partial \boldsymbol{B}}{\partial t} = -\nabla \times \boldsymbol{E} \tag{6.3.1}$$

$$\nabla \times \mu^{-1}\boldsymbol{B} - \sigma \boldsymbol{E} = \boldsymbol{s} \tag{6.3.2}$$

式中，$\boldsymbol{E}$ 为电场强度；$\boldsymbol{B}$ 为磁感应强度；t 为时间；σ 为电导率；μ 为磁导率；

$\boldsymbol{s}$ 为外加源项。

为了求解式(6.3.1)和式(6.3.2)，还需要补充边界条件和初始条件。采用简单的自然边界条件(Haber et al.，2014)：

$$\boldsymbol{B}\times\boldsymbol{n}=0 \tag{6.3.3}$$

$$\boldsymbol{n}\times\boldsymbol{E}=0 \tag{6.3.4}$$

及初始条件

$$\boldsymbol{B}(0)=\boldsymbol{B}_0 \tag{6.3.5}$$

式中，$\boldsymbol{B}_0$ 为 $t=0$ 时刻空间中的磁场分布。

与有限元法一样，用有限体积法处理弱形式的控制方程。按照泛函分析理论，$\boldsymbol{E}$ 和 $\boldsymbol{B}$ 位于不同的索伯列夫(Sobolev)空间(Volakis et al.，2006)，即 $\boldsymbol{E}\in \mathrm{H}(\mathrm{Curl};\Omega)$，$\boldsymbol{B}\in \mathrm{H}(\mathrm{Div};\Omega)$。定义内积为

$$(\boldsymbol{A},\boldsymbol{G})=\int_{\Omega}\boldsymbol{A}\cdot\boldsymbol{G}\mathrm{d}V \tag{6.3.6}$$

式中，$\boldsymbol{A}$ 和 $\boldsymbol{G}$ 为空间 $\mathrm{H}(\mathrm{Curl};\Omega)$ 或 $\mathrm{H}(\mathrm{Div};\Omega)$ 中的任意参数。

为了得到弱形式的控制方程，引入与 $\boldsymbol{E}$ 位于相同 Sobolev 空间的参数 $\boldsymbol{W}$、与 $\boldsymbol{B}$ 位于相同的 Sobolev 空间的参数 $\boldsymbol{F}$。将式(6.3.1)与 $\boldsymbol{F}$ 做内积，式(6.3.2)与 $\boldsymbol{W}$ 做内积，得到

$$\frac{\partial}{\partial t}(\boldsymbol{B},\boldsymbol{F})+(\nabla\times\boldsymbol{E},\boldsymbol{F})=0 \tag{6.3.7}$$

$$\left(\left(\nabla\times\mu^{-1}\boldsymbol{B}\right),\boldsymbol{W}\right)-(\sigma\boldsymbol{E},\boldsymbol{W})=(\boldsymbol{s},\boldsymbol{W}) \tag{6.3.8}$$

利用分部积分公式：

$$\left(\nabla\times\left(\mu^{-1}\boldsymbol{B}\right),\boldsymbol{W}\right)=\left(\mu^{-1}\boldsymbol{B},\nabla\times\boldsymbol{W}\right)-\int_{\partial\Omega}\mu^{-1}\boldsymbol{W}\cdot(\boldsymbol{B}\times\boldsymbol{n})\mathrm{d}s \tag{6.3.9}$$

根据边界条件 $\boldsymbol{B}\times\boldsymbol{n}=0|_{\partial\Omega}$，利用式(6.3.9)，得到弱形式的控制方程：

$$\frac{\partial}{\partial t}(\boldsymbol{B},\boldsymbol{F})+(\nabla\times\boldsymbol{E},\boldsymbol{F})=0 \tag{6.3.10}$$

$$\left(\mu^{-1}\boldsymbol{B},\nabla\times\boldsymbol{W}\right)-(\sigma\boldsymbol{E},\boldsymbol{W})=(\boldsymbol{s},\boldsymbol{W}) \tag{6.3.11}$$

由式(6.3.11)可知，由于 $\boldsymbol{E}$ 和 $\boldsymbol{W}$ 位于相同的 Sobolev 空间 $\mathrm{H}(\mathrm{Curl};\Omega)$，因此空间离散只需要求取空间 $\mathrm{H}(\mathrm{Curl};\Omega)$ 参数的旋度即可。对比式(6.3.1)，弱形式控制方程不需要求取 $\boldsymbol{B}$ 的旋度，由于求取旋度是一种微分运算，因此弱形式控制方程弱化了对电磁场的可微性。

6.3.2　微分算子的离散

1) 微分算子离散

设定整个网格剖分区域的 6 个面均为规则矩形，采用正交规则矩形网格，x、

y 和 z 三个方向上离散网格单元数分别为 n_x 、n_y 和 n_z 。典型的控制体积网格单元如图 6.3.1 所示，定义网格中心点为(i,j,k)。根据式(6.3.1)，$\boldsymbol{E}$ 的旋度对应 $\boldsymbol{B}$ ，定义 $\boldsymbol{E}$ 在网格棱边中心，三个方向的场点分别为 $E^x_{i,j\pm1/2,k\pm1/2}$ 、 $E^y_{i\pm1/2,j,k\pm1/2}$ 和 $E^z_{i\pm1/2,j\pm1/2,k}$ ，定义 $\boldsymbol{B}$ 在网格面中心，三个方向的场点分别为 $B^x_{i\pm1/2,j,k}$ 、 $B^y_{i,j\pm1/2,k}$ 和 $B^z_{i,j,k\pm1/2}$ 。

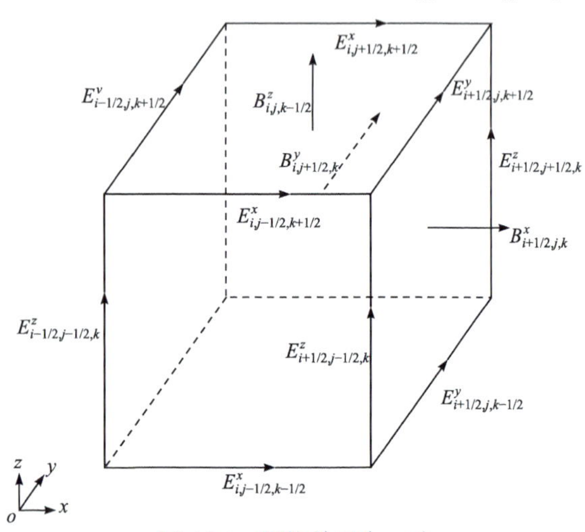

图 6.3.1　网格单元(i,j,k)

由式(6.3.10)、式(6.3.11)可知，空间离散主要包含两部分内容：旋度算子离散和空间内积离散。拟态有限体积(mimetic finite-volume，MFV)方法采用积分形式的斯托克斯定理处理电场旋度的离散。对于网格(i,j,k)，x 、y 和 z 三个方向上的单元网格长度记为 h_{xi} 、 h_{yj} 和 h_{zk} ，网格单元 6 个表面记为 $S_{i\pm1/2,j,k}$ 、 $S_{i,j\pm1/2,k}$ 和 $S_{i,j,k\pm1/2}$ 。以表面 $S_{i+1/2,j,k}$ 为例，计算电场的旋度 x 方向的分量，即关于表面 $S_{i+1/2,j,k}$ 的投影为

$$(\nabla\times\boldsymbol{E})\cdot\boldsymbol{n}_{i+1/2,j,k}=\frac{1}{h_{yj}h_{zk}}\oint_{\partial S_{i+1/2,j,k}}\boldsymbol{E}\cdot\mathrm{d}\boldsymbol{l} \tag{6.3.12}$$

根据中点积分规则，可以得到式(6.3.12)等号右端项线积分的离散表示为

$$\oint_{\partial S_{i+1/2,j,k}}\boldsymbol{E}\cdot\mathrm{d}\boldsymbol{l}=h_{yj}(-E^y_{i+1/2,j,k+1/2}+E^y_{i+1/2,j,k-1/2})+h_{zk}(E^z_{i+1/2,j+1/2,k}-E^z_{i+1/2,j-1/2,k}) \tag{6.3.13}$$

同理，电场的旋度 y 方向分量为

$$(\nabla\times\boldsymbol{E})\cdot\boldsymbol{n}_{i,j+1/2,k}=\frac{h_{xi}\left(-E^x_{i,j+1/2,k+1/2}+E^x_{i,j+1/2,k-1/2}\right)+h_{zk}\left(E^z_{i+1/2,j+1/2,k}-E^z_{i-1/2,j+1/2,k}\right)}{h_{xi}h_{zk}} \tag{6.3.14}$$

电场的旋度 z 方向分量为

$$(\nabla\times\boldsymbol{E})\cdot\boldsymbol{n}_{i,j,k+1/2}=\frac{h_{xi}\left(-E^x_{i,j+1/2,k+1/2}+E^x_{i,j-1/2,k+1/2}\right)+h_{yj}\left(E^y_{i+1/2,j,k+1/2}-E^y_{i-1/2,j,k+1/2}\right)}{h_{xi}h_{yj}} \tag{6.3.15}$$

根据式(6.3.12)～式(6.3.15)，可以将旋度算子整理为矩阵形式：

$$\nabla\times\boldsymbol{E}=\mathrm{CURL}\boldsymbol{e}=\boldsymbol{P}^{-1}\boldsymbol{C}\boldsymbol{L}\boldsymbol{e} \tag{6.3.16}$$

式中，$\boldsymbol{P}$ 为包含剖分网格所有表面面积的对角矩阵；$\boldsymbol{L}$ 为包含剖分网格所有棱边长度的对角矩阵；$\boldsymbol{e}$ 为网格中电场 $\boldsymbol{E}$ 的矩阵表示形式；$\boldsymbol{C}$ 为包含 0 和 ±1 的矩阵，表示为

$$\boldsymbol{C}=\begin{bmatrix}0 & \boldsymbol{D}_{yz} & -\boldsymbol{D}_{zy}\\ -\boldsymbol{D}_{xz} & 0 & \boldsymbol{D}_{zx}\\ \boldsymbol{D}_{xy} & -\boldsymbol{D}_{yx} & 0\end{bmatrix}_{nb\times ne}$$

式中，nb 为剖分网格所有表面数；ne 为剖分网格所有棱边数；$\boldsymbol{D}_{ij}\left(i,j=x,y,z\right)$ 为各方向上的差分矩阵，如：

$$\boldsymbol{D}_{yz}=\begin{bmatrix}-1 & 0 & \cdots & 0 & 1 & & & & \\ & -1 & 0 & \cdots & 0 & 1 & & & \\ & & -1 & 0 & \cdots & 0 & 1 & & \\ & & & -1 & 0 & \cdots & 0 & 1 & \end{bmatrix}_{[nz\times ny\times(nx+1)]\times[(nz+1)\times ny\times(nx+1)]}$$

式中，$nr(r=x,y,z)$ 表示各方向网格数。

2) 内积离散

由式(6.3.10)、式(6.3.11)可知，空间内积离散包含两种不同类型：位于面中心点的参数内积$(\boldsymbol{B},\boldsymbol{F})$和位于棱边中心的参数内积$(\sigma\boldsymbol{E},\boldsymbol{W})$。设定网格单元内部的电导率均一，内积可以采用简单的中心点算术平均求得。

对于网格单元(i,j,k)，面中心点参数内积：

$$(\boldsymbol{B},\boldsymbol{F})=\sum_{i,j,k}\int_{\Omega_{i,j,k}}\left(B^x_{i,j,k}F^x_{i,j,k}+B^y_{i,j,k}F^y_{i,j,k}+B^z_{i,j,k}F^z_{i,j,k}\right)\mathrm{d}V \tag{6.3.17}$$

由于 $\boldsymbol{B}$ 和 $\boldsymbol{F}$ 都定义在网格面中心，对于一个网格单元，在一个方向上有 2 个面中心，因此

$$\int_{\Omega_{i,j,k}}\left(B^x_{i,j,k}F^x_{i,j,k}\right)\mathrm{d}V=v_{i,j,k}\frac{B^x_{i-1/2,j,k}F^x_{i-1/2,j,k}+B^x_{i+1/2,j,k}F^x_{i+1/2,j,k}}{2} \tag{6.3.18}$$

$$\int_{\Omega_{i,j,k}}\left(B^y_{i,j,k}F^y_{i,j,k}\right)\mathrm{d}V=v_{i,j,k}\frac{B^y_{i,j-1/2,k}F^y_{i,j-1/2,k}+B^y_{i,j+1/2,k}F^y_{i,j+1/2,k}}{2} \tag{6.3.19}$$

$$\int_{\Omega_{i,j,k}} \left(B_{i,j,k}^{z} F_{i,j,k}^{z}\right) \mathrm{d}V = v_{i,j,k} \frac{B_{i,j,k-1/2}^{z} F_{i,j,k-1/2}^{z} + B_{i,j,k+1/2}^{z} F_{i,j,k+1/2}^{z}}{2} \tag{6.3.20}$$

式中，$v_{i,j,k}$ 为网格单元(i,j,k)的体积。

综合式(6.3.17)～式(6.3.20)，采用矩阵形式表示，即

$$(\boldsymbol{B},\boldsymbol{F}) = \boldsymbol{f}^{\mathrm{T}} \boldsymbol{M}_f \boldsymbol{b} \tag{6.3.21}$$

式中，$\boldsymbol{f}$ 和 $\boldsymbol{b}$ 分别为 $\boldsymbol{F}$ 和 $\boldsymbol{B}$ 的矩阵表示形式；$\boldsymbol{M}_f$ 的具体形式为

$$\boldsymbol{M}_f = \mathrm{diag}\begin{pmatrix} \left(\boldsymbol{A}_{fx}\right)^{\mathrm{T}} \boldsymbol{v} \\ \left(\boldsymbol{A}_{fy}\right)^{\mathrm{T}} \boldsymbol{v} \\ \left(\boldsymbol{A}_{fz}\right)^{\mathrm{T}} \boldsymbol{v} \end{pmatrix} \tag{6.3.22}$$

式中，$\boldsymbol{v}$ 为包含所有剖分网格单元体积的对角矩阵；$\boldsymbol{A}_{fr}(r=x,y,z)$ 分别对应 B_x、B_y 和 B_z 的算术平均，具体形式为

$$\boldsymbol{A}_{fr} = \begin{pmatrix} 1/2 & 1/2 & & & & \\ & 1/2 & 1/2 & & & \\ & & \vdots & & & \\ & & & & 1/2 & 1/2 \end{pmatrix}_{nc\times nr} \tag{6.3.23}$$

式中，nc 为剖分网格单元数；nr 为剖分网格 r 方向表面数。

棱边中心的参数内积$(\sigma\boldsymbol{E},\boldsymbol{W})$离散，同样是将参数平均到网格单元中心位置，与面中心点参数内积离散方法类似，主要的不同点在于：对于一个网格单元，每个方向上有 4 条棱边，因此每条棱边上的场值占比为 1/4，从而得到棱边中心的参数内积$(\sigma\boldsymbol{E},\boldsymbol{W})$离散的矩阵表示为

$$(\sigma\boldsymbol{E},\boldsymbol{W}) = \boldsymbol{e}^{\mathrm{T}} \boldsymbol{M}_{\sigma e} \boldsymbol{w} \tag{6.3.24}$$

式中，$\boldsymbol{w}$ 为 $\boldsymbol{W}$ 的矩阵表示形式；$\boldsymbol{M}_{\sigma e}$ 的具体形式为

$$\boldsymbol{M}_{\sigma e} = \mathrm{diag}\begin{pmatrix} \left(\boldsymbol{A}_{ex}\right)^{\mathrm{T}} \boldsymbol{V}_\sigma \\ \left(\boldsymbol{A}_{ey}\right)^{\mathrm{T}} \boldsymbol{V}_\sigma \\ \left(\boldsymbol{A}_{ez}\right)^{\mathrm{T}} \boldsymbol{V}_\sigma \end{pmatrix} \tag{6.3.25}$$

式中；$\boldsymbol{V}_\sigma$ 为包含所有网格单元体积与该网格单元电导率乘积的对角矩阵；$\boldsymbol{A}_{er}(r=x,y,z)$ 为定义在网格棱边中心的 E_r 平均到网格中心的转换矩阵。

3) 空间离散矩阵表示

在得到旋度离散和内积离散的具体形式后，可以给出控制方程[式(6.3.10)、式(6.3.11)]的完整离散，用矩阵形式表示，即

$$\boldsymbol{f}^{\mathrm{T}}\boldsymbol{M}_f\boldsymbol{b}_t+\boldsymbol{f}^{\mathrm{T}}\boldsymbol{M}_f\mathrm{CURL}\boldsymbol{e}=0 \tag{6.3.26}$$

$$\boldsymbol{w}^{\mathrm{T}}\mathrm{CURL}^{\mathrm{T}}\boldsymbol{M}_{f\mu}\boldsymbol{b}-\boldsymbol{w}^{\mathrm{T}}\boldsymbol{M}_{e\sigma}\boldsymbol{e}=\boldsymbol{w}^{\mathrm{T}}\boldsymbol{M}_e\boldsymbol{s} \tag{6.3.27}$$

式中，$\boldsymbol{b}_t$ 为 $\boldsymbol{b}$ 关于时间 t 的偏导变量；$\boldsymbol{M}_{f\mu}$ 为关于 μ 和几何信息的矩阵；$\boldsymbol{f}$ 和 $\boldsymbol{w}$ 为任意引入的参数 $\boldsymbol{F}$ 和 $\boldsymbol{W}$ 对应的矩阵形式，因此式(6.3.26)和式(6.3.27)两边可以消去 $\boldsymbol{f}$ 和 $\boldsymbol{w}$，得到控制方程空间离散的矩阵表示为

$$\boldsymbol{b}_t+\mathrm{CURL}\boldsymbol{e}=0 \tag{6.3.28}$$

$$\mathrm{CURL}^{\mathrm{T}}\boldsymbol{M}_{f\mu}\boldsymbol{b}-\boldsymbol{M}_{e\sigma}\boldsymbol{e}=\boldsymbol{M}_e\boldsymbol{s} \tag{6.3.29}$$

6.3.3　初始场求解

对于最常见的下阶跃发射波形，根据发射源形状的不同，初始场的计算可以分为三类。

1) 圆形回线源初始场

对于圆形回线源瞬变电磁装置，在电流关断之前，空间中只存在稳定电流产生的静态磁场，该静态磁场分布与模型电导率无关，该静态磁场即为 $t=0$ 时刻空间中的磁场分布 $\boldsymbol{b}^0=\boldsymbol{b}(0)$。如果不考虑模型中的磁导率变化，即假定地下模型的磁导率与空气磁导率相同，均为真空磁导率 μ_0，则柱坐标系中全空间的磁矢势可以表示为

$$A_\varphi(r,z)=\frac{\mu_0 I}{k\pi}\sqrt{\frac{a}{r}}\left[\left(1-\frac{k^2}{2}\right)P-Q\right] \tag{6.3.30}$$

式中，回线源中心点位置为 (x_0,y_0,z_0)，接收点位置为 (x_r,y_r,z_r)，$x=x_r-x_0$，$y=y_r-y_0$，$z=z_r-z_0$；a 为回线源半径；$r=\sqrt{x^2+y^2}$；$k=\sqrt{\dfrac{4ar}{(a+r)^2+z^2}}$；$P$ 和 Q 分别为第一类和第二类椭圆积分，$P=\displaystyle\int_0^{\pi/2}\frac{\mathrm{d}\theta}{\sqrt{1-k^2\sin^2\theta}}$，$Q=\displaystyle\int_0^{\pi/2}\sqrt{1-k^2\sin^2\theta}\,\mathrm{d}\theta$。

将柱坐标系中磁矢势转化到直角坐标系中，即 $A_x=A_\varphi\cdot\dfrac{-y}{r}$，$A_y=A_\varphi\cdot\dfrac{x}{r}$，$A_z=0$。根据磁场与磁矢势的关系：

$$\boldsymbol{B}=\nabla\times\boldsymbol{A} \tag{6.3.31}$$

即可得到初始时刻的磁场。对比式(6.3.31)和式(6.3.1)，可知 $\boldsymbol{A}$ 与 $\boldsymbol{E}$ 位于相同的 Sobolev 空间，即 $\boldsymbol{A}$ 与 $\boldsymbol{E}$ 在离散网格中位于同一位置。利用式(6.3.30)，计算离散网格棱边中点位置的磁矢势，利用式(6.3.31)，即可以得到 $t=0$ 时刻空间中的磁场

分布，表示为矩阵形式：

$$\boldsymbol{b}^0 = \mathrm{CURL}\boldsymbol{A} \tag{6.3.32}$$

采用磁矢势求得磁场而不是直接采用解析形式的磁场表示式，主要是考虑式(6.3.32)能够保证初始时刻的磁场 $\boldsymbol{b}^0$ 是无散的，即 $\nabla \cdot \boldsymbol{B}(0) = 0$，根据有限体积法的特点，能够保证之后的磁场 $\boldsymbol{b}^n$ 总是无散的。

2) 接地导线源初始场

对于接地导线源，在电流关断前，地下存在稳定的电场，同时全空间存在稳定的磁场。采用有限体积法对欧姆定律进行离散，初始电场可表示为

$$\boldsymbol{e}_0 = \boldsymbol{M}_{e\sigma}^{-1}\boldsymbol{j}_0 \tag{6.3.33}$$

式中，$\boldsymbol{j}_0$ 为离散形式的地下初始静电流密度，可以分为两部分：

$$\boldsymbol{j}_0 = \boldsymbol{M}_{e\sigma}\boldsymbol{e}_{\mathrm{DC}} + \boldsymbol{j}_{\mathrm{s}} \tag{6.3.34}$$

式中，$\boldsymbol{j}_{\mathrm{s}}$ 为接地点强加的电流源；$\boldsymbol{e}_{\mathrm{DC}}$ 为电流源激励在地下产生的稳定直流电场，可表示为

$$\boldsymbol{e}_{\mathrm{DC}} = -\mathrm{GRAD}\phi \tag{6.3.35}$$

式中，ϕ 为空间离散形式的电位场，可通过求解离散形式的 3D 泊松方程得到，有

$$\mathrm{GRAD}^{\mathrm{T}}\boldsymbol{M}_{e\sigma}\mathrm{GRAD}\phi = \mathrm{GRAD}^{\mathrm{T}}\boldsymbol{j}_{\mathrm{s}} \tag{6.3.36}$$

采用直接法求解式(6.3.36)得到电位场 ϕ 后，代入式(6.3.33)～式(6.3.35)即可求解初始电场 $\boldsymbol{e}_0$。得到电场 $\boldsymbol{e}_0$ 后，磁场 $\boldsymbol{b}_0$ 可通过求解有限体积形式的安培定律方程得到，有

$$\left(\mathrm{CURL}^{\mathrm{T}}\boldsymbol{M}_{f\mu}\mathrm{CURL} + \mathrm{GRAD}\boldsymbol{M}_n\mathrm{GRAD}^{\mathrm{T}}\right)\boldsymbol{A} = -\boldsymbol{M}_{e\sigma}\boldsymbol{e}_0 \tag{6.3.37}$$

$$\boldsymbol{b}_0 = \mathrm{CURL}\boldsymbol{A} \tag{6.3.38}$$

式中，$\boldsymbol{A}$ 为磁矢量位；GRAD 为离散梯度算子；$\boldsymbol{M}_n$ 为任意对称半正定矩阵。式(6.3.37)是一个线性对称系统，从而保证 $\mathrm{GRAD}^{\mathrm{T}}\boldsymbol{A} = 0$。

3) 不规则回线源初始场

不规则回线源在实际瞬变电磁探测中同样应用广泛，相比于接地导线源，在电流关断前，地下不存在电流场，只在全空间中存在稳定的磁场。

通常为了简单起见，可以把不规则回线源看作多段长导线源的叠加，因此可以用 2)中的算法分别计算各段导线源产生的磁场，最后叠加得到不规则回线源的初始磁场。这种方法需要多次求解方程组，计算效率低。由于叠加后电流仍只集中于回线中，根据空间离散形式的安培定律，可直接得到初始磁场的方程：

$$\left(\mathrm{CURL}^{\mathrm{T}}\boldsymbol{M}_{f\mu}\mathrm{CURL} + \mathrm{GRAD}\boldsymbol{M}_n\mathrm{GRAD}^{\mathrm{T}}\right)\boldsymbol{A} = -\boldsymbol{M}_e\boldsymbol{S} \tag{6.3.39}$$

$$\boldsymbol{b}_0 = \text{CURL}\boldsymbol{A} \tag{6.3.40}$$

求解式(6.3.39)，代入式(6.3.40)即可得到初始磁场 $\boldsymbol{b}_0$。

6.3.4 时间域后推欧拉离散

完成空间离散后，接下来进行时间离散。本小节时间步离散采用无条件稳定的后推欧拉差分法，即

$$\boldsymbol{b}_t^n = \frac{\boldsymbol{b}^n - \boldsymbol{b}^{n-1}}{\Delta t} \tag{6.3.41}$$

式中，$\boldsymbol{b}_t^n$ 为$\partial \boldsymbol{b}^n/\partial t$ 的简写，是关于第 n 个时间步下磁感应强度的时间偏导；$\boldsymbol{b}^n$ 为第 n 个时间步下的磁感应强度；$\boldsymbol{b}^{n-1}$ 为第 $n-1$ 个时间步下的磁感应强度。

将式(6.3.41)代入式(6.3.29)，同时考虑式(6.3.28)，得到离散控制方程为

$$\left(\text{CURL}^{\text{T}}\boldsymbol{M}_{f\mu}\text{CURL} + \Delta t^{-1}\boldsymbol{M}_{e\sigma}\right)\boldsymbol{e}^n = \Delta t^{-1}\text{CURL}^{\text{T}}\boldsymbol{M}_{f\mu}\boldsymbol{b}^{n-1} - \Delta t^{-1}\boldsymbol{M}_e\boldsymbol{S}^n \tag{6.3.42}$$

$$\boldsymbol{b}^n = \boldsymbol{b}^{n-1} - \Delta t\text{CURL}\boldsymbol{e}^n \tag{6.3.43}$$

由式(6.3.28)可知 $\boldsymbol{b}_t^n = -\text{CURL}\boldsymbol{e}^n$。

6.3.5 基于 Krylov 子空间的瞬变电磁时间域求解方法

采用克雷洛夫(Krylov)子空间算法实现瞬变电磁时间域的快速计算。由有限体积空间离散结果，考虑关断源，消去电场，将磁场响应表示为关于时间参数和系数矩阵的矩阵指数函数形式。利用误差分析理论，采用一种简单的搜索算法得到最优化重复极点，在此基础上利用 Gram-Schmidt 方法(Ruhe，1994)，结合矩阵直接分解技术，实现有理函数 Krylov 子空间正交基的快速构建，继而利用正交基给出系数矩阵在子空间上的投影矩阵，得到瞬变电磁三维响应。

1) 磁场矩阵指数函数

对于关断源的瞬变电磁法，对空间离散方程[式(6.3.29)]消去 $\boldsymbol{e}$，得到关于 $\boldsymbol{b}$ 的离散控制方程为

$$\frac{\partial \boldsymbol{b}}{\partial t} = -\text{CURL}\boldsymbol{M}_{e\sigma}{}^{-1}\text{CURL}^{\text{T}}\boldsymbol{M}_{f\mu}\boldsymbol{b} \tag{6.3.44}$$

令 $\boldsymbol{A} = -\text{CURL}\boldsymbol{M}_{e\sigma}{}^{-1}\text{CURL}^{\text{T}}\boldsymbol{M}_{f\mu}$，得到 t 时刻的磁场 $\boldsymbol{b}_t$ 为矩阵指数函数：

$$\boldsymbol{b}_t = \exp(t\boldsymbol{A})\boldsymbol{b}_0 \tag{6.3.45}$$

继而由式(6.3.44)可以得到$\dfrac{\partial \boldsymbol{b}}{\partial t}$。$\boldsymbol{b}_0$ 为 $t=0$ 时刻的初始磁场。

2) 基于磁场的 Krylov 子空间算法

在完成控制方程的空间离散后，求解式(6.3.45)，采用有理函数近似求解，即

$$r_m(\boldsymbol{A})\boldsymbol{b}_0 \approx \exp(t\boldsymbol{A})\boldsymbol{b}_0 \tag{6.3.46}$$

式中，$r_m(\boldsymbol{A})$为有理函数，其一般形式为$r_m(\boldsymbol{A}) = q_m^{-1}(\boldsymbol{A})p_m(\boldsymbol{A})$，$p_m$是$m$阶非零多项式，$q_m = \Pi_{j=1}^m\left(\boldsymbol{A} - \xi_j\boldsymbol{I}\right)$，$\xi_j$为其第$j$个极点，$\boldsymbol{I}$为单元矩阵。给定有理函数的阶数$m$，得到最小误差的有理函数近似为求解$\boldsymbol{A}$在$m$维有理函数 Krylov 子空间$Q_{m+1} = q_m(\boldsymbol{A})^{-1}\kappa_{m+1}(\boldsymbol{A},\boldsymbol{b}_0)$上的投影。采用 Gram-Schmidt 方法(Ruhe，1994)构建有理函数 Krylov 子空间Q_{m+1}的正交基$\boldsymbol{V}_{m+1}$，利用正交基得到矩阵$\boldsymbol{A}$在 Krylov 子空间Q_{m+1}上的投影矩阵：

$$\boldsymbol{T}_{m+1} = \boldsymbol{V}_{m+1}{}^{\mathrm{T}}\boldsymbol{A}\boldsymbol{V}_{m+1} \tag{6.3.47}$$

则矩阵指数函数的有理函数近似解为

$$\boldsymbol{b}_t = \boldsymbol{V}_{m+1}\exp(t\boldsymbol{T}_{m+1})\left(\|\boldsymbol{b}_0\|\boldsymbol{e}_1\right) \tag{6.3.48}$$

式中，$\boldsymbol{e}_1 = [1,0,0,\cdots,0]_{(m+1)\times 1}^{\mathrm{T}}$。由于$m$远小于系数矩阵$\boldsymbol{A}$的维度，因此其计算量相比原矩阵指数函数的求解要小得多。小维度矩阵指数函数可以采用很多方法有效求解(Moler et al.，2003)。

有理函数近似的具体算法如表 6.3.1 所示。有理函数近似算法的关键在于：

(1) 选择最优化的极点；

(2) 算法的主要计算量在循环求解m次线性方程组$\left(\boldsymbol{A} - \xi_j\boldsymbol{I}\right)\boldsymbol{x} = \boldsymbol{v}_j$。

表 6.3.1 计算 $\exp(t\boldsymbol{A})\boldsymbol{b}_0$ 的有理函数 Krylov 子空间近似

算法 1 计算 $\exp(t\boldsymbol{A})\boldsymbol{b}_0$ 的有理函数 Krylov 子空间近似

输入： 空间离散系数矩阵 $\boldsymbol{A}$，初值 $\boldsymbol{b}_0$；极点 $\xi_j(j=1,2,\cdots,m)$

输出： 所有时刻的有理函数近似 $\boldsymbol{b}_t$

1. 设置 $\boldsymbol{v}_1 = \boldsymbol{b}_0/\|\boldsymbol{b}_0\|$
2. 循环 $j=1,2,\cdots,m$
3. 求解 $\left(\boldsymbol{A}-\xi_j\boldsymbol{I}\right)\boldsymbol{x} = \boldsymbol{v}_j$
4. 循环 $i=1,2,\cdots,j$
5. 求解 $\boldsymbol{x} = \boldsymbol{x} - (\boldsymbol{x},\boldsymbol{v}_i)\boldsymbol{v}_i$
6. 结束循环
7. 设置 $\boldsymbol{v}_{j+1} = \boldsymbol{x}/\|\boldsymbol{x}\|$
8. 结束循环
9. 计算子空间正交基 $\boldsymbol{V}_{m+1} = \left[\boldsymbol{v}_1,\boldsymbol{v}_2,\cdots,\boldsymbol{v}_{m+1}\right]$
10. 计算投影矩阵 $\boldsymbol{T}_{m+1} = \boldsymbol{V}_{m+1}{}^{\mathrm{T}}\boldsymbol{A}\boldsymbol{V}_{m+1}$
11. 计算有理函数近似解 $\boldsymbol{b}_t = \boldsymbol{V}_{m+1}\exp(t\boldsymbol{T}_{m+1})\left(\|\boldsymbol{b}_0\|\boldsymbol{e}_1\right)$

根据有理函数近似算法可知，待求的m个线性方程组的系数矩阵主要由极点确定。如果选取的 m 个极点都相同，则待求的 m 个线性方程组的系数矩阵 $\left(\boldsymbol{A}-\xi_j\boldsymbol{I}\right)$ 完全相同。结合直接求解算法，只需要 1 次矩阵分解和 m 次矩阵回代即可实现 m 维有理函数 Krylov 子空间正交基的构建。

要实现矩阵指数函数的有理函数近似，需要首先给出最优化的 m 个重复极点。一种处理方法是寻找满足所求时间范围 $\left[t_{\min},t_{\max}\right]$ 所有时刻的最优化有理函数近似，这样虽然会少量增加近似有理函数的阶数，但只需要计算一次有理函数近似即可得到所有时刻的近似解，显著提高计算效率。对于极点选择，一个重要的问题是确定极点个数 m。极点选取的问题明确为选取 m 个重复极点，满足求解的时间范围 $\left[t_{\min},t_{\max}\right]$ 所有时刻的有理函数近似是准最优化的。这是一个约束非线性最优化问题。利用 Güttel(2010)关于有理函数近似的误差分析理论，提出一种简单的搜索算法快速求解满足给定误差限的最优化极点，实现极点的快速求解。

6.3.6　大型稀疏线性方程组直接求解

在得到初始场 $\boldsymbol{b}_0$ 之后，通过求解时间步迭代的线性方程组[式(6.3.42)]($\boldsymbol{S}^n=0$)即可得到不同时刻的电磁场响应。该方程组的求解可以采用迭代法或直接法。直接法对矩阵条件数不敏感，能有效处理多右端项问题，本小节采用直接法求解器 PARDISO (Schenk et al.，2004)求解线性方程组[式(6.3.42)]。为了同时保证计算精度和效率，选取分段等间隔的时间步长。

6.3.7　时间域迭代求解数值算例

本小节先比较一维层状模型与解析解、三维典型模型与其他三维正演算法，验证本书算法(称为 MFVTD)的计算精度。本小节计算设备为 32G 内存、四核主频 3.6GHz 的 Intel i7 CPU 台式电脑。

1. 层状地层模型

首先采用层状地层模型，通过与一维解析解结果(Ward et al.，1988)对比，验证本书算法的计算精度。层状地层模型如图 6.3.2 所示，空气层电导率设置为 $10^{-6}\,\mathrm{S\cdot m^{-1}}$，在电导率为 $0.01\mathrm{S\cdot m^{-1}}$ 半空间地层中存在一个顶部埋深 50m、层厚 50m、电导率 $0.1\mathrm{S\cdot m^{-1}}$ 的低阻层。发射源为地表圆形回线框，半径为 10m，发射电流为 1A，接收回线中心点的 $\mathrm{d}B_z/\mathrm{d}t$ 和 B_z。采用非均匀网格剖分，最小网格长度为 5m，网格放大系数为 1.3，总的网格单元数为 $37\times37\times52$。最小时间步长为 $1\times10^{-7}\mathrm{s}$，每间隔 200 步，时间步长增大一倍，总的时间步迭代次数为 1800 次。采用直接法求解器 PARDISO 求解，需要 9 次系数矩阵分解，1800 次方程求解，总的计算时间为 350s。三维解与一维解的对比结果如图 6.3.3 所示，其中图 6.3.3(a)为接收回线中心点的 $\mathrm{d}B_z/\mathrm{d}t$ 响应，图 6.3.3(b)为 $\mathrm{d}B_z/\mathrm{d}t$ 三维响应与一维响应的相对误差，图 6.3.3(c)为接收回线中心点的 B_z 响应，图 6.3.3(d)为 B_z 三维响应与

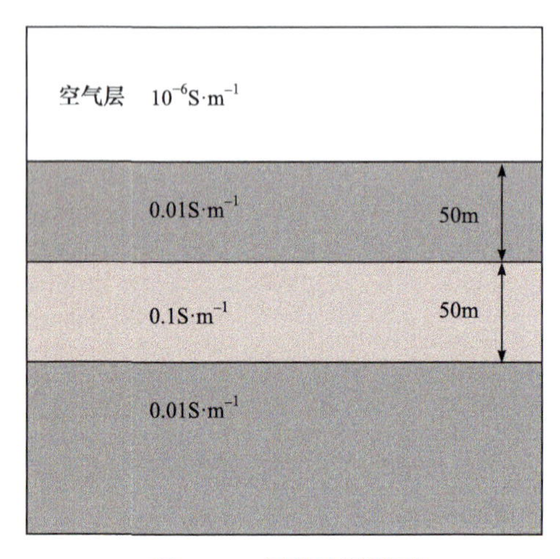

图 6.3.2 层状地层模型

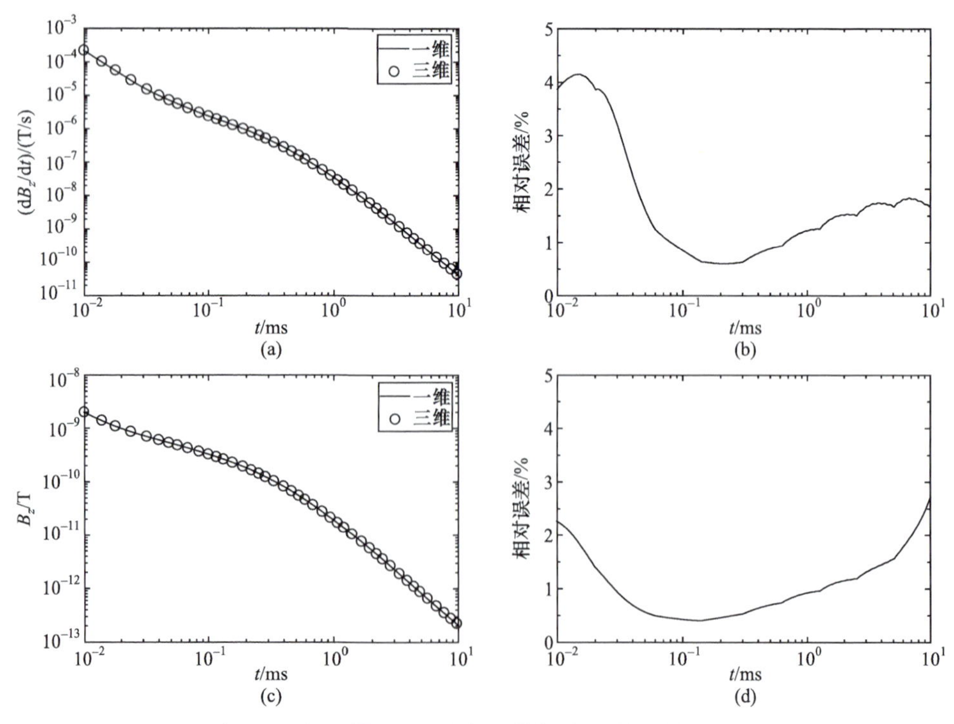

图 6.3.3 层状模型三维解与一维解对比(刘文韬，2019)

(a) $\mathrm{d}B_z/\mathrm{d}t$；(b) $\mathrm{d}B_z/\mathrm{d}t$ 相对误差；(c) B_z；(d) B_z 相对误差

一维响应的相对误差。由图 6.3.3 可知，B_z 三维响应与一维响应的相对误差都在 3%以下，$\mathrm{d}B_z/\mathrm{d}t$ 三维响应与一维响应的相对误差稍大，但除了早期(0.02ms 以内)的相对误差略大，其他时间区域的相对误差都 3%以下。采用本书 MFVM 算法计算的层状模型响应与解析解吻合得很好，说明该算法是有效的。

2. 三维垂直接触带模型

采用 Commer 等(2004)的三维垂直接触带模型，通过与矢量有限元计算结果比较，验证算法计算回线源瞬变电磁响应的正确性。通过与时域有限差分计算结果对比，验证算法计算电性源瞬变电磁响应的正确性。

首先计算回线源瞬变电磁响应。三维模型如图 6.3.4(a)所示，空气层电阻率设置为$10^7\Omega\cdot\mathrm{m}$，地表下方是厚度为 50m、电阻率为$10\Omega\cdot\mathrm{m}$的覆盖层，覆盖层下由两部分的垂直接触带构成，电阻率分别为$100\Omega\cdot\mathrm{m}$和$300\Omega\cdot\mathrm{m}$。垂直接触带中间存在一个电阻率为$1\Omega\cdot\mathrm{m}$的三维复杂形状的低阻体，沿走向的厚度为 400m，宽度为 100m，长度近似为 500m。发射线圈为 $100\mathrm{m}\times100\mathrm{m}$ 的方形回线框，发射线框的中心点坐标为(0m,50m,0m)，4 个观测点分别位于(0m,50m,0m)、(0m,150m,0m)、(0m,450m,0m)和(0m,1050m,0m)。采用非均匀网格剖分，最小网格长度为 10m，网格放大系数为 1.4，总的网格单元数为 $58\times40\times53$，具体的剖分如图 6.3.4(b)所示，总的计算时间为 1060s。计算结果与 Li 等(2017)采用矢量有限元法计算的对比结果如图 6.3.5 所示。由图 6.3.5 可知，两种方法计算的不同观测点处的响应重合得非常好，进一步说明了本书算法计算的结果是可靠的。

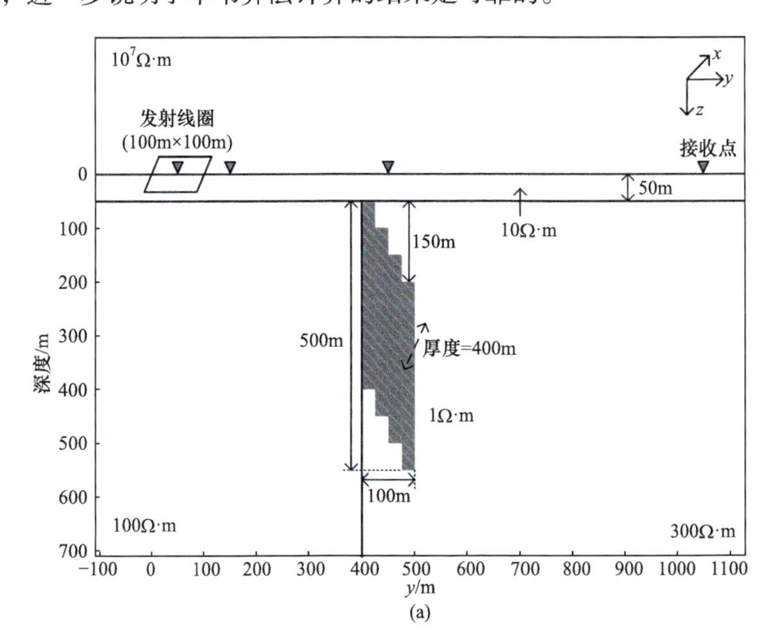

(a)

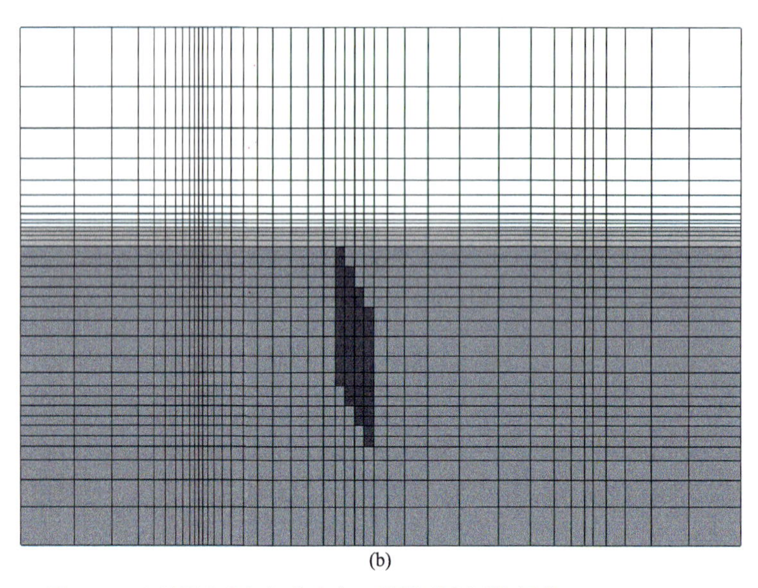

图 6.3.4　回线源瞬变电磁响应三维模型和网格剖分(Li et al.，2017)

(a) 三维模型；(b) 网格剖分

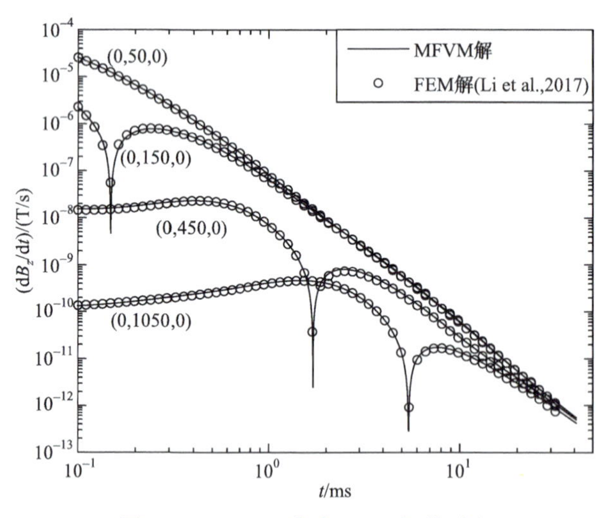

图 6.3.5　MFVM 解与 FEM 解的对比

进一步计算电性源瞬变电磁响应。三维模型如图 6.3.6(a)所示，接地导线源长 100m，发射源接地坐标分别为(0m,−50m,0m)和(0m,50m,0m)，3 个观测点分别位于(200m,0m,0m)、(400m,0m,0m)和(0m,1000m,0m)。采用非均匀网格剖分，最小网格长度为 10m，网格放大系数为 1.3，总的网格单元数为 53×73×60，总的计算域范围为 10km×10km×10km。最小时间步长为 1×10^{-7}s，每间隔 200 步，时间步长增大一倍，总的时间步迭代次数为 1800 次。采用直接法求解器 PARDISO 求解，需要 9 次系数矩阵分解，1800 次方程求解，总的计算时间为 3835s。计算结果与 Commer 等(2004)采用时域有限差分算法的对比结果如图 6.3.7 所示。可以看出两种方法计算的不同观测点处的响应重合得非常好，进一步说明了本书算法计算电性源瞬变电磁响应的可靠性。

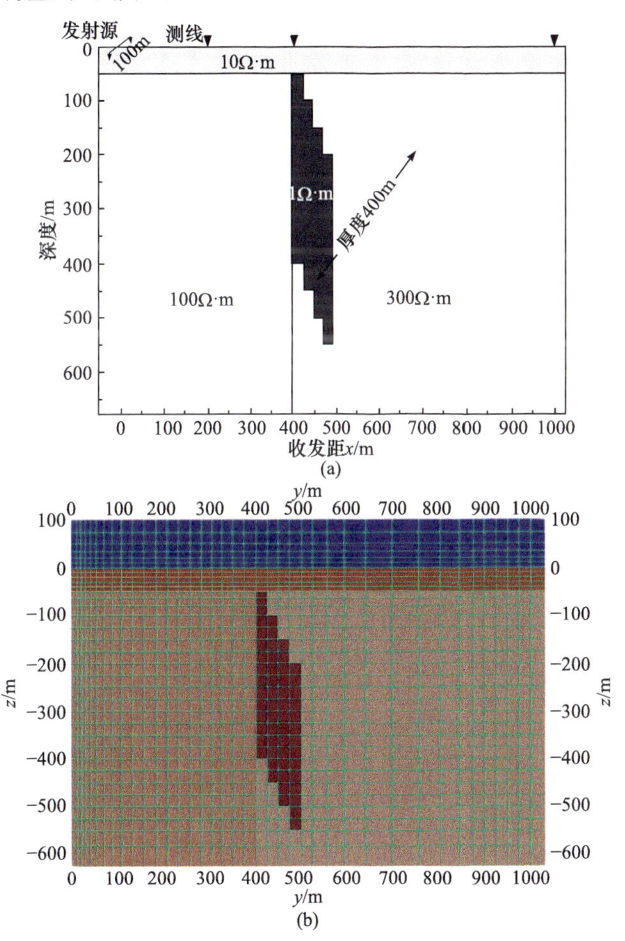

图 6.3.6　电性源瞬变电磁响应三维模型和网格剖分(刘文韬，2019；Commer et al.，2004)

(a) 三维模型；(b) 网格剖分

6.3.8　基于 Krylov 子空间的瞬变电磁全波形正演方法

瞬变电磁全波形全时域响应在实际瞬变电磁系统中尤为重要，接下来介绍基于 Krylov 子空间的瞬变电磁全波形正演算法。

1. 控制方程离散

对于全波形瞬变电磁法，对空间离散方程[式(6.3.29)]消去 $\boldsymbol{e}$，得到关于 $\boldsymbol{b}$ 的离散控制方程为

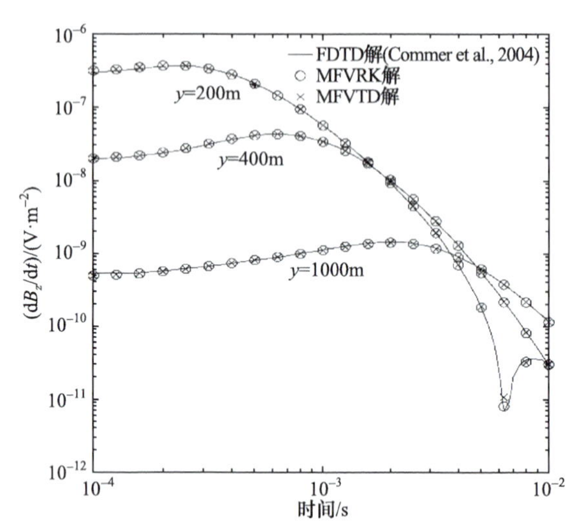

图 6.3.7　有理 Krylov(MFVRK)解、隐式向后差分(MFVTD)解和时域有限差分(FDTD)解对比(刘文韬，2019)

$$\frac{\partial \boldsymbol{b}}{\partial t} = -\boldsymbol{Ab} + \boldsymbol{g} \tag{6.3.49}$$

式中，$\boldsymbol{A} = \boldsymbol{CM}_{\sigma}^{-1}\boldsymbol{C}^{\mathrm{T}}\boldsymbol{M}_{\mu}$，$\boldsymbol{M}_{\mu}$、$\boldsymbol{M}_{\sigma}$是包含模型磁导率和电导率信息的离散矩阵，$\boldsymbol{C}$是离散形式的旋度算子；$\boldsymbol{g} = \boldsymbol{CM}_{\sigma}^{-1}\boldsymbol{S}$，$\boldsymbol{S}$是源项，考虑任意发射波形的电流源，在 on-time 时间段，$0 < t < t_{\mathrm{off}}$，$\boldsymbol{S} = \boldsymbol{S}(t)$，在 off-time 时间段，$t \geqslant t_{\mathrm{off}}$，$\boldsymbol{S} = 0$。

式(6.3.49)的解可以表示为积分形式(Hochbruck et al.，2010)：

$$\boldsymbol{b}_k = \mathrm{e}^{-h_k \boldsymbol{A}} \boldsymbol{b}_{k-1} + \int_0^{h_k} \mathrm{e}^{(u-h_k)\boldsymbol{A}} \boldsymbol{g}(t_{k-1} + u)\mathrm{d}u \tag{6.3.50}$$

式中，u为积分变量；h_k为时间步长，$t_k = t_{k-1} + h_k$，$k = 1,2,\cdots,n$，$t_0 = 0$，$b_0 = 0$。

对于 on-time 时间段，式(6.3.50)中$\boldsymbol{g}$不为零。利用指数求积法则(Hochbruck et al.，2010)对公式中的积分项进行离散化，并引入函数$\varphi_j(z)$，$j = 0,1,2,\cdots$，满足$\varphi_j(0) = 1/j!$且具有递归关系$\varphi_0(z) = \exp(z)$，$\varphi_{j+1}(z) = [\varphi_j(z) - \varphi_j(0)]/z\varphi_{j+1}$，则 on-time 磁场响应可以表示为(Zhou et al.,2020)

$$\begin{aligned}\boldsymbol{b}_k &= \boldsymbol{b}_{k-1} + h_k(-\boldsymbol{Ab}_{k-1} + \boldsymbol{g}_{k-1}) \\ &\quad + h_k\varphi_2(-h_k\boldsymbol{A})\left[-h_k\boldsymbol{A}(-\boldsymbol{Ab}_{k-1} + \boldsymbol{g}_{k-1}) + \boldsymbol{g}_k - \boldsymbol{g}_{k-1}\right] \quad (0<t<t_{\mathrm{off}})\end{aligned} \tag{6.3.51}$$

对于 off-time 时间段，式(6.3.50)中$\boldsymbol{g}$为零。为了避免在求解每个时刻的响应时都重新构建子空间，统一以$\boldsymbol{b}(t_{\mathrm{off}})$为起点(Zhou et al.，2018；Börner，2010)，则 off-time 时间段任意时刻磁场的求解不再依赖于上一个时刻的磁场，简化后的

式(6.3.50)可以转化为

$$\boldsymbol{b}_k = \mathrm{e}^{-(t_k - t_{\text{off}})\boldsymbol{A}} \boldsymbol{b}(t_{\text{off}}) \quad (t_k \geqslant t_{\text{off}}) \tag{6.3.52}$$

2. 位移逆 Krylov 子空间算法

采用基于位移逆 Krylov 子空间投影的模型降阶算法(Zhou et al.，2018；Botchev，2016；van den Eshof et al.，2006)求解式(6.3.51)和式(6.3.52)的近似解，主要计算量是构建合适的 Krylov 子空间。给定的位移量 γ 和子空间阶数 m ，采用 Arnoldi 方法(Zhou et al.，2018)构建 Krylov 子空间 $K_m((\boldsymbol{I}+\gamma\boldsymbol{A})^{-1},\boldsymbol{v})$ 。根据子空间的正交基 $\boldsymbol{V}_m$ 和上 Hessenberg 矩阵 $\boldsymbol{H}_{m+1,m}$ ，得到模型降阶解。

在 off-time 时段，磁场响应：

$$\boldsymbol{b}(t_k) \approx \boldsymbol{V}_{m_{\text{off}}} \mathrm{e}^{\frac{t_{\text{off}}-t_k}{\gamma_{\text{off}}}(\boldsymbol{H}^{-1}_{m_{\text{off}},m_{\text{off}}}-\boldsymbol{I})} \|\boldsymbol{b}(t_{\text{off}})\| \boldsymbol{e}_1 \quad (t_k \geqslant t_{\text{off}}) \tag{6.3.53}$$

式中，$\boldsymbol{V}_{m_{\text{off}}}$ 为 m_{off} 阶子空间 $K_{m_{\text{off}}}((\boldsymbol{I}+\gamma_{\text{off}}\boldsymbol{A})^{-1},\boldsymbol{b}(t_{\text{off}}))$ 对应的正交基；$\boldsymbol{H}_{m_{\text{off}},m_{\text{off}}}$ 为上 Hessenberg 矩阵 $\boldsymbol{H}_{m_{\text{off}}+1,m_{\text{off}}}$ 中去掉第 $m_{\text{off}+1}$ 列的矩阵；指数矩阵 $e^{\frac{t_{\text{off}}-t}{\gamma_{\text{off}}}(\boldsymbol{H}^{-1}_{m_{\text{off}},m_{\text{off}}}-\boldsymbol{I})}$ 采用开源代码 expm(Higham，2005)快速求解。采用固定的位移量 γ_{off} ，结合直接求解器 PARDISO(Schenk et al.，2004)对矩阵 $\boldsymbol{I}+\gamma_{\text{off}}\boldsymbol{A}$ 进行矩阵直接分解，从而只需要 1 次 LU 分解和 m_{off} 次回代即可实现 off-time 时段的子空间构建。

在 on-time 时段，磁场响应：

$$\boldsymbol{b}_k = \boldsymbol{b}_{k-1} + h_k(-\boldsymbol{A}\boldsymbol{b}_{k-1} + \boldsymbol{g}_{k-1}) + h_k \boldsymbol{V}_{m_k} \varphi_2\left[-\frac{h_k}{\gamma_k}(\boldsymbol{H}^{-1}_{m_k,m_k}-\boldsymbol{I})\right]\|\boldsymbol{V}_k\|\boldsymbol{e}_1 \tag{6.3.54}$$

式中，φ_2 为矩阵 $\boldsymbol{A}$ 的移位；$\boldsymbol{V}_{m_k}$ 为 m_k 阶子空间 $K_{m_k}((\boldsymbol{I}+\gamma_k\boldsymbol{A})^{-1},\boldsymbol{v}_k)$ 对应的正交基；$\boldsymbol{V}_k = -h_k\boldsymbol{A}(-\boldsymbol{A}\boldsymbol{b}_{k-1}+\boldsymbol{g}_{k-1})+\boldsymbol{g}_k-\boldsymbol{g}_{k-1}$ ； $\boldsymbol{H}_{m_k,m_k}$ 为上 Hessenberg 矩阵 $\boldsymbol{H}_{m_{k+1},m_k}$ 中去掉第 m_{k+1} 列的矩阵。对于所有的计算时刻，采用相同的 γ_{on} ，结合直接求解器 PARDISO (Schenk et al., 2004)，构建所有时刻子空间求解方程组的计算量为 1 次系数矩阵的 LU 分解和 $\sum_{k=1}^{nt_{\text{on}}} m_k$ 次回代，其中 nt_{on} 表示 on-time 时段计算的时间道数。由该算法可知，为了使每个计算时刻的位移量 γ_{on} 相同，在 on-time 时段时间步长 h_k 应保持相同，即采用线性等间隔时间离散。矩阵函数 $\varphi_2\left[-\frac{h_k}{\gamma_k}(\boldsymbol{H}^{-1}_{m_k,m_k}-\boldsymbol{I})\right]$ 采用开源代码 phipade (Berland et al.，2007)快速求解。

3. 典型发射波形数值算例

1) 半正弦波形

采用$10\Omega \cdot m$的均匀半空间模型，如图 6.3.8 所示，将计算结果与解析解进行对比。发射源采用边长为 6m 的规则八边形回线源，飞行高度 30m，发射波形为脉宽 4ms 的半正弦波形(图 6.3.9)。在回线源中心点测量 on-time 时段 0～4ms 和 off-time 时段 0.01～10ms 的 B_z 和 dB_z/dt 响应，计算域划分为 $33\times33\times32$ 个单元，中心区域最小网格单元长度为 6m，外延区域网格放大系数为 1.3。计算该半正弦波形的全波形响应。在 on-time 时段，采用线性等间隔采样，取 $nt_{on}=100$，时间步长 $h_k=0.04ms$。设置容许误差为10^{-3}，因此 on-time 时段对应的最优化位移量 $\gamma_{on}=0.026h_k$。根据替代优选搜索算法可知，满足精度的最小子空间阶数 m_k 约为 15，因此构建 on-time 时段所有子空间需要一次 LU 直接分解、1497 次回代。在 0.01～10ms 的 off-time 时段，采用对数等间隔采样，取 $nt_{off}=31$，应用替代的最优化搜索算法，得到最优化位移量 $\gamma_{off}=2.5\times10^{-5}$ 和子空间阶数 $m_{off}=108$，对所有采样时刻构建统一的子空间，需要一次 LU 直接分解和 108 次回代。整体耗时约 208s，大部分的计算成本消耗在 on-time 时段构建子空间时大量回代运算中。图 6.3.10 为三维算法(3D SAI)与一维解析解的对比结果，从图中可以看出，除响应正负变号点外，整体相对误差在 1%左右。

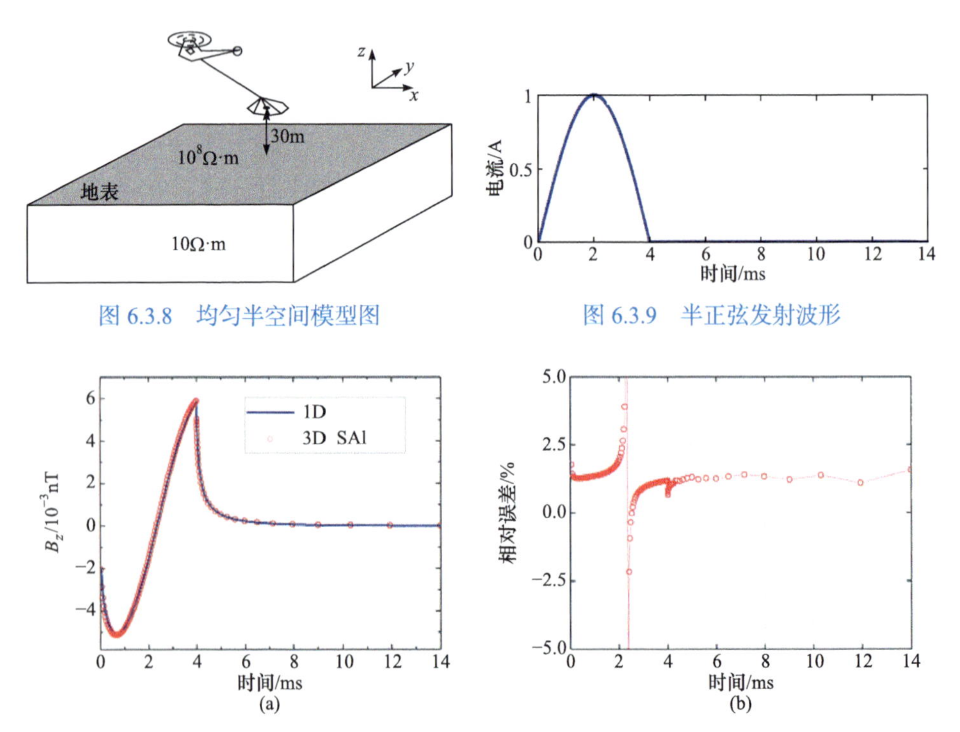

图 6.3.8 均匀半空间模型图

图 6.3.9 半正弦发射波形

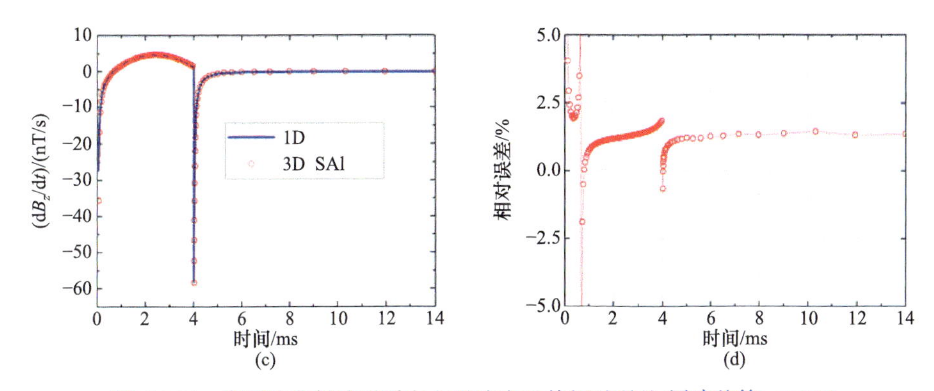

图 6.3.10　半正弦发射波形瞬变电磁响应及其相对误差(周建美等，2022)

(a) B_z 响应对比；(b) B_z 相对误差；(c) $\mathrm{d}B_z/\mathrm{d}t$ 响应对比；(d) $\mathrm{d}B_z/\mathrm{d}t$ 相对误差

2) VTEM 系统实际发射波形

为进一步检验 Krylov 子空间算法模拟任意复杂波形瞬变电磁响应的能力，考虑如图 6.3.11 所示的三维地电模型中多用途时域电磁(versatile time-domain electromagnetic，VTEM)系统的实际发射波形(图 6.3.12)。采用非均匀交错网格对计算域进行离散，网格单元数为 $39\times39\times52$，中心计算区域最小网格边长为 8m，外围网格放大系数为 1.4。利用三维算法(3D SAI)计算该实际发射波形的瞬变电磁响应，并与齐彦福等(2017)直接时域矢量有限元算法(3D FEM)计算结果进行对比。

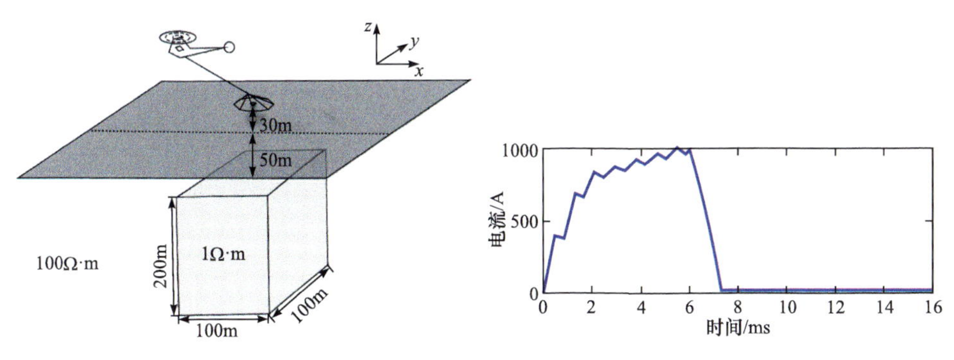

图 6.3.11　三维地电模型示意图(周建美等，2022)

图 6.3.12　VTEM 系统实际发射波形(周建美等，2022)

从图 6.3.13 可以看出，on-time 时段采用 $nt_{\mathrm{on}}=200$ 的时间道对其进行线性等间隔离散；在 off-time 时段，采用 $nt_{\mathrm{off}}=31$ 的时间道对其进行对数等间隔离散。on-time 时段优化位移量 $\gamma_{\mathrm{on}}=0.026h_k$，off-time 时段优化位移量 $\gamma_{\mathrm{off}}=1.1854\times10^{-5}$，子空间阶数 $m_{\mathrm{off}}=104$。3D SAI 算法与 3D FEM 算法计算的 B_z 和 $\mathrm{d}B_z/\mathrm{d}t$ 响应基本吻合，整体上均表现光滑平稳。另外，在 6.0～7.5ms 的 on-time 时段，3D FEM 算法 $\mathrm{d}B_z/\mathrm{d}t$ 响应出现轻微的震荡，3D SAI 算法的计算结果表

现得更为光滑平稳。on-time 时段响应复杂，在实际中往往难以解释。

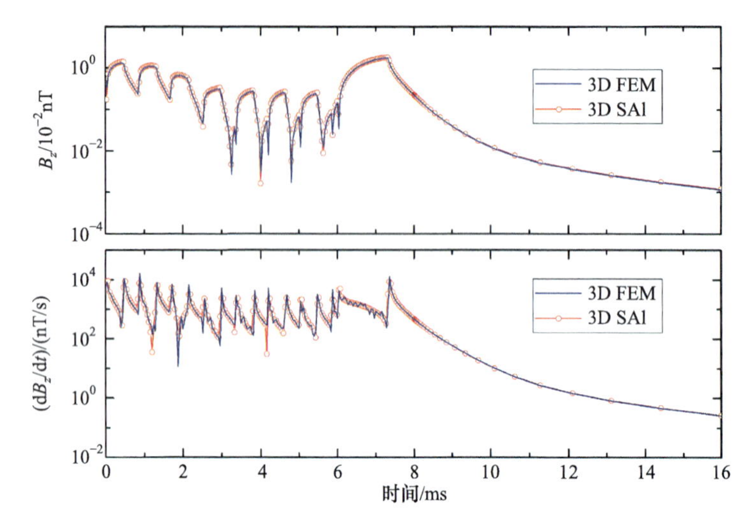

图 6.3.13　VTEM 系统实际发射波形瞬变电磁响应对比

第 7 章　多分辨瞬变电磁波场变换方法

7.1　瞬变电磁波场变换基本原理

瞬变场满足的电磁扩散方程主要刻画电磁涡流场的感应扩散特征，体积效应较强，因此基于扩散方程的偏移成像方法一般对电性界面的分辨能力较差。理论研究表明，将瞬变场转换成虚拟波场，就是把电磁响应中与传播有关的特征提取出来，对电磁波传播过程中与频散、衰减有关的特性进行压制或去除。大量的理论计算和实验表明：这种变换得到的虚拟波场，不仅满足波动方程，而且类似于地震子波一样，具有传播、反射、透射特征(李貅等，2013a，2005；薛国强等，2007，2006；陈本池等，1999)。

瞬变电磁场的波场变换：通过数学积分变换，将满足扩散方程的时间域瞬变电磁场转换为满足波动方程的波场，然后借助地震中发展起来的一些比较成熟的成像方法技术，求解被探目标体的物性和几何参数(李貅等，2013a)。

Weidelt(1972)、Kunetz(1972)、Levy 等(1988)、Lee 等(1989)的一些研究，都揭示了在层状大地介质中，电磁扩散方程与地震波动方程间存在有趣的数学对应形式，但他们研究问题的着眼点都是将地电模型的波场模拟结果变换成时间域电磁响应。这与学者的研究兴趣恰恰相反，学者希望通过波场逆变换，将已知时间域场转换为波场，这将有利于偏移及更加复杂的成像技术应用。

7.1.1　瞬变电磁场与虚拟波场关系式的建立

Lee 等于 1989 年在电性源基础上，建立了满足时间域扩散方程的电场强度 $E(t)$ 与虚拟波场的关系式，依据这一思路，本小节从麦克斯韦方程出发，建立以大定回线源为基础的时间域瞬变响应与虚拟波场的对应关系。

在均匀各向同性导电介质中，大定回线源以外的空间中，电磁场都满足麦克斯韦方程(李貅等，2021a；傅君眉等，2000；沃德，1978)：

$$\nabla \times \boldsymbol{E}(\boldsymbol{r},t) = -\frac{\partial}{\partial t}\boldsymbol{B}(\boldsymbol{r},t) \tag{7.1.1}$$

$$\nabla \times \boldsymbol{H}(\boldsymbol{r},t) = \sigma \boldsymbol{E}(\boldsymbol{r},t) + \frac{\partial}{\partial t}\boldsymbol{D}(\boldsymbol{r},t) \tag{7.1.2}$$

$$\nabla \cdot \boldsymbol{H}(\boldsymbol{r},t) = 0 \tag{7.1.3}$$

$$\nabla \cdot \boldsymbol{E}(\boldsymbol{r},t)=0 \tag{7.1.4}$$

其中，

$$\boldsymbol{B}(\boldsymbol{r},t)=\mu \boldsymbol{H}(\boldsymbol{r},t) \tag{7.1.5}$$

$$\boldsymbol{D}(\boldsymbol{r},t)=\varepsilon(\boldsymbol{r})\boldsymbol{E}(\boldsymbol{r},t) \tag{7.1.6}$$

对式(7.1.2)两端求旋度，并将式(7.1.5)、式(7.1.6)代入，得

$$\nabla\times\nabla\times\boldsymbol{H}(\boldsymbol{r},t)=-\sigma(\boldsymbol{r})\mu\frac{\partial}{\partial t}\boldsymbol{H}(\boldsymbol{r},t)+\mu\varepsilon(\boldsymbol{r})\frac{\partial^2}{\partial t^2}\boldsymbol{H}(\boldsymbol{r},t) \tag{7.1.7}$$

式中，$\mu=\mu_0$，为真空中的磁导率。

在导电介质中，如果忽略位移电流，则方程式(7.1.7)可化简为

$$\nabla\times\nabla\times\boldsymbol{H}(\boldsymbol{r},t)+\mu\sigma(\boldsymbol{r})\frac{\partial}{\partial t}\boldsymbol{H}(\boldsymbol{r},t)=0 \tag{7.1.8}$$

相应的初始和边界条件可写成

$$\boldsymbol{H}(\boldsymbol{r},0)=0,\quad \boldsymbol{H}\big|_{\Gamma}=\boldsymbol{H}(\boldsymbol{r}_0,t),\quad t>0$$

式中，Γ 是体积 V 是在 $\boldsymbol{r}=\boldsymbol{r}_b$ 时的边界，$\boldsymbol{r}_b$ 为边界到原点的距离。引入函数 $\boldsymbol{U}(\boldsymbol{r},\tau)$，得

$$\begin{cases}\nabla\times\nabla\times\boldsymbol{U}(\boldsymbol{r},\tau)+\mu\sigma(\boldsymbol{r})\dfrac{\partial^2}{\partial\tau^2}\boldsymbol{U}(\boldsymbol{r},\tau)=0\\ \boldsymbol{U}(\boldsymbol{r},0)=\dfrac{\partial}{\partial\tau}\boldsymbol{U}(\boldsymbol{r},\tau)\Big|_{\tau=0}=0\\ \boldsymbol{U}\big|_{\Gamma}=\boldsymbol{U}(\boldsymbol{r}_b,\tau),\quad \tau>0\end{cases} \tag{7.1.9}$$

对比式(7.1.8)和式(7.1.9)，可清楚地看到自变量 τ 是时间平方根的量纲，函数 $\boldsymbol{U}(\boldsymbol{r},\tau)$ 是以波速 $\dfrac{1}{\mu\sigma(\boldsymbol{r})}$ 传播的波场。分别对扩散方程[式(7.1.8)]中的 $\boldsymbol{H}(\boldsymbol{r},\tau)$ 从 t 到 s 和波动方程[式(7.1.9)]中的 $\boldsymbol{U}(\boldsymbol{r},\tau)$ 从 τ 到 p 进行拉普拉斯(Laplace)变换，得

$$\begin{cases}\nabla\times\nabla\times\hat{\boldsymbol{H}}(\boldsymbol{r},s)+\mu\sigma(\boldsymbol{r})s\hat{\boldsymbol{H}}(\boldsymbol{r},s)=0\\ \hat{\boldsymbol{H}}\big|_{\Gamma}=\hat{\boldsymbol{H}}(\boldsymbol{r}_b,s),\quad -\dfrac{\pi}{2}<\arg(s)<\dfrac{\pi}{2}\end{cases} \tag{7.1.10}$$

其中，

$$\hat{\boldsymbol{H}}(\boldsymbol{r},s)=\int_0^{\infty}\boldsymbol{H}(\boldsymbol{r},t)\mathrm{e}^{-st}\mathrm{d}t$$

还得到

$$\begin{aligned}&\nabla\times\nabla\times\hat{\boldsymbol{U}}(\boldsymbol{r},p)+\mu\sigma(\boldsymbol{r})p^2\hat{\boldsymbol{U}}(\boldsymbol{r},p)=0\\&\hat{\boldsymbol{U}}\Big|_{\Gamma}=\hat{\boldsymbol{U}}(\boldsymbol{r}_b,p),\quad -\frac{\pi}{2}<\arg(p)<\frac{\pi}{2}\end{aligned}\tag{7.1.11}$$

其中，

$$\hat{\boldsymbol{U}}(\boldsymbol{r},p)=\int_0^{\infty}\boldsymbol{U}(\boldsymbol{r},\tau)\mathrm{e}^{-st}\mathrm{d}t$$

如果令 $s=p^2$，则式(7.1.10)变为

$$\begin{cases}\nabla\times\nabla\times\hat{\boldsymbol{H}}(\boldsymbol{r},p^2)+\mu\sigma(\boldsymbol{r})p^2\hat{\boldsymbol{H}}(\boldsymbol{r},p^2)=0\\ \hat{\boldsymbol{H}}\Big|_{\Gamma}=\hat{\boldsymbol{H}}(\boldsymbol{r}_b,p^2),\quad -\frac{\pi}{2}<\arg(p^2)<\frac{\pi}{2}\end{cases}\tag{7.1.12}$$

将式(7.1.11)与式(7.1.12)相减，并取

$$\hat{\boldsymbol{D}}(\boldsymbol{r},p)=\hat{\boldsymbol{H}}(\boldsymbol{r},p^2)-\hat{\boldsymbol{U}}(\boldsymbol{r},p)$$

且 $\hat{\boldsymbol{D}}(\boldsymbol{r},p)$ 满足：

$$\begin{cases}\nabla\times\nabla\times\hat{\boldsymbol{D}}(\boldsymbol{r},p)+\mu\sigma(\boldsymbol{r})p^2\hat{\boldsymbol{D}}(\boldsymbol{r},p)=0\\ \hat{\boldsymbol{D}}\Big|_{\Gamma}=0,\quad -\frac{\pi}{4}<\arg(p)<\frac{\pi}{4}\end{cases}\tag{7.1.13}$$

将 $\hat{\boldsymbol{D}}(\boldsymbol{r},p)$ 的共轭函数 $\hat{\boldsymbol{D}}^*(\boldsymbol{r},p)$ 乘以式(7.1.13)并在体积 V 上做积分，得到

$$\int_V\left|\nabla\times\nabla\times\hat{\boldsymbol{D}}(\boldsymbol{r},p)\right|^2\mathrm{d}v+\mu p^2\int_C\sigma(\boldsymbol{r})\left|\hat{\boldsymbol{D}}(\boldsymbol{r},p)\right|^2\mathrm{d}v=0,\quad -\frac{\pi}{4}<\arg(p)<\frac{\pi}{4}$$

因此，只能有 $\hat{\boldsymbol{D}}(\boldsymbol{r},p)=0$，即

$$\hat{\boldsymbol{H}}(\boldsymbol{r},p^2)=\hat{\boldsymbol{U}}(\boldsymbol{r},p)$$

成立，去掉空间变量 r，并写成标量形式：

$$\int_0^{\infty}H(t)\mathrm{e}^{-p^2t}\mathrm{d}t=\int_0^{\infty}U(\tau)\mathrm{e}^{-p\tau}\mathrm{d}\tau$$

由于 $-\frac{\pi}{2}<\arg(s)<\frac{\pi}{2}$，由 $s=p^2$ 得

$$\int_0^{\infty}H(t)\mathrm{e}^{-st}\mathrm{d}t=\int_0^{\infty}U(\tau)\mathrm{e}^{-\sqrt{s}\tau}\mathrm{d}\tau$$

从 s 到 τ 进行 Laplace 反变换，得

$$H(t)=\frac{1}{2\sqrt{\pi t^3}}\int_0^{\infty}\tau\mathrm{e}^{-\tau^2/4t}U(\tau)\mathrm{d}\tau\tag{7.1.14}$$

这便是时域扩散场 $\boldsymbol{H}(\boldsymbol{r},t)$ 与虚拟波场 $\boldsymbol{U}(\boldsymbol{r},\tau)$ 之间的积分关系表达式。

7.1.2 波场反变换式的不适定性

1. 反问题与第一类算子方程的不适定性

7.1.1 小节给出了从波场到时域场的波场正变换式：

$$H(t)=\frac{1}{2\sqrt{\pi t^3}}\int_0^{\infty}\tau \mathrm{e}^{-\tau^2/4t}U(\tau)\mathrm{d}\tau$$

这一变换过程称为正问题(direct problem)。如果反过来，已知时域场求波场，则称为反问题(inverse problem)。

反问题往往和不适定性(ill-posedness)紧密相关，各种各样的反问题不仅出现于地球物理问题中，而且出现于数学本身。波场正变换式(7.1.14)是典型的第一类弗雷德霍姆(Fredholm)算子方程，具有一个重要的特征，就是不适定性。适定性(well-posedness)和不适定性的概念是阿达马(Hadamard)为了描述数学物理问题与定解条件的合理搭配，于 20 世纪初引入的（肖庭延等，2003）。

设 ρ_F 和 ρ_U 分别是空间 F 和 U 的度量，算子 $A:F\to U$ 表示线性或非线性映射到 U 。式(7.1.13)中的反问题可写成式(7.1.15)的第一类算子的形式：

$$Az=u,\quad z\in F,\quad u\in U \tag{7.1.15}$$

式中， A 可为积分算子，为此进行如下定义。

称问题方程式(7.1.15)为适定的，如果它同时满足下述三个条件：

(1) $\forall u\in V$ ，都存在 $z\in F$ 满足式(7.1.15)(解的存在性)；

(2) 设 u_1、 $u_2\in U$ ，若 z_1 和 z_2 分别是式(7.1.15)对应于 $u_1\neq u_2$ 的解，则 $z_1\neq z_2$ (解的唯一性)；

(3) 解相对于空间域 (F,U) 而言是稳定的(解的稳定性)，即 $\forall\varepsilon>0$ ，存在 $\delta(\varepsilon)>0$ ，只要

$$\rho_{U(u_1,u_2)}<\delta(\varepsilon)\quad (u_1,u_2\in U) \tag{7.1.16}$$

便有

$$\rho_{F(z_1,z_2)}<\varepsilon\quad (Az_1=u_1, Az_2=u_2) \tag{7.1.17}$$

反之，若上述三个条件中至少有一个不能满足，则称其为不适定性。

由此，知道解的存在性与唯一性取决于空间 (F,U) 与算子 A 的代数特征，即算子是否为满射，或是否为一对一映射(单射)；稳定性则取决于空间的拓扑性质，即逆算子 A^{-1} 是否连续。由此可见，问题的适定与不适定，不仅与算子 A 及其定义域和值域有关，而且与相应空间的度量有关。

此外，上面的三个适定性条件具有深刻的实际意义。首先，对于实际问题而

言，自然期望解是存在且唯一的。更重要的是，实际获取的数据资料都是近似的，即实际处理的是近似数据，而不是“精确”数据。“精确”数据往往是未知的，若原始数据小的误差导致近似解相对真解的严重偏离，则计算所得的数值结果毫无意义。

可见，在处理地球物理问题时，算子 A 的适定与否是非常重要的(傅淑芳等，1998；栾文贵，1989)。如何判断一个算子的适定性，可以用如下定理解决这一问题。

定理：设 $A: F \to U$ 为全连续算子(紧算子)，F、U 皆为巴拿赫(Banach)空间。若 A^{-1} 存在，则当 F、U 之中一个是无穷维时，必为无界算子，即在 U 上是不连续的。

由上述定理可知，具有全连续算子的第一类积分方程即使有解，也是不稳定的。再者，若它的值域非闭(由于存在观测误差，数据资料常常越出该算子的值域)，该方程无经典解。从而第一类积分方程[包括 Fredholm 方程和沃尔泰拉(Volterra)方程]一般是不适定的。

2. 波场变换方程的不适定性分析

波场变换的数值积分形式为

$$H(t) = \frac{1}{2\sqrt{\pi t^3}} \int_0^{\infty} \tau \mathrm{e}^{-\tau^2/4t} U(\tau) \mathrm{d}\tau \tag{7.1.18}$$

其离散数值积分形式可写为

$$f(x,y,z,t_i) = \sum_{j=1}^{n} u(x,y,z,\tau_j) a(t_i,\tau_j) \tag{7.1.19}$$

式中，

$$a(t_i,\tau_j) = \tau_j \mathrm{e}^{-\frac{\tau_j^2}{4t_i}} \tag{7.1.20}$$

为核函数，是随着 τ 的增加达到某一极值后快速衰减到零的函数，振幅如图 7.1.1 所示。对于不同的时刻，核函数曲线的形态基本一致，但不同时间核函数的振幅和虚拟时间 τ 的动态范围很大，这就导致核函数构成的系数矩阵条件数很大，不适定性将非常严重，不利于波场反变换的计算。

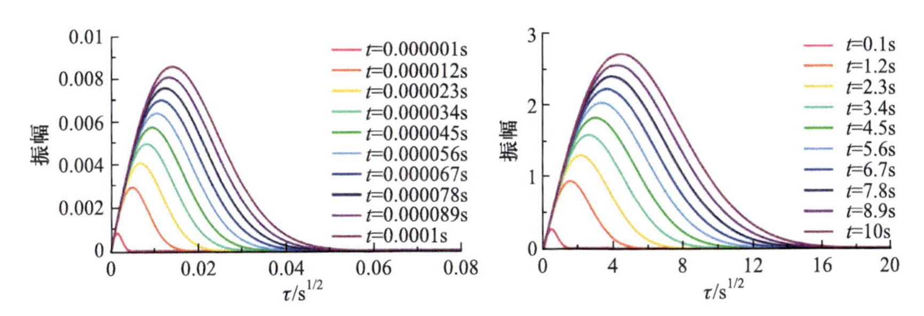

图 7.1.1　不同时间道核函数的展布图

对比了一些常规的离散方式的虚拟时间分布，包括等面积离散、对数等间距离散、高度等间距离散和线性等间距离散四种方式，如图 7.1.2 所示。根据不同离散方式选取虚拟时间，采用数值积分方法进行积分，比较各数值积分精度和离散

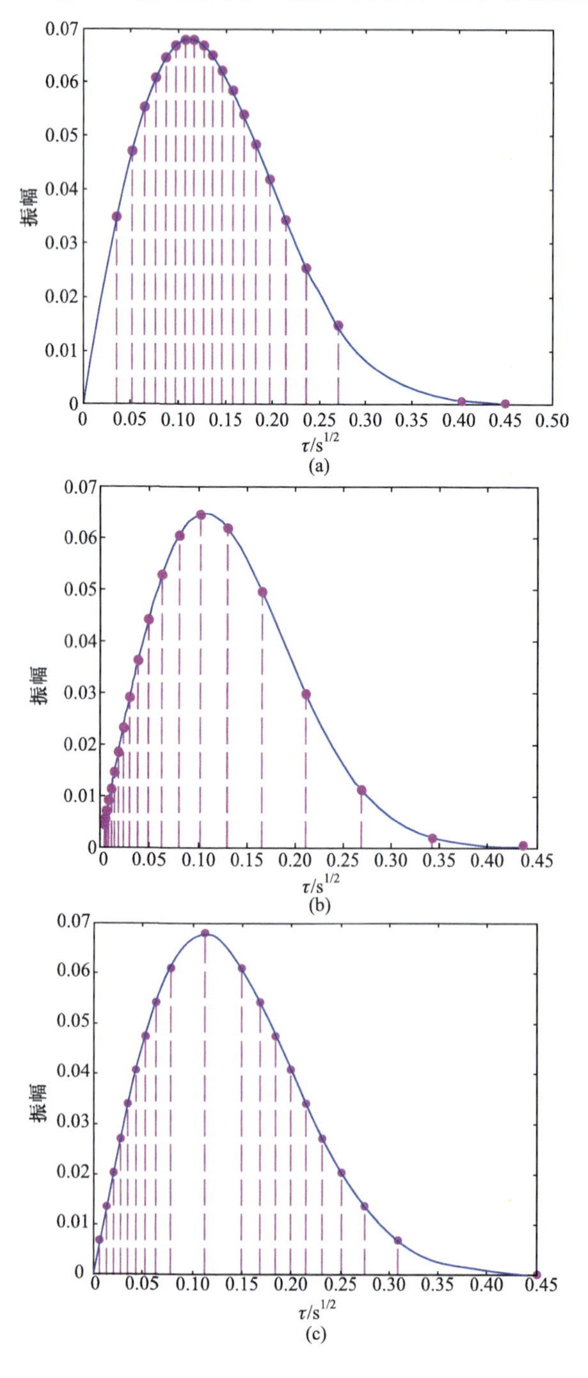

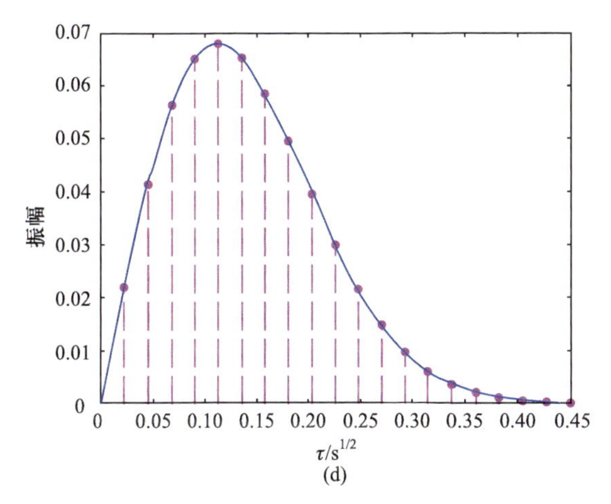

图 7.1.2　不同离散方式虚拟时间分布示意图

(a) 等面积离散；(b) 对数等间距离散；(c) 高度等间距离散；(d) 线性等间距离散

后系数矩阵条件数，如表 7.1.1 所示。通过比较，均方误差最小、形成系数矩阵条件数最少的是线性等间距离散。

表 7.1.1　不同离散方式比较

离散方式	均方误差/%	系数矩阵条件数 cond(*A*)
线性等间距离散	2.53	7.58×10^{18}
对数等间距离散	4.92	1.05×10^{19}
等面积离散	6.94	3.25×10^{20}
高度等间距离散	8.74	1.53×10^{19}

7.1.3　波场逆变换的共轭梯度正则化算法

波场逆变换是指已知瞬变电磁场 $f(x,y,z,t)$ 利用式(7.1.19)求出波场 $u(x,y,z,\tau)$。反变换的求解精度与正变换密切相关，波场变换式(7.1.19)是第一类 Fredhlom 型积分方程的离散形式，所得的系数矩阵通常是不稳定的，是典型的不适定问题，并随方程组阶数的增加，不适定性更加严重。考虑到波场变换离散形式[式(7.1.19)]中的系数矩阵条件数较大，单纯的正则化共轭梯度法或预条件共轭梯度法都不能很好地解决问题。因此，将两种方法相结合形成预条件正则化共轭梯度法(戚志鹏等，2013)。将式(7.1.19)写成矩阵形式：

$$\boldsymbol{AU}=\boldsymbol{F} \tag{7.1.21}$$

式中，$\boldsymbol{A}=[a_{ij}h_j]_{m\times n}$，系数矩阵 $\boldsymbol{A}$ 包含积分系数 w_j；$\boldsymbol{U}=[u_j]_{n\times1}$ 为虚拟子波；$\boldsymbol{F}=[f_i]_{m\times1}$ 为接收的瞬变场时间信号。

为了利用共轭梯度迭代，将式(7.1.21)转化为

$$\boldsymbol{A}^{\mathrm{T}}\boldsymbol{A}\boldsymbol{U}=\boldsymbol{A}^{\mathrm{T}}\boldsymbol{F} \tag{7.1.22}$$

只要 $\boldsymbol{A}$ 是列满秩矩阵， $\boldsymbol{A}^{\mathrm{T}}\boldsymbol{A}$ 就是对称正定矩阵，因此可以利用共轭梯度法。$\boldsymbol{A}^{\mathrm{T}}\boldsymbol{A}$ 的条件数较 $\boldsymbol{A}$ 的条件数更大，使方程的病态更加严重。为了进一步减小矩阵的条件数，改善方程的病态程度，在进行正则化共轭梯度之前，对系数矩阵进行预条件。预条件矩阵的构造采用超松弛预条件法，这是因为对称超松弛预条件是一种较为有效的预条件方法，不仅容易求得预条件子，而且有效减小矩阵的条件数(何樵登，1985；Spies et al.，1984)。

设矩阵

$$\boldsymbol{S}=\boldsymbol{L}^{\mathrm{T}}\boldsymbol{L}+\alpha\boldsymbol{D}^{\mathrm{T}}\boldsymbol{D} \tag{7.1.23}$$

可分解为

$$\boldsymbol{S}=\boldsymbol{M}-\boldsymbol{N} \tag{7.1.24}$$

其中，

$$\boldsymbol{M}=\frac{1}{\omega(2-\omega)}\left[\left(\boldsymbol{K}+\omega\boldsymbol{C}_{\mathrm{l}}\right)^{-1}\boldsymbol{K}^{-1}\left(\boldsymbol{K}+\omega\boldsymbol{C}_{\mathrm{u}}\right)\right] \tag{7.1.25}$$

$$\boldsymbol{N}=\frac{1}{\omega(2-\omega)}\left\{\left[(1-\omega)\boldsymbol{K}+\omega\boldsymbol{C}_{\mathrm{l}}\right]^{-1}\boldsymbol{K}^{-1}\left[(1-\omega)\boldsymbol{K}+\omega\boldsymbol{C}_{\mathrm{u}}\right]\right\} \tag{7.1.26}$$

$\boldsymbol{K}$、$\boldsymbol{C}_{\mathrm{l}}$ 和 $\boldsymbol{C}_{\mathrm{u}}$ 分别为 $\boldsymbol{S}$ 的对角元、下三角元和上三角元；ω 为(0,2)内的参数。于是，可以选择预条件矩阵 $\boldsymbol{P}$：

$$\boldsymbol{P}=\left(\boldsymbol{K}+\omega\boldsymbol{C}_{\mathrm{l}}\right)^{-1}\boldsymbol{K}^{-1}\left(\boldsymbol{K}+\omega\boldsymbol{C}_{\mathrm{u}}\right) \tag{7.1.27}$$

数学上已经证明经过超松预条件，矩阵条件数降为原来的平方根。

假设根据矩阵 $\boldsymbol{A}(v)$ 构造的预条件子为 $\boldsymbol{M}(v)$，构造新的方程如式(7.1.28)所示。矩阵 $\boldsymbol{M}(v)^{-1}\boldsymbol{A}(v)$ 接近单位阵，因此迭代很快收敛。具体计算过程如图 7.1.3 所示，其中 $k_{\max}$ 为外层循环最大迭代次数，ε 为正则化共轭梯度法迭代终止条件，l 为内层循环次数，$l_{\max}$ 为内层循环最大的迭代次数，$\theta^{(l-1)}$ 为内层循环下的残差，b 为式(7.1.21)的右端项，ξ 为内层共轭梯度迭代终止条件，v 为选定的正则化参数，有

$$\boldsymbol{M}(v)^{-1}\boldsymbol{A}(v)x=\boldsymbol{M}(v)^{-1}\left(vx^{k}+\boldsymbol{F}\right) \tag{7.1.28}$$

式中，x^k 为第 k 次迭代的 x 值，x 的初值 $x^{(0)}$ 选为单位向量；$\boldsymbol{A}(v)=v\boldsymbol{I}+\boldsymbol{A}^{\mathrm{T}}\boldsymbol{A}$，$\boldsymbol{I}$ 为单位矩阵。

正则化参数 v 的选择非常重要，正则化参数 $v(\delta)$ 使 $\boldsymbol{U}$ 在近似性与稳定性之间

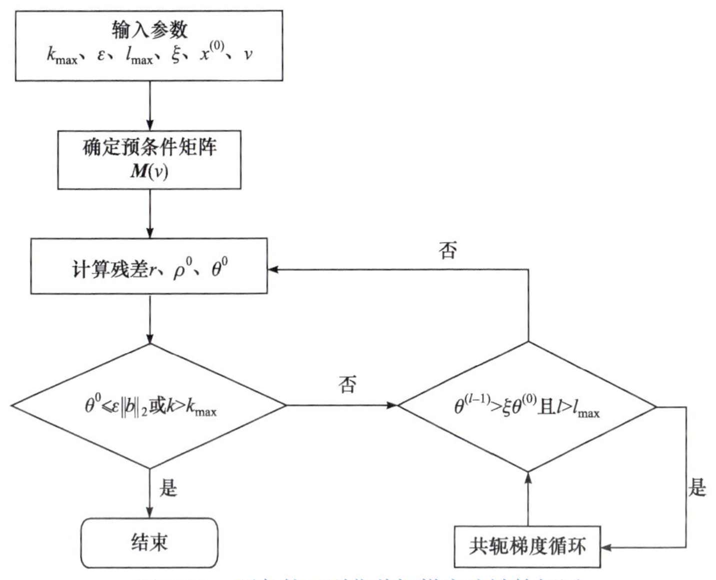

图 7.1.3　预条件件正则化共轭梯度法计算框图

进行优化选择。Zhdanov 等(2006，2004)提出正则化因子不断递减的自适应算法，并与 L 曲线法进行比较，认为自适应算法所得反演结果不逊于 L 曲线法。L 曲线法需要通过多次反演计算来确定最佳的正则化因子，计算量将成倍增长，而自适应算法只需在每次迭代前确定参与当次反演的正则化因子，因此可以大大减少计算时间。王彦飞(2007)依据偏差原理提出采用重开始共轭梯度(RSCG)法计算最佳正则化因子，并与共轭梯度归一化残差(CGNR)和共轭梯度外推残差(CGER)方法进行比较，认为 RSCG 法更加稳定(Wang，2003)。

按照王彦飞(2007)重开始共轭梯度(RSCG)计算方法，根据部分先验信息来选择最优的正则化参数值。正则化因子 v 为渐变的量，其初始值 v_0 为数据拟合泛函与稳定泛函的比值，在前期大量模拟计算的基础上基本可以确定正则化参数的初值，根据经验可以取 v_0 等于 0.00005，为分段最大的正则化因子。在此后的迭代过程中，如果数据拟合残差随迭代次数逐渐变小，正则化因子可保持不变，否则按照式(7.1.29)进行选择：

$$v = v_0 \xi^k, \quad k = 0,1\cdots \tag{7.1.29}$$

式中，ξ 为经验系数，$\xi > 1$；k 为预条件正则化共轭梯度(PRCG)迭代过程中的迭代次数。

在完成积分离散及正则化参数选择后，对式(7.1.22)运用预条件正则化共轭梯度法进行求解计算。取波场理论值 $u(x,y,z,\tau)=1$，这时方程为一简单积分，求得函数值 $f(x,y,z,t)=1/\sqrt{\pi t}$。正则化参数估计结果如表 7.1.2 所示，为适用时间区间[0.000078s, 0.006280s]的正则化参数。利用 PRCG 法求得反变换结果如图 7.1.4 所示，最大误差小于 2%，可知本小节所述方法满足要求。

表 7.1.2　正则化参数估计结果

正则化因子 v	迭代步数	均方差
0.0011285	308226	2.006%

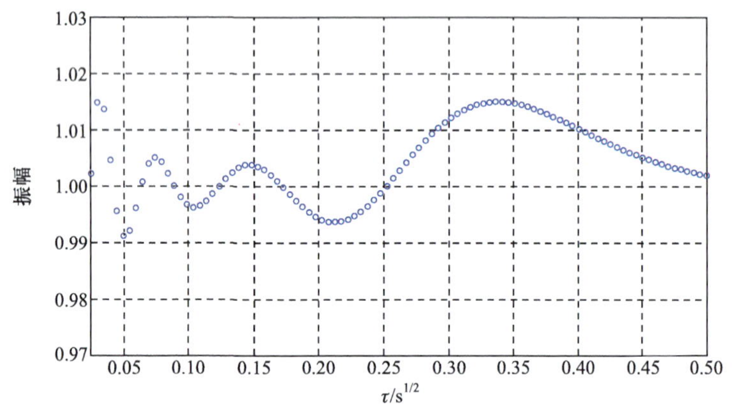

图 7.1.4　波场反变换结果

7.2　基于电磁波场降速的多分辨波场变换方法理论

电磁波的速度太快，严重影响了场的分辨率。在波场变换中引入降速因子，用数学的方法使虚拟电磁波场的速度降下来，可以有效地提高电磁波场的分辨率。在瞬变电磁波场变换的理论研究中，虚拟波场的传播速度仍然是一个相对固定的量 $-1/\sqrt{\sigma\mu}$。降低虚拟波场的速度是进一步分离提取、突出放大有用探测信号的突破口，因此亟须在波场变换理论中建立降低虚拟波场速度的方法，完善和优化瞬变电磁波场变换理论，为探测成像提供更优质的虚拟波场信号。

7.2.1　瞬变电磁虚拟波场降速方程与波场变换关系

根据地球物理电磁理论，此条件下的位移电流密度远小于传导电流密度，位移电流的影响可以被忽略，电磁场主要按照扩散规律传播，电磁场的控制方程简化为扩散方程。“虚拟波场”是在导电介质中假设的一个满足波动方程的虚拟场，按照“波动”的形式和规律传播。引入其是希望通过波动的特性感知导电介质间的分界面，刻画地下电性结构信息。本小节将从电磁场的基本方程出发，讨论虚拟波场的速度及降速方法。

1. 瞬变电磁虚拟波场的降速方程

非磁性、无源、均匀导电大地中的时间域麦克斯韦方程组为

$$\nabla \times \boldsymbol{H}(\boldsymbol{r},t) - \sigma \boldsymbol{E}(\boldsymbol{r},t) = 0 \tag{7.2.1}$$

$$\nabla \times \boldsymbol{E}(\boldsymbol{r},t) + \mu \frac{\partial \boldsymbol{H}(\boldsymbol{r},t)}{\partial t} = 0 \tag{7.2.2}$$

$$\nabla \cdot \boldsymbol{H}(\boldsymbol{r},t) = 0 \tag{7.2.3}$$

$$\nabla \cdot \boldsymbol{E}(\boldsymbol{r},t) = 0 \tag{7.2.4}$$

式中，$\boldsymbol{H}(\boldsymbol{r},t)$为磁场强度；$\boldsymbol{E}(\boldsymbol{r},t)$为电场强度；$\boldsymbol{r}$ 为空间坐标；t 为场的传播时间；μ 为真空磁导率；σ 为地下介质的电导率。根据电磁场理论，上述表达式中的电磁场量均满足如下形式的扩散方程和定解条件：

$$\begin{cases} \Delta W(\boldsymbol{r},t) - \mu\sigma \dfrac{\partial W(\boldsymbol{r},t)}{\partial t} = 0 \\ W(\boldsymbol{r},0) = 0, \;\; W(\boldsymbol{r}_b,t) = W_\Gamma \end{cases} \quad (t>0) \tag{7.2.5}$$

式中，Δ为拉普拉斯算子；$W(\boldsymbol{r},t)$为电磁场量，是扩散方程[式(7.2.5)]的解；介质的电导率 σ 决定电磁扩散的速率；Γ 为体积为 V 的区域在 $\boldsymbol{r}=\boldsymbol{r}_b$ 处的边界。因此，将导电大地中的电磁场称为扩散电磁场。假设虚拟波场满足如下形式的波动方程和定解条件：

$$\begin{cases} \Delta W'(\boldsymbol{r},t) - \mu\sigma' \dfrac{\partial^2 W'(\boldsymbol{r},q)}{\partial q^2} = 0 \\ W'(\boldsymbol{r},0) = \dfrac{\partial}{\partial q} W'(\boldsymbol{r},q)\Big|_{q=0} = 0 \\ W'(\boldsymbol{r}_b,q) = W'_\Gamma \end{cases} \quad (q>0) \tag{7.2.6}$$

式中，$W'(\boldsymbol{r},q)$ 为虚拟波场的场量，也是波动方程[式(7.2.6)]的解；q 为记录虚拟波场传播的虚拟时间变量(以下简称“虚拟时间”)；σ' 为虚拟电导率。这里，设虚拟电导率 σ' 与导电介质电导率 σ 之间满足如下对应关系：

$$\sigma = \alpha\sigma' \tag{7.2.7}$$

式中，α 为大于零的实数。若假设 σ' 与介电常数的量纲相同，则 α 就是伸缩参数(scaling parameter)。由式(7.2.7)可知，虚拟波场在介质中的传播速度(以下简称“虚拟波速”)为

$$v' = \sqrt{\frac{1}{\mu_0\sigma'}} = \sqrt{\frac{\alpha}{\mu_0\sigma}} \tag{7.2.8}$$

根据 μ_0、σ 和 α 的量纲，虚拟波速 v' 的单位是 m/s，那么虚拟时间 q 与时间 t 具有相同的量纲，这将为后面的分析提供方便。至此，式(7.2.8)引入了虚拟波场的速度和改变其大小的方法——在电导率 σ 一定的情况下，虚拟波速的大小与伸缩参数 α 的平方根成正比，虚拟波场的传播速度随 α 的减小而减小。将式(7.2.8)代入式(7.2.7)，可得瞬变电磁虚拟波场降速方程：

$$\begin{cases} \Delta W'(\boldsymbol{r},t)-\dfrac{1}{v'^2}\dfrac{\partial^2 W'(\boldsymbol{r},q)}{\partial q^2}=0 \\ W'(\boldsymbol{r},0)=\dfrac{\partial}{\partial q}W'(\boldsymbol{r},q)\bigg|_{q=0}=0 \quad (q>0) \\ W'(\boldsymbol{r}_b,q)=W'_\Gamma \end{cases} \tag{7.2.9}$$

2. 瞬变电磁场与虚拟波场间的波场变换关系

在降低虚拟波速的条件下，为推导导电大地中瞬变电磁场与虚拟波场间的波场变换关系，引入变量 s、p 和拉普拉斯变换表达式：

$$\begin{cases} F(s)=\displaystyle\int_0^{+\infty} f(t)\mathrm{e}^{-st}\mathrm{d}t \\ f(t)=\displaystyle\int_0^{+\infty} F(s)\mathrm{e}^{st}\mathrm{d}s \end{cases},\quad \begin{cases} F(p)=\displaystyle\int_0^{+\infty} f(q)\mathrm{e}^{-pq}\mathrm{d}q \\ f(q)=\displaystyle\int_0^{+\infty} F(p)\mathrm{e}^{pq}\mathrm{d}p \end{cases} \tag{7.2.10}$$

对式(7.2.6)和式(7.2.7)做拉普拉斯变换，得

$$\begin{cases} \Delta W(\boldsymbol{r},s)-\mu\sigma s W(\boldsymbol{r},s)=0 \\ W(\boldsymbol{r}_b,s)=W_\Gamma \end{cases} \quad \left(-\frac{\pi}{2}<\arg(s)<\frac{\pi}{2}\right) \tag{7.2.11}$$

和

$$\begin{cases} \Delta W'(\boldsymbol{r},p)-\mu\sigma' p^2 W'(\boldsymbol{r},p)=0 \\ W'(\boldsymbol{r}_b,p)=W'_\Gamma \end{cases} \quad \left(-\frac{\pi}{2}<\arg(p)<\frac{\pi}{2}\right) \tag{7.2.12}$$

对自变量进行代换：

$$p^2=\alpha s \tag{7.2.13}$$

并代入式(7.2.7)，则可将式(7.2.11)整理为

$$\begin{cases} \Delta W\left(\boldsymbol{r},\dfrac{p^2}{\alpha}\right)-\mu\sigma' p^2 W\left(\boldsymbol{r},\dfrac{p^2}{\alpha}\right)=0 \\ W\left(\boldsymbol{r}_b,\dfrac{p^2}{\alpha}\right)=W_\Gamma \end{cases} \quad \left(-\frac{\pi}{4}<\arg(p)<\frac{\pi}{4}\right) \tag{7.2.14}$$

将式(7.2.14)与式(7.2.12)相减，得

$$\Delta W\left(\boldsymbol{r},\frac{p^2}{\alpha}\right)-\mu\sigma' p^2 W\left(\boldsymbol{r},\frac{p^2}{\alpha}\right)-\Delta W'(\boldsymbol{r},p)+\mu\sigma' p^2 W'(\boldsymbol{r},p)=0$$

$$\Rightarrow \Delta W\left(\boldsymbol{r},\frac{p^2}{\alpha}\right)-\Delta W'(\boldsymbol{r},p)-\mu\sigma' p^2\left[W\left(\boldsymbol{r},\frac{p^2}{\alpha}\right)-W'(\boldsymbol{r},p)\right]=0 \tag{7.2.15}$$

并取

$$D(\boldsymbol{r},p)=W\left(\boldsymbol{r},\frac{p^2}{\alpha}\right)-W'(\boldsymbol{r},p) \tag{7.2.16}$$

和

$$W_\Gamma = W'_\Gamma \tag{7.2.17}$$

可得

$$\begin{cases} D(\boldsymbol{r},p)-\mu\sigma' p^2 D(\boldsymbol{r},p)=0 \\ D(\boldsymbol{r}_b,p)=0 \end{cases} \left(-\frac{\pi}{4}<\arg(p)<\frac{\pi}{4}\right) \tag{7.2.18}$$

根据 Lee 等(1989)、李貅等(2013a)学者的推导可知，式(7.2.18)仅在

$$D(\boldsymbol{r},p)=0 \tag{7.2.19}$$

时成立，进而得出导电介质中电磁场 $W(\boldsymbol{r},s)$和虚拟波场$W'(\boldsymbol{r},p)$在复频域内的等式关系：

$$\begin{cases} W(\boldsymbol{r},s)=W\left(\boldsymbol{r},\frac{p^2}{\alpha}\right)=W'(\boldsymbol{r},p) \\ -\frac{\pi}{2}<\arg(s)<\frac{\pi}{2} \end{cases} \left(-\frac{\pi}{4}<\arg(p)<\frac{\pi}{4}\right) \tag{7.2.20}$$

再由拉普拉斯变换[式(7.2.10)]和式(7.2.13)，可将式(7.2.20)写成

$$\begin{cases} \int_0^{+\infty} W(\boldsymbol{r},t)\mathrm{e}^{-st}\mathrm{d}t=\int_0^{+\infty} W'(\boldsymbol{r},q)\mathrm{e}^{-pq}\mathrm{d}q \overset{p=\sqrt{\alpha s}}{=} \int_0^{+\infty} W'(\boldsymbol{r},q)e^{-q\sqrt{\alpha s}}\mathrm{d}q \\ -\frac{\pi}{2}<\arg(s)<\frac{\pi}{2} \end{cases} \tag{7.2.21}$$

利用如下拉普拉斯变换对：

$$\mathcal{L}\left[\frac{k}{2\sqrt{\pi t^3}}\exp\left(-\frac{k^2}{4t}\right)\right]=\exp\left(-k\sqrt{s}\right),\quad k>0 \tag{7.2.22}$$

对式(7.2.22)两边同时做拉普拉斯反变换(从 s 到 t)，并令

$$k = q\sqrt{\alpha} \tag{7.2.23}$$

在交换积分次序后，可得导电介质中时间域电磁场 $W(\boldsymbol{r},t)$和虚拟波场$W'(\boldsymbol{r},p)$之间的波场变换关系：

$$\begin{aligned} W(\boldsymbol{r},t) &= \int_0^{+\infty}\left[\int_0^{+\infty} W'(\boldsymbol{r},q)\mathrm{e}^{-q\sqrt{\alpha s}}\mathrm{d}q\right]\mathrm{e}^{st}\mathrm{d}s \\ &= \int_0^{+\infty} W'(\boldsymbol{r},q)\left(\int_0^{+\infty}\mathrm{e}^{-q\sqrt{\alpha s}}\mathrm{e}^{st}\mathrm{d}s\right)\mathrm{d}q \\ &= \int_0^{+\infty} W'(\boldsymbol{r},q)\boldsymbol{K}_F(q,t,\alpha)\mathrm{d}q \end{aligned} \tag{7.2.24}$$

其中，

$$\boldsymbol{K}_F(q,t,\alpha)=\frac{q\sqrt{\alpha}}{\sqrt{4\pi t^3}}\exp\left(-\frac{\alpha q^2}{4t}\right) \tag{7.2.25}$$

是决定波场变换[式(7.2.24)]对虚拟波场作用效果的积分核函数。

由于瞬变电磁法中经常采用接收线圈或探头测量二次场的感应电动势，因此对式(7.2.24)中的时间 t 求导可得导电介质中场的时间导数对应的波场变换表达式：

$$\begin{aligned} \frac{\partial W(\boldsymbol{r},t)}{\partial t} &= \frac{\partial}{\partial t}\left[\int_0^{+\infty} W'(\boldsymbol{r},q)\frac{q\sqrt{\alpha}}{2\sqrt{\pi t^3}}\exp\left(-\frac{\alpha q^2}{4t}\right)\mathrm{d}q\right] \\ &= \frac{\sqrt{\alpha}}{2\sqrt{\pi}}\frac{\partial}{\partial t}\left[\int_0^{+\infty} W'(\boldsymbol{r},q)\frac{q}{\sqrt{t^3}}\exp\left(-\frac{\alpha q^2}{4t}\right)\mathrm{d}q\right] \\ &= \int_0^{+\infty} W'(\boldsymbol{r},q)\boldsymbol{K}_D(q,t,a)\mathrm{d}q \end{aligned} \tag{7.2.26}$$

其中，

$$\boldsymbol{K}_D(q,t,\alpha) = \frac{\sqrt{\alpha}}{4\sqrt{\pi t^3}}\left(\frac{\alpha q^2}{2t^2}-\frac{3}{t}\right)q\exp\left(-\frac{\alpha q^2}{4t}\right) \tag{7.2.27}$$

是决定波场变换[式(7.2.26)]对虚拟波场作用效果的积分核函数。

将已知虚拟波场通过式(7.2.24)和式(7.2.26)的积分求取导电介质中电磁场分量的过程，称为波场正变换；将从瞬变电磁响应的电场强度分量 $\boldsymbol{E}(\boldsymbol{r},t)$、磁感应强度分量 $\boldsymbol{B}(\boldsymbol{r},t)$或磁感应强度的时间导数分量(又称为“二次场感应电动势”)$\partial\boldsymbol{B}(\boldsymbol{r},t)/\partial t$中提取虚拟波场$W'(\boldsymbol{r},q)$的转换过程，称为波场反变换。另外，为便于交流，与时间域和频率域的叫法相区分，将虚拟波场所在的域称为 q 域。

7.2.2 基于虚拟波场降速的瞬变电磁波场反变换方法

从伸缩参数 α 入手，回答如何将瞬变电磁响应信号转换成虚拟波场，在此基础上探究并破解利用伸缩参数 α 提高虚拟波场提取精度、突出电性界面的实现方法。之后，分析典型地电断面瞬变电磁响应信号中提取的虚拟波场响应特征，从瞬变电磁响应信号中提取虚拟波场就是求解波场变换表达式[式(7.2.24)和式(7.2.26)]对应的反问题。可分别将波场变换表达式[式(7.2.24)和式(7.2.26)]写成式(7.2.28)和式(7.2.29)的矩阵形式：

$$\boldsymbol{D}_F = \boldsymbol{K}_F \boldsymbol{U} \tag{7.2.28}$$

和

$$\boldsymbol{D}_D = \boldsymbol{K}_D \boldsymbol{U} \tag{7.2.29}$$

式中，$\boldsymbol{D}_F$ 和 $\boldsymbol{D}_D$ 为 M 维列向量，分别对应瞬变电磁响应的场值分量 $W(\boldsymbol{r},t)$ 和场值的时间导数分量 $\partial W(\boldsymbol{r},q)/\partial t$；$\boldsymbol{U}$ 为 N 维列向量，对应从瞬变电磁响应信号中提取的虚拟波场；$\boldsymbol{K}_F$ 和 $\boldsymbol{K}_D$ 分别对应式(7.2.25)和式(7.2.27)，是 $M\times N$ 维的核函数矩阵，矩阵中第 m 行第 n 列的元素分别由式(7.2.30)和式(7.2.33)给出：

$$\boldsymbol{K}_F(t_m,q_n,\alpha) = \int_{q_{n-1}}^{q_n} \frac{q\sqrt{\alpha}}{\sqrt{4\pi t_m^{\ 3}}} \exp\left(-\frac{\alpha q^2}{4t_m}\right) \mathrm{d}q = -\frac{1}{\sqrt{\pi\alpha t_m}} \exp\left(-\frac{\alpha q^2}{4t_m}\right)\Bigg|_{q_{n-1}}^{q_n} \tag{7.2.30}$$

$$\begin{aligned}\boldsymbol{K}_D(t_m,q_n,\alpha) &= \int_{q_{n-1}}^{q_n} \frac{\sqrt{\alpha}}{4\sqrt{\pi t_m^{\ 3}}} \left(\frac{\alpha q^2}{2t_m^{\ 2}} - \frac{3}{t_m}\right) q \exp\left(-\frac{\alpha q^2}{4t_m}\right) \mathrm{d}q \\ &= \frac{\sqrt{\alpha^3}}{8\sqrt{\pi t_m^{\ 7}}} \int_{q_{n-1}}^{q_n} q^3 \exp\left(-\frac{\alpha q^2}{4t_m}\right) \mathrm{d}q - \frac{3\sqrt{\alpha}}{4\sqrt{\pi t_m^{\ 5}}} \int_{q_{n-1}}^{q_n} q \exp\left(-\frac{\alpha q^2}{4t_m}\right) \mathrm{d}q\end{aligned} \tag{7.2.31}$$

又

$$\begin{aligned}&\frac{\sqrt{\alpha^3}}{8\sqrt{\pi t_m^{\ 7}}} \int_{q_{n-1}}^{q_n} q^3 \exp\left(-\frac{\alpha q^2}{4t_m}\right) \mathrm{d}q \\ &= -\frac{\sqrt{\alpha}}{4\sqrt{\pi t_m^{\ 5}}} q^2 \exp\left(-\frac{\alpha q^2}{4t_m}\right)\Bigg|_{q_{n-1}}^{q_n} + \frac{\sqrt{\alpha}}{2\sqrt{\pi t_m^{\ 5}}} \int_{q_{n-1}}^{q_n} q \exp\left(-\frac{\alpha q^2}{4t_m}\right) \mathrm{d}q\end{aligned} \tag{7.2.32}$$

所以

$$\boldsymbol{K}_D(t_m,q_n,\alpha) = -\frac{\sqrt{\alpha}}{4\sqrt{\pi t_m^{\ 5}}} q^2 \exp\left(-\frac{\alpha q^2}{4t_m}\right)\Bigg|_{q_{n-1}}^{q_n} + \frac{1}{2\sqrt{\alpha\pi t_m^{\ 3}}} \exp\left(-\frac{\alpha q^2}{4t_m}\right)\Bigg|_{q_{n-1}}^{q_n} \tag{7.2.33}$$

求取核函数矩阵 $\boldsymbol{K}_F$ 和 $\boldsymbol{K}_D$ 中元素，就是解输入信号 $W'(\boldsymbol{r},q)=1$ 时式(7.2.25)和

式(7.2.27)在离散区间内的定积分，其计算精度与效率直接关系到波场正变换的精度与效率。考虑到式(7.2.25)和式(7.2.27)积分核函数随 q、t 和 α 的变化规律，需要针对 α 和 t 的取值合理选取积分区间$[q_{\min}, q_{\max}]$、离散方式及离散步长。本小节从场值与场值时间导数对应的积分核函数积分入手，在保证积分精度的前提下研究并优化虚拟时间 q 的取值范围与数值离散方法。

对于场值的变换，利用式(7.2.34)特殊积分：

$$\int_0^u x\exp(-ax^2)\mathrm{d}x = \frac{1}{2a}\left[1-\exp(-au^2)\right] \tag{7.2.34}$$

在 $u\to+\infty$时，有

$$\int_0^{+\infty} x\exp(-ax^2)\mathrm{d}x = \frac{1}{2a} \tag{7.2.35}$$

令 $a=\dfrac{\alpha}{4t}$，当$W'(\boldsymbol{r},q)=1$时，式(7.2.24)有解析解：

$$\int_0^{\infty} \frac{q\sqrt{\alpha}}{\sqrt{4\pi t^3}}\exp\left(-\frac{\alpha q^2}{4t}\right)\mathrm{d}q = \frac{1}{\sqrt{\alpha\pi t}} \tag{7.2.36}$$

对于场值时间导数的变换，利用式(7.2.37)特殊积分：

$$\int_0^u x^3\exp(-a^2x^2)\mathrm{d}x = \frac{1}{2a^4}\left[1-(1+a^2u^2)\exp(-a^2u^2)\right] \tag{7.2.37}$$

在 $u\to+\infty$时，有

$$\int_0^{\infty} x^3\exp(-a^2x^2)\mathrm{d}x = \frac{1}{2a^4} \tag{7.2.38}$$

令 $a^2=\dfrac{\alpha}{4t}$，当$W'(\boldsymbol{r},q)=1$时，式(7.2.26)有解析解：

$$\int_0^{\infty} \frac{\sqrt{\alpha}}{4\sqrt{\pi t^3}}\left(\frac{\alpha q^2}{2t^2}-\frac{3}{t}\right)q\exp\left(-\frac{\alpha q^2}{4t}\right)\mathrm{d}q = -\frac{1}{2\sqrt{\alpha\pi t^3}} \tag{7.2.39}$$

对比可知，式(7.2.39)正是对式(7.2.36)中时间 t 求导所得的结果。以式中解析解为准绳，讨论 q 的取值范围$[q_{\min}, q_{\max}]$、q 的离散方式、t 的取值范围$[t_{\min}, t_{\max}]$及 α 的取值之间的关系，其思路流程如图 7.2.1 所示。①选取足够小的积分下限 $q_{\min}^*$，求取满足积分精度要求的最小积分上限 $q_{\max}^*$；②利用求取的积分上限 $q_{\max}^*$，求取满足积分精度要求的最大积分下限 $q_{\min}$；③在求取的积分区间$[q_{\min}, q_{\max}^*]$内，固定 $t_{\min}$ 和 $q_{\min}$ 的取值，讨论 $t_{\max}$ 变化时满足积分精度的最小积分上限 $q_{\max}$，得到当前 α 取值下$[q_{\min}, q_{\max}]$和 t 取值的关系。在此基础上，变化 α 的取值，重复图 7.2.1 三步最优化步骤，讨论$[q_{\min}, q_{\max}]$、α 和 t 三者间的取值关系。考虑到探测深度的实际需求，t 的取值范围$[t_{min}, t_{max}]$确定为$[10^{-5}, 10^{-1}]$，并据此研究$[q_{min}, q_{max}]$、$[t_{min}, t_{max}]$和 α 取值之间的关系。场值和场值时间导数这两个分量的讨论过程基本一致。

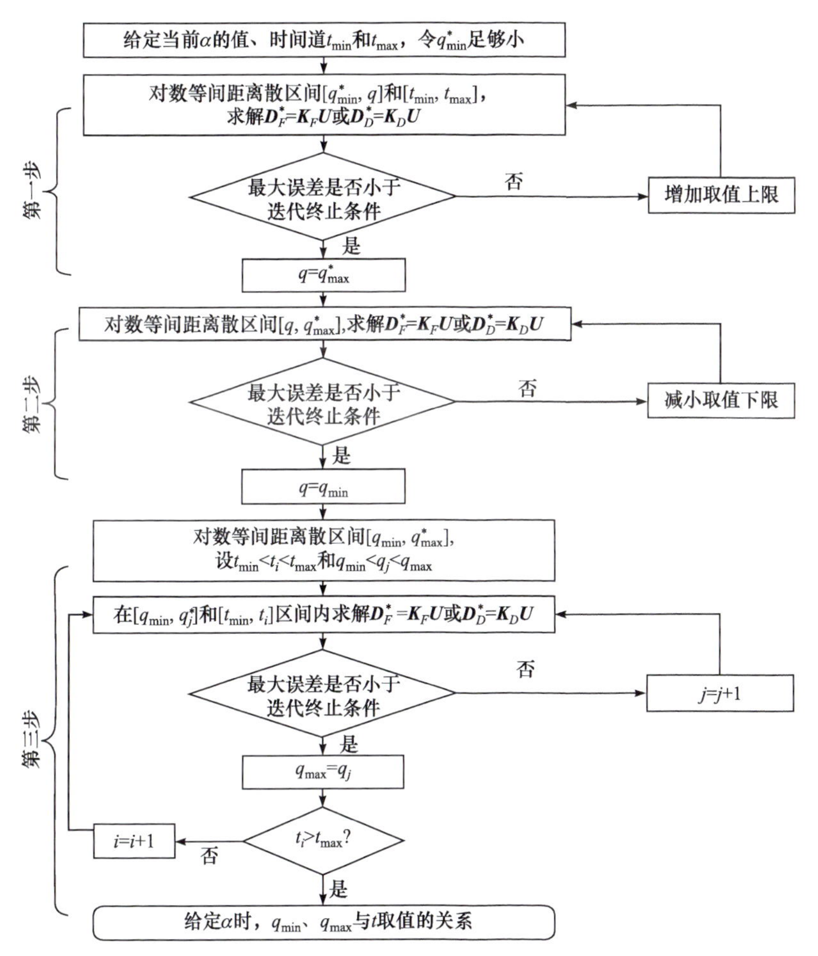

图 7.2.1　三步最优化思路流程图(范克睿，2021)

7.2.3　基于瞬变电磁虚拟波场降速提取的模型的试验验证

认识到降低虚拟波场速度是在对应条件下改善虚拟波场提取的重要手段后，需要研究并掌握从瞬变电磁信号中提取的虚拟波场在不同地层条件下的响应特征。为此，以典型地电断面的界面深度和低阻层厚度为主要控制变量，设计一系列模型，在得到瞬变电磁正演响应信号后，分析总结从中提取的虚拟波场响应特征。为突出波场信息，对提取的虚拟波场采取道均衡运算处理，以弱化无关因素。为便于对比响应特征，在进行虚拟波场提取时，选取固定 α 取值和多个 α 取值两种方法，通过对比，验证瞬变电磁虚拟波场降速提取的多分辨效果。

1. 不同深度电性界面的固定 α 虚拟波场提取及响应特征

研究电性界面深度这一因素对提取虚拟波场特征的影响。对如图 7.2.2 所示的观测系统，保持第一层和第二层介质的电导率不变，将第一层介质的厚度 d 分别设为 100m、300m 和 500m。对正演模拟后的瞬变电磁响应信号进行虚拟波场提取，结果如图 7.2.3 所示，为便于说明问题，图中用两条虚线表示提取的虚拟波场，其中靠下方的虚线对应来自地下电性界面的虚拟波场反射波。

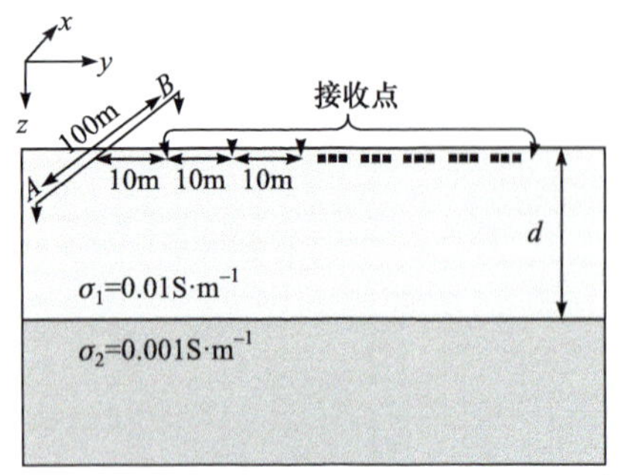

图 7.2.2　电性源瞬变电磁观测系统模型示意图

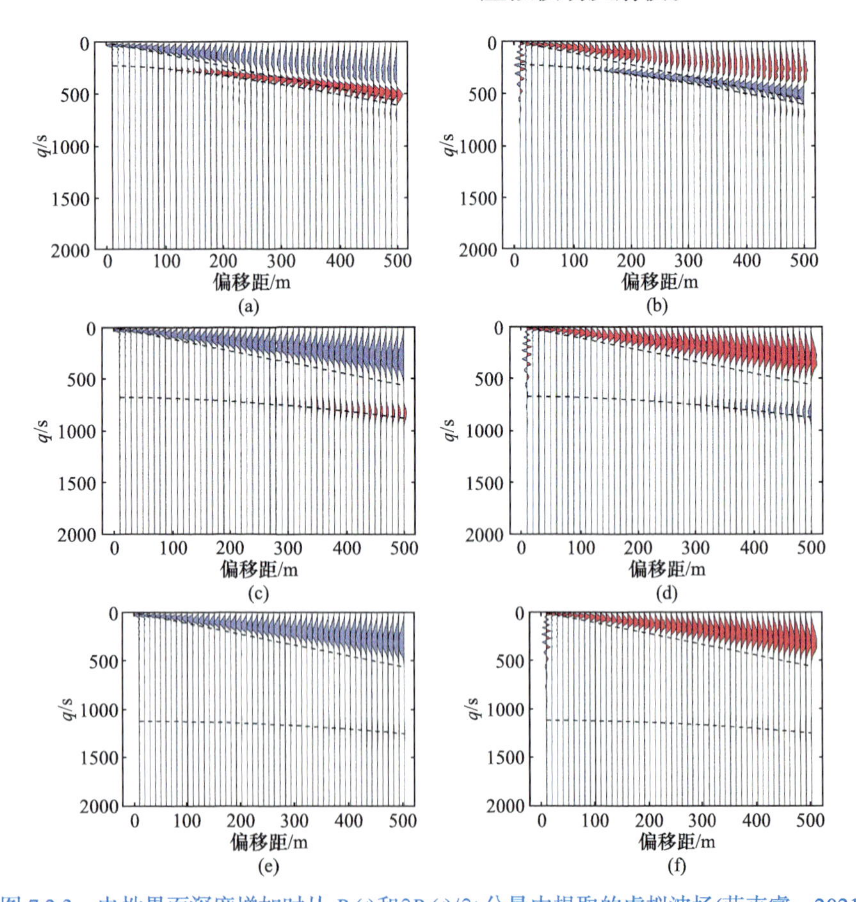

图 7.2.3　电性界面深度增加时从 $B_z(t)$和$\partial B_z(t)/\partial t$ 分量中提取的虚拟波场(范克睿，2021)

(a) d=100m 时从 $B_z(t)$分量中提取；(b) d=100m 时从$\partial B_z(t)/\partial t$ 分量中提取；(c) d=300m 时从 $B_z(t)$分量中提取；(d) d=300m 时从$\partial B_z(t)/\partial t$ 分量中提取；(e) d=500m 时从 $B_z(t)$分量中提取；(f) d=500m 时从$\partial B_z(t)/\partial t$ 分量中提取；$\alpha=10^{-8}$

对于从 $B_z(t)$和$\partial B_z(t)/\partial t$ 分量中提取的虚拟波场，在伸缩参数 $\alpha=10^{-8}$ 时，分别令精细积分步长为 10^{-30} 和 10^{-40}，从场值分量和时间导数分量中提取虚拟波场。二者在电性界面深度增加时具有相似的响应特征与变化规律，如图 7.2.3 所示，从 $B_z(t)$和$\partial B_z(t)/\partial t$ 分量中提取的虚拟波场整体变化规律一致，但波形的极性相反；随着第一层厚度 d 从 100m、300m 增加至 500m，第一层和第二层分界面的深度变大，虚拟波场记录的第一列波到时与形态保持不变，而来自界面的反射波到时变晚，强度逐渐减弱，波形逐渐展宽。以 $B_z(t)$分量为例，电性界面深度为 100m 和 300m 时，偏移距为 500m 处接收点上的反射波到时在 500s 和 800s 左右；当电性界面深度为 500m 时，反射波的强度比较微弱，波形展宽现象相较之前更加明显。

2. 多个低阻层固定 α 虚拟波场提取及响应特征

为了验证降速方法对多个低阻层的分辨能力，设计两组地电断面模型并对正演模拟后的响应信号进行虚拟波场提取。

设计一个含有三层地层的 H 型模型[图 7.2.4(a)]和一个含有五层地层的 HKH 模型[图 7.2.4(b)]，两个模型的前三层地层信息完全一致。H 型模型第一层厚度为 100m，介质电导率为 0.01S · m^{-1}；第二层厚度为 30m，介质电导率为 0.1S · m^{-1}；第三层电导率为 1×10^{-3}S · m^{-1}，向下无限延伸。对比 H 型模型与 HKH 模型，HKH 模型在深度为 350m 和 400m 的位置分别设置了一个低阻层和一个高阻层，低阻层厚度为 50m，电导率为 0.2S · m^{-1}，下方高阻层电导率为 0.2×10^{-3}S · m^{-1}，向下无限延伸。从瞬变电磁垂直磁场分量中提取的虚拟波场对界面的响应特征清晰明了。因此，对上述两个模型进行正演，对所得响应信号的$\partial B_z(t)/\partial t$ 分量进行虚拟波

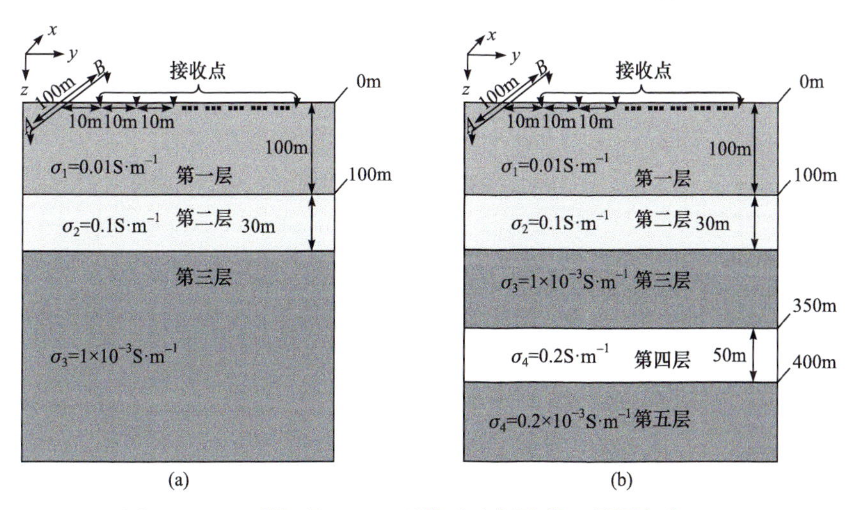

图 7.2.4　H 型模型与 HKH 型模型示意图(第二层厚度为 30m)

(a) H 型模型；(b) HKH 型模型

场提取，结果如图 7.2.5 所示。两模型第二层上下界面的虚拟波场反射波同时出现在图 7.2.5(a)和(b)中，到时为 500s 和 1000s 左右；HKH 型模型第四层上下界面的虚拟波场反射波出现在图 7.2.5(b)的 1500s 和 2200s 左右。由于 HKH 模型第四层厚度大于第二层厚度，因此两列反射波间的旅行时差相对更长。

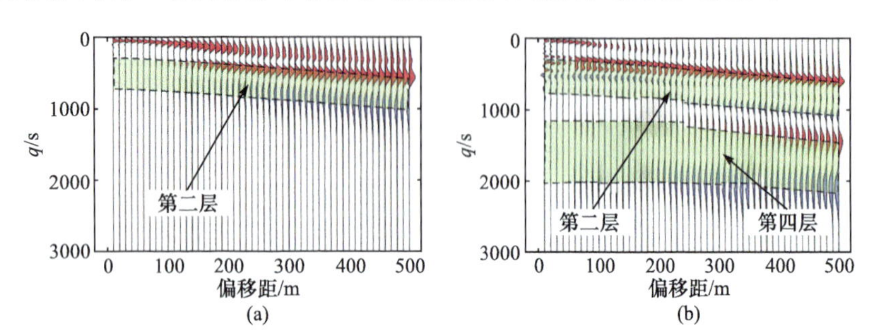

图 7.2.5　从$\partial B_z(t)/\partial t$ 分量中提取的虚拟波场(第二层厚度为 30m)(范克睿，2021)

(a) H 型模型；(b) HKH 型模型；$\alpha=10^{-8}$

为了进一步说明多个低阻层的虚拟波场提取特征，采用控制变量的方法，保持图 7.2.4 中的其他模型参数不变，将第二层的厚度减小至 10m，模型示意图如图 7.2.6 所示。对上述两个模型进行正演，对所得响应信号的$\partial B_z(t)/\partial t$ 分量进行虚拟波场提取，结果如图 7.2.7 所示。图 7.2.7(a)对应图 7.2.6(a)中的 H 型模型，图 7.2.7(b)对应图 7.2.6(b)中的 HKH 型模型。

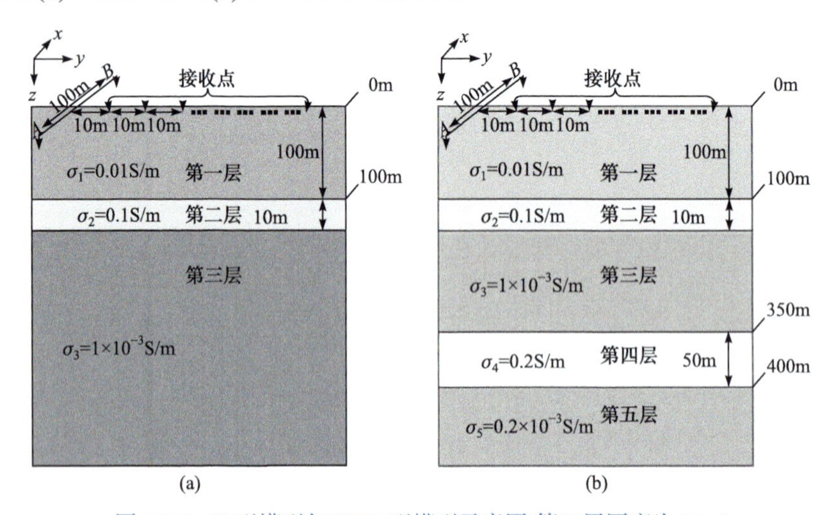

图 7.2.6　H 型模型与 HKH 型模型示意图(第二层厚度为 10m)

(a) H 型模型；(b) HKH 型模型

第二层上下界面的虚拟波场反射波同时出现在图 7.2.7(a)和图 7.2.7(b)的 500s 和 600s 左右，HKH 型模型第四层上下界面的虚拟波场反射波出现在图 7.2.5(b)的

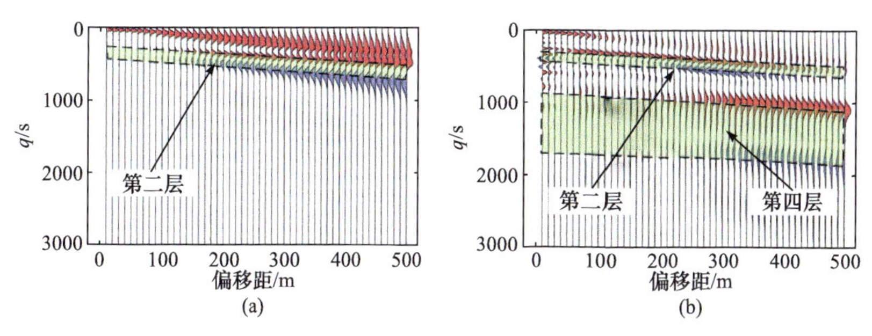

图 7.2.7　从$\partial B_z(t)/\partial t$分量中提取的虚拟波场(第二层厚度为 10m)(范克睿，2021)

(a) H 型模型；(b) HKH 型模型；$\alpha=10^{-8}$

1100s 和 1800s 左右。由于 HKH 型模型第二个低阻层厚度大于第一个低阻层，因此两列反射波间的旅行时差相对更长。考虑到控制变量的因素，对比图 7.2.5(b)和图 7.2.7(b)，浅部低阻层上下界面的反射波旅行时差随低阻层厚度减小而缩短；深部低阻层上下界面的反射波旅行时差由于其层厚保持不变而保持一致。此外，由于上述两组模型中第一层厚度固定为 100m 不变，虚拟波场记录中最早的反射波到时一直保持不变。以偏移距为 500m 时的虚拟波场为例，第一个虚拟波场反射波到时保持在 500s 左右，与模型设置一致。

本小节通过对比两组模型低阻层数目和低阻层厚度的变化，获取了多层介质中的虚拟波场响应特征，同时印证了本书研究方法的可靠性与稳定性。

3. 多个低阻层多个 α 虚拟波场提取及响应特征

设计一个含有五层地层的 HKH 型模型(图 7.2.8)，第一层厚度为 200m，介质电导率为 0.01S · m^{-1}；第二层厚度为 30m，介质电导率为 0.1S · m^{-1}；第三层厚度为 300m，电导率为 0.05S · m^{-1}；第四层厚度为 50m，电导率为 0.5S · m^{-1}；第五层电导率为 0.2S · m^{-1}，向下无限延伸。HKH 型模型在深度为 200m 和 530m 的位置分别设置两个低阻层。

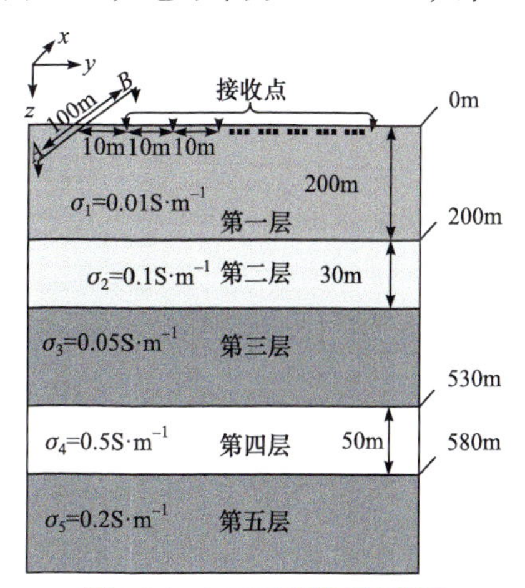

图 7.2.8　HKH 型模型示意图

电性源沿 x 轴放置，长度 100m，中心点位于坐标原点，测点位于 y 轴上，最小偏移距 100m，最大偏移距 500m。α=1 时，意味着不对电磁波进行降速处理，此时计算偏移距为 100m、300m、500m 的主剖面虚拟波场 $U(\tau)$如图 7.2.9 所示。

由图 7.2.9 可见，在不降速的情况下，虚拟波场的计算结果只能显示出两个界面，另两个界面没有显示。使用一组降速因子，

即取 α 为 0.5、0.1、0.05，对不同介质使用不同降速因子，计算偏移距为 300m 的主剖面虚拟波场，如图 7.2.10 所示。

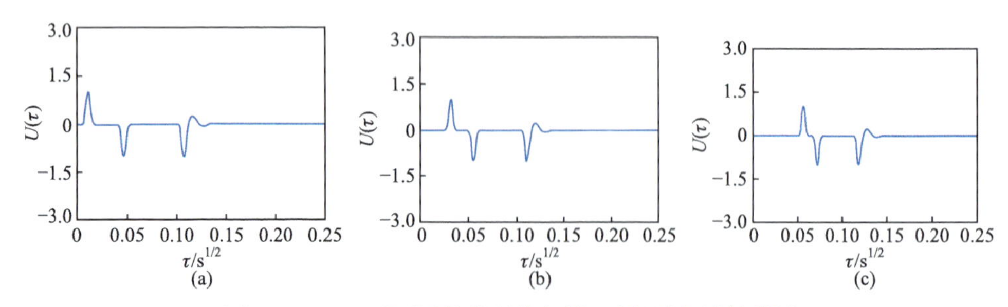

图 7.2.9　α=1 时不同偏移距的主剖面虚拟波场计算结果

(a) 偏移距为 100m；(b) 偏移距为 300m；(c) 偏移距为 500m

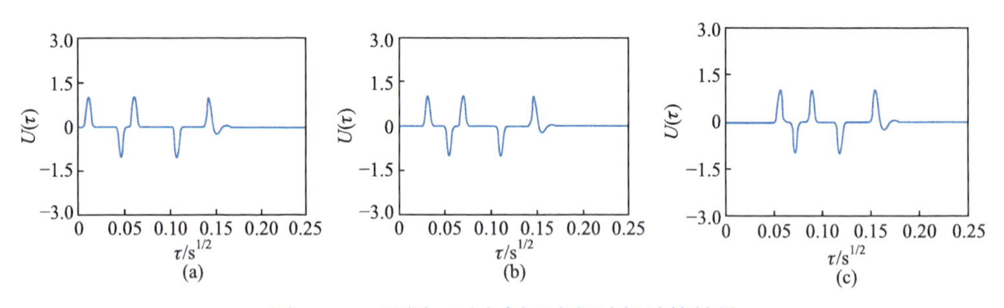

图 7.2.10　不同 α 时主剖面虚拟波场计算结果

(a) α=0.5；(b) α=0.1；(c) α=0.05

图 7.2.10 可将四个界面全部清晰地显示出来。可见，灵活运用降速因子进行波场变换，可以有效提取波场的完整信息，从而提高波场变换的分辨率。

7.3　基于精细积分法的高精度波场变换方法

7.3.1　基本原理

在导电介质中，忽略位移电流，瞬变电磁场满足扩散方程。为了不失一般性，取 $\boldsymbol{f}(x,y,z,t)$ 为瞬变电磁场的电磁分量。

根据文献(李貅等，2013a；Lee et al.，1989)可知，瞬变电磁扩散场转换到虚拟波场 $\boldsymbol{u}$ 的表达式为

$$\boldsymbol{f}(x,y,z,t)=\frac{1}{2\sqrt{\pi t^3}}\int_0^\infty \tau\exp(-\tau^2/4t)\boldsymbol{u}(x,y,z,t)\mathrm{d}\tau \tag{7.3.1}$$

式(7.3.1)为第一类 Fredholm 型积分方程，从扩散场求解虚拟波场是一个典型的不适定问题。对式(7.3.1)进行离散，可以得到

$$f(t_i)=\sum_{j=1}^{n}k_{i,j}u(\tau_j) \tag{7.3.2}$$

式中，

$$k_{i,j}=-1\Big/\sqrt{\pi t_i}\exp(-\tau^2/4t_i)\Big|_{\tau_j}^{\tau_{j+1}} \tag{7.3.3}$$

离散后得到的线性方程组是高度病态的，且随着阶数的增加，矩阵的条件数急剧增大(戚志鹏等，2013)。本小节采用精细积分法求解式(7.3.1)。

将式(7.3.3)线性离散后，可写成 $\boldsymbol{Ku}=\boldsymbol{f}$ 的形式，其中 $\boldsymbol{K}$ 为离散后核函数元素组成的矩阵，$\boldsymbol{u}$ 为虚拟波场，$\boldsymbol{f}$ 为扩散场。核函数曲线分布如图 7.3.1 所示，从图中可以看出，任意 t_i 的核函数曲线，都是关于虚拟时间 τ 的单值函数。横坐标以对数等间隔分布时，可以看到核函数曲线形态类似，都具有从零缓慢增大、超过最大值再缓慢减小的特点。不同时刻核函数的主要差别是峰值的大小及核函数最大值的位置。从图 7.3.1 可以看出，时间 t 越大，对应的核函数最大值越小，最大值对应的虚拟时间 τ 随之增大。通过观察核函数的分布情况，最终选定虚拟时间 τ 的范围为$[10^{-4}, 10^{0}]$，单位为 $s^{1/2}$；时间 t 的范围为$[10^{-6}, 10^{-1}]$，单位为 s。

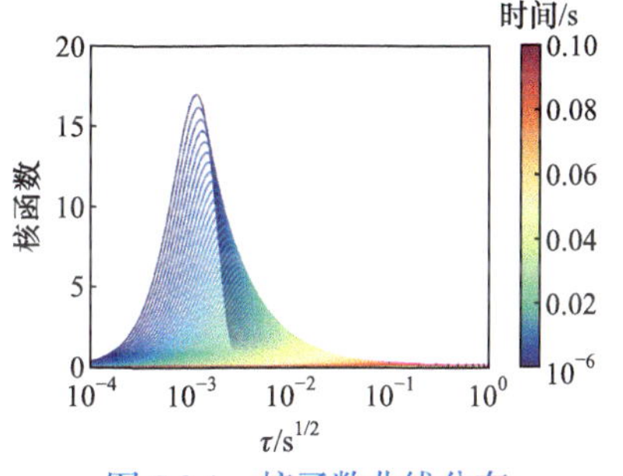

图 7.3.1　核函数曲线分布

考虑病态线性方程组：

$$\boldsymbol{Ax}=\boldsymbol{b} \tag{7.3.4}$$

式中，$\boldsymbol{A}$ 为 n 阶正定矩阵；$\boldsymbol{b}$ 为 n 维实向量。记 $\boldsymbol{H}=-\mathbf{A}$，$\boldsymbol{r}=\boldsymbol{b}$，则式(7.3.4)可以转化为

$$\boldsymbol{Hx}+\boldsymbol{r}=0 \tag{7.3.5}$$

考虑一阶微分方程：

$$\dot{\boldsymbol{x}}(t')=\boldsymbol{Hx}(t')+\boldsymbol{r} \tag{7.3.6}$$

式(7.3.6)是瞬态热传导方程解的形式；稳态的热传导方程的解具有式(7.3.5)的形式，式(7.3.6)的解可以表示为

$$\boldsymbol{x}(t')=\exp(\boldsymbol{H}t')\boldsymbol{x}_0+\int_0^{t'}\exp[\boldsymbol{H}(t'-\tau)]\mathrm{d}\tau\cdot\boldsymbol{r} \tag{7.3.7}$$

式中，$\boldsymbol{H}$ 为负定矩阵；$\boldsymbol{r}$ 为常向量；$\boldsymbol{x}_0$ 为 $\boldsymbol{x}$ 初始时刻值。从式(7.3.7)易知，当时间 $t'\to\infty$ 时，式(7.3.6)趋向于式(7.3.5)，且容易看出 $\exp(\boldsymbol{H}t')\to 0$，所以式(7.3.7)中的积分项逼近式(7.3.5)的解，即

$$x = H^{-1} \cdot (-r) = \lim_{t' \to \infty} \int_0^{t'} \exp\left[H(t' - \tau)\right] d\tau \cdot r \tag{7.3.8}$$

也可以从数学的角度证明式(7.3.8)。对于积分表达式 $\int_0^{t'} \exp\left[H(t' - \tau)\right] d\tau$ ，令 $s = t' - \tau$ ，则有

$$\begin{aligned}\lim_{t' \to \infty} \int_0^{t'} \exp\left[H(t' - \tau)\right] d\tau &= \lim_{s \to \infty} \int_0^{s} \exp(Hs) ds \\ &= H^{-1} \lim_{s \to \infty} \exp(Hs)\Big|_0^s = -H^{-1}\end{aligned} \tag{7.3.9}$$

因此，式(7.3.4)的解可以写为(富明慧等，2018)

$$x = \int_0^{\infty} \exp(-At') dt' \cdot r \tag{7.3.10}$$

根据以上分析可以得出一个结论，病态线性方程组的求解过程可以转化为求积分的稳定过程。

对于积分项 $\int_0^{\infty} \exp(-At') dt'$ ，取积分步长为 ζ ，采用指数增长的积分步长策略，经过一系列推导(富明慧等，2018)，线性方程组解的表达式可以用式(7.3.11)表示：

$$\begin{cases} x_k = \prod_{i=0}^{k-1} \left[I + \exp(-2^{k-i-1} \zeta A)\right] F(\zeta) b \\ x_{k+1} = \left[I + \exp(-2^k \zeta A)\right] x_k, \quad k = 0,1,2\cdots \end{cases} \tag{7.3.11}$$

式中， $F(\zeta) = \int_0^{\zeta} \exp(-At') dt'$ ； $x_0 = F(\zeta) \cdot b$ 。

前文主要介绍了精细积分法，该方法属于迭代法，需要给出对应的迭代终止条件。理论上讲，迭代次数越多，结果越精确，但是当积分区间达到一定数值范围后，随着计算误差的累积及矩阵的高病态性，反而会导致精度随积分区间的增加迅速下降，所以有必要在虚拟波场计算的过程中添加一个迭代终止条件。

有如下四种迭代终止条件：①对迭代次数设置一个迭代上限 m；②终止条件设置为 $\mathrm{eer}^k < \varepsilon$ ，ε 为给定的误差容限，$\mathrm{eer}^k = \|x_{k+1} - x_k\|$ ；③当迭代残差有单调下降和单调上升的两个计算过程时，理想的迭代终点在残差的拐点处，即 $\mathrm{eer}^k / \mathrm{eer}^{k-1} \geqslant 1$ 时迭代终止；④在第 k 次计算过程中，往后逐次取 n 个迭代步，如果这 n 个迭代步的相对残差都在增长，默认第 k 次的解为最优解。

第一种终止条件更多的是以经验为主，要么没有达到精度要求，要么增加不必要的计算量；第二种终止条件应用于病态方程组时经常失效(富明慧等，2018)；第三种终止条件太过理想，实际计算中的残差曲线往往并非单调，而且经常有波

动。综上，本书选取第四种终止条件。

设

$$\begin{cases} \boldsymbol{P}(k)=\begin{cases}1, \mathrm{err}^{k} / \mathrm{err}^{k-1} \geqslant 1 \\ 0, \mathrm{err}^{k} / \mathrm{err}^{k-1}<1\end{cases} \\ \boldsymbol{Q}(n)=\prod_{k}^{k+n} \boldsymbol{P}(k)\end{cases} \tag{7.3.12}$$

式中，$\boldsymbol{P}$、$\boldsymbol{Q}$ 为中间变量；n 为选择的检测窗口，为整数，一般情况下取 2 即可，最大不超过 10。当满足 $\boldsymbol{Q}(n)=1$ 时，迭代终止(富明慧等，2018)。

7.3.2　精细积分法的虚拟波场算法验证

在验证算法精度方面，本小节使用单个高斯脉冲的组合虚拟波场对本书算法进行检验，对应的地电模型分别是 D 型、G 型、Q 型、A 型、H 型和 K 型模型。在瞬变电磁探测中，一个重要的评价标准就是探测方法或解释方法的分辨率。本小节为了检验精细积分法的模型分辨率，分别采用 Q 型、A 型、H 型和 K 型模型。不断缩小脉冲之间的距离，检验本书提出的方法是否能对其进行分辨。此外，噪声作为瞬变电磁勘探中的一个因素也必须加以考虑。本小节对虚拟波场对应的扩散场分别加入 2%和 5%噪声，用以检验精细积分法的抗噪性。

1. 精度验证

为了验证算法的精度，使用单个高斯脉冲和组合高斯脉冲的方式得到更加复杂的虚拟波场。令 $\boldsymbol{U}(\tau)$ 为高斯脉冲，表达式为

$$\boldsymbol{U}(\tau)=a \cdot \exp\left[-4\pi(\tau-\tau_0)^2 / c^2\right]+h_0 \tag{7.3.13}$$

式中，a 为高斯脉冲的峰值大小；c 为高斯脉冲的宽度；τ_0 为高斯脉冲的峰值位置；h_0 为高斯脉冲在垂直方向的偏移量。通过给定不同的 a、c、τ_0 和 h_0，就可以得到不同样式的高斯脉冲，还可以对式(7.3.13)进行组合，得到更加复杂的高斯脉冲序列。

使用精细积分法分别计算 D 型、G 型、Q 型、A 型、H 型和 K 型模型的虚拟波场，并与前人研究结果进行精度对比，如图 7.3.2～图 7.3.7 所示。由相对误差可以看出，精细积分法的相对误差较小，均在 4%以下；正则化共轭梯度(PRCG)法的相对误差随着模型的复杂而逐渐增大，最大相对误差达 50%。由此可以得出精细积分法具有较高的精度。

2. 分辨率验证

令第一个脉冲的脉宽为 0.02，振幅为 2；第二个脉冲的脉宽为 0.04，振幅为

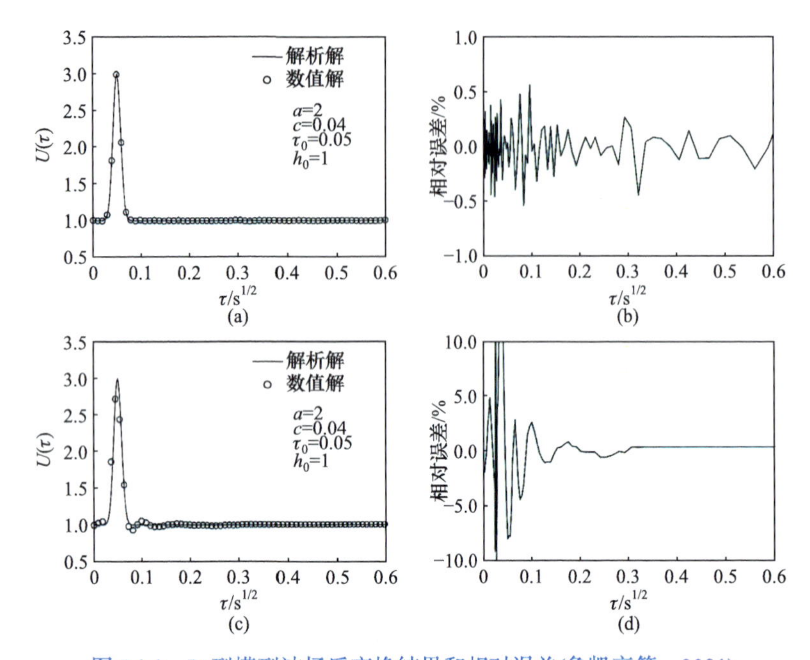

图 7.3.2　D 型模型波场反变换结果和相对误差(鲁凯亮等，2021)

(a) 精细积分法结果；(b) 精细积分法相对误差；(c) PRCG 法结果；(d) PRCG 法相对误差

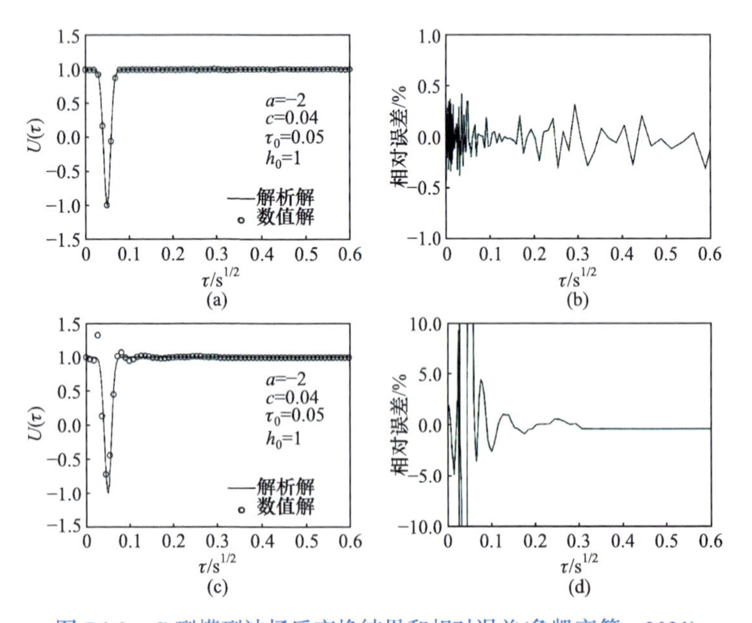

图 7.3.3　G 型模型波场反变换结果和相对误差(鲁凯亮等，2021)

(a) 精细积分法结果；(b) 精细积分法相对误差；(c) PRCG 法结果；(d) PRCG 法相对误差

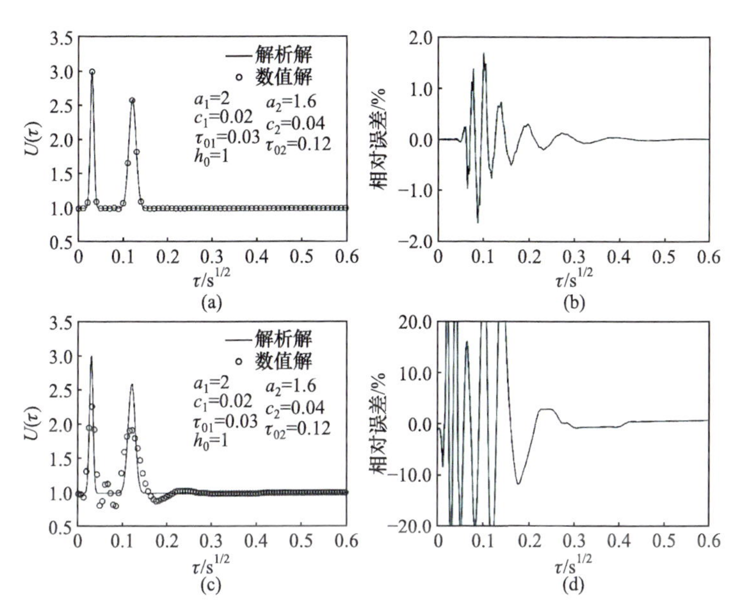

图 7.3.4　Q 型模型波场反变换结果和相对误差(鲁凯亮等，2021)
(a) 精细积分法结果；(b) 精细积分法相对误差；(c) PRCG 法结果；(d) PRCG 法相对误差

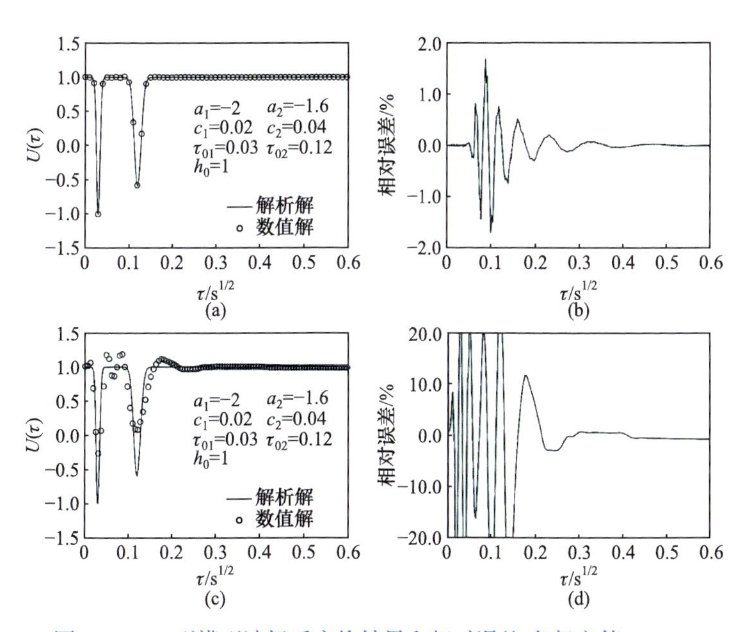

图 7.3.5　A 型模型波场反变换结果和相对误差(鲁凯亮等，2021)
(a) 精细积分法结果；(b) 精细积分法相对误差；(c) PRCG 法结果；(d) PRCG 法相对误差

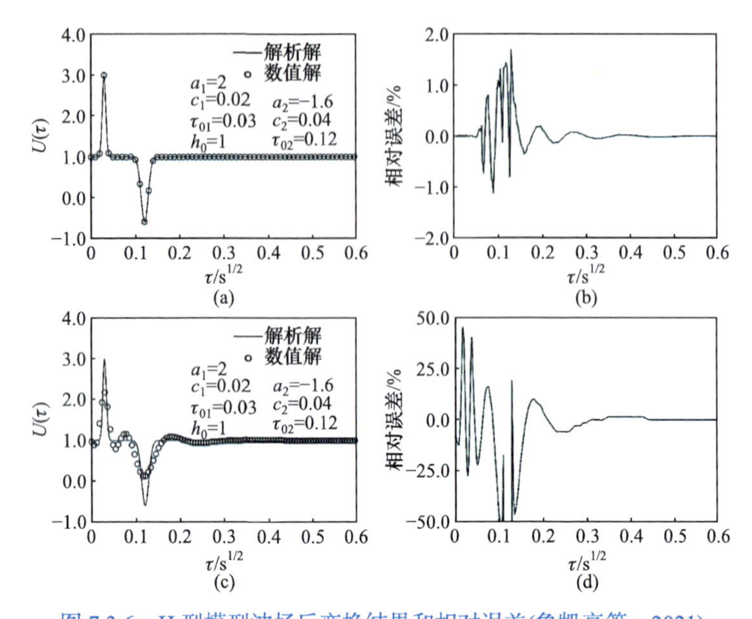

图 7.3.6 H 型模型波场反变换结果和相对误差(鲁凯亮等，2021)

(a) 精细积分法结果；(b) 精细积分法相对误差；(c) PRCG 法结果；(d) PRCG 法相对误差

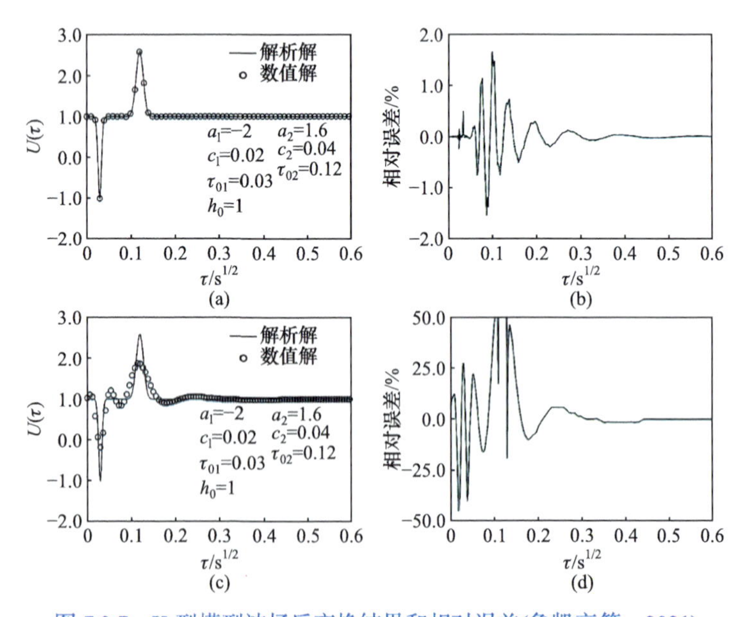

图 7.3.7 K 型模型波场反变换结果和相对误差(鲁凯亮等，2021)

(a) 精细积分法结果；(b) 精细积分法相对误差；(c) PRCG 法结果；(d) PRCG 法相对误差

1.6；使第一个脉冲的波峰位置为 $\tau_{01}=0.03$，改变第二个波峰的位置 τ_{02}，使其分别为 0.04 和 0.08，分别计算 Q 型、A 型、H 型和 K 型模型波场反变换结果，结果如图 7.3.8～图 7.3.11 所示。

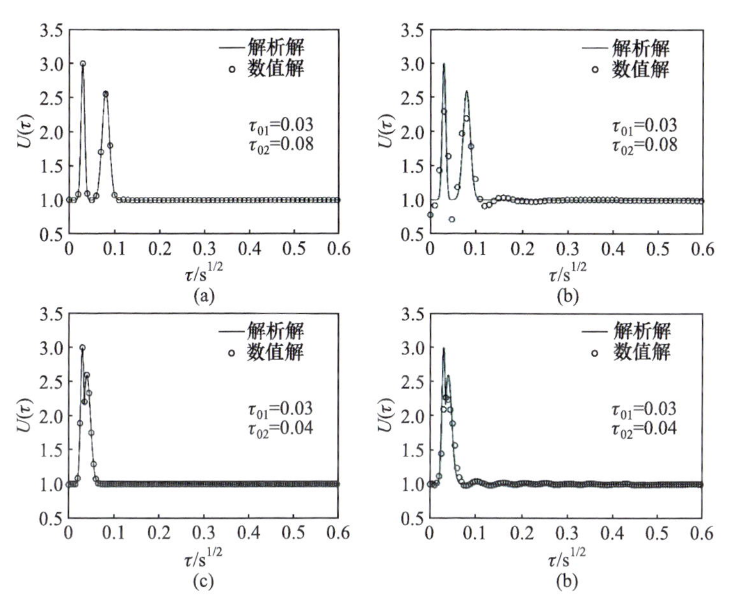

图 7.3.8　Q 型模型波场反变换结果(鲁凯亮等，2021)

(a) 精细积分法结果($\tau_{02}=0.08$)；(b) PRCG 法结果($\tau_{02}=0.08$)；(c) 精细积分法结果($\tau_{02}=0.04$)；(d) PRCG 法结果($\tau_{02}=0.04$)

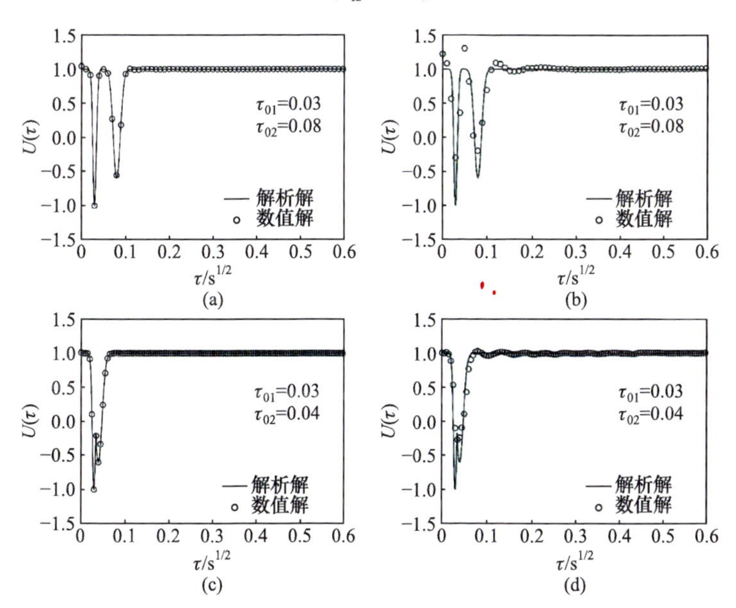

图 7.3.9　A 型模型波场反变换结果(鲁凯亮等，2021)

(a) 精细积分法结果($\tau_{02}=0.08$)；(b) PRCG 法结果($\tau_{02}=0.08$)；(c) 精细积分法结果($\tau_{02}=0.04$)；(d) PRCG 法结果($\tau_{02}=0.04$)

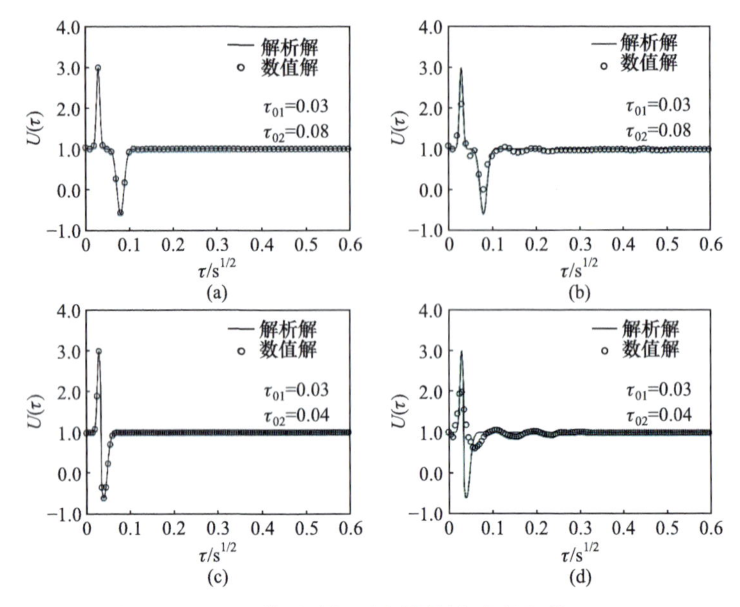

图 7.3.10 H 型模型波场反变换结果(鲁凯亮等，2021)

(a) 精细积分法结果($\tau_{02}=0.08$)；(b) PRCG 法结果($\tau_{02}=0.08$)；(c) 精细积分法结果($\tau_{02}=0.04$)；(d) PRCG 法结果($\tau_{02}=0.04$)

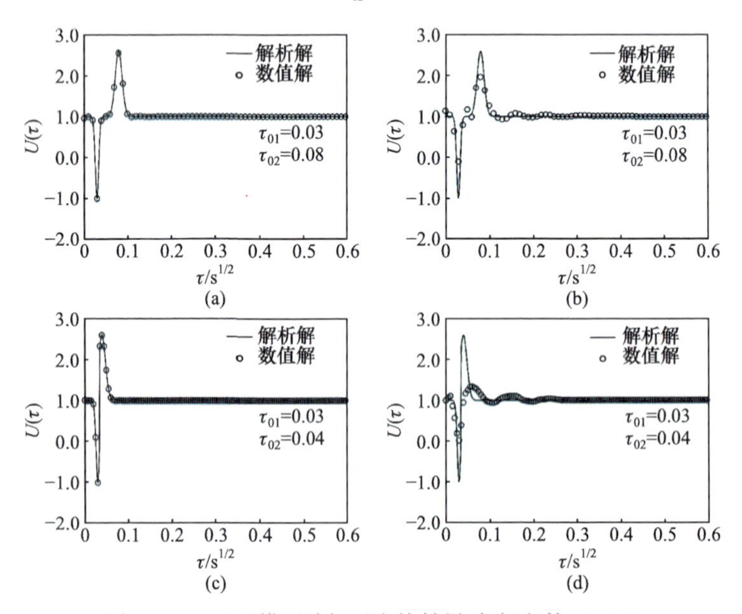

图 7.3.11 K 型模型波场反变换结果(鲁凯亮等，2021)

(a) 精细积分法结果($\tau_{02}=0.08$)；(b) PRCG 法结果($\tau_{02}=0.08$)；(c) 精细积分法结果($\tau_{02}=0.04$)；(d) PRCG 法结果($\tau_{02}=0.04$)

通过研究精细积分算法对 Q 型、A 型、H 型和 K 型模型的分辨能力，固定第一个脉冲的波峰位置为 $\tau_{01}=0.03$，改变第二个波峰的位置 τ_{02}，分别为 0.08 和 0.04，使得两个波峰的位置越来越近。从上述结果可以看出，精细积分法具有较好的分辨能力，而随着两个波峰的位置越来越近，正则化共轭梯度法的分辨能力越来越低。

3. 抗噪试验

在 D 型、G 型、Q 型、A 型、H 型和 K 型模型的扩散场中分别加入 2%和 5%的噪声，即信噪比(SNR)为 50∶1 和 20∶1，并计算对应的虚拟波场，波场反变换结果如图 7.3.12～图 7.3.17 所示。

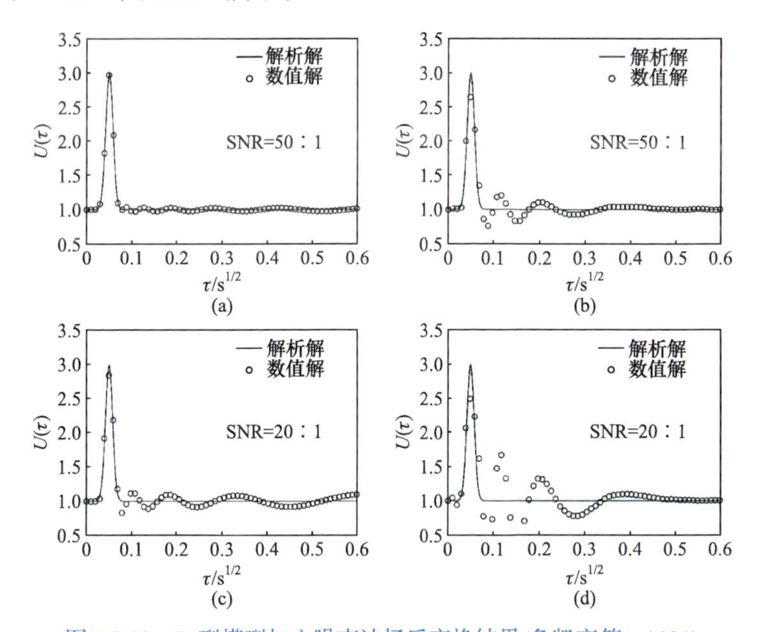

图 7.3.12　D 型模型加入噪声波场反变换结果(鲁凯亮等，2021)

(a) 精细积分法结果(SNR=50∶1)；(b) PRCG 法结果(SNR=50∶1)；(c) 精细积分法结果(SNR=20∶1)；(d) PRCG 法结果(SNR=20∶1)

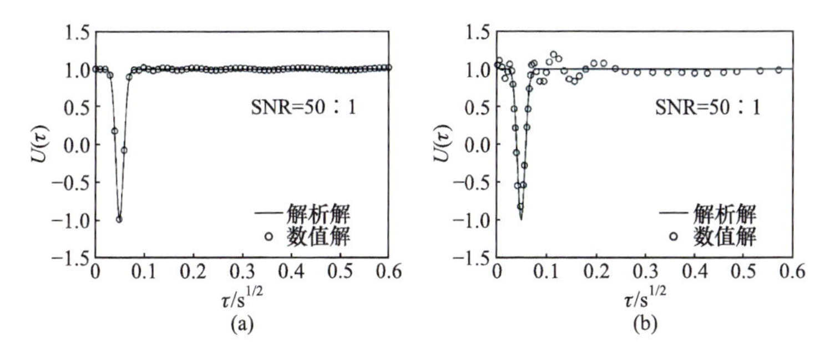

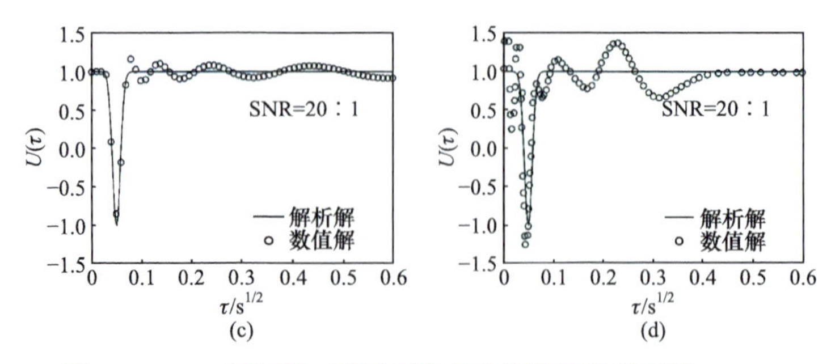

图 7.3.13 G 型模型加入噪声波场反变换结果(鲁凯亮等，2021)

(a) 精细积分法结果(SNR=50：1)；(b) PRCG 法结果(SNR=50：1)；(c) 精细积分法结果(SNR=20：1)；(d) PRCG 法结果(SNR=20：1)

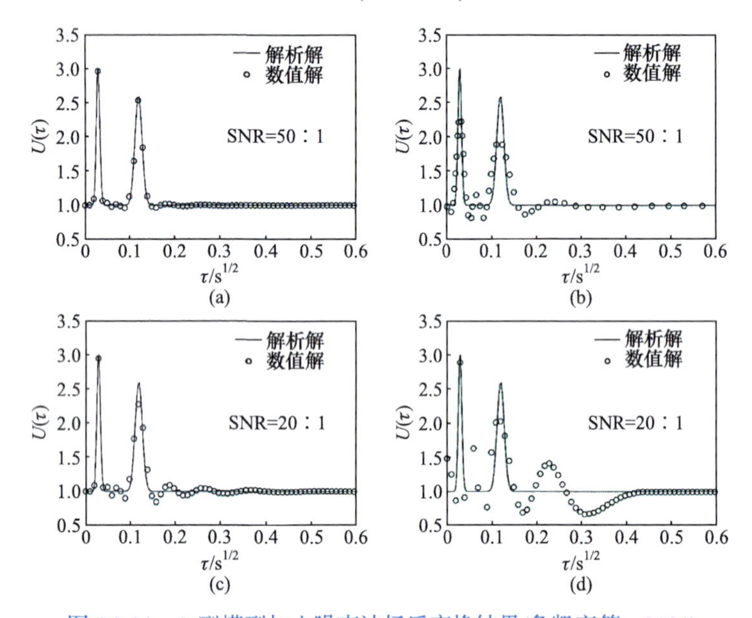

图 7.3.14 Q 型模型加入噪声波场反变换结果(鲁凯亮等，2021)

(a) 精细积分法结果(SNR=50：1)；(b) PRCG 法结果(SNR=50：1)；(c) 精细积分法结果(SNR=20：1)；(d) PRCG 法结果(SNR=20：1)

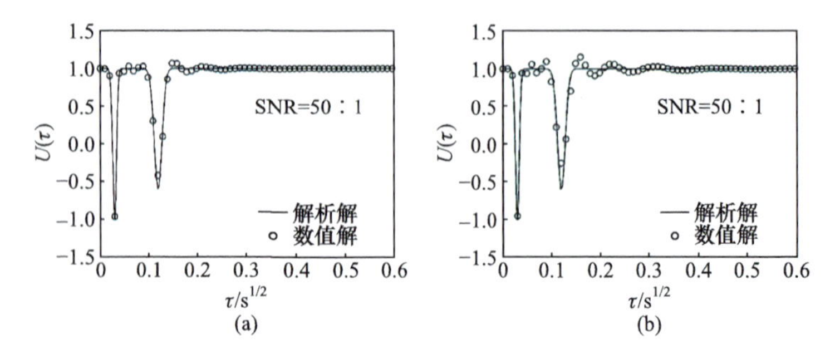

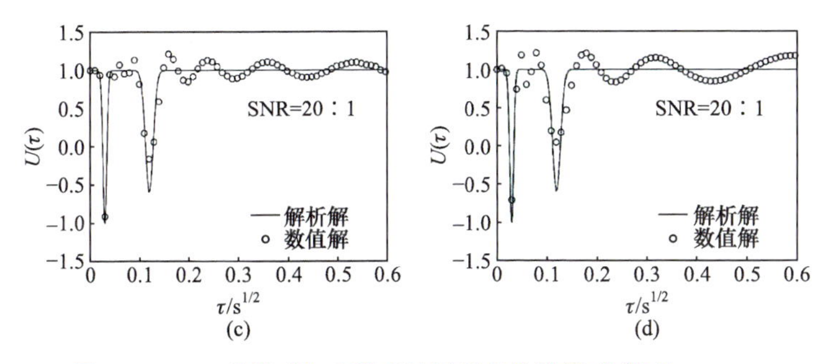

图 7.3.15　A 型模型加入噪声波场反变换结果(鲁凯亮，2021)

(a) 精细积分法结果(SNR=50：1)；(b) PRCG 法结果(SNR=50：1)；(c)精细积分法结果(SNR=20：1)；(d)PRCG 法结果(SNR=20：1)

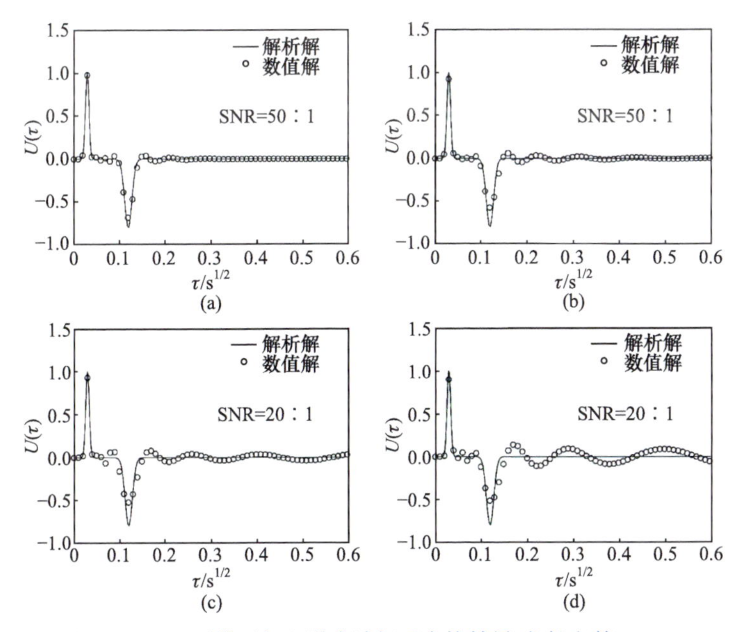

图 7.3.16　H 型模型加入噪声波场反变换结果(鲁凯亮等，2021)

(a) 精细积分法结果(SNR=50：1)；(b) PRCG 法结果(SNR=50：1)；(c) 精细积分法结果(SNR=20：1)；(d) PRCG 法结果(SNR=20：1)

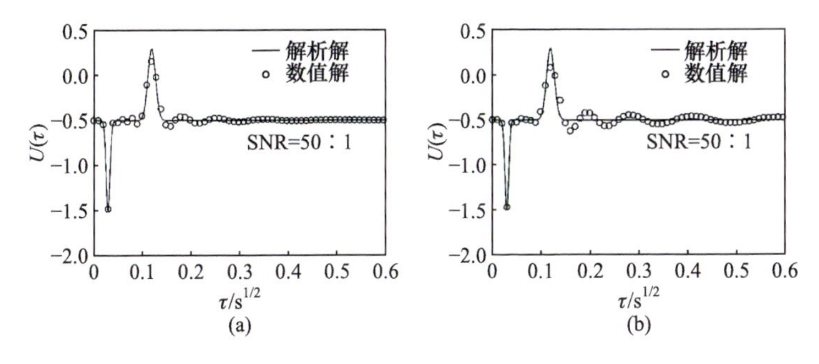

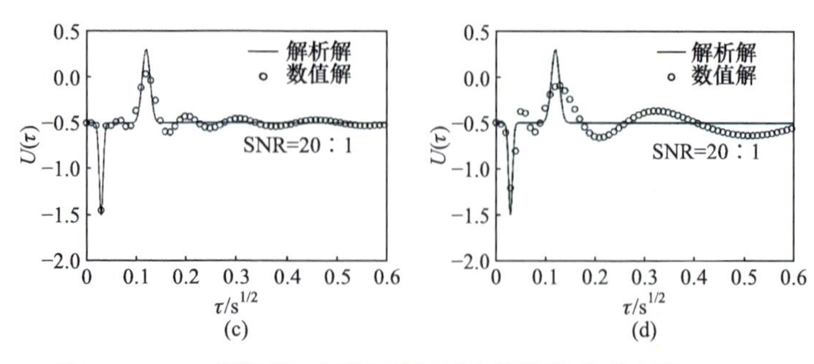

图 7.3.17　K 型模型加入噪声波场反变换结果(鲁凯亮等，2021)

(a) 精细积分法结果(SNR=50：1)；(b) PRCG 法结果(SNR=50：1)；(c) 精细积分法结果(SNR=20：1)；(d) PRCG 法结果(SNR=20：1)

从图 7.3.12～图 7.3.17 可以看出，精细积分法的抗噪能力比较强，对于含有 2%和 5%噪声的扩散场，依旧能求取较为准确的虚拟波场；对于含有 2%噪声的扩散场，PRCG 可以较为准确地求取对应的虚拟波场，对于含有 5%噪声的扩散场，求得的虚拟波场较差。当噪声超过 5%时，两种方法得到的虚拟波场波动剧烈，与真值差距较大。因此，野外信号采集必须控制噪声在 5%以下，并且对于局部不光滑数据不能直接求解，需要对数据进行平滑降噪后才能计算虚拟波场。

7.3.3　三维模型计算

为了进一步验证使用精细积分法的波场反变换算法有效性，设置如图 7.3.18 所示的复杂三维起伏矿脉模型。空气层与半空间的电导率分别设置为 10^{-6}S · m^{-1} 和 0.005S · m^{-1}。矿脉埋深 60m，矿脉沿 y 方向延伸 400m，沿 z 方向厚度为 200m，矿脉的电导率为 0.5S · m^{-1}，沿 x 方向的长度为 600m。计算区域大小为 20km×20km×20km，x、y、z 三个方向的网格数分别为 89、58、79，最小网格长度为 20m，网格扩大因子为 1.35。两条接地导线源沿 x 轴放置，长度为 1km，源的两个端点坐标分别为(−500m, 50m, 0m)、(500m, 50m, 0m)和(−500m, −50m, 0m)、(500m, −50m, 0m)。计算时间范围为[10^{-5}s, 10^{-2}s]，共 40 个时间道。测线长度为 800m，点距为 20m，共 41 个测点。

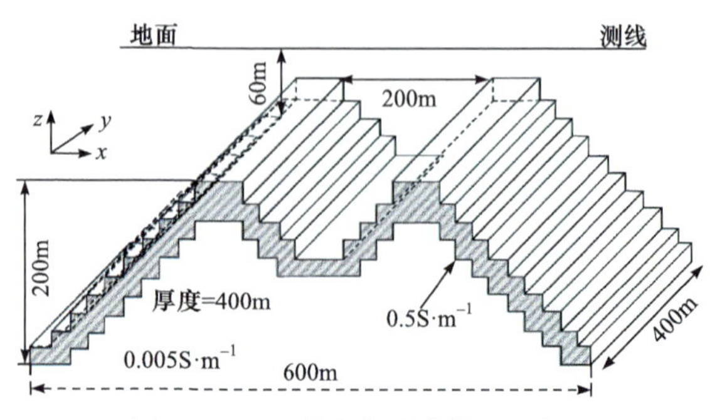

图 7.3.18　三维起伏矿脉模型示意图

图 7.3.19 为使用精细积分法计算的该模型虚拟波场，其中图 7.3.19(a)为异常体正上方测线的虚拟波场，图 7.3.19(b)为去除直达波后的虚拟波场。从图 7.3.19(a)可以看到，第一条红色同相轴为直达波，因为测线与发射源平行，所以直达波的到时相同，呈现水平形态，且由于直达波的能量较大，直达波的脉宽也相对较宽。此外，直达波会影响后续的偏移成像，所以首先要切除直达波。图 7.3.19(a)中，绿色同相轴反映的是异常体的上界面形态。从图 7.3.19(b)可以看出，绿色同相轴与模型上界面的形态吻合较好，最下层的红色同相轴刻画的是异常体的下界面形态。虚拟波场一般只能较好地反映浅部水平地层的特征，随着地下结构变得复杂，深部界面的虚拟波场形态会失真严重，所以还需要结合速度分析进行偏移成像。

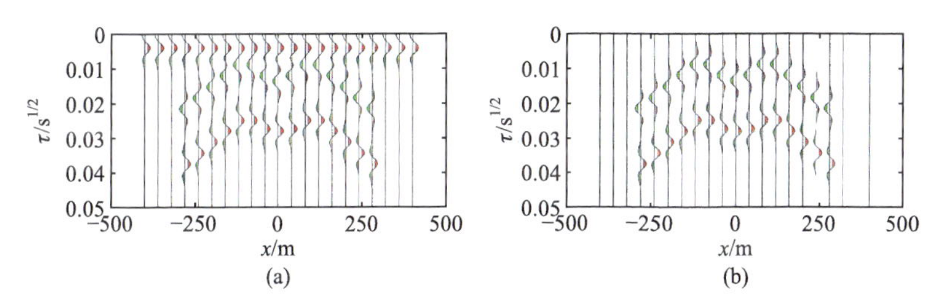

图 7.3.19　精细积分法计算的三维起伏矿脉模型虚拟波场

(a) 异常体正上方测线的虚拟波场；(b) 去除直达波后的虚拟波场

7.4　多尺度、多分辨扫时波场变换

已知时域扩散场求波场，这一过程属于反问题，往往与不适定问题联系在一起。由于瞬变电磁场的时间动态范围大(几微秒至几百毫秒)，跨了五个数量级，因此波场变换的不适定性相当严重。采用精细积分的方法求解波场变换，要想保证解的精度和稳定性，矩阵 $\boldsymbol{K}$ 的阶数不宜过大。针对此问题，本节采用按窗口扫时的波场变换方法加以改进，即不再直接计算全间域场值，而是设定一个时间窗口(时窗)，使之在时间序列上移动，每个窗口内的数据分别进行波场变换获得波场值，然后判断各窗口变换所得波场值与相邻窗口波场值之间的相关性。若相关性大于一个阈值，则将此波场值和相邻窗口的变换结果进行相关叠加。用不同尺度的窗口进行扫时波场变换，获得的波场特征是不同的。用较小的窗口进行扫时波场变换，埋深较浅和尺度较小的地质体提取的波场特征较明显；用较大的窗口进行扫时波场变换，埋深较深和尺度较大的地质体提取的波场特征较明显。也就是说，采用多窗口扫时波场变换，可以实现多分辨的波场信息提取。

Lee 等(1989)给出了扩散场和波场之间的积分关系表达式：

$$\boldsymbol{E}(t)=\frac{1}{2\sqrt{\pi t^{3}}}\int_{0}^{\infty}\tau \mathrm{e}^{-\tau^{2}/4t}\boldsymbol{u}(\tau)\mathrm{d}\tau \tag{7.4.1}$$

$$\boldsymbol{H}(t)=\frac{1}{2\sqrt{\pi t^{3}}}\int_{0}^{\infty}\tau \mathrm{e}^{-\frac{\tau^{2}}{4t}}\boldsymbol{u}(\tau)\mathrm{d}\tau \tag{7.4.2}$$

进一步推得

$$\frac{\partial \boldsymbol{H}(t)}{\partial t}=-\frac{3}{4\sqrt{\pi t^{5}}}\int_{0}^{\infty}\tau \mathrm{e}^{-\frac{\tau^{2}}{4t}}\boldsymbol{u}(\tau)\mathrm{d}\tau+\frac{1}{8\sqrt{\pi t^{7}}}\int_{0}^{\infty}\tau^{3}\mathrm{e}^{-\frac{\tau^{2}}{4t}}\boldsymbol{u}(\tau)\mathrm{d}\tau \tag{7.4.3}$$

式(7.4.1)和式(7.4.2)即为扩散场与虚拟波场之间的数学表达式。

7.4.1 扫时波场变换

以磁场为例，波场变换式[式(7.4.2)]是从波场到时域场的波场正变换式，但如果反过来，已知时域场求波场，则称为反问题。反问题往往和不适定性紧密相关，一般是不适定的。式(7.4.2)的离散数值积分形式可写为

$$\boldsymbol{H}(x,y,z,t_i)=\sum_{j=1}^{n}\boldsymbol{u}(x,y,z,\tau_j)a(t_i,\tau_j)h_j \tag{7.4.4}$$

式中，

$$a(t_i,\tau_j)=\tau_j \mathrm{e}^{-\frac{\tau_j^{2}}{4t_i}} \tag{7.4.5}$$

将式(7.4.4)写成矩阵形式：

$$\boldsymbol{H}=\boldsymbol{A}\boldsymbol{u} \tag{7.4.6}$$

式中，$\boldsymbol{H}=[H_j]_M$；$\boldsymbol{A}=[A_{ij}]_{N\times M}$；$A_{ij}=a_{ij}h_j$；$\boldsymbol{u}=[u_i]_N$（$i=1,\cdots,N$；$j=1,\cdots,M$）。

在全时段的波场反变换中，即已知扩散场 $\boldsymbol{H}$ 求波场 $\boldsymbol{u}$，由于矩阵 $\boldsymbol{A}$ 的条件数巨大，式(7.4.6)的不适定性非常严重，必须用正则化法求解，求得波场的分辨率会受到一定影响。对于浅部影响范围小的波场，在全时段波场反变换中所占分量过小，在所得波场中忽略不计。为了使不同尺度的目标体均在波长反变换中有明显的显示，设定多个时间窗口，然后分别使这些时间窗口在整个时间序列上移动，其移动过程如图 7.4.1 所示。

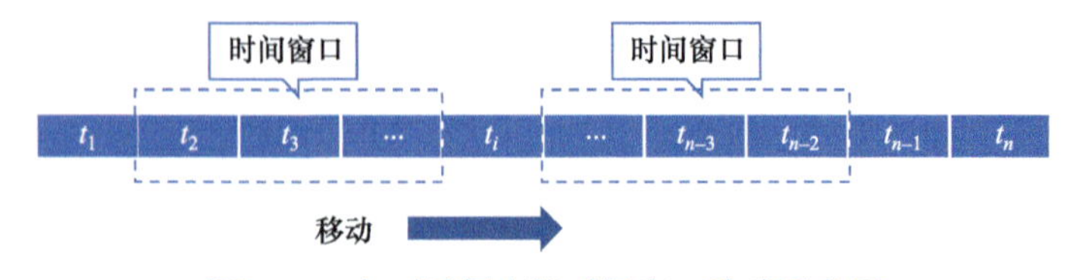

图 7.4.1 扫时波场变换时间窗口移动示意图

在每个时窗内运用奇异值分解的方法或正则化方法进行波场变换，获得虚拟波场，对于每一个窗口在移动过程中求相邻两个位置处的相关系数：

$$\lambda_i = \frac{\sum_{i=1}^{n} \boldsymbol{u}_{ik} \boldsymbol{u}_{i(k+1)}}{\left\{ \sum_{i=1}^{N} [\boldsymbol{u}_{ik}]^2 \sum_{i=1}^{N} [\boldsymbol{u}_{i(k+1)}]^2 \right\}^{\frac{1}{2}}} \tag{7.4.7}$$

式中，$\boldsymbol{u}_{ik}(i=1,\cdots,N)$ 为窗口位于 k 位置处的波场；$\boldsymbol{u}_{i(k+1)}(i=1,\cdots,N)$ 为窗口位于 $k+1$ 位置处的波场；λ_i 为两列波场的相关系数；k 为窗口移动的位置。

将该窗口在全时段上移动(扫描)的波场变换结果进行相关叠加，有

$$\boldsymbol{u} = \sum_{k=1}^{L-1} \sum_{i=1}^{N-1} \left[\boldsymbol{u}_{ik} + \lambda_{k-1} \boldsymbol{u}_{i(k+1)} \right] \tag{7.4.8}$$

式中，λ_0=1；L 为该窗口在全时段上移动的次数。由此可求得该窗口扫时波场变换结果。

7.4.2　多窗口扫时波场变换的数值模拟

1. 层状模型

规定水平层的厚度小于埋深的十分之一即认为是薄层，设计高、低阻两种水平薄层模型。时间 t 的取值范围为 0.00001～0.1s，采用对数等间距划分为 100 个时间道；τ 的取值范围为 0.0001～0.3s$^{1/2}$，采用算数等间距划分为 512 份。

1) 模型一

电性源激发赤道装置主剖面 50m 埋深低阻薄层参数设计和工作装置设置如图 7.4.2 所示，取 35%、40%、45%三个时间窗口作为波场变换的时间窗口，计算各窗口扫时波场变换的结果，分别如图 7.4.3～图 7.4.5 所示。可以看出，40%时间窗口扫时波场变换所得波场特征最明显，经动校正后第一层同相轴是直达波的反映，第二、三层同相轴清晰地反映了低阻薄层的存在。单个测点的波场曲线[图 7.4.4(b)]清楚地刻画出了低阻薄层的界面特征，可见 40%时间窗口是埋深 50m 的低阻薄层扫时波场变换的最佳窗口。

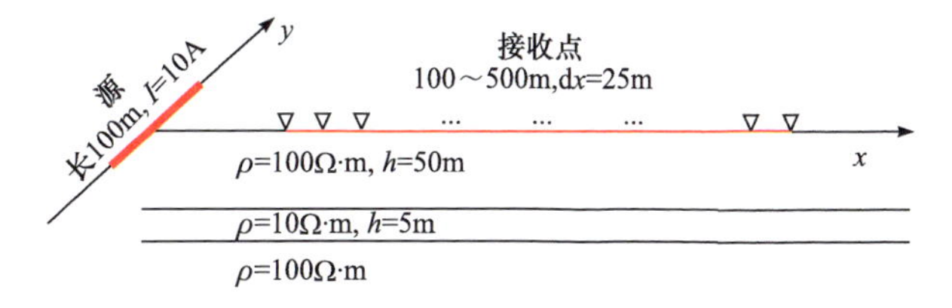

图 7.4.2　电性源激发赤道装置主剖面 50m 埋深低阻薄层模型

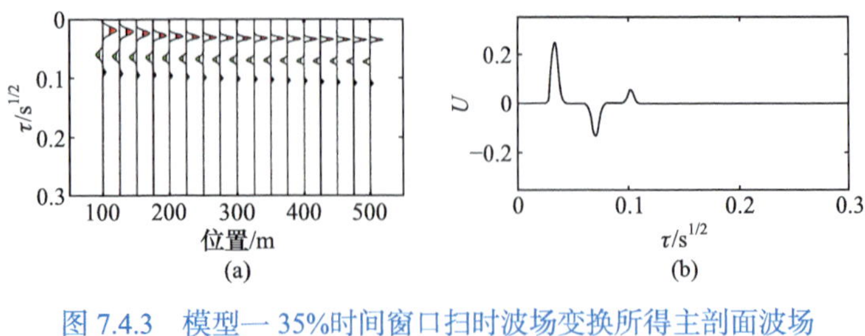

图 7.4.3　模型一 35%时间窗口扫时波场变换所得主剖面波场

(a) 主剖面波场分布；(b) 主剖面上 10 号点(偏移距为 350m 处)波场曲线

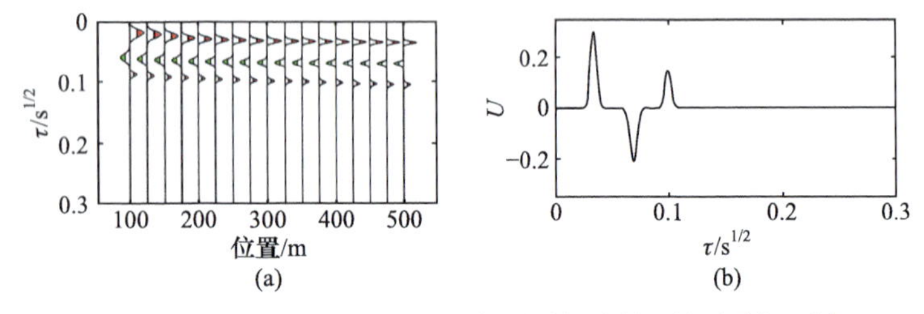

图 7.4.4　模型一 40%时间窗口扫时波场变换所得主剖面波场

(a) 主剖面波场分布；(b) 主剖面上 10 号点(偏移距为 350m 处)波场曲线

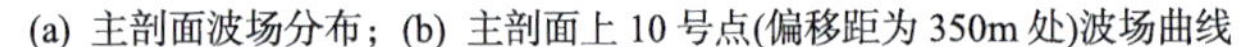

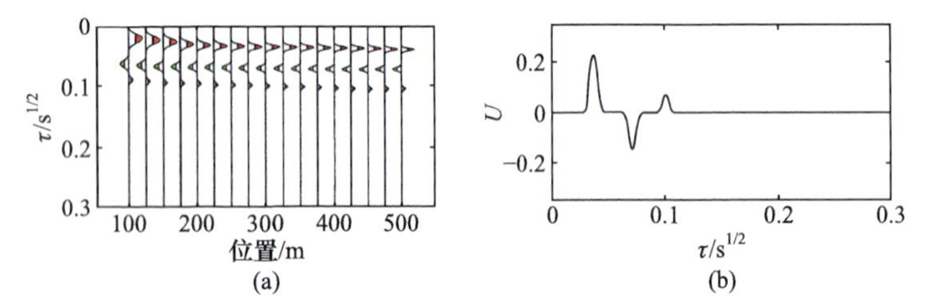

图 7.4.5　模型一 45%时间窗口扫时波场变换所得主剖面波场

(a) 主剖面波场分布；(b) 主剖面上 10 号点(偏移距为 350m 处)波场曲线

2) 模型二

电性源激发赤道装置主剖面 100m 埋深低阻薄层参数设计和工作装置设置如图 7.4.6 所示，取 43%、48%、53%三个时间窗口作为波场变换的时间窗口，计算各窗口扫时波场变换的结果，分别如图 7.4.7～图 7.4.9 所示。可以看出，48%时间

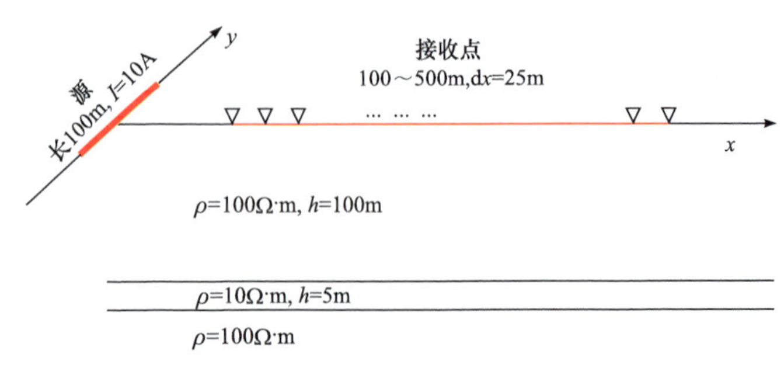

图 7.4.6　电性源激发赤道装置主剖面 100m 埋深低阻薄层模型

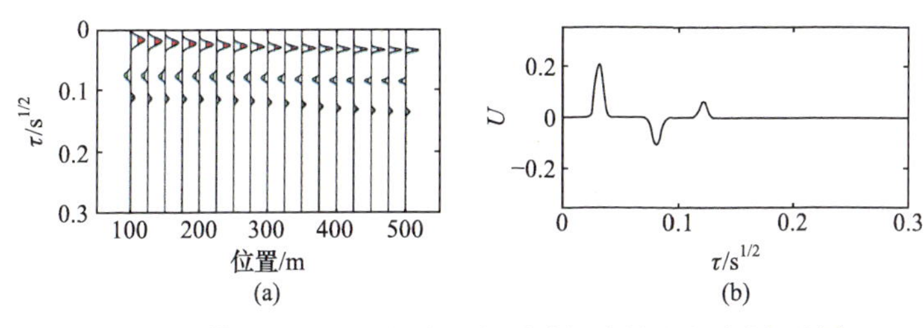

图 7.4.7　模型二 43%时间窗口扫时波场变换所得主剖面波场

(a) 主剖面波场分布；(b) 主剖面上 10 号点(偏移距为 350m 处)波场曲线

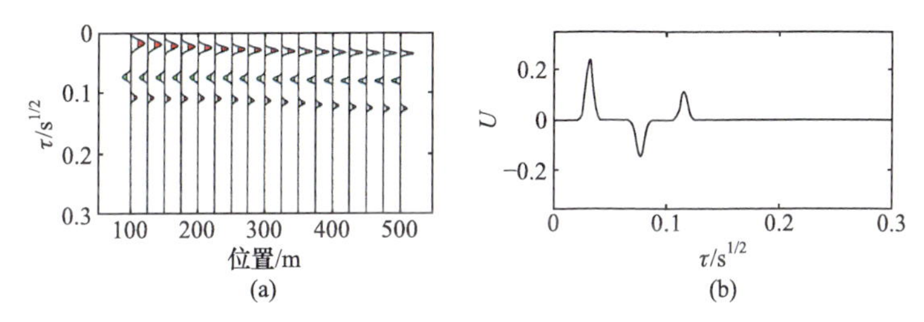

图 7.4.8　模型二 48%时间窗口扫时波场变换所得主剖面波场

(a) 主剖面波场分布；(b) 主剖面上 10 号点(偏移距为 350m 处)波场曲线

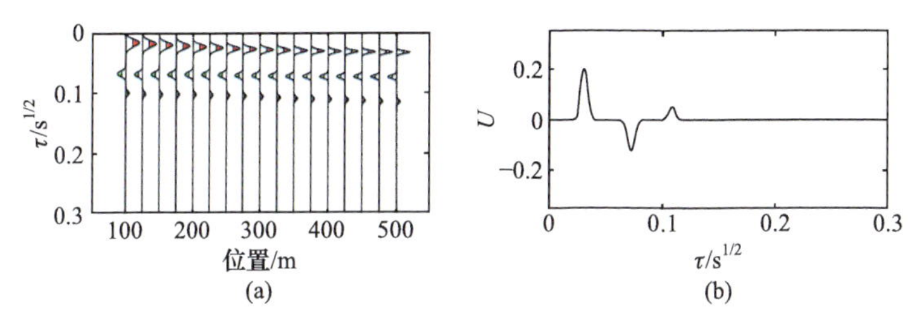

图 7.4.9　模型二 53%时间窗口扫时波场变换所得主剖面波场

(a) 主剖面波场分布；(b) 主剖面上 10 号点(偏移距为 350m 处)波场曲线

窗口扫时波场变换所得波场特征最明显，可见 48%时间窗口是埋深 100m 低阻薄层扫时波场变换的最佳窗口。

3) 模型三

电性源激发赤道装置主剖面 50m 埋深高阻薄层参数设计和工作装置设置如图 7.4.10 所示，取 53%、58%、63%三个时间窗口作为波场变换的时间窗口，计算各窗口扫时波场变换的结果，分别如图 7.4.11～图 7.4.13 所示。可以看出，58%时间窗口扫时波场变换所得波场特征最明显，经动校正后第一层同相轴仍是直达波的反应，第二、三层同相轴方向与低阻薄层相反清晰地反映了高阻薄层的存在。单个测点的波场曲线[图 7.4.12(b)]清楚地刻画出了高阻薄层的界面特征，可见 58%时间窗口是埋深 50m 高阻薄层扫时波场变换的最佳窗口。

4) 模型四

电性源激发赤道装置主剖面 100m 埋深高阻薄层参数设计和工作装置设置如

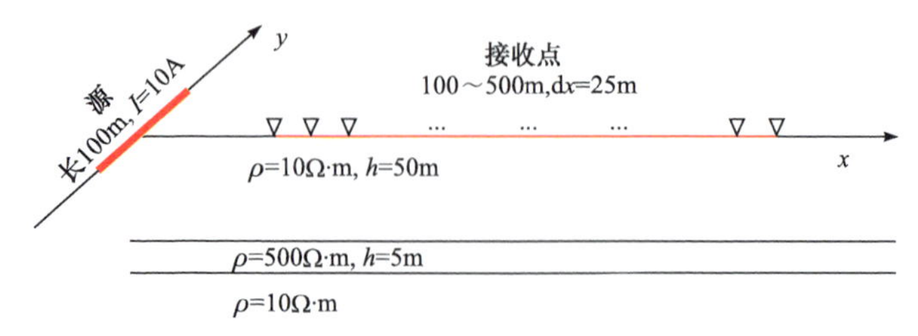

图 7.4.10 电性源激发赤道装置主剖面 50m 埋深高阻薄层模型

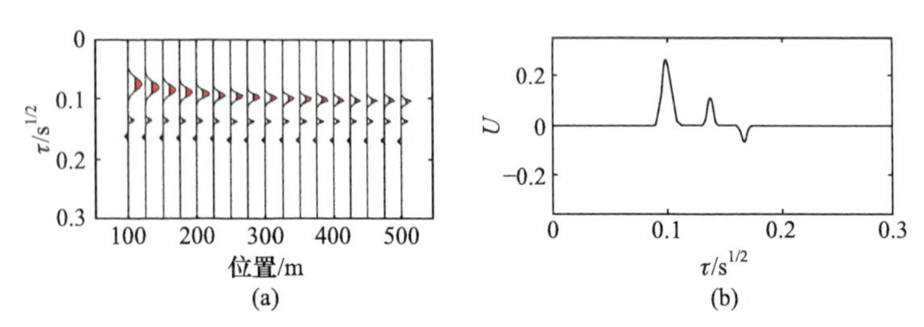

图 7.4.11 模型三 53%时间窗口扫时波场变换所得主剖面波场

(a) 主剖面波场分布；(b) 主剖面上 10 号点(偏移距为 350m 处)波场曲线

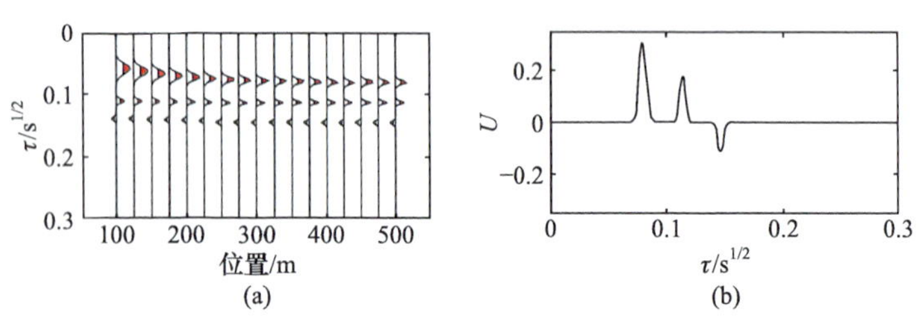

图 7.4.12 模型三 58%时间窗口扫时波场变换所得主剖面波场

(a) 主剖面波场分布；(b) 主剖面上 10 号点(偏移距为 350m 处)波场曲线

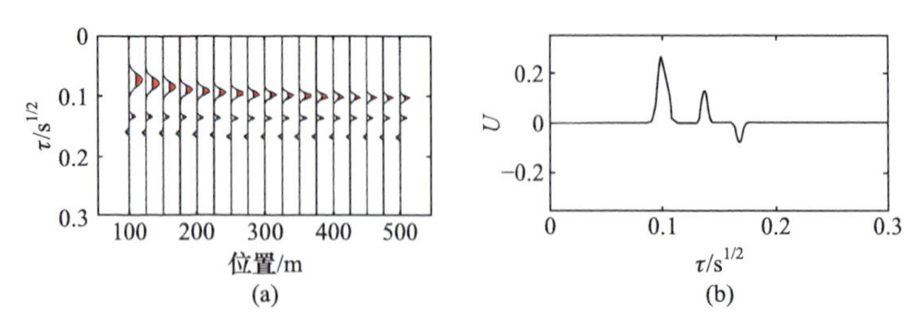

图 7.4.13 模型三 63%时间窗口扫时波场变换所得主剖面波场

(a) 主剖面波场分布；(b) 主剖面上 10 号点(偏移距为 350m 处)波场曲线

图 7.4.14 所示，取 38%、43%、48%三个时间窗口作为波场变换的时间窗口，计算各窗口扫时波场变换的结果，分别如图 7.4.15～图 7.4.17 所示。可以看出，43%时间窗口扫时波场变换所得波场特征最明显，可见 43%时间窗口是埋深 100m 高阻薄层扫时波场变换的最佳窗口。

以模型二和模型四为例，将多窗口变换结果进行相关叠加，可使薄层的弱波

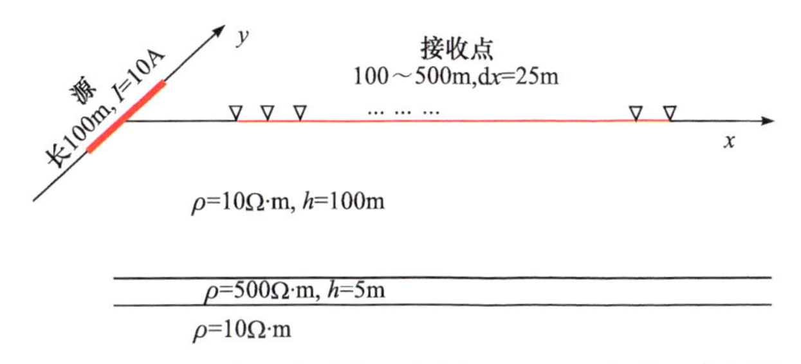

图 7.4.14　电性源激发赤道装置主剖面 100m 埋深高阻薄层模型

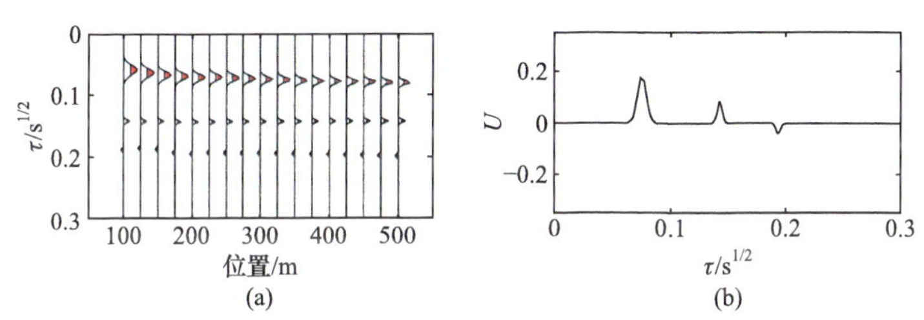

图 7.4.15　模型四 38%时间窗口扫时波场变换所得主剖面波场

(a) 主剖面波场分布；(b) 主剖面上 10 号点(偏移距为 350m 处)波场曲线

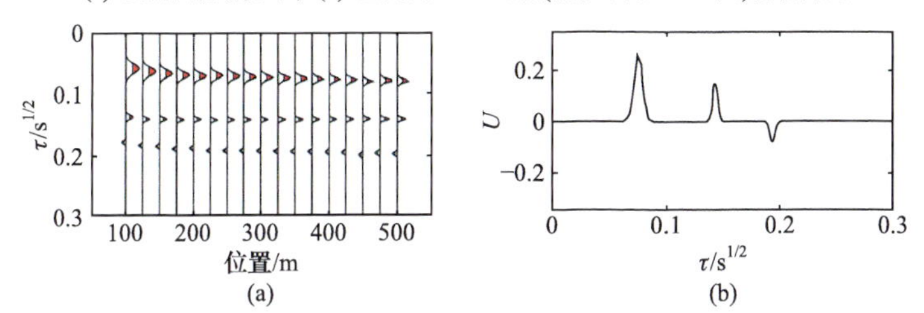

图 7.4.16　模型四 43%时间窗口扫时波场变换所得主剖面波场

(a) 主剖面波场分布；(b) 主剖面上 10 号点(偏移距为 350m 处)波场曲线

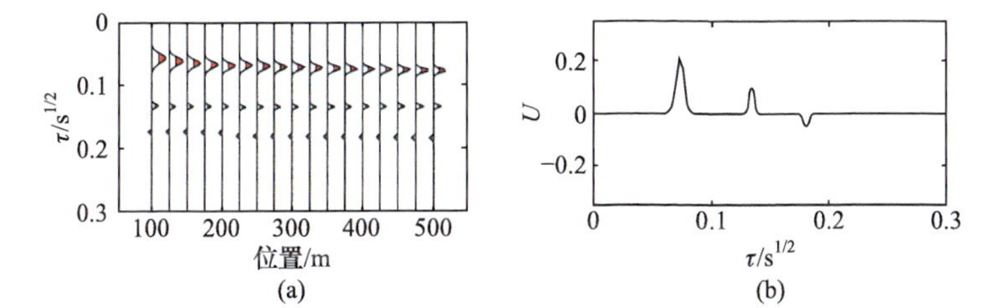

图 7.4.17　模型四 48%时间窗口扫时波场变换所得主剖面波场

(a) 主剖面波场分布；(b) 主剖面上 10 号点(偏移距为 350m 处)波场曲线

场信号得到加强。图 7.4.18 为 100m 埋深低阻薄层 43%、48%、53%时间窗口扫时波场变换后相关叠加结果；图 7.4.19 为 100m 埋深高阻薄层 38%、43%、48%时间窗口扫时波场变换后相关叠加的结果。图 7.4.18 和图 7.4.19 的薄层波场特征要明显地优于图 7.4.8 和图 7.4.16。采用多窗口相关叠加处理技术，可实现薄层的小尺度波场特征提取。

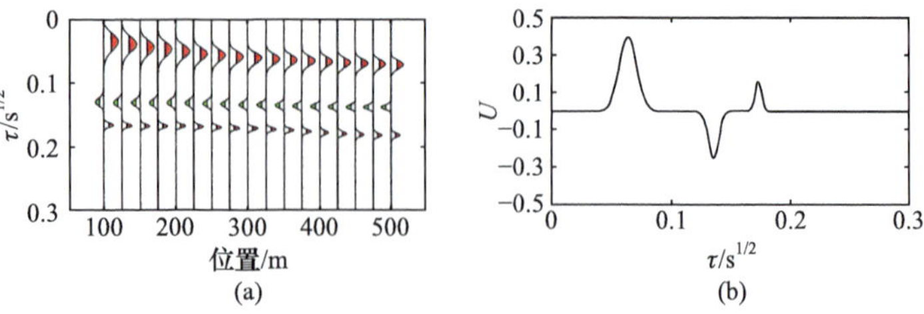

图 7.4.18　100m 埋深低阻薄层 43%、48%、53%时间窗口扫时波场变换后相关叠加结果

(a) 主剖面波场分布；(b) 主剖面上 10 号点(偏移距为 350m 处)波场曲线

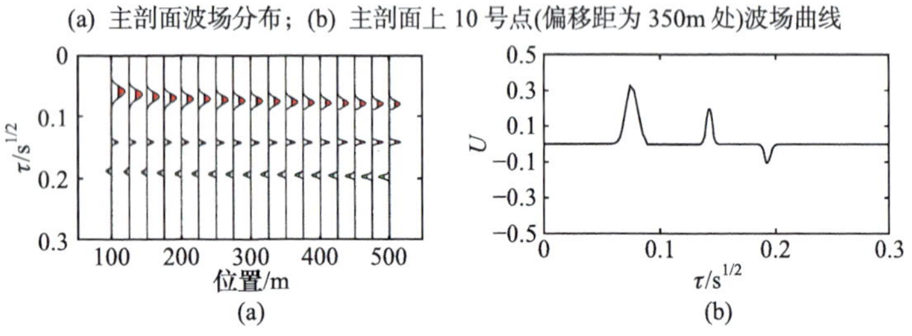

图 7.4.19　100m 埋深高阻薄层 38%、43%、48%时间窗口扫时波场变换后相关叠加结果

(a) 主剖面波场分布；(b) 主剖面上 10 号点(偏移距为 350m 处)波场曲线

用多个不同大小的窗口进行扫时波场变换时，不同埋深的高、低阻薄层模型波场特征不同，且存在一个最佳的窗口，使其变换后的波场特征最明显。采用多窗口相关叠加处理技术，可实现薄层的小尺度波场特征提取。此外，将不同窗口的波场变换结果进行相关叠加可获得多尺度地质体的多分辨波场特征，实现多分辨、多尺度扫时波场变换。

2. 三维模型

为了验证多分辨扫时波场变换的效果，引入三个规模大小不同、埋深不同的三维地质体，模型和正演的多测道分别如图 7.4.20 和图 7.4.21 所示。

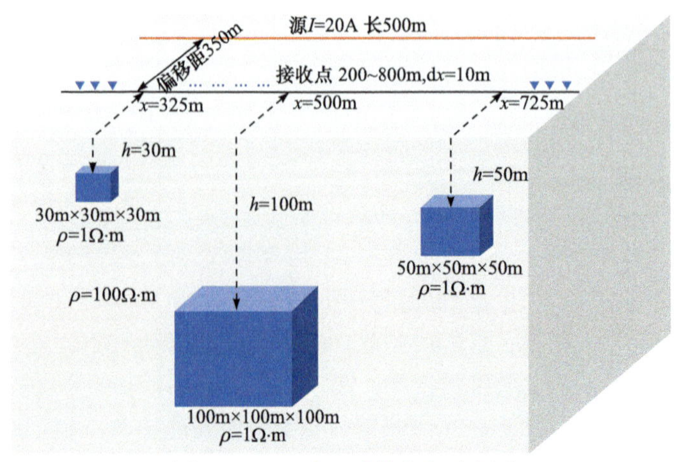

图 7.4.20　三个地质体分布示意图

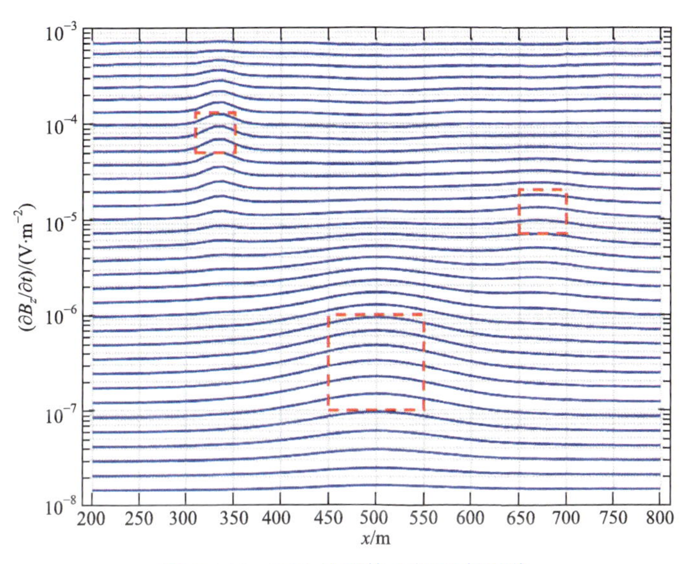

图 7.4.21　三个地质体主剖面多测道

取小、中、大三个窗口(45%、63%、75%三个时间窗口)计算波场变换，计算结果分别如图 7.4.22～图 7.4.24 所示。小窗口扫时波场变换结果只显示浅部小地

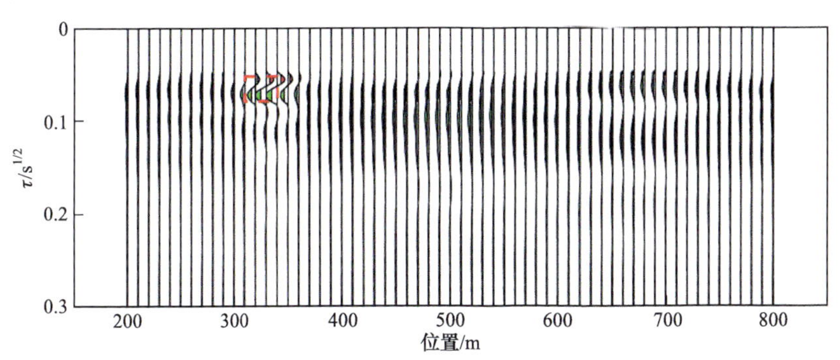

图 7.4.22　小窗口扫时波场变换主剖面波场

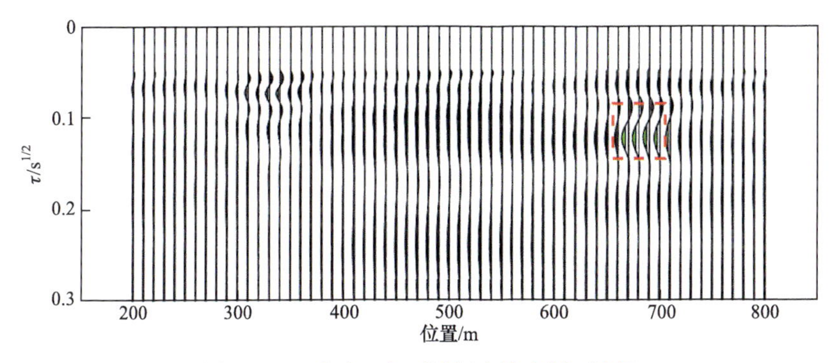

图 7.4.23　中窗口扫时波场变换主剖面波场

质体的存在，中窗口扫时波场变换结果只显示中部中地质体的存在，大窗口扫时波场变换结果只显示深部大地质体的存在。

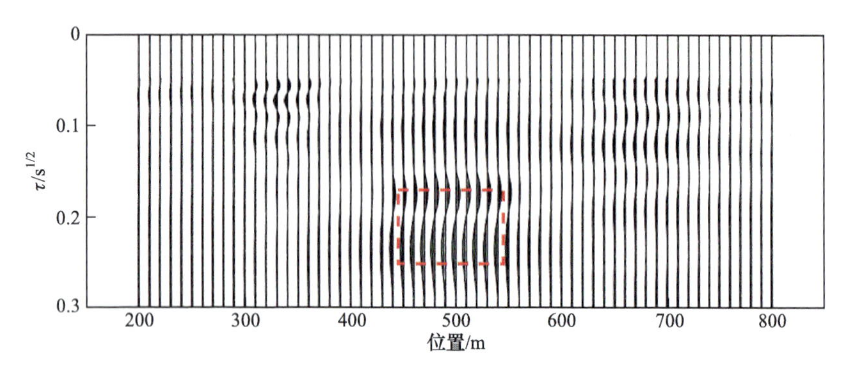

图 7.4.24　大窗口扫时波场变换主剖面波场

将小、中、大三个窗口的扫时波场变换结果进行相关叠加，如图 7.4.25 所示，清晰地显示出不同大小、不同埋深的三个地质体。结果表明，采用多窗口扫时波场变换，可以实现多分辨、多尺度的波场信息提取。

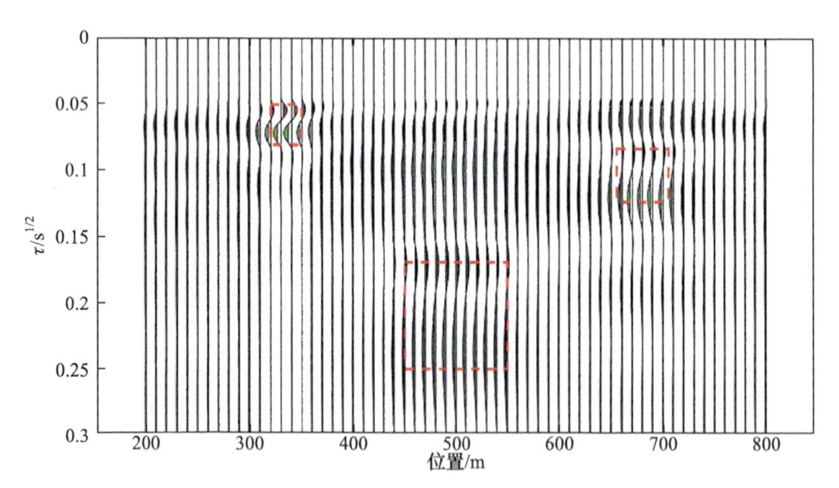

图 7.4.25　小、中、大窗口扫时波场变换相关叠加后的主剖面波场

第 8 章　基于全波形反演的高分辨速度分析

地空瞬变电磁法的反演解释水平不足，且传统的解释方法难以说明细节地质问题。发展瞬变电磁法拟地震成像技术是解决这一问题的关键，其中高精度的速度建模技术是拟地震成像是否准确的重要环节，可显著有效地提高瞬变电磁法的分辨能力。

根据第 7 章的内容可知，瞬变电磁场可通过电磁波场降速的方法、基于精细积分的方法和多尺度、多分辨扫时波场变换的方法，获得多分辨、高精度的瞬变电磁虚拟波场。其本质上即为充分体现瞬变电磁场中的拟地震传播特性，利用虚拟波场易成像的特点，借助多种地震技术手段分析提取虚拟波场的有效信息，利用电磁场在导电介质中的传播速度 v 与介质电导率的关系式，即可实现地下介质电导率与电磁场传播速度的转换。

$$v = \frac{1}{\sqrt{\mu_0 \sigma}}$$

式中，σ 为介质的电导率；μ_0 为介质的磁导率。

全波形反演在地震速度建模中已经成为高精度、高分辨的分析手段，应用效果良好。因此，研究中采用全波形反演技术针对瞬变电磁虚拟波场进行高分辨速度分析，是拟地震精细成像的关键。

基于最小二乘理论的全波形反演充分利用所有类型的波形信息进行地下介质参数反演，同时考虑地震波传播的旅行时、波速等运动学信息，振幅、周期、相位等动力学信息，利用波场残差作为目标函数，即通过实际观测数据与数值模拟数据的差值建立误差泛函，并最小化这个误差泛函从而更新地下介质参数，从而完成高精度速度分析，获取地下精细结构。

8.1　波动方程正演模拟

波场方程正演模拟是决定全波形反演的基础。正演过程即在给定先验速度模型的基础上求解波动方程的数值解，进而模拟波在介质中的传播。本节采用应用最为广泛的有限差分法求解波动方程，适用于各种复杂地下介质情况，具有简单高效的优点。由于电磁扩散场已经转换为具备波动方程特性的虚拟波场，因此正演模拟控制方程采用快速有效的声波方程。

二维时间域常密度声波方程表示为

$$\frac{1}{\boldsymbol{v}(x,z)^2}\frac{\partial^2 \boldsymbol{u}(x,z,t)}{\partial t^2}=\frac{\partial^2 \boldsymbol{u}(x,z,t)}{\partial x^2}+\frac{\partial^2 \boldsymbol{u}(x,z,t)}{\partial z^2}+\boldsymbol{s}(x,z,t) \tag{8.1.1}$$

式中，$\boldsymbol{v}(x,z)^2$ 为声波传播速度(速度场)；$\boldsymbol{u}(x,z,t)$ 为声波波场；$\boldsymbol{s}(x,z,t)$ 为震源函数。

有限差分法作为一种数值解法，首先需要对模型数据进行离散化，则 $\boldsymbol{u}(x,z,t)$ 转化为 $\boldsymbol{u}_{i,j}^k=\boldsymbol{u}(m\Delta x,n\Delta z,k\Delta t)$。其中，$k$ 为时间离散网格；i、j 分别为 x、z 方向的离散网格；Δx、Δz 分别为 x、z 方向的网格步长；Δt 为时间步长。

根据泰勒展开式，将 $\boldsymbol{u}_{i,j}^{k+1}$ 和 $\boldsymbol{u}_{i,j}^{k-1}$ 在 $\boldsymbol{u}_{i,j}^k$ 处分别对 t 展开，得到

$$\boldsymbol{u}_{i,j}^{k+1}=\boldsymbol{u}_{i,j}^k+\left(\frac{\partial \boldsymbol{u}}{\partial t}\right)_{i,j}^k\Delta t+\frac{1}{2}\left(\frac{\partial^2 \boldsymbol{u}}{\partial t^2}\right)_{i,j}^k\Delta t^2+\frac{1}{6}\left(\frac{\partial^3 \boldsymbol{u}}{\partial t^3}\right)_{i,j}^k\Delta t^3+\cdots+o\left(\Delta t^4\right) \tag{8.1.2}$$

$$\boldsymbol{u}_{i,j}^{k-1}=\boldsymbol{u}_{i,j}^k-\left(\frac{\partial \boldsymbol{u}}{\partial t}\right)_{i,j}^k\Delta t+\frac{1}{2}\left(\frac{\partial^2 \boldsymbol{u}}{\partial t^2}\right)_{i,j}^k\Delta t^2-\frac{1}{6}\left(\frac{\partial^3 \boldsymbol{u}}{\partial t^3}\right)_{i,j}^k\Delta t^3+\cdots+o\left(\Delta t^4\right) \tag{8.1.3}$$

式中，o 为截断误差。

由式(8.1.2)、式(8.1.3)可得到关于 t 的一阶中心差分式和二阶中心差分式：

$$\left(\frac{\partial \boldsymbol{u}}{\partial t}\right)_{i,j}^k=\frac{\boldsymbol{u}_{i,j}^{k+1}-\boldsymbol{u}_{i,j}^{k-1}}{2\Delta t} \tag{8.1.4}$$

$$\left(\frac{\partial^2 \boldsymbol{u}}{\partial t^2}\right)_{i,j}^k=\frac{\boldsymbol{u}_{i,j}^{k+1}-2\boldsymbol{u}_{i,j}^k+\boldsymbol{u}_{i,j}^{k-1}}{\Delta t^2} \tag{8.1.5}$$

同理，利用泰勒展开式可以得到关于 x、z 的中心差分式，令 $\Delta x=\Delta z=h$，将关于 x、z、t 的二阶中心差分式代入式(8.1.1)，即为时间二阶、空间二阶的声波方程有限差分式：

$$\boldsymbol{u}_{i,j}^{k+1}=2\left(1-2\boldsymbol{v}^2\frac{\Delta t^2}{h^2}\right)\boldsymbol{u}_{i,j}^k-\boldsymbol{u}_{i,j}^{k-1}+\boldsymbol{v}^2\frac{\Delta t^2}{h^2}\left(\boldsymbol{u}_{i+1,j}^k+\boldsymbol{u}_{i-1,j}^k+\boldsymbol{u}_{i,j+1}^k+\boldsymbol{u}_{i,j-1}^k\right)+\boldsymbol{s} \tag{8.1.6}$$

可利用泰勒展开式对 t、x、z 继续展开到更高阶项，并将其代入声波方程中，可得时间二阶、空间 $2L$ 阶的二维声波波动方程有限差分式为

$$\boldsymbol{u}_{i,j}^{k+1}=2\boldsymbol{u}_{i,j}^k-\boldsymbol{u}_{i,j}^{k-1}+\boldsymbol{v}^2\frac{\Delta t^2}{\Delta x^2}\sum_{l=1}^{L}a_l\left(\boldsymbol{u}_{i+l,j}^k+\boldsymbol{u}_{i-l,j}^k+\boldsymbol{u}_{i,j+l}^k+\boldsymbol{u}_{i,j-l}^k-4\boldsymbol{u}_{i,j}^k\right)+\boldsymbol{s} \tag{8.1.7}$$

式中，a_l 为时间二阶、空间 $2L$ 阶的有限差分系数，可参考有限差分系数表，如表 8.1.1 所示。

表 8.1.1　二阶导数的偶数阶精度有限差分系数

阶数	a_0	a_1	a_2	a_3	a_4	a_5	a_6
2	−2	1					
4	−5/2	4/3	−1/12				
6	−49/18	3/2	−3/20	1/90			
8	−205/72	8/5	−1/5	8/315	−1/560		
10	−5269/1800	5/3	−5/21	5/126	−5/1008	1/3150	
12	−5369/1800	12/7	−15/56	10/189	−1/112	2/1925	−1/16632

8.2　正演参数选取

声波方程正演过程中，场源子波的选择是至关重要的。当场源子波振幅过大，会干扰梯度的求取；当场源子波相位改变，波形变化，会影响梯度计算；当场源子波的主频与观测数据的主频相差过大，会使反演结果产生误差。

本节采用零相位的雷克子波为场源函数，有

$$s(t)=\left[1-2(\pi ft-\pi)^2\right]\mathrm{e}^{-(\pi ft-\pi)^2} \tag{8.2.1}$$

式中，t 为时间；f 为主频。主频为 10Hz 的零相位雷克子波场源波形如图 8.2.1 所示。

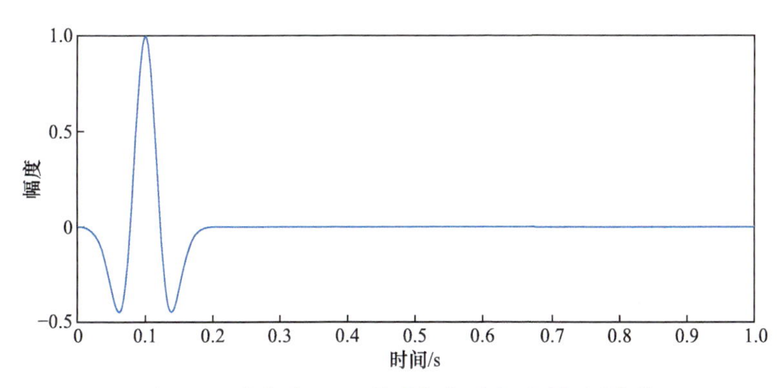

图 8.2.1　主频为 10Hz 的零相位雷克子波场源波形

根据稳定性条件和频散控制条件选取时间步长 dt 和网格间距 dx。

稳定性条件：

$$\Delta t \leqslant \frac{1}{v_{\max}\sqrt{\dfrac{1}{\Delta x^2}+\dfrac{1}{\Delta y^2}}\sqrt{\sum\limits_{i=0}^{N}a_i}} \tag{8.2.2}$$

频散条件：

$$\begin{cases} \Delta x \leqslant \dfrac{\lambda_{\min}}{n} = \dfrac{v_{\min}}{nf_{\max}} \\ \Delta z \leqslant \dfrac{\lambda_{\min}}{n} = \dfrac{v_{\min}}{nf_{\max}} \end{cases} \tag{8.2.3}$$

式中，$v_{\min}$、$v_{\max}$ 分别为最小速度、最大速度；$\lambda_{\min}$、$\lambda_{\max}$ 分别为最小波长、最大波长；$f_{\max}$ 为最大频率。

由式(8.2.2)、式(8.2.3)可以看出，对于同一正演模型，采用高阶有限差分格式、较小的空间采样间隔和时间采样间隔，可以满足差分格式的稳定性并有效压制频散，但是会大大降低计算效率。因此，实际中应在斟酌计算精度和效率的前提下选择波场模拟的参数。

8.3 PML 吸收边界条件

在正演模拟过程中，研究区域是局限的，相当于人为划定边界。这些边界可以作为反射界面，当拟地震波传播到边界时会被反弹回去，对波场模拟造成影响，得到的结果包括反弹回去的波前造成的假象。

针对这样的问题，本节利用吸收边界来减少反射，将传播到边界的波前逐渐收敛吸收，直至无边界反射干扰。完美匹配层(perfectly matched layer，PML)边界算法复杂度低、易实现，被广泛应用于波场模拟和全波形反演中。

添加 PML 衰减项后，二维时间域声波方程转化为

$$\frac{1}{\boldsymbol{v}^2(x)}\frac{\partial^2 \boldsymbol{u}}{\partial t^2} + 2\boldsymbol{Q}\frac{\partial \boldsymbol{u}}{\partial t} + \boldsymbol{Q}^2\boldsymbol{u} = \frac{\partial^2 \boldsymbol{u}}{\partial x^2} + \frac{\partial^2 \boldsymbol{u}}{\partial z^2} + \boldsymbol{s} \tag{8.3.1}$$

式中，$\boldsymbol{Q}$ 为空间上所有网格点处衰减项构成的衰减系数矩阵。在内部波场区域 D 时，$\boldsymbol{Q}=0$，这时的波动方程即为原始的常密度声波方程；在其他衰减区域中，$\boldsymbol{Q}$ 的大小随与计算边界距离的增大而逐渐增加。

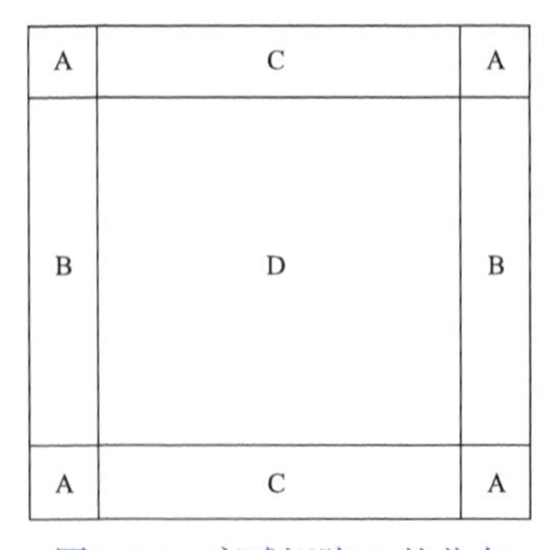

图 8.3.1 衰减矩阵 $\boldsymbol{Q}$ 的分布

本节采用余弦型衰减因子构建衰减矩阵，其计算公式为

$$\boldsymbol{Q} = r\left[1-\cos\frac{\pi(L-i)}{2L}\right] \quad (i=0,1,2,\cdots,L) \tag{8.3.2}$$

式中，L 为衰减层厚度；r 为吸收衰减幅度因子，在实际计算中 r 的数值可以设置为 300；i 为计算点距离有效边界处的垂向或横向网格点数。衰减矩阵 $\boldsymbol{Q}$ 的分布如图 8.3.1 所示。

D 区域 $\boldsymbol{Q}$ 为 0；B 区域 $\boldsymbol{Q}$ 的垂直分量为 0，水平分量不为 0；C 区域 $\boldsymbol{Q}$ 的垂直分量不为 0，水平分量为 0；A 区域 $\boldsymbol{Q}$ 的垂直分量和水平分量均不为 0。

对式(8.3.1)进行时间二阶中心差分、空间 $2N$ 阶有限差分格式离散，得到添加衰减项的离散差分格式：

$$\begin{aligned}\boldsymbol{u}_{i,j}^{k+1}=&\frac{2-\boldsymbol{Q}^2(i,j)\Delta t^2}{1+\boldsymbol{Q}(i,j)\Delta t}\boldsymbol{u}_{i,j}^{k}-\frac{1-\boldsymbol{Q}(i,j)}{1+\boldsymbol{Q}(i,j)}\boldsymbol{u}_{i,j}^{k-1}\\&+\frac{\boldsymbol{v}^2(i,j)}{1+\boldsymbol{Q}(i,j)\Delta t}\frac{\Delta t^2}{\Delta x^2}\sum_{l=1}^{L}a_l\left(\boldsymbol{u}_{i+l,j}^{k}+\boldsymbol{u}_{i-l,j}^{k}+\boldsymbol{u}_{i,j+l}^{k}+\boldsymbol{u}_{i,j-l}^{k}-4\boldsymbol{u}_{i,j}^{k}\right)+\boldsymbol{s}\end{aligned}\tag{8.3.3}$$

测试模型是否加载吸收边界条件下的瞬时波场如图 8.3.2 所示。

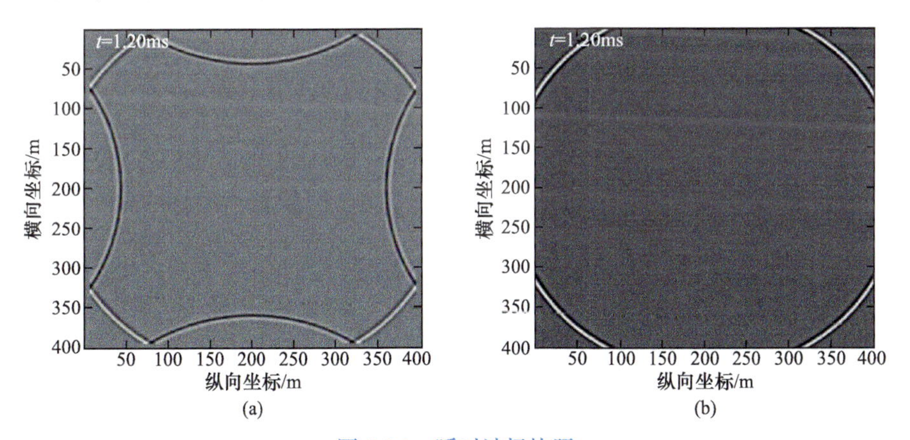

图 8.3.2 瞬时波场快照

(a) 不加载吸收边界条件；(b) 加载吸收边界条件

8.4 全波形反演理论

将已知模型参数与震源函数代入常密度声波波动方程中，得到各个接收点的计算波场 u_{cal}。用 F 表示波场正演过程，可以将计算波场 $\boldsymbol{u}_{\mathrm{cal}}$ 与模型参数 m 之间的非线性关系表示为

$$\boldsymbol{u}_{\mathrm{cal}}=F(m)\tag{8.4.1}$$

设实际接收到的观测波场为 $\boldsymbol{u}_{\mathrm{obs}}$，那么根据 $\boldsymbol{u}_{\mathrm{obs}}$ 求取模型参数 m 的过程即为反演过程，用 F^{-1} 表示，观测波场 $\boldsymbol{u}_{\mathrm{obs}}$ 与模型参数 m 之间的关系可以表示为

$$m=F^{-1}(\boldsymbol{u}_{\mathrm{obs}})\tag{8.4.2}$$

在全波形反演过程中，给定初始模型参数 m，经过上述声波方程正演得到计算波场 $\boldsymbol{u}_{\mathrm{cal}}$，再与观测波场 $\boldsymbol{u}_{\mathrm{obs}}$ 进行拟合。如果二者不能完全拟合，对模型参数 m 进行更新，直到计算波场 $\boldsymbol{u}_{\mathrm{cal}}$ 与观测波场 $\boldsymbol{u}_{\mathrm{obs}}$ 完全一致，这时的模型参数 m 即为

地下真实介质参数。

具体来说，全波形反演可分为模型参数化、误差泛函的建立、数据预处理、震源子波估计、拟地震波场正演、反演优化算法、收敛条件等研究内容。

8.4.1 目标函数及混合共轭梯度法优化

对于时间域全波形反演，可建立基于最小二乘的目标函数$E(m)$，采用L_2范数，有

$$E(m)=\left\|\boldsymbol{u}_{\mathrm{cal}}-\boldsymbol{u}_{\mathrm{obs}}\right\|^2=\left\|F(m)-\boldsymbol{u}_{\mathrm{obs}}\right\|^2$$
$$=\frac{1}{2}\sum_s\sum_r\sum_t\left[\boldsymbol{u}_{\mathrm{cal}}(x_s,x_r,t)-\boldsymbol{u}_{\mathrm{obs}}(x_s,x_r,t)\right]^2 \tag{8.4.3}$$

一般情况下，可将模型参数m近似为纵波波速v_{p}，因此可以将目标函数看成关于速度的函数。当计算波场与观测波场之间的残差最小即目标函数值最小时，此时的速度就是要求的反演解。

对目标函数$E(m)$关于模型参数m求偏导，可得

$$g=\nabla E(m)=\frac{\partial E(m)}{\partial m}=\left(\frac{\partial \boldsymbol{u}_{\mathrm{cal}}}{\partial m}\right)^{\mathrm{T}}(\boldsymbol{u}_{\mathrm{cal}}-\boldsymbol{u}_{\mathrm{obs}})=\boldsymbol{J}^{\mathrm{T}}\Delta u \tag{8.4.4}$$

式中，g为梯度；模型参数m可近似为速度v；$\boldsymbol{J}$为偏微分波场，$\boldsymbol{J}=\frac{\partial \boldsymbol{u}_{\mathrm{cal}}}{\partial m}$，数学上叫作弗雷歇导数；$\Delta \boldsymbol{u}$为波场残差，$\Delta \boldsymbol{u}=\boldsymbol{u}_{\mathrm{cal}}-\boldsymbol{u}_{\mathrm{obs}}$。

假设目标函数在初始模型附近满足二次型，因此可以用泰勒公式将目标函数在初始模型附近展开为

$$E(m_0+\delta m)=E(m_0)+\delta m^{\mathrm{T}}g(m_0)+\frac{1}{2}\delta m^{\mathrm{T}}H(m_0)\delta m+\cdots \tag{8.4.5}$$

式中，m_0为初始模型；δm为模型变化量；$H(m_0)$为目标函数在m_0处对模型的二阶偏导。由式(8.4.5)建立迭代公式：

$$m_{k+1}=m_k-\alpha_k\boldsymbol{g}_k \tag{8.4.6}$$

式中，α为迭代步长；$\boldsymbol{g}_k$为第k次迭代的梯度矩阵；k为迭代次数，可以看出迭代方向是目标函数梯度的反方向。尽管目标函数的梯度可以通过对模型参数直接进行一阶求导得到，但在实际中这样求取梯度会产生巨大的计算量。因此，通过正向传播理论波场，反向传播残差波场，二者互相关计算梯度，从而避免直接求导，降低计算复杂程度。

可将二维时间域声波波动方程式改写为

$$G(u,v)=\left(\frac{\partial^2 u}{\partial x^2}+\frac{\partial^2 u}{\partial z^2}+\boldsymbol{s}\right)-\frac{1}{v^2}\frac{\partial^2 u}{\partial t^2}=0 \tag{8.4.7}$$

进一步利用拉格朗日乘数法转化为无约束最优化问题，新的目标函数为

$$Q = E + \int_{(x,z)} \int_0^T \lambda G(u,v) \mathrm{d}t\mathrm{d}x\mathrm{d}z \tag{8.4.8}$$

式中，T 为计算时间；$\lambda(x,z,t)$ 为拉格朗日算子。对式(8.4.8)采用两次分部积分，得

$$Q = E + \int_{(x,z)} \int_0^T \boldsymbol{u}\left(\frac{\partial^2 \lambda}{\partial x^2} + \frac{\partial^2 \lambda}{\partial z^2} + \boldsymbol{s} - \frac{\partial^2 \lambda}{\partial t^2}\right) \mathrm{d}t\mathrm{d}x\mathrm{d}z \tag{8.4.9}$$

再对 $\boldsymbol{u}$ 求导，并令 $\frac{\partial Q}{\partial \boldsymbol{u}} = 0$，得到关于 $\lambda(x,z,t)$ 的伴随波动方程式：

$$\frac{1}{v^2}\frac{\partial^2 \lambda}{\partial t^2} = \frac{\partial^2 \lambda}{\partial x^2} + \frac{\partial^2 \lambda}{\partial z^2} + (\boldsymbol{u}_{\text{cal}} - \boldsymbol{u}_{\text{obs}}) \tag{8.4.10}$$

对比二维时间域声波波动方程，可以看出震源函数为残差波场 $\boldsymbol{u}_{\text{cal}} - \boldsymbol{u}_{\text{obs}}$，且沿时间方向逆时传播。

最后，通过计算 $\frac{\partial \boldsymbol{Q}}{\partial v}$ 求取梯度：

$$\frac{\partial \boldsymbol{Q}}{\partial v} = \frac{2}{v^3}\int_0^T \boldsymbol{\lambda} \frac{\partial^2 \boldsymbol{u}}{\partial t^2} \mathrm{d}t \tag{8.4.11}$$

式中，$\boldsymbol{u}$ 为正传波场；$\boldsymbol{\lambda}$ 为反传波场。

以上是连续形式的梯度公式计算过程，在实际处理中需要将上述方程离散化处理，最终梯度方程转换为

$$\frac{\partial \boldsymbol{Q}}{\partial v_{i,j}} = \frac{2}{v_{i,j}^3}\sum_{k=1}^{T} \boldsymbol{\lambda}_{i,j}^k \left(\frac{\boldsymbol{u}_{i,j}^{k+1} - 2\boldsymbol{u}_{i,j}^k + \boldsymbol{u}_{i,j}^{k-1}}{\Delta t^2}\right) \tag{8.4.12}$$

共轭梯度法的收敛效率介于牛顿法与最速下降法之间，和最速下降法相比，它的收敛速度更快；与牛顿法相比，它无须计算黑塞矩阵。因此，本小节将一种混合类的共轭梯度方法应用于全波形算法中。第 k 次迭代的下降方向 $\boldsymbol{d}_k$ 可通过式(8.4.13)求取：

$$\boldsymbol{d}_k \begin{cases} -\boldsymbol{g}_k & (k=0) \\ -\boldsymbol{g}_k + \beta_k \boldsymbol{d}_{k-1} & (k \geqslant 1) \end{cases} \tag{8.4.13}$$

关于 β_k (上标表示不同公式来源)的计算，有许多公式可以采用：

$$\beta_k^{\text{FR}} = \frac{\|\boldsymbol{g}_{k+1}\|^2}{\|\boldsymbol{g}_k\|^2}$$

$$\beta_k^{\text{PRP}} = \frac{(\boldsymbol{g}_{k+1})^{\text{T}}(\boldsymbol{g}_{k+1} - \boldsymbol{g}_k)}{\|\boldsymbol{g}_k\|^2}$$

$$\beta_k^{\mathrm{HS}}=\frac{(\boldsymbol{g}_{k+1})^{\mathrm{T}}(\boldsymbol{g}_{k+1}-\boldsymbol{g}_k)}{(\boldsymbol{d}_k)^{\mathrm{T}}(\boldsymbol{g}_{k+1}-\boldsymbol{g}_k)}$$

$$\beta_k^{\mathrm{DY}}=\frac{(\boldsymbol{g}_{k+1})^{\mathrm{T}}\boldsymbol{d}_{k+1}}{(\boldsymbol{g}_k)^{\mathrm{T}}\boldsymbol{d}_k}$$

在数值模拟计算中，可以采取以下混合共轭梯度修正因子方案：

$$\beta_k=\max(0,\min(\beta_k^{\mathrm{HS}},\beta_k^{\mathrm{DY}}))\,,\quad \beta_k=\max(0,\min(\beta_k^{\mathrm{PR}},\beta_k^{\mathrm{PRP}}))$$

8.4.2 迭代步长计算与收敛条件

全波形反演过程中，与共轭梯度法相联系的速度模型更新公式为

$$v_{k+1}=v_k-\alpha_k d_k \tag{8.4.14}$$

由式(8.4.14)可以看出，迭代步长 α_k 的计算对于速度模型的更新速度有重要的影响。选取的迭代步长过小会导致收敛速度慢，而迭代步长过大会造成反演不稳定。因此，反演过程中选取合适的迭代步长是非常关键的。迭代步长的计算方法主要有线性搜索法、抛物线拟合法。本小节采用线性搜索法来得到最优步长。

目标函数可以写成以下形式：

$$\begin{aligned}E(v_{k+1})&=E(v_k-\alpha_k\boldsymbol{d}_k)\\&=\left[\boldsymbol{u}_{\mathrm{obs}}-\boldsymbol{u}_{\mathrm{cal}}(v_k-\alpha_k\boldsymbol{d}_k)\right]^{\mathrm{T}}\left[\boldsymbol{u}_{\mathrm{obs}}-\boldsymbol{u}_{\mathrm{cal}}(v_k-\alpha_k\boldsymbol{d}_k)\right]\end{aligned} \tag{8.4.15}$$

用 F 表示计算波场 $\boldsymbol{u}_{\mathrm{cal}}$ 对于 v 的偏导数，则式(8.4.15)可表示为

$$\begin{aligned}E(v_{k+1})&=E(v_k-\alpha_k d_k)\\&=\left[\boldsymbol{u}_{\mathrm{obs}}-(\boldsymbol{u}_{\mathrm{cal}}(v_k)+\alpha_k F_k\boldsymbol{d}_k)\right]^{\mathrm{T}}\times\left[\boldsymbol{u}_{\mathrm{obs}}-(\boldsymbol{u}_{\mathrm{cal}}(v_k)+\alpha_k F_k\boldsymbol{d}_k)\right]\end{aligned} \tag{8.4.16}$$

目标函数此时可以看成是关于步长的函数，对目标函数关于步长求偏导数，令 $\dfrac{\partial E(v_{k+1})}{\partial\alpha_k}=0$，得到使得目标函数最小的最优步长：

$$\alpha_k=\frac{\left[F_k\boldsymbol{d}_k\right]^{\mathrm{T}}\left[\boldsymbol{u}_{\mathrm{obs}}-\boldsymbol{u}_{\mathrm{cal}}(v_k)\right]}{\left[F_k\boldsymbol{d}_k\right]^{\mathrm{T}}\left[F_k\boldsymbol{d}_k\right]} \tag{8.4.17}$$

要计算式(8.4.17)，需要再做一次正演模拟。要求得最优步长，需要提供一个试探步长 α_0，且满足速度的更新量不超过背景速度的 0.1%～0.5%。

在全波形反演过程中，经过前述计算得到了梯度和步长，要实现整个速度更新迭代过程，需要给定一个收敛条件：

$$\left|\frac{v_{k+1}-v_k}{v_k}\right|<\varepsilon \tag{8.4.18}$$

即第 $k+1$ 次迭代的速度更新量小于第 k 次速度的一定比例。当满足收敛条件时，认为迭代收敛，反演终止；当不满足收敛条件时，将迭代更新后的速度模型输入进行下一次迭代。

8.4.3　多尺度反演策略及流程

全波形反演是一个高度非线性的反演问题，当真实模型复杂程度高、初始模型不准确时，由于一般采用局部寻优方法求解，反演结果容易落入局部极小值。多尺度反演策略将反演过程分成多个尺度问题进行求解，避免局部极值对反演结果的影响。因此，本小节将多尺度反演策略应用到全波形反演中来提高反演精度。

采用融入滤波技术的多尺度策略可以从多个尺度上进行反演，通过低通滤波器对观测数据和震源子波进行滤波，分成不同频带和子波成分，先利用低频带数据反演大尺度速度结构，并将低频反演结果作为高频反演的初始模型进一步反演精细构造，大大提高了反演的计算速度。

本小节采用维纳(Wiener)滤波器，计算公式为

$$f_{\text{Wiener}}(w)=\frac{W_{\text{target}}(w)W_{\text{original}}^{*}(w)}{\left|W_{\text{original}}(w)\right|^{2}+\varepsilon^{2}} \tag{8.4.19}$$

式中，W_{target}、W_{original} 分别为低频震源子波和原始震源子波；ε 为控制数值溢出的因子。

全波形反演的结果依赖初始模型的选择，如果初始模型与真实模型相差太大，反演结果会陷入局部最小，甚至出现错误的反演结果，为此设计反演流程如下：

(1) 给定一个较为准确的初始速度模型及迭代收敛条件；

(2) 确定初始滤波频带范围，并对震源子波和观测波场 $\boldsymbol{u}_{\text{obs}}$ 进行低通滤波；

(3) 采用高阶有限差分法对初始模型进行正演模拟，得到理论地震数据 $\boldsymbol{u}_{\text{cal}}$；

(4) 计算理论拟地震数据和观测拟地震数据的残差 $\left|\boldsymbol{u}_{\text{cal}}-\boldsymbol{u}_{\text{obs}}\right|$，将残差数据沿时间方向逆时传播得到反传波场，正演模拟中沿时间方向顺时传播得到的理论拟地震数据即为正传波场；

(5) 用伴随状态法计算目标函数的梯度 $\boldsymbol{g}_k=\dfrac{\partial Q}{\partial v_{i,j}}$，并利用共轭梯度法计算新的搜索方向 $\boldsymbol{d}_{k+1}=-\boldsymbol{g}_{k+1}+\beta_k\boldsymbol{d}_k$；

(6) 给定一个试探步长，计算迭代最优步长，$\alpha_k=\dfrac{\left[F_k\boldsymbol{d}_k\right]^{\mathrm{T}}\left[\boldsymbol{u}_{\text{obs}}-\boldsymbol{u}_{\text{cal}}(v_k)\right]}{\left[F_k\boldsymbol{d}_k\right]^{\mathrm{T}}\left[F_k\boldsymbol{d}_k\right]}$；

(7) 根据速度模型的更新公式 $v_{k+1}=v_k-\alpha_k\boldsymbol{d}_k$，修改初始模型后回到步骤(3)后循环进行，直到满足给定的收敛条件，即得到一个滤波频带的反演结果；

(8) 上述一个频带内循环结束后，得到的反演结果作为速度模型输入并重新选择滤波频带范围，回到步骤(2)后循环进行；

(9) 当所有滤波频带循环结束，得到的反演结果即为整个全波形反演的最终结果。

8.5 全波形反演试算

8.5.1 层状模型试算

计算范围为 2000m×2000m，横向和纵向网格间距为 5m，网格数为 400×400，从上到下设置速度分别为 3200m/s、3400m/s、3600m/s、3800m/s 的均匀速度层，模型如图 8.5.1 所示。利用规则网格下时间二阶、空间十二阶有限差分格式正演，设置厚度为 500m 的完全匹配层边界。检波点和激发点均匀分布于地表，总共激发 13 点，间距 150m，且每个网格点均布置传感器，震源采用零相位雷克子波，记录总时间长度 $T = 1.5\text{s}$，时间采样 $\mathrm{d}t = 0.5\text{ms}$。反演时将平滑后的层状模型作为初始模型，平滑时采用大小为 50×50 的高斯滤波器，滤波器标准差为 20，平滑后初始模型如图 8.5.2 所示。采用多尺度策略，分为 10Hz、20Hz 两个尺度进行，每个尺度下最大反演次数为 50 次，将低频带数据的反演结果作为高频带数据反演的初始模型继续反演，最终的反演结果如图 8.5.3 所示。

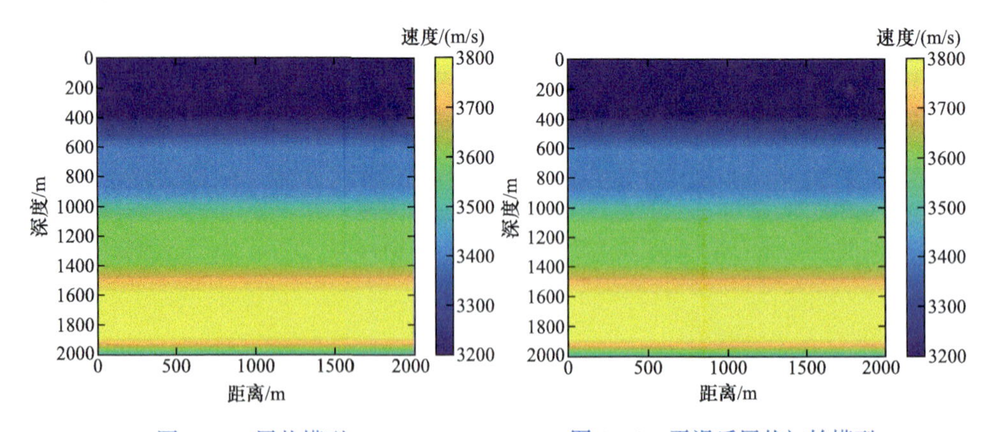

图 8.5.1　层状模型　　　　图 8.5.2　平滑后层状初始模型

对比分析反演结果和真实模型，可以发现采用 10Hz 反演时已经基本得到层状模型的界面位置，但界面附近速度仍不够准确。继续进行 20Hz 反演后，界面定位精度更高，且其他位置的速度更为接近真实模型。反演得到的地层同相轴连续且速度重建精度高，证明了时间域全波形反演方法的正确性及高分辨率优势。

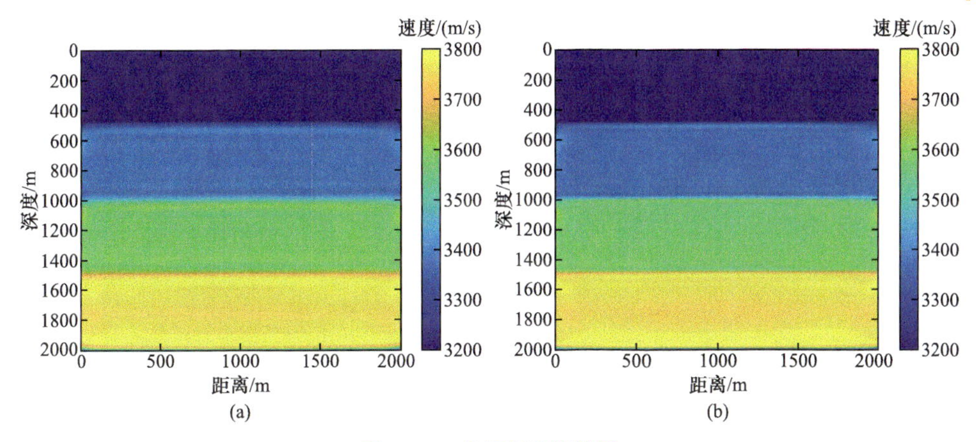

图 8.5.3　多尺度反演结果

(a) 10Hz；(b) 20Hz

8.5.2　三维异常体模型试算

计算范围为 1500m×1500m，横向和纵向网格间距为 5m，网格数为 300×300，背景速度为 3000m/s。在纵向网格 126～176 和横向网格 126～176 处设置一个正方形的高速体，速度为 3500m/s，即为真实模型，如图 8.5.4 所示。利用规则网格下时间二阶、空间十二阶有限差分格式正演，设置厚度为 500m 的完全匹配层边界。接收点和激发点均匀分布于地表，总共激发 13 点，间距 125m，且每个网格点均布置传感器，震源采用零相位雷克子波，记录总时间长度 $T = 1\text{s}$，时间采样 $dt = 0.5\text{ms}$。反演时将平滑后的高速体模型作为初始模型，平滑时采用大小为 50×50 的高斯滤波器，滤波器标准差为 20，平滑后初始模型如图 8.5.5 所示。采用多尺度策略，分为 6Hz、12Hz、24Hz 三个尺度进行，每个尺度下最大反演次数为 50 次，并将低频带数据的反演结果作为高频带数据反演的初始模型继续反演，最终的反演结果如图 8.5.6 所示。

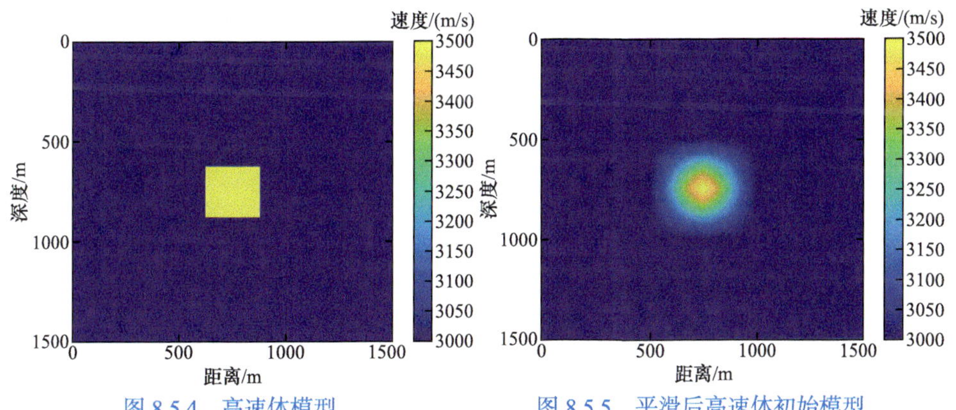

图 8.5.4　高速体模型　　图 8.5.5　平滑后高速体初始模型

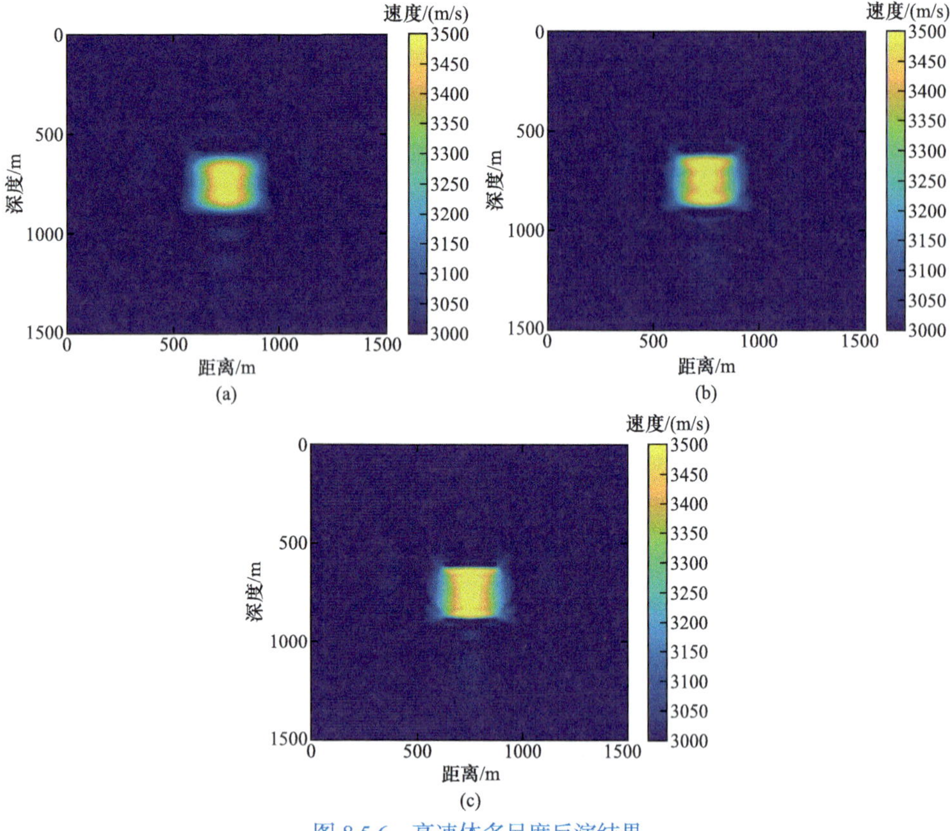

图 8.5.6　高速体多尺度反演结果

(a) 6Hz；(b) 12Hz；(c) 24Hz

对比分析反演结果和真实模型，可以发现在低频带反演时可以得到高速体的大致结构，上下界面位置较为准确，但其他细节刻画仍比较模糊。采用低频带结果继续进行高频带反演，高速体的位置信息更加准确，速度重建精度也更高。初始模型中高速体和背景速度的分界面已经无法识别，且高速体速度也极度模糊，进一步证明了全波形反演的高精度速度重建优势。

8.5.3　复杂 Marmousi 模型试算

计算范围为 5000m×2000m，横向和纵向网格间距为 10m，网格数为 500×200，复杂 Marmousi 模型如图 8.5.7 所示。利用规则网格下时间二阶、空间十二阶有限差分格式正演，设置厚度为 1000m 的完全匹配层边界。接收点和激发点均匀分布于地表，总共激发 26 点，间距 200m，且每个网格点均布置传感器，震源采用主频为 10Hz 的零相位雷克子波，记录总时间长度 $T = 1$s，时间采样 $\mathrm{d}t = 0.5$ms。反演时将平滑后的高速体模型作为初始模型，平滑时采用大小为 50×50 的高斯滤波器，滤波器标准差为 10，平滑后的初始模型如图 8.5.8 所示。设置最大反演次数为 50 次，主频 10Hz 反演结果如图 8.5.9 所示。

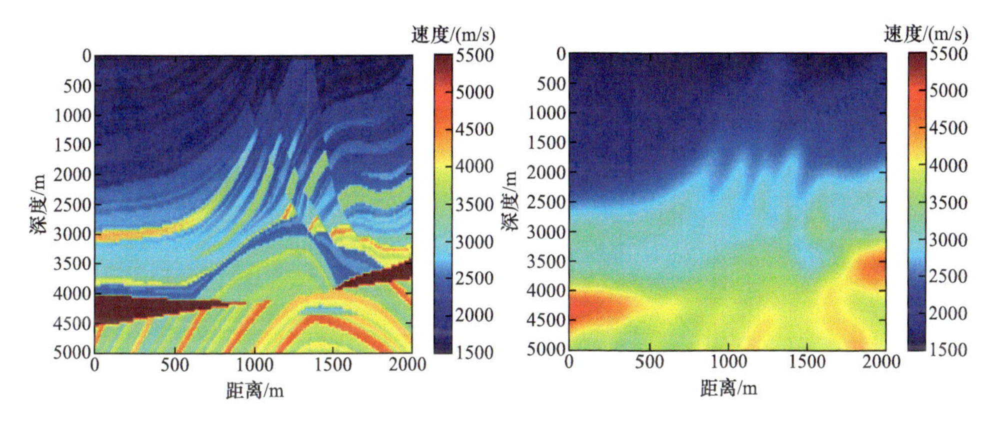

图 8.5.7　复杂 Marmousi 模型

图 8.5.8　复杂 Marmousi 模型平滑后的初始模型

图 8.5.9　主频 10Hz 反演结果

对比分析反演结果和初始模型，发现全波形反演可以重建 Marmousi 模型的构造分布，包含了多个界面位置、侵入高速体、断层等多种速度结构，不断接近真实模型，但可以看出模型细节刻画仍然较为模糊。因此，后续可采用多尺度反演策略，与前述层状模型、高速体模型类似，采用较高频带继续进行全波形反演，可进一步提高速度重建精度。

以上简单层状模型、高速体模型到复杂 Marmousi 模型的全波形反演试算，可以充分说明全波形反演具备在波场条件下高精度、高分辨速度分析的条件，可以进一步研究其优化策略及电磁虚拟波场速度分析应用。

第 9 章　多分辨瞬变电磁偏移成像方法

9.1　Kirchhoff 积分偏移

9.1.1　Kirchhoff 积分方程的建立

波场在地下传播可以用波动方程描述，纵波波动方程为

$$\nabla^2 u - \frac{1}{v^2}\frac{\partial^2 u}{\partial t^2} = F \tag{9.1.1}$$

该方程的基尔霍夫(Kirchhoff)积分解为(李貅等，2013a)

$$u(x,y,z,t) = -\frac{1}{4\pi}\iint\limits_{Q}\left\{[u]\frac{\partial}{\partial n}\left(\frac{1}{r}\right) - \frac{1}{r}\left[\frac{\partial u}{\partial n} - \frac{1}{vr}\frac{\partial r}{\partial n}\left(\frac{\partial u}{\partial t}\right)\right]\right\}\mathrm{d}Q + \frac{F}{r_0} \tag{9.1.2}$$

积分边界如图 9.1.1 所示。虚拟波场偏移处理是获取记录的逆过程，已知的是观测点（Q_0上）电磁响应的虚拟波场记录，需要确定反射面上作为二次虚拟辐射源的空间位置，对于$u(x,y,z,t)$，当 t 变为$-t$ 时，即 $w(x,y,z,t)=u(x,y,z,-t)$时，$w(x,y,z,t)$仍可满足同样的波动方程。对于 $w(x,y,z,t)$是时间向前的问题，对于$u(x,y,z,t)$就是时间“倒退”的问题。可以把反射界面的各点看作同时激发上行波的源点，这样就可以把地面上的接收点作为二次发射源，将这些信息值时间“倒退”到原来状态，寻找反射界面的波场函数，以确定反射界面。

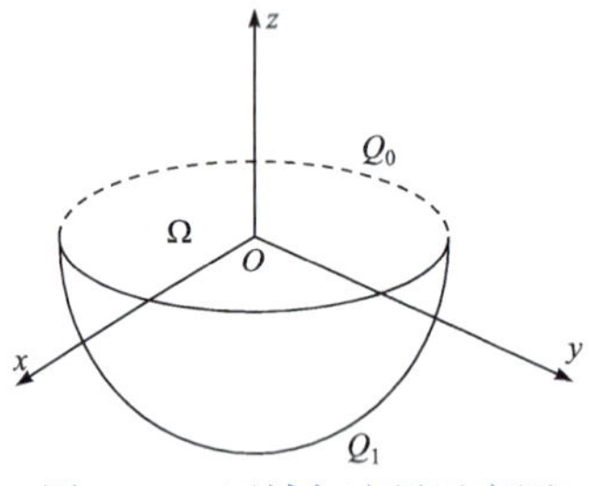

图 9.1.1　区域与边界示意图

设自激自收的上行波为$G(x,y,z_0,t)$，是地下反射界面作为源点发射的波场$g(x,y,z,t)$在地面 z=z_0上的值，由式(9.1.2)可得

$$g(x,y,z,t) = -\frac{1}{4\pi}\iint\limits_{Q}\left[\frac{\partial}{\partial n}\left(\frac{1}{r}\right) - \frac{1}{r}\frac{\partial}{\partial n} - \frac{1}{vr}\frac{\partial r}{\partial n}\frac{\partial}{\partial t}\right]G\left(\xi,\eta,\xi_0,t+\frac{r}{v}\right)\mathrm{d}Q + \frac{F}{r_0} \tag{9.1.3}$$

式中，$G\left(\xi,\eta,\xi_0,t+\dfrac{r}{v}\right)$取$t+\dfrac{r}{v}$，是因为考虑的是波动的逆过程。由$g(x,y,z,t)$在

地表面上的值 $G(\xi,\eta,\zeta_0,t)$ 求出地下的波场值，从而确定反射界面，即波场的向下延拓。

9.1.2　边界元法求解偏移成像

基尔霍夫积分的离散化过程就是用 n 个节点对边界 Q_0 进行剖分，将边界积分分解为诸单元积分的积分之和(李貅等，2013a，2010)：

$$g_i = -\frac{1}{4\pi}\sum_{Q_0}\iint_{\Gamma_e}\left[\frac{\partial}{\partial n}\left(\frac{1}{r}\right)-\frac{1}{r}\frac{\partial}{\partial n}-\frac{1}{vr}\frac{\partial r}{\partial n}\frac{\partial}{\partial t}\right]G\left(\xi,\eta,\zeta_0,t+\frac{r}{v}\right)\mathrm{d}Q+F_{0i} \quad (9.1.4)$$

式中，$F_{0i}=-\dfrac{F_i}{r_{0i}}$。

1. 单元分析

设三角形行单元顶点编号为 j、k、m，各节点坐标分别为 (x_j,y_j,z_j)，(x_k,y_k,z_k)，(x_m,y_m,z_m)，如图 9.1.2 所示。首先进行如下坐标变换，用形函数 ξ_j、ξ_k、ξ_m 表示单元中任意点的坐标。

$$\begin{aligned} x &= x_j\xi_j + x_k\xi_k + x_m\xi_m \\ y &= y_j\xi_j + y_k\xi_k + y_m\xi_m \\ z &= z_j\xi_j + z_k\xi_k + z_m\xi_m \end{aligned} \Rightarrow \begin{bmatrix} x_j,x_k,x_m \\ y_j,y_k,y_m \\ z_j,z_k,z_m \end{bmatrix}\cdot\begin{bmatrix}\xi_j\\ \xi_k\\ \xi_m\end{bmatrix}=\begin{bmatrix}x\\ y\\ z\end{bmatrix} \quad (9.1.5)$$

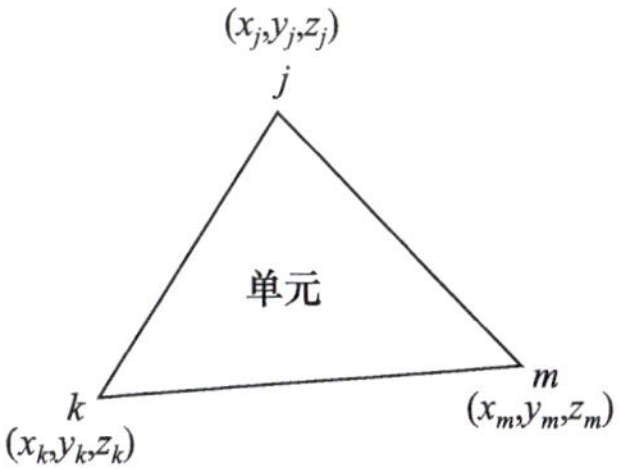

图 9.1.2　三角单元

式中，ξ_j、ξ_k、ξ_m 是 $0\to 1$ 的函数，且有

$$\xi_j+\xi_k+\xi_m=1,\quad \begin{aligned} &\text{在}j\text{点}, \xi_j=1, \xi_k=\xi_m=0 \\ &\text{在}k\text{点}, \xi_j=1, \xi_k=\xi_m=0 \\ &\text{在}m\text{点}, \xi_j=1, \xi_k=\xi_m=0 \end{aligned}$$

可见，ξ_j、ξ_k、ξ_m 是 x、y、z 的线性函数。

由于单元 Q_e 一般取得很小，可假定波场 G 在各单元是线性变化的，即单元上的 G 可表示为

$$G=\xi_jG_j+\xi_kG_k+\xi_mG_m=\left[\xi_j,\xi_k,\xi_m\right]\begin{bmatrix}G_j\\ G_k\\ G_m\end{bmatrix} \quad (9.1.6)$$

式中，G_j、G_k、G_m 是地面 Q_0 节点上的波场。考虑单元积分：

$$\iint_{\Gamma_e}\frac{\partial}{\partial n}\left(\frac{1}{r}\right)G\left(\xi,\eta,\zeta_0,t+\frac{r}{v}\right)\mathrm{d}\Gamma$$
$$=\iint_{\Gamma_e}-\frac{1}{r^2}\frac{\partial}{\partial n}G\left(\xi,\eta,\zeta_0,t+\frac{r}{v}\right)\mathrm{d}\Gamma$$
$$=-\iint_{\Gamma_e}\frac{\cos(\hat{\boldsymbol{r}\cdot\boldsymbol{n}})}{r^2}G\left(\xi,\eta,\zeta_0,t+\frac{r}{v}\right)\mathrm{d}\Gamma$$

式中，$\frac{\partial r}{\partial n}=\cos(\hat{\boldsymbol{r}\cdot\boldsymbol{n}})$，则

$$-\iint_{\Gamma_e}\frac{\cos(\hat{\boldsymbol{r}\cdot\boldsymbol{n}})}{r^2}G\left(\xi,\eta,\xi_0,t+\frac{r}{v}\right)\mathrm{d}\Gamma=-\sum_{e=j,k,m}\iint_{\Gamma_e}\frac{\cos(\hat{\boldsymbol{r}\cdot\boldsymbol{n}})}{r^2}\mathrm{d}\Gamma\cdot G_e=-\sum_{e=j,k,m}f_{ie}G_e \tag{9.1.7}$$

其中，

$$f_{ie}=\iint_{\Gamma_e}\xi_e\frac{\cos(\hat{\boldsymbol{r}\cdot\boldsymbol{n}})}{r^2}\mathrm{d}T\quad(e=j,k,m)$$

可用高斯求积公式计算：

$$f_{ie}=\iint_{\Gamma_e}\xi_e\frac{\cos(\hat{\boldsymbol{r}\cdot\boldsymbol{n}})}{r^2}\mathrm{d}\Gamma=\sum_{q=1}^{4}\xi_e(q)\frac{\cos(\hat{\boldsymbol{r}\cdot\boldsymbol{n}})}{r^2}W_{\mathrm{g}}\cdot\varDelta \tag{9.1.8}$$

式中，W_{g} 为加权系数；$\varDelta$为三角形面积。

同理，单元积分为

$$\iint_{\Gamma_e}\frac{1}{r}\frac{\partial G}{\partial n}\mathrm{d}\Gamma=\sum_{e=j,k,m}d_{ie}\frac{\partial G_e}{\partial n} \tag{9.1.9}$$

式中，

$$d_{ie}=\iint_{\Gamma}\xi_e\frac{1}{r}\mathrm{d}\Gamma=\sum_{e=1}^{4}\xi_e(q)\frac{1}{r}W_q\cdot\varDelta \tag{9.1.10}$$

又有

$$\iint_{\Gamma_e}\frac{1}{vr}\frac{\partial r}{\partial n}\frac{\partial G}{\partial t}\mathrm{d}\Gamma=\sum_{e=j,k,m}c_{ie}\frac{\partial G_e}{\partial t} \tag{9.1.11}$$

式中，W_q 为加权系数；

$$c_{ie}=\iint_{\Gamma_e}\xi_e\frac{\cos(\boldsymbol{r}\cdot\boldsymbol{n})}{vr}=\sum_{q=1}^{4}\xi_e(q)\frac{\cos(\boldsymbol{r}\cdot\boldsymbol{n})}{vr}W_q\cdot\varDelta \tag{9.1.12}$$

2. 合成矩阵

整理上述公式可以得到 i 点处的波场为

$$g_i = -\frac{1}{4\pi}\left(F_i G - D_i \frac{\partial G}{\partial n} - C_i \frac{\partial G}{\partial t}\right)$$

由 n 个节点得一方程组(李貅等，2013a)：

$$\boldsymbol{G} = -\frac{1}{4\pi}\left\{\boldsymbol{F}\cdot\boldsymbol{G} - \boldsymbol{D}\frac{\partial \boldsymbol{G}}{\partial \boldsymbol{n}} - \boldsymbol{C}\frac{\partial \boldsymbol{G}}{\partial t}\right\} \tag{9.1.13}$$

式中，$\boldsymbol{F} = \left[F_{ij}\right]$，$F_{ij}$ 为 j 节点上相邻单元 f_{ij} 之和；$\boldsymbol{D} = \left[D_{ij}\right]$，$D_{ij}$ 为 j 节点上相邻单元 d_{ij} 之和；$\boldsymbol{C} = \left[C_{ij}\right]$，$C_{ij}$ 为 j 节点上相邻单元 C_{ij} 之和。若已知地表上的波场值 $G = \{g_1, g_1, \cdots, g_n\}^{\mathrm{T}}$，波场法向导数 $\frac{\partial \boldsymbol{G}}{\partial \boldsymbol{n}} = \left(\frac{\partial g_1}{\partial n}, \frac{\partial g_2}{\partial n}, \cdots, \frac{\partial g_n}{\partial n}\right\}^{\mathrm{T}}$，波场速度 $\frac{\partial \boldsymbol{G}}{\partial t} = \left(\frac{\partial g_1}{\partial t}, \frac{\partial g_2}{\partial t}, \cdots, \frac{\partial g_n}{\partial t}\right\}^{\mathrm{T}}$，就可以求得地下某点处的波场值。

3. 单元积分的计算

1) $\cos(\hat{\boldsymbol{r}\cdot\boldsymbol{n}})$ 的求法

$\cos(\hat{\boldsymbol{r}\cdot\boldsymbol{n}}) = \pm D / r$，其中 D 表示考虑的节点 i 到某个面元素所在平面的距离，$\boldsymbol{r}$ 表示节点 i 到面元素上任一点的距离。D 的求法如下。

设面元素所在平面为

$$ax + by + cx + 1 = 0 \tag{9.1.14}$$

然后把面元素上三个节点的已知坐标代入式(9.1.14)，得

$$\begin{cases} ax_j + by_j + cz_j + 1 = 0 \\ ax_k + by_k + cz_k + 1 = 0 \\ ax_m + by_m + cz_m + 1 = 0 \end{cases} \tag{9.1.15}$$

$$\begin{bmatrix} x_j & y_j & z_j \\ x_k & y_k & z_k \\ x_m & y_m & z_m \end{bmatrix} \cdot \begin{bmatrix} a \\ b \\ c \end{bmatrix} = -\begin{bmatrix} 1 \\ 1 \\ 1 \end{bmatrix} \tag{9.1.16}$$

这样就可求出 a、b、c。设 i 点到该平面上任一点(x, y, z)的距离为 r_D，则

$$r_D = \sqrt{(x - x_i)^2 + (y - y_i)^2 + (z - z_i)^2} \tag{9.1.17}$$

由平面方程得

$$z = -\frac{ax + by + 1}{c} \tag{9.1.18}$$

将式(9.1.18)代入 r_D 表达式中，并分别对 x、y 求导数，再令其为零，得

$$\begin{cases}\dfrac{\partial r_D^2}{\partial x}=2(x-x_i)+2\left(\dfrac{ax+by+1}{c}+z_i\right)\dfrac{a}{c}=0\\[2ex]\dfrac{\partial r_D{}^2}{\partial y}=2(y-y_i)+\left(\dfrac{ax+by+1}{c}+z_i\right)\dfrac{b}{c}=0\end{cases}\tag{9.1.19}$$

求出 x、y，分别记为 x_D、y_D，然后把他们分别代入平面方程中，可求得 z_D，则

$$\boldsymbol{D}=i(x_D-x_i)+j(y_D-y_i)+k(z_D-z_i)$$

这样有

$$|\boldsymbol{D}|=\sqrt{(x_D-x_i)^2+(y_D-y_i)^2+(z_D-z_i)^2}$$

因此，

$$\cos(\hat{\boldsymbol{r}\cdot\boldsymbol{n}})=\frac{|\boldsymbol{D}|}{|\boldsymbol{r}|}$$

式中，$|\boldsymbol{r}|=\sqrt{(x-x_i)^2+(y-y_i)^2+(z-z_i)^2}$，点$(x,y,z)$是元素面上的一点。

2) x_D、y_D、z_D 的推导

由式(9.1.20)可知

$$(x-x_i)+\left(\frac{ax+by+1}{c}+z_i\right)\frac{a}{c}=0\tag{9.1.20}$$

$$(y-y_i)+\left(\frac{ax+by+1}{c}+z_i\right)\frac{b}{c}=0\tag{9.1.21}$$

将 $\frac{a}{c}$ 和式(9.1.20)的乘积与 $\frac{b}{c}$ 和式(9.1.21)的乘积相减，得

$$\frac{a}{c}(x-x_i)-\frac{c}{b}(y-y_i)=0$$

因此，有

$$\begin{cases}b(x-x_i)=a(y-y_i)\\[1ex] x=\dfrac{a(y-y_i)+bx_i}{b}\end{cases}\tag{9.1.22}$$

将式(9.1.22)代入式(9.1.20)，得

$$\left[\frac{a(y-y_i)+bx_i}{b}-x_i\right]+\left[\frac{a\dfrac{a(y-y_i)+by+1}{b}+by+1}{c}+z_i\right]\frac{a}{c}=0$$

则

$$y = \frac{(c^2 + a^2)y_i - bax_i - bcz_i - b}{a^2 + b^2 + c^2} \tag{9.1.23}$$

根据

$$x = \frac{1}{b}\left\{a\left[\frac{(c^2 + a^2)y_i - bax_i - bcz_i - b}{a^2 + b^2 + c^2} - y_i\right] + bx_i\right\}$$
$$= \frac{(b^2 + c^2)x_i - aby_i - acz_i - a}{a^2 + b^2 + c^2}$$

综合可得

$$z = -\frac{ax + by + 1}{c} = \frac{(a^2 + b^2)z_i - acx_i - bcy_i - c}{a^2 + b^2 + c^2} \tag{9.1.24}$$

将式(9.1.24)中的 x、y、z 分别用 x_D、y_D、z_D 表示：

$$\begin{cases} x_D = \dfrac{(b^2 + c^2)x_i - aby_i - acz_i - a}{a^2 + b^2 + c^2} \\ y_D = \dfrac{(c^2 + a^2)y_i - abx_i - baz_i - b}{a^2 + b^2 + c^2} \\ z_D = \dfrac{(a^2 + b^2)z_i - acx_i - bcy_i - c}{a^2 + b^2 + c^2} \end{cases} \tag{9.1.25}$$

3) 单元积分 f_{ij}

由 9.1.1 小节推导可知：

$$f_{ij} = \iint_{\Gamma_e} \xi_j \frac{\cos(\boldsymbol{r}\hat{\cdot}\boldsymbol{n})}{r^2} \mathrm{d}\Gamma = \sum_{q=1}^{4} \xi_j(q) \frac{\cos(\boldsymbol{r}\hat{\cdot}\boldsymbol{n})}{r^2} w_{\mathrm{g}} \varDelta$$

取 n=4 高斯积分公式，由高斯积分系数(表 9.1.1)可知：

$$f_{ij} = \frac{1}{3}\frac{\cos(\boldsymbol{r}_1\hat{\cdot}\boldsymbol{n})}{r_1^2} \cdot (-9/16)\varDelta + \frac{3}{5}\frac{\cos(\boldsymbol{r}_2\hat{\cdot}\boldsymbol{n})}{r_2^2}(25/48)\varDelta$$
$$+ \frac{1}{5}\frac{\cos(\boldsymbol{r}_3\hat{\cdot}\boldsymbol{n})}{r_3^2}(25/48)\varDelta + \frac{1}{5}\frac{\cos(\boldsymbol{r}_4\hat{\cdot}\boldsymbol{n})}{r_4^2}(25/48)\varDelta \tag{9.1.26}$$

表 9.1.1　四点高斯积分系数

q	$\xi_j^{(q)}$	$\xi_k^{(q)}$	$\xi_m^{(q)}$	w_{g}
1	1/3	1/3	1/3	−9/16
2	3/5	1/5	1/5	25/48
3	1/5	3/5	1/5	25/48
4	1/5	1/5	3/5	25/48

9.1.3 偏移成像算例

1. 两层 D 型模型

设计模型参数：第一层介质厚度为 200m，电阻率为 100Ω·m，低阻基底电阻率为 10Ω·m；x 方向导线源长度为 10m，中心点位于 x=0m 位置，发射电流为 1A；接收点位于 x 为 100～500m 处，间距为 20m，观测值为 E_x 分量；观测时窗为 10^{-5}～10^{-1}s，观测时间按对数等间隔分布。对正演数据进行波场变换的时间剖面和偏移成像的深度剖面如图 9.1.3 所示。

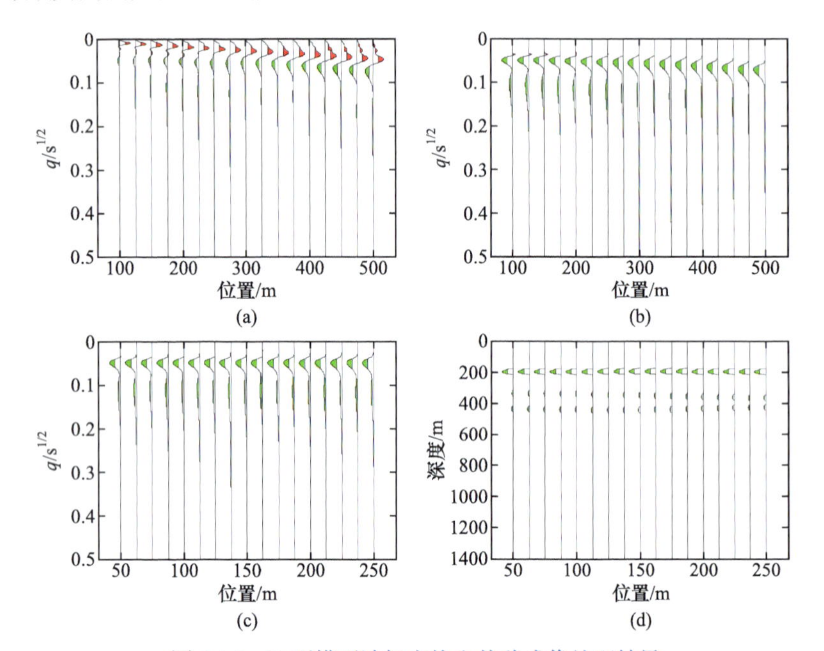

图 9.1.3 D 型模型波场变换和偏移成像处理结果

(a) 初始时间剖面；(b) 初至切除时间剖面；(c) 动校正时间剖面；(d) 深度剖面

从图 9.1.3 可以看出，经过波场变换得到的波场剖面同时包含了直达波和来自反射界面的反射波，直达波的同相轴是一条斜率为 $1/v$(v 为波场的传播速度)的直线，反射波近似具有双曲线的形式，且直达波的能量比反射波的能量强很多。经过初至切除和动校正后，反射波同相轴基本上呈现为一条直线，表明地下电性界面近似为一水平面。偏移成像结果比较准确地给出了地下电性界面的深度。为了提高显示效果，收窄了偏移剖面中的波形持续时间。

2. 四层 HK 型模型

设计模型参数：第一层介质厚度为 200m，电阻率为 100Ω·m；第二层介质厚度为 20m，电阻率为 10Ω·m；第三层介质厚度为 280m，电阻率为 100Ω·m；低阻基底电阻率为 1Ω·m；x 方向导线源长度为 10m，中心点位于 x=0m 位置，发射电流为 1A；接收点位于 x 为 100～500m 处，间距为 25m，观测值为 E_x 分量；观测时窗为 10^{-5}～10^{-1}s，观测时间按对数等间隔分布。

图 9.1.4 为四层 HK 型模型波场变换和偏移成像处理结果。从图中可以看出，初至切除和动校正之后，第二层介质的顶底面反射同相轴均得到了较好的校正，恢复为近似水平的形态；基底的顶面反射同相轴经过动校正之后仍为弯曲状态，这是因为在层状模型下计算动校正量与真实动校正量存在差异，这种差异使得基底顶面的反射波同相轴产生了畸变。偏移成像处理之后，时间剖面转换到深度域，与设计模型基本符合。

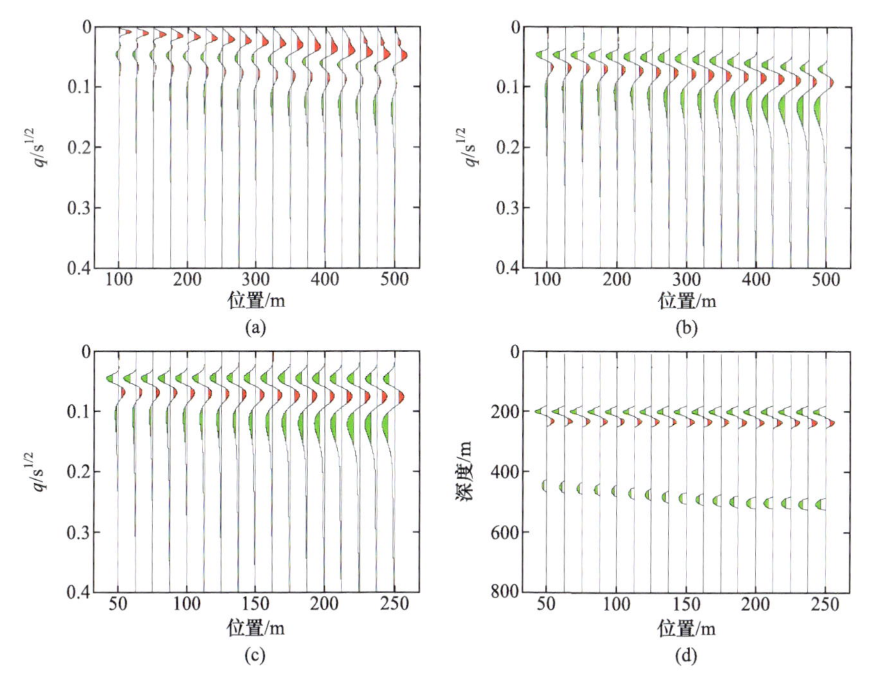

图 9.1.4　四层 HK 型模型波场变换和偏移成像处理结果

(a) 初始时间剖面；(b) 初至切除时间剖面；(c) 动校正时间剖面；(d) 深度剖面

3. 起伏层面模型

模型参数：第一层介质厚度为 300m，电阻率为 100Ω·m；低阻基底电阻率为 1Ω·m，在水平位置 100～200m 处的层面有一梯形凸起，如图 9.1.5 所示。观测参数同前。

图 9.1.6 为起伏层面模型的波场变换和偏移成像处理结果。由图可见，进行初至切除与动校正处理后，时间剖面已基本上能反映层面的起伏特征。偏移处理之后的深度剖面很好地给出了模型的形态和深度等参数。由于上层介质物性单一，并未出现动校正后界面几何特征仍存在畸变的现象。

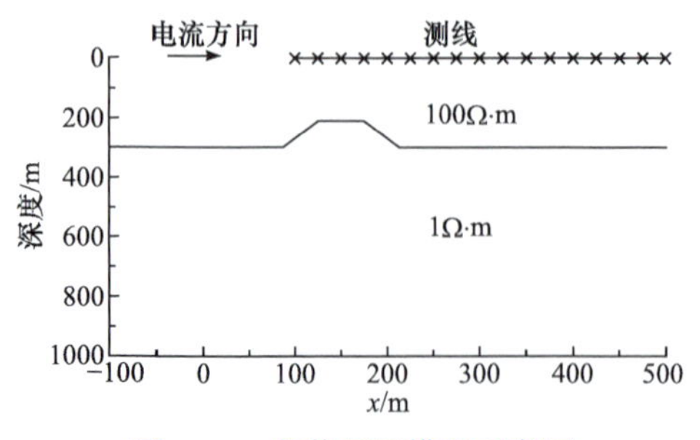

图 9.1.5　起伏层面模型示意图

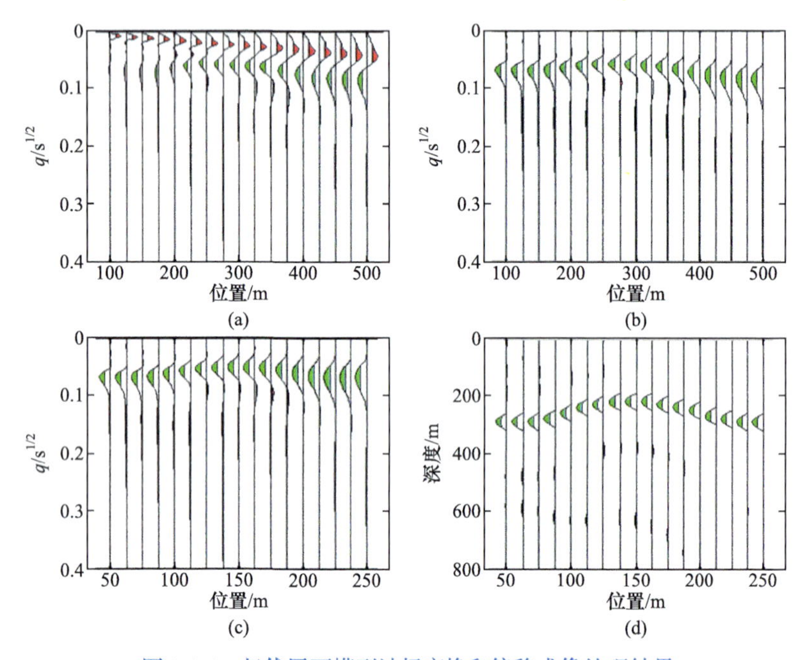

图 9.1.6　起伏层面模型波场变换和偏移成像处理结果

(a) 初始时间剖面；(b) 初至切除时间剖面；(c) 动校正时间剖面；(d) 深度剖面

4. 倾斜低阻板状体模型

在电阻率为 100Ω·m 的均匀大地中，赋存一个电阻率为 10Ω·m 的倾斜板状体。倾斜板状体倾角 45°，中心埋深 90m，异常体尺寸为 140m×100m×14m；电流方向相反的两个平行发射源长度均为 110m，偏离倾斜板状体在地面投影的边界分别为−50m 和 50m，电流大小均为 30A。接收机位于空中 100m 处，三维正演采用矢量有限元方法完成，模型示意图及俯视图见图 9.1.7，结合图 9.1.7(a)和(b)可确定倾斜板状体的具体位置。

测线 33 和测线 42 偏离倾斜板状体中心的距离分别为 10m 和 100m，绘制这两条剖面的全域视电阻率断面(图 9.1.8)，可见全域视电阻率对倾斜低阻板状体有

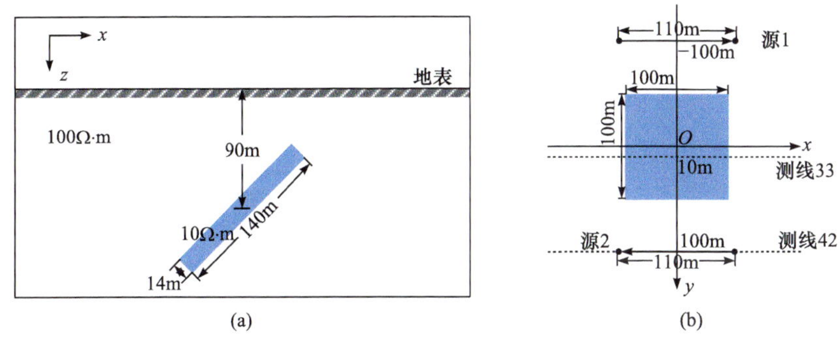

图 9.1.7　倾斜板状体模型示意图和俯视图

(a) 模型示意图；(b) 俯视图

很好的反映。在靠近倾斜板状体的位置[图 9.1.8(a)]，全域视电阻率断面不仅明显反映低阻异常，还能够在一定程度上体现出低阻异常是倾斜的；随着逐渐远离倾斜板状体[图 9.1.8(b)]，低阻异常逐渐变弱，对异常形态的反映也有所减弱，这证明了本书全域视电阻定义算法的有效性。

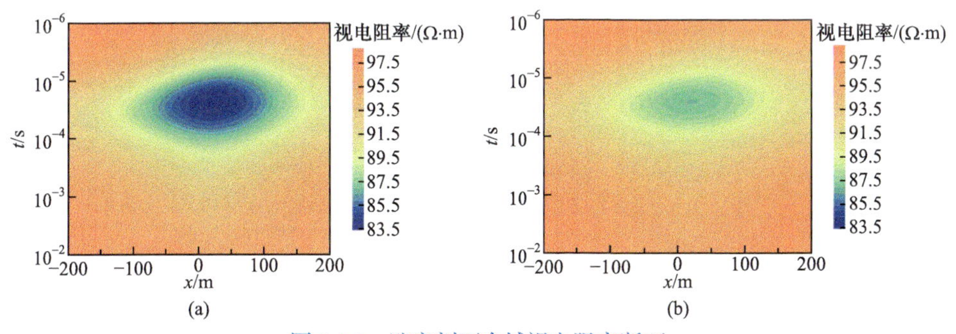

图 9.1.8　选定剖面全域视电阻率断面

(a) 测线 33(偏移距 10m)；(b) 测线 42(偏移距 100m)

对测线 33 剖面进行波场变换，并进行初至切除和动校正处理。由图 9.1.9 可见，波场变换结果有两个界面：上界面指示地表，由于空气和大地的电性差异很大，因此该界面的反应强烈，且均匀遍布整个区域；下界面指示倾斜板状体，走势与异常体形态吻合较好，由于倾斜板状体右侧更靠近地面，波场信号更强。

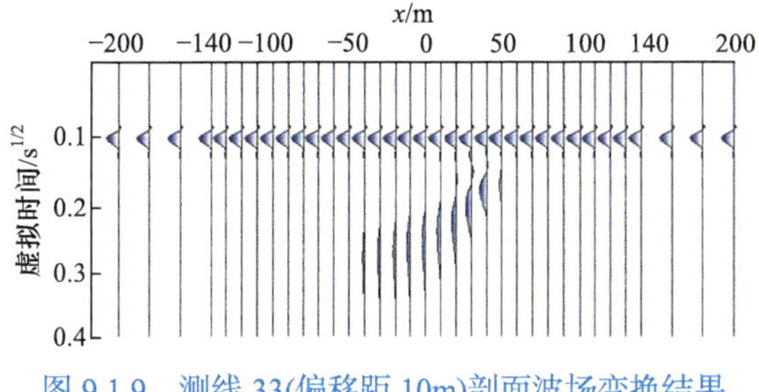

图 9.1.9　测线 33(偏移距 10m)剖面波场变换结果

采用先偏移后合成的方法，得到 Kirchhoff 积分三维偏移成像和逆合成孔径成像结果，见图 9.1.10。由图 9.1.10(a)可以看出，存在两个电性差异界面：上界面的波场信号连续、反映强烈且遍布整个区域，应指示地表；下层界面对应倾斜板状体，波场信号随着远离倾斜板状体中心而逐渐减弱，波场信号的形态和位置与倾斜板状体模型吻合较好。对比图 9.1.10(a)和(b)可知，合成后两个电性差异界面的波场信号进一步加强，特别是对应倾斜板状体的下界面，异常边界更清晰，与设计的模型吻合得更好。

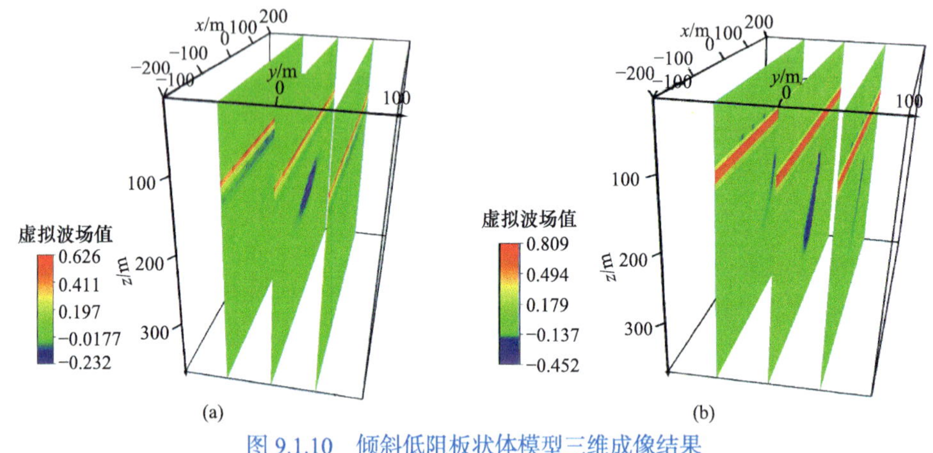

图 9.1.10　倾斜低阻板状体模型三维成像结果

(a) 三维偏移成像结果；(b) 三维逆合成孔径成像结果

5. 充水采空区模型

单辐射场源充水采空区模型如图 9.1.11 所示，充水采空区赋存于一层煤层之中，煤层上下分别为细砂岩地层和砂质页岩地层，底层为石英砂岩地层，具体的地质体尺寸和电阻率见表 9.1.2。

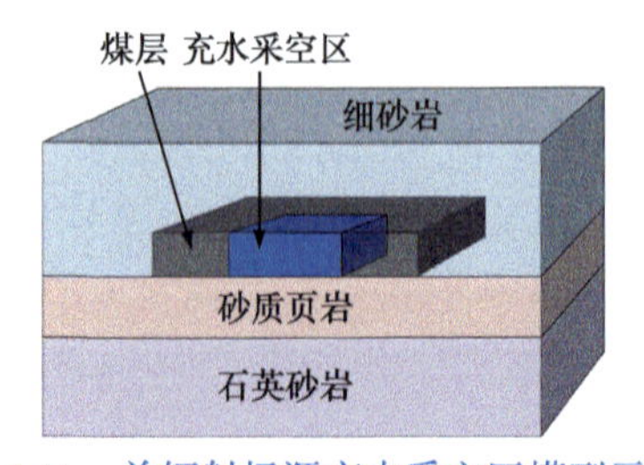

图 9.1.11　单辐射场源充水采空区模型示意图

表 9.1.2　充水采空区模型参数

地层	尺寸(长×宽×高)/(m×m×m)	电阻率/(Ω·m)
细砂岩	1610×1600×100	100

续表

地层	尺寸(长×宽×高)/(m×m×m)	电阻率/(Ω·m)
煤层	410×410×10	500
充水采空区	100×100×10	10
砂质页岩	1610×1600×40	150
石英砂岩	1610×1600×800	800

图 9.1.12 为充水采空区模型的俯视图，结合图 9.1.11 可以确定煤层和充水采空区的具体位置。模型三维正演采用时域有限差分法完成，采用 301×301×100 个 10m 的立方体均匀网格。电性源 AB 长度为 100m，发射源中心位于模型正中的位置，在地表上方 100m 处选取三条剖面测线 X81、X86 和 X91(图 9.1.12)，剖面偏移中心点的距离分别为 0m、50m 和 100m。绘制选定的这三条测线视电阻率断面，如图 9.1.13 所示。由图 9.1.13 可见，由于测线 X81 刚好位于充水采空区中部位置，低值视电阻率等值线对充水采空区的空间位置有明显的反映；测线 X86 位于充水采空区边界处，对充水采空区的低阻异常显示有所减弱；测线 X91 距离充水采空区较远，获取的低阻异常已基本消失。这表明定义的全域视电阻率图像能够准确反映充水采空区的空间分布位置。

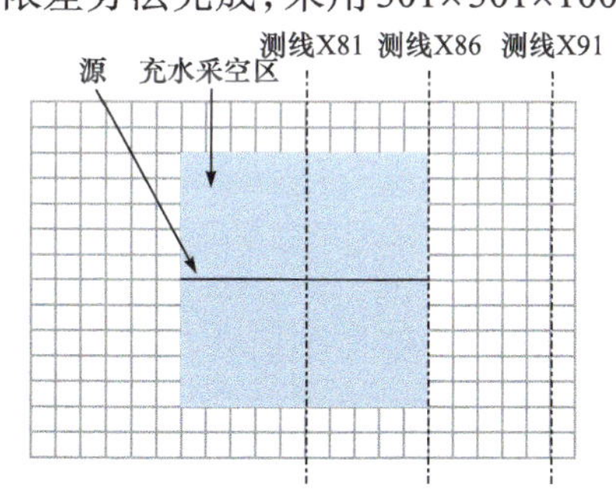

图 9.1.12　充水采空区模型俯视图

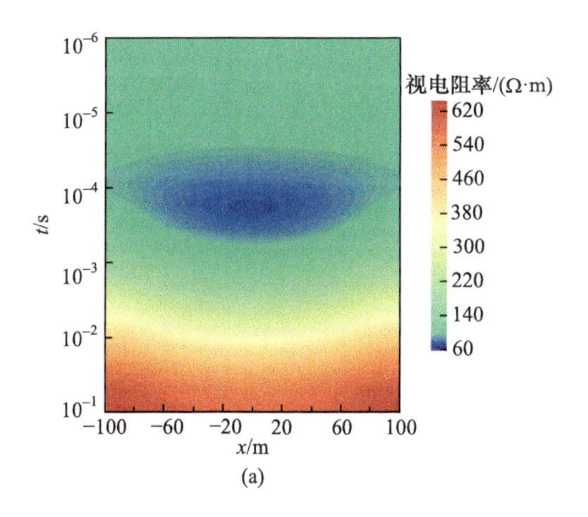

(a)

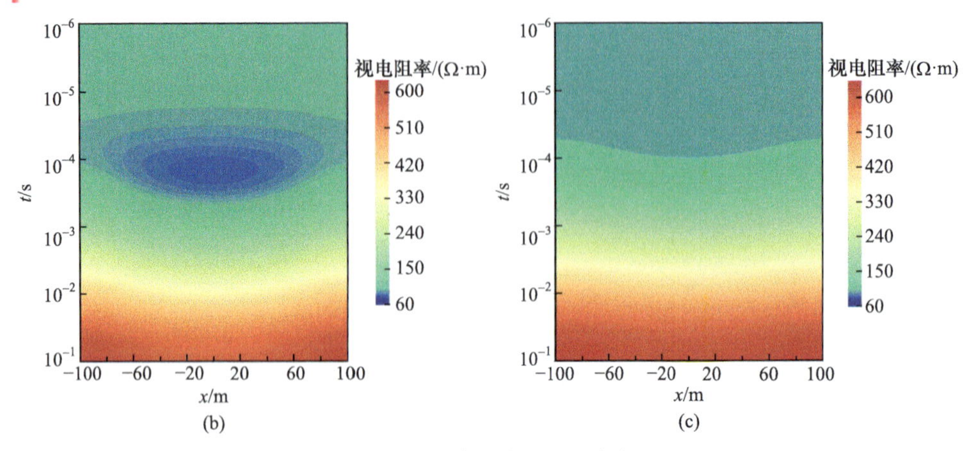

图 9.1.13　选定测线视电阻率断面

(a) 测线 X81 视电阻率断面；(b) 测线 X86 视电阻率断面；(c) 测线 X91 视电阻率断面

对三维正演计算得到的地表上方 100m 处的磁场强度 z 分量进行波场变换，三维波场变换成像结果见图 9.1.14。从图中可以看出存在两个电性差异界面：上层界面应指示地表，由于空气和大地的电性差异较大，波场信号的反映强烈，并且遍布整个区域；下层界面的高强度异常信号主要集中在中部，向外围逐渐减弱，应显示的是充水采空区。

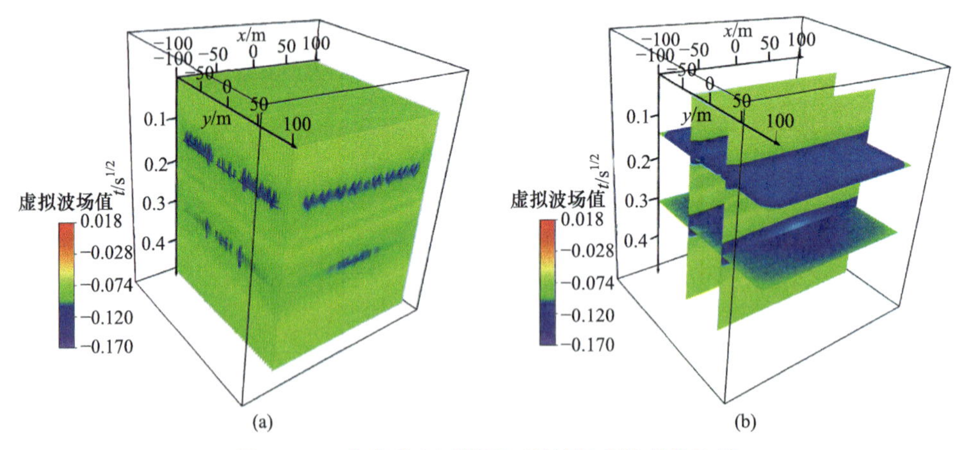

图 9.1.14　充水采空区模型三维波场变换成像结果

(a) 三维立体图；(b) 切片图

本书采用先偏移后合成的方法进行逆合成孔径的计算，图 9.1.15 为三维偏移成像结果，图 9.1.16 为逆合成孔径成像结果。对比图 9.1.15 和图 9.1.16 可以看出，指示地表的第一个电性界面在合成前后基本没有变化，而指示充水采空区异常的界面在合成后范围明显缩小，且异常的边界清晰，与设计模型吻合得很好，逆合成孔径成像的效果明显。

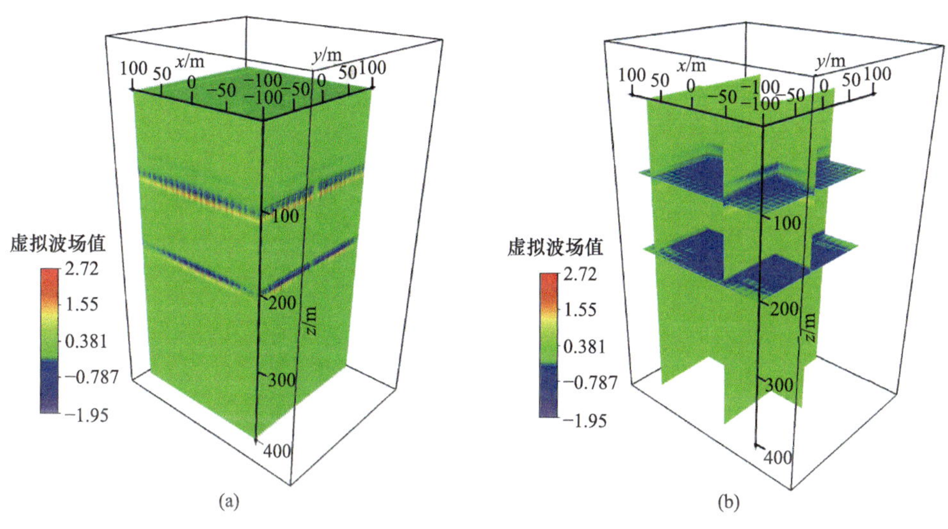

图 9.1.15　充水采空区模型三维偏移成像结果

(a) 三维立体图；(b) 切片图

9.1.4　实际模型算例

安徽省铜陵市的冬瓜山铜矿属于大型矽卡岩型铜矿床，是目前铜陵矿集区规模最大的矿床，其矿体规模和分布范围基本由地表钻孔控制，矿体具有埋深大、规模大、似层状的特点。

冬瓜山铜矿在构造地质上位于大通-顺安复向斜次一级构造——青山背斜的北东段，矿体埋藏深度约 1000m，赋存于青山背斜的轴部及两翼，严格受石炭系

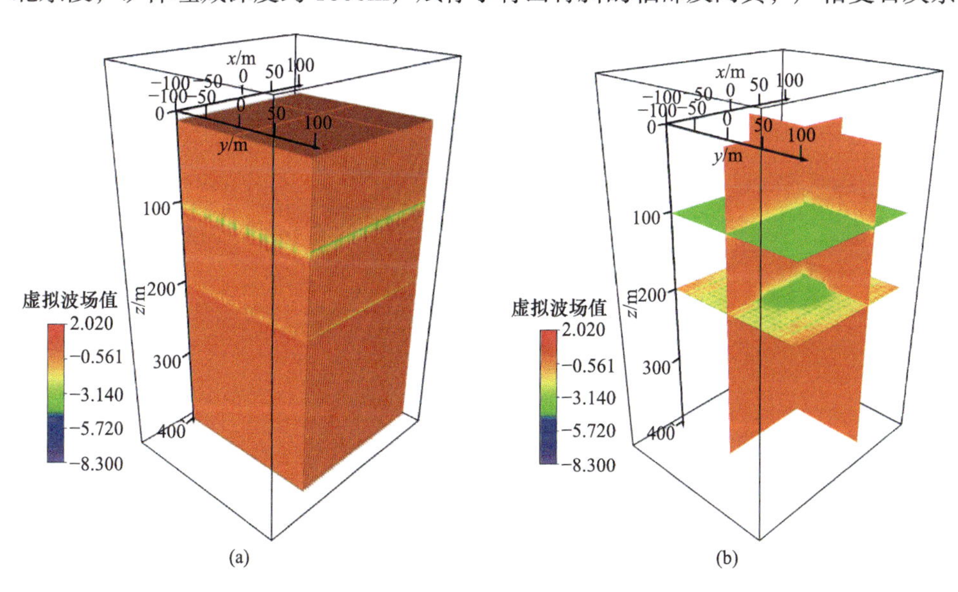

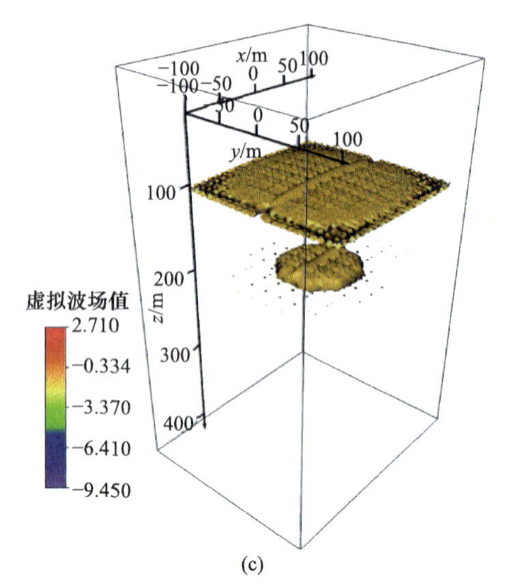

(c)

图 9.1.16　充水采空区模型逆合成孔径成像结果

(a) 三维立体图；(b) 切片图；(c) 去掉高能反射结果图

中、上统黄龙组–船山组层位控制；矿体形态简单，与背斜深部形态相吻合，呈似层状，产状与控岩层近乎一致，空间上以背斜隆起部位的赋存标高最高，呈一个不完整的穹窿状，沿走向及倾角均显舒缓波状起伏。

矿床金属矿物主要有磁黄铁矿、黄铁矿、黄铜矿和磁铁矿等，矿石类型复杂，以含铜磁黄铁矿矿石为主，其次是含铜矽卡岩、含铜黄铁矿矿石；矿体下部围岩为石炭系下统高丽山组岩石与石英闪长岩，以角岩化粉砂质页岩为主；矿体上部围岩为黄龙组大理岩，更新的地层为栖霞组大理岩等岩石。冬瓜山铜矿的研究程度较高，矿体与围岩间的电性特征差异明显，矿体主要表现为低阻高极化特征，围岩主要表现为高阻低极化特征，适合开展电磁法勘探工作。

冬瓜山矿区地层可分为三层，由上往下电阻率依次为 1000Ω·m、500Ω·m 和 5000Ω·m；煤系地层电阻率 100Ω·m，沿第一层和第二层地层界面赋存，沿走向方向延伸 600～800m，垂向分布范围 300～1000m；矿体电阻率 30Ω·m，沿第二层和基底界面赋存，沿走向方向延伸 600～800m，垂向分布范围 800～1000m；煤系地层和矿体的厚度均约为 50～100m。冬瓜山矿体模型见图 9.1.17。

地表布置的发射源沿 x 方向放置，长 400m，位于图 9.1.17 中 x 方向 200～600m 处，偏离 x 轴 600m，发射电流 30A，接收机位于空中 100m 处。图 9.1.18 为对 x 轴正上方测线进行初至切除和动校正处理后得到的波场变换结果，可以看出存在四个波场信号强烈的界面，分别对应地表、煤系地层顶板、煤系地层底板和矿体顶板。由于矿体沿走向的分布范围较窄，第四条同相轴的振幅在剖面两侧逐渐减弱，同时瞬变电磁法本身对高阻介质不够敏感，中间层围岩在波场变换剖

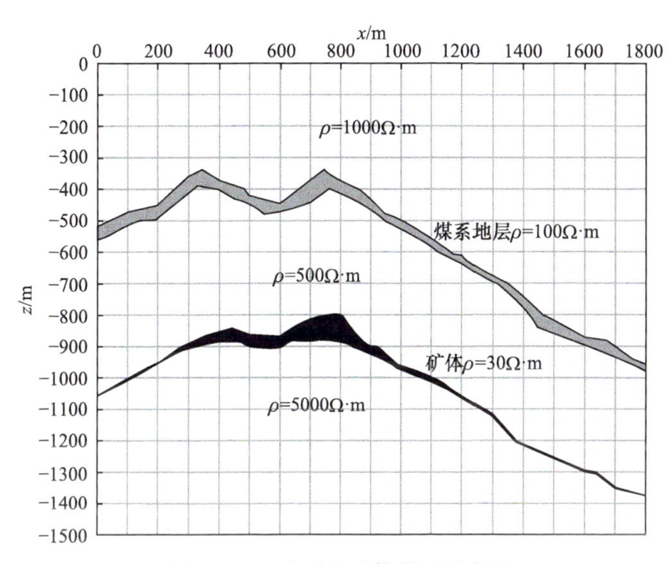

图 9.1.17　冬瓜山矿体模型示意图

面上基本没有体现出来。这表明经过波场变换得到的波场信号不仅可以体现部分波场特征，还保留了一些扩散场的感应特征。此外，由于冬瓜山矿体模型的平均电阻率较大，考虑到高阻介质对高频成分的滤波作用较弱，即使在深度较大时，波场的高频成分仍比较丰富，波场仍具有较高的分辨率，因此对于埋深较大的矿体顶板仍有明显的反映。

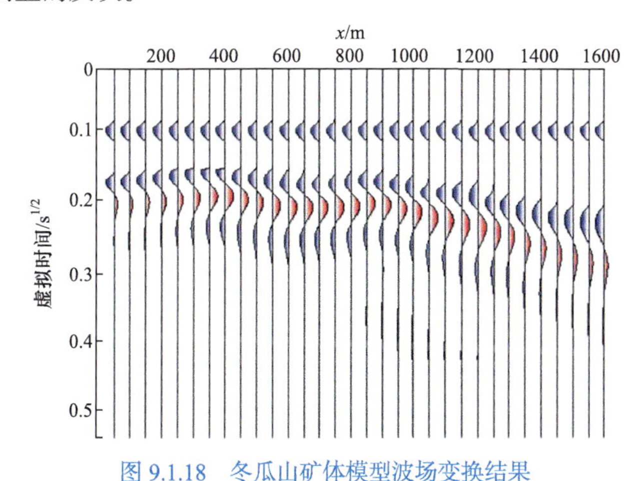

图 9.1.18　冬瓜山矿体模型波场变换结果

图 9.1.19 为图 9.1.18 对应测线的偏移成像结果，可见深度偏移剖面上存在四个连续且明显的同相轴。根据波场反射规律和反射波同相轴相位特征可以判断，第二个和第三个同相轴分别对应煤系地层的顶板和底板，第四个同相轴应对应矿体的顶板，这四个同相轴与冬瓜山矿体模型吻合较好，深度偏移剖面基本上能够

反映电性分界面、煤系地层及矿体的起伏形态。

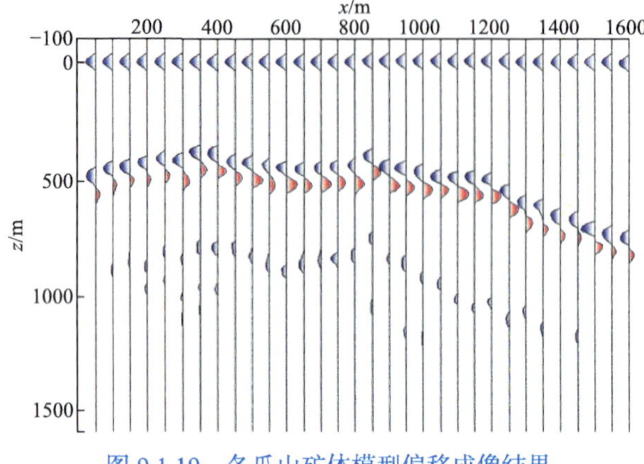

图 9.1.19 冬瓜山矿体模型偏移成像结果

图 9.1.20 为冬瓜山矿体模型逆合成孔径成像结果。由图可见，波场变换、基尔霍夫积分偏移等计算误差等来的干扰不具有相关性，进行相关叠加合成后均得到压制。地表及煤系地层由于沿走向分布范围大，且与上下围岩电性差异明显，波场信号强烈，在合成前后基本没有变化；矿体顶部边界在合成后更加清晰，逆合成孔径成像效果明显。

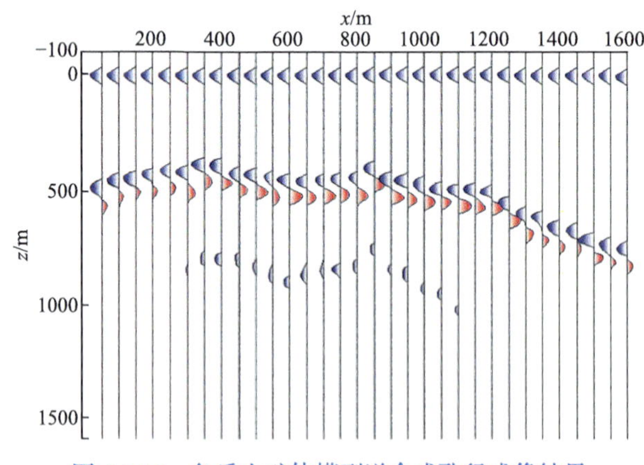

图 9.1.20 冬瓜山矿体模型逆合成孔径成像结果

9.2 Born 近似偏移成像算法

根据瞬变电磁扩散场与虚拟波动场之间的数学表达式，通过波场反变换得到虚拟波场,进而可借用地震勘探成熟的成像方法定位地质界面的位置及获得形态。首先，将时间域波动方程转换为波动方程，将总波动场分为背景场和散射场，将总波速分为背景波速和扰动波速。然后，运用格林(Green)定理得到散射场关于地质界面速度扰动量的表达式，并使用 Born 近似算法将积分方程线性化。最后，通过傅里叶变换可以快速得到电性界面的速度扰动量。通过分析阶跃函数与 Delta 函数在不同频带下的形态，可知 Delta 函数几乎不受频带的影响。因此，对速度扰动量求一阶导数即可得到不受频带影响的反射率函数，从而实现对地下电性界面定位。由散射序列的表达式可知，Born 近似算法仅保留了散射序列中的第一项，丢失了部分有用信息，无法对地下电性界面准确成像。根据各项间的递推关系，保留了散射序列的前两项，推导出二阶 Born 近似的表达式。通过研究电阻率变化、层厚变化对成像精度的影响，发现二阶 Born 近似算法比常规的 Born 近似算法有更高的分辨率。通过计算二维模型、三维低阻薄板模型可知，相比于 Born 近似算法，二阶 Born 近似算法能对地下电性界面的位置及异常体的形态准确定位、快速成像，具有较好的效果。

9.2.1 Born 近似算法

瞬变电磁扩散场与虚拟波动场之间的关系式为(Lee et al.，1989)

$$H_z(r,t)=\frac{1}{2\sqrt{\pi t^3}}\int_0^{\infty}\tau e^{-\tau^2/4t}U(r,\tau)\mathrm{d}\tau \tag{9.2.1}$$

式中，$H_z(r,t)$ 为磁场强度的 z 分量，单位为 $\mathrm{A\cdot m^{-1}}$，其满足的扩散方程为

$$\nabla^2 H_z(r,t)-\sigma(r)\mu\frac{\partial}{\partial t}H_z(r,t)=0 \tag{9.2.2}$$

其满足的时间域波动方程为

$$\nabla^2 U(r,\tau)-\sigma(r)\mu\frac{\partial^2}{\partial \tau^2}U(r,\tau)=0 \tag{9.2.3}$$

式中，$U(r,\tau)$ 为虚拟波场；τ 为虚拟时间，单位为 $\mathrm{s}^{1/2}$。

虚拟波场满足的波动方程在频率域的表达式可以写为

$$\left[\nabla^2+\frac{\omega^2}{v^2(r)}\right]u(r,r_s,\omega)=0 \tag{9.2.4}$$

式中，$v(r)$ 为虚拟波场的波速，大小为 $1/\sqrt{\mu_0\sigma(r)}$；r_s 为场源点的坐标；r 为空间任一点与场源点的距离。

为确保波动方程在无边界介质中解的唯一性，防止波从无穷远处向源点传播，设式(9.2.4)满足式(9.2.5)索末菲(Sommerfeld)非辐射边界条件：

$$r\left[\frac{\partial u}{\partial r}-\frac{\mathrm{i}\omega}{v(r)}u\right]\to 0,\ \ r\to\infty,\ r=|r| \tag{9.2.5}$$

根据扰动理论，可将地下变化的波速分为两部分：全局性大尺度缓慢连续变化的背景波速 $v_0(r)$ 和局部快速变化的扰动波速 $\alpha(r)$ 。为了保持与波动方程形式一致，可以将两者关系表示为

$$\frac{1}{v^2(r)}=\frac{1+\alpha(r)}{v_0^2(r)} \tag{9.2.6}$$

缓慢连续变化的背景波速 $v_0(r)$ 不产生新的震相，只与入射波场有关，将这部分波场记为背景波场 $u_{\mathrm{i}}(r,r_{\mathrm{s}},\omega)$ ；局部快速变化的波速扰动产生新的震相，与入射波场和扰动波速有关，把入射波、绕射波和随机散射波统称为散射波场，记为 $u_{\mathrm{s}}(r,r_{\mathrm{s}},\omega)$ ，因此

$$u(r,r_{\mathrm{s}},\omega)=u_{\mathrm{i}}(r,r_{\mathrm{s}},\omega)+u_{\mathrm{s}}(r,r_{\mathrm{s}},\omega) \tag{9.2.7}$$

将式(9.2.6)、式(9.2.7)代入式(9.2.4)中，可以得到

$$\begin{cases}\left[\nabla^2+\dfrac{\omega^2}{v_0^2(r)}\right]u_{\mathrm{i}}(r,r_{\mathrm{s}},\omega)=0 & (9.2.8\mathrm{a})\\[2ex] \left[\nabla^2+\dfrac{\omega^2}{v_0^2(r)}\right]u_{\mathrm{s}}(r,r_{\mathrm{s}},q)=-\dfrac{\omega^2}{v_0^2(r)}\alpha(r)[u_{\mathrm{i}}(r,r_{\mathrm{s}},\omega)+u_{\mathrm{s}}(r,r_{\mathrm{s}},\omega)] & (9.2.8\mathrm{b})\end{cases}$$

为求解式(9.2.8b)，引入 Green 函数 $G(r,r_{\mathrm{g}},\omega)$ ，其满足

$$\left[\nabla^2+\frac{\omega^2}{v_0^2(r)}\right]G(r,r_{\mathrm{g}},q)=-\delta(r-r_{\mathrm{g}}) \tag{9.2.9}$$

运用 Green 定理，经过一系列推导可得

$$u_{\mathrm{s}}(r_{\mathrm{g}},r_{\mathrm{s}},\omega)=\omega^2\int\frac{1}{v_0^2(r)}\alpha(r)G(r,r_{\mathrm{g}},\omega)[u_{\mathrm{i}}(r,r_{\mathrm{s}},\omega)+u_{\mathrm{s}}(r,r_{\mathrm{s}},\omega)]\mathrm{d}^3r \tag{9.2.10}$$

1. 基阶 Green 函数 Born 近似成像算法

由式(9.2.10)可知， $\alpha(r)$ 和散射波场 $u_{\mathrm{s}}(r_{\mathrm{g}},r_{\mathrm{s}},\omega)$ 之间存在非线性的关系，要准确求解 $\alpha(r)$ ，必须对其进行线性化近似。考虑当扰动量较小时，即 $u_{\mathrm{s}}(r,r_{\mathrm{s}},\omega)\ll u_{\mathrm{i}}(r,r_{\mathrm{s}},\omega)$ ，忽略式(9.2.10)等号右端项中的散射波场 $u_{\mathrm{s}}(r,r_{\mathrm{s}},\omega)$ ，这时可以得到

$$u_{\mathrm{s}}(r_{\mathrm{g}},r_{\mathrm{s}},\omega)=\omega^2\int\frac{1}{v_0^2(r)}\alpha(r)G(r,r_{\mathrm{g}},\omega)u_{\mathrm{i}}(r,r_{\mathrm{s}},\omega)\mathrm{d}^3r \tag{9.2.11}$$

式中， $u_{\mathrm{i}}(r,r_{\mathrm{s}},\omega)=G(r,r_{\mathrm{s}},\omega)$ ，因此

$$u_{\mathrm{s}}(r_{\mathrm{g}},r_{\mathrm{s}},\omega)=\omega^2\int\frac{1}{v_0^2(r)}\alpha(r)G(r,r_{\mathrm{g}},\omega)G(r,r_{\mathrm{s}},\omega)\mathrm{d}^3r \tag{9.2.12}$$

式(9.2.12)即为虚拟波动场关于电性界面速度扰动量的 Born 近似表达式。

在一维背景速度为常数、零偏移距条件下，即 $v_0(x)=v_0=\mathrm{const}$ ， $x_{\mathrm{s}}=x_{\mathrm{g}}$ ，

式(9.1.12)可以表示为

$$u_{\mathrm{s}}(x,\omega)=\frac{\omega^2}{v_0^2}\int\alpha(x_1)G^2(x,\omega)\mathrm{d}x_1 \tag{9.2.13}$$

式中，x_1为第一个发射点坐标。

在一维常背景下，Green 函数的解析表达式为(Bleistein et al.，2001)

$$G(x,x_{\mathrm{s}},\omega)=-\frac{v_0\mathrm{e}^{\mathrm{i}\omega|x-x_{\mathrm{s}}|/v_0}}{2\mathrm{i}\omega} \tag{9.2.14}$$

假定接收点位于地表，即 $x=0$，并将式(9.2.14)代入式(9.2.13)，可以得到

$$u_{\mathrm{s}}(0,\omega)=-\frac{1}{4}\int_0^{\infty}\alpha(x)\mathrm{e}^{2\mathrm{i}\omega x/v_0}\mathrm{d}x \tag{9.2.15}$$

根据傅里叶变换对的表达式形式：

$$\begin{cases}F(\omega)=\displaystyle\int_0^{\infty}f(t)\mathrm{e}^{\mathrm{i}\omega t}\mathrm{d}t\\ f(t)=\dfrac{1}{2\pi}\displaystyle\int_{-\infty}^{\infty}F(\omega)\mathrm{e}^{\mathrm{i}\omega t}\mathrm{d}\omega\end{cases} \tag{9.2.16}$$

可以求得速度扰动量的表达式：

$$\alpha(x)=-\frac{4}{\pi v_0}\int_{-\infty}^{\infty}u_{\mathrm{s}}(0,\omega)\mathrm{e}^{-2\mathrm{i}\omega x/v_0}\mathrm{d}\omega \tag{9.2.17}$$

由此可知，通过傅里叶变换可以快速由虚拟波场的数据求得界面的速度扰动量。

根据阶跃函数和 Delta 函数的频谱(图 9.2.1、图 9.2.2)可知，阶跃函数的频谱主要集中在低频区域，而且随着频率升高振幅逐渐减小，而 Delta 函数的频谱振幅始终等于式(9.2.1)。图 9.2.3、图 9.2.4 分别为全频带、缺少零频信息、10～100Hz、10～40Hz 的阶跃函数和 Delta 函数，黑色实线表示函数的真实值，蓝色实线表示有限带宽的函数值。随着带宽越来越窄，阶跃函数变形越来越严重，而 Delta 函数几乎不受频带的影响。因此，有限带宽的 Delta 函数比有限带宽的阶跃函数更容易识别电性界面。

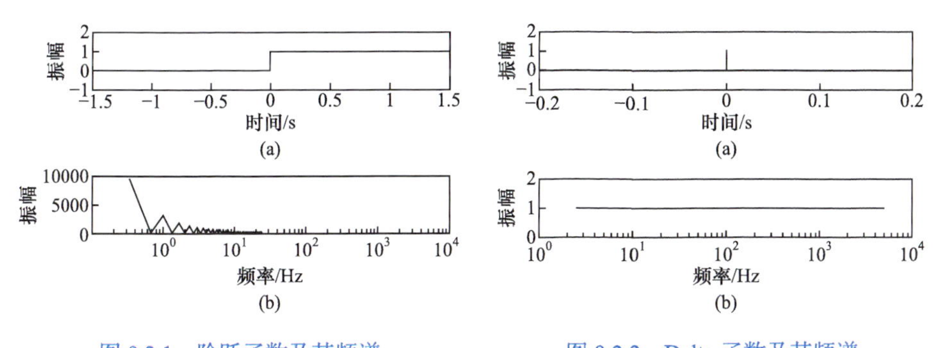

图 9.2.1　阶跃函数及其频谱
(a) 阶跃函数；(b) 阶跃函数的频谱

图 9.2.2　Delta 函数及其频谱
(a) Delta 函数；(b) Delta 函数的频谱

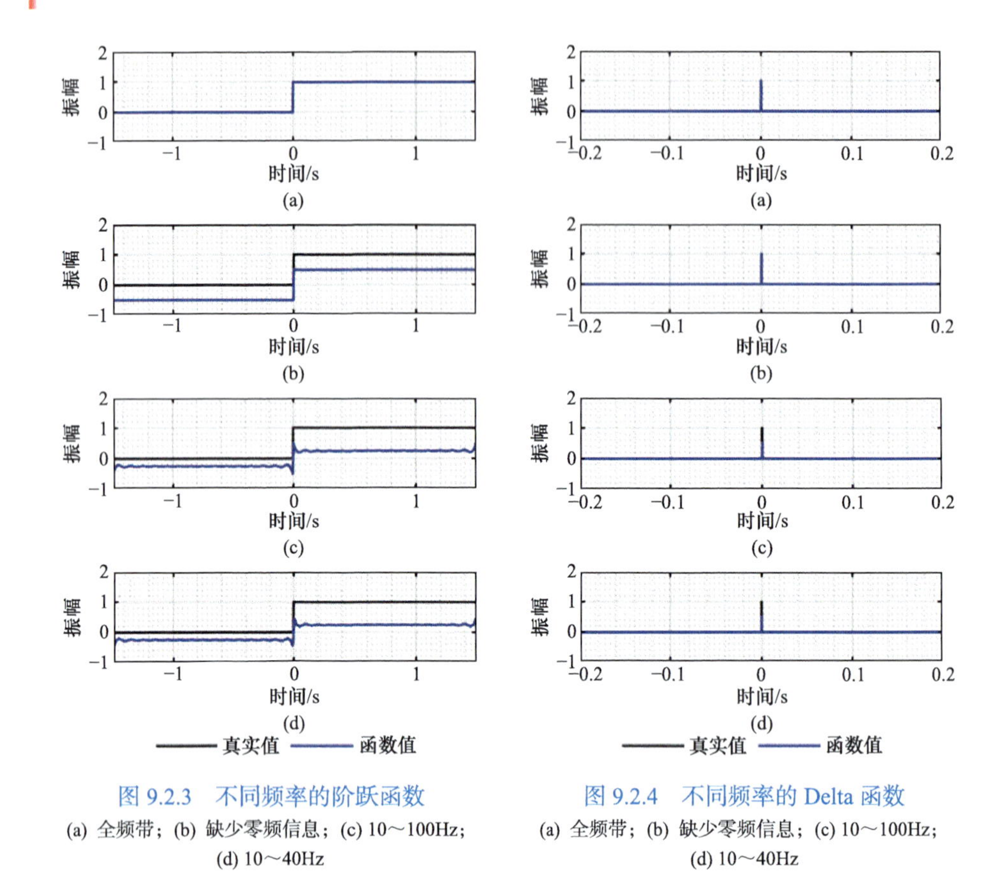

图 9.2.3 不同频率的阶跃函数
(a) 全频带；(b) 缺少零频信息；(c) 10～100Hz；(d) 10～40Hz

图 9.2.4 不同频率的 Delta 函数
(a) 全频带；(b) 缺少零频信息；(c) 10～100Hz；(d) 10～40Hz

由于瞬变电磁拟地震成像仅需要定位电性界面的位置，因此使用 Delta 函数形式的反射率函数识别电性界面，记为 $\beta(x)$，通过对速度扰动量函数 $\alpha(x)$ 求一阶导数，即可得到界面反射率函数的表达式：

$$\beta(x)=-\frac{8\mathrm{i}}{\pi v_0^2}\int_{-\infty}^{+\infty}\omega u_{\mathrm{s}}(0,\omega)\mathrm{e}^{-2\mathrm{i}\omega x/v_0}\mathrm{d}\omega \tag{9.2.18}$$

2. 二阶 Green 函数 Born 近似成像算法

已知 Born 近似算法忽略散射场，虽然使积分方程线性化，但是其只利用了散射序列中的第一项，丢失了部分有效信息，只适用于小扰动量介质的成像(丁科等，2004)。因此，有必要对散射序列中的各项进行分析研究。

已知波动方程[式(9.2.4)]的解具有如下的形式：

$$u(r_{\mathrm{g}},r_{\mathrm{s}},k)=G(r_{\mathrm{g}},r_{\mathrm{s}},k)+\int k^2\alpha(r)G(r,r_{\mathrm{g}},k)u(r,r_{\mathrm{s}},\omega)\mathrm{d}^3r \tag{9.2.19}$$

式中，$k=\dfrac{\omega}{v_0(r)}$。将式(9.2.19)展开可以得到

$$
\begin{aligned}
u(r_{\mathrm{g}},r_{\mathrm{s}},k) &= G(r_{\mathrm{g}},r_{\mathrm{s}},k)+\int k^2\alpha(r')G(r_{\mathrm{g}},r',k)G(r',r_{\mathrm{s}},\omega)\mathrm{d}^3r' \\
&\quad +\int k^2\alpha(r')G(r_{\mathrm{g}}',r,k)\int k^2\alpha(r'')G(r',r'',k)G(r'',r_{\mathrm{s}},\omega)\mathrm{d}^3r''\mathrm{d}^3r'+\cdots \\
&= u_0+u_1+u_2+\cdots
\end{aligned}
\tag{9.2.20}
$$

式(9.2.20)称为散射序列或 Born 序列，已知 $u(r,r_{\mathrm{s}},\omega)=u_{\mathrm{i}}(r,r_{\mathrm{s}},\omega)+u_{\mathrm{s}}(r,r_{\mathrm{s}},\omega)$，散射场的表达式为

$$
\begin{aligned}
u_{\mathrm{s}}(r_{\mathrm{g}},r_{\mathrm{s}},k) &= \int k^2\alpha(r')G(r_{\mathrm{g}},r',k)G(r',r_{\mathrm{s}},\omega)\mathrm{d}^3r' \\
&\quad +\int k^2\alpha(r')G(r_{\mathrm{g}},r',k)\int k^2\alpha(r'')G(r',r'',k)G(r'',r_{\mathrm{s}},\omega)\mathrm{d}^3r''\mathrm{d}^3r'+\cdots \\
&= u_1+u_2+\cdots
\end{aligned}
\tag{9.2.21}
$$

由此可知，去掉第二项以后，即为 Born 近似的表达式，同时存在如下的递推关系：

$$
u_{n+1}(r_{\mathrm{g}},r_{\mathrm{s}},k)=\int k^2\alpha(r')G(r_{\mathrm{g}},r',k)u_n(r',r_{\mathrm{s}},k)\mathrm{d}^3r' \tag{9.2.22}
$$

对式(9.2.21)取前两项，可得

$$
\begin{aligned}
u_{\mathrm{s}}(r_{\mathrm{g}},r_{\mathrm{s}},k) &= \int k^2\alpha(r')G(r_{\mathrm{g}},r',k)G(r',r_{\mathrm{s}},\omega)\mathrm{d}^3r' \\
&\quad +\int k^2\alpha(r')G(r_{\mathrm{g}},r',k)\int k^2\alpha(r'')G(r',r'',k)\boldsymbol{u}(r'',r_{\mathrm{s}},\omega)\mathrm{d}^3r''\mathrm{d}^3r'
\end{aligned}
\tag{9.2.23}
$$

当偏移距为零时，即 $x_{\mathrm{s}}-x_{\mathrm{g}}=0$，Green 函数的表达式为

$$
G(x,0,k)=-\frac{1}{2\mathrm{i}k}\mathrm{e}^{\mathrm{i}k|x|} \tag{9.2.24}
$$

将式(9.2.24)代入式(9.2.23)中，可以得到

$$
\begin{aligned}
u_{\mathrm{s}}(0,0,k) &= \int_{-\infty}^{+\infty}-\frac{1}{2\mathrm{i}k}\mathrm{e}^{\mathrm{i}k|x'|}k^2\alpha(x')\left(-\frac{1}{2\mathrm{i}k}\mathrm{e}^{\mathrm{i}k|x'|}\right)\mathrm{d}x' \\
&\quad +\int_{-\infty}^{+\infty}-\frac{1}{2\mathrm{i}k}\mathrm{e}^{\mathrm{i}k|x'|}k^2\alpha(x')\int_{-\infty}^{+\infty}G(r',r'',k)k^2\alpha(x'')u(r'',0,\omega)\mathrm{d}x''\mathrm{d}x'
\end{aligned}
\tag{9.2.25}
$$

已知 Green 函数的另一种表达形式为

$$
G(x,x_{\mathrm{s}},k)=\begin{cases}
\dfrac{1}{2\pi}\displaystyle\int_{-\infty}^{+\infty}\mathrm{e}^{\mathrm{i}q(x-x_{\mathrm{s}})}\gamma_-(q^2-k^2)\mathrm{d}q & (k>0) \\
\dfrac{1}{2\pi}\displaystyle\int_{-\infty}^{+\infty}\mathrm{e}^{-\mathrm{i}q(x-x_{\mathrm{s}})}\gamma_-^*(q^2-k^2)\mathrm{d}q & (k<0)
\end{cases}
\tag{9.2.26}
$$

式中，γ 为中间变量；q 为虚拟时间。

将式(9.2.26)代入式(9.2.25)，整理可得以下方程组(樊亚楠等，2022)：

$$\begin{cases} u_{\mathrm{s}}(0,0,k)=\begin{cases} -\dfrac{\pi}{2}W(k)+\mathrm{i}\pi k^{3}\displaystyle\int_{-\infty}^{+\infty}\mathrm{d}q\gamma_{-}(q^{2}-k^{2})A(-k,q)T(q,0,k) & (k>0) \\ -\dfrac{\pi}{2}W(k)+\mathrm{i}\pi k^{3}\displaystyle\int_{-\infty}^{+\infty}\mathrm{d}q\gamma_{-}^{*}(q^{2}-k^{2})A(-k,-q)T(-q,0,k) & (k<0) \end{cases} \\ A(k_x,k)=W\left(\dfrac{k-k_x}{2}\right)=\dfrac{1}{2\pi}\displaystyle\int_{-\infty}^{+\infty}\alpha(x)\mathrm{e}^{-\mathrm{i}(k_x-k)x}\mathrm{d}x \\ T(k_x,0,k)=\begin{cases} \dfrac{1}{2\pi}\displaystyle\int_{-\infty}^{+\infty}A(k_x,q)\gamma_{-}(q^{2}-k^{2})\mathrm{d}q+k^{2}\int_{-\infty}^{+\infty}A(k_x,q)\gamma_{-}(q^{2}-k^{2})T(q,0,k)\mathrm{d}q & (k>0) \\ \dfrac{1}{2\pi}\displaystyle\int_{-\infty}^{+\infty}A(k_x,q)\gamma_{-}^{*}(q^{2}-k^{2})\mathrm{d}q+k^{2}\int_{-\infty}^{+\infty}A(k_x,q)\gamma_{-}^{*}(q^{2}-k^{2})T(q,0,k)\mathrm{d}q & (k<0) \end{cases} \end{cases} \tag{9.2.27}$$

由式(9.2.27)可知，各变量之间存在循环迭代的关系，令 $u_{\mathrm{s}}(0,0,k)=\varepsilon u_{\mathrm{s}}(0,0,k)$，$\varepsilon$ 为系数，式(9.2.27)可写为以下表达形式(樊亚楠等，2022)：

$$\begin{cases} \varepsilon u_{\mathrm{s}}(0,0,k)=\begin{cases} -\dfrac{\pi}{2}\displaystyle\sum_{n=1}^{\infty}\varepsilon^{n}W^{(n)}(k)+\mathrm{i}\pi k^{3}\int_{-\infty}^{+\infty}\mathrm{d}q\gamma_{-}(q^{2}-k^{2})\sum_{n=1}^{\infty}\varepsilon^{n}A^{(n)}(-k,q)\sum_{n=1}^{\infty}\varepsilon^{n}T^{(n)}(q,0,k) & (k>0) \\ -\dfrac{\pi}{2}\displaystyle\sum_{n=1}^{\infty}\varepsilon^{n}W^{(n)}(k)+\mathrm{i}\pi k^{3}\int_{-\infty}^{+\infty}\mathrm{d}q\gamma_{-}^{*}(q^{2}-k^{2})\sum_{n=1}^{\infty}\varepsilon^{n}A^{(n)}(-k,-q)\sum_{n=1}^{\infty}\varepsilon^{n}T^{(n)}(-q,0,k) & (k<0) \end{cases} \\ \displaystyle\sum_{n=1}^{\infty}\varepsilon^{n}A^{(n)}(k_x,k)=\sum_{n=1}^{\infty}\varepsilon^{n}W^{(n)}\left(\dfrac{k-k_x}{2}\right) \\ \displaystyle\sum_{n=1}^{\infty}\varepsilon^{n}T^{(n)}(k_x,0,k)=\begin{cases} \dfrac{1}{2\pi}\displaystyle\int_{-\infty}^{+\infty}\sum_{n=1}^{\infty}\varepsilon^{n}A^{(n)}(k_x,q)\gamma_{-}(q^{2}-k^{2})\mathrm{d}q+k^{2}\int_{-\infty}^{+\infty}\sum_{n=1}^{\infty}\varepsilon^{n}A^{(n)}(k_x,q)\gamma_{-}(k'^{2}-k^{2})\sum_{n=1}^{\infty}\varepsilon^{n}T^{(n)}(q,0,k)\mathrm{d}q & (k>0) \\ \dfrac{1}{2\pi}\displaystyle\int_{-\infty}^{+\infty}\sum_{n=1}^{\infty}\varepsilon^{n}A^{(n)}(k_x,q)\gamma_{-}^{*}(q^{2}-k^{2})\mathrm{d}q+k^{2}\int_{-\infty}^{+\infty}\sum_{n=1}^{\infty}\varepsilon^{n}A^{(n)}(k_x,q)\gamma_{-}^{*}(k'^{2}-k^{2})\sum_{n=1}^{\infty}\varepsilon^{n}T^{(n)}(q,0,k)\mathrm{d}q & (k<0) \end{cases} \end{cases} \tag{9.2.28}$$

当 n=1 时，可得

$$\begin{cases} W^{(1)}(k)=-\dfrac{2}{\pi}u_{\mathrm{s}}(0,0,k) \\ A^{(1)}(k_x,k)=W^{(1)}\left(\dfrac{k-k_x}{2}\right) \\ T^{(1)}(k_x,0,k)=\begin{cases} \dfrac{1}{2\pi}\displaystyle\int_{-\infty}^{+\infty}A^{(1)}(k_x,q)\gamma_{-}(q^{2}-k^{2})\mathrm{d}q \\ \dfrac{1}{2\pi}\displaystyle\int_{-\infty}^{+\infty}A^{(1)}(k_x,q)\gamma_{-}^{*}(q^{2}-k^{2})\mathrm{d}q \end{cases} \end{cases} \tag{9.2.29}$$

当 n=2 时，可得(樊亚楠等，2022)

$$\begin{cases} W^{(2)}(k) = \begin{cases} \mathrm{i}\pi k^3 \int_{-\infty}^{+\infty} \mathrm{d}q \gamma_-(q^2-k^2) A^{(1)}(-k,q) T^{(1)}(q,0,k) & (k>0) \\ \mathrm{i}\pi k^3 \int_{-\infty}^{+\infty} \mathrm{d}q \gamma_-^*(q^2-k^2) A^{(1)}(-k,q) T^{(1)}(q,0,k) & (k<0) \end{cases} \\ A^{(2)}(k_x,k) = W^{(2)}\left(\dfrac{k-k_x}{2}\right) \\ T^{(2)}(k_x,0,k) = \begin{cases} \dfrac{1}{2\pi}\int_{-\infty}^{+\infty} A^{(2)}(k_x,q)\gamma_-(q^2-k^2)\mathrm{d}q + k^2\int_{-\infty}^{+\infty} A^{(1)}(k_x,q)\gamma_-(q^2-k^2)T^{(1)}(q,0,k)\mathrm{d}q & (k>0) \\ \dfrac{1}{2\pi}\int_{-\infty}^{+\infty} A^{(2)}(k_x,q)\gamma_-^*(q^2-k^2)\mathrm{d}q + k^2\int_{-\infty}^{+\infty} A^{(1)}(k_x,q)\gamma_-^*(q^2-k^2)T^{(1)}(q,0,k)\mathrm{d}q & (k<0) \end{cases} \end{cases} \tag{9.2.30}$$

当 n=3 时，可得

$$\begin{cases} W^{(3)}(k) = \begin{cases} \mathrm{i}\pi k^3 \int_{-\infty}^{+\infty} \mathrm{d}q \gamma_-(q^2-k^2) [A^{(1)}(-k,q) T^{(2)}(q,0,k) + A^{(2)}(-k,q) T^{(1)}(q,0,k)] & (k>0) \\ \mathrm{i}\pi k^3 \int_{-\infty}^{+\infty} \mathrm{d}q \gamma_-^*(q^2-k^2) [A^{(1)}(-k,q) T^{(2)}(q,0,k) + A^{(2)}(-k,q) T^{(1)}(q,0,k)] & (k<0) \end{cases} \\ A^{(3)}(k_x,k) = W^{(3)}\left(\dfrac{k-k_x}{2}\right) \\ T^{(3)}(k_x,0,k) = \begin{cases} \dfrac{1}{2\pi}\int_{-\infty}^{+\infty} A^{(3)}(k_x,q)\gamma_-(q^2-k^2)\mathrm{d}q + k^2\int_{-\infty}^{+\infty} [A^{(1)}(k_x,q)T^{(2)}(q,0,k) + A^{(2)}(k_x,q)T^{(1)}(q,0,k)]\gamma_-(q^2-k^2)\mathrm{d}q & (k>0) \\ \dfrac{1}{2\pi}\int_{-\infty}^{+\infty} A^{(3)}(k_x,q)\gamma_-^*(q^2-k^2)\mathrm{d}q + k^2\int_{-\infty}^{+\infty} [A^{(1)}(k_x,q)T^{(2)}(q,0,k) + A^{(2)}(k_x,q)T^{(1)}(q,0,k)]\gamma_-^*(q^2-k^2)\mathrm{d}q & (k<0) \end{cases} \end{cases} \tag{9.2.31}$$

通过循环迭代依次可以求得 $W(k)$、$A(k_x,k)$ 和 $T(k_x,0,k)$，从而得到二阶 Born 近似反射率函数的表达式

$$\beta(x) = -4\int_{-\infty}^{+\infty} \mathrm{i}kW(k)\mathrm{e}^{2\mathrm{i}kx}\mathrm{d}k \tag{9.2.32}$$

3. 层状 Green 函数 Born 近似成像算法

求解 Born 近似逆散射积分方程，假设地下介质导电率均匀，采用均匀半空间的格林函数。由于实际应用中背景电导率不是均匀的，成像分辨率会受到较大影响。为此，在自激自收情况下，根据虚拟波动方程，引入层状介质的格林函数，其满足的波动方程为

$$\left(\nabla^2 - \frac{1}{c^2}\frac{\partial^2}{\partial t^2}\right)G(r,t) = -\delta(t)\delta(r) \tag{9.2.33}$$

式中，c 为虚拟波场传播速度；$\delta(t)$ 为 t=0 时的发射脉冲；$\delta(r)$ 为 r=0 位置的发射脉冲。在柱坐标情况下，式(9.2.33)的一般解可写成用零阶贝塞尔函数表示的 Green 函数：

$$G_z(x,y,z,\omega) = \frac{1}{2\pi}\int_0^{\infty}(A(m)\mathrm{e}^{-uz} + B(m)\mathrm{e}^{uz})mJ_0(m\lambda)\mathrm{d}m \tag{9.2.34}$$

式中，λ、m 为圆对称被积函数的参数。

对于 N 层大地介质，第 i 层介质 Green 函数通解为

$$G_{zi}(x,y,z,\omega)=\frac{1}{2\pi}\int_0^{\infty}(A_i(m)\mathrm{e}^{-u_i z}+B_i(m)\mathrm{e}^{u_i z})mJ_0(m\lambda)\mathrm{d}m \tag{9.2.35}$$

均匀全空间的 Green 函数表达式为

$$G_0(r,\omega)=\frac{1}{4\pi}\int_0^{\infty}\frac{m}{u}\mathrm{e}^{-u|z|}J_0(m\lambda)\mathrm{d}m \tag{9.2.36}$$

地表以上既有向下传播的入射波，也有反射波，地下第 i 层介质通解也包含两项，即入射波和反射波；地下第 N 层介质中，只有向下传播的入射波。因此，可以将各层通解表示为

$$\begin{cases}G_{z0}(x,y,z,\omega)=\dfrac{1}{2\pi}\displaystyle\int_0^{\infty}\left(\frac{m}{u_0}\mathrm{e}^{-u_0|z|}+B_0(m)\mathrm{e}^{u_0 z}\right)mJ_0(m\lambda)\mathrm{d}m & \text{地表}\\ G_{zi}(x,y,z,\omega)=\dfrac{1}{2\pi}\displaystyle\int_0^{\infty}(A_i(m)\mathrm{e}^{-u_i z}+B_i(m)\mathrm{e}^{u_i z})mJ_0(m\lambda)\mathrm{d}m & \text{第}i\text{层}\\ G_{zN}(r,\omega)=\dfrac{1}{2\pi}\displaystyle\int_0^{\infty}(A_N(m)\mathrm{e}^{-u_N z})mJ_0\mathrm{d}m & \text{第}N\text{层}\end{cases} \tag{9.2.37}$$

为求解方程中待定系数 $A_1,A_2,\cdots,A_N$ 和 $B_1,B_2,\cdots,B_N$，需要利用界面的边界条件：

$$G_{z(i)}(r,\omega)=G_{z(i+1)}(r,\omega),\quad \frac{\partial G_{z(i)}(r,\omega)}{\partial z}=\frac{\partial G_{z(i+1)}(r,\omega)}{\partial z} \tag{9.2.38}$$

利用式(9.2.37)和边界条件[式(9.2.38)]，经推导建立具有递推形式的 N 层地下介质情况下地表通用表达式：

$$G_z(r,\omega)=\frac{1}{2\pi}\int_0^{\infty}\frac{m}{u_0+(u_1/R_1^*)}\mathrm{e}^{u_0 z}J_0(m\lambda)\mathrm{d}m \tag{9.2.39}$$

式中，$u_n=\sqrt{m^2+k_n^2}\,(n=0,1,2,\cdots,n)$；$k_n=\sqrt{\omega^2\sigma_n\mu_0}$；$R_1^*=\coth(u_1h_1+\coth^{-1}\cdot((u_1/u_2)\coth(u_2h_2+\coth^{-1}((u_2/u_3)\coth(u_3h_3+\cdots+\coth^{-1}(u_{N-1}/u_N))))))$。

在自激自收的情况下，令 $r_{\mathrm{s}}=r_{\mathrm{g}}=0$，瞬变电磁虚拟波场的 Born 近似表达式(9.2.12)可简化为

$$u_{\mathrm{s}}(r_{\mathrm{g}},r_{\mathrm{s}},t)=-\int_D G(r,t)\frac{\alpha(r)}{v^2(r)}\frac{\mathrm{d}^2G(r,t)}{\mathrm{d}t^2}\mathrm{d}V \tag{9.2.40}$$

考虑一般情况下 $k_0=0$，因此 $u_0=m$，则式(9.2.39)可写为

$$G_z(r,\omega)=\frac{1}{2\pi}\int_0^{\infty}\frac{m}{m+(u_1/R_1^*)}\mathrm{e}^{u_0 z}J_0(m\lambda)\mathrm{d}m \tag{9.2.41}$$

根据时频转换关系，对式(9.2.41)求傅里叶逆变换，得到时间域层状介质格林函数表达式，采用正余弦变换的方法，且考虑式中 $G(r,\omega)$ 是复振幅，根据奇偶函数的特点，可将式(9.2.41)表示为

$$G(r,t)=\frac{1}{\pi}\int_0^{\infty}(\mathrm{Re}\,G(r,\omega)\cos\omega t+\mathrm{Im}\sin\omega t)\mathrm{d}\omega \tag{9.2.42}$$

考虑 $G(r,t)$ 还应满足初始条件，当 $t<0$ 时无扰动，$\delta(r,t)=0$，$G(r,t)=0$，有

$$0=\frac{1}{\pi}\int_0^{\infty}(\mathrm{Re}\,G(r,\omega)\cos\omega t+\mathrm{Im}\sin\omega t)\mathrm{d}\omega \tag{9.2.43}$$

将式(9.2.42)和式(9.2.43)相加，得

$$G(r,t)=\frac{2}{\pi}\int_0^{\infty}\mathrm{Re}\,G(r,\omega)\cos\omega t\mathrm{d}\omega \tag{9.2.44}$$

对式(9.2.44)求二阶导数并代入式(9.2.40)，得

$$u_{\mathrm{s}}(r,t)=\frac{4}{\pi^2}\int_D\left[\frac{\alpha(r)}{v^2(r)}\int_0^{\infty}\mathrm{Re}\,G(r,\omega)\cos\omega t\mathrm{d}\omega\int_0^{\infty}\mathrm{Re}\,G(r,\omega)\omega^2\cos\omega t\mathrm{d}\omega\right]\mathrm{d}V \tag{9.2.45}$$

式(9.2.45)为层状介质 Green 函数 Born 近似散射场关于速度扰动量的表达式，通过已知散射场 $u_{\mathrm{s}}(r,t)$，可求得速度扰动量。

9.2.2　算法验证

1. 二阶与基阶 Born 近似成像对比

1) 层状模型电阻率变化对结果的影响

为了探究电阻率变化对 Born 近似算法和二阶 Born 近似算法结果的影响，设置了 H 型、K 型模型，电性界面距地面分别为 100m、200m，保持第一层与第三层的电阻率不变，使模型第二层的电阻率依次变化。H 型模型第一层与第三层的电阻率均设置为 100Ω·m，设置第二层电阻率与背景电阻率的差异越来越大，依次为 90Ω·m、80Ω·m、70Ω·m、60Ω·m；K 型模型第一层与第三层的电阻率均设置为 10Ω·m，第二层电阻率依次设置为 20Ω·m、30Ω·m、40Ω·m、50Ω·m。三层模型如图 9.2.5 所示，均选择第一层速度作为背景速度，计算 Born 近似算法和二阶 Born 近似算法的结果，三层 H 型模型、三层 K 型模型近似值与真实值对比分别如图 9.2.6、图 9.2.7 所示。

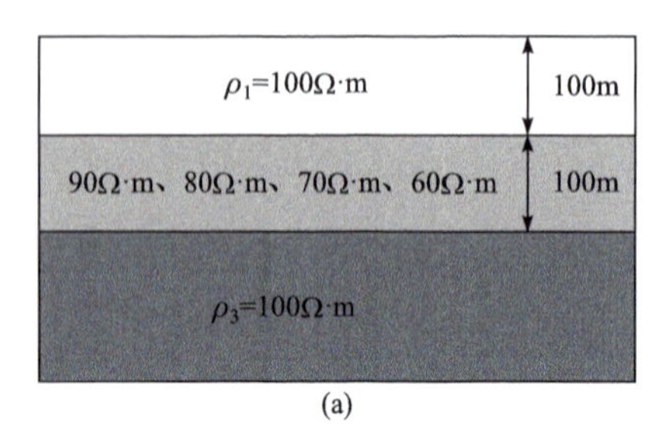

(a)

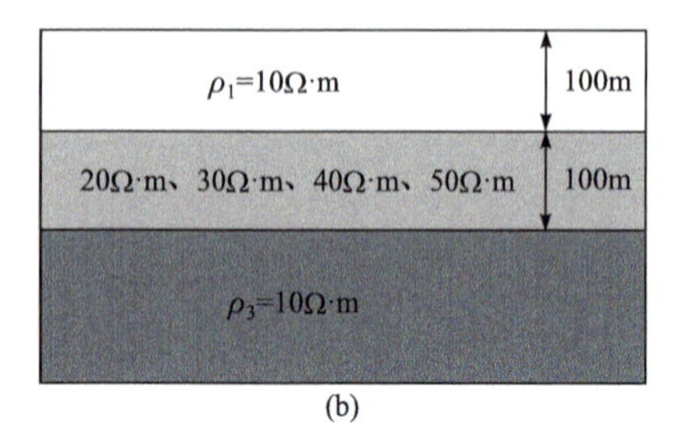

(b)

图 9.2.5 三层模型示意图

(a) H 型模型；(b) K 型模型

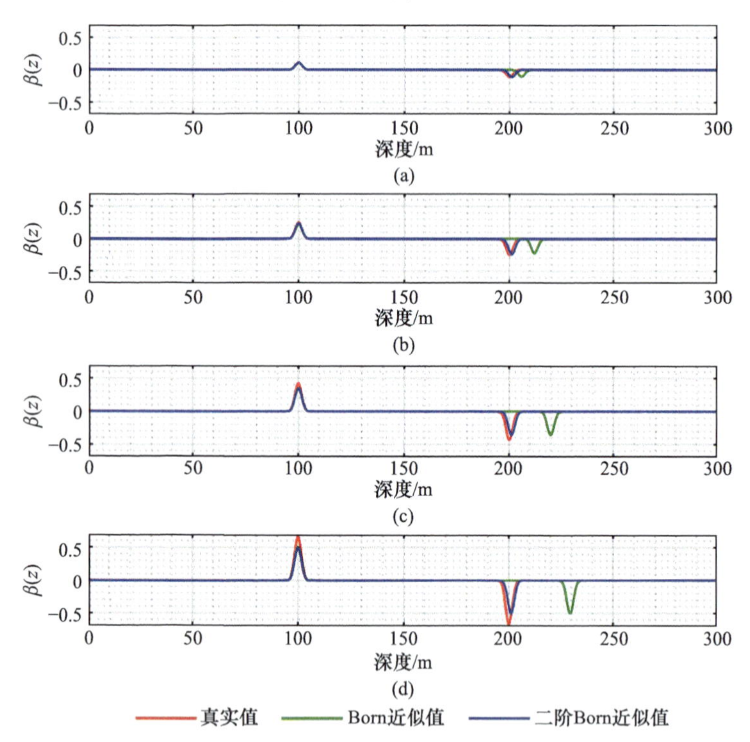

图 9.2.6 三层 H 型模型 Born 近似值、二阶 Born 近似值与真实值对比

(a) ρ_1=100Ω·m， ρ_2=90Ω·m， ρ_3=100Ω·m；(b) ρ_1=100Ω·m， ρ_2=80Ω·m， ρ_3=100Ω·m；(c) ρ_1=100Ω·m， ρ_2=70Ω·m， ρ_3=100Ω·m；(d) ρ_1=100Ω·m， ρ_2=60Ω·m， ρ_3=100Ω·m

图 9.2.6 和图 9.2.7 中，红色实线、绿色实线、蓝色实线分别表示三层模型电性界面反射率函数 $\beta(z)$ 的真实值、Born 近似值、二阶 Born 近似值，其幅值表示电性界面反射率函数的大小。H 型模型的结果图中，红色实线与绿色实线仅在第一个电性界面处重合，随着中间层与背景电阻率的差异变大，两者指示的第二个电性界面的位置差增大。K 型模型的结果类似，说明 Born 近似算法仅能正确定位第一个电性界面的位置，随着电阻率差异变大，对第二个电性界面的定位偏差会

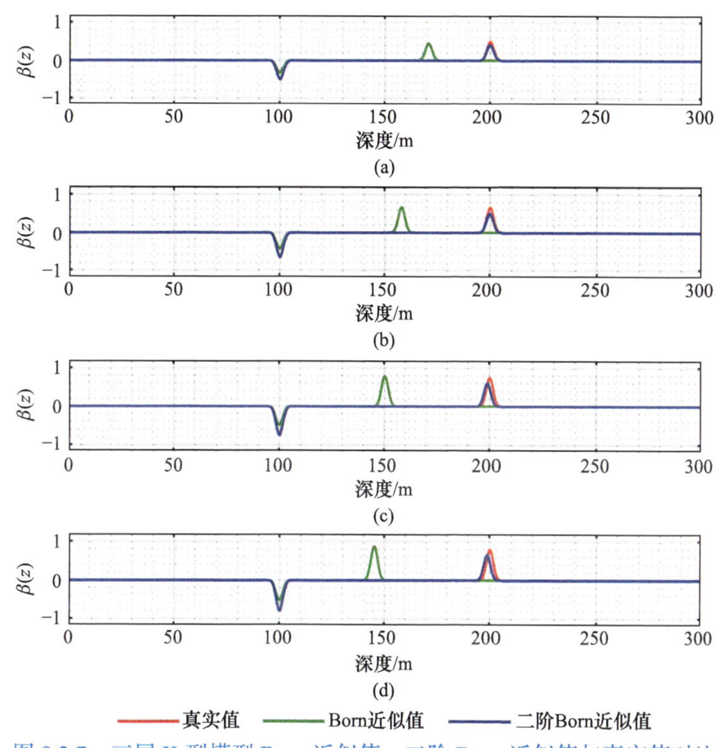

图 9.2.7　三层 K 型模型 Born 近似值、二阶 Born 近似值与真实值对比

(a) ρ_1=10Ω·m， ρ_2=20Ω·m， ρ_3=10Ω·m；(b) ρ_1=10Ω·m， ρ_2=30Ω·m， ρ_3=10Ω·m；(c) ρ_1=10Ω·m， ρ_2=40Ω·m， ρ_3=10Ω·m；(d) ρ_1=10Ω·m， ρ_2=50Ω·m， ρ_3=10Ω·m

变大。因为在第一个电性界面处，第一层真实的速度与背景速度是一致的，所以能够正确反映第一个电性界面；对于第二个电性界面，第二层的速度与背景速度是不一致的，会造成一定的误差。红色实线与蓝色实线在两个电性界面处几乎重合，说明二阶 Born 近似算法可以较好地反映地下电性界面的位置，其结果与真实值的偏差几乎不会随着电阻率差异变大而变大。以上分析说明了 Born 近似算法仅适用于小扰动量的成像问题，对于大扰动量模型，几乎不能正确定位界面的位置；二阶 Born 近似算法几乎不受电阻率变化的影响，在大扰动量模型中具有一定的优越性。

2) 层状模型层厚变化对结果的影响

为了探究模型层厚变化对结果的影响，设置四层 HK 型模型，模型的四层电阻率分别设置为100Ω·m、10Ω·m、100Ω·m、1Ω·m，模型如图 9.2.8 所示。分别设置两组模型：第一组模型第一层、第三层厚度均设置为100m，第二层厚度依次设置为 40m、30m、20m、10m；第二组模型第一层厚度为100m，第二层厚度为 50m，第三层厚度依次设置为 40m、30m、20m、10m。计算过程中均将第一层速度作为背景速度，相关计算结果如图 9.2.9 和图 9.2.10 所示。

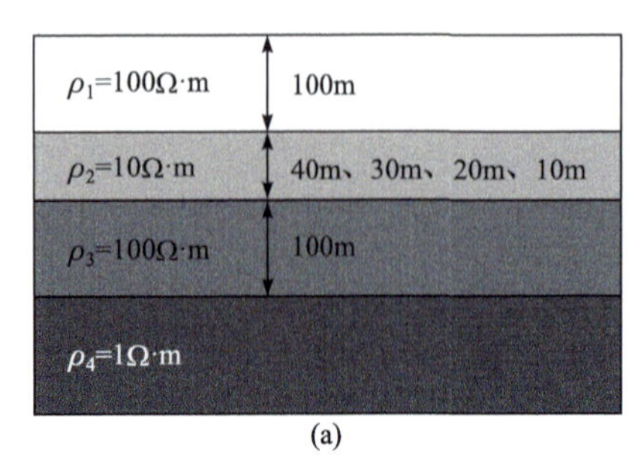

(a)

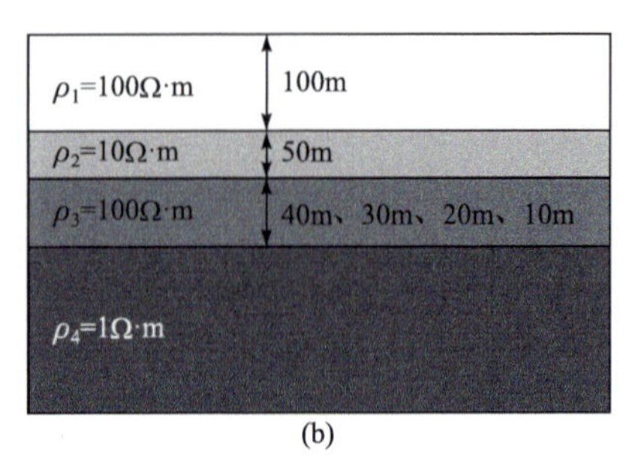

(b)

图 9.2.8 四层 HK 型模型示意图

(a) 改变第二层厚度；(b) 改变第三层厚度

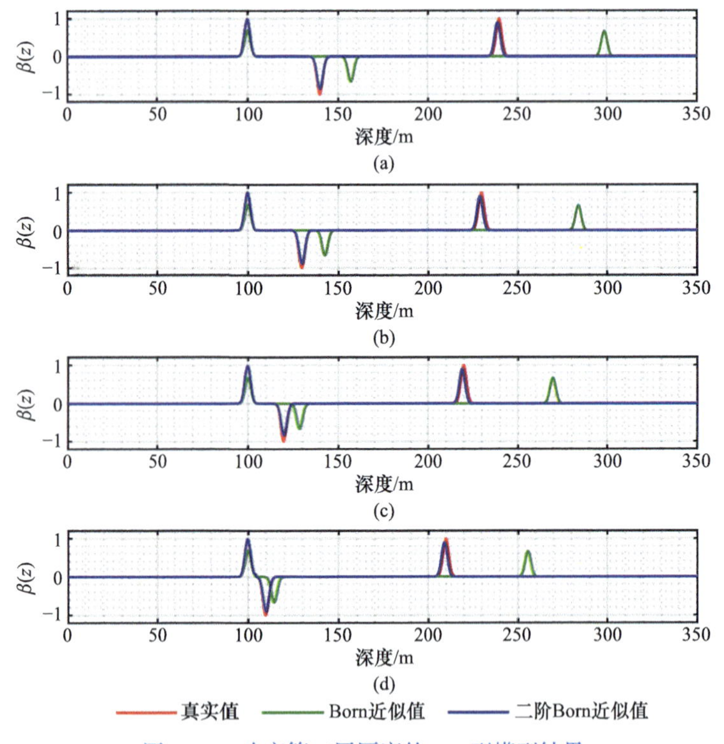

图 9.2.9 改变第二层厚度的 HK 型模型结果

(a) $h_1=100\text{m}$， $h_2=40\text{m}$， $h_3=100\text{m}$；(b) $h_1=100\text{m}$， $h_2=30\text{m}$， $h_3=100\text{m}$；
(c) $h_1=100\text{m}$， $h_2=20\text{m}$， $h_3=100\text{m}$；(d) $h_1=100\text{m}$， $h_2=10\text{m}$， $h_3=100\text{m}$

图 9.2.9 和图 9.2.10 中，红色实线、绿色实线、蓝色实线分别表示地下电性界面反射率函数的真实值、Born 近似值、二阶 Born 近似值，各层电阻率不变、只改变第二层或者第三层厚度的情况下，红色实线与绿色实线仅在第一个电性界面处重合，对于第二个、第三个电性界面，两者的偏差较大，说明 Born 近似算法在厚度不断变化的模型中除了第一个电性界面外，其余界面均不能正确定位；红色

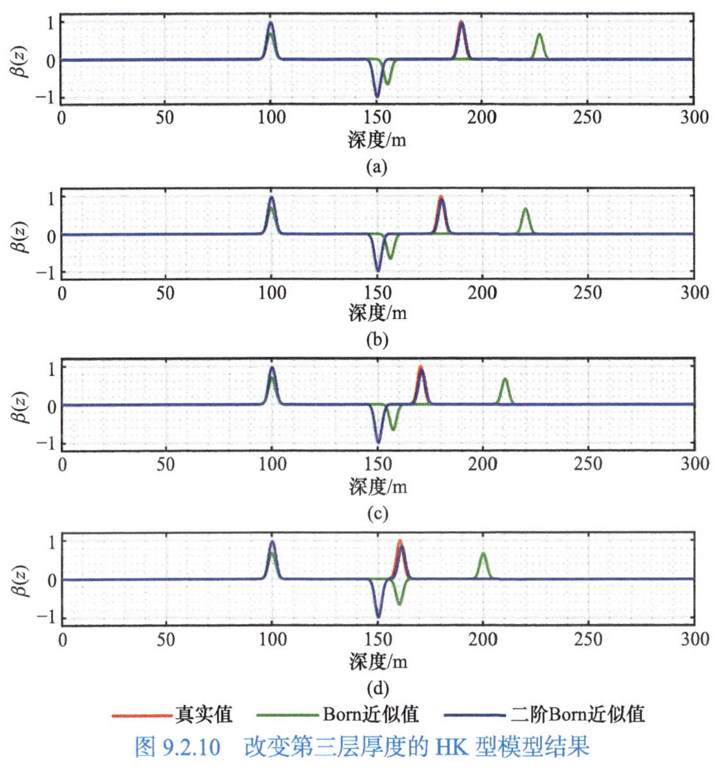

图 9.2.10　改变第三层厚度的 HK 型模型结果

(a) $h_1 = 100\text{m}$，$h_2 = 50\text{m}$，$h_3 = 40\text{m}$；(b) $h_1 = 100\text{m}$，$h_2 = 50\text{m}$，$h_3 = 30\text{m}$；(c) $h_1 = 100\text{m}$，$h_2 = 50\text{m}$，$h_3 = 20\text{m}$；(d) $h_1 = 100\text{m}$，$h_2 = 50\text{m}$，$h_3 = 10\text{m}$

实线与蓝色实线几乎完全重合，不受模型层厚变化的影响，均能正确定位电性界面的具体位置，这进一步说明二阶 Born 近似算法相对比 Born 近似算法具有一定的优越性。

3) 二维模型

设计二维模型，如图 9.2.11 所示，相关参数设置如下：第一层介质厚度为 100m，其电阻率为 $100\Omega\cdot\text{m}$；第二层介质厚度为 50m，其电阻率为 $10\Omega\cdot\text{m}$；第三层介质厚度为 100m，其电阻率为 $100\Omega\cdot\text{m}$；第四层介质电阻率为 $1\Omega\cdot\text{m}$，向下无限延伸；断层的垂直高度为 50m，沿 x 轴方向 $-50\sim50\text{m}$ 延伸 100m，沿 y 轴方向无限延伸。观测系统参数设置如下：采用电性源发射，长度为 600m，中心点位于 $(0\text{m},0\text{m})$ 处，在 x 轴 $-300\sim300\text{m}$ 处，发射电流为 10A，接收点间隔为 10m，位于 $y=-100\text{m}$ 处沿 x 轴方向、在 $x=-200\text{m}$ 和 $x=200\text{m}$ 之间与电性源平行放置。测量的电磁场分量为 $\partial B_z/\partial t$，时间道的范围为 $10^{-5}\sim10^{-1}\text{s}$，正演模拟采用拟态有限体积法(Zhou et al.，2018)。该模型的多测道图如图 9.2.12 所示，波场反变换的虚拟波场如图 9.2.13 所示，第一个红色波形表示直达波，下面三个波是地质界面的反射波。

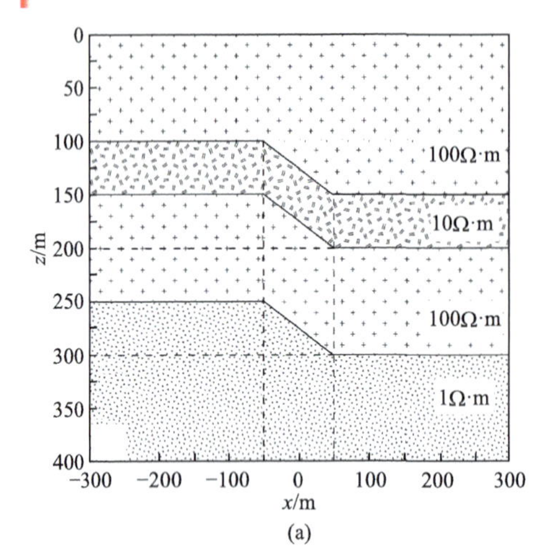

(a)

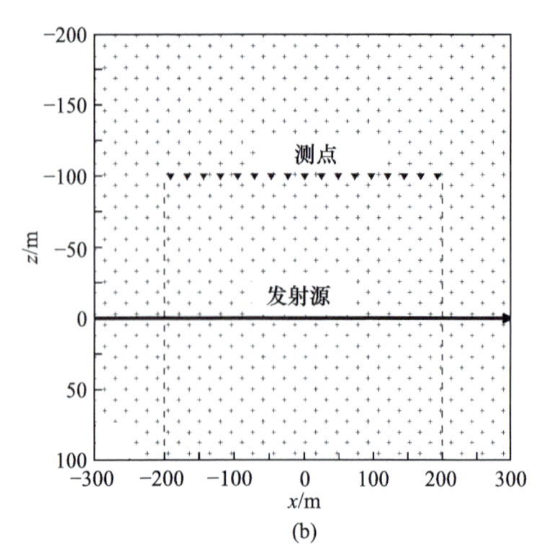

(b)

图 9.2.11　二维模型示意图

(a) xOz 平面；(b) xOy 平面

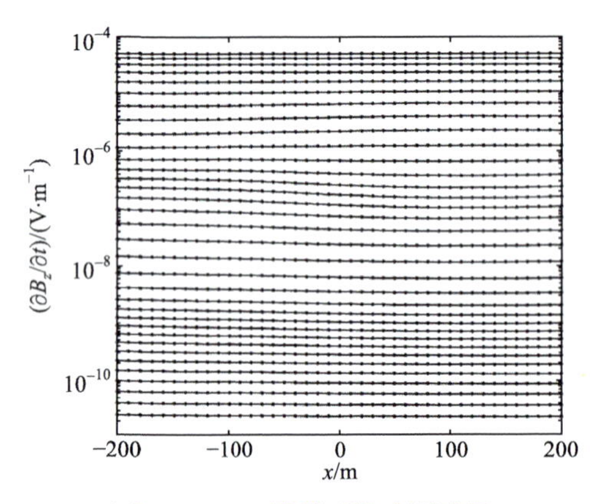

图 9.2.12　二维模型的多测道图

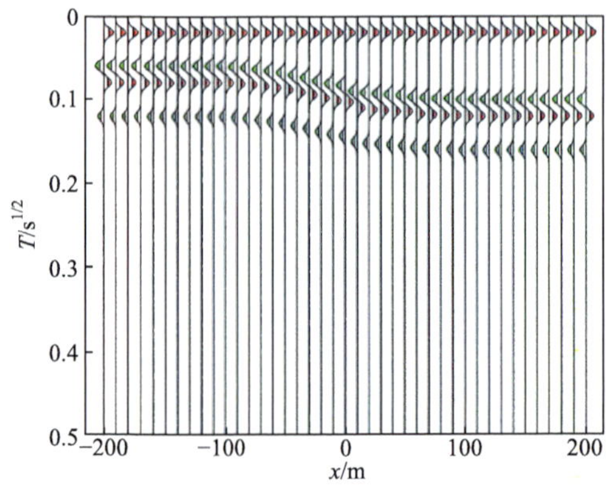

图 9.2.13　二维模型的虚拟波场

在成像的计算过程中，将第一层速度作为背景速度。图 9.2.14 为二维模型 Born 近似和二阶 Born 近似的成像结果，可知两种算法均能反映出模型有三个电性界面。Born 近似成像结果仅能准确地定位第一个地质界面，上盘距地面大致 100m，下盘距地面大致 150m，第二个和第三个电性界面的成像结果与实际地质界面的位置分别大致相差 30m 和 40m，而且断层的形态与真实模型有一定差距；二阶 Born 近似成像结果对地下三个电性界面的位置定位准确，成像的结果与虚线几乎重合，横向上在 −50～50m 处断层的形态较为明显，各界面的埋深与模型设置几乎是一致的。因此，相比于 Born 近似的成像结果，二阶 Born 近似的成像效果较好。

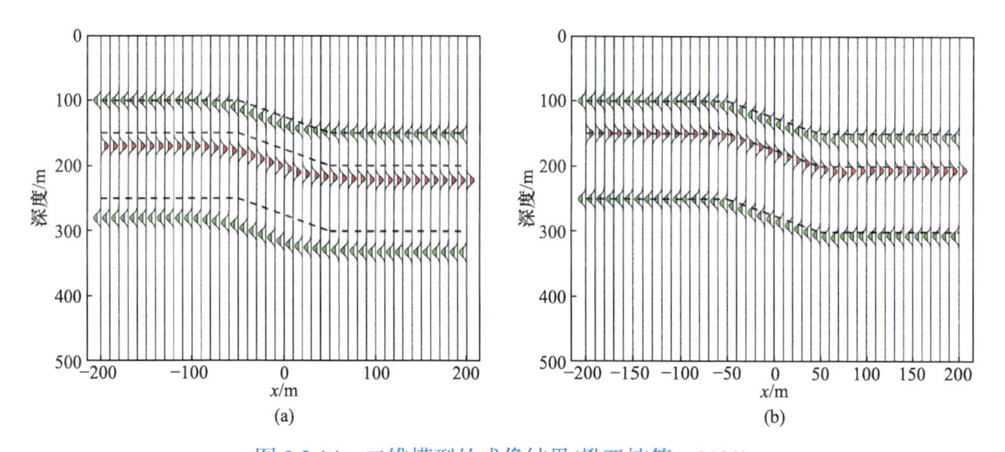

图 9.2.14　二维模型的成像结果(樊亚楠等，2022)

(a) Born 近似结果；(b) 二阶 Born 近似结果；虚线表示二维模型真实的地质界面位置

4) 两个低阻薄板模型

设置地下含有两个低阻薄板的三维模型，如图 9.2.15 所示，模型参数设置如下：背景电阻率为$100\Omega\cdot\text{m}$；上部异常体的尺寸为$100\text{m}\times100\text{m}\times30\text{m}$，电阻率为$10\Omega\cdot\text{m}$，上表面埋深为$100\text{m}$；下部异常体的规模为$100\text{m}\times100\text{m}\times50\text{m}$，电阻率为$1\Omega\cdot\text{m}$，上表面埋深为$200\text{m}$。观测系统的参数设置如下：电性源长度为$200\text{m}$，中心点位于(0m,0m)处，沿 y 轴方向延伸，发射电流为10A；共布设 3 条测线，分别位于$y=-60\text{m}$、$y=0\text{m}$、$y=40\text{m}$，每条测线长度为500m，位于 x 为 100～600m 处，每条测线共 21 个测点，点距为 25m。测量的电磁场分量为$\partial B_z/\partial t$，时间道的范围为10^{-5}～10^{-2}s。本小节三维正演计算采用拟态有限体积法(Zhou et al., 2018)，三条测线的正演结果如图 9.2.16 所示。虚拟波场如图 9.2.17 所示，第一个红色的波形表示直达波，由于测点与源的位置垂直，直达波以双曲线的形式分布，下面的波形均是对界面的反射波。

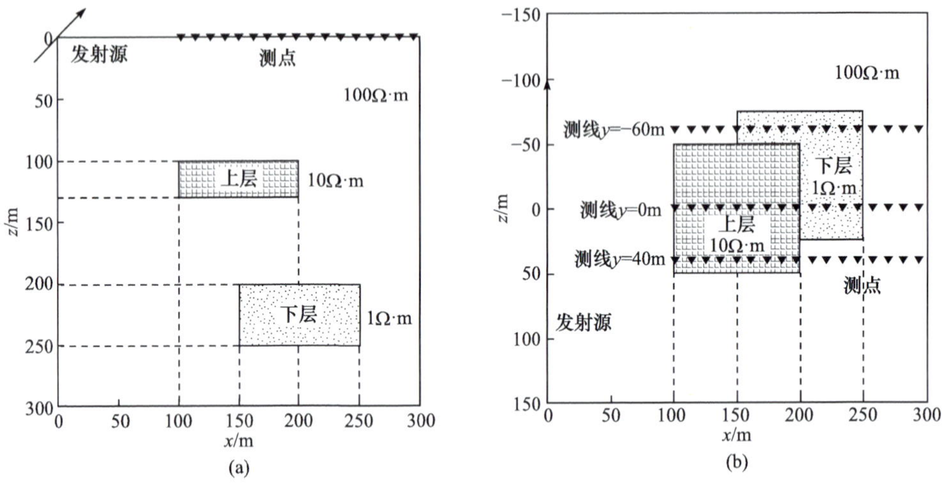

图 9.2.15　两个低阻薄板模型示意图

(a) xOz 平面；(b) xOy 平面

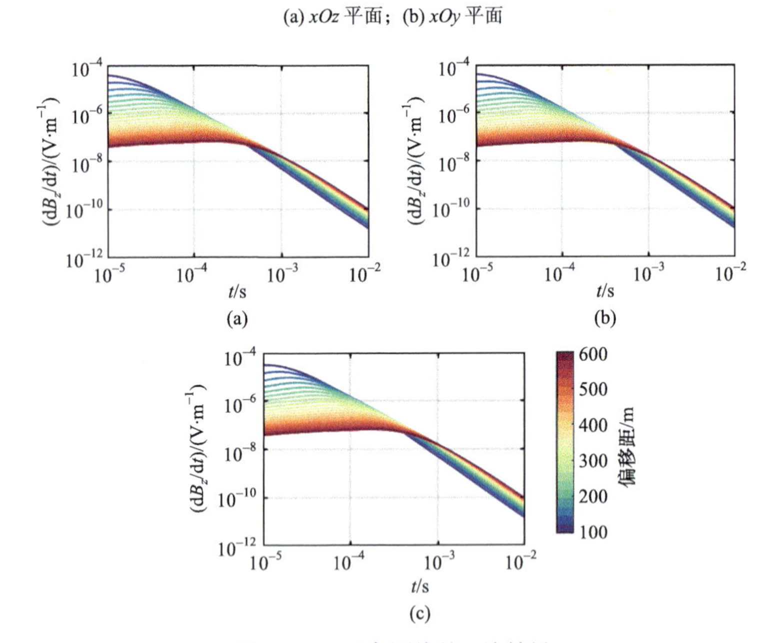

图 9.2.16　三条测线的正演结果

(a) y=40m；(b) y=0m；(c) y=−60m

在成像的计算过程中，将背景电阻率作为背景速度。图 9.2.18～图 9.2.20 分别为 $y=40\text{m}$、$y=0\text{m}$、$y=-60\text{m}$ 测线 Born 近似算法和二阶 Born 近似算法的成像结果。测线 $y=40\text{m}$ 处，Born 近似算法与二阶 Born 近似算法均对上部异常体的上下界面及下部异常体的上界面有所反映，但是 Born 近似算法的成像结果与界面的真实位置相差 30～40m，而且界面倾斜，与真实模型形态相差较大；二阶 Born

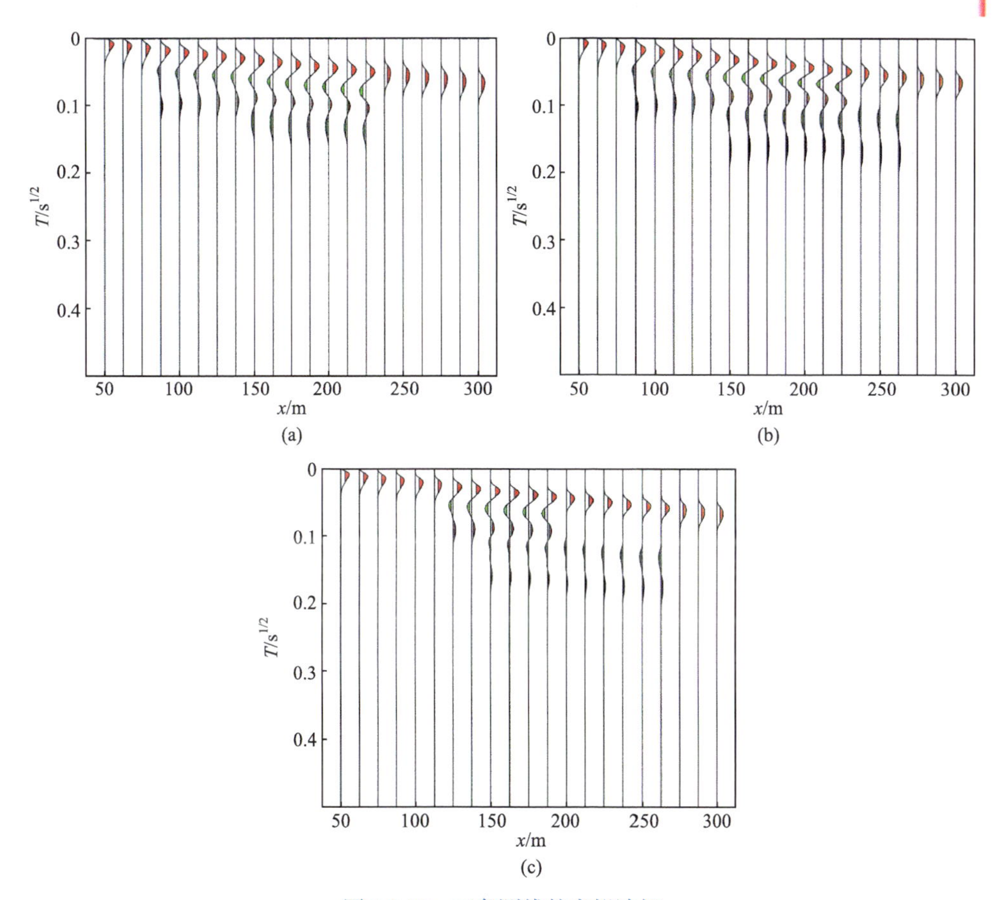

图 9.2.17　三条测线的虚拟波场

(a) y=40m；(b) y=0m；(c) y=−60m

近似结果能够准确定位界面的位置及异常体的形态。测线 $y=0$m 的 Born 近似结果不能准确定位界面的位置,尤其是下部异常体的界面与真实位置大约相差 50m；二阶 Born 近似结果可以较好地定位两个异常体的界面位置，而且形态与真实模型一致。测线 $y=-60$m 的 Born 近似结果仅反映了上部异常体的部分界面信息及下部异常体的界面位置，但结果与模型的真实界面位置存在一定的偏差；二阶 Born 近似结果对界面的位置及异常体的形态均能够准确反映。测线 $y=40$m 虽然只穿过上部异常体、未穿过下部异常体，但是计算瞬变电磁扩散场时会受到下部异常体的影响，因此成像结果含有下部异常体的部分信息。同理可知，测线 $y=-60$m 虽只穿过下部异常体，但对上部异常体也有所反映。通过对比三维低阻薄板模型不同位置三条测线的 Born 近似结果和二阶 Born 近似结果，可知二阶 Born 近似结果既可以准确反映两个低阻薄板上下界面的位置，又可以精确反映界面的形态，因此该方法相比 Born 近似算法具有较高的精度和界面识别能力。

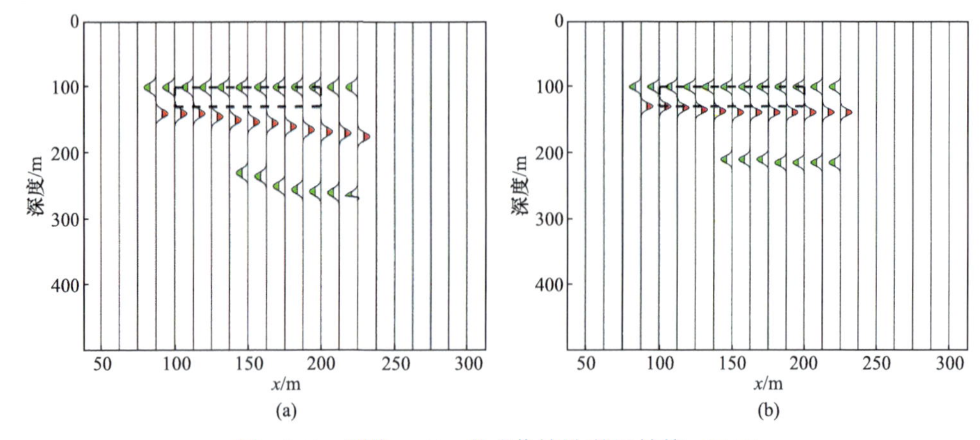

图 9.2.18 测线 y=40m 的成像结果(樊亚楠等，2022)

(a) Born 近似结果；(b) 二阶 Born 近似结果；黑色虚线表示该测线下方异常体的真实位置

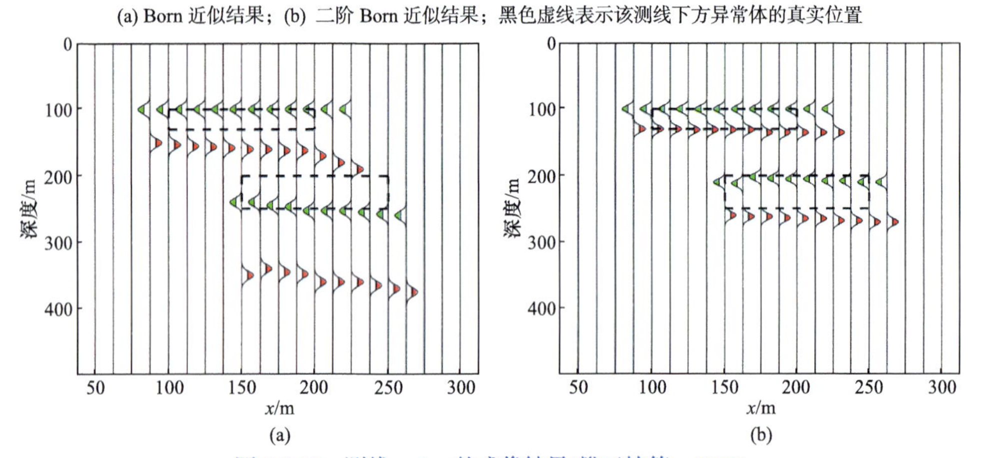

图 9.2.19 测线 y=0m 的成像结果(樊亚楠等，2022)

(a) Born 近似结果；(b) 二阶 Born 近似结果；黑色虚线表示该测线下方异常体的真实位置

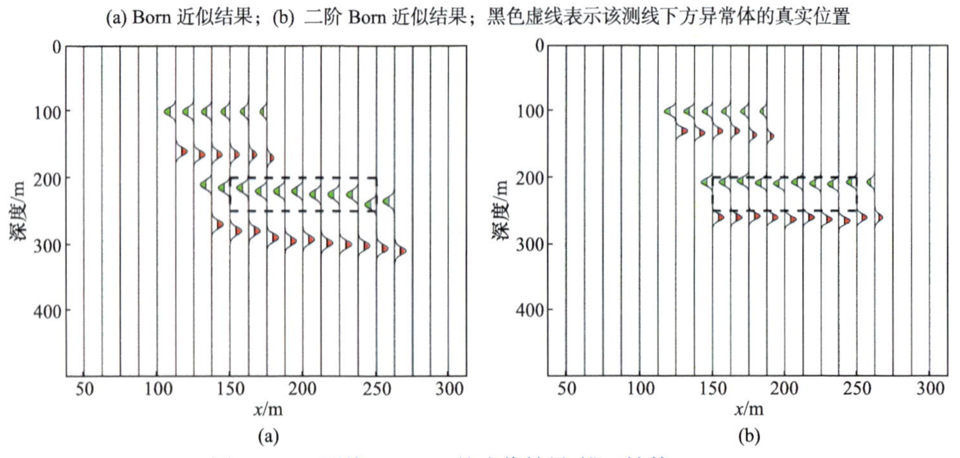

图 9.2.20 测线 y=−60m 的成像结果(樊亚楠等，2022)

(a) Born 近似结果；(b) 二阶 Born 近似结果；黑色虚线表示该测线下方异常体的真实位置

2. 层状与基阶 Green 函数 Born 近似成像对比

1) 层状模型

五层 HKH 型模型和衰减曲线如图 9.2.21 所示，模型参数设置如下：第一层介质厚度为 200m，电阻率为 100Ω·m；第二层介质厚度为 20m，电阻率为 10Ω·m；第三层介质厚度为 150m，电阻率为 100Ω·m；第四层介质厚度为 30m，电阻率为 2Ω·m；第五层基底的电阻率为 100Ω·m，向下无限延伸。沿 y 方向的电性源长度为 100m，中心点位于 y=0m 的位置，发射电流为 10A。接收点位于 y=0m

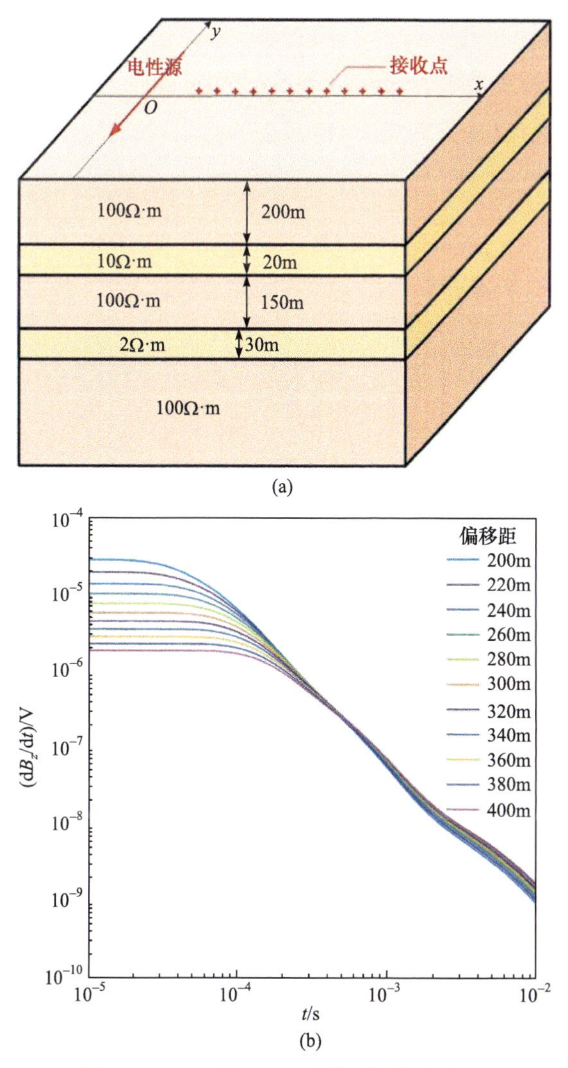

图 9.2.21　五层 HKH 型模型与衰减曲线

(a) 五层 HKH 型模型示意图；(b) 五层 HKH 型模型不同偏移距衰减曲线

的 x 轴上，偏移距 200～400m，相邻接收点之间间隔 10m，观测时间范围为 10^{-5} ～ 10^{-2} s，观测值为电磁响应场分量 $\partial B_z / \partial t$ 。

对变换结果进行预处理，分别采用基阶和层状 Born 近似方法进行计算。图 9.2.22(a)为波场变换结果，最顶部能量最强的红色波形表示直达波，直达波下可以观察到来自四个反射界面的波形，表示五层 HKH 型模型的四个地层分界面。图 9.2.22(b)为对波场变换数据切除直达波和动校正的结果，处理后已经可以较好地拟合真实地层分界面的形态。图 9.2.22(c)和图 9.2.22(d)分别为基阶 Born 近似成像结果和层状 Born 近似成像结果，在两图中都可以看到存在四层速度扰动，对较浅的第一层与第二层介质分界面拟合基本正确，但对于深层界面，即第三、四分界面，随着深度增加和地层界面的增多，基阶 Born 近似方法深层界面的速度扰动量存在一定误差；层状 Born 近似成像结果与图中黑色虚线所示的理论模型界面较为吻合，可以准确拾取地层分界面，反演成像的准确性和有效性更好。

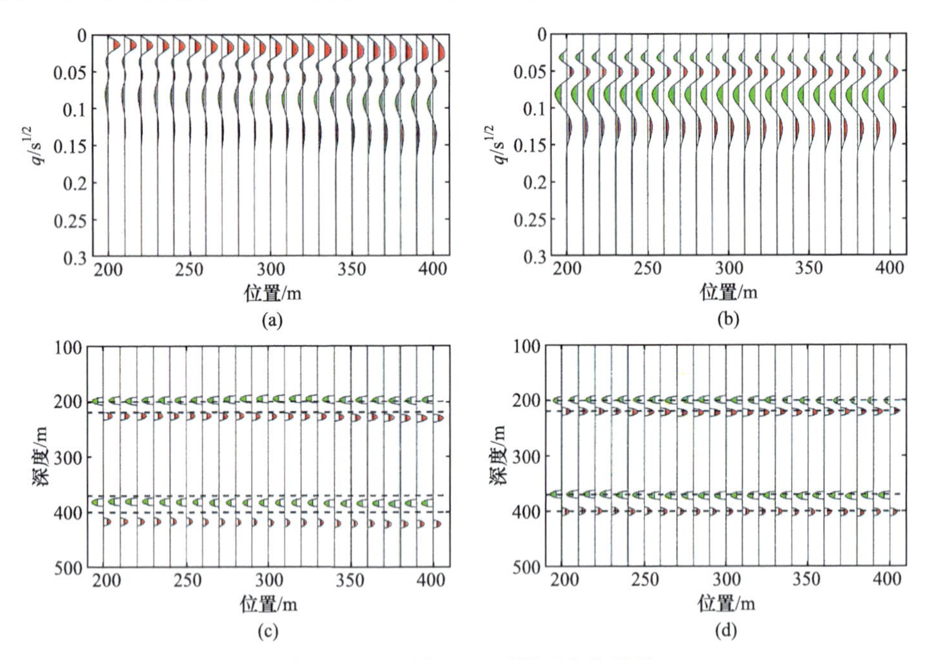

图 9.2.22　五层 HKH 型模型成像结果

(a) 波场变换结果；(b) 切除直达波、动校正结果；(c) 基阶 Born 近似成像结果；(d) 层状 Born 近似成像结果

2) 地下起伏界面模型

验证 Born 近似算法对地下弯曲曲面成像的有效性。设计地下起伏界面模型参数图 9.2.23(a)所示。第一层介质的厚度为 200m，电阻率为 100Ω · m；第二层为沿 y 方向无限延伸的低阻凸起，起伏界面底部宽度为 200m，顶部宽度为 50m，高度为 100m，沿 z 轴向下无限延伸，底层电阻率设置为 1Ω · m。观测系统的参

数设置如下：沿 x 轴方向延伸的电性源长度为 400m，中心点位于坐标原点处，发射电流为 10A；接收点与电性源平行位于 y=100m 处，$x=-200$m 与 $x=200$m 之间，点距为 10m，观测时间范围为 $10^{-5}\sim10^{-2}$s，观测值为$\partial B_z/\partial t$，多测道图见图 9.2.23(b)。

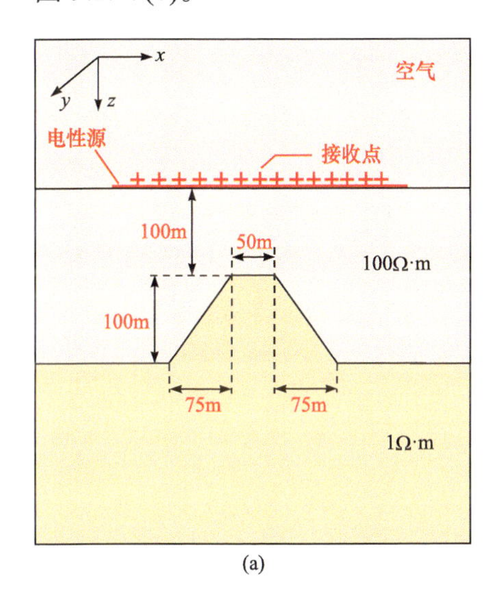

(a)

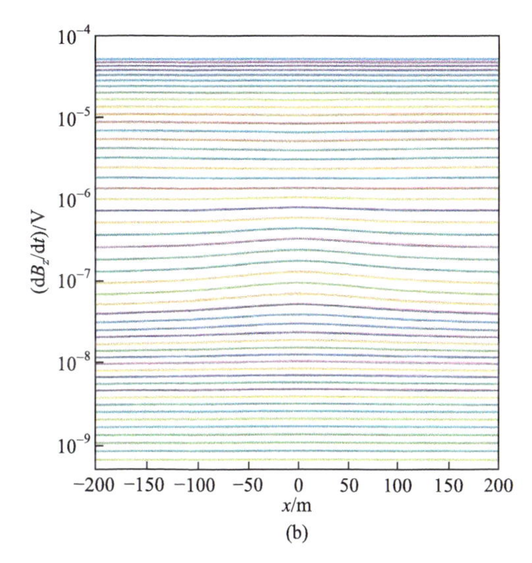

(b)

图 9.2.23　地下起伏界面模型与多测道图

(a) 起伏界面模型示意图；(b) 起伏界面多测道图

根据设计的模型及观测系统的相关参数，进行正演计算，得到瞬变电磁响应 $\partial B_z(t)/\partial t$ 。图 9.2.24(a)为波场变换结果，包含直达波和来自地下起伏界面的反射波；由于该测线与电性源导线位置平行，类似自激自收装置，仅需要对直达波进行切除。图 9.2.24(b)和图 9.2.24(c)分别为起伏界面的基阶 Born 近似成像结果和层状 Born 近似成像结果，可以看到反射波关于 $x=0$m 轴对称，与设计的模型类似，有一定的弧度，中间部位深度在 100m 处，两侧逐渐趋于 200m。速度扰动呈现的地下电性界面位置与设计的起伏界面模型基本相符。与基阶 Born 近似成像结果相比，层状 Born 近似成像结果与真实模型更接近，很好地反映了地下起伏界面，进一步说明了层状 Born 近似算法更具优越性。

9.2.3　Born 近似成像实际算例

1. 二阶 Green 函数 Born 近似成像实际算例

山西晋城区块煤田采空区探测采用的地球物理勘查方法是时间域电性源地空电磁法，采用旋翼无人机平行于发射源飞行接收电磁响应。由于施工面积大、测

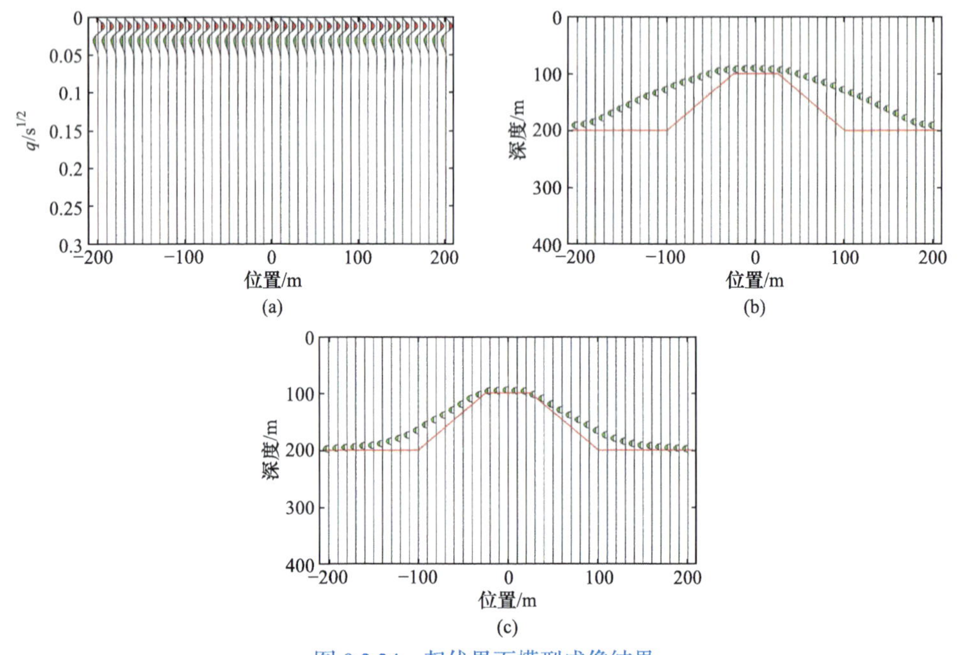

图 9.2.24 起伏界面模型成像结果

(a) 波场变换结果；(b) 基阶 Born 近似成像结果；(c) 层状 Born 近似成像结果

线长，单条测线飞行无法在同一架次中完成，因此在施工过程中将整条测线分成 3 部分，以发射源为单位进行飞行探测。

晋城 A 区块工区野外施工，在地表铺设的电性源长度为 2000m，发射电流为 40A，基频为 12.5Hz，接收系统位于空中，接收线圈的有效面积为 2160m^2；无人机的飞行高度为 50m，飞行速度为 8m/s。测区从南到北共 45 条剖面，每条剖面的长度约为 5500m，相邻剖面的间距为 100m。

为了对本测区内的采空异常区进行更加清晰的成像，以验证二阶 Born 近似算法的有效性和实用性，利用整个测区的数据进行三维立体成像，其视电阻率和二阶 Born 近似成像结果如图 9.2.25 所示。

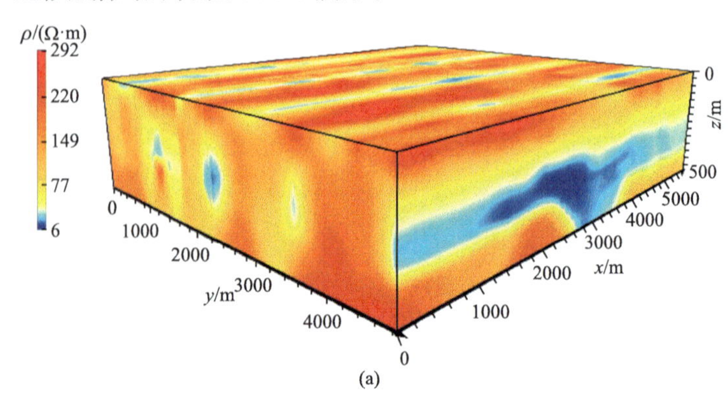

(a)

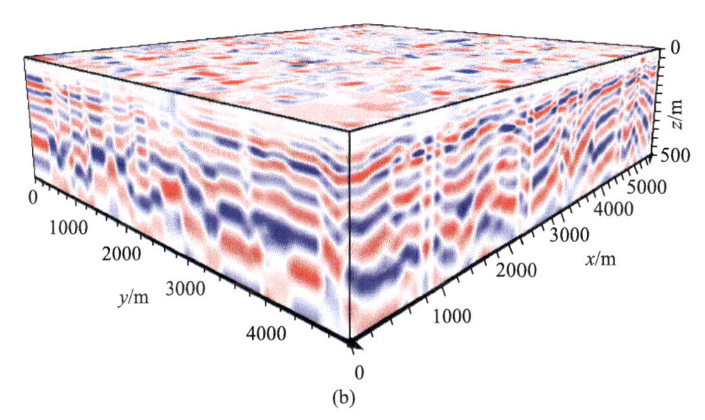

(b)

图 9.2.25　工区三维立体视电阻率和二阶 Born 近似成像结果
(a) 视电阻率；(b) 二阶 Born 近似成像结果

图 9.2.25(a)是地空视电阻率定义的结果，可以看出位于该工区 $y=4800\text{m}$ 这一剖面上低阻区域的面积较大，$x=3000\text{m}$ 附近有一个大型低阻异常区，位于该工区 $x=0\text{m}$ 这一剖面上有几个小型低阻异常区，且分布比较分散。图 9.2.25(b)为二阶 Born 近似成像结果，可以看出地层呈层状分布及地层的起伏、错断等情况，对应图 9.2.25(a)低阻采空异常的位置处，地层出现错断、塌陷等现象，无异常处地层较为平稳、连续性较好。

为了更加清晰地显示该工区内部采空异常的分布，对三维立体图进行切片处理，以展示与测线方向垂直的 yz 剖面地质情况。图 9.2.26 为该工区沿 yz 方向进行切片的结果，图 9.2.26(a)为视电阻率切片，图 9.2.26(b)为二阶 Born 近似成像切片，展示了 5 个 yz 方向剖面的地层情况，分别沿 $x=0\text{m}$、$x=1500\text{m}$、$x=2800\text{m}$、$x=4100\text{m}$、$x=5600\text{m}$。该切片图包含了该工区的西部、中部及东部区域，从图 9.2.26(a)视电阻率切片中可以看出每条剖面内低阻异常区较多，分布比较零散，深度在 300m 左右。从图 9.2.26(b)成像结果可以看出沿 y 方向的地层连续性较差，地层错断现象较为明显，这与该方向采空异常区数目较多的情况吻合。

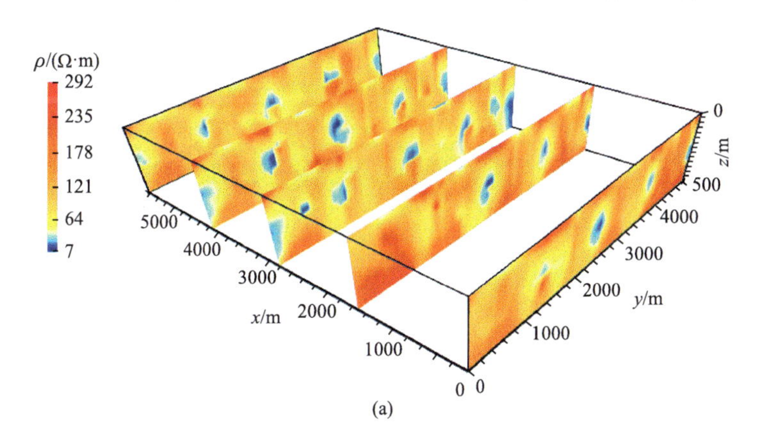

(a)

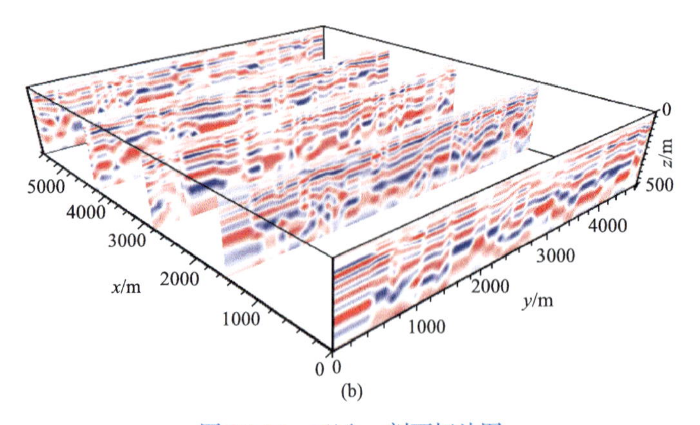

(b)

图 9.2.26 工区 yz 剖面切片图

(a) 视电阻率切片；(b) 二阶 Born 近似成像切片

图 9.2.27 为对该工区沿 $y = 2400\text{m}$ 和 $x = 4200\text{m}$ 进行切除的工区部分立体图，图 9.2.27(a)和(b)分别为视电阻率和二阶 Born 近似成像结果。从图中不仅可以看到沿测线方向剖面的地层情况，而且可以看到与测线方向垂直剖面的低阻异常

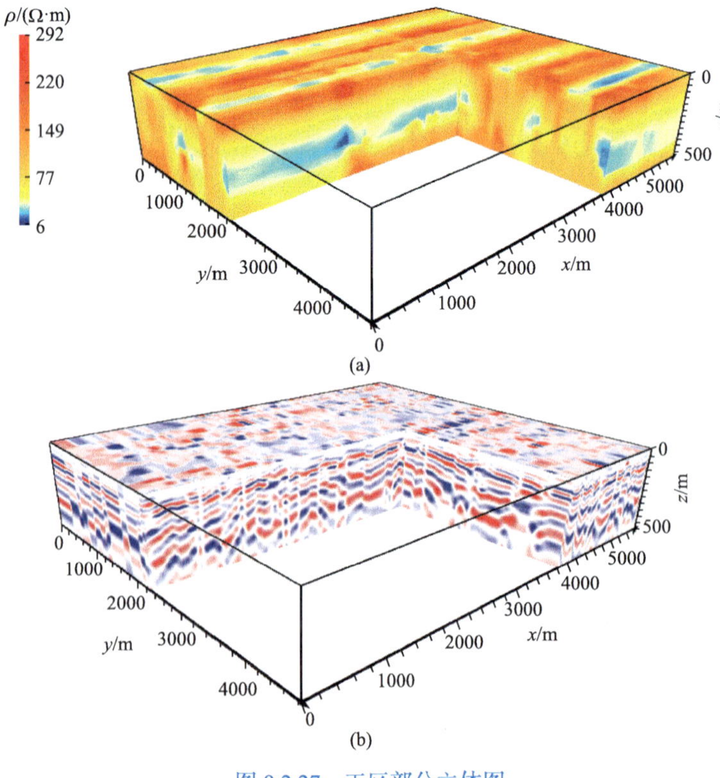

图 9.2.27 工区部分立体图

(a) 视电阻率；(b) 二阶 Born 近似成像结果

区域分布及地层的连续错断情况。沿测线方向剖面的低阻异常区域分布较为集中，地层的连续性较好，变化较为平缓；与测线垂直方向剖面的低阻异常区域分布较为零散，地层的连续性较差，地层断层现象较为严重。

2. 层状 Born 近似成像实际算例

为了验证了层状 Born 近似成像的有效性，选择甘肃省魏家地煤矿对煤田采空区的数据进行处理。魏家地煤矿工区位于宝积山复式向斜的东部，地层条件相对简单，为典型煤系沉积地层，适合采用层状 Born 近似算法。采空区地表北部开阔平缓，南部为丘陵，除部分丘陵白垩纪岩层出露，大部分地表覆盖层为第四系黄土，第四系下伏地层存在中侏罗统窑街组和下侏罗统大西沟群，其中稳定的可开采煤层赋存于窑街组，三叠系上统的南营儿群则为工区的基岩区域。魏家地井田有三层可采煤层(1、2、3 层)，含煤岩系从下至上由河床相砂砾岩开始，经河漫相、沼泽相、泥炭沼泽相至湖泊相结束，相序完整，煤层总平均厚度 24.51m，含煤地层平均总厚度 88.28m。主要可采煤层有两层(1、3 层)。1 层煤赋存于窑街组上部，岩性多为泥岩及粉砂岩，少数为细砂岩，局部地段为细粉砂岩，走向上煤层厚度总的变化趋势是西段 0.05～10.16m，中段 1.73～46.27m，东段 1.20～25.27m，平均厚度 13.08m；在井田内连续沉积分布，厚度大，较稳定，全区可采；煤层顶板主要为粉砂岩、砂质泥岩，底板为粉砂岩、细砂岩。2 层煤赋存于 1 层煤下部，主要分布于井田中部，煤层厚度 0.28～17.71m，在纵向和横向上厚度变化大，无规律可循，为局部分布可采的不稳定煤层；上距 1 层煤 2.00～40.15m，平均 13.20m，岩性为泥岩及粉砂岩。3 层煤在井田范围内的分布情况基本和 1 层煤一致，岩性以泥岩粉砂岩为主，局部为细粒砂岩，稳定性好于 1 层煤，分布范围比 1 层煤小，属于较稳定煤层；西部煤层厚度 0.50～13.60m，沿倾向煤层厚度变化不大，较稳定，东部煤层厚度 0.29～4.84m，倾向变薄变厚，不太稳定，平均厚度 5.58m；上距 2 层煤 6.80～40.10m，平均 19.98m；大部分面积达到可采，局部有不可采区；煤层顶板以粉砂岩、粗砂岩为主，底板为粉砂岩、细砂岩。

底板钻孔资料显示，钻孔煤线高程为 1031.87m 时，煤厚 11.6m，钻孔煤线高程为 1042.93m 时，煤厚 4.95m。矿区水文地质条件较简单，矿井含水层为富水性极弱的粗碎屑砂岩裂隙，从上至下划分如下：①第四系弱富水含水层主要由碎石、砂砾石组成，厚度大约 32m；②中侏罗统新河组中段以砂岩为主的裂隙较发育含水层，平均厚度 80.5m；③中侏罗统新河组底部富水性极弱的含水层，位于煤层顶部，主要岩性为粗、中粒砂岩，砂质泥岩等，平均厚度 44.4m；④中侏罗统窑街组位于煤层底板以下，上部以中、粗粒砂岩为主，与深灰色粉砂岩及砂岩泥岩互层，局部夹炭质泥岩，下部由细砾岩组成，松散裂隙含水层平均厚度 49.5m；

⑤下侏罗统大西沟群岩性为砾岩、砂岩等，厚度 42m。各含水层之间有隔水层相隔，大致可分为中侏罗统窑街组顶部隔水层、中侏罗统新河组下段隔水层、中侏罗统上段隔水层、上侏罗统隔水层、三叠系上统南营儿群煤系地层基底，由粉砂岩、砂质泥岩、泥岩、砂质泥岩夹页岩等组成，隔水性良好。工区煤层底板等值线见图 9.2.28。

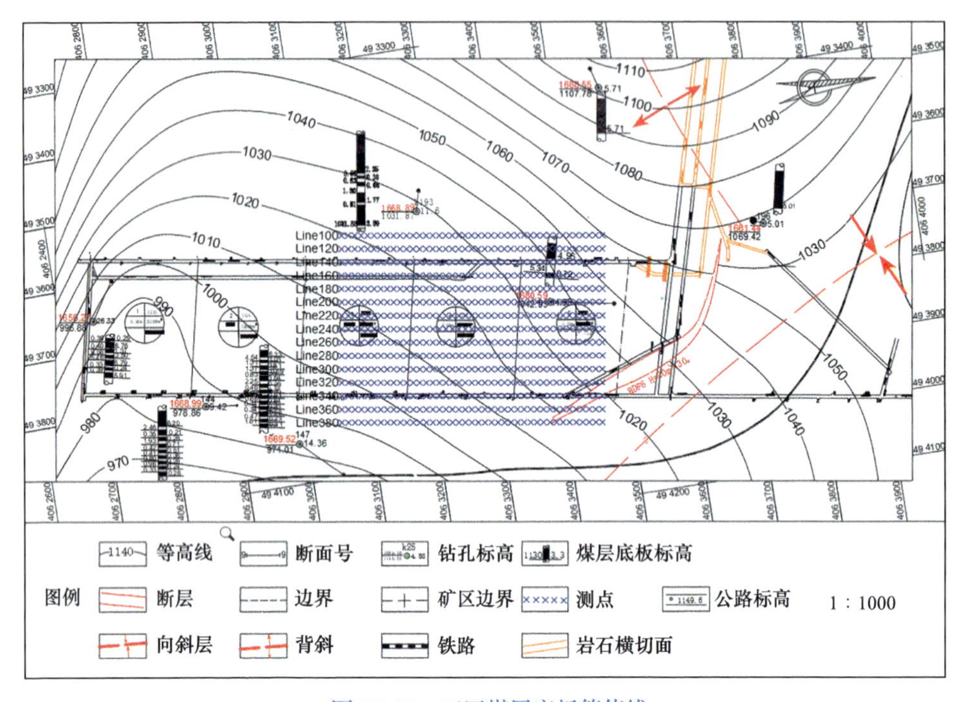

图 9.2.28　工区煤层底板等值线

数据采集方法为多辐射源地面瞬变电磁法，叠加多个单激励源发射，发射系统采用 1km 长的接地长导线源，发射电流 15A，基频 8.3Hz。接收系统为地面回线框和接地电极，接收磁场和电场。每个发射源测线线距 20m，共计 15 条测线；总的测线长度 6km，每条测线长度 400m，测点点距 10m。

选取 200 号测线对数据进行处理，结果如图 9.2.29 所示。由视电阻率剖面[图 9.2.29(a)]可见，整条测线均存在较低阻区域，在 x 方向 100～160m、220～300m、360～500m，高程 1000m 左右有三个低阻异常区域。1 层煤与 3 层煤在测区分布广泛，测线北部的 1 层煤更厚。煤矿开采形成采空区，上覆岩层的力学结构发生变化，上部岩层出现裂隙，当出现雨水天气时，地面雨水夹杂着湿润的泥土沿着裂隙向地下采空区充填，使得采空区的电性性质发生变化，由原来的高阻层变为含水湿润形成的低阻带。由图 9.2.29(b)所示的层状 Born 近似成像结果可见，该区域大致可以划分出五个低阻层，且整体呈现南低北高的趋势，与实际资料和图 9.2.28 中底板等值线相符。与实际煤层资料和视电阻率剖面中的低阻异常区对应，在 x 方向 100～160m、高程 600～1000m 处出现同相轴的错断，初步判断可能是该地层在煤层采空后顶板岩层发生错断。在 x 方向 220～300m、高程 700～1100m 处同相轴呈现破碎、不连续的现象，可能是因为煤层采空后地层在雨水侵蚀下支撑力不足，顶板发生较为严重的破碎、塌落。在 x 方向 380～500m、高程 800～1200m 处有地层错断、坍塌的现象，且错断区域更多，推断是因为测线东部煤层较中部和西部更厚，采空后形成的低阻与地层错断区域更多、范围更广；同相轴与测线西侧相比有所增多，根据地质资料，推断该处可能是砂岩与泥岩互层。由图 9.2.29(c)所示的基阶 Born 近似成像结果可见，虽然整体体现了低阻区域对应的同相轴破碎和断裂，但整体地层分布与前文的地层煤层资料存在较大偏差。综

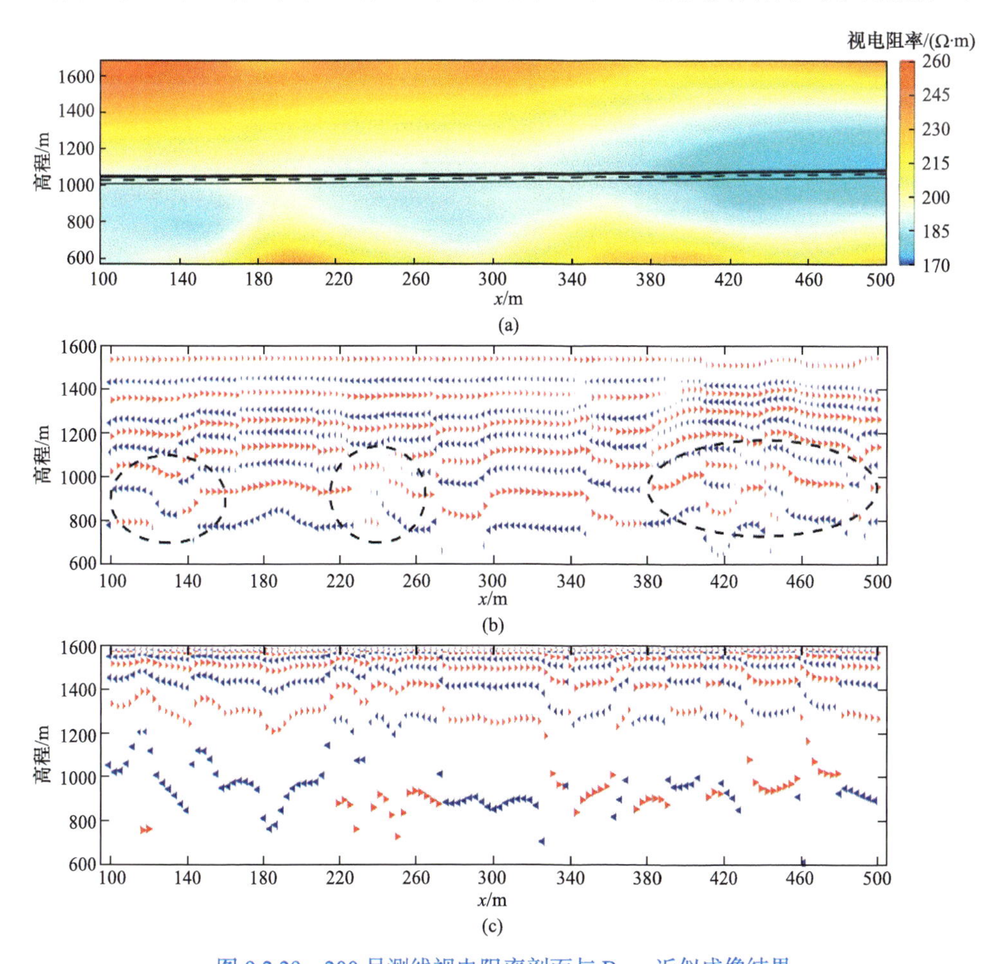

图 9.2.29　200 号测线视电阻率剖面与 Born 近似成像结果

(a) 视电阻率剖面；(b) 层状 Born 近似成像结果；(c) 基阶 Born 近似成像结果

上分析，证实了层状 Born 近似算法可有效应用于煤层采空区，且与基阶 Born 近似算法相比，在地层背景较复杂情况下，体现了更好的分辨能力。

9.3 三维有限差分偏移

瞬变电磁扩散场主要描述的是低频电磁场传播过程中的扩散和感应特征，具有较强的体积效应，因此对电性界面的分辨能力较差，而波动场能够比较好地反映地质界面信息。本节将对瞬变电磁虚拟波场的三维有限差分偏移成像方法进行详细描述。

9.3.1 基本原理

在空间-时间域中，三维波动方程表示为

$$\frac{\partial^2 u}{\partial x^2}+\frac{\partial^2 u}{\partial y^2}+\frac{\partial^2 u}{\partial z^2}=\frac{1}{v^2}\frac{\partial^2 u}{\partial t^2} \tag{9.3.1}$$

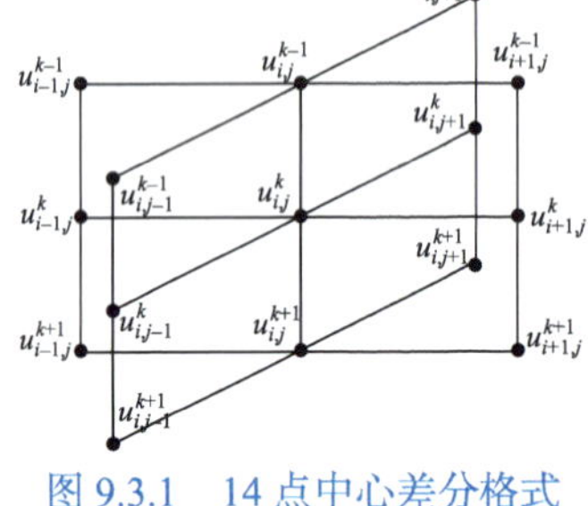

图 9.3.1　14 点中心差分格式

在浮动坐标系中，式(9.3.1)可表示为

$$\frac{\partial^3 u}{\partial t^2\partial z}-\left(\frac{\partial^2}{\partial x^2}+\frac{\partial^2}{\partial y^2}\right)\left(\frac{v^2}{4}\frac{\partial u}{\partial z}-\frac{v}{2}\frac{\partial u}{\partial t}\right)=0 \tag{9.3.2}$$

本小节采用 14 点中心差分格式，如图 9.3.1 所示。用 $-\frac{T_x}{\Delta x^2}$ 代替 $\frac{\partial^2}{\partial x^2}$，$-\frac{T_y}{\Delta y^2}$ 代替 $\frac{\partial^2}{\partial y^2}$，$T_x$ 和 T_y 分别表示沿 x 轴和 y 轴的二阶差分算子，并用以下差商表示其他导数：

$$\partial u/\partial t=\left[u_{i,j}^{k+1}(n+1)-u_{i,j}^{k-1}(n+1)+u_{i,j}^{k+1}(n)-u_{i,j}^{k-1}(n)\right]/4\Delta t \tag{9.3.3}$$

$$\partial u/\partial z=\left[u_{i,j}^{k+1}(n+1)-u_{i,j}^{k}(n)\right]/\Delta z \tag{9.3.4}$$

$$\partial^3 u/\partial t^2\partial z=\left[u_{i,j}^{k+1}(n+1)-u_{i,j}^{k+1}(n)-2u_{i,j}^{k}(n+1)+2u_{i,j}^{k}(n)+u_{i,j}^{k-1}(n+1)-u_{i,j}^{k-1}(n)\right]/\Delta t^2\Delta z \tag{9.3.5}$$

式中，i、j、k、n 分别表示 x、y、z、t 方向的样点号。

将式(9.3.3)～式(9.3.5)代入式(9.3.2)，经整理得

$$
\begin{aligned}
&(\boldsymbol{I}+\alpha_1 T_x+\alpha_2 T_y)[u_{i,j}^{k-1}(n+1)-u_{i,j}^{k+1}(n)] \\
&=(\boldsymbol{I}-\alpha_1 T_x-\alpha_2 T_y)[u_{i,j}^{k-1}(n)-u_{i,j}^{k+1}(n+1)] \\
&\quad+2(\boldsymbol{I}-\beta_1 T_x-\beta_2 T_y)[u_{i,j}^{k}(n+1)-u_{i,j}^{k}(n)]
\end{aligned}
\tag{9.3.6}
$$

式中，$\alpha_1=\dfrac{v^2\Delta t\Delta\tau}{32\Delta x^2}$；$\alpha_2=\dfrac{v^2\Delta t\Delta\tau}{32\Delta y^2}$；$\beta_1=\dfrac{v^2\Delta t^2}{32\Delta x^2}$；$\beta_2=\dfrac{v^2\Delta t^2}{32\Delta y^2}$。可将式(9.3.6)写为

$$
\begin{aligned}
(\boldsymbol{I}+\alpha_1 T_x+\alpha_2 T_y)u_{i,j}^{k-1}(n+1)=&(\boldsymbol{I}+\alpha_1 T_x+\alpha_2 T_y)u_{i,j}^{k+1}(n) \\
&+(\boldsymbol{I}-\alpha_1 T_x-\alpha_2 T_y)[u_{i,j}^{k-1}(n)-u_{i,j}^{k+1}(n+1)] \\
&+2(\boldsymbol{I}-\beta_1 T_x-\beta_2 T_y)[u_{i,j}^{k}(n+1)-u_{i,j}^{k}(n)]
\end{aligned}
\tag{9.3.7}
$$

式(9.3.7)等号右端项为已知项。

设 $\Delta x=\Delta y$，则有 $\alpha_1=\alpha_2=\alpha$，$\beta_1=\beta_2=\beta$。因此，式(9.3.7)可简化为

$$
(\boldsymbol{I}+\alpha T_x+\alpha T_y)u_{i,j}^{k-1}(n+1)=B_{(i,j)} \tag{9.3.8}
$$

式中，$B_{(i,j)}$ 是节点 (i,j) 上的值。式(9.3.8)可写成矩阵形式：

$$
\boldsymbol{IU}+\boldsymbol{AU}+\boldsymbol{UA}=\boldsymbol{B} \tag{9.3.9}
$$

其中，

$$
\boldsymbol{A}=\begin{pmatrix}
2\alpha & -\alpha & & & \\
-a & 2a & -a & 0 & \\
 & -\alpha & 2\alpha & \cdots & \\
 & 0 & \cdots & \cdots & \cdots & \cdots \\
 & & & \cdots & \cdots & -a
\end{pmatrix} \tag{9.3.10}
$$

$$
\boldsymbol{U}=\begin{pmatrix}
u_{11} & u_{12} & u_{13} & \cdots & \cdots & u_{1n} \\
u_{21} & u_{22} & u_{23} & \cdots & \cdots & u_{2n} \\
\cdots & \cdots & \cdots & \cdots & \cdots & \cdots \\
u_{i1} & \cdots & u_{ij} & \cdots & \cdots & u_{in} \\
\cdots & \cdots & \cdots & \cdots & \cdots & \cdots \\
u_{m1} & u_{m2} & u_{m3} & \cdots & \cdots & u_{mn}
\end{pmatrix} \tag{9.3.11}
$$

$$
\boldsymbol{B}=\begin{pmatrix}
b_{11} & b_{12} & b_{13} & \cdots & \cdots & b_{1n} \\
b_{21} & b_{22} & b_{23} & \cdots & \cdots & b_{2n} \\
\cdots & \cdots & \cdots & \cdots & \cdots & \cdots \\
b_{i1} & \cdots & b_{ij} & \cdots & \cdots & b_{in} \\
\cdots & \cdots & \cdots & \cdots & \cdots & \cdots \\
b_{m1} & b_{m2} & b_{m3} & \cdots & \cdots & b_{mn}
\end{pmatrix} \tag{9.3.12}
$$

则式(9.3.9)可写为

$$U = -(AU + UA) + B \tag{9.3.13}$$

式(9.3.13)可用迭代法求解，迭代收敛的条件为

$$\| A \| < 1 \tag{9.3.14}$$

9.3.2 模型计算

为了验证本节算法的正确性与有效性，设计不同的模型，先使用三维正演方法得到电场 E_x，利用精细积分法得到虚拟波场后，再对数据进行预处理，最后使用有限差分法获得偏移成像剖面。

1. 均匀半空间模型

设置均匀半空间电阻率为 100Ω·m，源的长度为 100m，两端坐标分别为(0m, −50m, 0m)和(0m, 50m, 0m)。接收点位于 x 轴上，起始坐标为(100m, 0m, 0m)，终止坐标为(500m, 0m, 0m)。测线长度为 400m，点距为 20m，共 21 个测点。

图 9.3.2 为均匀半空间的虚拟波场，可以看出均匀半空间的直达波同相轴为一条直线。从而得出结论：将瞬变电磁扩散场转换为虚拟波场后，符合波场的传播特征。

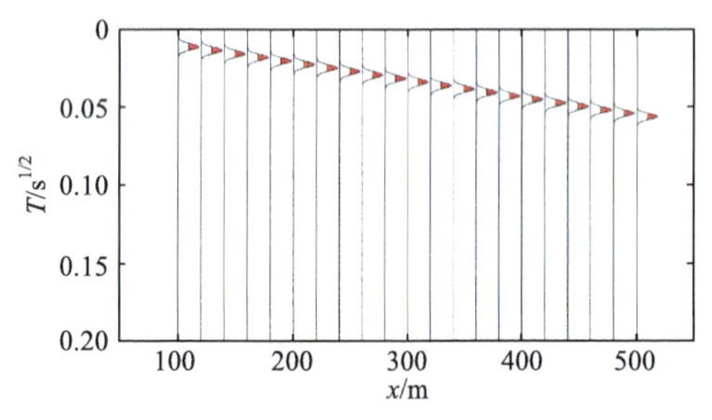

图 9.3.2　均匀半空间的虚拟波场

2. D 型模型

D 型模型设置如下：第一层与第二层电阻率分别为 100Ω·m 和 10Ω·m，第一层的厚度为 150m。发射源为电性源，沿 y 轴放置，发射源中心位于坐标原点，长度为 100m，电流为 10A，如图 9.3.3 所示。接收点位于 x 轴，接收范围为 100～400m，点距为 20m，接收的电磁信号为 E_x。

图 9.3.4(a)为波场反变换的结果，图 9.3.4(b)为去除直达波的结果，图 9.3.4(c)为动校正的结果，图 9.3.4(d)为有限差分偏移成像。从图 9.3.4(a)可以看出有两个同相轴，红色同相轴为直达波，对后续的偏移成像结果有较大影响，需要去除。从图 9.3.4(d)有限差分偏移成像结果可以看出，在 z=150m 处存在振幅扰动，这与

设计的模型相符，证明了该偏移成像方法的正确性。

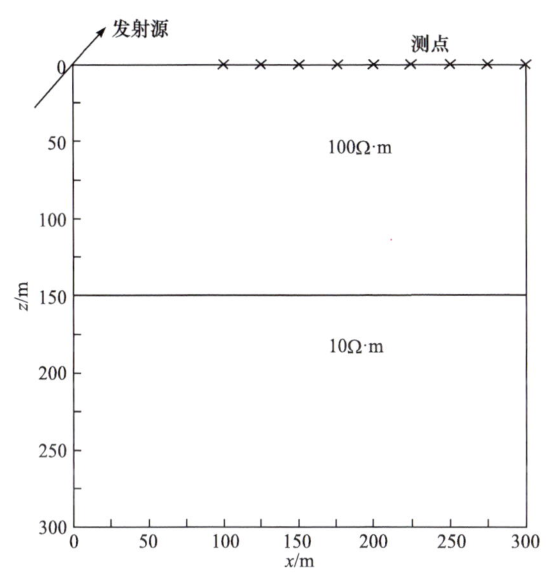

图 9.3.3　D 型模型示意图

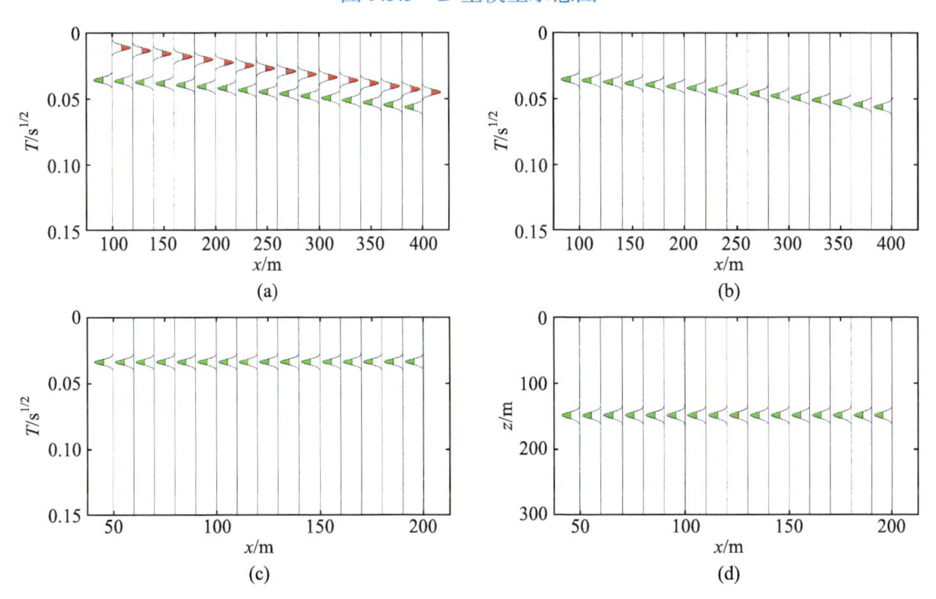

图 9.3.4　D 型模型计算结果

(a) 波场反变换；(b) 去除直达波；(c) 动校正；(d) 有限差分偏移成像

3. H 型模型

H 型模型第一层介质厚度为 200m，电阻率设置为 100Ω·m；第二层介质厚度为 100m，电阻率设置为 10Ω·m；第三层电阻率设置为 200Ω·m，向下无限延伸，如图 9.3.5 所示。发射源为电性源，置于 y 轴，中心与原点重合，长度为 100m，电流为 10A。接收点位于 x 轴，接收范围为 100～400m，点距为 20m，接收的电磁信号为 E_x。

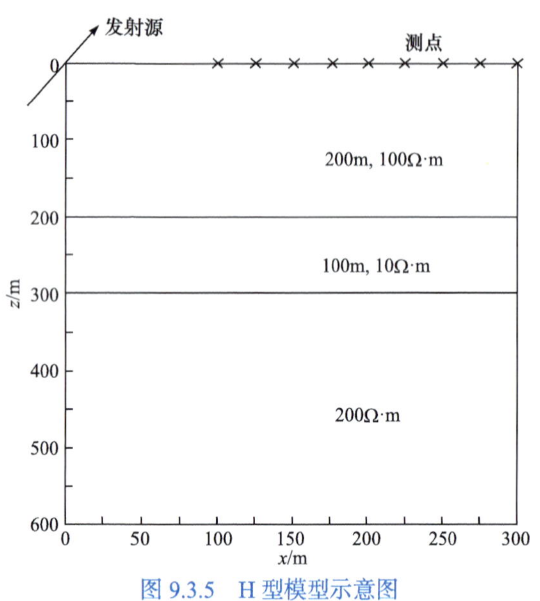

图 9.3.5　H 型模型示意图

图 9.3.6(a)为波场反变换的结果，图 9.3.6(b)为去除直达波的结果，图 9.3.6(c)为动校正的结果，图 9.3.6(d)为有限差分偏移成像。从图 9.3.6(d)可以看出，$z=200$m

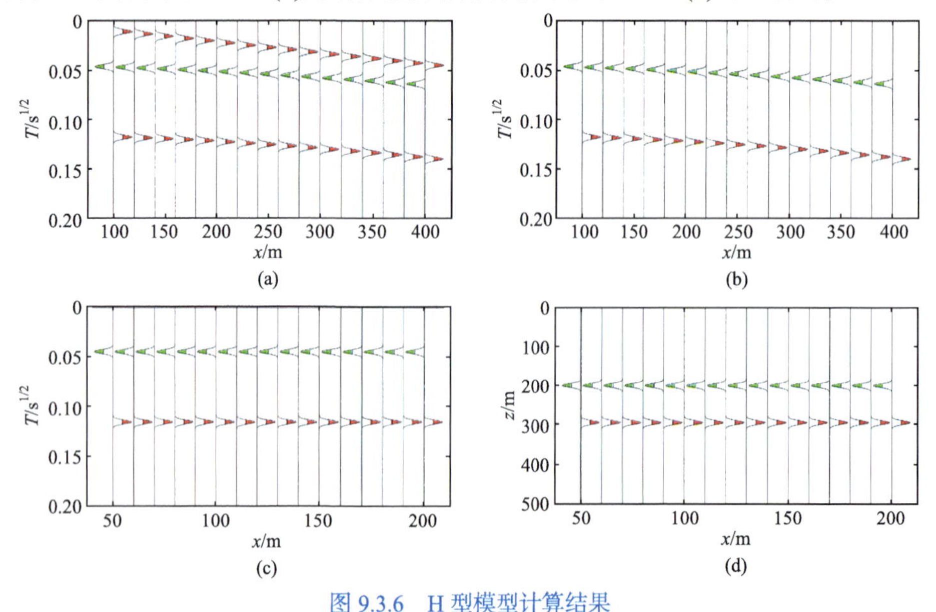

图 9.3.6　H 型模型计算结果

(a) 波场反变换；(b) 去除直达波；(c) 动校正；(d) 有限差分偏移成像

和 $z = 300\text{m}$ 处均存在振幅扰动。当虚拟波场从高阻体穿过低阻体时，同相轴为负；当虚拟波场从低阻体穿过高阻体时，同相轴为正。偏移成像的结果与设计模型相符。

4. HK 型模型

HK 型模型第一层介质厚度为 200m，电阻率为 100Ω·m；第二层介质厚度为 20m，电阻率为 10Ω·m；第三层介质厚度为 100m，电阻率为 100Ω·m；第四层的电阻率为 1Ω·m，向下无限延伸，如图 9.3.7 所示。发射源为电性源，置于 y 轴，中心与原点重合，长度为 100m，电流为 10A。接收点位于 x 轴，接收范围为 100～400m，点距为 20m，接收的信号为 E_x。

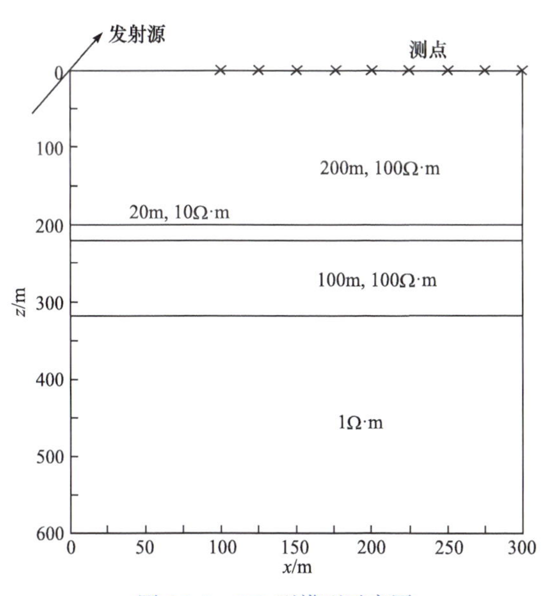

图 9.3.7　HK 型模型示意图

图 9.3.8(a)为波场反变换的结果，图 9.3.8(b)为去除直达波的结果，图 9.3.8(c)为动校正的结果，图 9.3.8(d)为有限差分偏移成像。本小节设计的模型有三个界面，中间是一个低阻薄层。从图 9.3.8(d)可以看出，$z = 200\text{m}$、$z = 220\text{m}$ 和 $z = 320\text{m}$ 处均存在振幅扰动，且这三个地层界面与设计的模型相符。

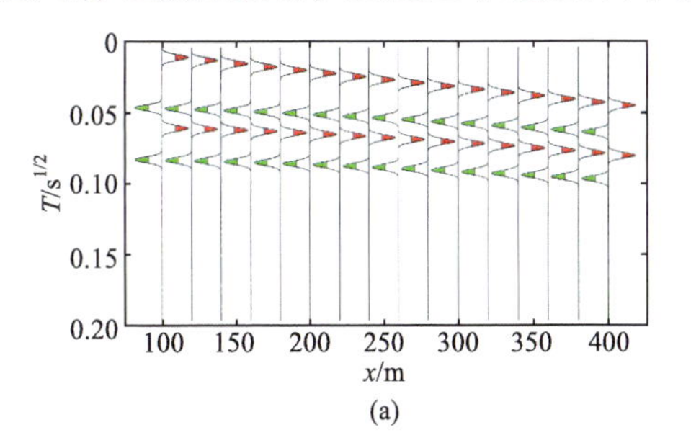

(a)

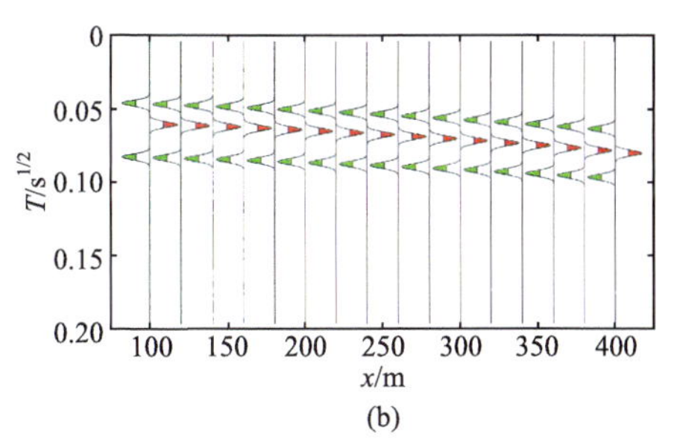

(b)

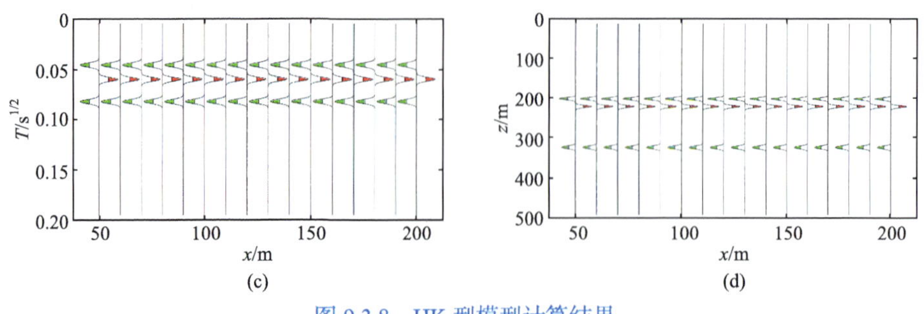

图 9.3.8　HK 型模型计算结果

(a) 波场反变换；(b) 去除直达波；(c) 动校正；(d) 有限差分偏移成像

5. 起伏地层

起伏地层模型如图 9.3.9 所示。第一层与第二层之间存在一个起伏地形层面，第一层电阻率为 50Ω·m；第二层电阻率为 5Ω·m，起伏部分的底部宽度为 150m，x 方向范围为 125～275m，顶部宽度 100m，顶部距地表 150m，沿 y 方向无限延伸；第三层电阻率为 200Ω·m。发射系统的参数如下：电性源长度为 600m，发射源的两个端点坐标分别为(−50m, −300m, 0m)和(−50m, 300m, 0m)，发射电流为 10A。接收点位于 x 轴，接收范围为 50～850m，点距 20m，共有 41 个接收点，接收的电磁场信号为 E_x。

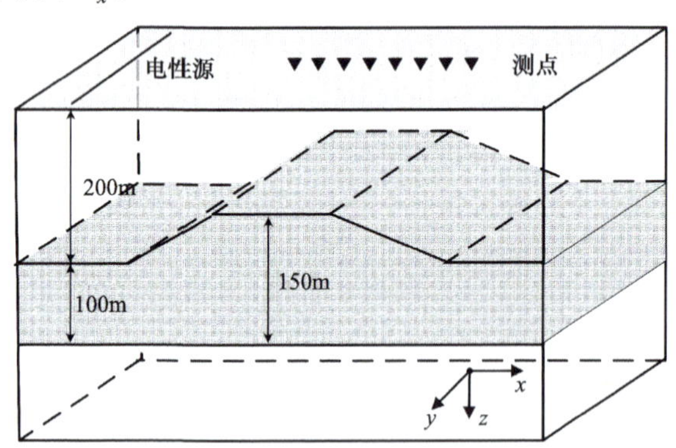

图 9.3.9　起伏地层模型示意图

图 9.3.10(a)为波场反变换的结果，图 9.3.10(b)为去除直达波的结果，图 9.3.10(c)为动校正的结果，图 9.3.10(d)为有限差分偏移成像。由于该模型存在一个起伏层面，因此反射波的同相轴表现得较为复杂。从图 9.3.10(d)可以看出，有限差分偏移成像的结果与模型界面的位置和形态吻合较好，进一步说明了该偏移成像方法的正确性。

6. 三维模型

地下含有多个块状异常体的模型剖分和测线分布如图 9.3.11 所示。三个块状

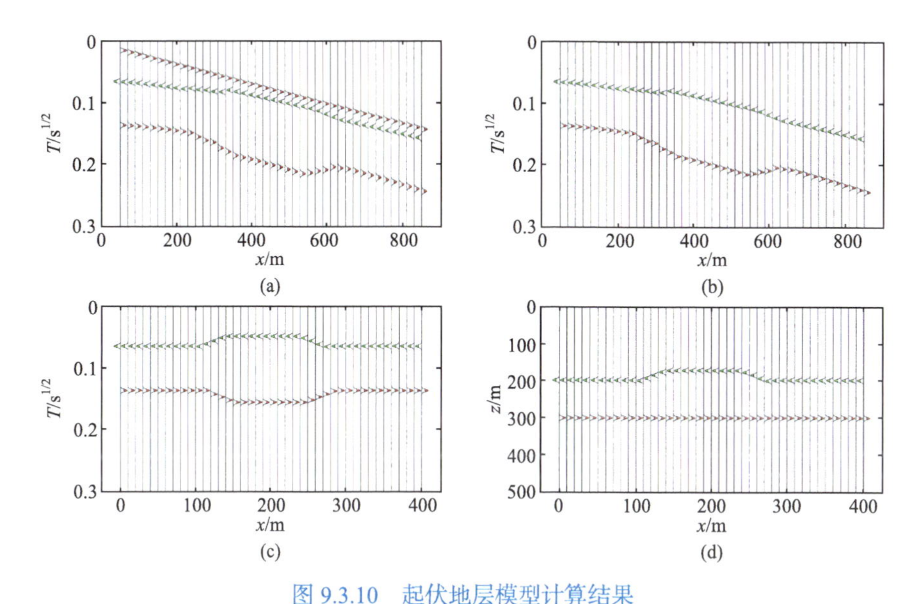

图 9.3.10　起伏地层模型计算结果

(a) 波场反变换；(b) 去除直达波；(c) 动校正；(d) 有限差分偏移成像

异常体的中心点坐标分别为(–150m, 0m, –110m)、(150m, 0m, –165m)和(0m, 0m, –225m)，上表面距离地表的距离分别为 100m、150m 和 200m，尺寸分别为 100m×100m×20m、100m×100m×30m 和 100m×100m×50m，电阻率分别为 5Ω·m、1Ω·m 和 0.2Ω·m，地层背景电阻率为 200Ω·m。电性源长度为 600m，发射电流为 15A，沿 x 轴放置，电性源两个端点的坐标分别为(–300m, –300m, 0m)和(300m, –300m, 0m)；起始测线位置为 y=–160m，终止测线位置为 y=160m，线距为 20m，共 17 条测线，每条测线长度为 500m；接收范围为 x 方向–250～250m，接收点的点距为 10m，共 51 个测点。瞬变电磁正演使用三维矢量有限元方法，计算磁场 z 分量 B_z 。

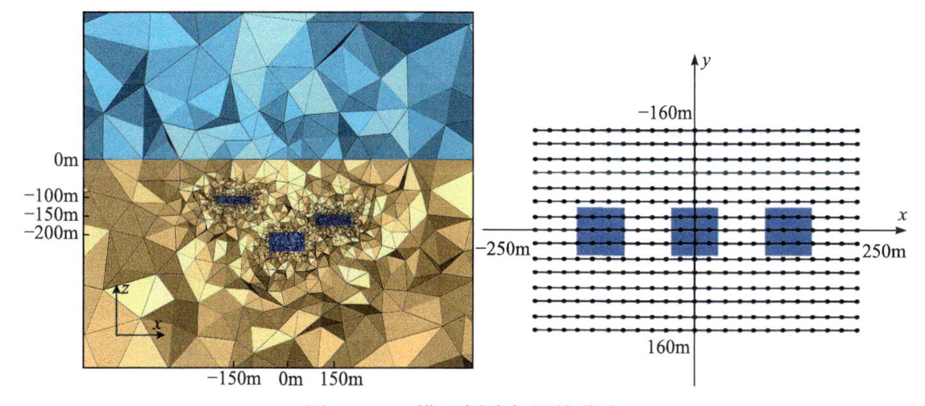

图 9.3.11　模型剖分与测线分布

图 9.3.12(a)是虚拟波场，图 9.3.12(b)是有限差分偏移成像结果。从图 9.3.12(b)

可以看出，三个块状异常体的界面与理论模型相符。

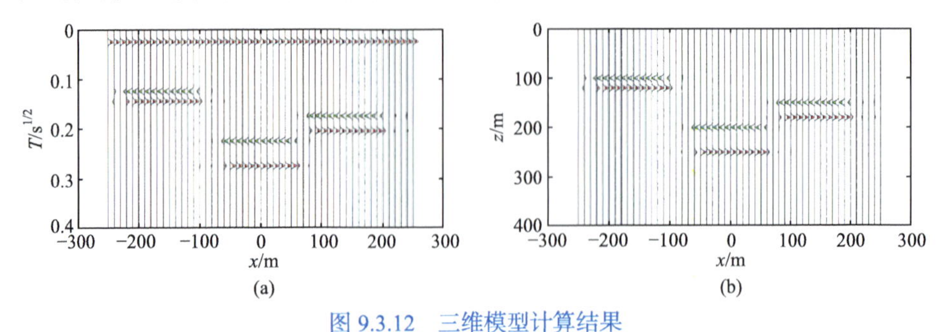

图 9.3.12　三维模型计算结果

(a) 测线 $y=0$m 虚拟波场；(b)测线 $y=0$m 有限差分偏移成像

9.3.3　有限差分偏移成像实例

1. 测区概况

魏家地煤矿位于甘肃白银市平川区东部约 7km 处，处于靖远煤田宝积山矿区东部魏家地井田内，西北与宝积山煤矿相接，西南与大水头煤矿为邻。行政区划属白银市平川区宝积镇。

魏家地煤矿所在的宝积山矿区，地处宝积山盆地的东南部。宝积山盆地为两端高、中间低的狭长山间盆地。盆地以西为宝积山，以东为老爷山，均系海拔 2000～2200m 的中高山。盆地北面由西向东为宝积山—尖山—老爷山，南面为刀楞山和红山，均系海拔 1700～1800m 的中低山。老爷山最高海拔为 2023m，刀楞山最高海拔为 1751m，红山最高海拔为 1760m。盆地内部西部、东北部和东南部多为低矮的丘陵，由罗家川至尖山、党家水一带较为开阔，东南端和西北端较高，向中间倾斜，西段宝积山煤矿—大水头煤矿一线海拔最低，为 1570～1712m，比高 142m。两侧山系以构造剥蚀地貌为主，大部分基岩裸露，盆地内部多为剥蚀堆积地貌。丘陵区除盐锅台至党家水一带有少部分基岩出露外，大部分被黄土覆盖。开阔平缓地带多为第四系洪冲积松散沉积层。

魏家地煤矿矿区处于宝积山盆地东南部，其东北面为尖山和老爷山组成的中山区，地势由西北往东南逐渐升高，坡度由西北往东南逐渐变陡，海拔 1609.0～1748.4m，比高 139.4m。

该工区的区块面积 3.69km^2，数据采集方法为多辐射源地面瞬变电磁法。由于尚缺少多激励源的仪器设备，本次工作采用叠加多个单激励源发射、固定位置接收的工作方式，等效多激励源工作方式，并采集完整的多个单激励源发射瞬变电磁响应数据。实际工作中采用 2 个平行的电性源，如图 9.3.13 所示。发射接收系统为 V8 多功能电法仪。发射系统采用地面长导线源，发射极距 1km，发射电流 15A，基频 8.3Hz。接收系统为地面回线框和接地电极，接收磁场和电场。每个发射源测线线距 20m，共计 15 条测线；每条测线长度 400m，总的测线长度 6km，测点点距 10m，实际采集有效数据点 1222 个。

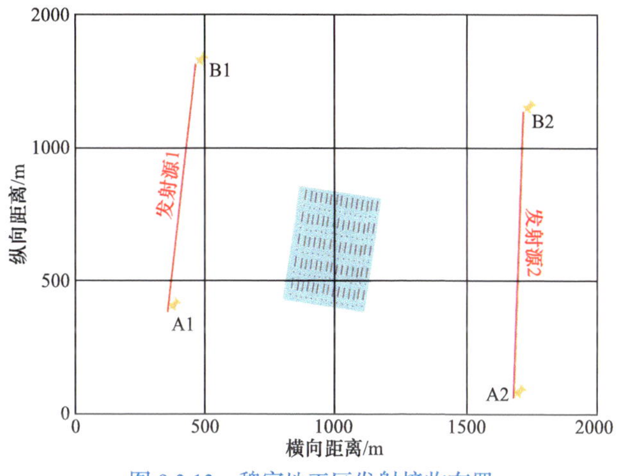

图 9.3.13　魏家地工区发射接收布置

2. 多源视电阻率和偏移成像剖面

采用双源分别进行发射，针对每一个发射源进行一次扫面观测，将两个源的观测结果进行全域视电阻率的计算和偏移成像，最终将两个源的视电阻率数据和偏移成像的结果进行相关叠加，得到双源的视电阻率和偏移成像剖面，如图 9.3.14～图 9.3.16 所示。可见低阻采空区在标高 700～1030m 内呈现西低东高分布。

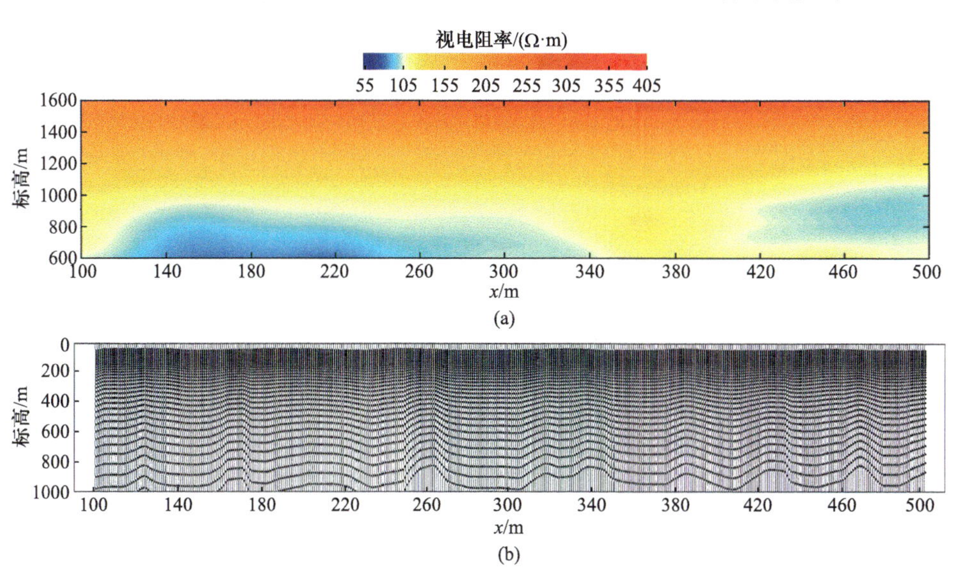

图 9.3.14　100 线视电阻率和偏移成像剖面

(a) 视电阻率剖面；(b) 有限差分偏移成像剖面

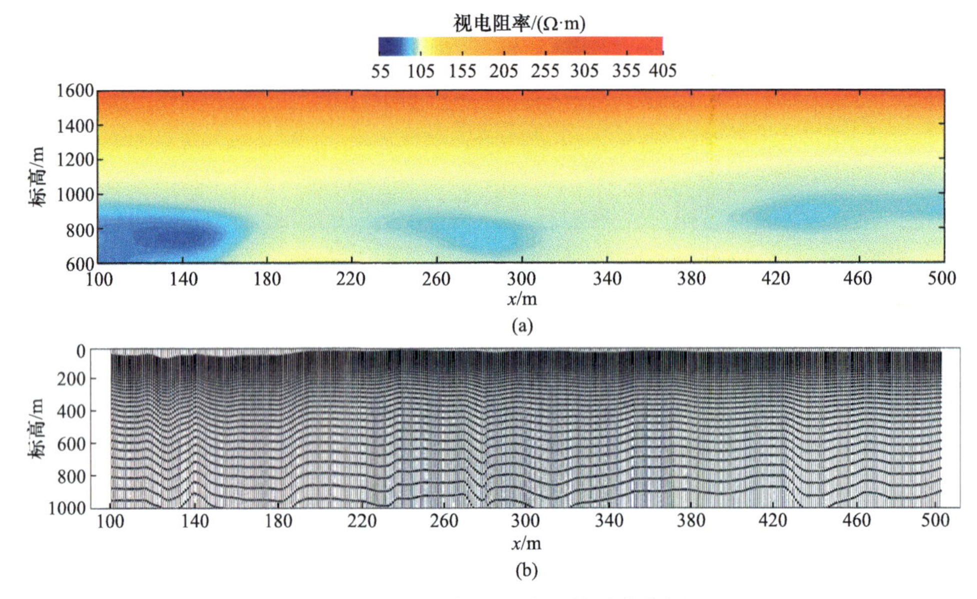

图 9.3.15　200 线视电阻率和偏移成像剖面

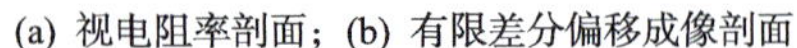

(a) 视电阻率剖面；(b) 有限差分偏移成像剖面

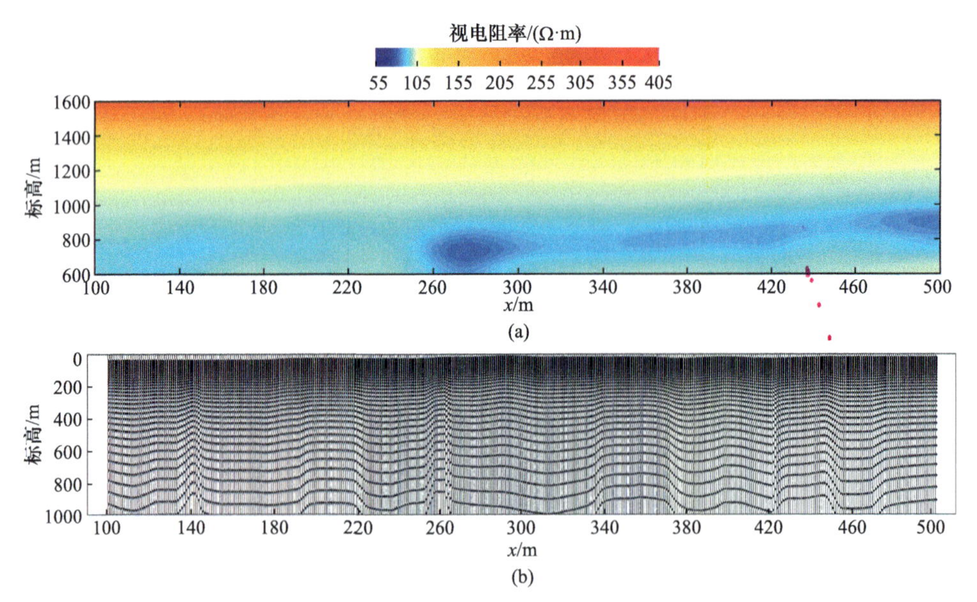

图 9.3.16　300 线视电阻率和偏移成像剖面

(a) 视电阻率剖面；(b) 有限差分偏移成像剖面

视电阻率剖面能够较好地反映地下采空区所在位置，特别是采空区沿地层深度的倾斜走向特征。有限差分偏移成像剖面能够给出不同于视电阻率剖面的层界面信息和断层、裂隙的剖面特征。

3. 视电阻率平面

为了进一步显示该测区采空区的平面分布范围，在海拔 990m 和 1030m 处进行水平切片，得到视电阻率的平面分布特征。图 9.3.17 显示工区的西南角呈现高阻特征，东北角呈现低阻特征，表明含水采空区主要分布在东北方向。

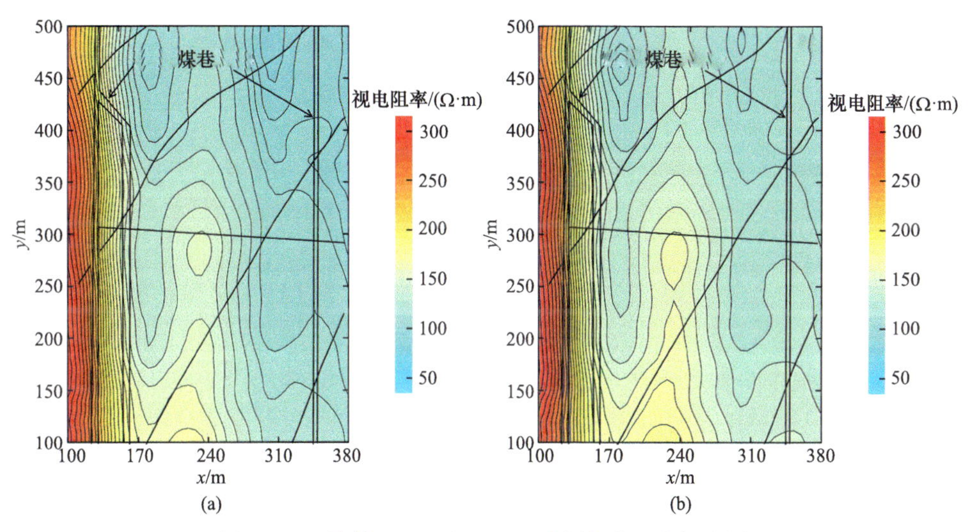

图 9.3.17　海拔 990m 和 1030m 多源视电阻率切片图

(a) 海拔 990m；(b) 海拔 1030m

4. 多源三维视电阻率和偏移成像

根据得到的双源三维视电阻率数据体和双源三维偏移成像结果，绘制三维图像，如图 9.3.18 和图 9.3.19 所示。可见，视电阻率的低阻异常区与偏移成像的变化趋势较为吻合，通过三维图像可以更为直观地圈定含水采空区的位置。

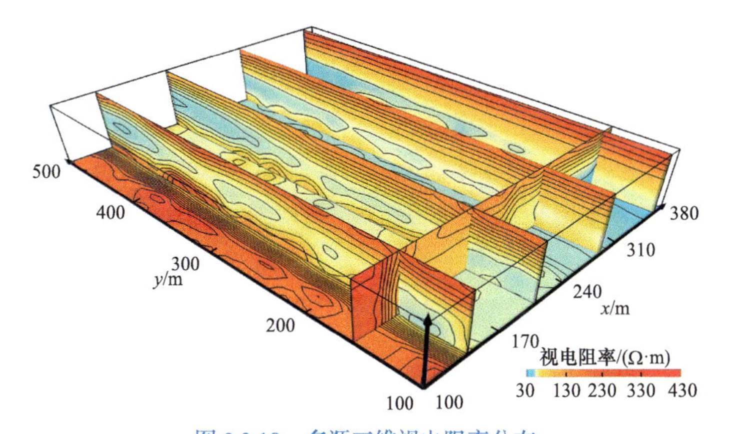

图 9.3.18　多源三维视电阻率分布

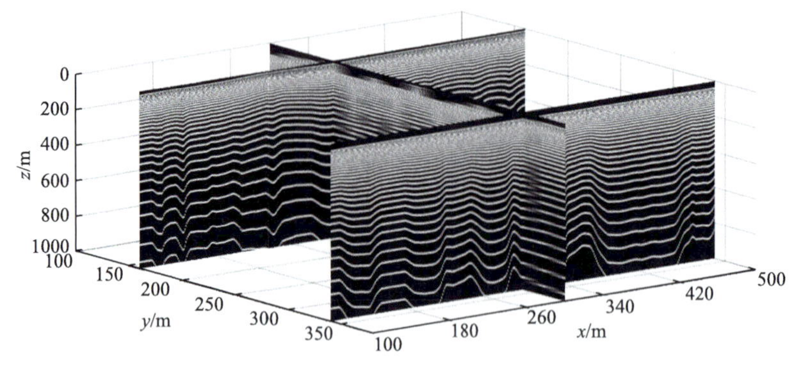

图 9.3.19　多源三维偏移成像结果

9.4　基于微分脉冲的有限差分“叠前偏移成像”

深部电磁探测的方法对分辨率的要求越来越高，过去人们往往在数据处理和解释方法上下功夫，忽略场源的作用。由于辐射场本身的分辨率受限，处理和解释的方法再好也达不到高分辨的要求。改变辐射场的激发波形，采用微分脉冲激发，消除低频干扰，通过一系列的微分脉冲扫描激发方式，实现多分辨激发，这是提高辐射场分辨率的重要途径。

采用微分脉冲作为发射波形，再结合多窗口的扫时波场变换，即可得到多分辨的“叠前偏移成像”。对于某一条测线，假设使用 n 个不同脉宽的微分脉冲，便会得到 n 个不同的扩散场数据，分别计算这 n 个不同扩散场对应的虚拟波场，然后用有限差分法得到这 n 个不同虚拟波场的偏移成像，最后将这 n 个不同的偏移成像结果进行“叠加”，便会得到一个效果更好的成像剖面。因为偏移成像这一过程是在“叠加”之前进行的，所以将上面描述的流程称为电性源瞬变电磁虚拟波场的“叠前偏移成像”。

9.4.1　层状模型成像结果

设置一个五层的水平层状模型进行分析讨论。发射源沿 y 轴布设，长度为 400m，发射源两个端点的坐标分别为(−200m, 0m, 0m)和(200m, 0m, 0m)；共 16 个接收点，点距为 20m，且第一个接收点与发射源的垂直距离为 100m，接收点均位于 x 轴上。该模型地下半空间中有两个低阻层，地下半空间的电阻率为 100Ω·m，两个低阻层的电阻率分别为 10Ω·m 和 5Ω·m，埋深分别为 50m 和 170m。不同地层的厚度分别为 50m、10m、110m 和 10m，最后一层向下无限延伸，如图 9.4.1 所示。

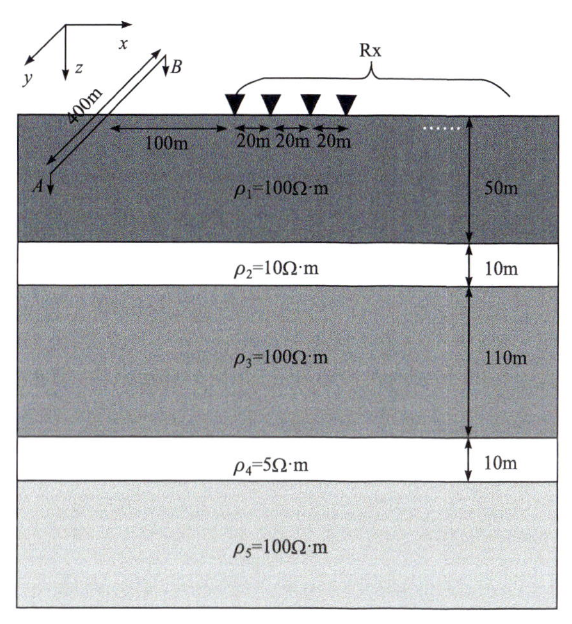

图 9.4.1　“叠前偏移成像”五层模型示意图

使用该模型检验方波与微分脉冲的分辨力。图 9.4.2 为方波频谱与脉宽之间的关系，发射的脉宽分别为 50μs、100μs、200μs、400μs、600μs、800μs、1ms、2ms、5ms 和 10ms。因为主要从频率角度进行分析，所以对振幅进行归一化处理。从图 9.4.2 可以看出，方波属于宽频带波形，在高频段与低频段都有较多谐波成分。从能量的角度来讲，方波的脉宽越宽，频谱的宽度越宽；脉宽越窄，频谱的宽度也就越窄，且方波的能量较为分散，进而探测分辨力有待提高。

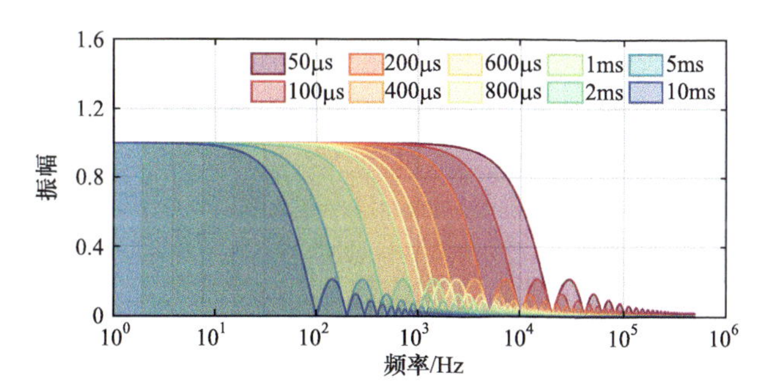

图 9.4.2　方波频谱与脉宽之间的关系

图 9.4.3 为微分脉冲频谱与脉宽之间的关系，发射的脉宽与方波一致。从图 9.4.3 可以看出，微分脉冲与方波不同，属于窄带波形，其谐波能量较为集中，几乎集中在主频附近；相同脉宽的微分脉冲截止频率比较高，说明微分脉冲的高频谐波

更为丰富。随着微分脉冲脉宽的减小，主频与截止频率向高频移动。针对不同脉宽的微分脉冲主频不同且能量集中在主频附近的特点，采用不同脉宽的微分脉冲进行扫描式的探测，可以达到多分辨的偏移成像效果。

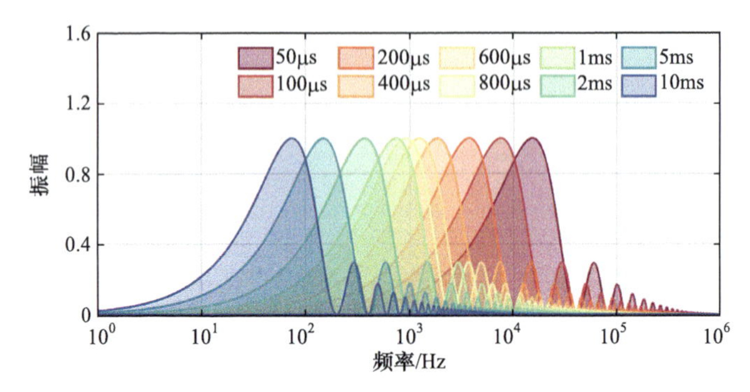

图 9.4.3 微分脉冲频谱与脉宽之间的关系

在进行偏移成像之前，需要先得到速度模型。基于等效导电平面法，即可得到如图 9.4.4 所示的速度分析。从图 9.4.4 可以看出，在均匀半空间中有两层明显的低速层，该特征与建立的模型特征较为相符，接下来在此基础上进行成像。

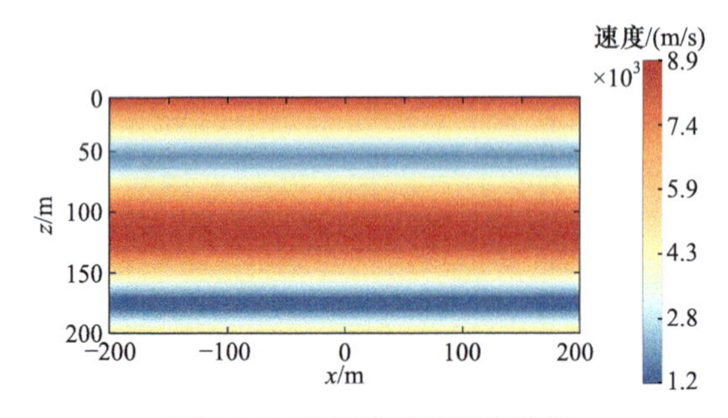

图 9.4.4 五层模型的速度分析

图 9.4.5 为不同脉宽的虚拟波场和偏移成像结果。从图 9.4.5(a)和图 9.4.5(b)可以看出，当微分脉冲的脉宽为 20μs 时，虚拟波场只能清楚地反映 50m 和 60m 深度处的界面信息，170m 和 180m 深度处的异常不明显。当脉宽增加至 50μs 时，图 9.4.5(c)、(d)与(a)、(b)的特征较为类似，没有明显变化。当微分脉冲的脉宽为 100μs 时，50m 和 60m 深度处的界面信息逐渐变弱，而 170m 深度处的界面信息逐渐增强，180m 深度处的界面信息依旧没有明显改善。当微分脉冲的脉宽为 500μs 和 800μs 时，虚拟波场和偏移成像随脉宽变化的特征进一步增强。当脉宽增加至 900μs 时，50m 和 60m 深度处的界面信息已经非常微弱，170m 和 180m 深度处的界面信息非常清晰，且与模型特征一致。当微分脉冲的脉宽增加至 1ms 时，深部界面的形态特征更加清晰。

前文详细分析了虚拟波场和偏移成像结果与微分脉冲脉宽之间的关系，发现窄脉冲对浅部地层的成像效果好，宽脉冲对深部地层的成像效果好。对不同脉宽

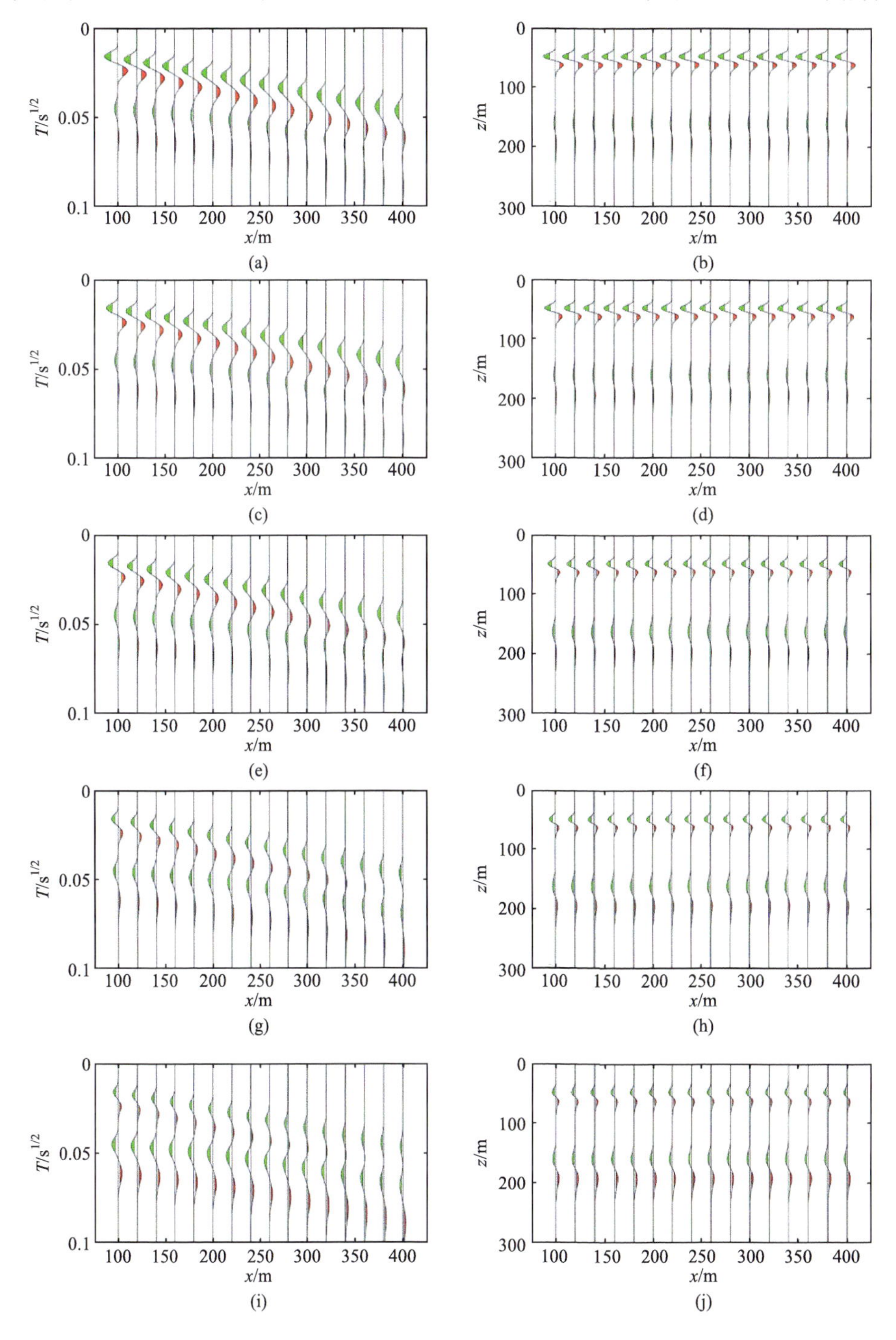

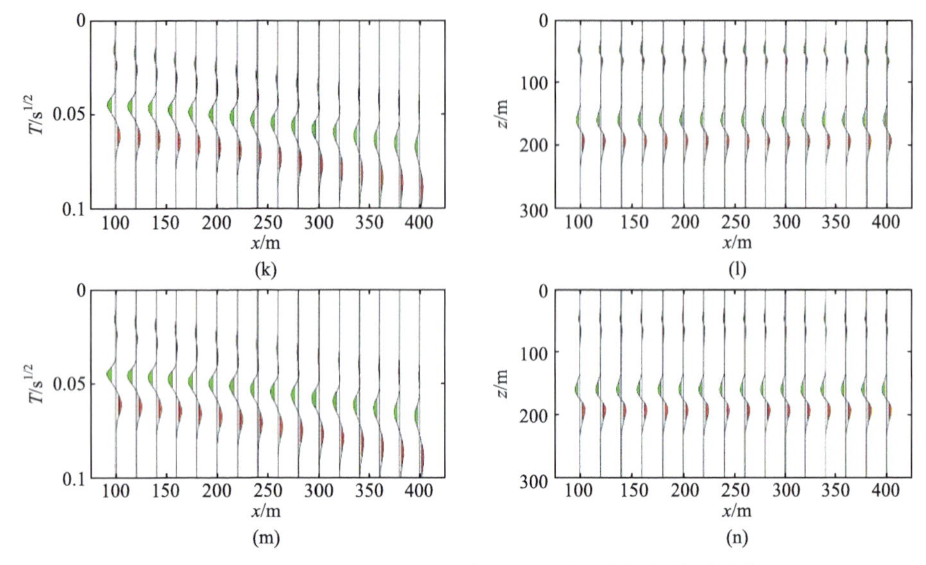

图 9.4.5 不同脉宽的微分脉冲对应的虚拟波场与偏移成像

(a) 脉宽 20μs 虚拟波场；(b) 脉宽 20μs 偏移成像；(c) 脉宽 50μs 虚拟波场；(d) 脉宽 50μs 偏移成像；(e) 脉宽 100μs 虚拟波场；(f) 脉宽 100μs 偏移成像；(g) 脉宽 500μs 虚拟波场；(h) 脉宽 500μs 偏移成像；(i) 脉宽 800μs 虚拟波场；(j) 脉宽 800μs 偏移成像；(k) 脉宽 900μs 虚拟波场；(l) 脉宽 900μs 偏移成像；(m) 脉宽 1ms 虚拟波场；(n) 脉宽 1ms 偏移成像

的成像结果进行叠加，即可得到基于微分脉冲的“叠前偏移成像”，如图 9.4.6 所示。从图 9.4.6 可以看出，四个同相轴与已知模型界面深度信息吻合较好，说明基于微分脉冲的“叠前偏移成像”方法是可行的。

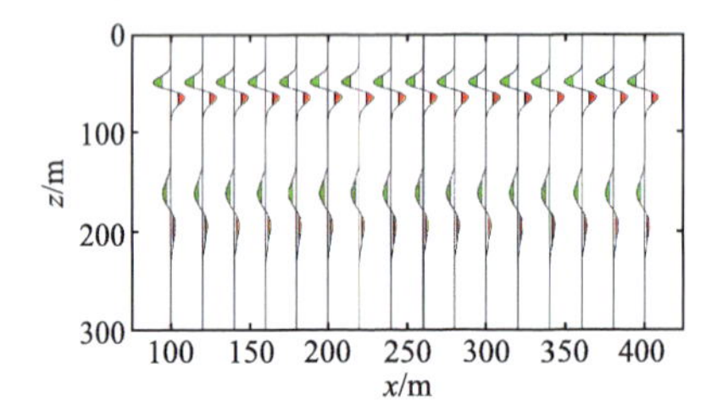

图 9.4.6 叠加之后的偏移成像结果

9.4.2 起伏地层模型成像结果

为了进一步验证本节“叠前偏移成像”方法的有效性，设置如图 9.4.7 所示的复杂二维起伏地层模型，沿 x 轴分布区域为−500m～500m。此处使用电性源，并接收 TEM 响应 E_x 分量。源长度为 2km，坐标分别为(−1000m, 100m, 0m)和(1000m, 100m, 0m)，电流的大小为 10A。测线长度为 1km，置于 x 轴上，端点坐标分别为(−500m, 0m, 0m)和(500m, 0m, 0m)。最小网格长度设置为 5m，网格扩大因子为 1.4，三个方向的网格数为 234×66×156。该模型的网格模型如图 9.4.8 所示。第一层介质呈水平形态，电阻率为 100Ω·m；第二层到第四层起伏较为明显，电阻率分别为 500Ω·m、100Ω·m 和 10Ω·m；第五层地形起伏较为平缓，电阻率为 400Ω·m。该模型关断后的电场 E_x 剖面如图 9.4.9 所示。

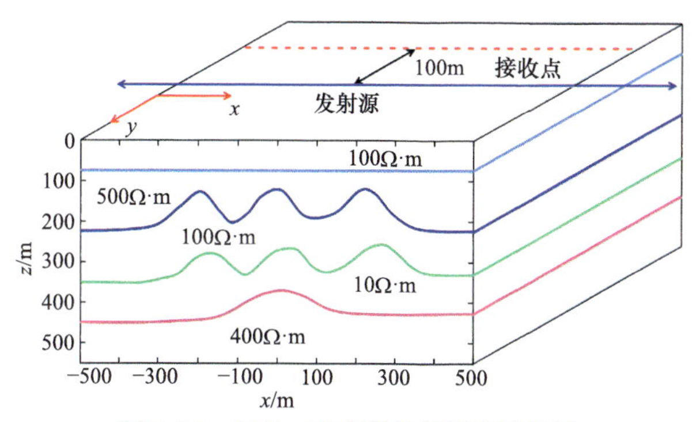

图 9.4.7　复杂二维起伏地层模型示意图

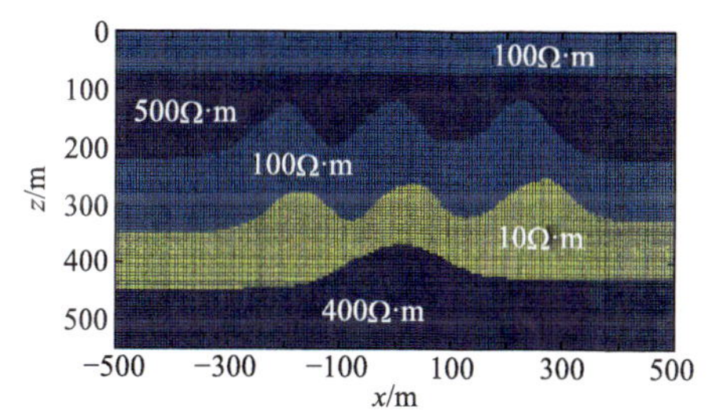

图 9.4.8　复杂二维起伏地层模型网格模型示意图

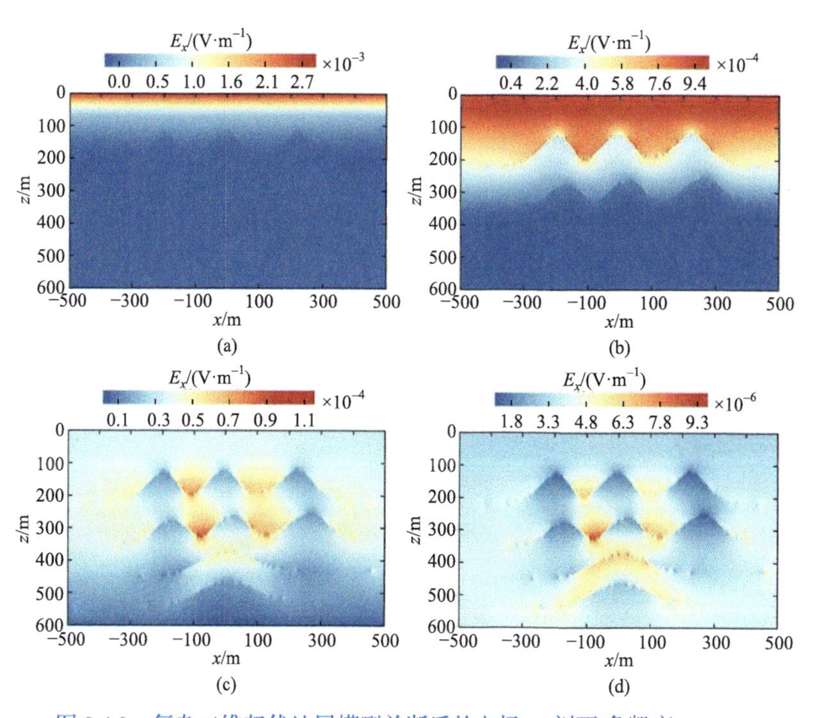

图 9.4.9　复杂二维起伏地层模型关断后的电场 E_x 剖面(鲁凯亮，2022)

(a) 关断后 10μs；(b) 关断后 100μs；(c) 关断后 1ms；(d) 关断后 10ms

图 9.4.10 为不同脉宽微分脉冲的虚拟波场，其中(a)为脉宽 200μs 的虚拟波场，(b)为脉宽 500μs 的虚拟波场，(c)为脉宽 900μs 的虚拟波场。使用不同脉宽的微分脉冲进行扫描式探测，并结合多窗口的扫时波场反变换技术，即可由浅至深地体现不同深度的地层界面信息。

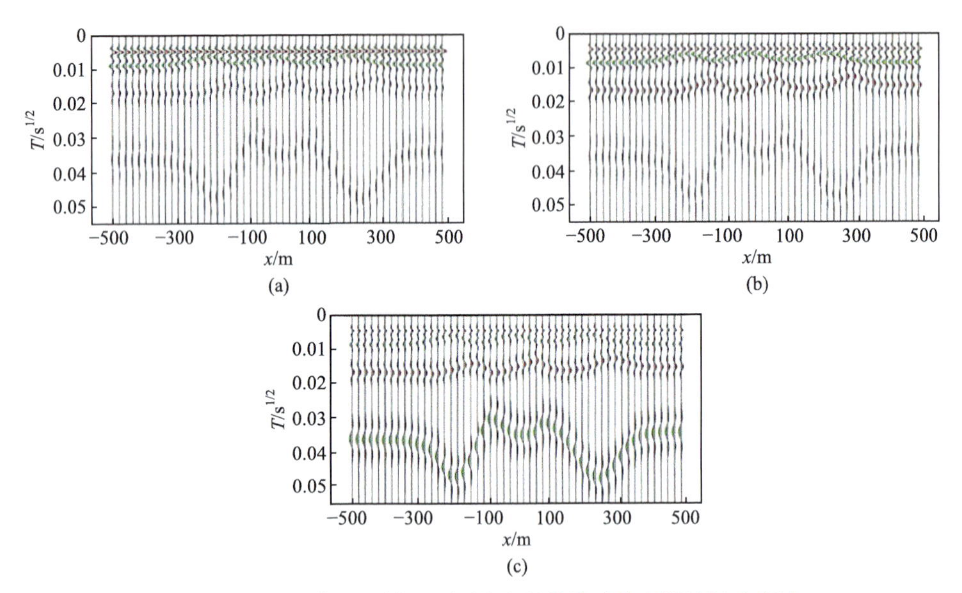

图 9.4.10　复杂二维起伏地层模型不同脉宽微分脉冲的虚拟波场(鲁凯亮，2022)

(a) 脉宽 200μs；(b) 脉宽 500μs；(c) 脉宽 900μs

在进行偏移成像之前，需要进行速度分析，根据 4.3 节等效导电平面法的原理可以得到如图 9.4.11 所示的速度分布。由图可以看出，速度分布与理论模型较为相符。本小节使用有限差分进行偏移成像。图 9.4.12 为不同脉宽微分脉冲的偏移成像结果，其中(a)为脉宽 200μs 的偏移成像结果，(b)为脉宽 500μs 的偏移成像结果，(c)为脉宽 900μs 的偏移成像结果，(d)为叠加后的偏移成像结果。从图 9.4.12(a)可以看出，偏移成像结果可以清楚地反映第一个和第二个地层电性分界面，第三个和第四个的电性分界面较为模糊。随着微分脉冲脉宽的逐渐增大，图 9.4.12(b)可以清楚地刻画第二个和第三个地层电性分界面，但是第四个地层分界面仍然较为模糊。随着脉宽的进一步增大，图 9.4.12(c)中第三个和第四个电性分界面已经较为清晰，但是此时第一个与第二个电性分界面较为模糊。因此，对三个不同脉宽的偏移成像结果进行叠加，即可得到图 9.4.13(d)的偏移成像结果。从图 9.4.12(d)可以看出，叠加后的偏移成像结果从浅部到深部的地层界面及特征都刻画得很清晰，这说明基于不同脉宽微分脉冲的瞬变电磁虚拟波场“叠前偏移成像”技术可以获得质量更佳的成像结果。

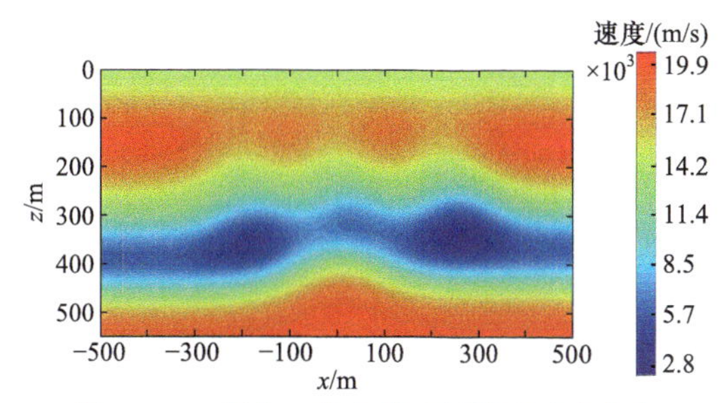

图 9.4.11　复杂二维起伏地层模型速度分布

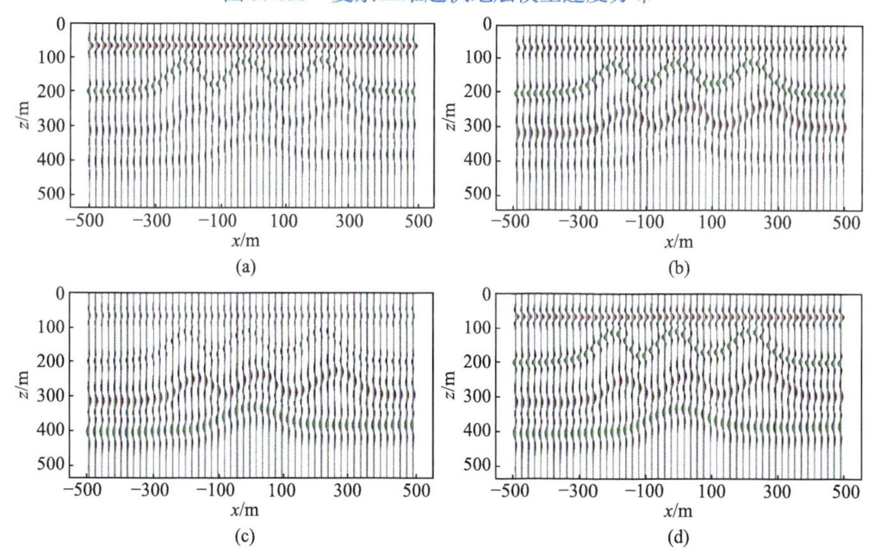

图 9.4.12　复杂二维起伏地层模型不同脉宽微分脉冲的偏移成像结果(鲁凯亮，2022)

(a) 脉宽 200μs；(b) 脉宽 500μs；(c) 脉宽 900μs；(d) 叠加后的偏移成像结果

9.4.3　推覆构造地层模型成像结果

为了进一步体现微分脉冲的叠前偏移成像效果，设计推覆构造模型，如图 9.4.13 所示。发射和接收装置不变，只改变地层形状和电阻率，使得图 9.4.7 中第二个与第三个界面的变化更加明显和剧烈，呈推覆构造分布，并且增加一个起伏层面。模型共有 6 层，电阻率分别为 100Ω·m、300Ω·m、100Ω·m、500Ω·m、10Ω·m 和 200Ω·m。图 9.4.14 为该模型的网格剖分，剖分网格与图 9.4.8 相同。图 9.4.15 为关断后的电场 E_x 剖面，其中(a)～(d)分别为关断后 10μs、100μs、1ms 和 100ms 的电场 x 分量剖面。从图 9.4.15(a)可以看出，刚关断电流时，电场只能反映出浅部界面的形态；当关断时间为 100μs 时，第二层与第三层的界面形态特征已经较为清晰，当关断时间为 1ms 和 100ms 时，深部地层界面的形态更加明显。由于瞬变电磁响应一般是在地表或是空中采集，要获得高质量的成像结果，需要对地表或空中采集的电磁数据进行成像。

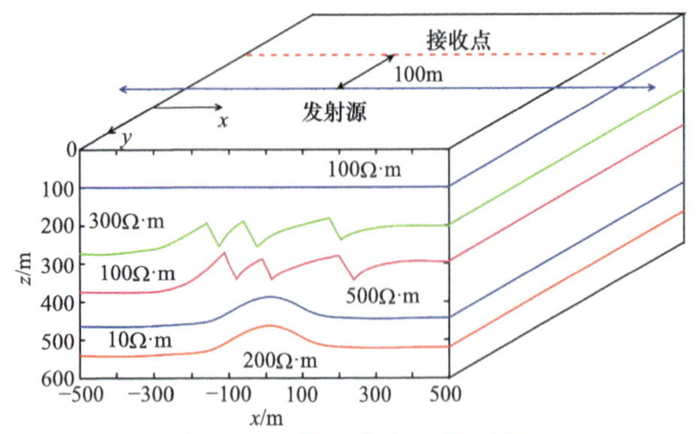

图 9.4.13　推覆构造模型示意图

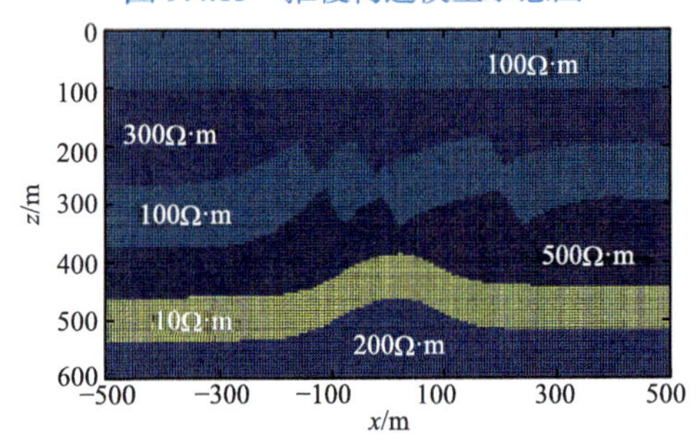

图 9.4.14　推覆构造模型网格模型示意图

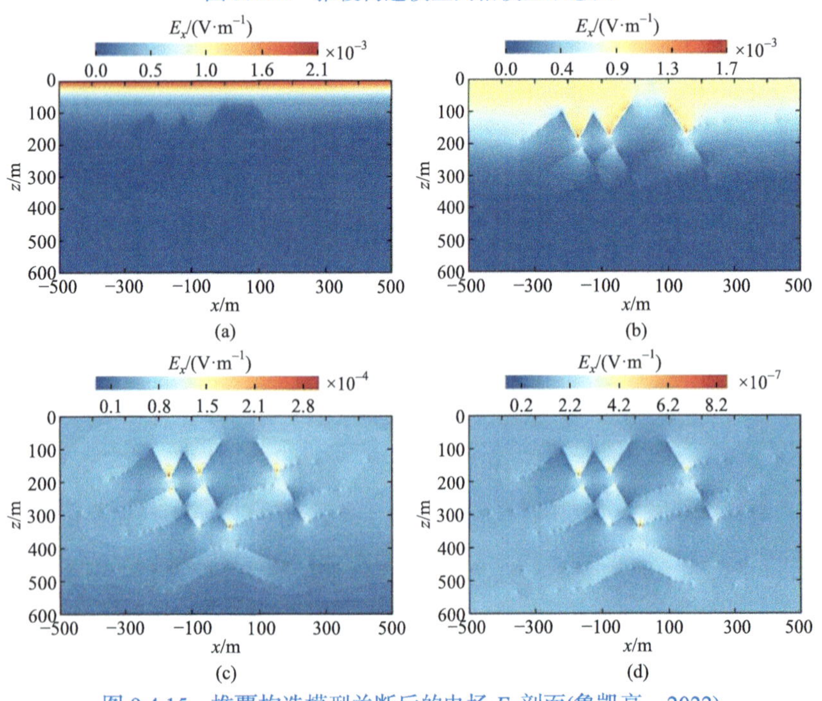

图 9.4.15　推覆构造模型关断后的电场 E_x 剖面(鲁凯亮，2022)

(a) 关断后 10μs；(b) 关断后 100μs；(c) 关断后 1ms；(d) 关断后 100ms

在进行偏移成像之前，需要得到该模型的速度分布。根据等效导电平面法即可得到如图 9.4.16 所示的速度分布。从图 9.4.16 可以看出，在 z 方向 100m 附近有一速度变化界面，随着深度的增加，在 200～400m 的区域内有两处起伏层面，但是速度分布对这两处界面的刻画不够清晰，在 400～600m 的区域内有两个几乎平行的起伏地形。通过对比速度分布与建立的地质模型，可以发现速度分布能较好地反映地层的特征。

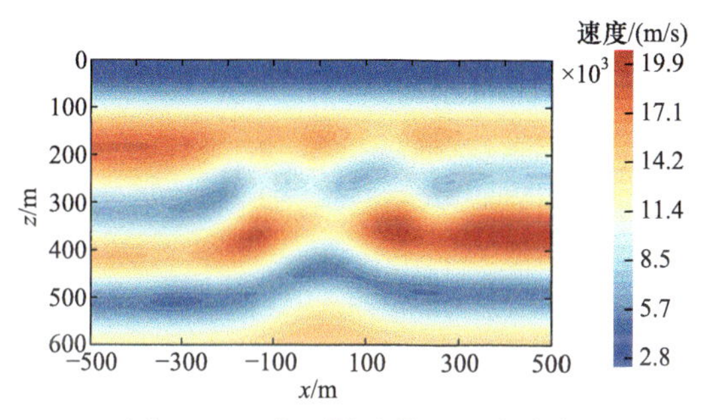

图 9.4.16　推覆构造模型速度分布

图 9.4.17 为不同脉宽微分脉冲的虚拟波场，其中(a)～(d)的微分脉冲脉宽分别为 200μs、400μs、800μs 和 1ms。从图 9.4.17(a)可以看出，当微分脉冲的脉宽为 200μs 时，只能较为清晰地反映出第一层和第二层的界面信息；当微分脉冲脉宽为 400μs 时，第一层的信息有所减弱，但是第三层界面的异常信息明显增强；当微分脉冲脉宽进一步增大到 800μs 时，图 9.4.17(c)可以清楚地反映出第三层和第

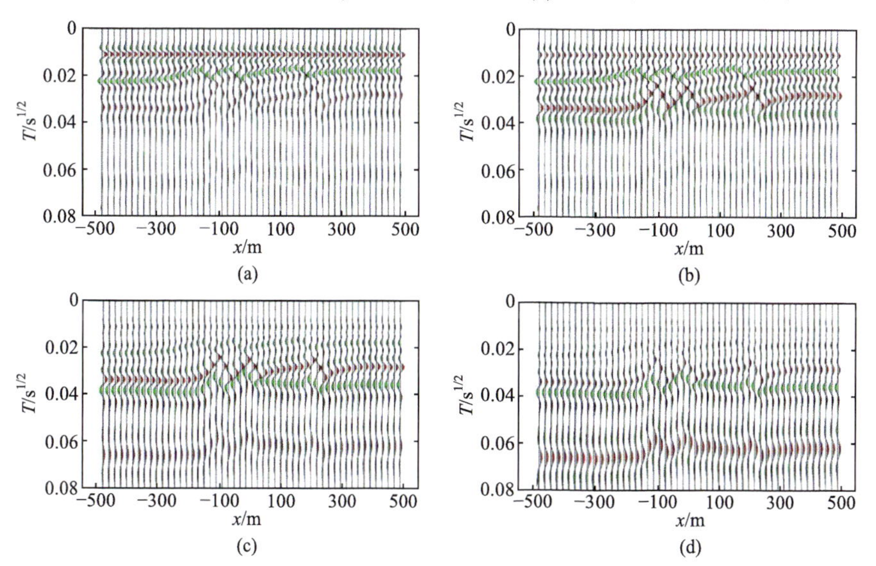

图 9.4.17　推覆构造模型不同脉宽的微分脉冲虚拟波场(鲁凯亮，2022)

(a) 脉宽 200μs；(b) 脉宽 400μs；(c) 脉宽 800μs；(d) 脉宽 1ms

四层的界面信息，此时第五层的界面信息也有所反映；当微分脉冲脉宽为 1ms 时，第三层的界面信息有所减弱，此时第四层与第五层的界面信息明显增强。

接下来依据虚拟波场与速度分布，使用有限差分偏移成像方法提取地质界面的构造特征。图 9.4.18 为不同脉宽的微分脉冲偏移成像结果，其中(a)~(d)的微分脉冲脉宽分别为 200μs、400μs、800μs 和 1ms，(e)是叠加后的偏移成像结果。从图 9.4.18(a)可以看出，当微分脉冲脉宽为 200μs 时，第一层与第二层的界面信息比较清楚，与已知的地质模型吻合较好；随着脉宽的增大，深部界面的位置信息逐渐清晰，当微分脉冲脉宽为 1ms 时，第四层与第五层界面的位置信息与已知模型吻合较好。得到不同脉宽的偏移成像结果后，将其进行叠加即可得到最终的“叠前偏移成像”结果，如图 9.4.18(e)所示。从图 9.4.18(e)可以看出，每一个地质界面的深度信息都得到了较为清楚、准确的反映，而且第二个与第三个同相轴的连线可以较好地反映地质模型的局部细节特征，说明基于微分脉冲的 TEM “叠前偏移成像” 是有效的。

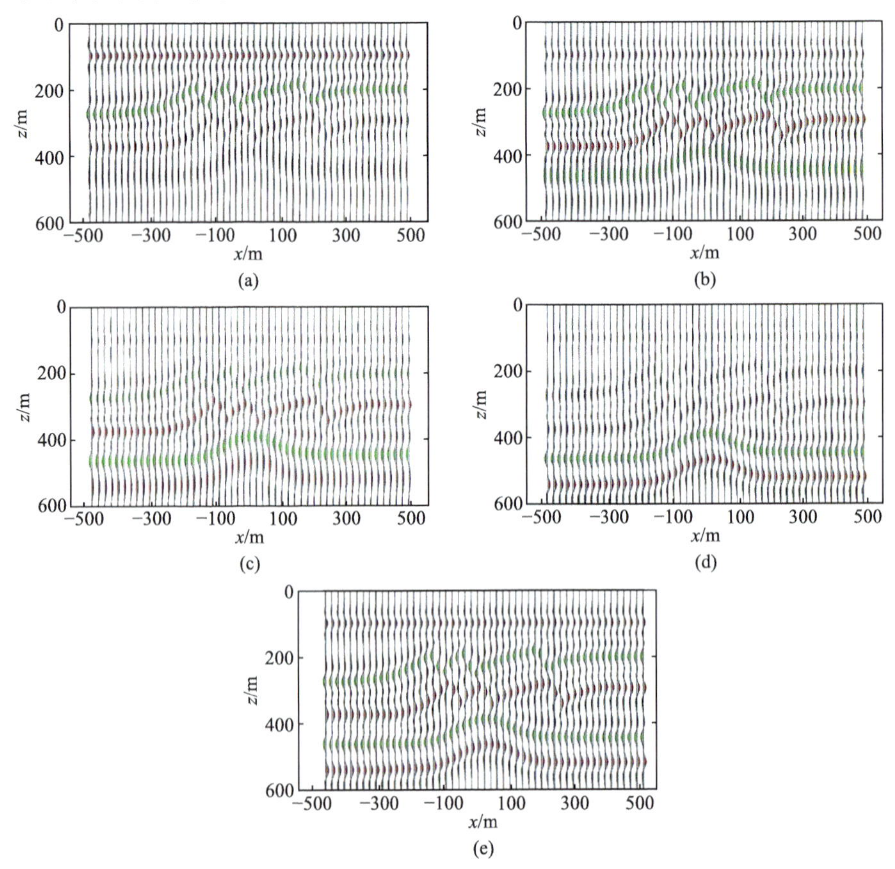

图 9.4.18　推覆构造模型不同脉宽的微分脉冲偏移成像结果(鲁凯亮，2022)

(a) 脉宽 200μs；(b) 脉宽 400μs；(c) 脉宽 800μs；(d) 脉宽 1ms；(e) 叠加后的偏移成像结果

第 10 章　瞬变电磁场物理模拟技术

为了探索多分辨的地空瞬变电磁新理论、新方法，迫切需要开展大量的实验室物理模拟实验研究。不同于野外实验研究，瞬变电磁实验室物理模拟研究需要进行专门的大型物理模拟土槽建设、复杂模型数字与物理仿真一体化建设，构建一个完整的实验室物理模拟仿真系统。

物理模拟是获取多种地质模型电磁响应的重要技术。为了进行物理模拟，需要在实验室中以某种比例复制地质模型。实验模型的电学参数应按一定比例改变，观测探头及电极排列也要小型化。根据电磁场的相似原理，选择适当的比例因子，可将按比例缩小的物理模型电磁响应转换成等价的实际尺寸模型电磁响应。随着时代的进步，3D 打印技术迅速发展，打印材料的多样性，使物理模型的构建更加容易。特别是对于一些复杂的矿床模型，以前是非常难实现的，如今通过选用不同的材料，用 3D 打印技术可以容易地打印出精确的矿床模型。如今可以方便地将复杂矿床的数值模型与物理模型的电磁响应结果进行对比和印证，使学者多了一个认识复杂地质体电磁响应特征的手段。

10.1　瞬变电磁场物理模拟理论

复杂情况下的电磁场问题往往得不到精确解，而数值解或近似解析解(半解析解)一般要作某些近似。计算过程中的近似是否合理，除了理论上的误差讨论外，常借助模型进行检验；有时通过模型实验了解场分布的特点和规律，作为理解分析的依据或辅助手段。在近代技术发展中，模型实验是一种重要手段，有着重要意义，在电磁场问题中也不例外。在此只讨论电磁场问题中如何保证模型实验与真实过程的相似性问题。

模型实验的尺寸一般较实际缩小，因此产生了各种几何、物理参数如何互相配合才能保持与实际问题相似性的问题。相似性原理就是说明这种关系的(李貅等，2021a)。

在麦克斯韦方程：

$$\nabla \times \boldsymbol{E} + \mu \frac{\partial \boldsymbol{H}}{\partial t} = 0 \tag{10.1.1}$$

$$\nabla \times \boldsymbol{H} - \varepsilon \frac{\partial \boldsymbol{E}}{\partial t} - \sigma \boldsymbol{E} = 0 \tag{10.1.2}$$

中引入了无量纲量

$$\boldsymbol{E}'=\frac{\boldsymbol{E}}{e},\quad \boldsymbol{H}'=\frac{\boldsymbol{H}}{h} \tag{10.1.3}$$

式中，$\boldsymbol{E}$ 和 $\boldsymbol{H}$ 是实际的电场强度和磁场强度；e 、h 分别是电场和磁场的某一度量单位。因此，$\boldsymbol{E}'$ 和 $\boldsymbol{H}'$ 就是以 e 和 h 量度时电场和磁场的大小，量纲 1。

将长度 l 和时间 t 也写成类似的形式：

$$l=Ll_0,\quad t=Tt_0 \tag{10.1.4}$$

式中，l_0 、t_0 是量度长度和时间的某一单位；L 、T 表示长度和时间大小，量纲 1。

于是，电磁场方程变为

$$\frac{e}{l_0}\nabla\times\boldsymbol{E}'+\frac{\mu h}{t_0}\frac{\partial\boldsymbol{H}'}{\partial T}=0$$

$$\frac{h}{l_0}\nabla\times\boldsymbol{H}'-\frac{\varepsilon e}{t_0}\frac{\partial\boldsymbol{E}'}{\partial T}-\sigma e\boldsymbol{E}'=0$$

即

$$\frac{h}{l_0}\nabla\times\boldsymbol{H}'-\frac{\varepsilon e}{t_0}\frac{\partial\boldsymbol{E}'}{\partial T}-\sigma e\boldsymbol{E}'=0 \tag{10.1.5}$$

$$\nabla\times\boldsymbol{H}'-\frac{\varepsilon l_0}{t_0}\frac{e}{h}\frac{\partial\boldsymbol{E}'}{\partial T}-\sigma l_0\frac{e}{h}\boldsymbol{E}'=0 \tag{10.1.6}$$

由此可见，式(10.1.5)、式(10.1.6)与式(10.1.1)、式(10.1.2)等价，实验模型中的介质参数与实际模型的介质参数存在如下关系：

$$\frac{\mu l_0}{t_0}\frac{h}{e}=\mu'=\alpha \tag{10.1.7}$$

$$\frac{\varepsilon l_0}{t_0}\frac{e}{h}=\varepsilon'=\beta \tag{10.1.8}$$

$$\sigma l_0\frac{e}{h}=\sigma'=\eta \tag{10.1.9}$$

对比式(10.1.7)～式(10.1.9)，无论情况怎样变化，只要保持 α、β、η 这三个值不变，则方程不变，这些不同情况都服从同一规律，因此保证了这些情况之间的相似性，从而场的分布规律是完全相似的。

式(10.1.7)～式(10.1.9)中，公因子 $\frac{e}{h}$ 可消去，得

$$\mu\varepsilon\left(\frac{e}{h}\right)^2=\alpha\beta=c_1 \tag{10.1.10}$$

$$\mu\sigma\frac{l_0^2}{t_0}=\alpha\eta=c_2 \tag{10.1.11}$$

因此，无论$\frac{e}{h}$取值如何，只要保持常数c_1、c_2不变，则场的分布就是类似的。在实际工作中，常取t_0为电磁场的周期，调整其余各量以保证模型实验的c_1、c_2与实际场的c_1、c_2相同，即可保证二者场分布的相似性。例如，取l_0为实际物体的线度(如球的半径)，若模型的线度较实物缩小一半，则可将ε和σ各增加 4 倍或通过其他调整保持c_1、c_2不变。当然也可以调整t_0，总之方式可视情况而异，但必须保持模型和实际的c_1、c_2相同。选择模型材料的准则如下：

(1) 实际模型系统和实验模型系统的磁导率必须相同，并通常应有$\mu=\mu_0$；

(2) 电导率、实际物体线度和时间必须按比例做模拟转换，使实验模型系统和实际模型系统的感应数相同。

(3) 实验系统中的介电常数，只要其足够小、在一定时间范围内可忽略位移电流，它的值可以是任意的。

用类似的方法，根据欧姆定律可以得到电流密度$\boldsymbol{J}$的实验模拟关系：

$$\boldsymbol{J}'=\sigma'\boldsymbol{E}'=\frac{Le}{h}\sigma\frac{\boldsymbol{E}}{e} \tag{10.1.12}$$

$$\boldsymbol{J}=\sigma\boldsymbol{E} \tag{10.1.13}$$

$$\boldsymbol{J}'=\frac{L}{h}\boldsymbol{J} \tag{10.1.14}$$

10.2　物理模拟实验装置

10.2.1　土槽的设计

大型土槽一般用砖和水泥制作，其底和四壁对测量结果的影响很小。土槽的尺寸和形状须根据待模拟的方法、系统的灵敏度、待安装的模型靶体、所需的工作区间及模型的比例因子等因素确定，选择土槽尺寸最简单、最低限度的要求是：不存在模型靶体时土槽的响应近似于半空间的响应。

模拟瞬变电磁法要比模拟其他方法困难得多，这不仅是因为瞬变电磁法必须精确地测量很弱的二次场，还因为大多数瞬变电磁法系统是宽带的。模拟瞬变电磁法土槽的尺寸与时间模拟比例因子和测量的时间范围有关，土槽边界对很晚延时的测量结果有不可忽视的影响。因此，为了能正确地模拟半空间的影响，瞬变电磁法接收系统应在土槽壁的影响出现之前的早延时段进行测量，利用纳比吉安提出的“烟圈”概念会给研究带来便利(Nabighian，1979)。根据有关文献(Hoversten et al.，1982；Nabighian，1979；Lewis et al.，1978)，电场极大值的位置从地面线圈处开始以 30°角向下、向外移动，假想电流线的移动方向是 47°，观测到的磁场就是这种电流线产生的(Nabighian，1979)，给出假想电流线向下移动的速度和半径的近似公式，深度 D、半径 R 及相应的时间 t_D 和 t_R 表示为

$$D \approx 4\left(\frac{t}{\pi\sigma\mu_0}\right)^{1/2} \tag{10.2.1}$$

$$t_D \approx \frac{\pi\sigma\mu_0}{16}D^2 \tag{10.2.2}$$

$$R \approx 2.09\left(\frac{t}{\sigma\mu_0}\right)^{1/2} \tag{10.2.3}$$

$$t_R \approx 0.229\sigma\mu_2 R^2 \tag{10.2.4}$$

均匀大地的计算结果表明，只要适当地确定向前散射波波前的时间起算点，这些公式在很大时间范围内是准确的。

为了减少干扰，土槽模型试验池应为无钢筋混凝土结构，地板混凝土厚度 40cm，整个池体长 8.5m、宽 4.5m、深 2.2m。

10.2.2 土槽实验系统建设

1) 建设内容

建设主要包括如下三方面：

(1) 完成土槽设计、建设(图 10.2.1)；

(2) 完成土槽实验室内部改造，包括实验室内部基础装修，上部地空、航空地球物理模拟自动采集轨道建设等；

(3) 实验室电子显示系统建设，包括虚拟现实系统、网络集成和物理模型设计等，显示屏为 16 块 55 寸高清显示屏(图 10.2.2)拼接，拼缝 0.88mm。

图 10.2.1 土槽外观

图 10.2.2 高清显示屏

2) 土槽土层填充

为了实验中更好地突出模型异常体特征，土槽填充设计四层均质结构。第一层为鹅卵石层，鹅卵石粒径 5～7cm，将鹅卵石冲洗干净，均匀平铺在第一层玻璃丝编织袋上，厚度 30cm，这样保证第一层电阻率与第二层有差异，且渗水性好。第二层为中粗沙填充玻璃丝编织袋，将编织袋整齐排列在土槽底部，袋与袋之间叠压五分之一袋体距离(图 10.2.3)，厚度 30cm，这样可以保证渗水性好，且不会使沙石进入排水管道。第三层为粗沙层，粒径 0.5～2.0mm，用清水洗净沙中泥土，均匀填充到第二层鹅卵石层上，厚度 80cm。第四层为中沙层，粒径 0.25～0.50mm，用清水洗净沙中泥土，均匀填充到第三层粗沙层上，厚度 80cm。整体填充完毕如图 10.2.4 所示。

图 10.2.3　第一层和第二层铺设

图 10.2.4　整体填充完毕

10.3　三维复杂模型建模

10.3.1　基于 GID 的三维建模

GID 是一个三维建模预处理、后处理和网格剖分的软件。使用 GID 构建具有基本几何形体组合的目标模型，并使用内建的 Cartesian 网格进行剖分。软件中基本的对象分为点、线、面、体，其中点和线用蓝色表示，面实体用红色表示，体对象用青色表示。构建基本几何形体时首先输入边界控制点的坐标，用直线或曲线工具将控制点相连构成闭合面，生成面实体。如果是柱状体，则将面朝轴向平移生成，旋转体可沿设定中心点旋转任意角度生成。几何形态任意的形体，可构建所有面实体组成封闭空间来生成体对象。以构建一个堤坝水力模型为例，坝体、地基、水系均为二度体，构建截面形状沿走向推进即可形成三维形体，如图 10.3.1 所示。一个三维几何形体由点、线、面、体构成，在 GID 中不同类型对象以不同颜色区分，位置重叠以表示空间中具有不同维度的几何对象。

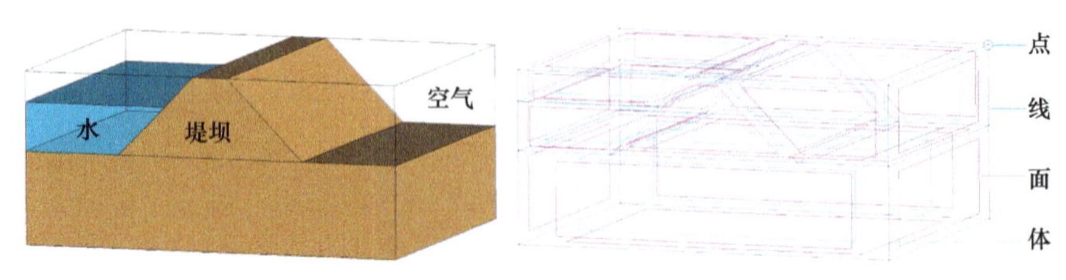

图 10.3.1　几何形体的构建

完成几何形体构建需要对不同区域的形体赋予不同的材料属性，材料属性通常设定为电阻率，此功能通过 GID 中可自定义脚本语言编程的“Problem Type”模块实现。在前述堤坝的例子中，堤坝与地基简化为同一材料，水系为一种材料，剩余空气部分填充同一种材料。完成材料复制后需要对模型进行网格剖分。三维瞬变电磁数值正演时，通常发射源、接收点及探测目标区域具有更精细的网格，外部边界处网格逐渐增大，所以要在几何形体上添加额外的形体来约束网格。这种用来约束网格的几何形体不是真实存在的，通常是实际测量工作中发射源与接收区域的位置。在前述的堤坝模型中，如果发射源布置在堤坝顶部中心位置，约束几何体的位置与网格剖分的结果如图 10.3.2 所示。

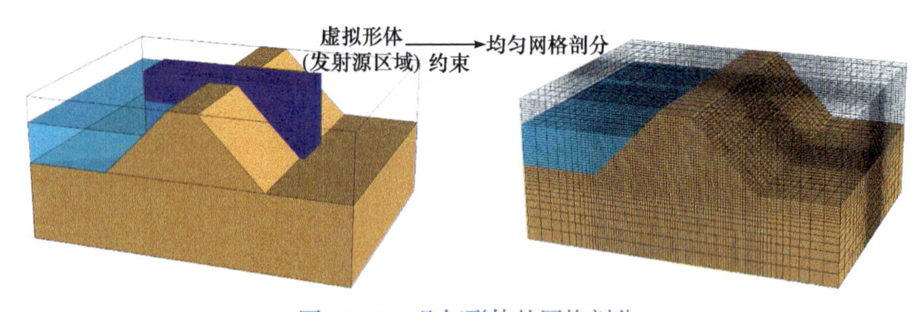

图 10.3.2　几何形体的网格剖分

完成网格构建后，使用“.msh”格式导出网格信息，该网格文件包含所有编号节点的坐标、所有单元八个节点编号与对应的材料类型。使用 Fortran 语言开发基于 GID 软件输出的“.msh”格式的转换软件，为三维正演程序和可视化软件提供数据接口，可以使用不同的三维正演算法对目标模型的瞬变电磁响应进行仿真计算，同时利用可视化软件预览检查网格剖分方案存在的问题。构建数值模型后，按照 10.1 节中瞬变电磁场物理模拟理论构建物理模型，按照介质电阻率选择材料，用 3D 打印技术得到精确的物理模型。

10.3.2　基于 GeoModeller 的三维地质建模

GeoModeller 是一个用于创建直观 3D 地质模型的软件，可以采用各种各样的数据源，如密集空间数据或稀疏空间数据，这些数据可以来自平面图、钻孔数据、解释断面、遥感图、深度变换解释成果、重磁约束、地震约束、电磁约束等；也可以进行地球物理位场正演、反演模拟，包括全张量重力梯度数据，实现在 3D 模型中对最有可能的地质构造和岩性进行优化。同时，可以处理复杂的地质构造，如断层、褶皱、推覆构造、侵入体和薄层，通过原始地质数据(如接触点和构造方向)对隐覆地层进行约束，用“位场法”在 3D 地层表面进行插值，以改善构造数据，断层面也可以进行类似的插值。主要利用地质露头、剖面及钻井等各种地质资料来进行地质建模，形成三维地质模型，然后利用导出的模型进行正演、反演。创建项目时，首先需要收集工区的地形数据资料，将工区地形数据转换为“.semi”格式文件，在 GeoModeller 中读取并生成地形平面图和三维图，如图 10.3.3 所示。

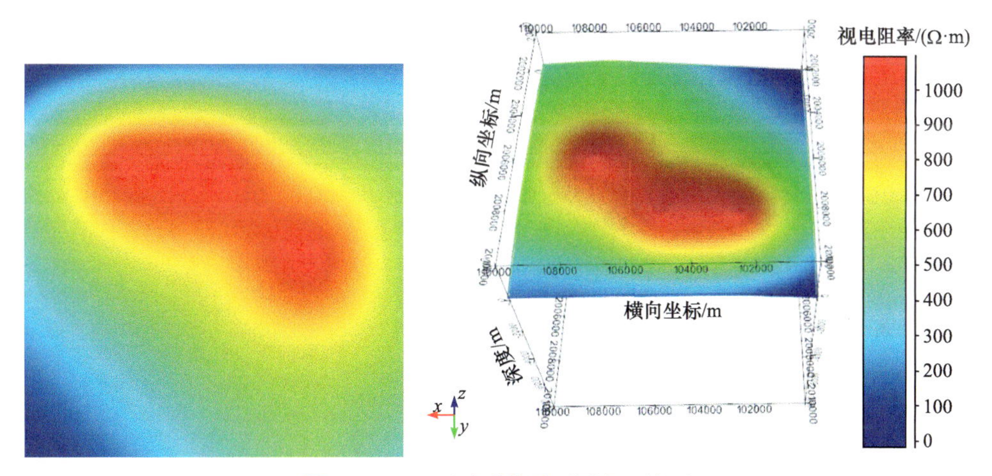

图 10.3.3　工区地形的平面图和三维图

地形导入后，需要根据地质资料划分各个地层的关系，来创建模型中的地层。该步骤使用 GeoModeller 中的“Formations：Manage”创建地层，然后根据整合关系，利用“Stratigraphic Pile：Manage”进行地层层序管理，将地层层序分配到不同的地层序列中。在这里，同一地层序列里的地层层序是整合关系，其构造变化的关系是一致的，而不同地层序列中的地层层序是不整合关系，其构造变化的关系不一致，即存在不同时代的地质构造运动。给予各个地层序列和其他地层序列的关系，其中“Erode”表示侵入关系，“Onlap”表示覆盖关系。本小节“Dyke”“Granite”是侵入岩，与其他地层是侵入关系，用“Erode”表示；其他地层是覆盖关系，用“Onlap”表示；“UpperCover”和“MiddleCover”是整合关系，将它们放在同一地层序列中，如图 10.3.4 所示。

完成地层序列划分后，根据已有的地质平面、剖面数据划分各个地层的分界线，并加入各个地层的倾向和倾角分布来对地质体进行约束。通过软件进行计算，平面、剖面及三维地质体如图 10.3.5 所示。

图 10.3.4 地层层序

图 10.3.5 平面、剖面及三维地质体

完成地层在剖面和平面的约束后，本例还具有断层的关系，需要使用“Fault：Manage”创建一个新断层，并在剖面和平面上先勾勒出断层与地层之间的分界线，然后利用“Link Faults with Series”建立断层与地层之间的联系。当模型具有多个断层时，还需要建立断层之间的联系，本例只有一个断层，最终结果如图 10.3.6 所示。

完成断层的约束后，使用 Vox 格式导出地层信息，该地层信息文件包含所有编号节点的坐标及各个节点对应的地层层序编号。使用 Fortran 语言开发基于 GeoModeller 软件输出的 Vox 格式的网格剖分软件，并转换为三维正演程序和可

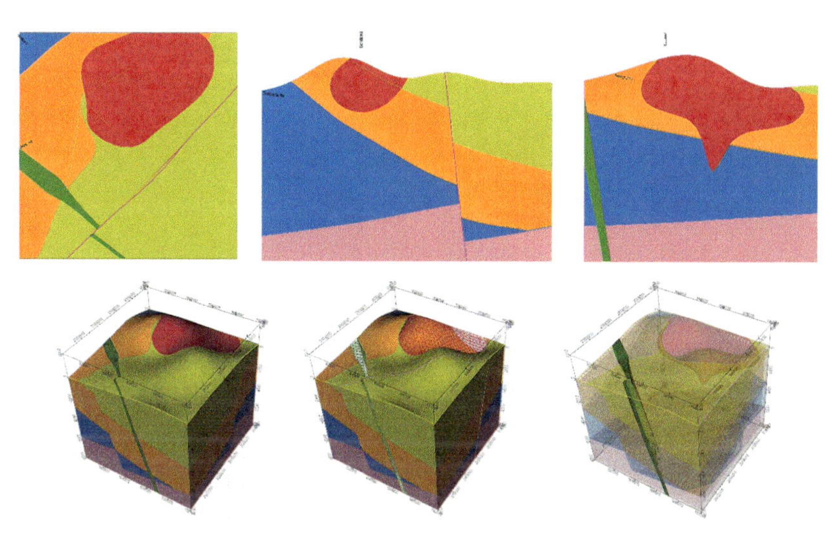

图 10.3.6　加入断层后的平面、剖面及三维地质体

视化软件提供数据接口，可以使用不同的三维正演算法对目标模型的瞬变电磁响应进行仿真计算，同时利用可视化软件预览检查网格剖分方案及存在的问题。

10.3.3　网格剖分

由于 GeoModeller 并非成熟的商业软件，许多功能仍有待开发，自身导出的三维数据文件 stl 存在部分问题。例如，数据导出使用的是均匀剖分，导致网格数量过于庞大；部分网格文件存在几何拓扑关系错误、无法使用等问题，导致无法变为可使用的三维正演所需的网格剖分格式。因此，根据对四面体和六面体的剖分需求，需要进行二次开发。

对于六面体而言，指定不同剖分尺寸的区域和各个不同属性地层的电阻率，并控制各个剖分区域的最小网格和扩散因子来进行剖分，最后转换为三维正演程序和可视化软件提供数据接口，可以使用不同的三维正演算法对目标模型的瞬变电磁响应进行仿真计算，三维模型网格剖分如图 10.3.7 所示。

四面体的剖分涉及 stl 文件，stl 文件格式是一种表面网格，由三角片形成的封闭体；stl 文件是三维打印机支持的最常见文件格式，支持大多数使用的三维建模软件，具有较强的通用性；有专业的软件可以进行修复，为了与其他建模软件进行交互及导出所需的网格，对 GeoModeller 导出的文件格式进行转换。

利用 GeoModeller 导出 *xyz*.Vox 文件，其特点是文件中只包含了每个点 *xyz* 的坐标数据及属性编号，不同的编号代表不同的地层层序。利用程序将该文件变为 stl 格式文件，stl 文件分为 ASCII 类型和二进制类型，一般使用 ASCII 类型。

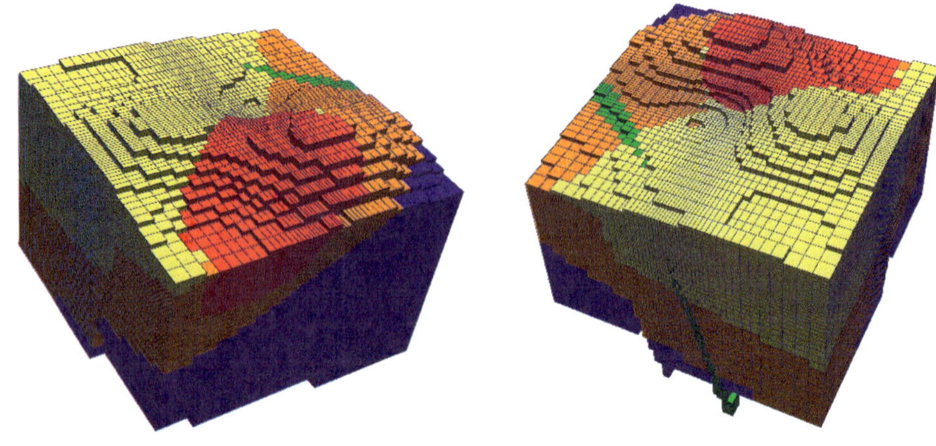

图 10.3.7　三维模型网格剖分

stl 的文件格式如下：

solidfilenamestl//文件路径及文件名

facetnormalxyz//三角面片法向量的 3 个分量值

outerloop

vertexxyz//三角面片第一个顶点坐标

vertexxyz//三角面片第二个顶点坐标

vertexxyz//三角面片第三个顶点坐标

endloop

endfacet//完成一个三角面片定义

......//其他 facet

endsolidfilenamestl//整个 stl 文件定义结束

利用其他的剖分软件对模型进行重建。

10.3.4　应用实例

1. 夏家店金矿

将 GeoModeller 软件应用于夏家店金矿地电模型建模。夏家店金矿位于陕西省商洛市山阳县，矿区地处秦岭南麓，属山地地貌，中山地形，总体地形南高北低，山势陡峭，悬崖峭壁多，河谷深切。植被发育较好，第四系沉积物在阴坡覆盖较厚，阳坡覆盖较薄。一般海拔高度在 1000～1300m，相对高差 200～300m。研究区大地构造位置属南秦岭印支褶皱带，位于山阳-凤镇断裂和镇安-板岩镇断裂之间。长期活动的山阳-凤镇断裂和镇安-板岩镇断裂对沉积环境和后期改造起着重要的制约作用。以下介绍根据已知地质资料进行夏家店金矿三维地质建模的全过程。

图 10.3.8 为复杂地质模型三维建模的技术路线，接下来分步骤进行叙述。

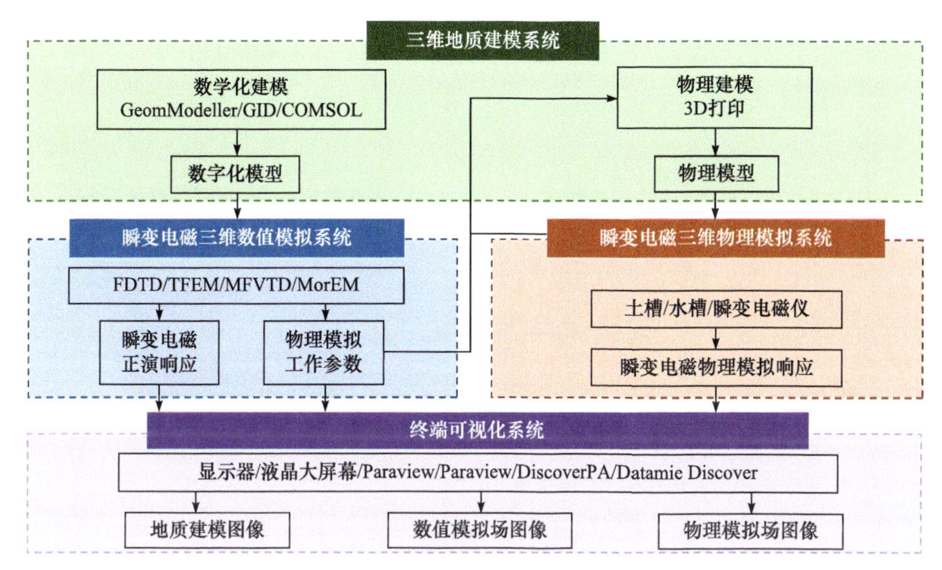

图 10.3.8　复杂地质模型瞬变电磁三维建模与模拟系统框架

1) 地形数据导入

首先圈定工作区，下载地形数据，将工区地形数据转换为“.semi”格式文件，在 GeoModeller 中读取并生成地形平面图和三维图，如图 10.3.9 所示。

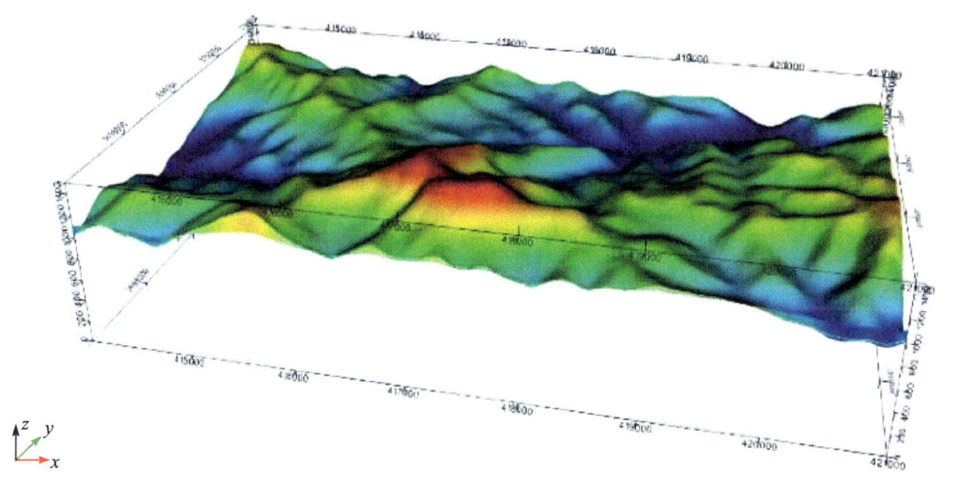

图 10.3.9　夏家店金矿三维地形图

2) 建立地层层序

使用 GeoModeller 中的“Formations：Manage”创建地层，然后根据整合关系，利用“Stratigraphic Pile：Manage”进行地层层序管理，将地层层序分配到不同的地层序列中。已知地层层序见图 10.3.10，建立地层层序，如图 10.3.11 所示。

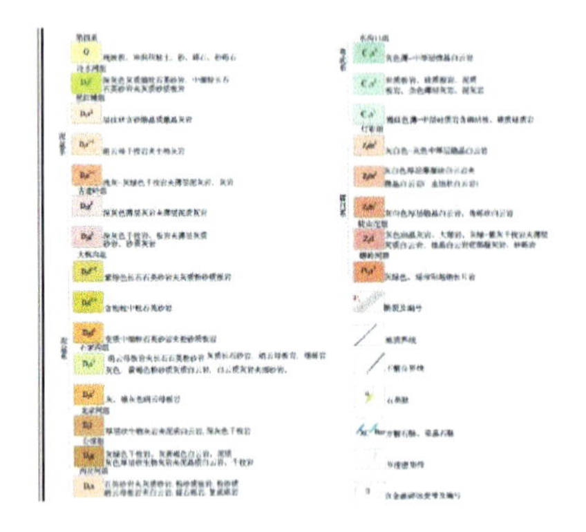

图 10.3.10　已知地层层序

图 10.3.11　建立的地层层序

3) 根据地质平面图划分地层界线

根据已知地质平面图(图 10.3.12)，画出地层界线，如图 10.3.13 所示。

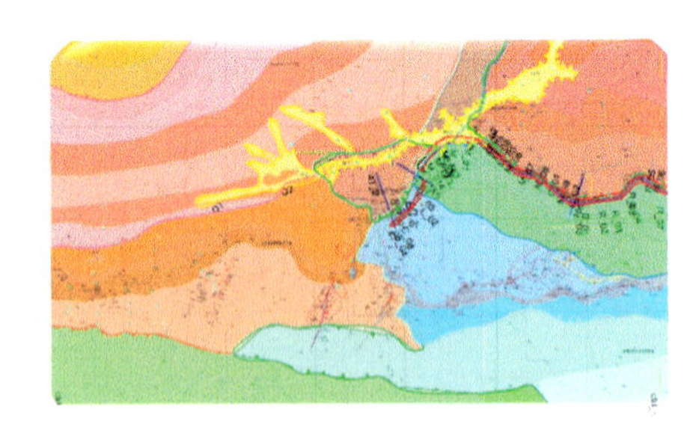

图 10.3.12　区内地质平面图

图 10.3.13　地层界线

4) 根据地质剖面图对地层进行约束

在地质剖面(图 10.3.14)上先勾勒出断层与地层之间的分界线，然后利用“Link Faults with Series”建立断层与地层之间的联系，如图 10.3.15 所示。

5) 三维模型导出

夏家店金矿三维建模结果如图 10.3.16 所示。

6) 网格剖分与模型计算

对于六面体剖分，通过指定不同剖分尺寸的区域和不同属性地层的电阻率，并控制各个剖分区域的最小网格和扩散因子来进行，最后转换为三维正演程序和可视化软件提供数据格式，可以使用不同的三维正演算法对目标模型的瞬变电磁响应进行三维仿真计算。图 10.3.17 为六面体的网格剖分结果。根据剖分的结果，对矿体模型进行三维仿真，矿体分布如图 10.3.18 所示，矿体全域视电阻率平面如图 10.3.19 所示。

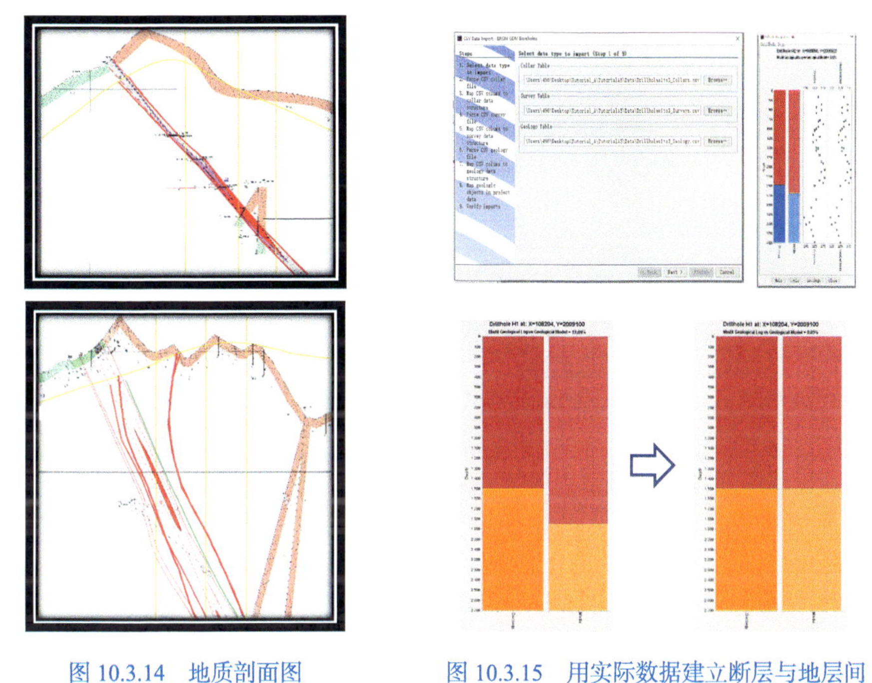

图 10.3.14　地质剖面图

图 10.3.15　用实际数据建立断层与地层间联系示意图

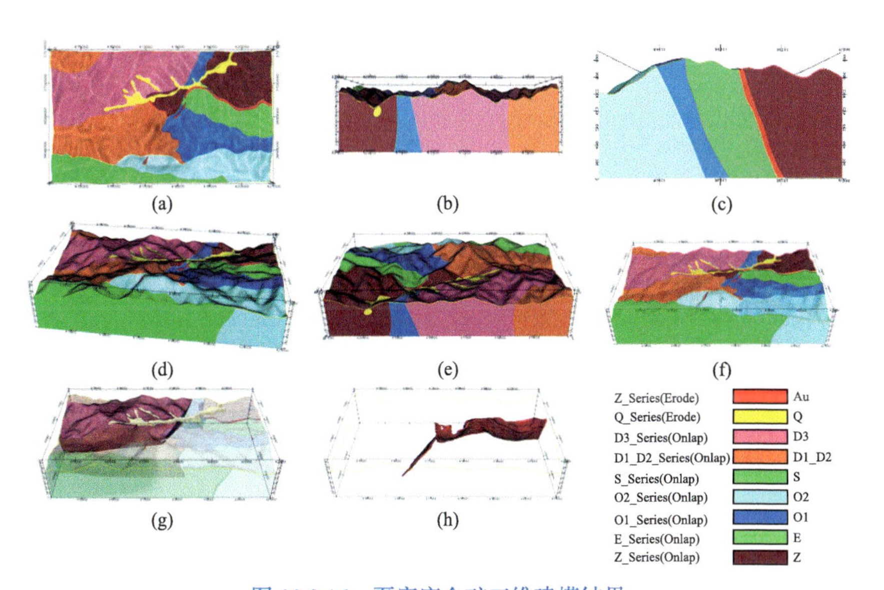

图 10.3.16　夏家店金矿三维建模结果

(a) *xoy* 平面图；(b) *xoz* 断面图；(c) *yoz* 断面图；(d) 三维立体正视图；(e) 三维立体背视图；(f) 三维网格图；(g) 三维透视图；(h) 三维矿体模型

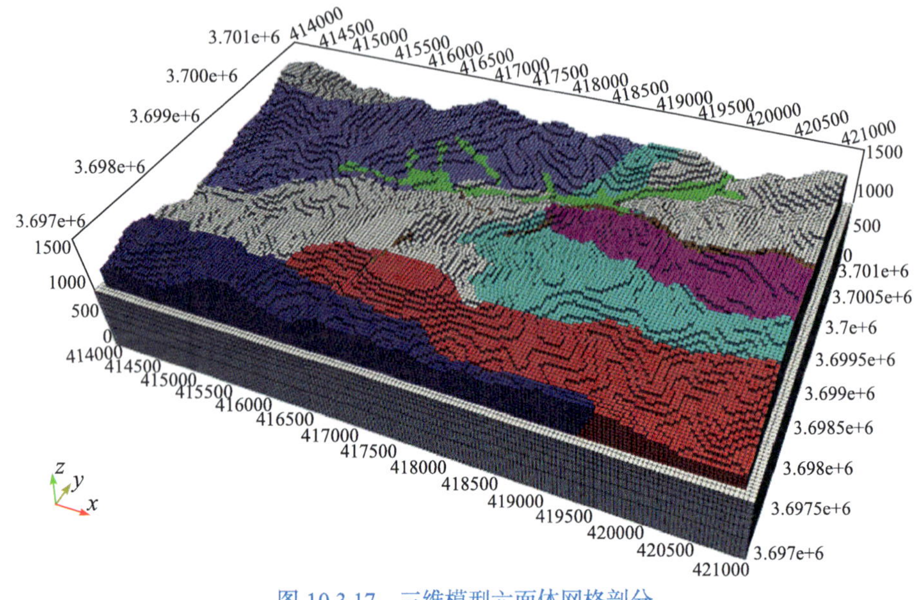

图 10.3.17　三维模型六面体网格剖分

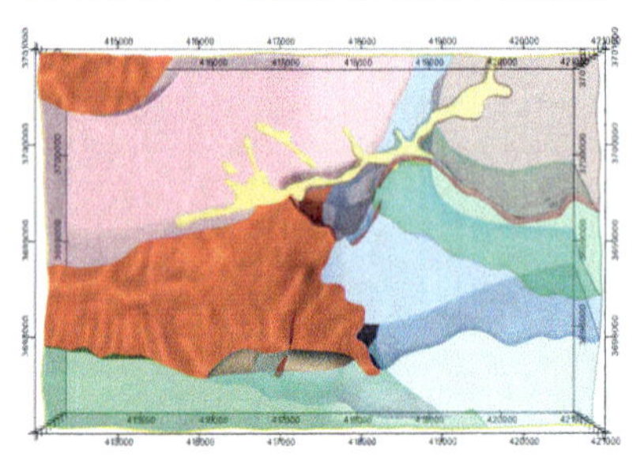

图 10.3.18　矿体分布

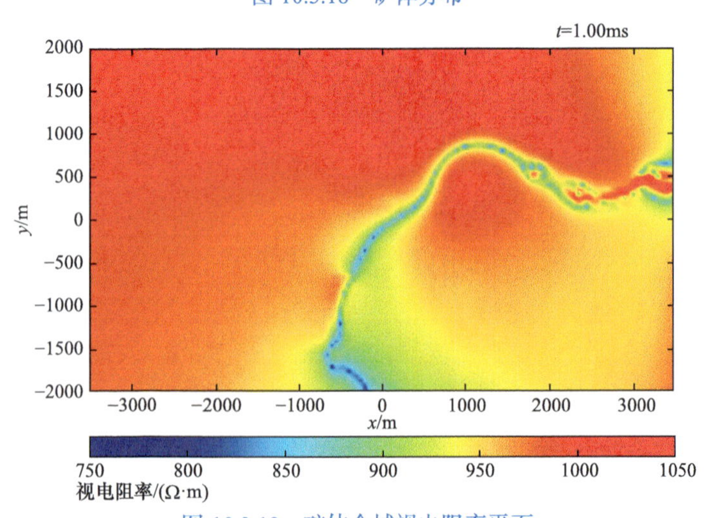

图 10.3.19　矿体全域视电阻率平面

2. 云南大关至永善高速公路滑坡模型

将三维复杂地质模型建模软件应用于云南大关至永善高速公路滑坡建模。实验工作区位于云南省昭通市永善县，属季风影响大陆性高原气候，气候明显受地形影响，特别是受高程控制，垂直分带十分明显，水平变化不大，有“一山有四季，十里不同天”的说法。雾天时常发生，秋冬两季集中发生，一般在夜间或早晨，多为辐射雾，太阳出来即散去。实验工作区属构造侵蚀中山地貌，地形起伏大，山体自然坡度 15°～63°，顶部植被较发育。测量范围内高程 800～1250m。地表覆盖层主要由坡积黏土、碎石土、基岩出露组成，下覆基岩主要为灰岩和页岩。图 10.3.20 为

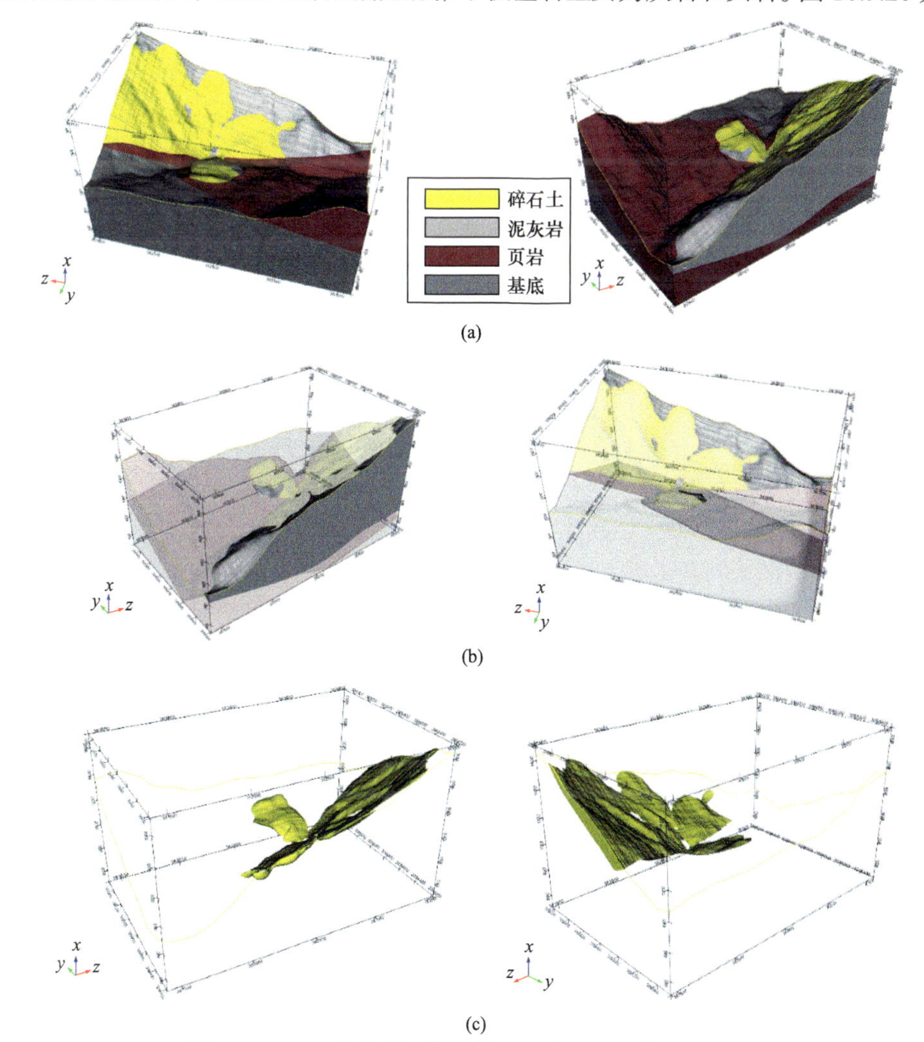

图 10.3.20　云南大关至永善高速公路滑坡三维地电模型

(a) 不同视角三维地层分布；(b) 不同视角三维地层透视图；(c) 不同视角三维滑坡体分布

根据已知地质资料和地空瞬变电磁勘查结果建立的云南大关至永善高速公路滑坡三维地电模型。

10.4　发射与接收装置

10.4.1　发射场源

对于模拟大多数可控源电磁系统来说，设计用于近区观测的场源时，有一些重要因素需要考虑，如天线的尺寸、功率耗散和热特性、性能的稳定程度、抗外部场干扰能力。

在确定发射天线尺寸时，应遵循如下原则：对于偶极-偶极系统的电磁测深而言，如果线圈的半径不大于发射与接收间距的 1/10，偶极近似是完全可以的(Spies et al., 1988)。一般情况下，该原则也用于确定接收线圈尺寸，因为根据互换原理，把发射和接受天线的功能互换，观测结果应该相同。对于采用大回线或长接地导线的野外电磁系统来说，只需要根据长度模拟比例因子制造模型天线。

对发射源的一个基本要求是能发出足够强的信号以压制干扰。在模拟实验中，可能的干扰源包括接收天线、前置放大器和系统内其他部件产生的内部噪声，通过接收天线接到的外部噪声，通过接收天线以外的途径进入系统的外部噪声。模拟实验中接收天线和前置放大器的热噪声和半导体噪声，同外部噪声相比是很小的。通过接收天线以外的途径进入系统的外部噪声可通过适当的部件布置、屏蔽及接地等方法予以排除。除非将模型系统中的工作区间屏蔽起来(如前所述，屏蔽也会带来相应的问题)，大多数外部干扰是实验人员无法控制的。因此，系统输出端的噪声水平通常与源的发射强度、接收系统的信号处理能力及干扰场的强度有关。从原理上说，压缩带宽、拉长叠加时间或平均时间可以任意提高输出端的信噪比。实际上，模拟实验中观测所需的时间是必须考虑的一个重要因素，因此最好的办法还是提高源的发射强度。

采用接地导线源时，应注意电极的设计，首要之处是电极要与土有良好的电接触，又不能做得太大，以免成为“有限尺寸源”而引入误差。假定接触电阻可以忽略，单个垂直棒的接地电阻可近似地写为

$$R=\frac{1}{2\pi\sigma l}\left(\ln\frac{4l}{a}-1\right),\quad l\gg a \tag{10.4.1}$$

式中，l 和 a 分别为棒的长度和直径；σ 为介质的电导率。为了减小野外观测时的接地电阻，常常以排成阵列的水平或垂直导线、棒或板做电极。模拟实验也可以采用这种阵列电极，不过更为简单的是使用单个大电极。半径为 a 的半圆形电极的理想接地电阻为

$$R = \frac{1}{2\pi\sigma a} \tag{10.4.2}$$

10.4.2　接收探头

在模拟实验中，常用小线圈作为测量磁场的天线或探头。设计接收线圈时要考虑的重要因素是尺寸、灵敏度、性能的稳定性、抗外部电场的能力，以及线圈本身对正常场的干扰等。除了少数情况，野外系统使用的接收线圈均可看作偶极子。确定模拟接收线圈容许尺寸的原则同确定发射线圈尺寸的原则相同。接收线圈的灵敏度与前置放大器的噪声特征、磁场的干扰水平及源的强度等因素有关。如果接收线圈的灵敏度过低，势必要提高放大器的增益，放大器的内部噪声将使系统输出端的信噪比降低。一般情况下，既满足要求又切实可行的方案是:线圈的灵敏度应达到可以使放大器的内部噪声低于外部磁场引起的干扰。

在瞬态测量中，关断电流时产生的高频成分可能在线圈中产生阻尼振荡或瞬态扰动。如果时间也按比例因子缩小，模拟观测时间比野外观测时间短很多，因此有必要采用足够小的电阻率，以便在第一次测量之前平息线圈中的瞬态扰动。对于大多数瞬态测量来说，线圈应处在临界阻尼状态或稍偏离临界阻尼状态，阻尼过度将造成测量结果失真。

任何一种线圈或探头都会引起待测场的某种扰动。如果这种扰动只限于紧邻探头的范围内，通过对探头进行标定仍能得到正确的测量结果。如果探头明显干扰了靶体附近的场，即探头成了二次场源，就不可能得到正确的测量结果。为了减小这种扰动，探头应尽可能小，其中的电流也应越小越好。当工作频率远小于接收线圈的谐振频率，且与之相连的前置放大器输入阻抗很大时，接收线圈中的电流几乎为零。如果接收线圈屏蔽层和绕组中的电流已知，把接收线圈看作一个或多个小电流环可以很方便地计算出它的远区场。若电流无从估计，可把线圈看作一个具有相同半径的理想球体，从而估算其最大可能的实分量场。这样的球体在均匀场中的极矩为 $2\pi R^3 H_0$，其中 H_0 为激发场。对于导电性层状半空间来说，任意取向偶极子引起的干扰比较容易确定。Wait(1968)分析了磁偶极激发时的类似问题，对于更为复杂的大地模型，需用某种近似的方法计算接收线圈的影响。

对于模拟大多数勘查地球物理问题，接收线圈的直径必须远小于自由空间波长，这样才能使精心设计的线圈和测量仪器如期望的那样只感受磁场。在采用甚高频(UHF)和微波频段模拟传播问题时，从实用的观点出发，只能做到线圈的尺寸比一个波长小得不多。在这种情况下，线圈(即使是做了屏蔽)在感受磁场的同时也部分地感受电场。

10.5 模型材料

在大多数地球物理模拟实验中，位移电流应该是可忽略的。因此，在整个观测时间范围内，所用各种模型材料的参数都应满足条件$\sigma \gg \varepsilon\omega$或$\sigma \gg \varepsilon / t$。并且，除了专门研究高磁导率靶体，模型材料的磁导率必须近似于μ_0。在模拟感应类方法时，满足上述两个要求并不困难。对于大多数模拟实验来说，最重要的考虑是选择电导率变化范围很大的材料，以满足模拟实验对电导率差异的要求。材料的电学性质应是各向同性和线性的，其电导率在观测时间范围内不应随间变化。选择模型材料要考虑的重要因素是强度、加工难度、物理性质相对于时间和温度的稳定性、腐蚀性或毒性(特别是液体)、成本。

表 10.5.1 为模型材料的电导率，只具有表中一种电导率的是纯金属。合金、碳和石墨、各种化合物的电导率可能与表中给出的电导率或电导率取值范围有明显的不同。除非采用纯金属或厂商提供数据的材料，否则实验人员必须测定材料的电导率。

表 10.5.1　模型材料的电导率(Nabighian，1987)

材料	电导率/$(S \cdot m^{-1})$
铝	3.77×10^7
铝(EC 合金)	3.60×10^7
铝(商用合金)	$1.22 \times 10^7 \sim 3.60 \times 10^7$
铋	0.083×10^7
黄铜(黄色)	1.56×10^7
黄铜(红色)	2.12×10^7
青铜，磷	$0.91 \times 10^7 \sim 1.04 \times 10^7$
铜	5.96×10^7
铜(国际炼铜标准)	5.80×10^7
镁	2.38×10^7
铅	0.485×10^7
锰	0.063×10^7
锰铜	2.27×10^7

续表

材料	电导率/(S · m^{-1})
汞	0.10×10^{7}
焊锡	0.68×10^{7}
钢	0.56×10^{7}
不锈钢	1.35×10^{7}～2.34×10^{7}
锡	0.91×10^{7}
钛	0.185×10^{7}
锌	1.68
碳，石油焦炭	1.3×10^{4}～4.4×10^{4}
石墨	0.7×10^{5}～1.6×10^{5}
特级石墨	1.3×10^{6}～1.7×10^{6}
碳化钼	2.2×10^{6}
硅	0.017～10.0
ABS 塑料	0～10^{4}
PLA 塑料	0～10^{4}
Acrylic 类材料	0～10^{4}
尼龙铝粉材料	10～10^{3}
陶瓷	0
树脂，加铜	2.5×10^{4}
玻璃	0
不锈钢	1.35×10^{7}～2.34×10^{7}
银、金和钛金属	0.185×10^{7}～0.5×10^{8}
盐溶液	3.3～80

用混凝土、木头、塑料或其他类似材料可制作模拟理想绝缘体的模型。如果采用多孔材料，应进行密封处理，以防止其尺寸和电导率因浸泡在电解液中而发生变化。将砂或泡沫塑料等多孔材料制成的模型置于导电液体中，可制成电导率小于液体本身电导率的模型。

盐溶液的电导率为 3.3～80S · m^{-1}。实验人员多采用工业盐(主要是 NaCl)溶液模拟导电半空间。NaCl 溶液的电导率不如其他溶液大，它的优点是无毒、腐蚀性弱、便宜。制作盐溶液的简便方法：将干盐放在一小容器内，用泵温水穿过该容器。如果将盐直接放入大水槽内，则需要很长时间盐才能溶解完。NaCl溶液的电导率温度系数大约为3%/℃。在一般情况下，这样的温度系数不会造成严重的问题，但在新制成的盐水与实验室温度平衡的过程中，产生的问题却不容忽视。水槽顶部和底部之间常有温差，因此有必要通过搅拌或循环保持电导率的均匀。

另外，高浓度的盐溶液也可以用来模拟导电矿体，具体做法是：用与盐溶液电导率接近的导电塑料作为材料，采用3D打印技术，将导电塑料打印成三维矿体空腔，将高浓度的盐溶液灌入其中，做好封闭，构建三维导电矿体。用这种方法可以制作任何良导模型。

10.6　测试与标定

为了保证采集数据的质量和精度，必须对模拟实验系统进行测试和标定。首先需要对每个部件进行测试和标定，以确保达到指标要求，然后对全系统进行测试和标定。在组装和测试系统时，有些问题会明显暴露，如部件之间的不协调或信噪比低等；而另一些问题，如寄生场是否产生或对共模电压的敏感程度高低等，暴露得不会那么明显。在采用固定场源或远场源的系统中，应仔细观测一次场在工作区间的分布，并与希望的场分布比较。检查磁场传感器和测量电路系统对寄生电场敏感程度的经验方法是触摸线圈和测量系统的其他部件，要求看不到或只能看到极微小的变化。

完成初步测试和排除已发现的问题之后，须针对“已知”模型进行检查观测以考验系统的性能。已知模型是指响应特性已通过以前的标定测量得到或已通过理论计算求出的模型。对于偶极-线圈系统来说，适合在多个时间道上进行检查观测的模型是水平板。须注意的是，板的水平尺寸必须足够大，以满足在其中心附近观测时可将其视为无穷大的要求。板材的电阻率必须已知或经实测得到，以便计算或从专门的表格中查出其响应。为了避免线圈有一定厚度而造成小误差，最好不要将线圈直接放在金属薄板上。如果将线圈置于厚板的表面上，必须考虑线圈厚度的影响。已有的计算层状大地响应的程序，不适用于有限厚度的情形。将线圈的实际中心点近似作为线圈的计算坐标位置。还有一种模型是垂直薄板，在其上进行剖面观测可以检查响应随距离的变化是否正确。

响应已知的导电性球体也可以用作检查系统性能的模型，用3D打印技术制作球体是很容易的。如果一次场是均匀的，或者场源为近似的线源，长圆柱体是一种很好的验证模型。球体和圆柱体的响应可用三维有限元方法进行数值仿真获得，将模型试验的结果与三维数值仿真的结果进行对比，可以得到模型实验测试精度。

在某些情况下，可能需要对模拟系统进行绝对标定，这时采用独立的回线或长导线做激发源比较合适，因为其一次场容易计算。特别是将接收线圈置于通已知电流的大回线中心，很容易确定系统对磁场的响应情况。为标定土槽中测量电场的电极排列，可在电极间加一独立的已知电压，然后检查系统的读数。为了标定空气中测量电场的探头，需将其置于两块大金属板之间，并在两个金属板间加一已知的电压。金属板间的距离 D，应为探头长度的数倍。如果金属板的尺寸远大于 D，则中心区域的电场近似为 $E=V/D$ 。

第 11 章　地质靶体的瞬变电磁场特征

瞬变电磁法经过近半个世纪的发展，已经取得了巨大成就，特别是在矿产勘查、水资源调查、采空区灾害地质调查等领域应用潜力巨大。地质学家和地球物理学家对地质与地球物理之间的紧密联系环节关注不够，该环节一直是勘查程序中受冷落的环节，讨论瞬变电磁法可能奏效的各种地质靶体及其地质地球物理特征显得非常重要。这些研究或许有助于瞬变电磁法突破勘查矿体、地下水、采空区等传统应用范围，开拓新的应用领域。

成功实施一项勘查计划，可以获得有关地质靶体存在、位置、形状和规模等许多重要信息，勘查能否获得成功，在很大程度上取决于工作开始前的设计，选用哪种方法，怎样确定观测装置和参数。应在实验的基础上，了解靶体的地质、地球物理性质及电磁响应规律，才能做出正确的设计。近年来，勘查地球物理方法的应用范围已从单纯找矿和单个地质体勘查扩展到地下复杂地质填图。由此可见，在开展地质勘查工作前，必须认真了解地质靶体的瞬变电磁场特征，才能做到有的放矢，这样的设计才是符合实际的。要正确地使用某种勘查地球物理方法，地球物理学家至少应对地质靶体及其周围干扰地质体的地球物理性质有初步的了解。物性调查方法通常是野外采集标本、实验室测定参数，可以满足某些勘探方法的要求，但对复杂的勘探方法则不适用。例如，实验室测定的大地介质电性参数，同野外实地观测的结果可能相差甚远。事实上，在实验室不可能模拟野外的真实条件，更没有办法恢复实际地质环境中的不均匀性。

数值模拟技术的发展，为讨论瞬变电磁法可能奏效的各种靶体及其地质与地球物理特征提供了方便，为解决地质与地球物理之间的“弱连结”问题提供了可能，这些讨论或许有助于瞬变电磁法突破勘查复杂矿床的传统应用范围，开拓新的应用领域。

11.1　典型金属矿床瞬变电磁场特征

11.1.1　典型金矿床

某金矿床工作区大地构造位置属秦岭褶皱带南秦岭印支褶皱带凤县-镇安褶皱束(图 11.1.1)，位于山阳-凤镇断裂和镇安-板岩镇断裂南侧，镇安-板岩镇断裂主断层紧靠勘查区北侧通过。长期活动的山阳-凤镇断裂和镇安-板岩镇断裂对沉积环境和后期改造起着重要的制约作用。区域以山阳-凤镇断裂、镇安-板岩镇断裂为界，地层分属礼县-白云地层小区(刘岭分区)、云镇-银花地层小区(镇安小区)、镇安-旬阳地层小区(天竺山小区)。北部礼县-白云地层小区出露地层主要为泥盆系中上统，为一套浅海-半深海浊流沉积碎屑岩、碳酸盐岩复理石建造；中部为云镇-银花地层小区，出露地层主要为泥盆纪、石炭纪浅海陆棚相碎屑岩、碳酸盐岩建造；南部镇安-旬阳地层小区出露元古界震旦纪下统耀岭河群变质中基性-中酸性海相火山岩建造，震旦纪上统浅海潮坪相镁质碳酸盐岩夹泥质岩和硅质岩建造，下古生界寒武纪半深海-浅海陆棚相炭硅质岩、镁碳酸盐岩建造，奥陶纪浅海相镁碳酸盐岩、泥质岩、硅质岩建造，志留纪浅海-半深海砂质泥岩夹硅质岩、碳酸盐岩建造，上古生界泥盆纪浅海-滨海相碎屑岩、泥质岩夹碳酸盐岩建造和石炭纪浅海陆棚相碎屑岩、碳酸盐岩建造。

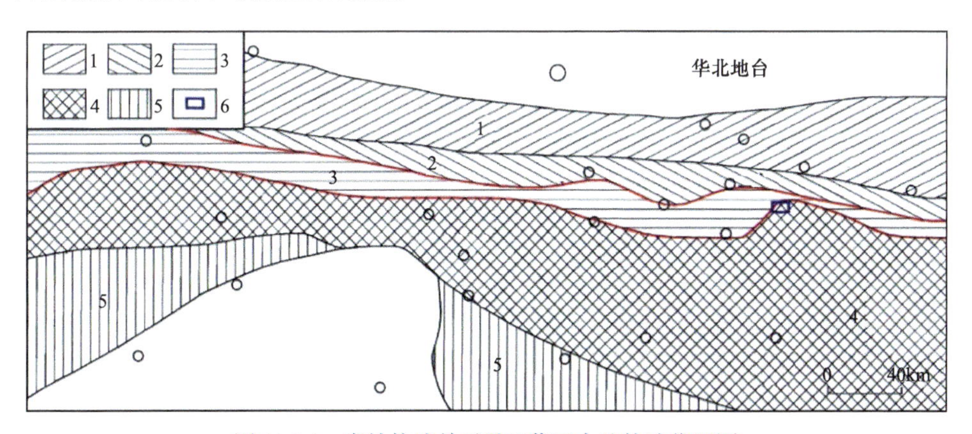

图 11.1.1　秦岭构造单元及工作区大地构造位置图

1-北秦岭加里东褶皱带；2-礼县-柞水华力西褶皱带；3-南秦岭印支褶皱带凤县-镇安褶皱束；4-南秦岭印支褶皱带留凤关-白河褶皱束；5-北大巴加里东褶皱带；6-工作区

区域矿产较丰富，已发现的矿产主要有 Au、V、Fe、Cu、W、重晶石等，区域中发现的矿床和矿点主要沿山阳-凤镇断裂和镇安-板岩镇断裂及其次级断裂展布。

研究发现，该金矿床与黑色岩系有关，金矿主要受断裂构造控制，多与印支期构造-岩浆热液活动有关。该金矿体具有“中阻-弱高极化”的电性特征，与其他岩性之间有较为明显的电性差异。金矿区共圈出 10 余个矿体，其中Ⅰ-1、Ⅰ-2、Ⅰ-3、Ⅰ-3-2、Ⅱ-1、Ⅱ-2、K4-1 矿体规模较大，其他矿体规模较小，控制程度低。经认真研究，认为水沟口组黑色岩系为有利的成矿岩石建造，其中炭硅质板岩是找矿的有利岩性组合标志；工作区内北东—南西走向的陡倾角断裂构造具有多期次活动特征，是主要的含矿、储矿构造，硅化、碳酸盐化的构造角砾岩分段充填部位，是找金的重要标志。该断裂构造带与早期近东西向韧性剪切带交汇、叠加部位片理化带发育地段，是成矿的最有利部位。

根据这一结论，依据区内地质图(图 10.3.13)和钻孔资料连成的金矿体剖面(图 11.1.2)，利用 GeoModeller 软件进行三维地质建模。

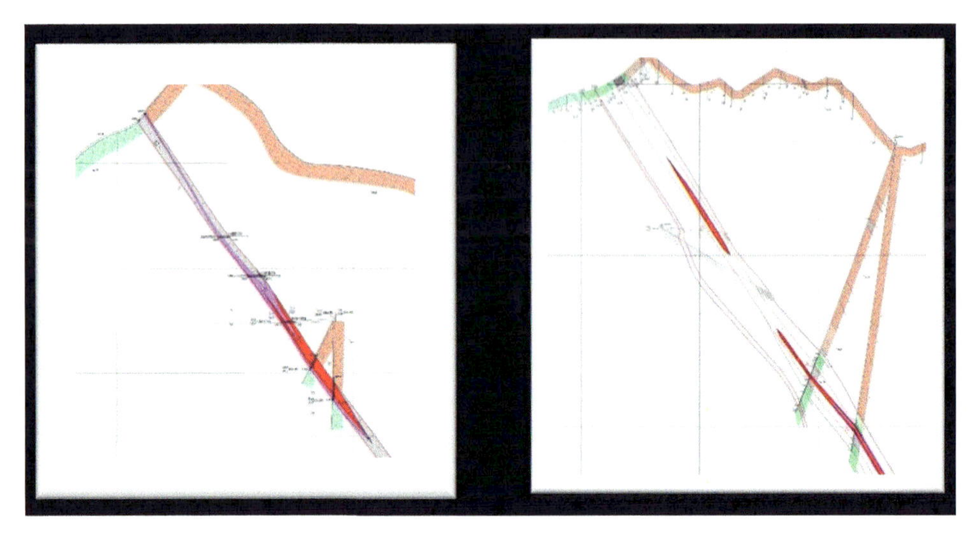

图 11.1.2　金矿体剖面图

绘制地表地层界线图(图 10.3.13)、三维地形图(图 10.3.9)和夏家店金矿区三维建模图(图 10.3.16)。为了对矿体进行三维仿真，将整个矿区用六面体进行剖分，见图 10.3.17。用三维矢量有限元法进行三维仿真计算，得到地表的 B_z，用全域地空视电阻率定义式计算视电阻率，用不同时间做切片，得到由浅(早)到深(晚)的视电阻率平面分布，如图 11.1.3 所示。从不同时间的切平面可以看出，碳硅质板岩向西偏北倾斜，不同深度的异常分布非常清楚，区内的几个主要断裂构造标志也十分清楚。可见，在该区用地空瞬变电磁法找矿可以取得很好的效果。

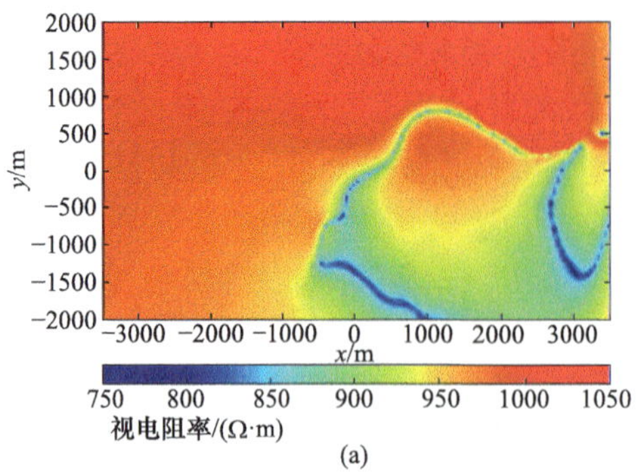

(a)

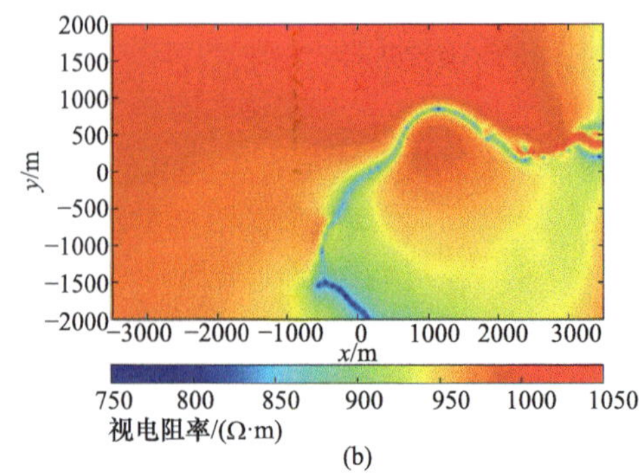

(b)

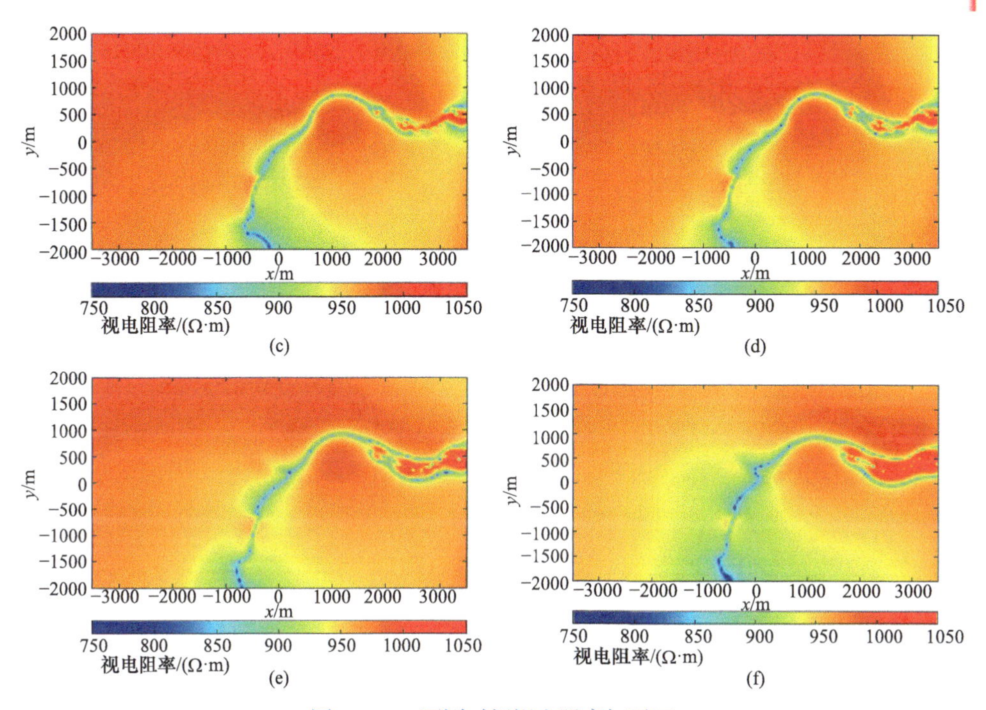

图 11.1.3 不同时间视电阻率切平面

(a) t=0.10ms；(b) t=0.56ms；(c) t=1.00ms；(d) t=1.78ms；(e) t=4.22ms；(f) t=10.00ms

11.1.2 典型铜镍矿床

某硫化铜镍矿床以其巨大的 Cu-Ni-PGE(铂族元素)储量而闻名，是一个出露面积仅 3km^2，而镍金属储量达 546 万 t、岩体矿化率高达 60%的独立超镁铁岩体，随着成功勘探开发，该地成为世界镍金属的主要产地之一，对世界镍金属矿业格局产生重要影响(李文渊，2006；汤中立等，1995；汤中立，1990)。随着勘查技术的进步和对地质认识的提高，该矿产深部和外围找矿是世界矿业界关注的问题。

该区超大型岩浆 Cu-Ni-PGE 矿床形成于中元古代早期北祁连古大陆裂谷拉张初期隆起阶段，大地构造上位于华北古陆阿拉善陆块西南缘龙首山隆起(李文渊，2006)，东西延伸 200km 左右，矿床处于构造转折处(李文渊，2006；汤中立等，1995；汤中立，1990)。

该区含矿超基性岩体以 10°交角不整合侵位于前长城系百家咀子组中，岩体直接与大理岩、混合岩和片麻岩接触。岩体长约 6.5km，宽 20～500m，倾斜延伸数百至千余米，东西两端被第四系覆盖，中部出露地表，上部已遭剥蚀。总体走向 NW50°，倾向 SW，倾角 50°～80°。受后期北东西向压扭性断裂错断，分成相对独立的四段，自西向东分为Ⅲ、Ⅰ、Ⅱ、Ⅳ矿区(汤中立等，1995)，各矿区岩体的规模、形态、产状都有差别，含矿性也不相同，见图 11.1.4。

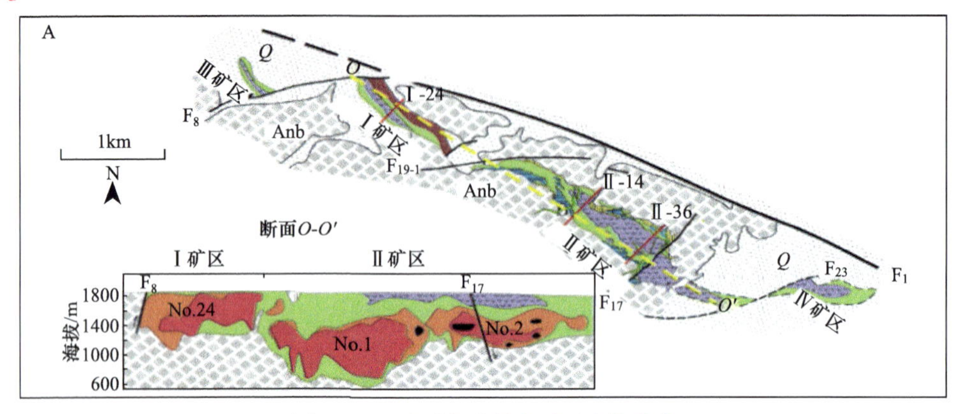

图 11.1.4　含矿超基性各矿区岩体分布

据 Song 等(2012)修编

该铜镍矿床Ⅳ矿区是隐伏矿床，顶部埋深超过 100m。虽然前期开展了一系列钻探工作，但是受钻探深度和钻孔控制范围的限制，尚无法对Ⅳ矿区的成矿潜力做出准确判断，因此开展深部探测、寻找深部岩浆通道成为该铜镍矿床Ⅳ矿区找矿的关键。以往的地球物理勘探成果显示，该矿区围岩主要为花岗岩、大理岩、片麻岩等高阻岩石，铜镍矿床相对围岩具有明显的低阻特征，这为开展地球物理电磁法勘探工作提供了物性基础。

为了研究Ⅳ矿区隐伏矿床地空瞬变电磁场的分布特征，根据已知钻孔揭示的矿体剖面图，设计了Ⅳ矿区测区，如图 11.1.5 所示。

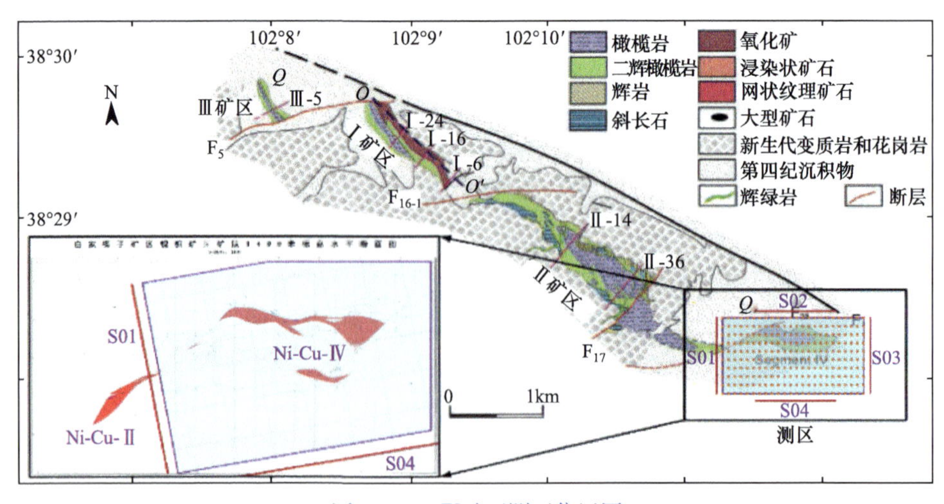

图 11.1.5　Ⅳ矿区测区位置图

据 Song 等(2012)修编

根据该矿区镍铜矿Ⅳ矿区 1400m、1300m、1200m 标高水平断面图及 24、22、

20、18、16、14、12、10、8、6、4 行资源储量估算地质剖面图，划定Ⅳ矿区地层为 Q4、Q2-3、Q1、Mi、ML、Mi2、Sigma、Ni-Cu-Ⅳ共 8 个部分。其中，Q4、Q2-3、Q1 为第四系盖层，Sigma 为包含铜镍矿的超基性岩，区域常见为橄榄岩，Cu-Ni-Ⅳ为目标铜镍矿体。按照区域资料勘探线采用的坐标系，导入所有水平断面图与勘探线剖面图作为约束条件，构建模型如图 11.1.6 所示。

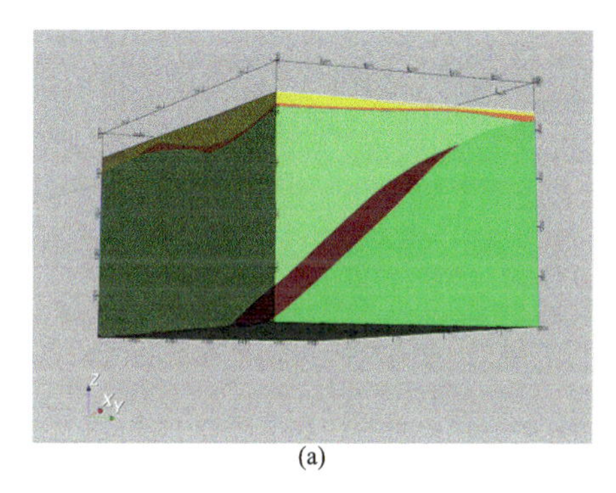

(a)

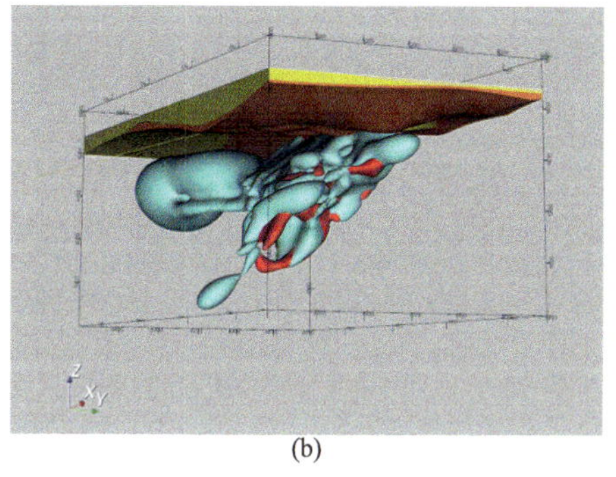

(b)

图 11.1.6　Ⅳ矿区三维地质建模

(a) 三维矿体侧视图；(b) 三维矿体透视图

前人对该矿区岩石的电性参数进行了系统测定，但很少对勘查区进行深入研究。综合不同阶段岩性测定资料发现，矿体与围岩之间的导电性差异是很明显的。矿区不同围岩的电阻率见表 11.1.1。

表 11.1.1　矿区不同围岩的电阻率

岩矿石名称	电阻率/(Ω·m)	
	变化范围	常见值
二辉橄榄岩	85～6670	320
含辉石橄榄岩	240～1100	400
橄榄岩	60～500	300
混合岩	30～400	200
花岗岩	240～1160	700
大理岩	440～620	500
片麻状花岗岩	100～900	600

根据该矿区岩石电性物性数据，设定背景地层电阻率为 320～700Ω·m，第四系盖层电阻率为 200～300Ω·m，橄榄岩电阻率为 320Ω·m，目标矿体电阻率

为 20Ω·m。划定 1500m×1000m 的测线区域，发射源在测区西侧，南北走向，源长 1km。地表高程 1680m，飞行高度 20m。不同标高矿体分布平面、三维正演计算结果经全域视电阻率定义处理得到的切平面见图 11.1.7。

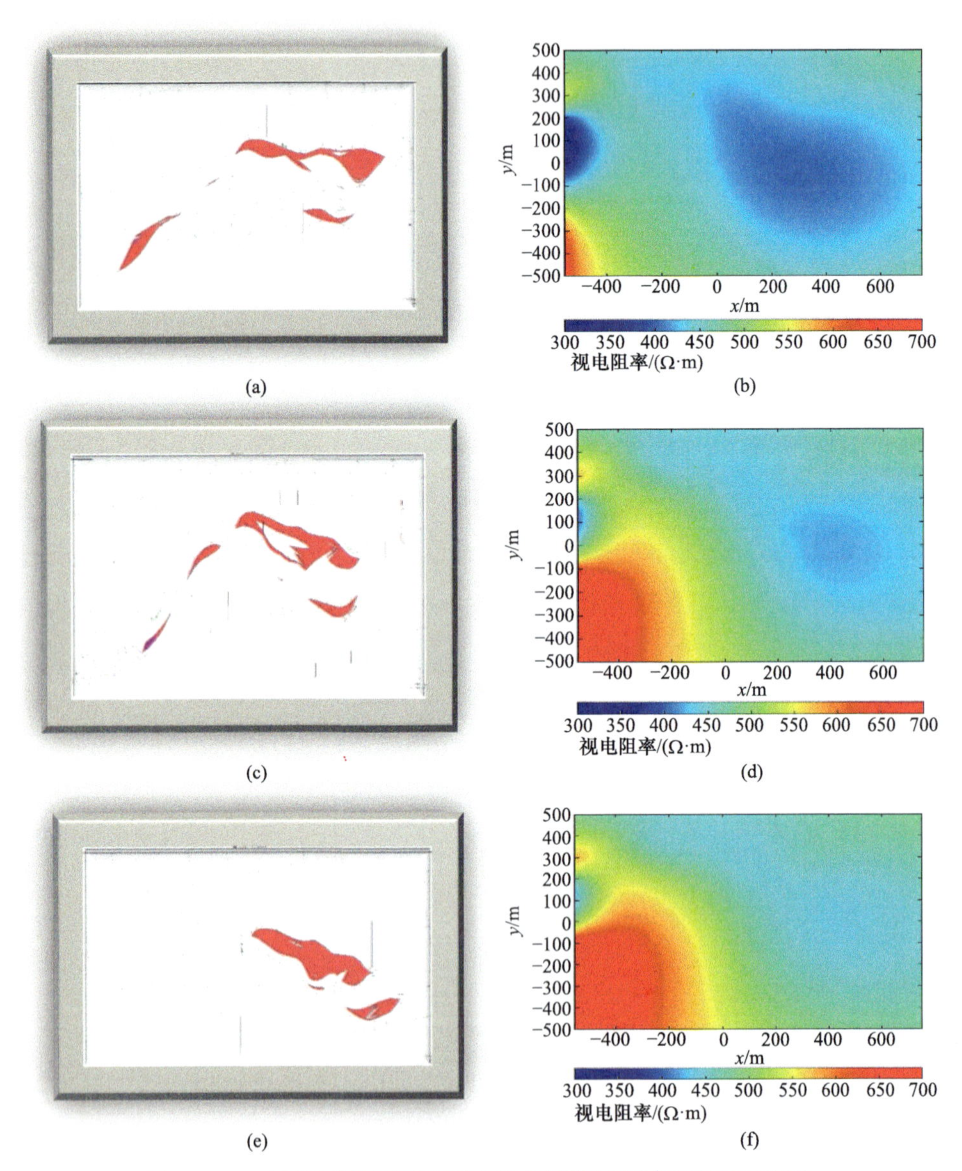

图 11.1.7　矿区Ⅳ矿体不同标高与不同时间视电阻率切平面对比图

(a) 1400m 标高矿体分布平面；(b) t=1.40ms 视电阻率切平面；(c) 1300m 标高矿体分布平面；(d) t=2.50ms 视电阻率切平面；(e) 1200m 标高矿体分布平面；(f) t=4.00ms 视电阻率切平面

从图 11.1.7(a)和(b)可以看出，在 1400m 标高处，一支矿体向西南延伸，主要矿体向东延伸分布且规模大，t=1.40ms 的视电阻率切平面上低阻分布区表现出与矿体分布对应的特征，东南部出现了深部异常的特征。图 11.1.7(c)和(d)中，矿体分布平面与视电阻率切平面完全吻合。图 11.1.7(e)和(f)中，随着下延深度的增加，西南部分矿体逐渐尖灭，相反东南部分矿体规模增加，t=4.00ms 视电阻率切平面表现出完全相同的特征。

11.2　城市地下复杂模型瞬变电磁场特征

城市地下的目标体功能各异，尺度大小各异，探测环境复杂，对电磁探测方法提出了挑战。现有的地球物理方法难以在辐射强度、辐射能量转化效率及分辨能力等方面满足城市地下空间多尺度目标体的探测任务要求。因此，提出一种基于高性能辐射源的城市地下空间多尺度目标体的探测方法，为日后城市地下空间探测的装备制造和解释方法提供参考。

11.2.1　城市地下空间的建模与辐射源结构设计

不良地质体会对城市建筑物造成不同程度的损害，因此在探明城市地下空间的同时，有必要考虑对城市地下不良地质体进行勘查。城市地下空间和高性能瞬变电磁辐射源的模型设置见图 11.2.1。

图 11.2.1 中设置了五种城市地下的常见地下模型，分别为最上层的管线、地下商场、地下通道、仓库和城市活断层。管线埋深为 5m，地下商场深度为 10m，地下通道深度为 30m，仓库深度为 50m，城市活断层深度为 70m。辐射源位于地面，大地电阻率设为 100Ω·m，表 11.2.1 为模型城市地下结构的电阻率。以上模型均考虑中空结构，模型设计更加符合实际，使得数值仿真难度加大，模型剖分更加细微，每次正演的方程阶数均在 200 万以上。

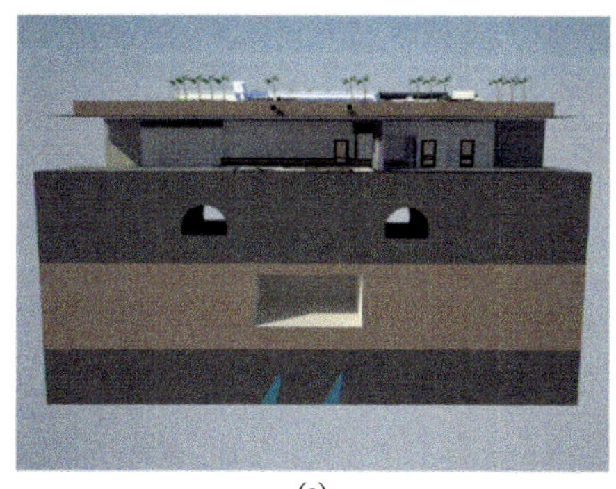

(a)

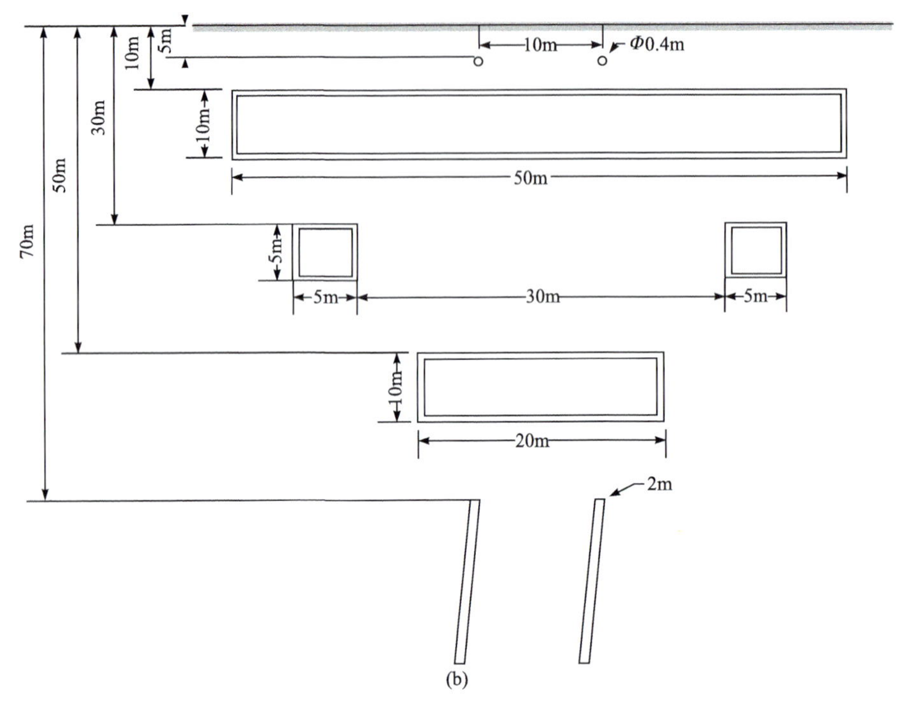

图 11.2.1　城市地下空间示意图及模型

(a) 城市地下空间示意图；(b) 城市地下空间模型

表 11.2.1　模型城市地下结构电阻率

结构名称	电阻率/(Ω·m)	结构说明
管线(管壁)	0.1	管壁厚 5cm
管线(内部)	100000	空气
地下商场(外墙体)	0.01	外墙体(中间含钢筋)厚 60cm
地下商场(内部)	100000	空气
地下通道(外墙体)	0.001	外墙体(中间含钢筋)厚 60cm
地下通道(内部)	100000	空气
仓库(外墙体)	0.01	外墙体(中间含钢筋)厚 60cm
仓库(内部)	100000	空气
城市活断层	10	中间充水、充泥

11.2.2　高性能瞬变电磁喇叭源的设计

图 11.2.2 所示的高性能瞬变电磁喇叭源为城市探测时所用辐射源(李文翰等，2018)。考虑到需要尽可能增大辐射源的探测范围和辐射强度，在喇叭源的前端开

口处添加外沿。辐射源的尺寸：末端口径为 0.2m×0.2m，辐射源前端口径为 1.2m×1.2m，梯形板长度为 1.89m，梯形板前端外沿宽度为 0.6m。与现有喇叭辐射源不同，瞬变电磁喇叭源的电流密度在辐射源上是均匀分布的。因此，在施加激励时，应使偶极子均匀排列在梯形板上。由于天线在辐射时电流均匀加在金属导电梯形板上，电流密度是均匀分布的，供电电流设置为 20A。

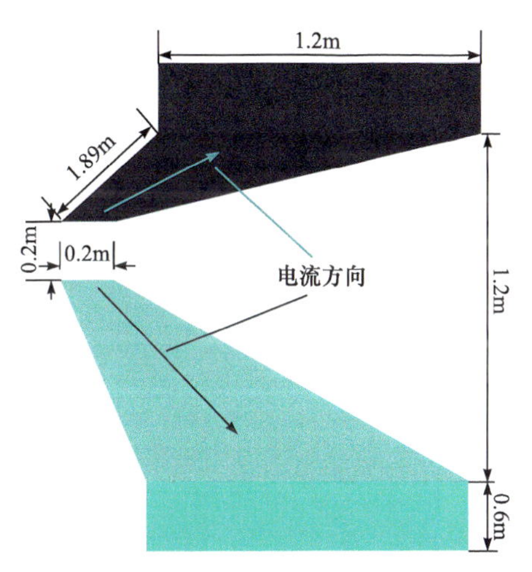

图 11.2.2　高性能瞬变电磁喇叭源结构示意图

由于瞬变电磁喇叭源属于面电流发射，在计算此种辐射源时，需要对偶极子源进行面积积分才能得到场的值。设辐射源的梯形板为 m 行，对每行偶极子进行均匀排布。图 11.2.3 为瞬变电磁喇叭源天线电流密度在梯形板上的施加方法。

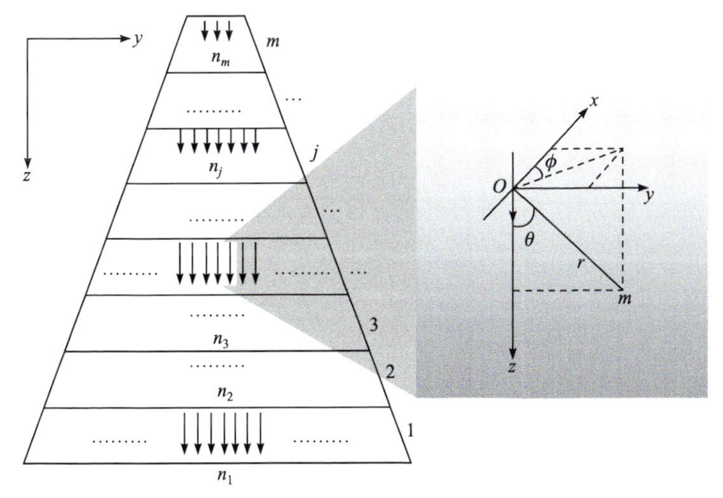

图 11.2.3　瞬变电磁喇叭源天线电流密度施加方法示意图(李文翰，2019)

由于瞬变电磁喇叭源是由大量偶极子均匀排列而成的，因此先计算单一偶极子在全空间下的辐射场，再对偶极子沿 y 方向进行积分，得到一行偶极子辐射场(李文翰，2019)。以此类推，计算每一行的辐射场，最后将每一行的场相加，得到一整块梯形辐射源的场，保证电流密度在辐射源上均匀分布。现有的有限元仿真方法多加载线电流源，但如图 11.2.3 显示的那样，瞬变电磁喇叭源不可能加载线电流源进行模拟。因此，在有限元线电流源加载的基础上对辐射源加载的方法进行改造(李文翰，2019)。矢量有限元的瞬变电磁喇叭源加载方法如图 11.2.4 所示。

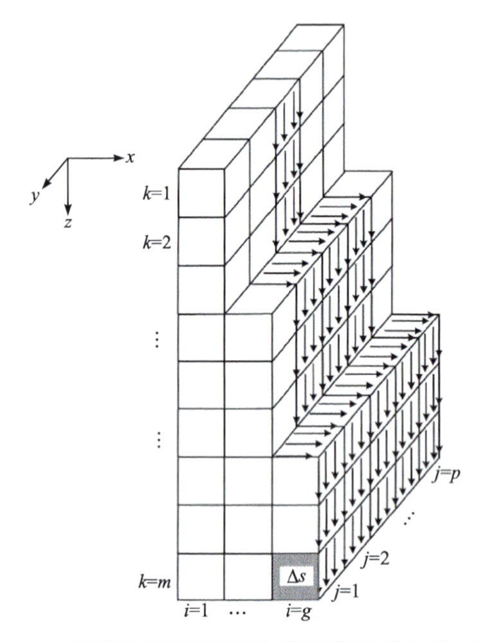

图 11.2.4　瞬变电磁喇叭源的加载示意图(李文翰，2019)

图 11.2.4 中，i、j、k 为 x、y、z 三个分量上的网格节点编号，g 为喇叭源沿 x 方向的单元总数，p 为喇叭源沿 y 方向的单元总数，m 为喇叭源沿 z 方向的单元总数，Δs 为辐射源施加单元的侧面积。值得注意的是，在一个网格中的电流 I 实际上是宽度为 Δy 的面电流。因为电流仅在导体表面流动，所以电流沿 x 方向的厚度应为零，一个单元中的面电流密度为 $J_z(y_s)=\dfrac{I(t)}{\Delta x}$。将该项加载到有限元的方程中，就可以实现高性能瞬变电磁喇叭源的数值计算。

11.2.3　高性能瞬变电磁喇叭源的辐射特性分析

由于瞬变电磁喇叭源的特殊几何结构和激发方式，其具备良好的辐射方向性，同时由于辐射能量集中在辐射源的前端，辐射能量可以被高效利用。相比现有的开放式辐射源，瞬变电磁喇叭源的抗干扰能力更好，辐射能力更强，尤其是对城市地下空间探测具有良好的适应性。本小节根据高性能喇叭源不同辐射时刻的电场断面，说明辐射源的辐射方向性。为了与瞬变电磁法的探测规律对应，此处选取的观测时刻均处于脉冲关断时间附近。取脉冲刚刚开始关断的时刻 1×10^{-7}s，脉冲关断中期的时刻 5×10^{-7}s，脉冲关断末期的时刻 1×10^{-6}s。由图 11.2.5 可以看出高性能瞬变电磁喇叭源的辐射方向性。

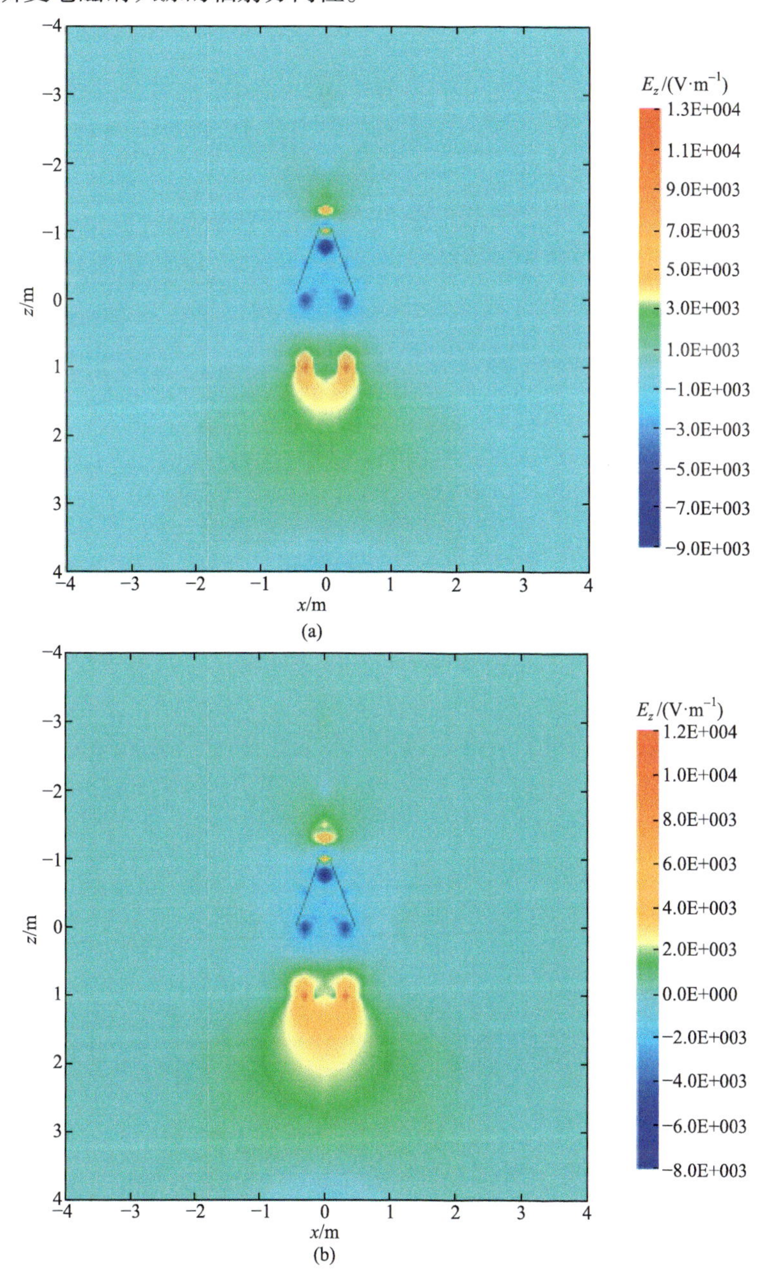

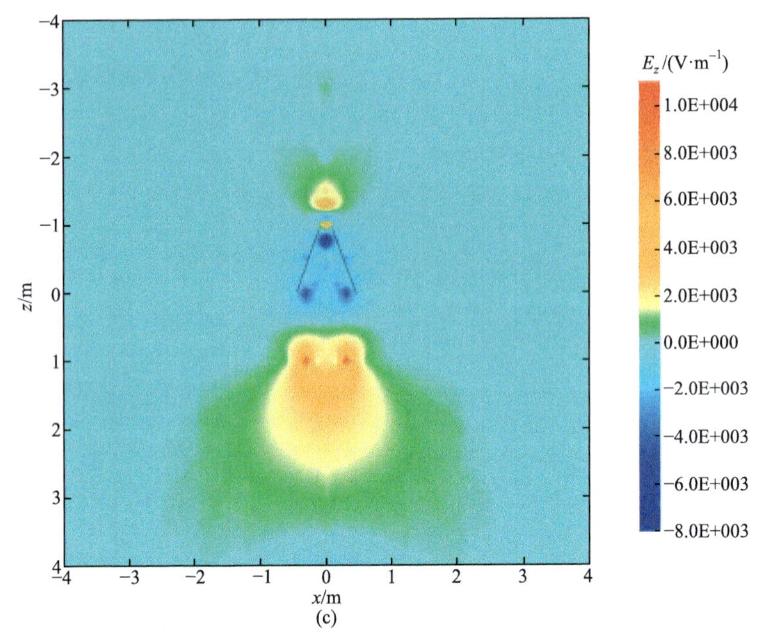

(c)

图 11.2.5　不同时刻高性能瞬变电磁喇叭源电场分布

(a) t=1×10^{-7}s；(b) t=5×10^{-7}s；(c) t=1×10^{-6}s

当持续时间为 1×10^{-7}s 时，辐射源的两侧没有电场分布，辐射源的后方电场强度很弱，几乎没有电场分布。电场的能量集中在辐射源的前端和内部，说明辐射源在脉冲刚开始关断时对电场具有明显的聚束效果。随着关断时间的推移，当时间为 5×10^{-7}s 时，瞬变电磁喇叭源的前端电场呈扩散趋势，辐射源内部的电场分布没有变化，辐射源后端的电场有微弱的扩散趋势，但辐射源的主要辐射场依然集中在辐射源的前端。当时间为 1×10^{-6}s，即脉冲完全关断时，辐射源的内部电场分布依然没有变化，辐射源的前端电场扩散效果更加明显，同时辐射源的后方电场扩散效果依旧不如辐射源的前端电场。高性能瞬变电磁喇叭源的辐射过程不会受到辐射源后方导电体或干扰的影响，同时不会损害辐射源后方的激发装置。对于城市地下空间这类需要排除干扰、增强辐射能力的探测对象，高性能瞬变电磁喇叭源比现有瞬变电磁辐射源更具优势。

通过数值模型试验，可以对比高性能瞬变电磁喇叭源与现有瞬变电磁辐射源在模型体分异能力上的不同。设回线源边长为 1.8m，输入电流为 20A，施加脉冲宽度为 100μs。喇叭源前端口径为 0.6m×0.6m，后端口径为 0.1m×0.1m，辐射源的梯形板长度为 1.34m，输入电流同样为 20A。由于在全空间下对比辐射源的发射过程，这里所有辐射源施加脉冲宽度均为 500ns。高性能瞬变电磁喇叭源由大量单一偶极子按一定空间构型叠加而成，其辐射能力远强于单一偶极子。现有瞬变电磁辐射源一般是回线源，接收磁场信号，磁场的 z 分量是最强的场量，而高性能瞬变电磁喇叭源的最强场量是电场的 z 分量。一般情况下，现有回线源探测时只接收感应电动势信号，即磁场强度的时间导数，而不是磁场信号。因此，可以对比两种辐射源场量的辐射量级，并以此对比两种辐射源的辐射能力。这里辐射源的位置都在原点处，脉冲关断后的观测时间点均取 50ns、200ns 和 400ns 三个时刻。现有瞬变电磁辐射源和高性能瞬变电磁喇叭源的场量见图 11.2.6。

从图 11.2.6(a)可以看出，现有瞬变电磁辐射源在脉冲关断 50ns 时，二次场在 300m 处感应电动势已趋于零值；由图 11.2.6(c)可知，当脉冲关断 400ns 时，二次场在 600m 处感应电动势的量值为 1×10^{-8}V，已趋于零值。从图 11.2.6(d)可以看出，高性能瞬变电磁喇叭源在脉冲关断 50ns 时，电场 z 分量零值线已经超过 1000m；由图 11.2.6(f)可知，当脉冲关断 400ns 时，600m 处的电场 z 分量仍保持在 $1\times10^{-4}\text{V}\cdot\text{m}^{-1}$，零值线远超过 1000m。对比图 11.2.6(c)与图 11.2.6(f)的结果，现有瞬变电磁辐射源零值线出现的位置距离辐射源 600m 左右，而高性能瞬变电磁喇叭源的零值线已远远超过 1000m，说明高性能瞬变电磁喇叭源的辐射能力远远

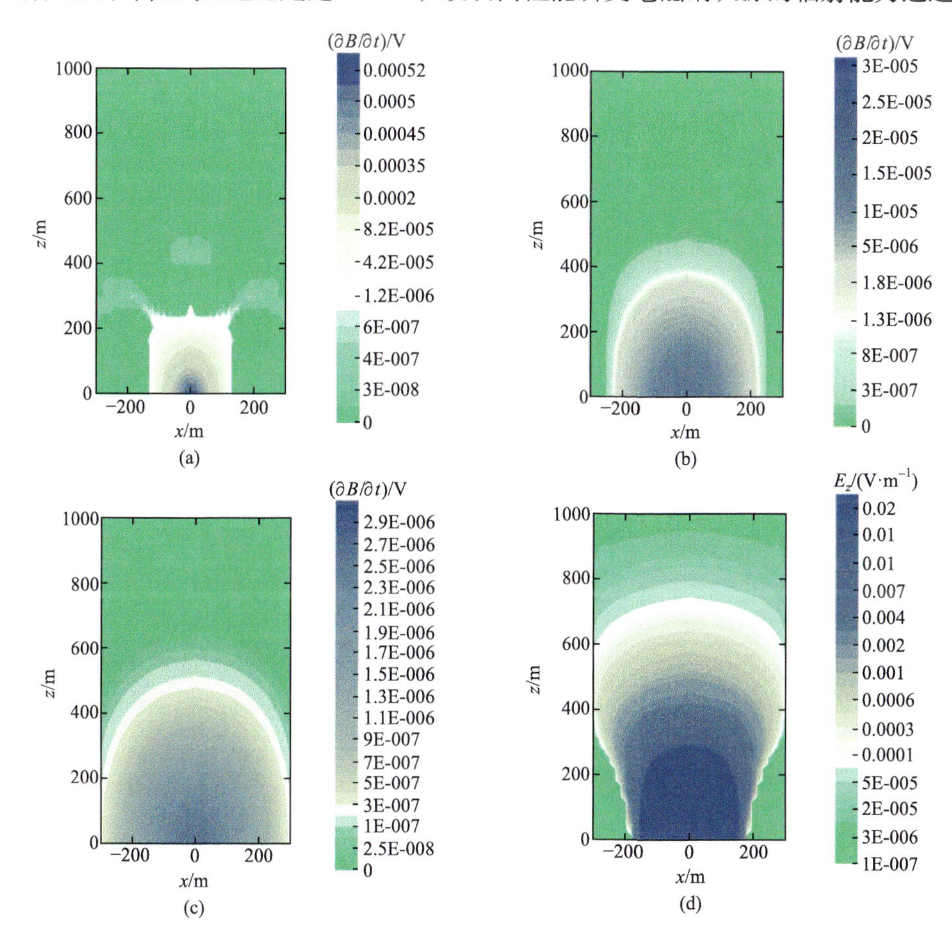

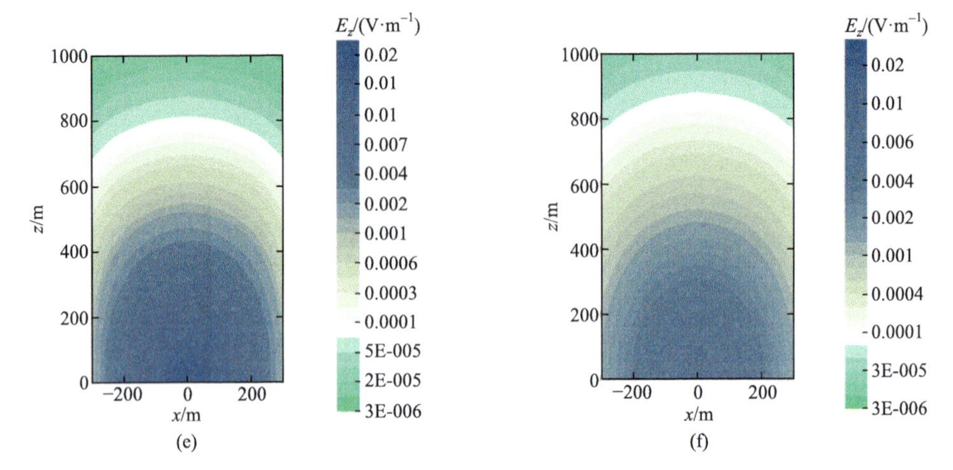

图 11.2.6　现有瞬变电磁辐射源与高性能辐射源场量对比(李文翰，2019)

(a) 关断时间为 50ns 时现有瞬变电磁辐射源感应电动势 z 分量断面；(b) 关断时间为 200ns 时现有瞬变电磁辐射源感应电动势 z 分量断面；(c) 关断时间为 400ns 时现有瞬变电磁辐射源感应电动势 z 分量断面；(d) 关断时间为 50ns 时高性能瞬变电磁喇叭源电场 z 分量断面；(e) 关断时间为 200ns 时高性能瞬变电磁喇叭源电场 z 分量断面；(f) 关断时间为 400ns 时高性能瞬变电磁喇叭源电场 z 分量断面

强于传统回线源。因此，高性能瞬变电磁喇叭源更适合探测距离远、分辨率需求高的小尺度目标体。

11.2.4　基于多脉冲扫描的城市地下空间多分辨分析

选取脉宽为 30μs、100μs、170μs、240μs、300μs 的五个方波作为激发脉冲，激发电流设为 20A。将不同脉冲的电场断面进行相关处理，可以得到五个脉冲相关后电场断面。为了减小数据损失，对五个脉冲进行逐次相邻脉冲相关，由于篇幅限制，无法将所有脉冲的电场断面全部列出，这里选取具有代表性的脉宽 170μs 脉冲电场断面与相关后电场断面对比。图 11.2.7 为脉宽 170μs 脉冲电场断面与相关后电场断面。

从图 11.2.7(a)～(c)可以看出，脉宽 170μs 脉冲的响应分布随时间的推移逐渐向地下移动。脉冲刚关断时(0.6μs)，位置相对浅的管线明显体现出来，而管线以下的异常体无法分辨；当脉冲关断 7μs 时，分别位于地下 30m 和 50m 处的地下通道和仓库开始出现响应分布；当脉冲关断 100μs 时，分别位于地下 50m 和 70m 处的仓库和小型活断层的上端出现电场分异，此时地下通道部分的电场分异最为明显(高于其他位置 4 倍)。图 11.2.7(d)～(f)为五个脉冲相关后电场断面。刚关断时，分别位于地下 5m 和 10m 的管线和地下商场已经完全体现出来，而地下通道和仓库只出现模糊的轮廓，相比单一脉冲的断面，五个脉冲相关后的断面在相同时刻可以分辨更多的地下目标体；当关断 7μs 时，电场分异特性相比单一脉冲没

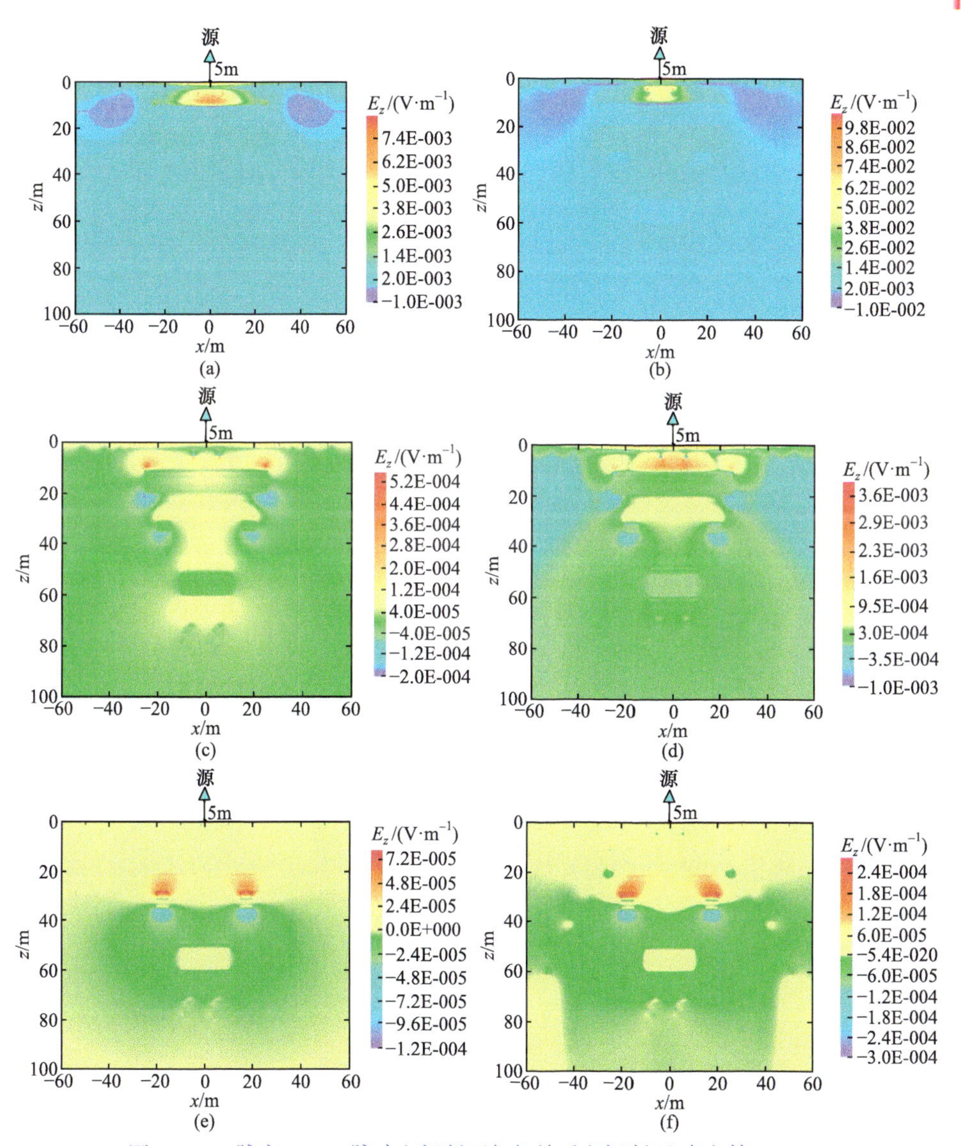

图 11.2.7　脉宽 170μs 脉冲电场断面与相关后电场断面(李文翰，2019)

(a) 脉宽 170μs 脉冲关断 0.6μs 时电场 z 分量断面；(b) 脉宽 170μs 脉冲关断 7μs 时电场 z 分量断面；(c) 脉宽 170μs 脉冲关断 100μs 时电场 z 分量断面；(d) 关断 0.6μs 时五个脉冲相关后电场 z 分量断面；(e) 关断 7μs 时五个脉冲相关后电场 z 分量断面；(f) 关断 100μs 时五个脉冲相关后电场 z 分量断面

有明显的提高；当关断 100μs 时，断层的响应明显出现，比图 11.2.7(c)中单一脉冲激发的结果更加明显。从图 11.2.7 不难看出，对于分辨多尺度、多深度的地下异常体，多脉冲激发可以更加有效地分辨异常体的具体位置和空间构型。多脉冲激发比单脉冲激发具备更丰富的谐波成分，因此多脉冲激发是探测深层小尺度异常体的良好选择。

11.2.5 基于微分脉冲扫描的城市地下空间多分辨分析

1. 单微分脉冲与单脉冲仿真对比

本小节选取脉宽 60μs 脉冲进行微分脉冲激发和单脉冲激发的电场响应对比。为了使对比更具一般性，考虑使用多分量对比。由于异常体沿 x 轴向放置，测点和源的移动方向为 x 轴方向，因此切向分量取电场 x 分量；如果将辐射源水平旋转 90°，则 x 轴方向与 y 轴方向互换，此时可取 y 分量。图 11.2.8 为脉宽 60μs 脉冲的电场断面对比。

从图 11.2.8 可以看出，微分脉冲激发的二次场场值明显大于传统单脉冲激发的二次场场值。对比图 11.2.8(a)和(e)可知，微分脉冲激发的二次场响应，异常体边界更加明显，尤其对地下通道和仓库具有更强的分异效果。对比图 11.2.8(b)和(f)可以看出，微分脉冲激发的二次场响应，在地下活断层的顶界面处具有更清晰的分异效果，说明微分脉冲激发可以使二次响应具备分辨深层小尺度异常体的能力。图 11.2.8(c)和(g)的对比说明，微分脉冲在地下管道处出现明显的异常，单脉冲激发时地下管道处没有异常响应出现。对比图 11.2.8(d)和(h)可知，微分脉冲作

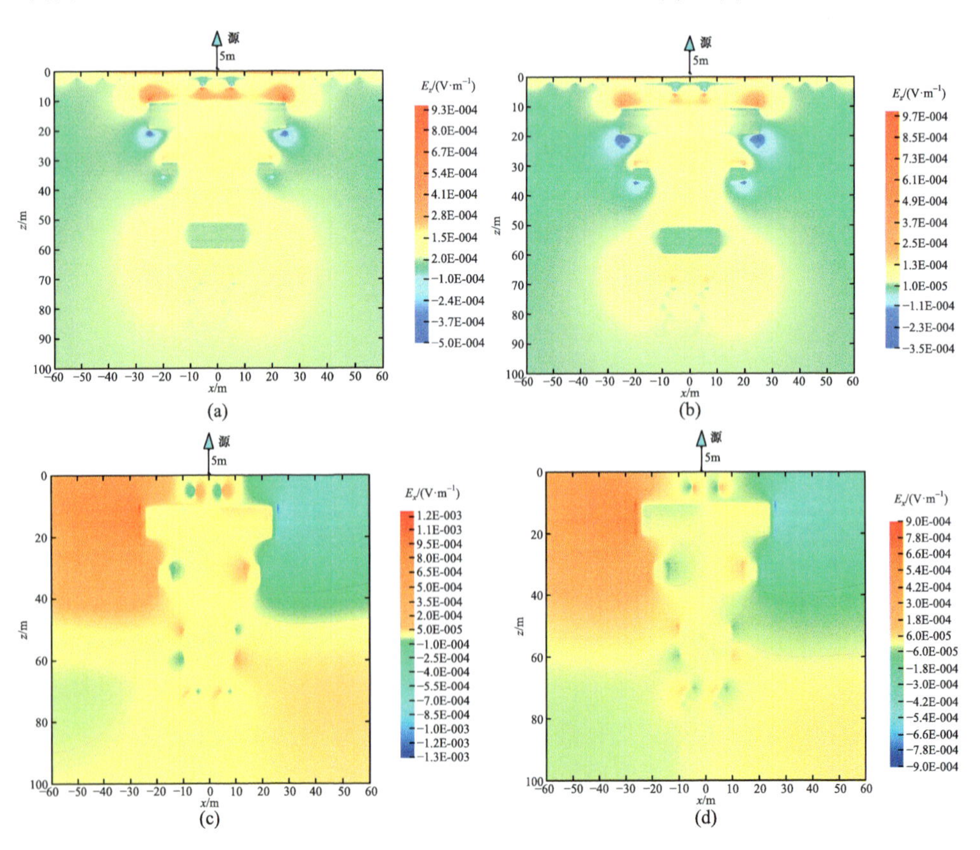

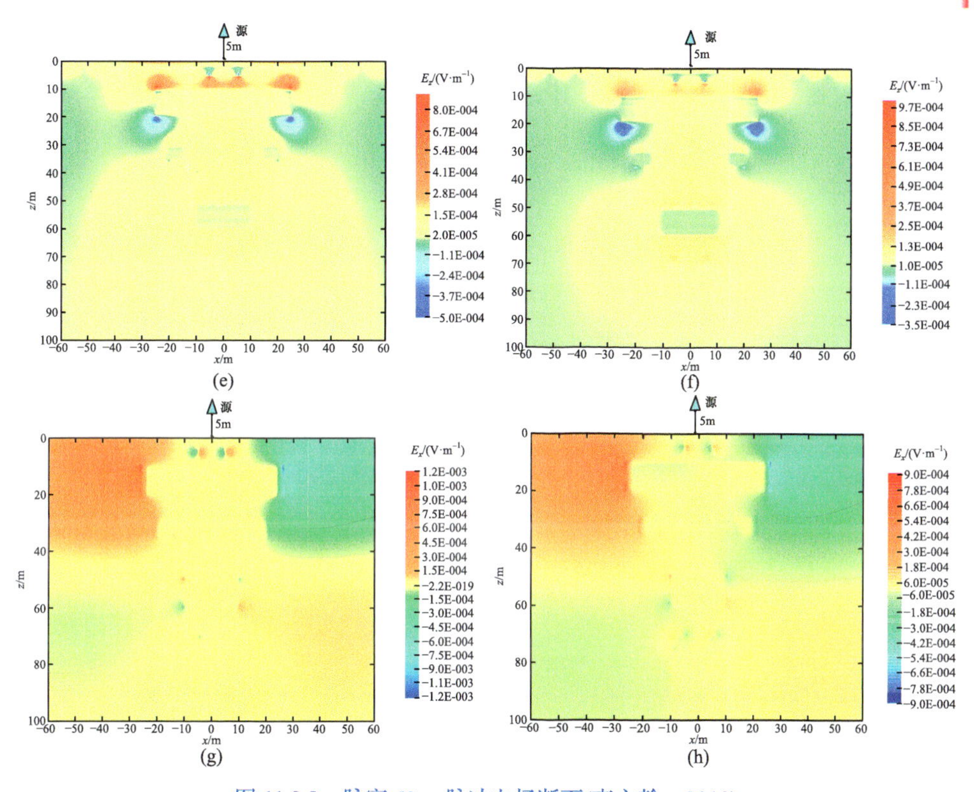

图 11.2.8　脉宽 60μs 脉冲电场断面(李文翰，2019)

(a) 微分脉冲激发，脉冲关断 1μs 时电场 z 分量断面；(b) 微分脉冲激发，关断 10μs 时电场 z 分量断面；(c) 微分脉冲激发，关断 1μs 时电场 x 分量断面；(d) 微分脉冲激发，关断 10μs 时电场 x 分量断面；(e) 单脉冲激发，关断 1μs 时电场 z 分量断面；(f) 单脉冲激发，关断 10μs 时电场 z 分量断面；(g) 单脉冲激发，关断 1μs 时电场 x 分量断面；(h)单脉冲激发，关断 10μs 时电场 x 分量断面

为激励脉冲可以更好地确定地下各异常体的位置，而单脉冲激发则无法将所有异常体的响应完全体现出来。从图 11.2.8 的对比结果可知，电场的不同分量具有特定的分辨特性，电场 z 分量对各层异常体均有较好的分辨能力，电场 x 分量则对异常体的侧面边界具有更好的分异能力。同时，微分脉冲激发可以加强电场各分量的异常响应，对于结构复杂的城市地下空间来说，微分脉冲激发比传统单脉冲激发具有更高的辐射利用效率和分辨能力。

2. 微分脉冲扫描仿真效果

本小节选取脉宽 30～120μs 的 10 组脉冲进行滚动叠加计算。由于涉及滚动叠加，多分辨的响应结果幅值大于单分辨的响应结果。图 11.2.9 为多分辨响应结果。

对比图 11.2.8 和图 11.2.9 可以看出，多分辨的电场分异结果明显优于单分辨分异结果。图 11.2.9(a)与图 11.2.8(a)相比，多分辨结果在地下商场边界处清晰可见，地下通道与仓库的边界与背景场仍保持明显差异，城市活断层的上界面也出

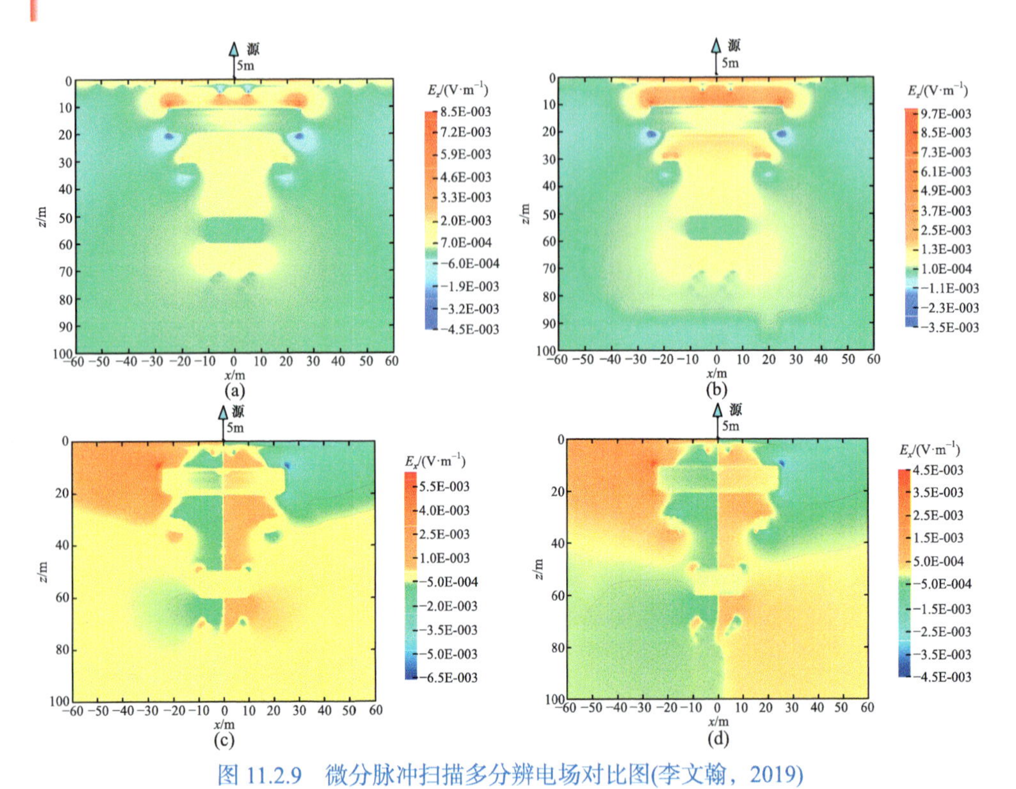

图 11.2.9　微分脉冲扫描多分辨电场对比图(李文翰，2019)

(a) 微分脉冲激发，关断 1μs 时电场 z 分量断面；(b) 微分脉冲激发，关断 10μs 时电场 z 分量断面；(c) 微分脉冲激发，关断 1μs 时电场 x 分量断面；(d) 微分脉冲激发，关断 10μs 时电场 x 分量断面

现响应；单分辨结果在地下商场处则没有明显分异，地下通道和仓库的响应分异较为清晰，但城市活断层的响应很不明显。图 11.2.9(b)和图 11.2.8(b)相比，多分辨结果对地下所有异常体都具有明显的分异特征，单分辨结果对地下商场和城市活断层没有清晰的分异效果。对比图 11.2.9(c)和图 11.2.8(c)可知，多分辨电场 x 分量可以清晰地划分地下商场和仓库的边界，而单分辨结果仅能显示地下商场和仓库的侧边位置。对比图 11.2.9(d)和图 11.2.8(d)，多分辨电场 x 分量可以清晰地确定地下所有异常体的边界；相比单分辨结果，多分辨结果能够更准确地反映地下各尺度异常体的位置信息。图 11.2.9 与图 11.2.8 的对比结果表明，仅用单一脉冲作为激发脉冲，无法兼顾所有时间的分辨率，导致成像精度降低。多分辨结果在不同时间均获得清晰的异常体分异，说明多脉冲激发比单脉冲激发具备更丰富的谐波成分，因此多脉冲激发是探测深层、小尺度异常体的良好选择。

实际工作中，电磁场的数据采集一般在地表进行，从地表的电磁场信息中提取地下高分辨电磁场信息是困难的。为了显示地下电磁场的变化特征，一般采用断面图的方式。10 个脉冲瞬变电磁场经滚动相关叠加的多分辨电场二次衰减场时间断面如图 11.2.10 所示。

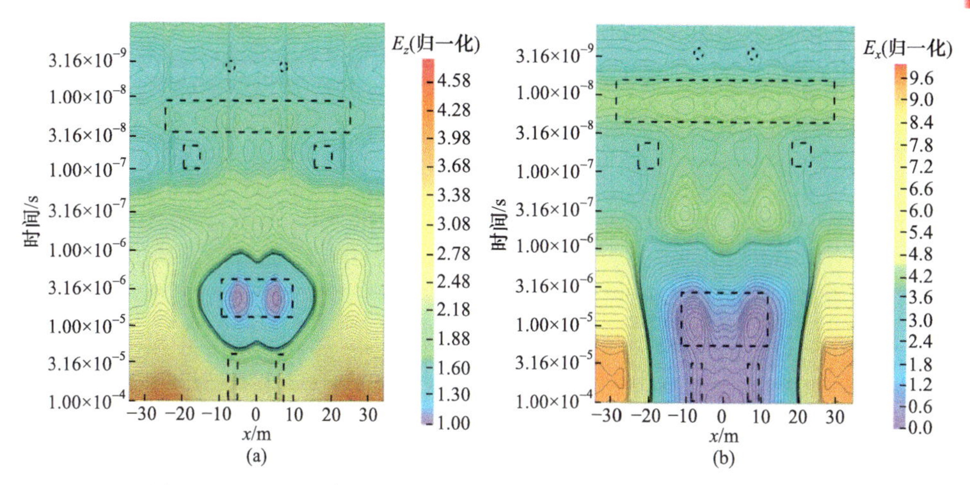

图 11.2.10　10 脉冲相关后电场二次衰减场时间断面(李文翰，2019)

(a) 电场 z 分量二次衰减场时间断面；(b) 电场 x 分量二次衰减场时间断面

由于地下异常体尺寸差异很大，对图 11.2.9 中的电场值进行归一化处理。从图 11.2.10(a)可以看出，电场 z 分量的时间断面可以准确圈定地下异常体的位置。关断时间为 5×10^{-9}s 时，x 轴±5～±6m 处出现管线的响应；关断时刻为 2×10^{-8}s 时，出现地下商场的响应；关断时间 1×10^{-7}s 以后，地下商场异常消失，但由于“影子”效应的影响，管线的影响依然存在；当时间持续到 3×10^{-7}s 时，仓库的影响体现出来；当时间持续到 2×10^{-6}s 时，x 轴±5m 处又出现异常响应，说明城市活断层的响应已经出现。图 11.2.10(b)为电场 x 分量的时间断面，从图中的分异情况来看，电场 x 分量对异常体的分异能力不如电场 z 分量，管线和地下通道的响应不如电场 z 分量明显，但仓库的侧边界位置比 z 分量时间断面的位置更准确。通过多脉冲的共同作用，可以得到五层尺度不一的地下异常结构，说明多分辨分析可以对不同深度、不同尺度的复杂异常体进行高清晰度的分辨，为地下空间的“透明”探测提供了可能。图 11.2.9 的结果依然存在“影子”效应，当对采样信号进行分析时，难以区分小尺度异常体与大尺度异常体的界限，因此需要采用不同孔径对探测结果进行多尺度提取。

11.2.6　城市地下空间的多尺度信息提取

1. 基于多脉冲扫描的城市地下空间的多尺度信息提取

多尺度提取，即利用不同孔径对多分辨数据进行处理。不同孔径对应的探测深度、分辨能力各不相同。小孔径对深度浅、尺寸小的异常体分辨有优势；相反，大孔径对深度深、尺寸大的异常体分辨有优势。通过不同孔径的联合分析，可以针对特定的深度区域进行响应提取处理，在多分辨分析的基础上，进一步优化多测道探测结果。本小节选取孔径大小为 3 点、5 点、7 点和 9 点这四种孔径对多分辨数据进行处理，其目的是通过逐步改变孔径范围，了解孔径大小对不同区域异常体探测的影响。图 11.2.11 为不同孔径大小的电场时间断面。

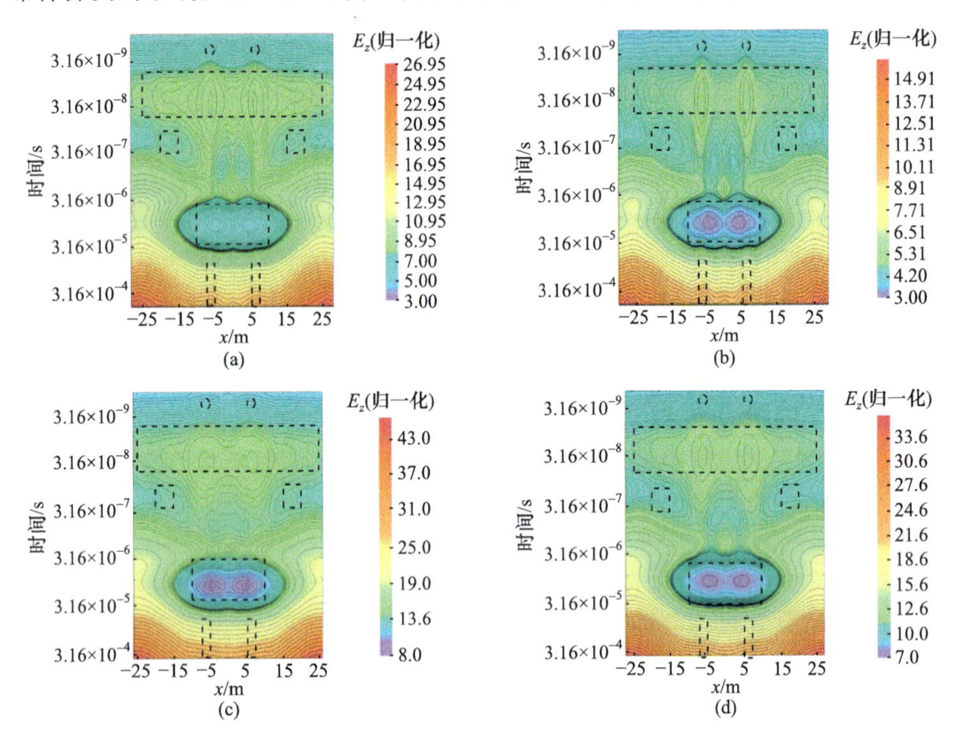

图 11.2.11　不同孔径大小的电场时间断面(李文翰，2019)

(a) 孔径大小为 3 点的电场时间断面；(b) 孔径大小为 5 点的电场时间断面；(c) 孔径大小为 7 点的电场时间断面；(d) 孔径大小为 9 点的电场时间断面

从图 11.2.11(a)可以看出，孔径大小为 3 点时，尺寸较小的管线和活断层在横向和纵向都具有明显的分异效果。在多分辨数据中，横向分辨清晰，但纵向分辨能力较弱。比较图 11.2.11(a)和图 11.2.9 可以看到，图 11.2.11(a)的管线“影子”效应已经有所减弱。图 11.2.9 在 3.2×10^{-6}s 时依然存在较强的管线响应，但图 11.2.11(a)中管线的“影子”在此时已经基本消失。在实际探测工作中，低纵向分辨力会影响深度的估测，导致异常体的深度无法准确地测定。对比图 11.2.11(b)和图 11.2.9 可知，随着孔径尺寸的增大，对小尺度异常体的分辨能力减弱，而地下商场、地下通道和仓库的响应逐渐增强。图 11.2.11(b)中地下通道外侧的扰动减小，地下商场的响应趋于平稳，且形成完整的闭合等值线。尽管图 11.2.11(b)中管线和活断层的响应不如图 11.2.11(a)明显，但在 3.2×10^{-6}s

处管线与活断层的纵向分异更加明显。图 11.2.11(a)和图 11.2.11(b)显示，小孔径适合分辨管线和地下活断层这类小尺度的目标体，但对地下商场、仓库一类的大型目标体分异能力一般。

加大孔径尺寸，大尺度目标体更易被发现。对比图 11.2.11(c)和图 11.2.9 可以看到，商场的闭合等值线更加贴近真实目标体的形态，但管线和活断层的响应明显减弱，地下通道的分异与图 11.2.9 相比也存在一定程度的减弱。对比图 11.2.11(d)和图 11.2.9 可以看到，孔径为 9 点时除地下商场和地下仓库响应外，各项目标体的分异能力均大幅下降，说明 9 点孔径只适合探测前文所述的大型地下模型。由图 11.2.11 可知，只有选取合适的孔径大小才能达到多尺度探测的效果，并非孔径越大越好或越小越好。不合适的孔径大小，不但不能达到多尺度探测的效果，相反还可能降低原有多分辨探测的分辨能力。

2. 基于微分脉冲扫描的城市地下空间的多尺度信息提取

本小节选取 3 点、5 点、7 点和 9 点四种孔径对基于微分脉冲扫描的多分辨数据进行处理，其目的是通过逐步改变孔径范围，了解孔径大小对不同区域异常体探测的影响。图 11.2.12 为基于微分脉冲扫描的多孔径电场时间断面。

从图 11.2.12(a)可以看出，孔径大小为 3 点时，电场对尺寸较小的管线和活断层在横向和纵向两方面都具有明显的分异效果。相比图 11.2.11 的多分辨数据，小孔径探测在提高小尺度异常体的横向、纵向分辨率方面具有一定的优势。由图 11.2.12(b)可以看到，管线响应并非开始于起始时刻，说明适当增加孔径尺寸对提高纵向分辨能力具有促进作用；图 11.2.8 的管线响应从起始时刻就已经出现，在实际探测工作时，低纵向分辨力会影响深度的估测，导致异常体的深度无法准确地测定。由图 11.2.12(c)可知，随着孔径的增大，对小尺度异常体的分辨能力减弱，而地下商场、地下通道和仓库的响应逐渐增强。图 11.2.12(d)的结果显示，在大孔径探测时，浅层的管线响应已经完全消失，活断层响应也趋于模糊，仅地下

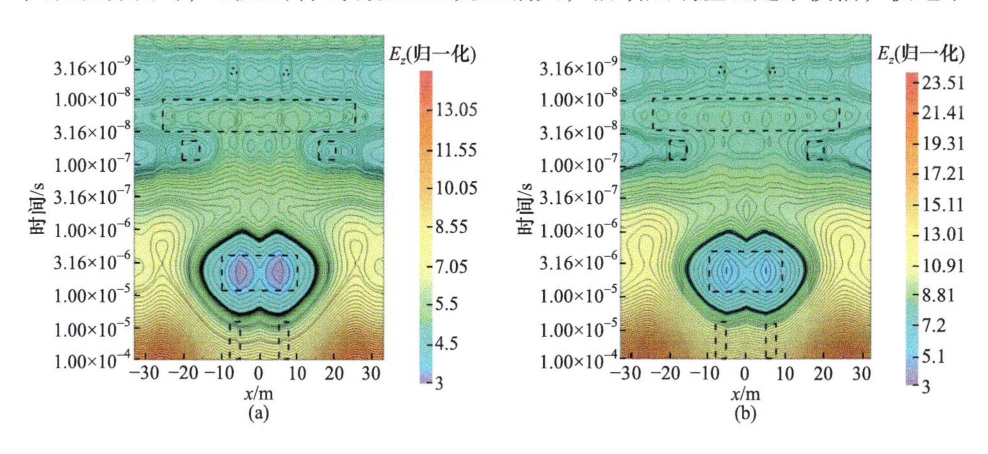

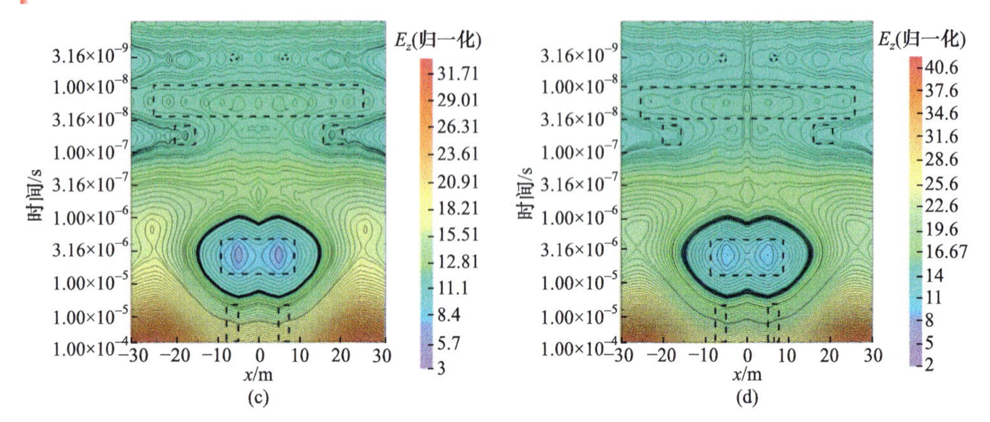

图 11.2.12　基于微分脉冲扫描的多孔径电场时间断面(李文翰，2019)

(a) 孔径大小为 3 点的电场时间断面；(b) 孔径大小为 5 点的电场时间断面；(c) 孔径大小为 7 点的电场时间断面；(d) 孔径大小为 9 点的电场时间断面

商场和仓库这类大尺度异常体响应依然存在。图 11.2.12 的结果显示，孔径的变化对不同尺度、深度的异常体具有特定的分异能力，当孔径减小时，小尺度异常体能够精确定位，但随着孔径的增加，仅能够分辨大尺度异常体。因此，选择合适的孔径，可以最大限度地提高多尺度异常体的探测效果。并非孔径越大越好或越小越好，不合适的孔径大小，不但不能达到多尺度探测的效果，相反还可能降低原有多分辨探测的分辨能力。

11.2.7　基于虚拟波场的多次覆盖对比

多次覆盖技术在波场成像方面得到广泛的应用，通过多次覆盖技术，可以提高探测数据的信噪比。本小节对观测区域进行 12 次覆盖，由于篇幅所限，此处仅选取电场垂直分量 E_z 进行对比说明。图 11.2.13 为多次覆盖处理和未进行多次覆盖处理的成像结果对比。

从波场成像的结果来看，多次覆盖处理的成像结果比未进行多次覆盖处理的成像结果更清晰，尤其在浅层的管线处，多次覆盖处理消除了管线之间的虚假异常。同时，多次覆盖处理将波场的同相轴划分得更均一，定位更准确。

11.2.8　可变时窗的扫时波场成像

通过改变扫时波场变换的时窗窗长，可以对不同尺度的响应信息进行有针对性的提取，分析地下目标在二次场中的时间道数，得到选定时窗的窗长，同时对比不同时窗的成像结果，选定时窗窗长。本小节选定时间道数为 60、92、170、210 的四个时窗作为扫时变换的时窗。

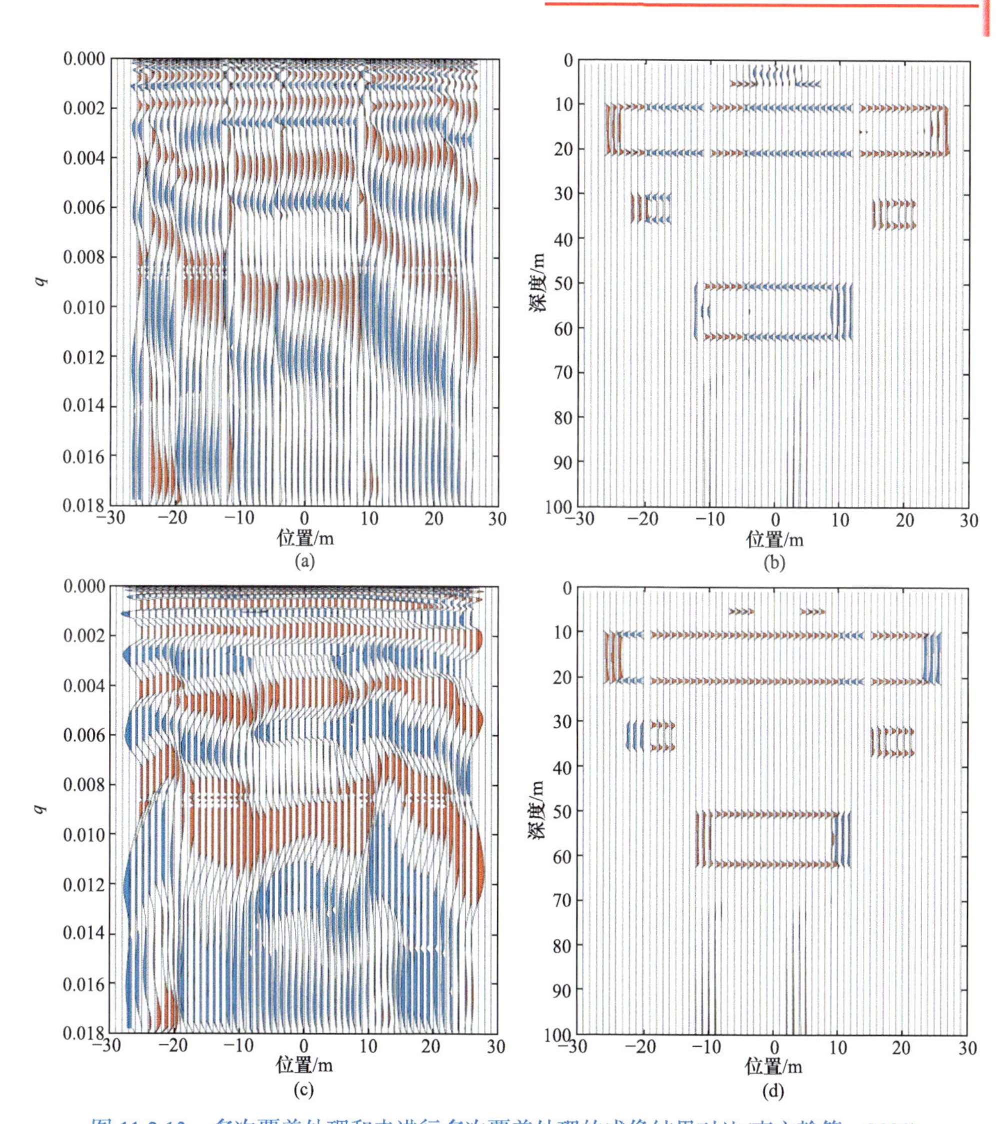

图 11.2.13　多次覆盖处理和未进行多次覆盖处理的成像结果对比(李文翰等，2020)

(a) 未进行多次覆盖处理的虚拟波场；(b) 未进行多次覆盖处理的偏移成像结果；(c) 12 次覆盖处理的虚拟波场；(d) 12 次覆盖处理的偏移成像结果

图 11.2.14 为不同时窗扫时波场变换的成像结果。从图 11.2.14 中可以看出，窗长为 60 和 92 时间道的时窗对浅部的管线具有良好的分辨能力，同时 92 道时窗对位于 70m 处的活断层具有较好的分辨能力。60 道时窗和 92 道时窗在分辨大尺度目标时存在同相轴不均一的情况，这一情况随着时窗窗长的增加逐渐减弱，并趋于平稳。170 道时窗对于地下仓库和活断层的分辨能力较好，对浅层管线没有分辨能力。210 道时窗的同相轴最为平稳，对所有大尺度的地下目标有清晰的分辨能力，但是对小尺度的目标分辨能力最差。

通过以上分析可以看出，改变时窗的窗长可以提取尺度大小不一的地下目标异常信息，将不同窗长的时窗进行相关叠加，得到电场三分量的多时窗叠加成像结果，如图 11.2.15 所示。从图 11.2.15 可以看出，多时窗叠加可以突出各窗口对应的异常响应，对城市地下空间的多尺度探测具有促进作用。多时窗叠加有利于消除不同时窗扫时波场变换带来的虚假异常，提高成像的精确度。

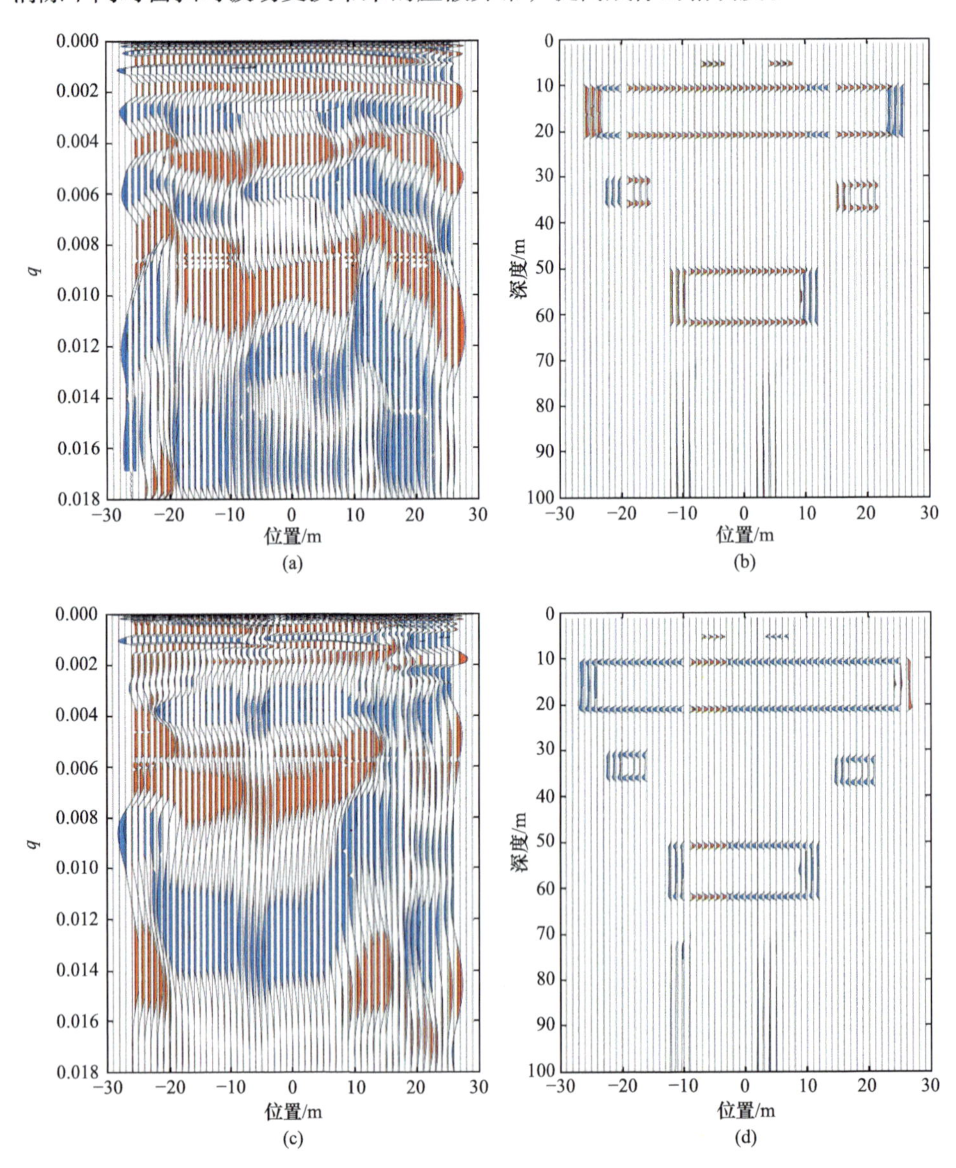

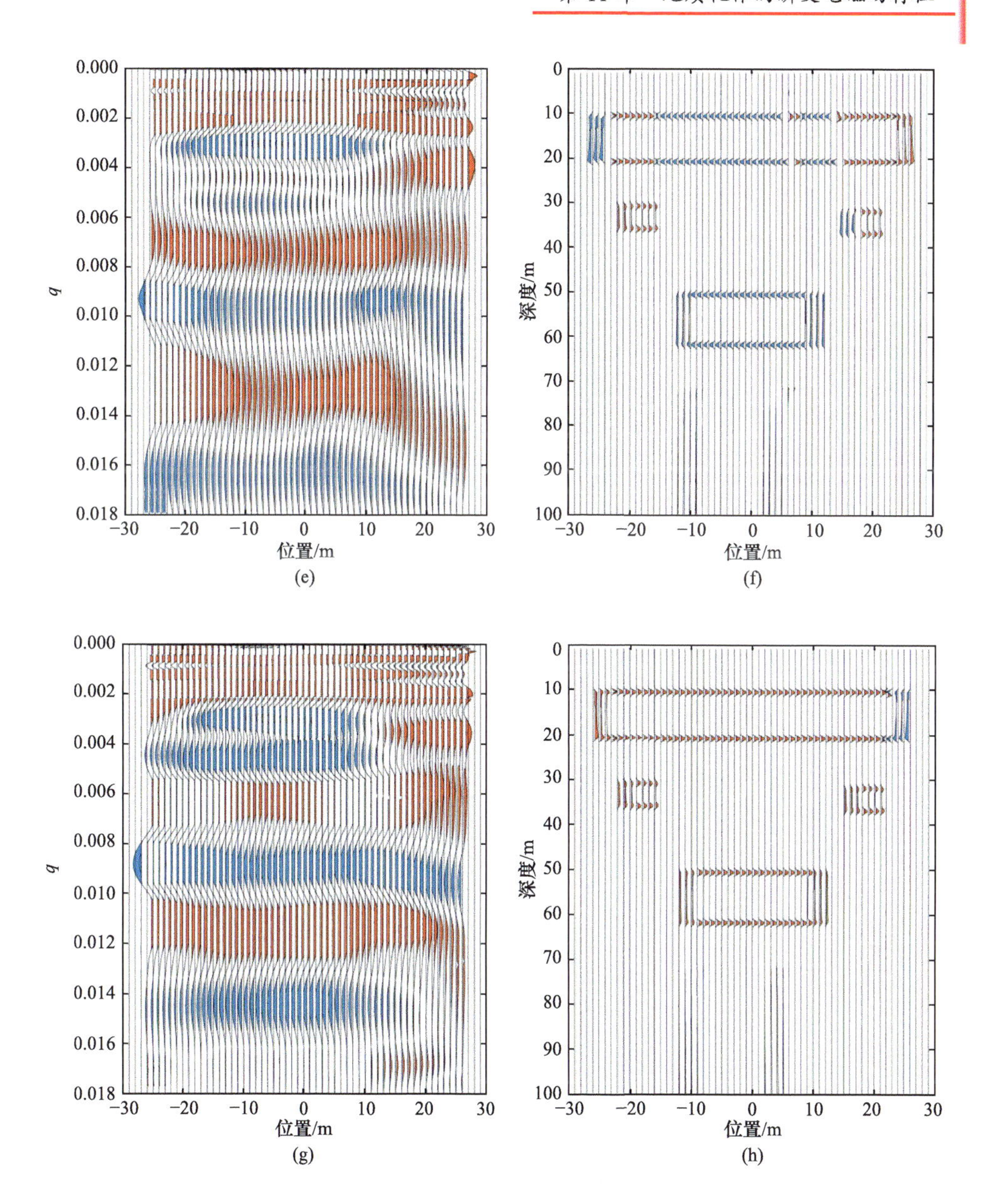

图 11.2.14　不同时窗扫时波场变换成像结果(李文翰等，2020)

(a) 60 道时窗的虚拟波场；(b) 60 道时窗的偏移成像结果；(c) 92 道时窗的虚拟波场；(d) 92 道时窗的偏移成像结果；(e) 170 道时窗的虚拟波场；(f)170 道时窗的偏移成像结果；(g) 210 道时窗的虚拟波场；(h) 210 道时窗的偏移成像结果

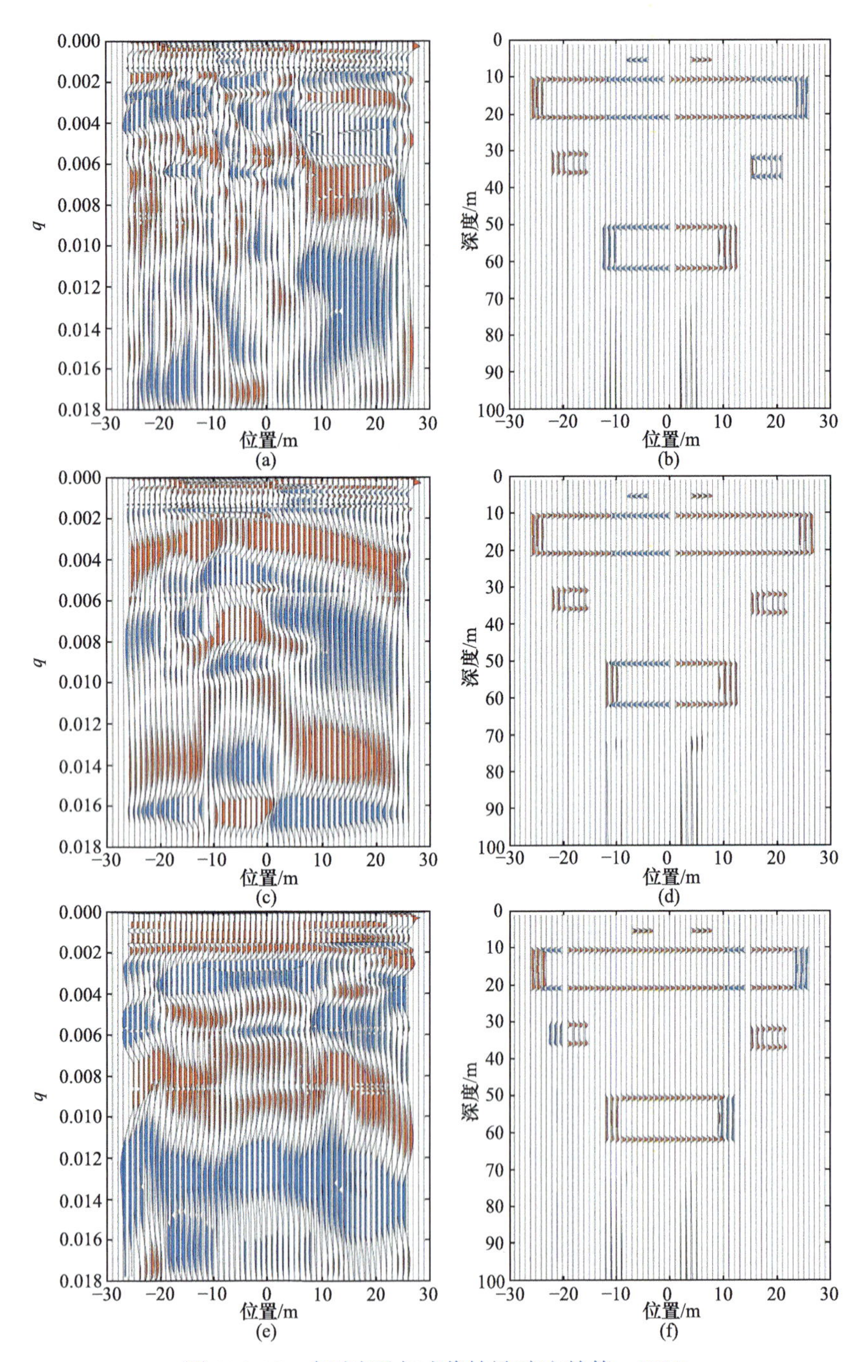

图 11.2.15 多时窗叠加成像结果(李文翰等，2020)

(a) 多时窗叠加电场 x 分量虚拟波场；(b) 多时窗叠加电场 x 分量偏移成像结果；(c) 多时窗叠加电场 y 分量虚拟波场；(d) 多时窗叠加电场 y 分量偏移成像结果；(e) 多时窗叠加电场 z 分量虚拟波场；(f) 多时窗叠加电场 z 分量偏移成像结果

11.3 地下水力联系模型瞬变电磁场特征

近年来，城市的交通拥堵问题严重，为了缓解城市交通压力，很多城市开始大量修建地铁。山东省济南市的泉水是这个城市的标志，对于济南市的社会经济发展起到重要作用。由于济南地下水力联系通道的分布异常复杂，如何在确保泉水地下通道安全的情况下成功修建地铁，成为济南市亟须解决的问题。要确保地下水力联系通道的安全，首先要解决的问题就是在复杂的城市探测环境中完成对地下水力联系通道的精细探查。

在复杂的城市环境中探查地下水力联系通道存在诸多困难，川流不息的行人和车辆会产生不规律的震动噪声，城市中随处可见的高楼会产生电磁异常，这些干扰对常规的地球物理方法会造成巨大的影响。电磁方法可以对地下空间进行无损探测，而且工作效率高，可以作为城市地下水力联系通道探测的一种理想手段。由于地面环境较为复杂，高楼林立，地面行人、车辆川流不息，多种地球物理方法在地表工作较为困难(李文翰等，2020；Li et al.，2019，2018)。

为解决上述问题，本节针对趵突泉、黑虎泉地下水力联系通道的精细探查需求，探索了一种新的探测方法。采用电性源地空瞬变电磁装置对济南市地下水力联系通道进行探查，可以根据实地情况在地面灵活寻找花坛等接地较好的区域布置发射源，用无人机搭载接收装置在空中进行三维数据采集。这种方法可以在不影响市民正常生活的前提下完成对水力联系通道的探查(张莹莹，2016)。

济南岩溶地下水的运动方向与地形和岩层的倾斜方向大体一致，在接受大气降水、地表水和地下水的补给后由南向北运动。当地下水运动至山区与平原交接带，受下伏的火成岩体或石炭二叠系阻挡，岩溶水向北运动受阻，形成岩溶水富集带，在地势低洼及构造有利部位出露成泉，如图 11.3.1 所示。

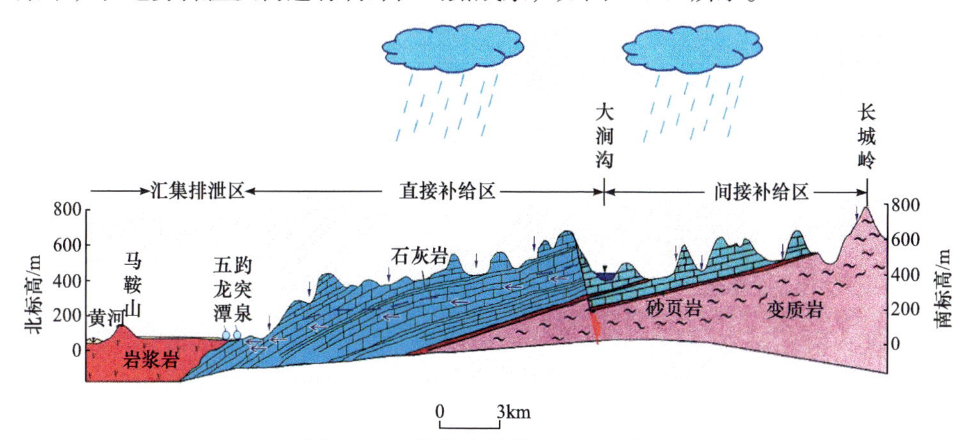

图 11.3.1 济南泉群形成剖面示意图

根据以往的资料，以地质构造图和地下水系统理论为基础，构建泉域附近的三维地质模型，然后采用矢量有限元法对模型进行瞬变电磁三维正演模拟，取得较为可靠的结果。这为济南市地下水力联系通道的探测工作提供了一种有效的手段，同时对修建地铁过程中有效保护泉水通道有一定的指导意义。通过电性源地空瞬变电磁装置，在不影响市民正常生活的前提下，可以完成对城市地下水力联系通道的无损探测。

11.3.1 地下水力联系通道三维地质模型建模

1) 导入地形

根据设计的建模范围，首先采用 GeoModeller 得到数字地形模型，依据圈定范围导入的地形数据，构建数字地形模型，如图 11.3.2 所示。

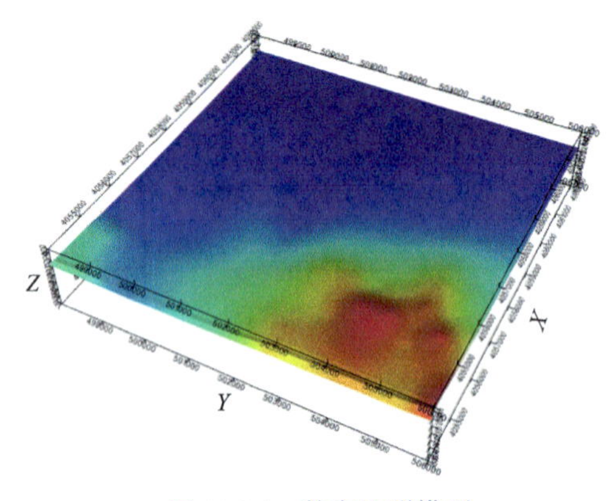

图 11.3.2 数字地形模型

2) 标定地层分界线及三维地质模型建模

(1) 利用区域内地质图，对模型加入额外的模型约束条件，勾勒地质平面关系，如图 11.3.3 所示。

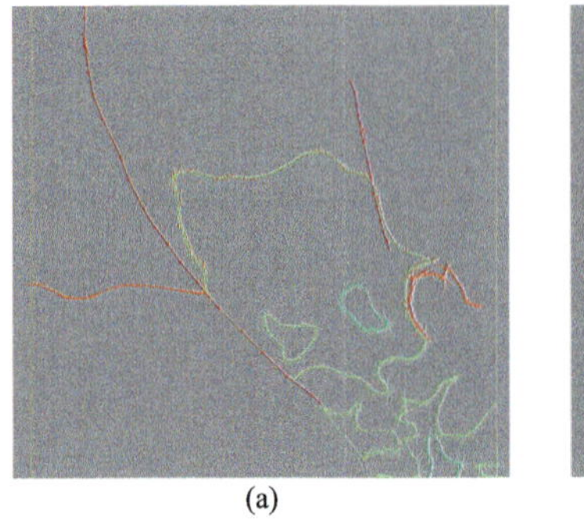

(a)

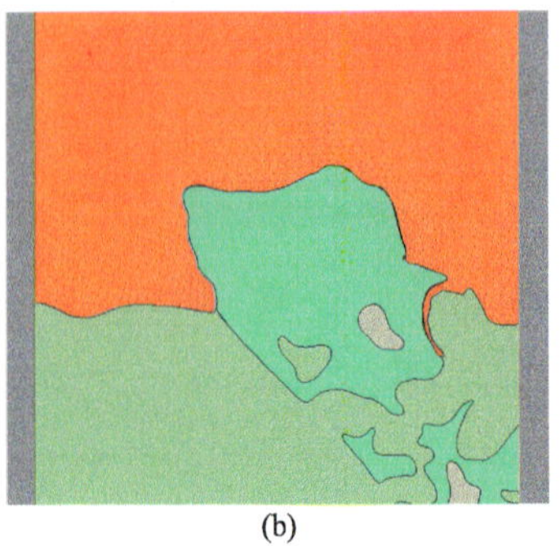

(b)

图 11.3.3 断层位置及各个岩层的分界线

(a) 断层及岩层分界线；(b) 不同岩层分布

(2) 根据地质剖面划分地下岩层界线，根据目标体的走向加入额外的模型约束条件，导入约束剖面，见图 11.3.4。

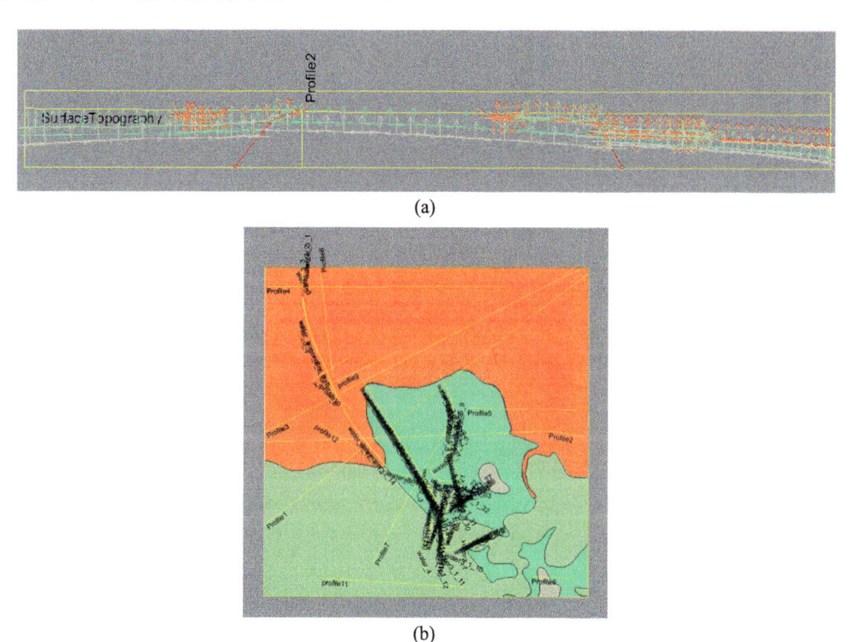

(a)　(b)

图 11.3.4　导入约束剖面

(a) 导入已知地质剖面；(b) 导入多个约束剖面

(3) 形成一系列不同角度的三维地质模型和三维水力联系通道及断层相对位置的模型，见图 11.3.5。

11.3.2　趵突泉、黑虎泉地下水力联系的地空瞬变电磁响应特征分析

导水通道 x 方向的范围为−500～1000m，y 方向的范围为−1500～0m，z 方向东南部埋深浅、西北部埋深大，最高点距离地面 75m，最低点距离地面 200m，其电阻率为 10Ω·m。为了便于分析，将模型中的导水通道编号为 1#、2#、3#、4#。

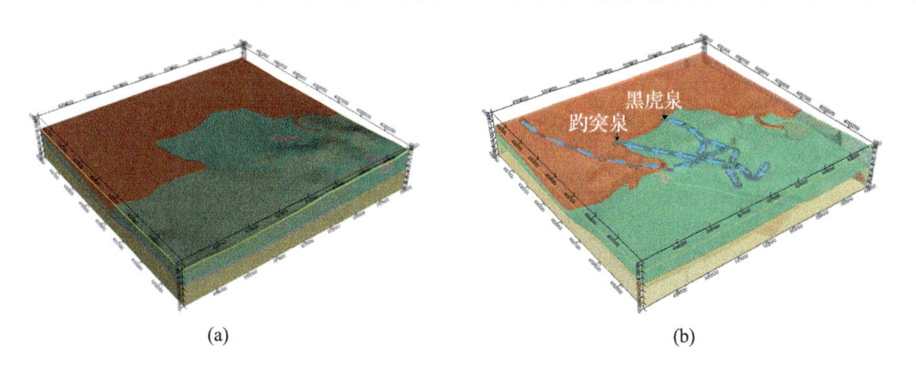

(a)　(b)

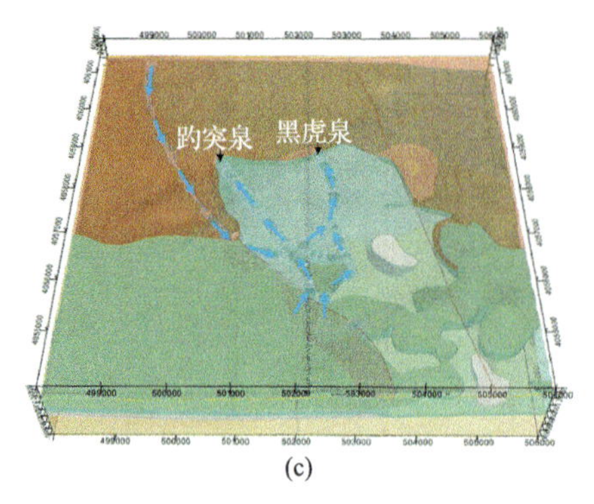

(c)

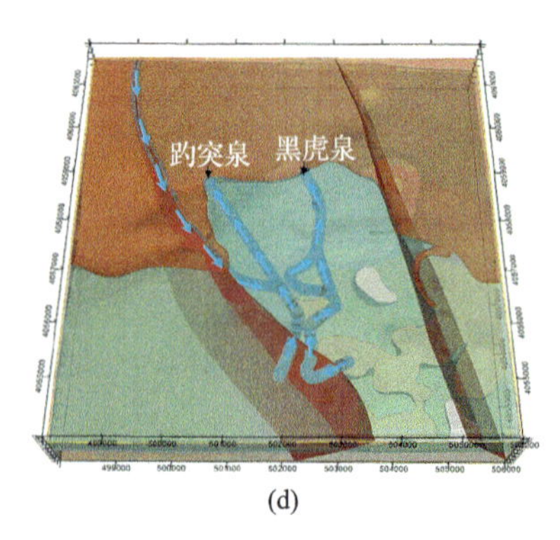

(d)

图 11.3.5　不同角度三维地质数字模型

(a) 三维地质模型；(b) 三维水力联系通道侧视图；(c) 三维水力联系通道俯视图；(d) 三维水力联系通道及断层相对位置

地质模型平面位置、测线与水力联系通道相对位置和用于计算的有限元剖分如图 11.3.6 所示。图中北部红色区域为岩浆岩，电阻率为 4000Ω·m；南部灰色区域为石灰岩，电阻率为 2000Ω·m，最下层为基岩，电阻率为 3000Ω·m；灰岩的下一层为基岩，主要是两层分布；北部是三层分布，即部分灰岩区域被岩浆岩侵蚀，所以呈现为岩浆岩-灰岩-基岩分布。采用地空瞬变电磁装置进行探测，在南部布置一条长 1000m 的接地电性源，左端点 A 坐标为(−200m, −1500m)，右端点 B 坐标为(800m, −1500m)，飞行高度为 50m。

根据上述参数采用时间域矢量有限元法对模型进行三维正演计算，研究电磁场在空间上的分布特征。图 11.3.7、图 11.3.8 分别为关断后 7μs、50μs、100μs、840μs 时 B_z 和 $\mathrm{d}B_z/\mathrm{d}t$ 在 xoy 平面场的分布。根据图 11.3.7(a)，早期 xoy 平面上 B_z 的分布可以明显看到 1#导水通道，但是 2#、3#和 4#并没有明显的反映；从图 11.3.7(b)可以看出，3#导水通道的响应越来越明显；从图 11.3.7(c)可以发现，2#导水通道的全貌逐渐清晰；从图 11.3.7(d)可以看到，4#水力通道的界面已经清晰显现出来。至此，模型中的四条水力联系通道已经全部呈现出来，这说明在复

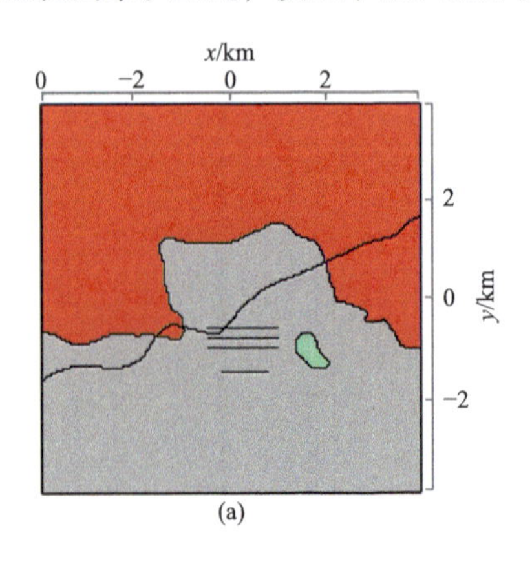

(a)

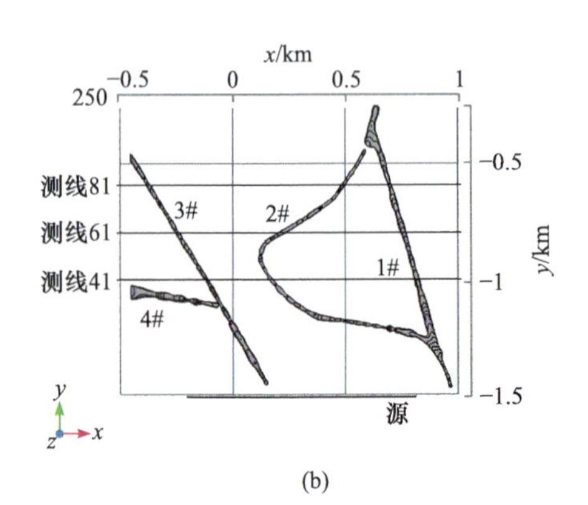

(b)

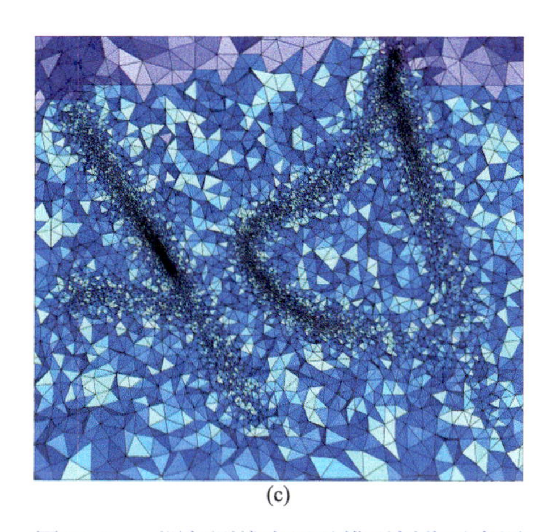

(c)

图 11.3.6　源与测线布置及模型剖分示意图

(a) 地质模型平面位置；(b) 测线与水力联系通道相对位置；(c) 剖分示意图

杂的城市探测环境下，本书探索的地空瞬变电磁法可以作为探测趵突泉、黑虎泉地下水力联系通道的有效手段。

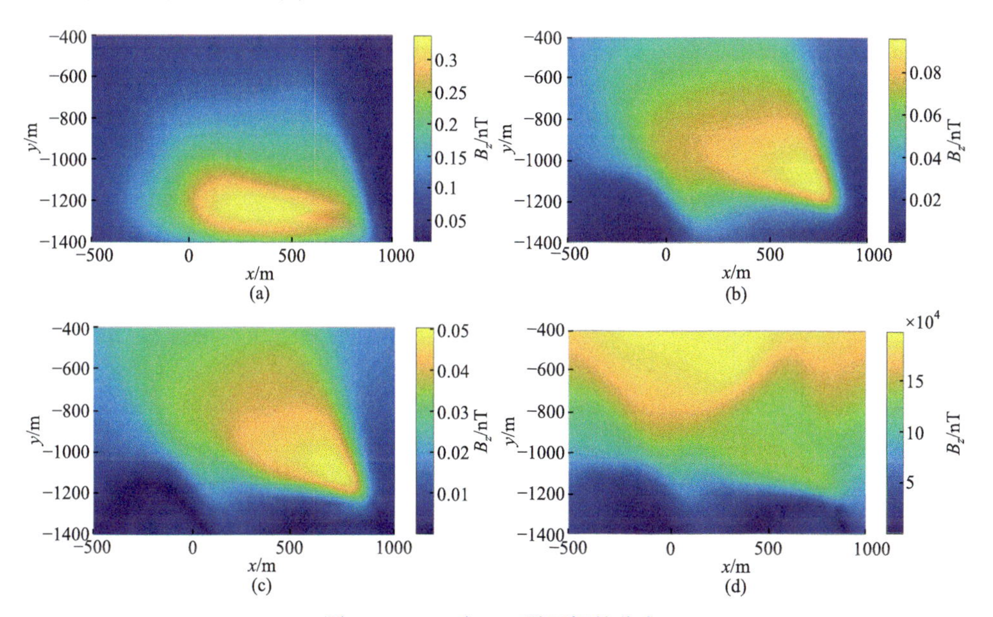

图 11.3.7　B_z 在 xoy 平面场的分布

(a) 关断后 7μs；(b) 关断后 50μs；(c) 关断后 100μs；(d) 关断后 840μs

图 11.3.8 为关断后 7μs、50μs、100μs、840μs 时 dB_z/dt 在 xoy 平面场的分布。根据图 11.3.8(a)，早期 xoy 平面 dB_z/dt 的分布可以明显看到 1#导水通道，但是 2#、3#和 4#并没有明显的反映；从图 11.3.8(b)可以看出，3#导水通道的界面逐渐显现；从图 11.3.8(c)可以发现，2#导水通道的全貌逐渐清晰；从图 11.3.8(d)可以看到，

4#导水通道的界面已经清晰显现出来。至此，在 dB_z/dt 的 xoy 平面分布图上，模型中的四条水力联系通道已经全部呈现出来，这说明在复杂的城市探测环境下，本书探索的地空瞬变电磁法可以作为探测趵突泉、黑虎泉地下水力联系通道的有效手段。

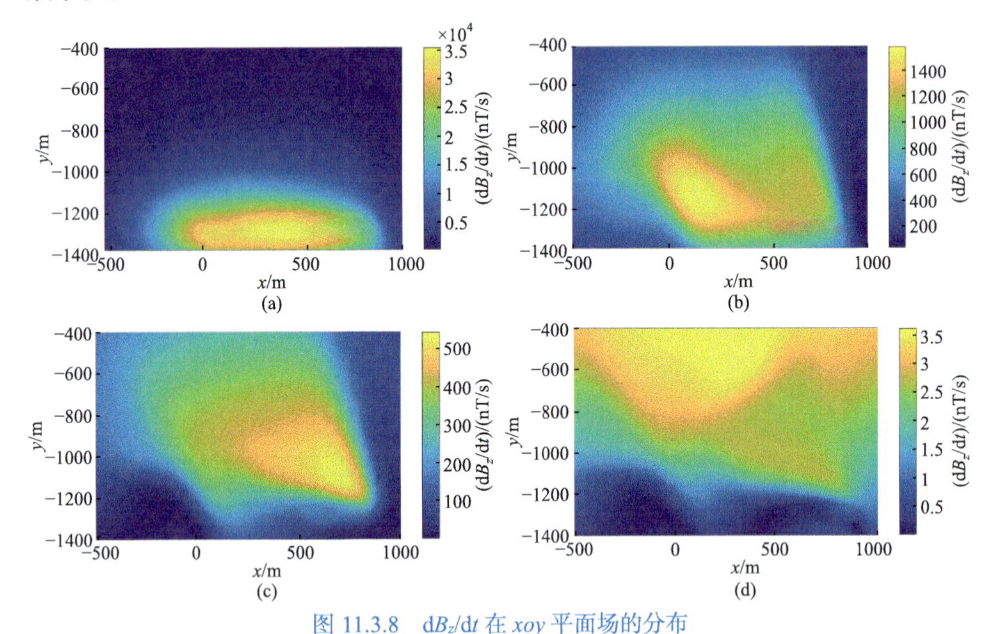

图 11.3.8　dB_z/dt 在 xoy 平面场的分布

(a) 关断后 7μs；(b) 关断后 50μs；(c) 关断后 100μs；(d) 关断后 840μs

从图 11.3.7、图 11.3.8 可以看出，B_z 和 dB_z/dt 均符合电磁场的传播规律，并且地下导水通道和岩性分界信息在场的分布中均有明显反映，说明了地空探测方法的有效性。

11.3.3　趵突泉、黑虎泉地下水力联系的全域视电阻率特征

为了更加直观地分析地空瞬变电磁装置在复杂城市探测环境下对趵突泉、黑虎泉地下水力联系通道的探测能力及探测效果，采用全域视电阻率定义方法对三维正演得到的 dB_z/dt 时间剖面电磁场进行全域视电阻率计算。图 11.3.9 为关断后 120μs 的视电阻率平面，该图可以明显反映出全部的四条导水通道。

趵突泉、黑虎泉地下水力联系通道的三维全域视电阻率如图 11.3.10 所示。从该图可以更加直观地看出，结果与设计模型中的导水通道位置基本保持一致，更进一步说明了地空瞬变电磁法在城市地下水力联系通道探测中的有效性。

整体上来讲，全域视电阻率计算的结果与设计的模型基本保持一致，这也说明在复杂的城市探测环境下，地空瞬变电磁法可以作为探测趵突泉、黑虎泉地下水力联系通道的一个有效手段。

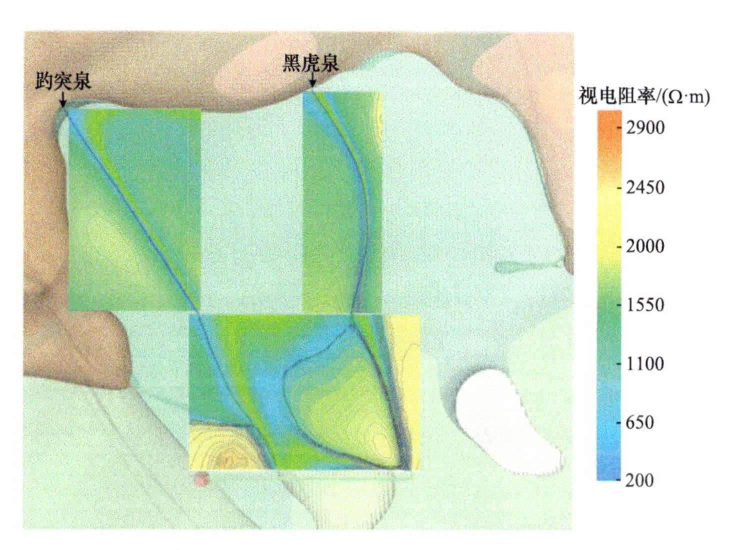

图 11.3.9　关断后 120μs 的视电阻率平面

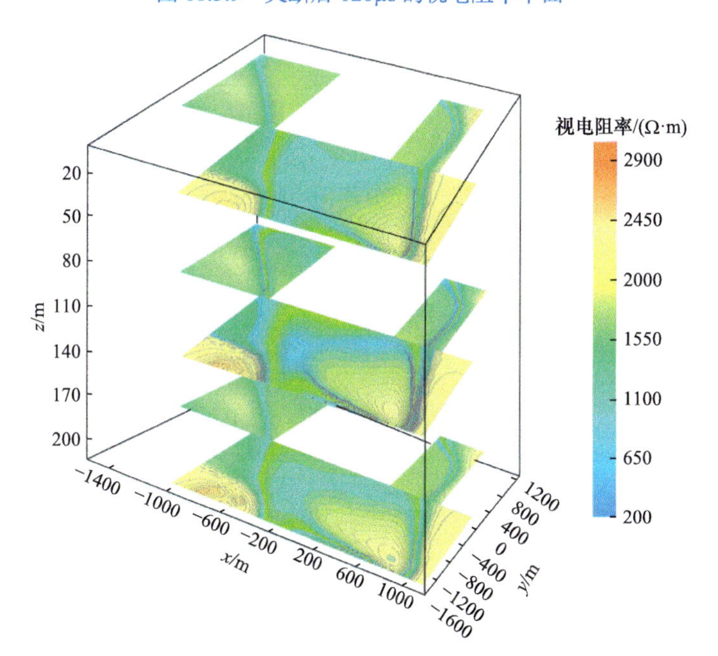

图 11.3.10　趵突泉、黑虎泉地下水力联系通道的三维全域视电阻率

11.4　多层煤层充水采空区模型

11.4.1　多层煤层充水采空区模型设计

本小节使用三维煤层充水采空区模型验证本书解释方法。设计如图 11.4.1 所

示的复杂采空区模型。该模型有两个低阻采空区，上层采空区的埋深为 60m，电阻率为 1Ω·m，下层采空区的埋深为 130m，电阻率为 0.1Ω·m。两个低阻采空区位于地层之中，地层从上到下分别为细砂岩、砂质页岩和石英砂岩。具体的模型参数见表 11.4.1。本小节采用时间域电磁法三维矢量有限元的三维正演算法计算瞬变电磁响应。剖分该模型的最小网格为 10m，网格扩大因子为 1.35，三个方向的网格数为 84×84×76；采用两条接地导线源，发射源端点处的坐标分别为(–100m, –250m, 0m)、(–100m, 250m, 0m)和(100m, 250m, 0m)、(100m, –250m, 0m)，发射源的长度为 500m。在地面上选取三条测线，三条测线的线号分别为 140、200 和 240。三条测线与 y 轴平行，分别位于 $x=-60\text{m}$ 、 $x=0\text{m}$ 和 $x=40\text{m}$ 。选取这三条测线的原因是测线 140 在底部块状体正上方，测线 200 在两个块状体重叠部分的正上方，测线 240 在浅部块状体的正上方，其他位置的电磁响应与这三条测线类似。

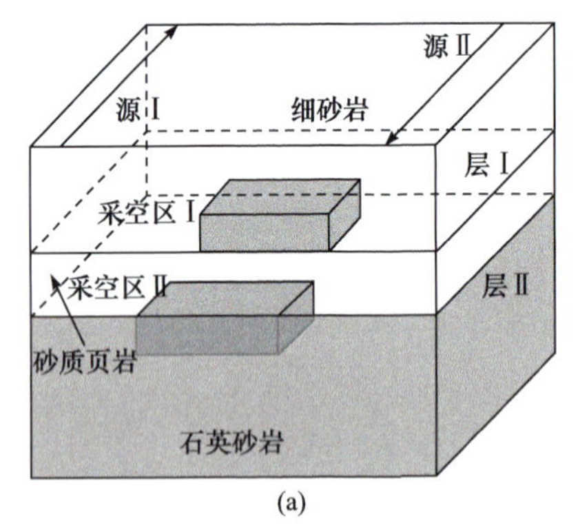

(a)

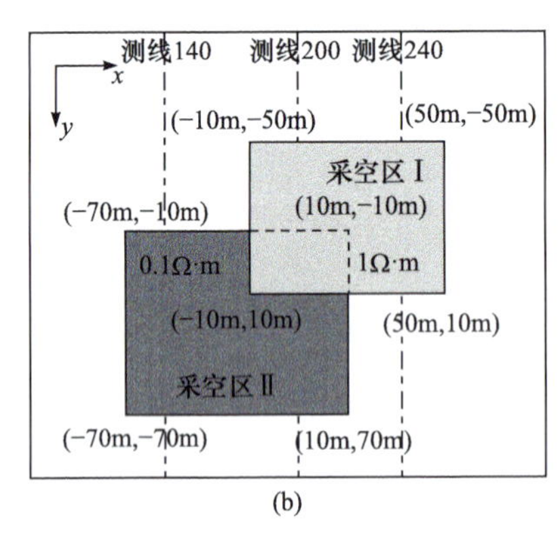

(b)

图 11.4.1 三维煤层充水采空区模型

(a) 三维模型示意图；(b) 三维模型俯视图

表 11.4.1 煤层充水采空区模型参数

岩性	尺寸/(m×m×m)	电阻率/(Ω·m)
细砂岩	3000×3000×60	100
采空区Ⅰ	60×60×10	1
砂质页岩	3000×3000×60	200
采空区Ⅱ	80×80×10	0.1
石英砂岩	3000×3000×1500	300

11.4.2 多层煤层充水采空区电磁响应与视电阻率特征

测线 140 位于 $x=-60\text{m}$ 处，从图 11.4.2(a)可以看出，晚期的多测道曲线有明显的“上凸”现象，表明该位置处有一明显的低阻异常。测线 200 位于 $x=0\text{m}$ 处，从图 11.4.2(b)可以看出，在多测道曲线有两处低阻异常。浅部的低阻异常较小，深部的低阻异常较大，并且浅部异常体的电导率较小，使图 11.4.2(b)中的电磁异常晚期比早期明显。测线 240 位于 $x = 40\text{m}$ 处，从图 11.4.2(c)可以看出，早期的多测道曲线有微弱的“上凸”现象，表明该测线的下方有一低阻异常体。图 11.4.2 的三条测线均能体现低阻异常体引起的电磁异常，说明瞬变电磁法对低阻异常体的探测是有效的，但是同时也可以发现，瞬变电磁法对地质异常体的界面刻画较弱，很难直接得到地质异常体的界面信息。因此，通过瞬变电磁扩散场计算虚拟波场，提高瞬变电磁法对地质异常体界面的分辨能力。

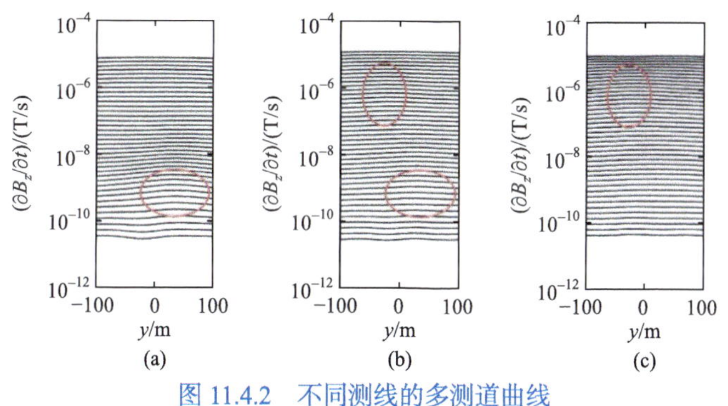

图 11.4.2　不同测线的多测道曲线

(a) 测线 140；(b) 测线 200；(c) 测线 240

图 11.4.3 为测线 140、200 和 240 的视电阻率。从图 11.4.3(a)可以看出，底部低阻异常体的视电阻率特征比较明显，受体积效应的影响，虽然测线未经过浅部异常体的正上方，但是在视电阻率图上，浅部异常体的特征仍有所反映。从图 11.4.3(b)可以看出，两个异常体的视电阻率特征均有反映。从图 11.4.3(c)可以看出，因为测线经过浅部异常体的正上方，所以浅部异常体的视电阻率特征较为明显；与图 11.4.3(a)类似，由于体积效应，图 11.4.3(c)中有深部异常体特征。

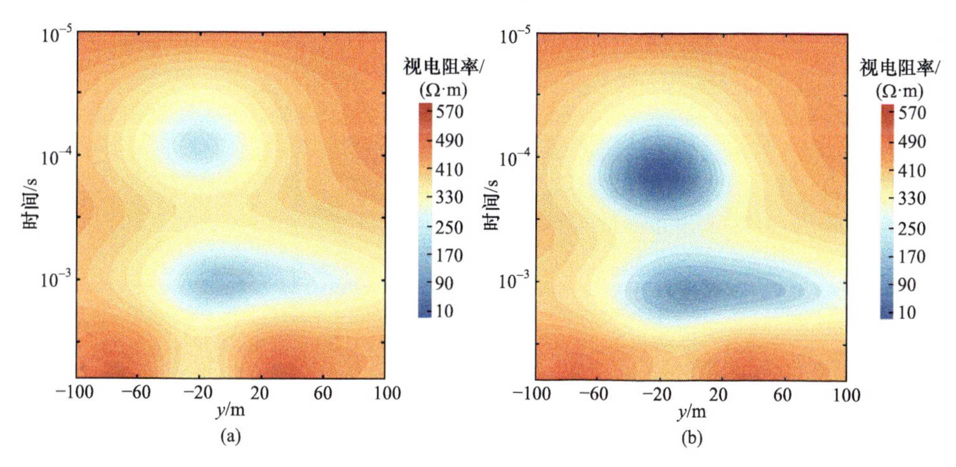

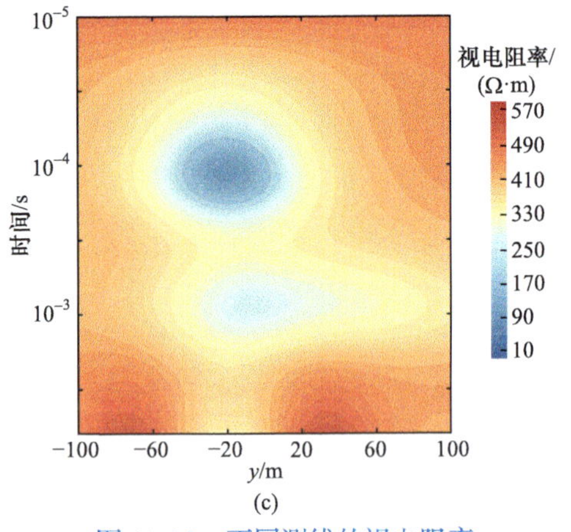

图 11.4.3　不同测线的视电阻率

(a) 测线 140；(b) 测线 200；(c) 测线 240

图 11.4.3 可以反映地质异常体的电阻率特征，但是无法有效反映异常体的界面信息。此外，由于体积效应的影响，即使测线不经过异常体的上方，旁侧测线仍会有异常体引起的电性异常，会对勘探结果造成一定的影响，因此需要与偏移成像结果进行联合解释。

11.4.3　多层煤层充水采空区偏移成像结果

使用等效导电平面法得到三条测线的速度，如图 11.4.4 所示。图 11.4.4 无法

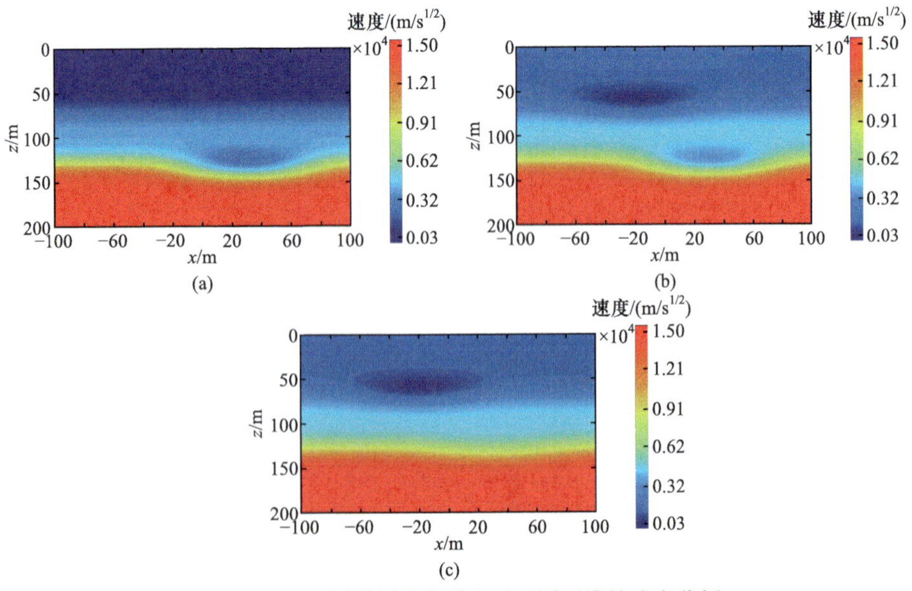

图 11.4.4　多层煤层充水采空区不同测线的速度分析

(a) 测线 140；(b) 测线 200；(c) 测线 240

较为准确地刻画该异常体的界面形态，所以需要虚拟波场结合速度分析来进一步得到偏移成像结果。

图 11.4.5(a)～(c)分别为测线 140、200 和 240 的虚拟波场，每条测线的第一个红色同相轴为直达波，其余同相轴为地层界面信号。测线 140 刻画了界面Ⅰ、界面Ⅱ及底部低阻异常体的界面，测线 200 刻画了两块低阻异常体的界面及地层界面Ⅰ、界面Ⅱ，测线 240 刻画了界面Ⅰ、界面Ⅱ及浅部低阻异常体的界面。瞬变电磁的虚拟波场只能反映地质的界面形态，无法准确得到地质异常体的界面位置，接下来使用有限差分偏移成像方法来获取地质界面的准确位置。图 11.4.6(a)～(c)分别为测线 140、200 和 240 的偏移成像结果。通过计算可以得知，测线 140 下方有三个地质分界面，其中前两个同相轴反映了界面Ⅰ和界面Ⅱ的位置及形态，第三个同相轴反映了底部低阻异常体的界面位置。测线 200 下方有四个地质分界面，其中前两个同相轴反映了浅部低阻异常体的界面及界面Ⅰ的位置，后两个同相轴反映了界面Ⅱ及深部低阻异常体的界面位置。测线 240 反映了浅部低阻异常体的

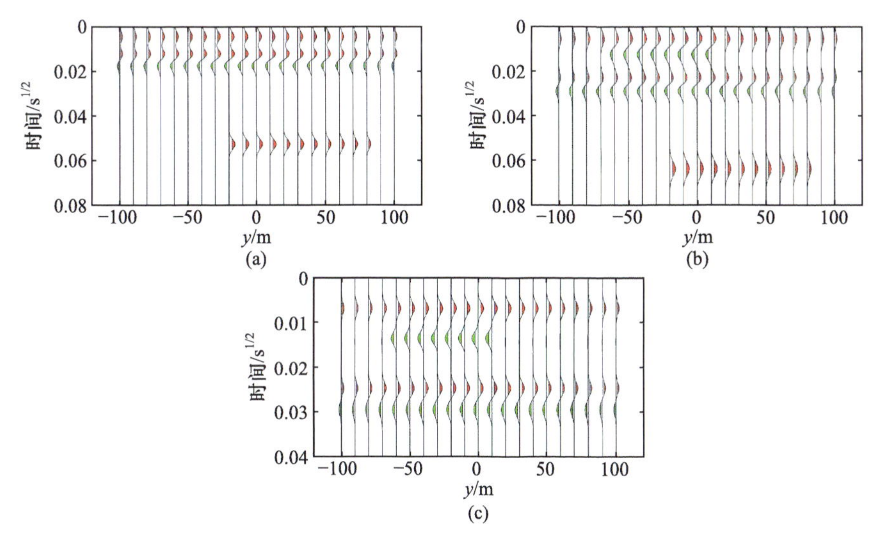

图 11.4.5　多层煤层充水采空区不同测线的虚拟波场

(a) 测线 140；(b) 测线 200；(c) 测线 240

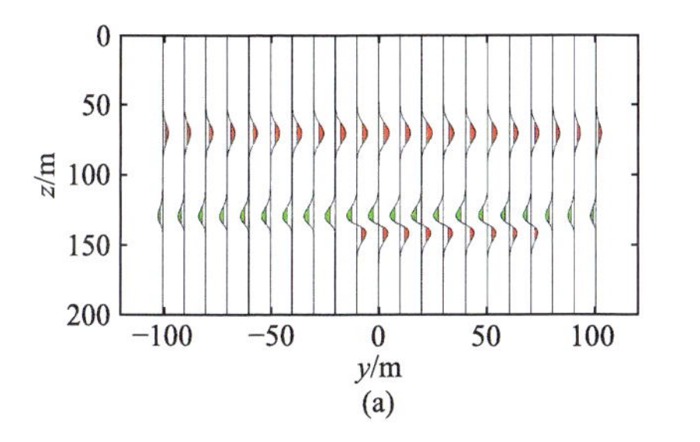

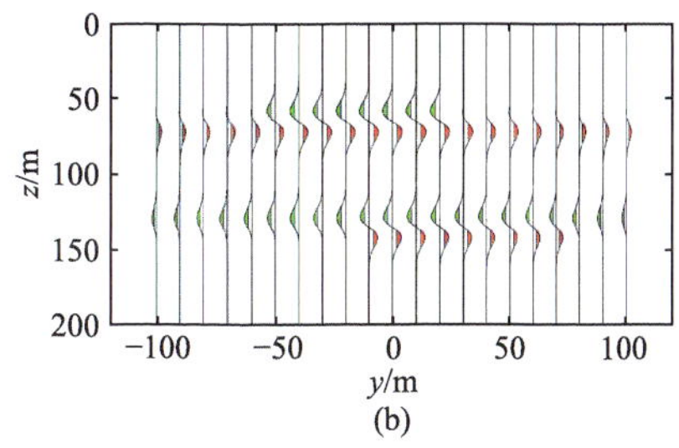

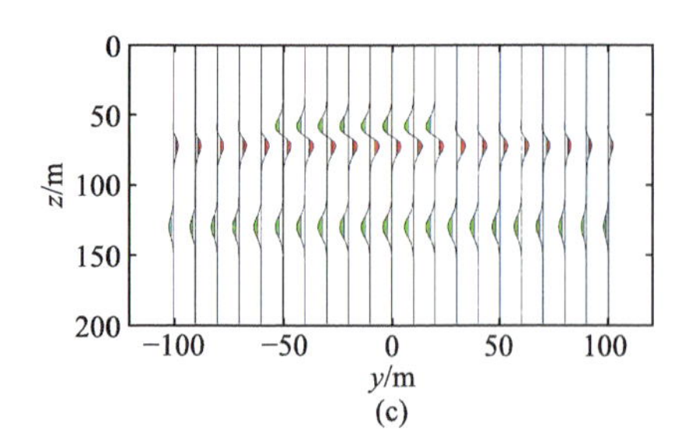

图 11.4.6　多层煤层充水采空区不同测线的偏移成像结果

(a) 测线 140；(b) 测线 200；(c) 测线 240

界面位置和界面Ⅱ的位置。通过图 11.4.6 可以看出，同相轴表示的深度、形态与设计的理论模型相符。三维复杂煤层与多层充水采空区模型验证了成像方法的有效性。

第 12 章　地空瞬变电磁应用

12.1　在金属矿勘查中的应用

陕西秦岭某金矿勘查区地处秦岭南麓，属山地地貌、中山地形，总体地形南高北低，山势陡峭，悬崖峭壁多，河谷深切。植被发育较好，第四系在阴坡覆盖较厚，阳坡覆盖较薄。一般海拔高度在 1000～1300m，相对高差 200～300m。该区地面勘查十分困难，工作效率低，地空勘查工作效率高，可以通过密集扫面工作实现精细勘查。

1. 区内地层

矿区构造非常发育，将地层切割成不同的地质单元，露出的地层有震旦系、寒武系、奥陶系、志留系和泥盆系。

1) 震旦系(Z)

震旦系地层有陡山沱组、灯影组。

陡山沱组(Z_2d)分布于矿区北部、东部。构成耀岭河-烟家沟背斜两翼地层，南翼地层倒转向北倾。岩层西部较薄而东部变厚，平行不整合于耀岭河群之上。倾向 305°～347°，倾角 46°～79°。

灯影组(Z_2dn)分布于矿区北部、西部，与陡山沱组整合接触，划分为三个岩性段。倾向 20°～330°，倾角 56°～65°。

2) 寒武系(Є)

寒武系呈近东西向展布于矿区中东部，构成耀岭河-烟家沟背斜南翼岩层，地层倒转倾向北，划分有水沟口组、岳家坪组、蜈蚣丫组。

3) 奥陶系(O)

奥陶系分布于矿区东南部，与寒武系地层呈整合接触，区域上属白龙洞向斜的北翼地层，地层倒转倾向北，划分有水田河组、吊床沟组。

4) 志留系(S)

志留系分布于工作区的南部，工作区内出露志留系下统(S_1)第三岩性段(S_{13})和第四岩性段(S_{14})，地层倒转倾向北，与北部的泥盆系地层呈平行不整合接触关系，局部呈断层接触关系。

5) 泥盆系(D)

泥盆系为工作区主要出露的地层，也是金矿体的赋存地层。岩性为粗碎屑岩、碎屑岩和碳酸盐岩夹少许泥质岩建造，并具海陆交互沉积特点。该地层与南部的志留系地层呈平行不整合接触关系，局部呈断层接触关系，与东北部奥陶系地层呈平行不整合接触或角度不整合接触关系。

2. 区内构造

研究区褶皱、断裂构造发育。主要出露烟家沟-耀岭河倒转背斜一部分及次级向斜、镇安-板岩镇断裂带及次级断裂。

1) 褶皱构造

夏家店背斜位于烟家沟-耀岭河倒转背斜的西部倾伏端，倾没于大魏家沟口一带。背斜核部地层为耀岭河群；南翼依次出露震旦系陡山沱组、灯影组和下古生界寒武系、奥陶系，岩层走向 110°～120°，倾向北东，倾角 44°～72°；北翼地层有震旦系陡山沱组、灯影组，岩层走向 225°～255°，倾向北西，倾角 30°～42°。

2) 断裂构造

区域近东西向镇安-板岩镇断裂带规模大，变形复杂，构成本区构造单元界线，晚期形成多条北西向、北东向平行次级断裂，与主干断裂呈“人”字形构造。本区的主要控矿断裂为北东向 F_4 断裂和近东西向 F_5 断裂，控制着主矿体的分布。

3. 岩浆岩

矿区内未有侵入岩体产出，仅出露震旦系耀岭河群海相火山变质岩，变质程度为低绿片岩相。

4. 地球物理特征

采用小四极法对矿区不同岩性的电性参数进行测量。石英脉电阻率最大，是其他岩性的 4 倍以上；破碎蚀变带上的电阻率其次，不到石英脉电阻率的 1/4；其他岩性的电阻率均较小，最大也不到石英脉的 1/6。由此可见，该金矿体具有“中低阻”的电性特征，与其他岩性之间有较为明显的电性差异。

5. 找矿标志

该金矿区共圈出 10 余个矿体，其中Ⅰ-1、Ⅰ-2、Ⅰ-3、Ⅰ-3-2、Ⅱ-1、Ⅱ-2、K4-1 号矿体规模较大，其他矿体规模较小，控制程度低。经研究认为：水沟口组黑色岩系为有利的成矿岩石建造，其中的炭硅质板岩是找矿的有利岩性组合标志；工作区内北东—南西走向的陡倾角断裂构造具有多期次活动特征，是主要的含矿、储矿构造；硅化、碳酸盐化的构造角砾岩分段充填部位，是找金的重要标志。该断裂构造带与早期近东西向韧性剪切带交汇、叠加部位片理化带发育地段，是成矿的最有利部位。

6. 完成工作量

地空瞬变电磁法的发射系统为地面长导线源，空中接收。共设置南北向测线 66 条，测线长度不等。无人机的飞行速度为 7m/s 和 10m/s；飞行高度根据地形情况调整，有 1200m、1250m、1300m。取得野外作业区域的空域许可证后，历时 14 天完成本次野外工作。测线总长度约 60.11km，测区总面积为 3.5km^2，测深点约 60 万个。测线及源的相对位置见图 12.1.1。

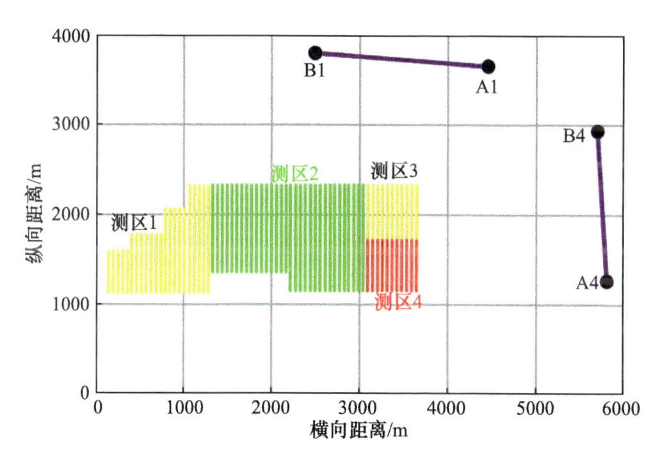

图 12.1.1　测线及源的相对位置示意图

7. 数据处理及解释

实测数据经过质量分析，然后进行滤波降噪、时间道截取及手动圆滑，可以得到每条测线的多测道曲线。由于地空瞬变电磁数据量巨大，单纯的数据预处理花费了大量的时间。

之后，经过全域视电阻率计算及进一步的反演，得到数条剖面的综合剖面图。

1) L4000 线异常解释及地质推断

根据剖面异常特征，从南到北可圈定三个电阻率异常区，分别为中阻异常区、低阻异常区和高阻异常区，编号分别为Ⅰ、Ⅱ和Ⅲ。L4000 线剖面如图 12.1.2 所示。

L4000 线出露地层为寒武系岳家坪组和水沟口组、震旦系灯影组和陡山沱组。根据苏岭沟-夏家店物性资料及直流电测深资料可知：水沟口组地层为低阻特征，其中灰色—灰黑色炭硅质板岩平均电阻率为 5Ω·m，硅质岩平均电阻率为 132Ω·m；寒武系岳家坪组微晶质白云岩平均电阻率为 839Ω·m，位于断层下盘的灯影组白云岩平均电阻率为 547Ω·m。从直流电测深视电阻率断面图可知，陡山沱组地层为高阻特征。

Ⅰ号中阻异常区深度 0～500m，电阻率为 1200～1600Ω·m，向北陡倾，出露地层为寒武系岳家坪组地层。根据本区物性资料推测，该中阻异常是岳家坪组地

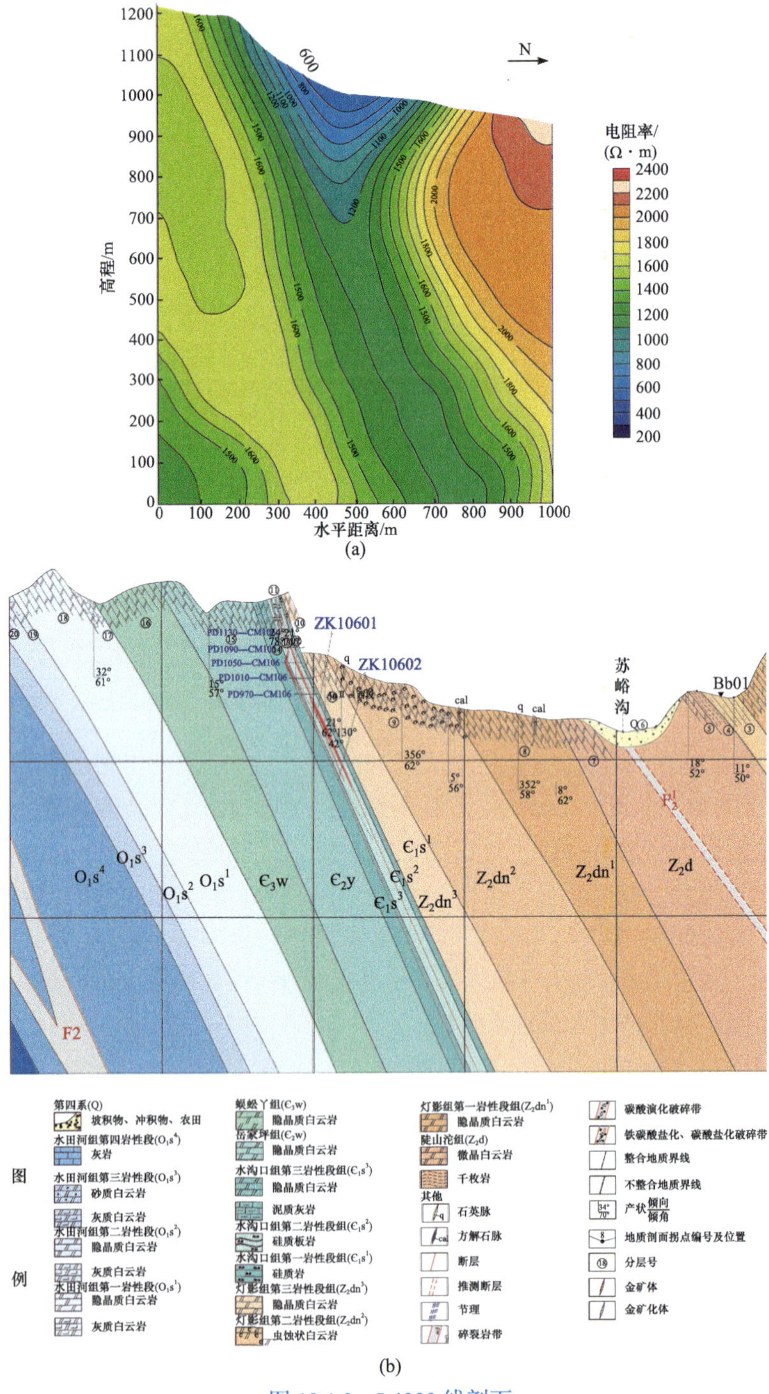

图 12.1.2　L4000 线剖面

(a) 二维反演剖面；(b) 地质-物探综合剖面

层的电性反应，推测该地层北倾和地质认识一致。

Ⅱ号低阻异常区深度 200～900m，电阻率为 200～1500Ω·m，北倾，出露地层为水沟口组和灯影组的上段和中段。水沟口组岩性主要为硅质岩、灰色—灰黑色含炭硅质板岩、泥灰岩、泥页岩、泥质板岩等；灯影组岩性主要为隐晶质白云岩、微晶白云岩。推测该低阻异常主要是水沟口组硅质岩、灰色—灰黑色含炭硅质板岩及断层破碎带中的断层泥、下盘中的灯影组白云岩引起的。

Ⅲ号高阻异常区深度 650～1000m，电阻率为 1600～2400Ω·m，北倾，出露地层主要为陡山沱组，岩性主要为细晶质白云质灰岩、中厚层状大理岩。根据直流电测深资料可知，高阻异常为陡山沱组高阻特征，因此该高阻异常区是陡山沱组地层的反映。

在Ⅱ号低阻异常区浅圈定呈漏斗状低阻异常，编号为Ⅱ-1，深度 200～700m，纵向分布标高为 700～1200m，电阻率为 200～1500Ω·m。地质工程控制的含金矿化体发育于水沟口组地层，位于该低阻异常的南部的梯度带位置。推测该低阻异常是水沟口组地层、含金蚀变带及破碎白云岩的综合反映，成矿位置在低阻异常南部梯度带位置的水沟口组中。

总之，本区中阻异常是岳家坪组地层的电性反映，低阻异常是水沟口组、含金蚀变带及断层下盘灯影组地层的电性反映，高阻是陡山沱组地层的电性反映，含金地质体主要位于低阻异常区局部低阻异常南部的梯度带水沟口组地层中。

2) L3650 线异常解释及地质推断

L3650 线剖面与 L4000 线剖面异常特征和地质条件一致，从南到北同样可圈定三个电阻率异常区，分别为中阻异常区、低阻异常区和高阻异常区，编号分别为Ⅰ、Ⅱ和Ⅲ。L3650 线剖面如图 12.1.3 所示。

Ⅰ号中阻异常区深度 0～500m，电阻率为 1500～1700Ω·m，向北陡倾。推测该中阻异常是岳家坪组地层的电性反应，根据异常特征推测该地层北倾。

Ⅱ号低阻异常区深度 200～920m，电阻率为 400～1500Ω·m，北倾，出露地层为水沟口组和灯影组，推测该低阻异常是水沟口组地层和断层下盘中灯影组白云岩引起的。

Ⅲ号高阻异常区深度 650～1000m，电阻率为 1600～2400Ω·m，北倾，出露地层主要为陡山沱组，推测该高阻异常区是陡山沱组地层的反映。

同样，在Ⅱ号低阻异常区浅圈定呈漏斗状低阻异常，编号为Ⅱ-1，深度 250～800m，纵向分布标高为 350～1050m，电阻率为 400～1500Ω·m。根据本区成矿规律和 L4000 剖面低阻异常含金蚀变带和异常的关系，推测含金蚀变带位于该低阻异常南侧梯度带。

3) L3300 线剖面解释

L3300 线剖面与 L4000 线、L3650 线剖面异常特征和地质条件基本一致，从南到北同样可圈定三个电阻率异常区，分别为中阻异常区、低阻异常区和高阻异常区，编号分别为Ⅰ、Ⅱ和Ⅲ。L3300 线剖面如图 12.1.4 所示。

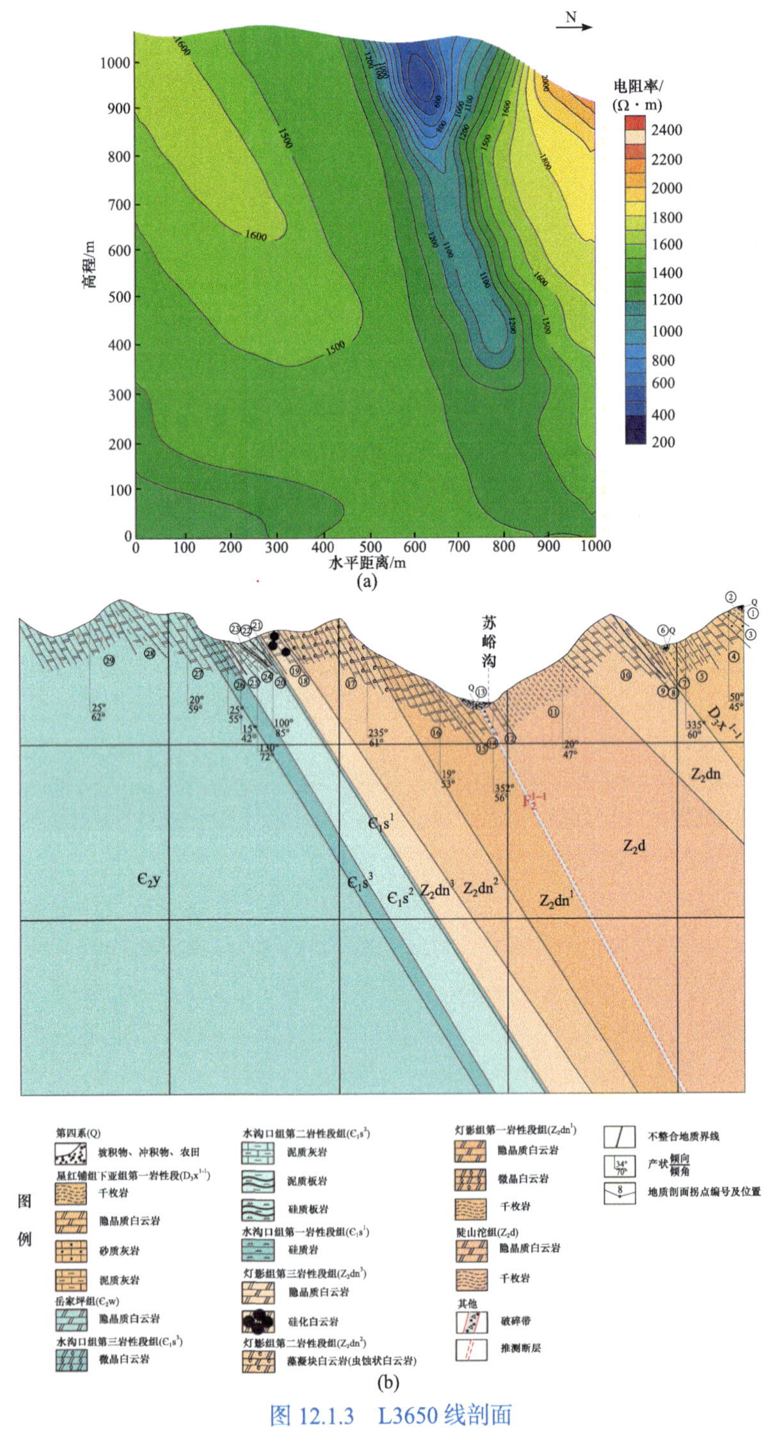

图 12.1.3　L3650 线剖面

(a) 二维反演剖面；(b) 地质-物探综合剖面

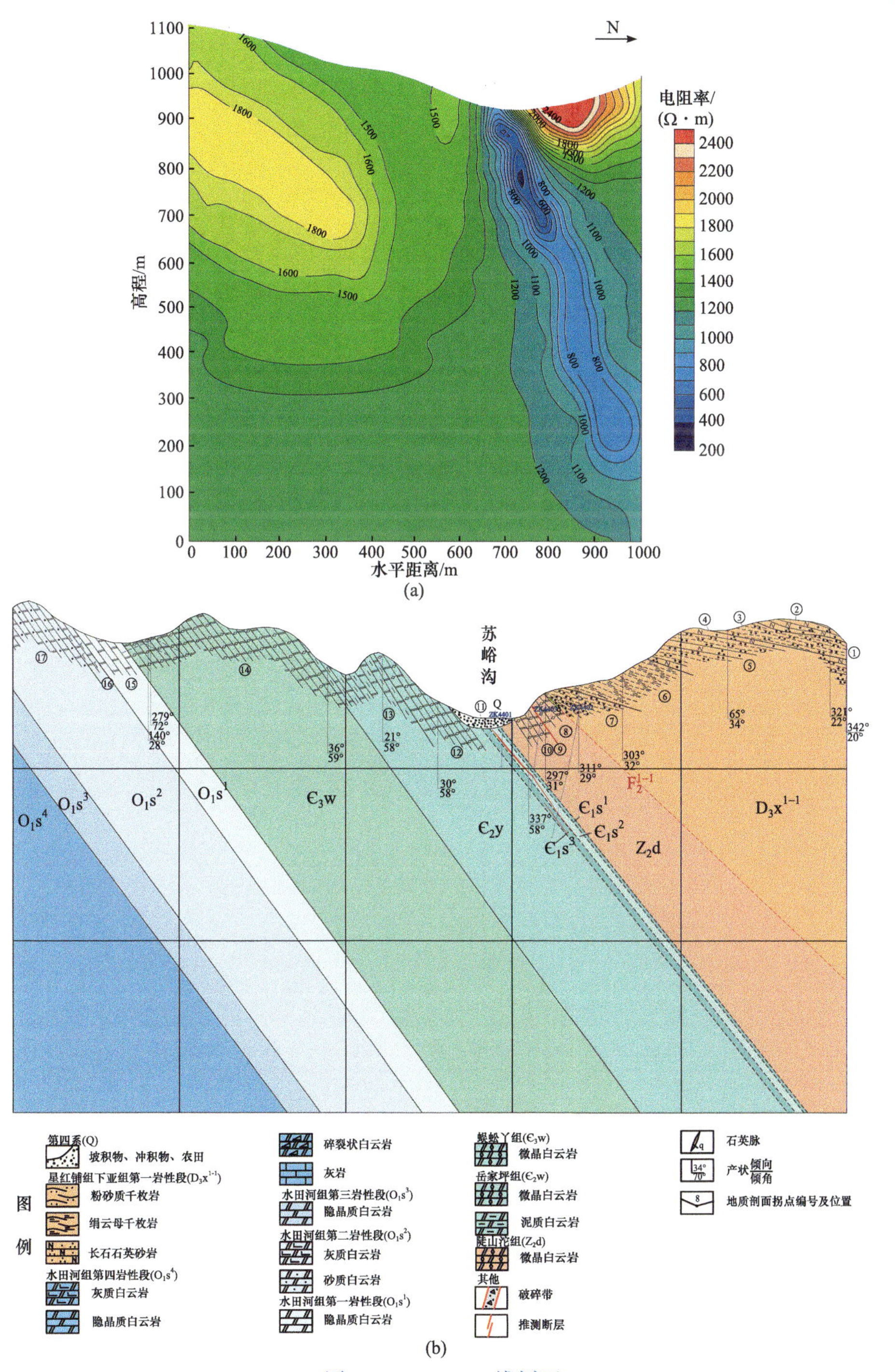

(b)

图 12.1.4　L3300 线剖面

(a) 二维反演剖面；(b) 地质-物探综合剖面

Ⅰ号中阻异常区深度 0～650m，电阻率为 1400～1800Ω·m，向北陡倾。其中，深度 0～400m、纵向分布标高 550～1300m 处，电阻率幅值较大，推测为寒武系蜈蚣丫组的电性反映，深部是奥陶系水田河组地层的反映；推测 150～650m 电阻率相对较小区域是岳家坪组地层的电性反应。

Ⅱ号低阻异常区深度 100～600m，电阻率为 200～1500Ω·m，北倾，出露地层为水沟口组和灯影组，推测该低阻异常是水沟口组地层和断层下盘中灯影组白云岩引起的。

Ⅲ号高阻异常区深度 650～1000m，纵向分布标高为 400～1000m，电阻率为 1600～2400Ω·m，北倾，出露地层主要为陡山沱组，推测该高阻异常区是陡山沱组地层的反映。

同样，在Ⅱ号低阻异常区浅圈定一呈塔状低阻异常，编号为Ⅱ-1，深度 650～850m，纵向分布标高为 650～1000m，电阻率为 200～800Ω·m。根据本区成矿规律和 L4000 线剖面低阻异常含金蚀变带和异常的关系，推测含金蚀变带位于该低阻异常南侧梯度带，这和地质控制的金矿化体展布特征和分布范围一致。

4) L2800 线剖面解释

L2800 线剖面从南到北同样可圈定四个电阻率异常区，分别为中阻异常区、低阻异常区、高阻异常区和中低阻异常区，编号分别为Ⅰ、Ⅱ、Ⅲ和Ⅳ。L2800 线剖面如图 12.1.5 所示。

Ⅰ号中阻异常区深度 0～750m，纵向分布标高 0～900m，电阻率为 1200～1700Ω·m，向北陡倾。其中，0～400m、纵向分布标高 550～1300m 处电阻率幅值较大，推测是奥陶系水田河组地层的反映。

Ⅱ号低阻异常区深度 0～1000m，电阻率为 200～1100Ω·m，北倾，出露地层为水灯影组，推测该低阻异常是断层中灯影组白云岩引起的。

Ⅲ号高阻异常区深度 600～1000m，底界分布标高为 200～600m，电阻率为 1100～2400Ω·m，北倾，出露地层主要为下泥盆统西岔河组，推测该高阻异常区是下泥盆统西岔河组地层的电性反映。

Ⅳ号中低阻异常区深度 780～1000m，底界分布标高不低于 600m，电阻率为 800～1100Ω·m，北倾，出露地层主要为下泥盆统西岔河组，推测该异常区是下泥盆统西岔河组地层的电性反映。

同样，在Ⅱ号低阻异常区浅层圈定一呈塔状低阻异常，编号为Ⅱ-1，深度 50～500m，纵向分布标高为 700～1100m，电阻率为 200～800Ω·m，向北缓倾，和其他三条剖面的低阻异常特征不一致，且该处未发育水沟口组地层。因此，推测该低阻异常是断层破碎带反映。

5) 测区平面异常解释

在高程 800m 平面图(图 12.1.6)上，从南到北可圈定四个电阻率异常区，分别为中阻异常区、低阻异常区和两个高阻异常区，编号为Ⅰ～Ⅳ。

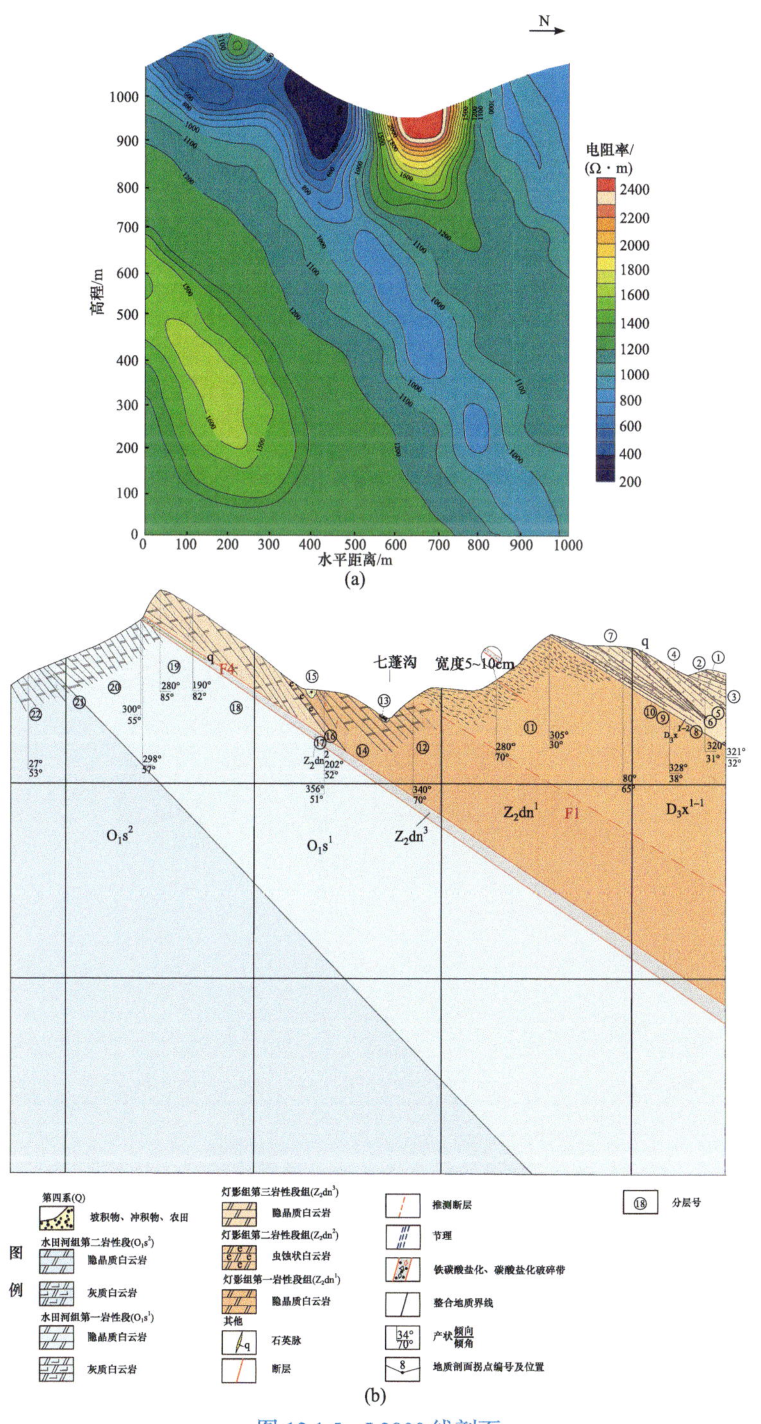

图 12.1.5　L2800 线剖面

(a) 二维反演剖面；(b) 地质-物探综合剖面

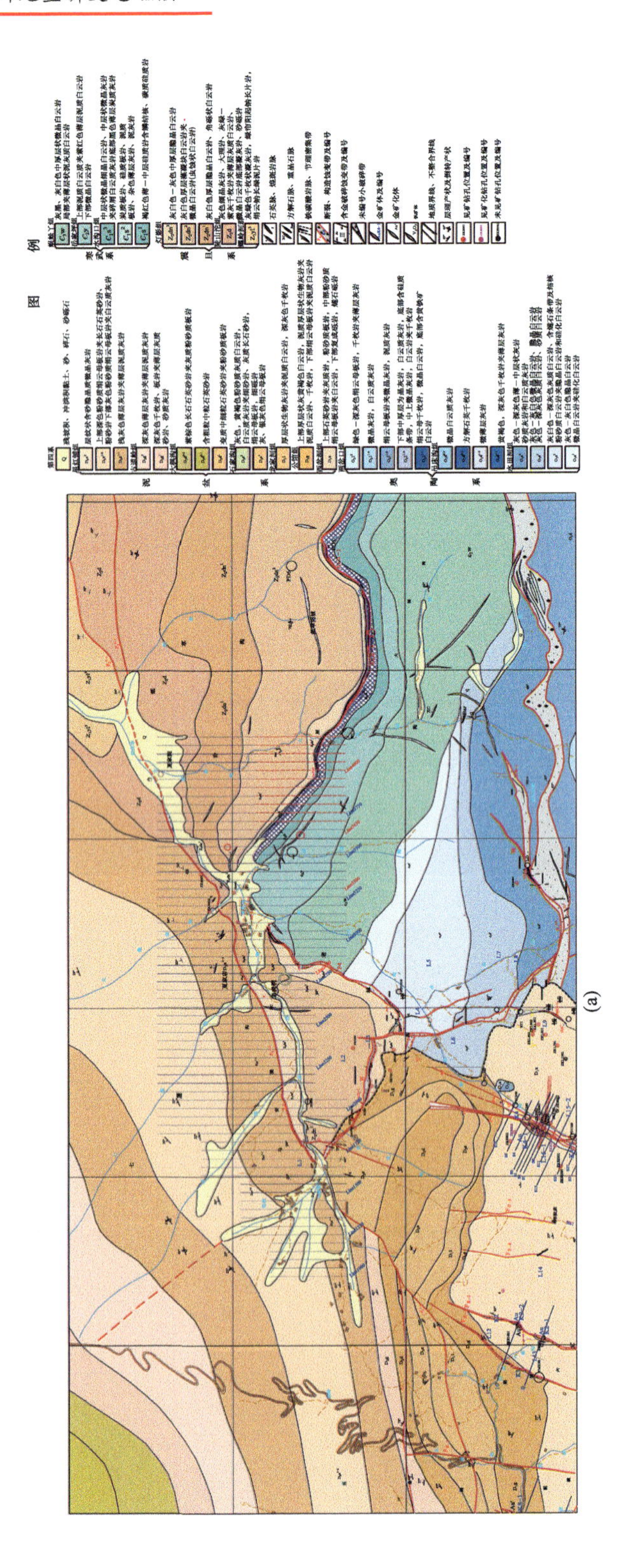

(a)

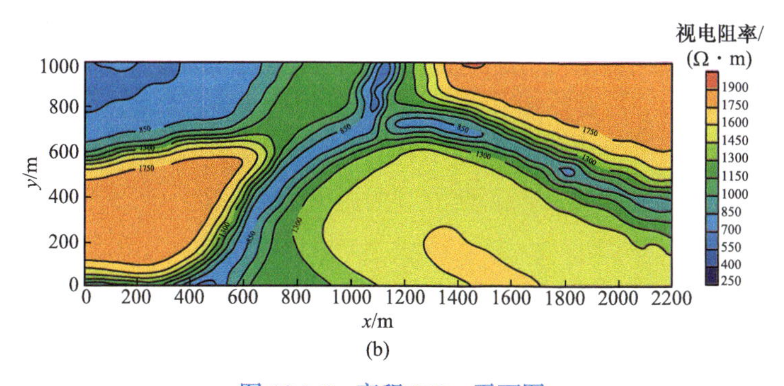

(b)

图 12.1.6　高程 800m 平面图

(a) 地质-物探综合平面图；(b) 视电阻率反演平面图

Ⅰ号中阻异常区位于 x 方向 800～2200m、y 方向 0～600m，视电阻率为 1000～1750Ω·m。Ⅱ号高阻异常区位于 x 方向 0～700m、y 方向 600～1000mm，视电阻率在 1600Ω·m 以上。Ⅲ号低阻异常区位于 x 方向 0～1000m、y 方向 0～600m，视电阻率为 550～1150Ω·m。Ⅳ号高阻异常区位于 x 方向 1400～2200m、y 方向 550～1000m，视电阻率在 1600Ω·m 以上。

图 12.1.6 中，中、低、高阻异常区存在较明显的界线。其中，北东向较明显的界线推测为 F_4 断裂的反映，它是镇安-板岩镇断裂带南侧的次级断裂；北西向较明显的界线推测为水沟口组地层、含金蚀变带及破碎白云岩的综合反映。

图 12.1.7、图 12.1.8 分别为高程 700m 和 600m 平面图。从图中可以看出，不同深度对该区的异常反应一致，并存在一定的连续性，且随着深度的增加，低阻异常区的范围有所扩大。

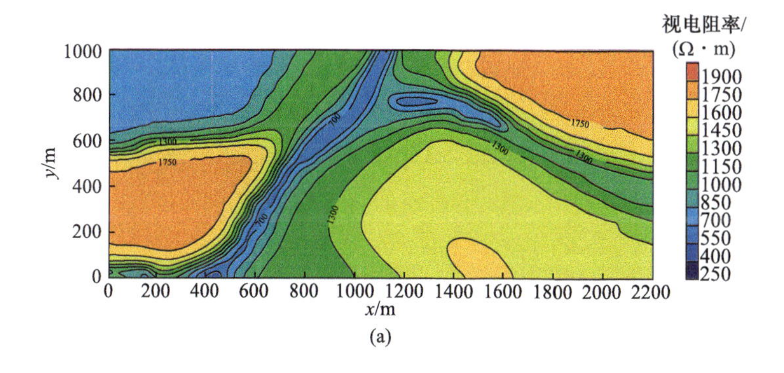

(a)

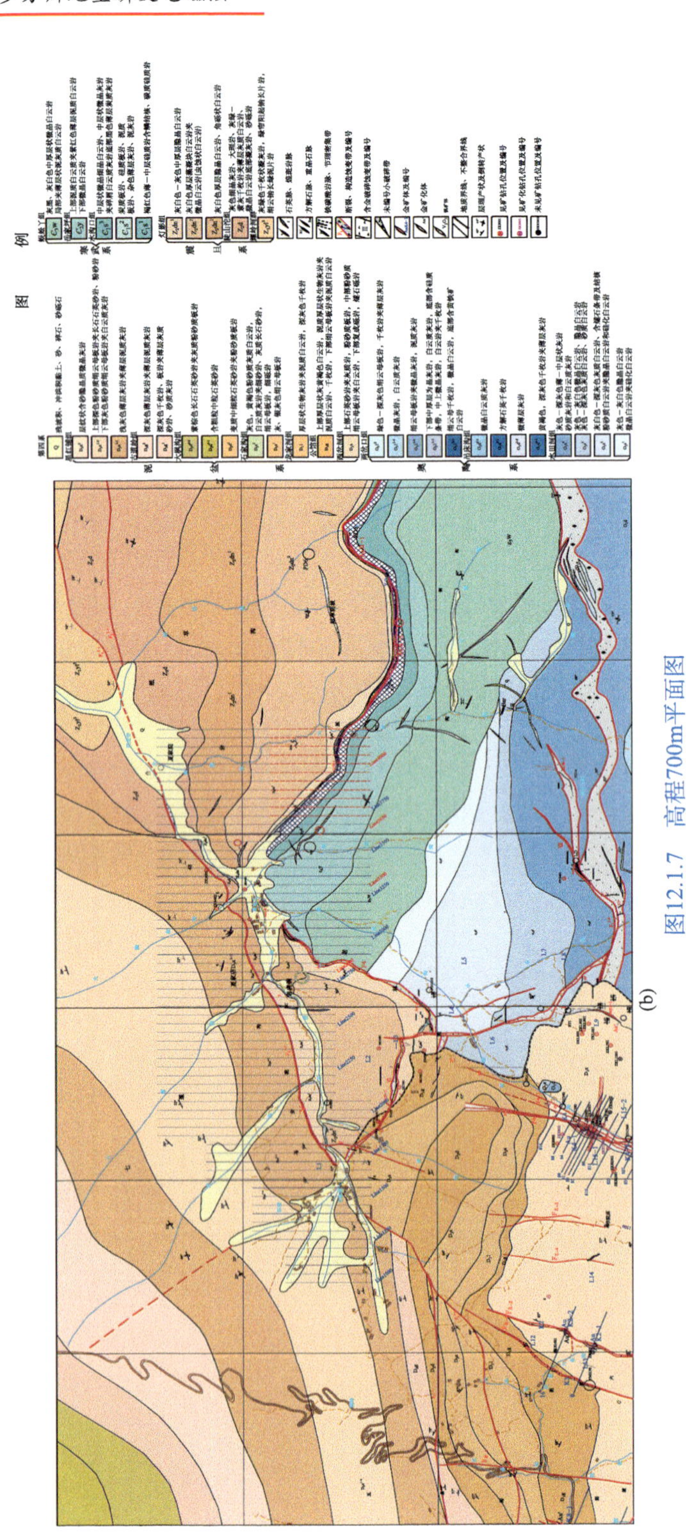

(b)

图12.1.7 高程700m平面图

(a) 视电阻率反演平面图；(b) 地质-物探综合平面图

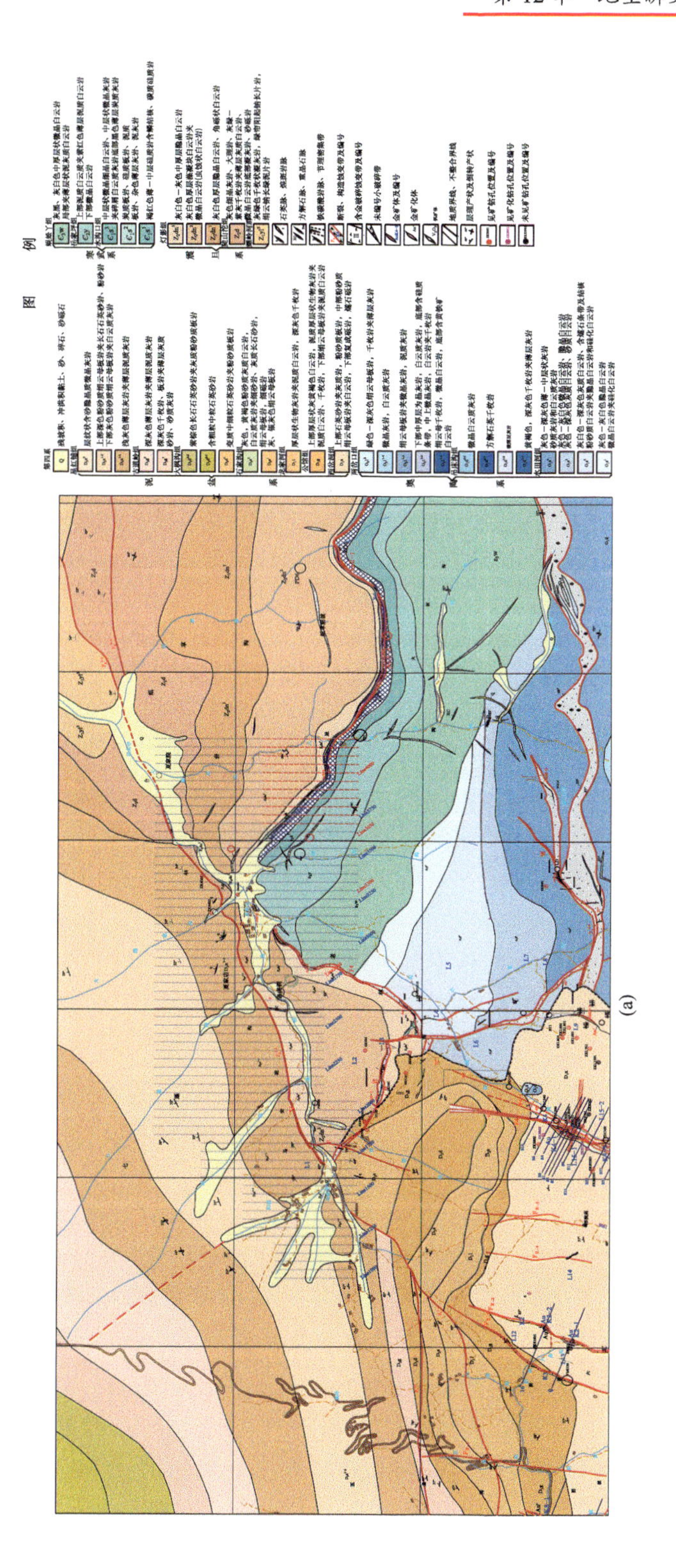

(a)

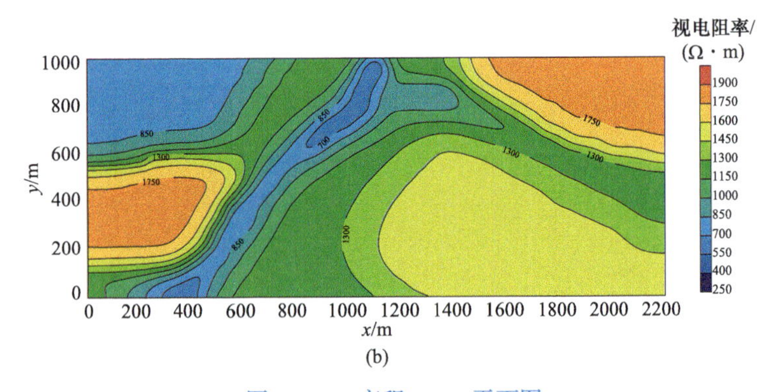

(b)

图 12.1.8　高程 600m 平面图

(a) 地质-物探综合平面图；(b) 视电阻率反演平面图

12.2　在煤矿采空区探测中的应用

12.2.1　甘肃魏家地煤矿采空区探测

魏家地煤矿位于甘肃省白银市平川区宝积镇东部约 7km 处，处于靖远煤田宝积山矿区东部魏家地井田内，西北与宝积山煤矿相接，西南与大水头煤矿为邻。魏家地煤矿所在的宝积山矿区，地处宝积山盆地的东南部，矿区大部分基岩裸露，盆地内西部、东北部和东南部多为低矮的丘陵，主要为剥蚀堆积地貌，除有少部分基岩出露外，大部分被黄土覆盖。矿区的开阔平缓地带多为第四系冲积松散沉积层。工作区域地表北部开阔平缓，被黄土覆盖，大多为农田及低矮丘陵。采区的中部、北部有两条季节性沙河。矿区水文地质条件较为简单。地表气候干燥，年平均降水量为 238.2mm，无常年性地表水流和地表水体，雨季洪水从两条季节性沙河流过。矿井含水层为富水性极弱的粗碎屑砂岩，各含水层之间有良好的隔水层(粉砂岩、泥质粉砂岩、泥岩、砂质泥岩、煤层)，互相水力联系较弱。采区主要含煤地层由灰白色石英细粗砂岩、砂砾岩、炭质泥岩、炭质粉砂岩组成。

该区的地貌特征较为平缓，高差起伏较小，地表存在较多空洞。观测系统布置如图 12.2.1 所示，探测试验采用凤凰 V8 多功能电法仪。为提高勘探深度，增强有用信号，最大程度获取地下采空区的异常信号，发射系统采用两个长度为 1km 的接地长导线源，激发脉冲是基频为 8.3Hz、占空比为 1∶1 的方波脉冲，发射电流强度为 15A。接收装置为地面回线框，在地表采集二次场的垂直磁场分量。试验数据采用面积式测网采集，累计 15 条测线，每条测线长度 400m，测线之间的距离为 20m，总的测线长度达到 6km，每条测线上的测点间距为 10m。

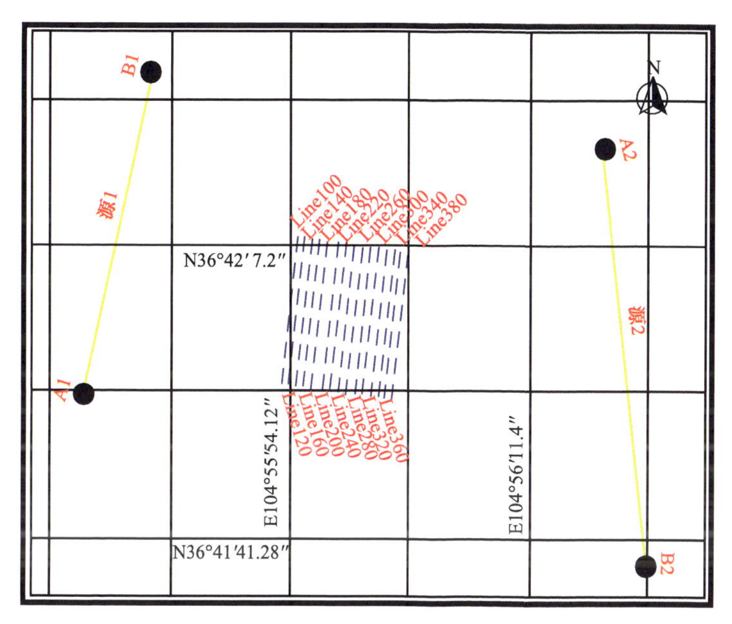

图 12.2.1　观测系统示意图

Line 表示测线

图 12.2.2 为某测点衰减电压 z 分量圆滑前后曲线。从图 12.2.2(a)可以看出，有个别时间道的数据不符合电磁场的衰减特征，需要进行圆滑；从图 12.2.2(b)可以看出，圆滑后的曲线比较符合电磁场的衰减特征。图 12.2.3 为某测线数据圆滑前后曲线。从图 12.2.3(a)可以看出，晚期的电磁信号比较杂乱，曲线之间出现交叉、重合等现象，与电磁场的传播特征不符，需要进行滤波和圆滑。对野外数据进行滤波、圆滑及噪声压制，为后续的视电阻率成像做好前期工作。图 12.2.4 为该工区的测线位置分布。

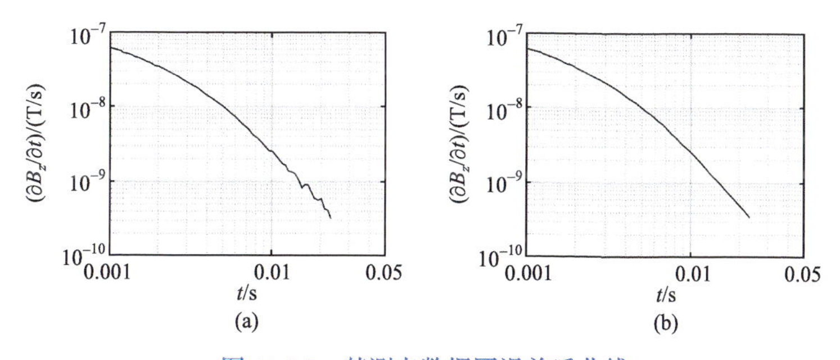

图 12.2.2　某测点数据圆滑前后曲线

(a) 圆滑前曲线；(b) 圆滑后曲线

图 12.2.5 和图 12.2.6 分别是测线 320 和测线 360 单个源与双源视电阻率

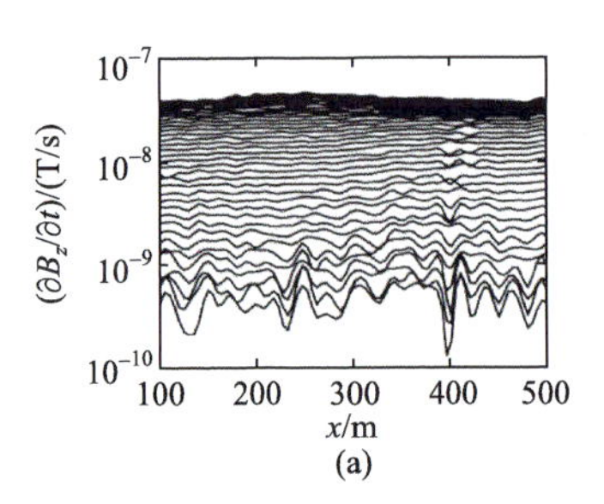

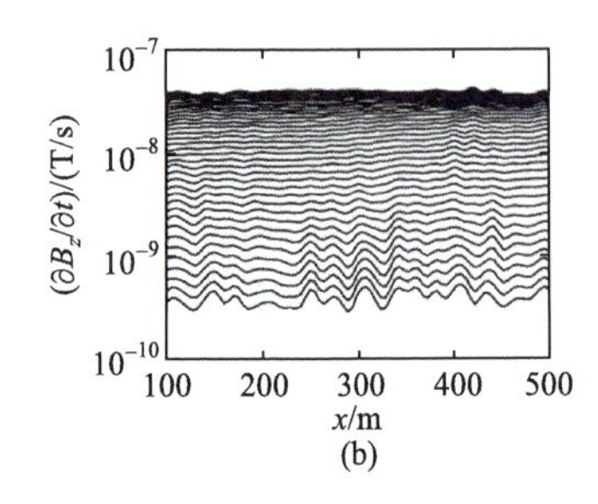

图 12.2.3　某测线数据圆滑前后对比

(a) 圆滑前多测道曲线；(b) 圆滑后多测道曲线

断面，源 A1B1 与 A2B2 的位置如图 12.2.1 所示。从图 12.2.5 可以看出，测线 320 上源 A1B1 或 A2B2 的视电阻率断面都反映了单个源在某一个侧面激发的结果，显然具有片面性，x 为 140～380m 处视电阻率低阻异常不连续、不清楚。图 12.2.5(c)中双源视电阻率低阻异常清楚且连续性较好。图 12.2.6 也具有相同的特征，这说明双源激发的结果要比单个源激发的结果好，在视电阻率特征上反映得更全面，分辨率更高。

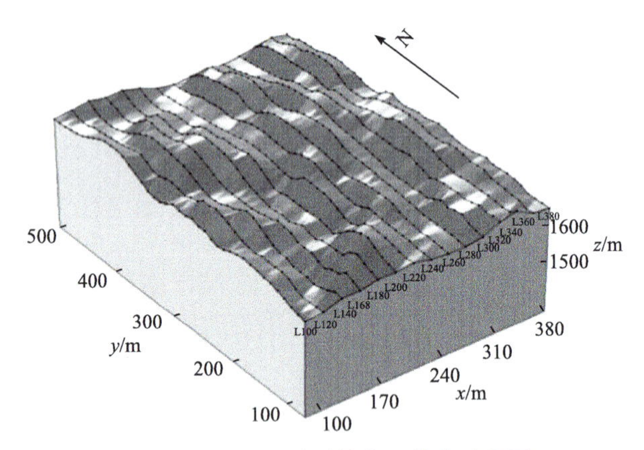

图 12.2.4　工区的测线位置分布示意图

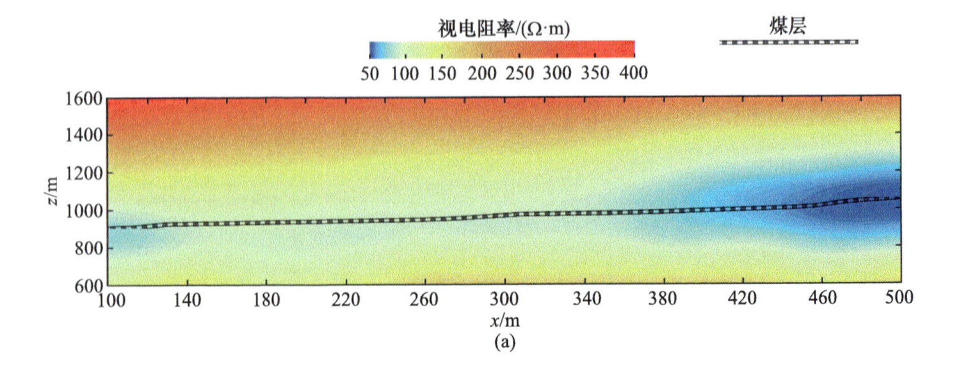

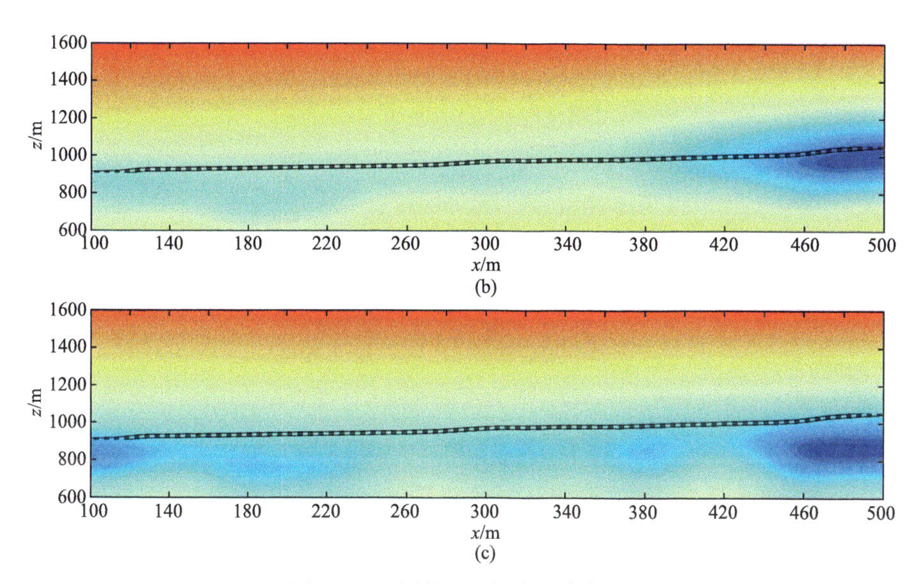

图 12.2.5 测线 320 视电阻率断面

(a) 源 A1B1；(b) 源 A2B2；(c) 双源

图 12.2.7 为测线 200 视电阻率断面，从图上可以看出，100～170m、230～310m、430～500m 处疑似为积水采空区。推断可能是煤矿采空区塌陷导致地层中裂隙比较发育，形成富水区域，从而形成低电阻率异常区域。图 12.2.8 为测线 200

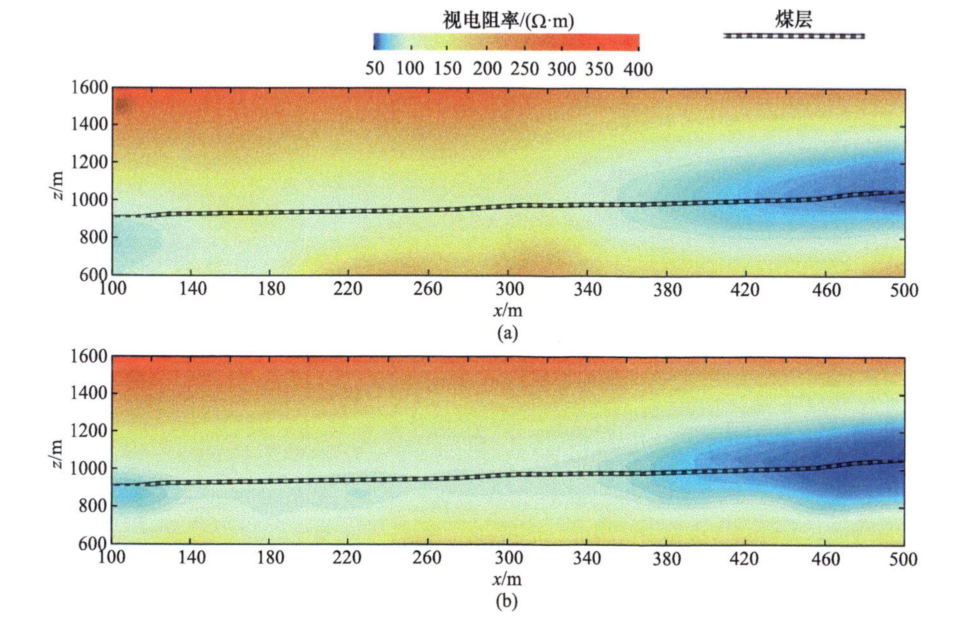

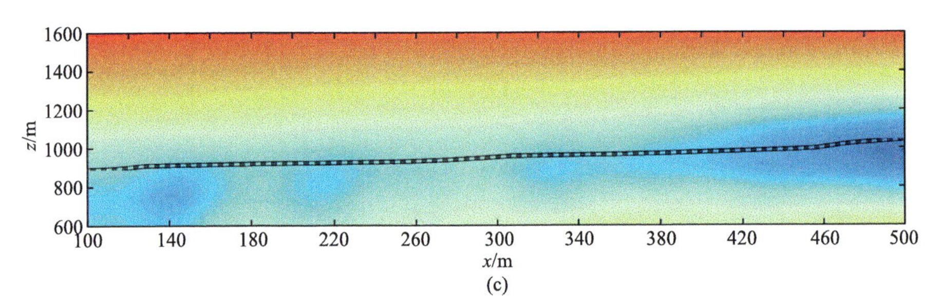

(c)

图 12.2.6　测线 360 视电阻率断面

(a) 源 A1B1；(b) 源 A2B2；(c) 双源

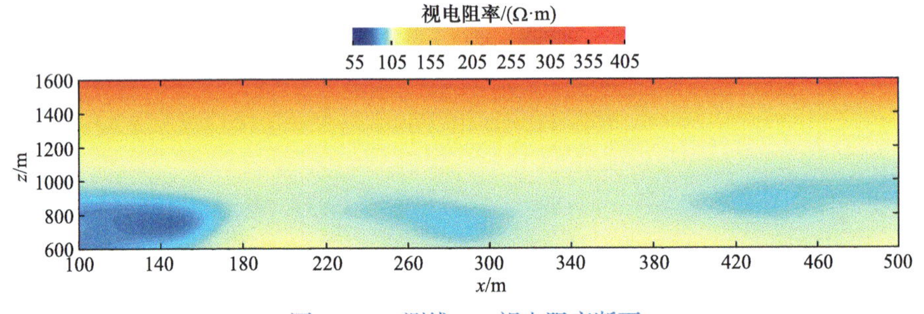

图 12.2.7　测线 200 视电阻率断面

有限差分偏移成像，可以看出，x 方向 180m、230m、310m、430m 处同相轴出现不连续，推断出现四个断层。另外，采空区内部同相轴错断比较严重，可能是因为煤层被开采，在偏移成像图上表现出横向不连续、间断跳跃的特征。总体来看，视电阻率低值异常区与偏移成像横向不连续处对应较好。

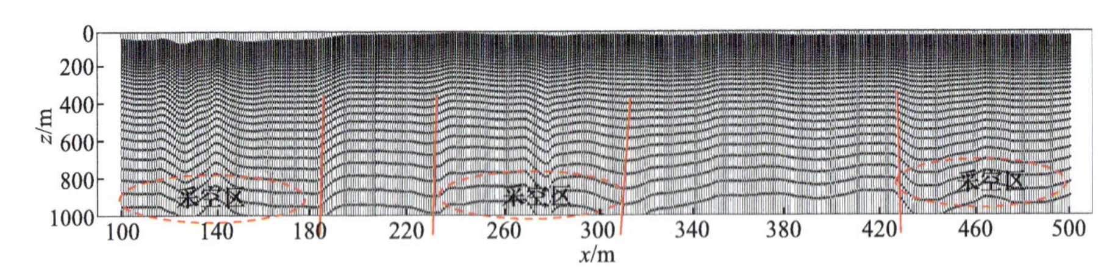

图 12.2.8　测线 200 有限差分偏移成像

图 12.2.9 为测线 380 的视电阻率断面，从图上可以看出，100～170m、220～270m、270～350m、350～420m、430～500m 处呈现出明显的低阻异常区，疑似积水采空区。与图 12.2.10 进行对比可以发现，在 x 方向 170m、220m、270m、350m、420m 处偏移成像的同相轴变化比较明显，推断存在断层。同样，采空区内部地层错断较严重，有可能造成富水更为严重。

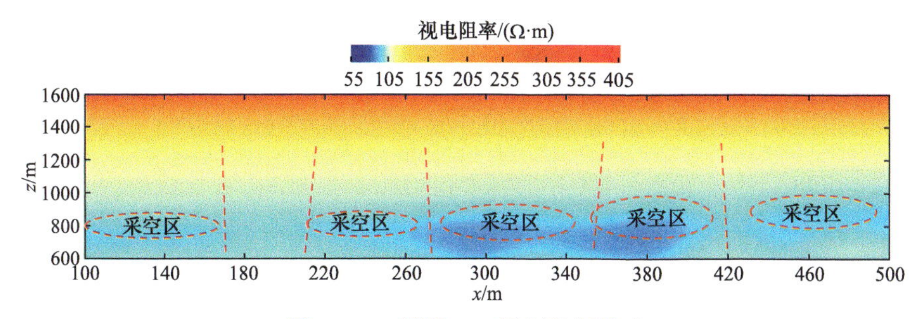

图 12.2.9　测线 380 视电阻率断面

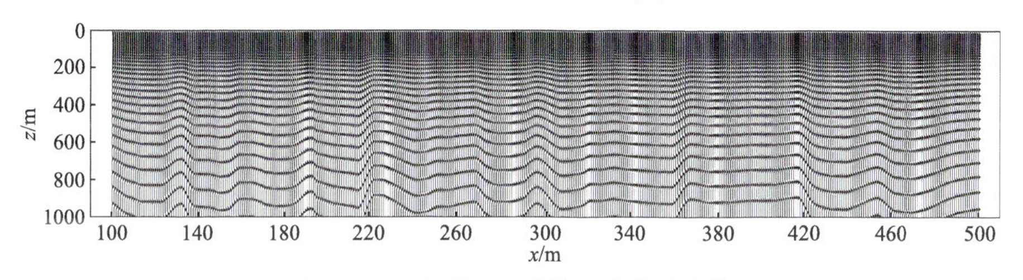

图 12.2.10　测线 380 有限差分偏移成像

图 12.2.11(a)和(b)分别为高程 990m 和 1030m 的视电阻率平面，该工区的煤层底板等值线见图 9.2.28。从图 9.2.28 可以看出，测线 140 和 160 处有两条巷道，图 12.2.11 的 x=140m 和 x=160m 处有两条明显的电阻率梯度带与之对应；同时，图 9.2.28 中测线 340 处还有一条巷道，在图 12.2.11 中也有微弱体现。视电阻率的大小主要受地层岩性和含水率等因素的影响。图 12.2.11 中淡蓝色部分反映此处为低阻异常区，推测可能是煤层开采后形成充水采空区，使得此处地层相对富

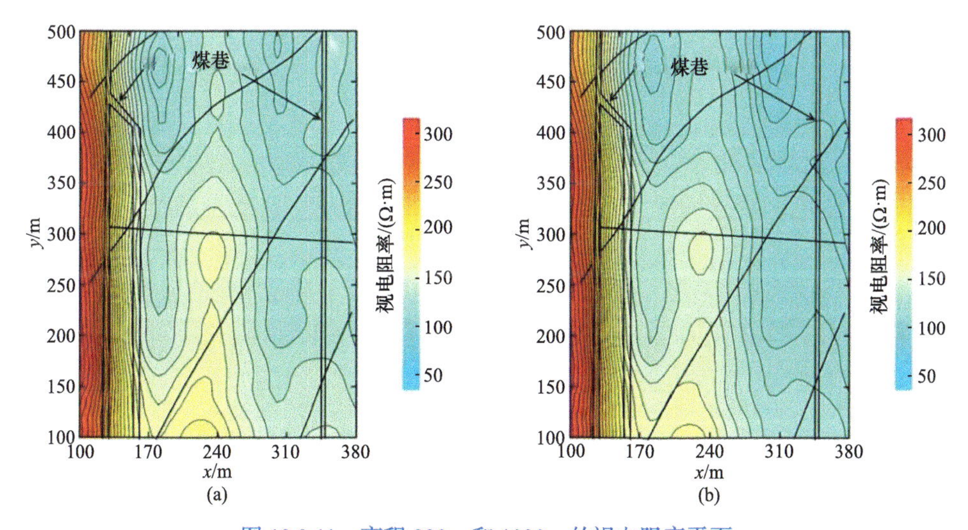

图 12.2.11　高程 990m 和 1030m 的视电阻率平面
(a) 高程 990m；(b) 高程 1030m

水，因此在图中表现为低电阻率，并且电阻率越低，表明此处地层富水程度越高。红色部分则反映此处为高阻异常区，可能是因为此处采空区未充水或者煤层没有被采空。该工区的西南角呈现高电阻特征，东北角呈现低电阻特征，表明该工区的充水采空区主要分布在东北方向。

12.2.2 山西煤炭采空区探测

本小节勘探任务来源于山西省国土资源厅“山西省煤炭采空区煤层气资源调查与评价项目”。该项目是我国首次将地空电磁用于大面积国土资源勘查，并遵照相关技术规程进行质量监控的规范化工程项目。该项目主要目的是勘查山西省煤炭采空区及采空积水区，选定的四个勘查区块分布于山西省中南部地区，累计勘查面积为 100km^2，其中三个区块采用时间域地空电磁法，一个区块采用频率域地空电磁法。本小节内容为山西省晋城区块 A 区的时间域地空电磁响应数据处理部分，由山西省煤炭地质物探测绘院有限公司委托中国地球物理学会进行地空瞬变电磁法探测采空区拟地震偏移成像技术研究项目专项技术服务。

该工区的区块面积为 25.92km^2，数据采集工作方法为地空瞬变电磁法。发射系统为地面长导线源，发射极距 2km，发射电流 40A，基频 12.5Hz。接收系统为空中回线框，接收面积 2160m^2，飞行高度 50m，飞行速度 8m/s。总的测线长度 243km。

采用数据质量分析方法，对所有采集数据进行坏点剔除，采集数据总量为 32283 个，可用数据量为 24260 个，占数据总量的 75%。

典型测线视电阻率断面如图 12.2.12 所示。在测线 3300 断面 300～1100m、2700～3500m、4800～5300m 处存在三个明显的低阻异常，深度在 430m 上下分布，相对规模较小。从图 12.2.12(b)可以看出，三个采空区的规模有所加大，深度分布在 500m 左右。图 12.2.12(c)中，三个采空区的范围进一步加大到 100～1500m、2300～3400m、4000～5400m 处，深度也进一步加大到 430～550m。随着低阻异常规模逐渐增大，异常的深度范围也进一步增大，这说明采空区由多层构成。

为了进一步查明采空区的平面分布范围，在深度–400m 和–500m 处做切片平面。从图 12.2.13 和图 12.2.14 两个切片平面图可见：–400m 切片平面图中低阻异常的分布范围较大，说明采空区的范围较大，而–500m 切片平面图中低阻异常的分布范围较小，说明采空区的分布范围也较小，这两个切片平面图的低阻异常相关性较好。

为了进一步推断采空区中是否赋存煤层气，采用虚拟波场偏移成像的方法，查明采空区上方的裂隙发育情况。如果有裂隙发育，显然是存不住煤层气

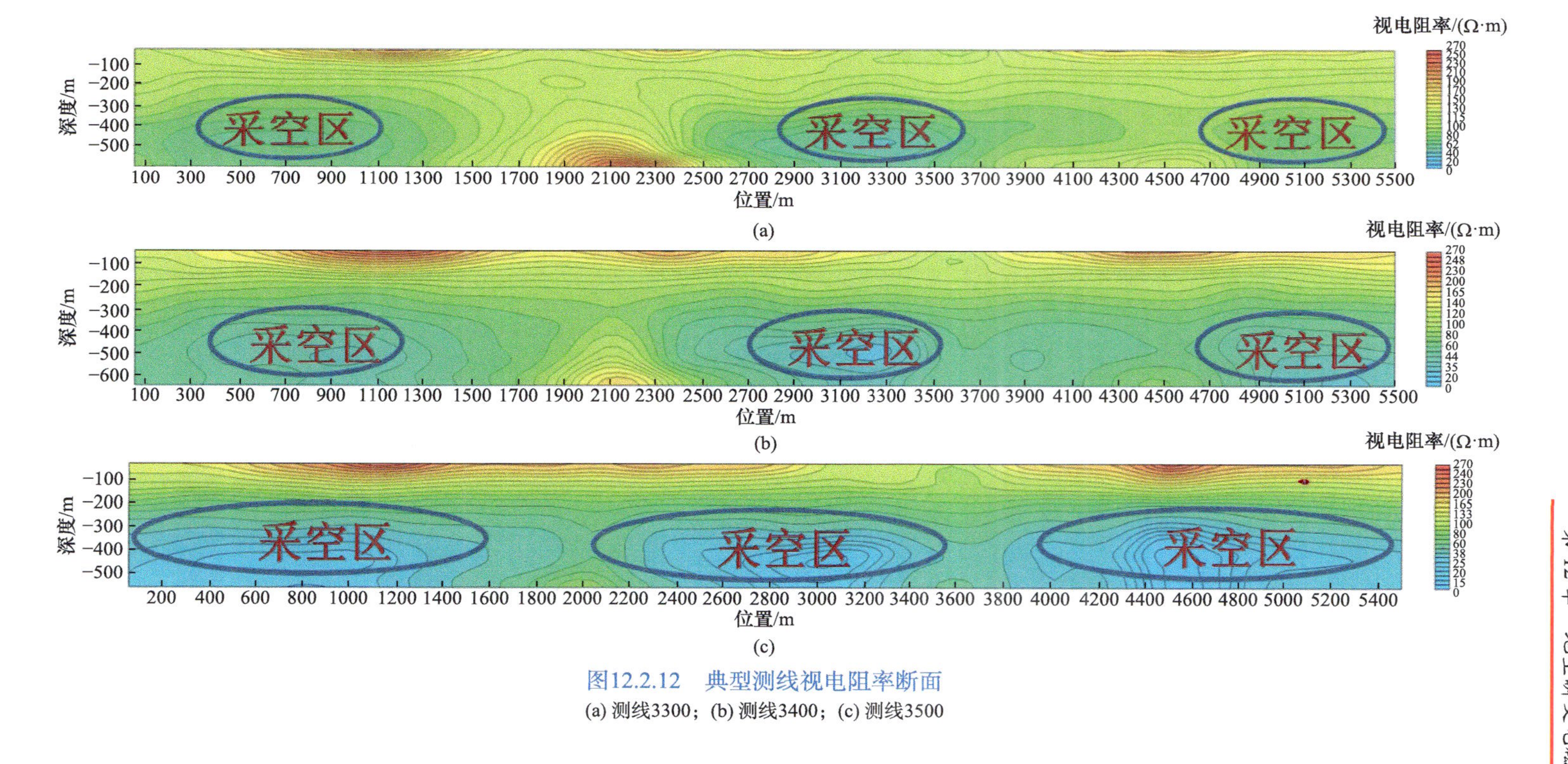

图12.2.12　典型测线视电阻率断面

(a) 测线3300；(b) 测线3400；(c) 测线3500

的。图 12.2.15 为测线 3300 的偏移成像和视电阻率分布，可以看出，测线 3300 线上低阻异常上方偏移成像的同相轴比较连续，可见采空区分布稳定，可能存在煤层气。图 12.2.16 显示，测线 3400 上 700m、3200m、5000m 处偏移成像的同相轴出现了明显的错断，因此采空区上方裂隙发育，煤层气存在的可能性比较小。

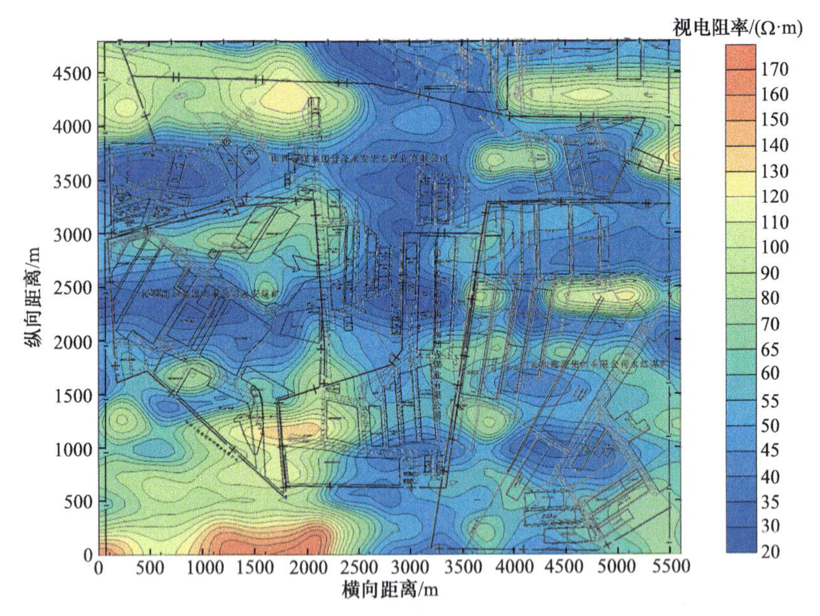

图 12.2.13　视电阻率–400m 切片平面图

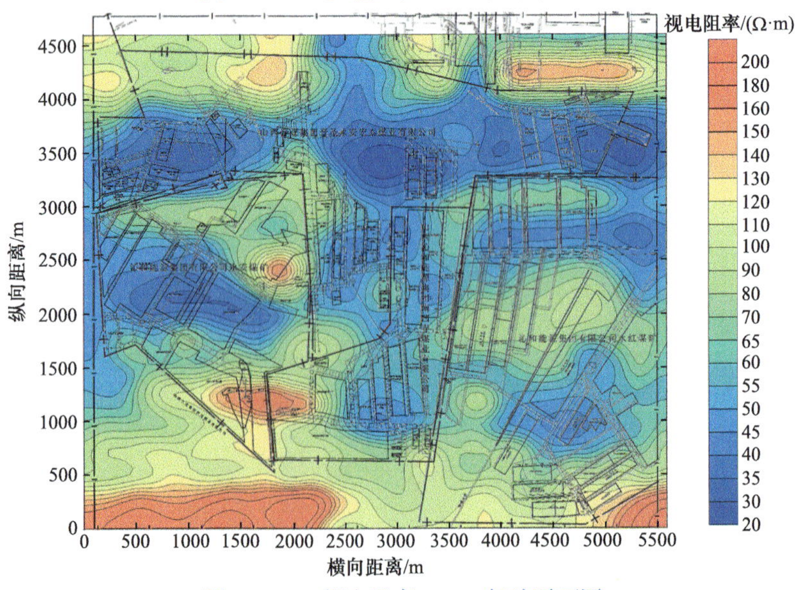

图 12.2.14　视电阻率–500m 切片平面图

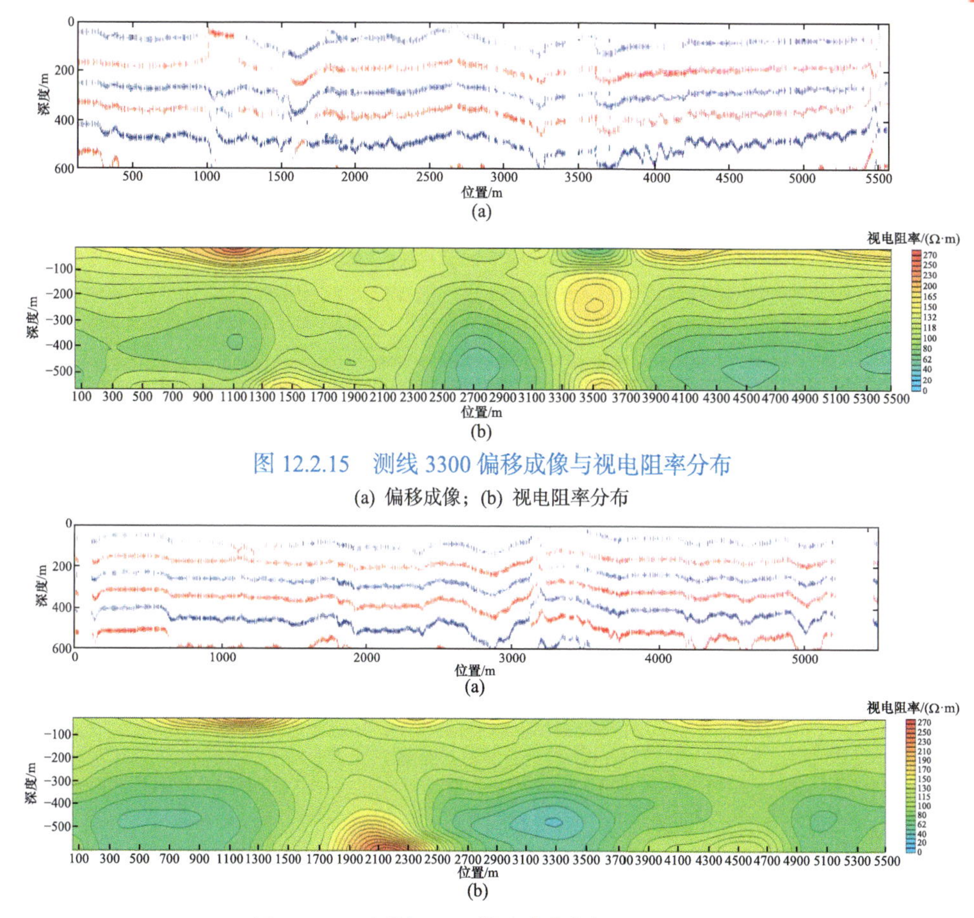

图 12.2.15　测线 3300 偏移成像与视电阻率分布

(a) 偏移成像；(b) 视电阻率分布

图 12.2.16　测线 3400 偏移成像与视电阻率分布

(a) 偏移成像；(b) 视电阻率分布

12.2.3　陕西黄陵采空区探测

采用地空瞬变电磁法对黄陵指定测区范围(面积共 0.5km^2)的采空区进行探测和评价，主要目的如下：

(1) 验证地空瞬变电磁装置在复杂地形条件下工作的可靠性和优越性；

(2) 对黄陵矿业一号煤矿八盘区区域地下采空区情况进行探测；

(3) 利用全域视电阻率定义技术进行成像处理，为煤矿后续施工及钻井工作提供直观的资料数据结果。

该区处于陕北黄土高原南部，受沮水河及其支流长期切割和侵蚀，基岩裸露，沟壑纵横。区内森林植被广泛分布。地势西北高而东南低，最高点位于野猪窝附近，海拔 1537.00m，最低点位于索罗湾一带，海拔 1022.75m，相对高差 514.25m。属地形较为复杂的中低山区，适合采用地空方法开展采空区调查工作。

区内主采煤层为2#煤，位于侏罗系中统延安组(J_2y)地层中，从下至上可分为四段六个沉积旋回。各旋回底部以灰白色砂岩开始，向上为深灰色粉砂岩及灰黑色泥岩。含煤四层，自上而下编号为0#、1#、2#、3#煤层，2#煤层位于第一旋回的中、下部。植物组合属锥叶蕨拟刺葵植物群。岩相特征从下部的河流相到最后以湖滨三角洲相结束。地层厚度50.64～150.81m，平均92.29m，北厚南薄，西厚东薄，南部一般60m，往北依次增加至80～150m，与下伏富县组地层呈假整合接触。

2#煤层厚度为 1.30～3.50m，平均厚度 2.23m。可采面积占煤矿区面积的99.4%，基本全区可采。

勘探区地表覆盖层主要由黄土、泥岩、细粒砂岩组成，下覆基岩主要为泥岩、砂岩。根据统计和资料得出测区常见岩性的电阻率，如表12.2.1所示，可见采空区与上、下覆岩层具有明显的电性差异。

表 12.2.1　测区常见岩性电阻率

岩性	电阻率/(Ω·m)	岩性	电阻率/(Ω·m)
石灰岩	6×10^2～6×10^3	黏土	1～2×10^2
泥灰岩	1～1×10^2	含水黏土	2×10^{-1}～1×10^1
黄土	1～1×10^3	粉质黏土	1～2×10^2
泥岩	1～1×10^3	砾石含黏土	2.2×10^2～7×10^3
粗砂岩	1×10^1～1×10^3	粉质黏土含砾石	8×10^1～2.4×10^2
细砂岩	1～1×10^3	煤层(可能采空)	1～1×10^3

地空瞬变电磁工作装置接收系统为无人机搭载接收机和线圈，接收机与无人机采用软连接方式，以减小无人机飞行时高频振动对数据采集的影响，挂载的接收线圈有效接收面积为$3000m^2$。由于两个测区地形差异较大，因此飞行采集时工区Ⅰ飞行高程 310m，工区Ⅱ飞行高程 360m，飞行速度 5m/s。工区 F1和工区F2各飞行采集11条测线，测区总面积为$488000m^2$。工作布置如图12.2.17所示。

1. 南北向视电阻率等值线断面

图 12.2.18～图 12.2.21 显示，煤系沉积地层的视电阻率断面上等值线呈层状分布。测区地层整体包含四层电性介质，地表有一层很薄的低阻层，下部是一层

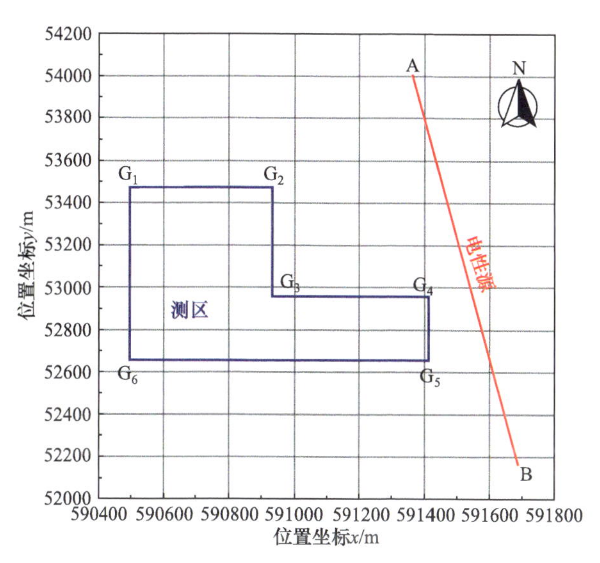

图 12.2.17　黄陵测区工作布置示意图

明显的高阻地层，第三层是一层低阻地层，最下面是一层高阻基底。煤层主体处于低阻地层中，地层倾向与煤层走向基本一致。局部区域视电阻率等值线略有起伏，视电阻率略有浮动，表现为局部低阻异常或高阻异常。

2. 东西向视电阻率等值线断面

区内测线 101 剖面是东西向最长的剖面，电性层的分布与南北向剖面类似，

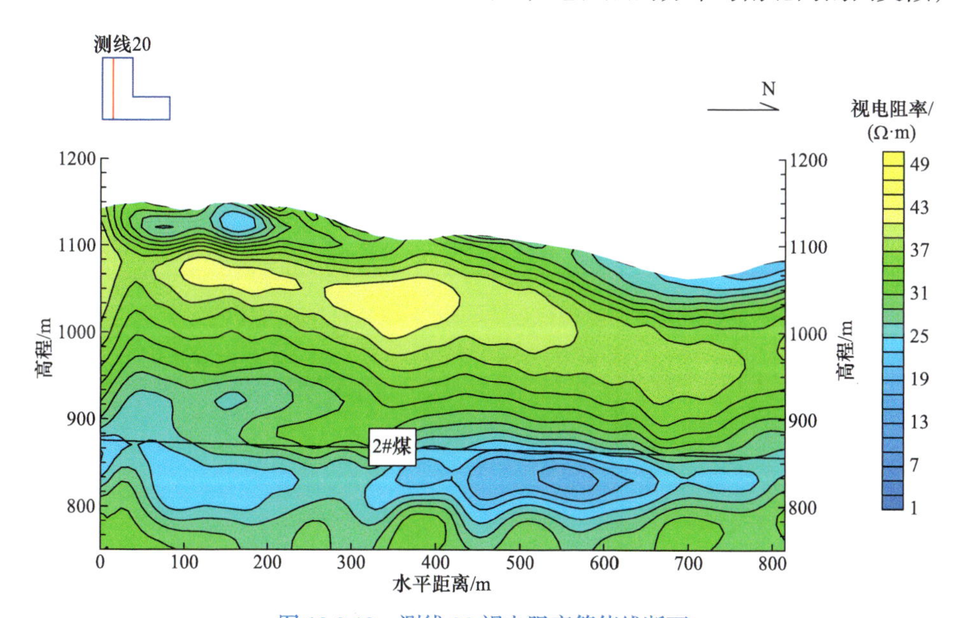

图 12.2.18　测线 20 视电阻率等值线断面

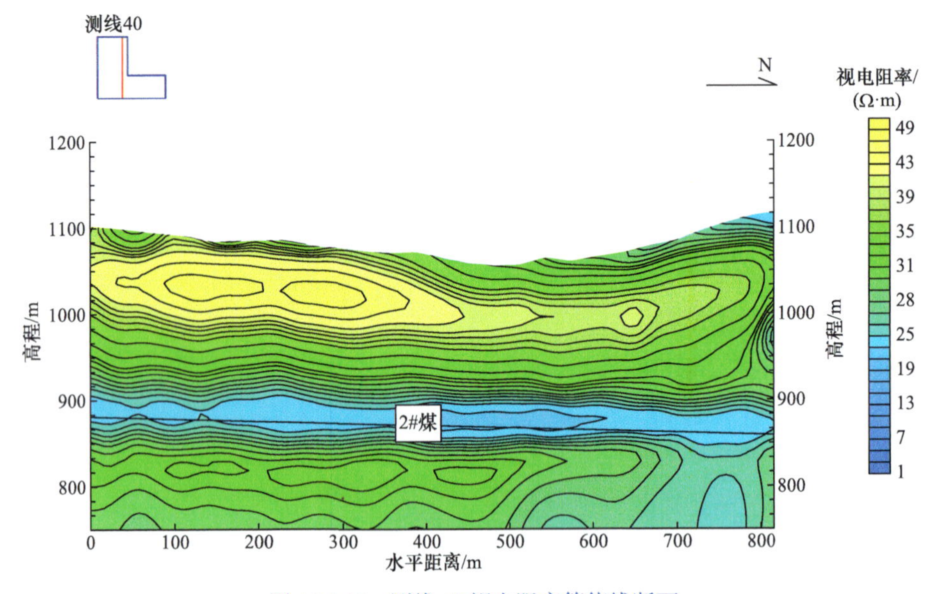

图 12.2.19　测线 40 视电阻率等值线断面

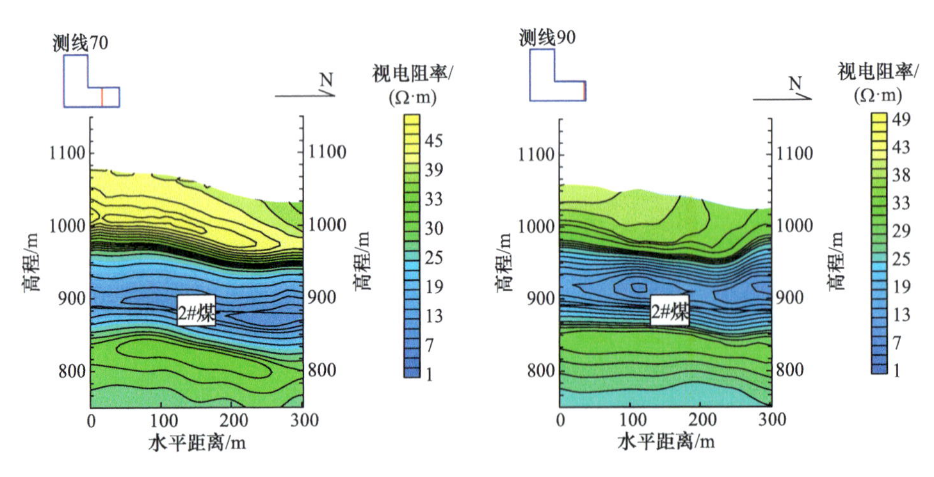

图 12.2.20　测线 70 视电阻率等值线断面　　图 12.2.21　测线 90 视电阻率等值线断面

其等值线断面如图 12.2.22 所示。采空区呈低阻，剖面东侧低阻异常深度分布范围大，可能是多层采空区导致的。

3. 视电阻率三维分布

三维的视电阻率数据体清晰地反映了采空区的空间分布，同时显示出采空区上方的地层板断裂隙分布，如图 12.2.23 所示。

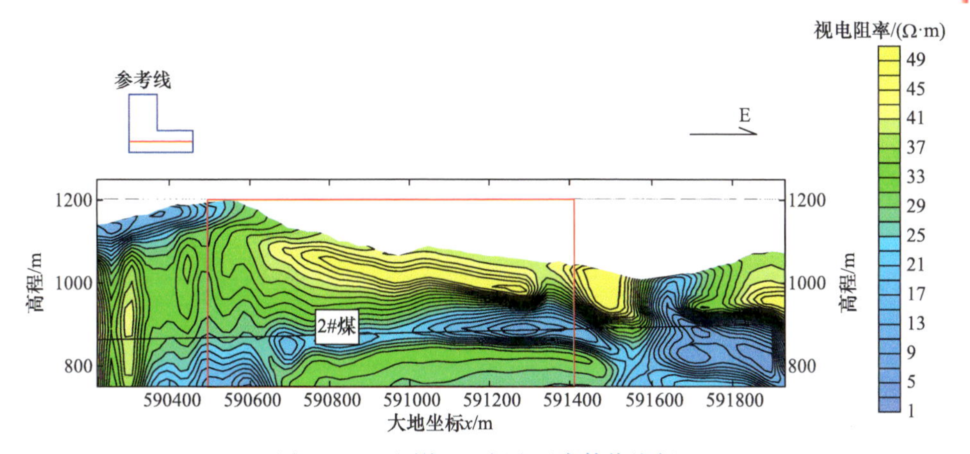

图 12.2.22　测线 101 视电阻率等值线断面

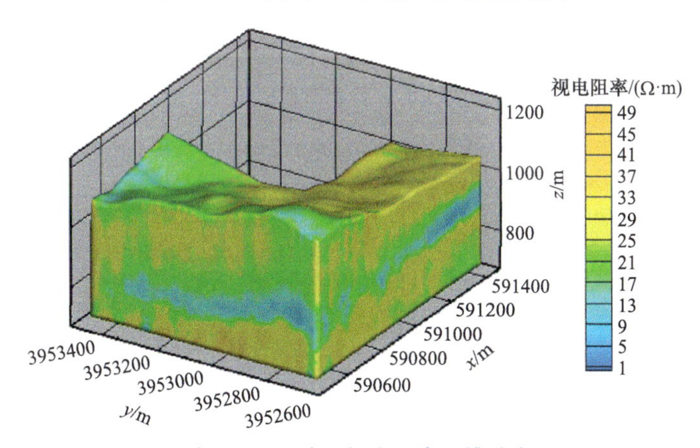

图 12.2.23　全区视电阻率三维分布

12.3　在高速公路探测中的应用

12.3.1　广西河池至百色高速公路隧道勘察

广西河池至百色高速公路隧道为该段高速公路的重要勘察路段，采用地空瞬变电磁法进行勘察，目的是了解影响公路隧道安全的溶洞、竖井、地下河等地质问题。隧道区属峰丛洼地型岩溶地貌，山体连绵起伏，地形呈锯齿状，地形地貌主要受地层岩性和地质构造控制，山脉走向多呈西北—东南向，与地质构造走向基本一致。

虽然测区内岩溶形态繁多、密集，但从地质构造、地形地貌、气象水文等方面分析，岩溶分布与发育规模呈现出明显的规律性。总体来看，岩溶形态以垂向发育的居多，水平岩溶管道随侵蚀基准面变迁呈现明显分层特征，且多为单管状或脉管状，密度相对较小。

隧道勘探区域的地表覆盖层主要由坡积黏土、碎石土、基岩出露组成，下覆基岩主要为灰岩。瞬变电磁法是以地下介质电阻率差异为基础来探测区分地下岩性的方法，影响电阻率的主要因素有矿物成分及岩石结构、构造、含水情况等。根据经验统计和资料得出隧道测区常见岩性的电阻率，见表 12.3.1，可见地下不良地质体与围岩有较大电性差异。

表 12.3.1　隧道测区常见岩性电阻率

岩性	电阻率/(Ω·m)	岩性	电阻率/(Ω·m)
石灰岩	$6\times10^{2}\sim6\times10^{3}$	黏土	$1\sim2\times10^{2}$
泥灰岩	$1\sim1\times10^{2}$	含水黏土	$2\times10^{-1}\sim1\times10^{1}$
地下水	$<1\times10^{2}$	粉质黏土	$1\sim2\times10^{2}$
河水	$1\times10^{-1}\sim1\times10^{2}$	砾石含黏土	$2.2\times10^{2}\sim7\times10^{3}$
岩溶水	$1.5\sim3\times10^{0}$	粉质黏土含砾石	$8\times10^{1}\sim2.4\times10^{2}$
雨水	$>1\times10^{3}$		

设计 2 个探测工作区，根据实际地质条件分别设置一条大致与测线平行的接地长导线源，源 1 的长度为 0.85km，源 2 的长度为 0.96km。使用凤凰公司的 V8 电磁发射机进行激发，信号接收使用六旋翼无人机搭载 GeoPen airTEM124sd 接收机飞行采集。测区 1 发射源 A1B1 和测区 2 发射源 A2B2 的位置如图 12.3.1 中红色线所示。测区 1 和测区 2 分别位于对应源的南面，且为保证解释一致性，两个工区设计了长度为 50m 的重合区域，测线均东西向排列，具体分布如图 12.3.1 所示。测区 1 东西向长约 1100m，南北向宽约 200m，测线间距为 20m，共布设 11 条测线，有效测点 1276 个，面积共计 220000m^2；测区 2 东西向长约 1340m，南北向宽约 200m，测线间距为 20m，共布设 11 条测线，有效测点 1551 个，面积共计 268000m^2。由于两个测区地形差异较大，因此飞行采集时测区 1 飞行高程 310m，测区 2 飞行高程 360m，飞行速度 5m/s。工作发射电压 600V，发射电流 10～15A，发射基频 25Hz。

勘察采用的飞行控制平台为配套六旋翼无人机的 KWT-GCS-S 地面站，将设计航线的起止经纬度坐标输入地面站软件并验证航线，设定飞行速度。开始飞行测量时，先手动操控无人机到设定飞行高度，进入设定航线，然后无人机按照设计好的航线和速度自动飞行采集数据，最后无人机自动返航至起飞点。飞行采集时测点信号与所处位置坐标同步保存，导出数据时可依据飞行航迹提取位于测线上的有用信号，如图 12.3.2 所示。

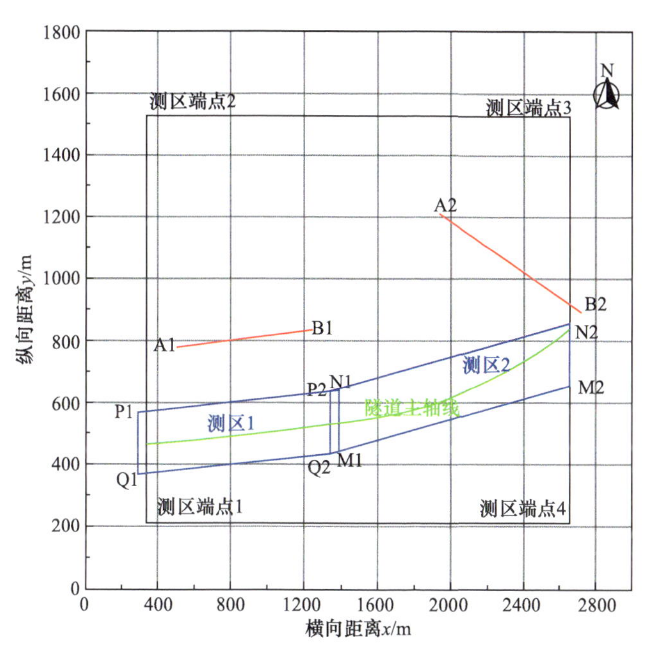

图 12.3.1　测区发射源及测线布置

图 12.3.3 为测线 6 视电阻率剖面(中心剖面)，起始点位于隧道桩号 K31+955 处，终止于隧道桩号 K34+375 处，纵坐标为高程。图 12.3.4 为测线 6 推断解译结果，推断浅层第四系分布较薄，受地形影响较大，在 K33+100～K33+600 处较厚，其他区域均较薄。K32+045～K33+100 处，岩层倾向向东，倾角约 20°；K33+625～K34+375 处，岩层倾向向西，倾角约 20°；K33+275～K33+625 为破碎带，且破碎带向西倾斜。

图 12.3.2　F1 工区无人机飞行采集数据点轨迹

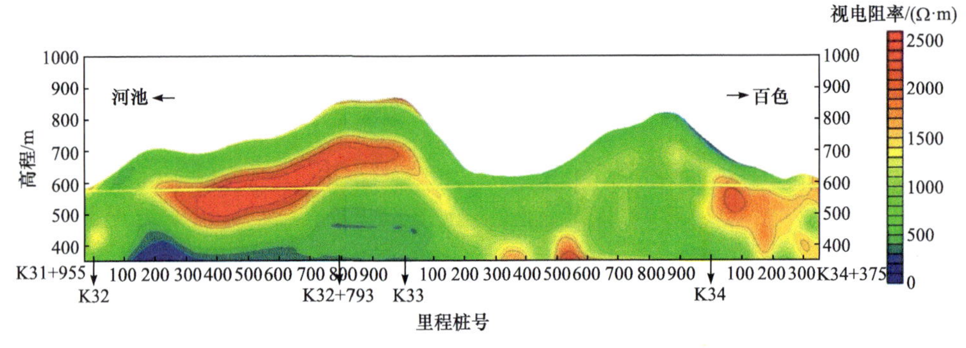

图 12.3.3 测线 6 视电阻率剖面

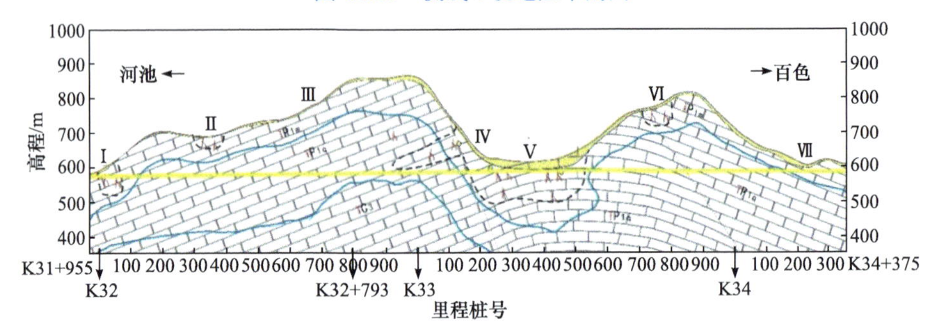

图 12.3.4 测线 6 推断解译结果

整个剖面推测有 7 处岩溶区。

Ⅰ号岩溶区：对应隧道桩号 K32+045，宽度约 40m，为地表岩溶，地表水沿裂隙渗入，影响深度约 100m，推断为断层次生断层引起。

Ⅱ号和Ⅲ号岩溶区：Ⅱ号岩溶区对应隧道桩号 K32+340，Ⅲ号岩溶区对应隧道桩号 K32+690。两处岩溶区主要受地形影响比较大，在相对地形低洼的位置，影响深度相对较浅。

Ⅳ号岩溶区：对应隧道桩号 K33+090，沿着地层走向，倾斜向东，深度较大，与Ⅴ号岩溶区连通，是影响隧道安全的主要区域。地表水沿着裂隙、顺着地层走向，向隧道方向延伸。

Ⅴ号岩溶区：对应隧道桩号 K33+140～K33+490，为洼地，长约 400m，距隧道顶层较近，是地表主要的岩溶区。地表水沿着地表裂隙及溶洞点向下渗透，是隧道水患的主要通道。

Ⅵ号和Ⅶ号岩溶区：Ⅵ号岩溶区对应隧道桩号 K33+740；Ⅶ号岩溶区对应隧道桩号 K34+240。沿着地层走向，倾斜向西，地表水沿着裂隙、顺着地层走向，向隧道方向延伸。

图 12.3.5 为测线 1 视电阻率剖面，起始点位于平行隧道桩号 K31+955 向南 100m 处，终止于隧道桩号 K34+375 向南 100m 处，在 K32+075～K33+375 处地

表有高阻分布，此处推断为地形数据不准引起的异常，并且与实际视电阻率不符，忽略此处视电阻率。图 12.3.6 为测线 1 推断解译结果，与测线 6 解译结果有相似的异常点，但异常形态有变化，异常深度也有变化，Ⅴ号异常区洼地异常整体向东南偏移。

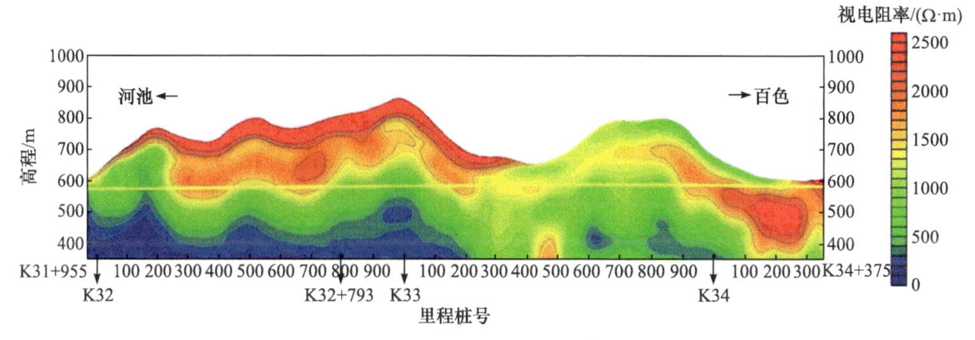

图 12.3.5　测线 1 视电阻率剖面

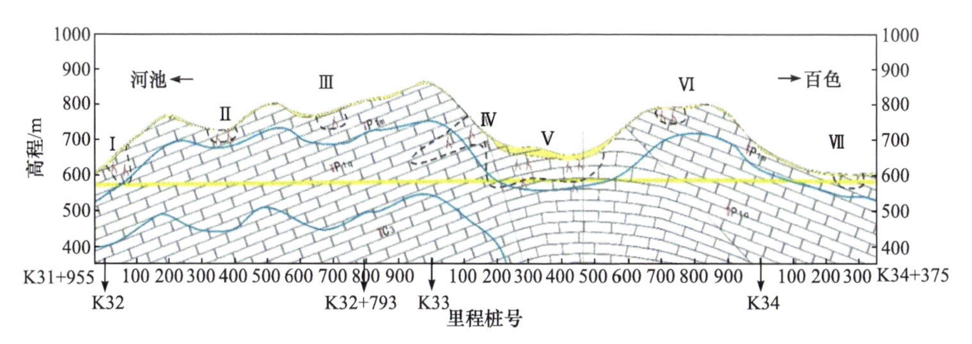

图 12.3.6　测线 1 推断解译结果

图 12.3.7 为测线 11 视电阻率剖面，与测线 6 有相似的视电阻率分布趋势。图 12.3.8 为测线 11 推断解译结果，断层引起Ⅰ号异常区明显。Ⅳ号异常区为沿岩层倾向裂隙引起的岩溶区，影响深度相对变浅，推断与地形高度有关。

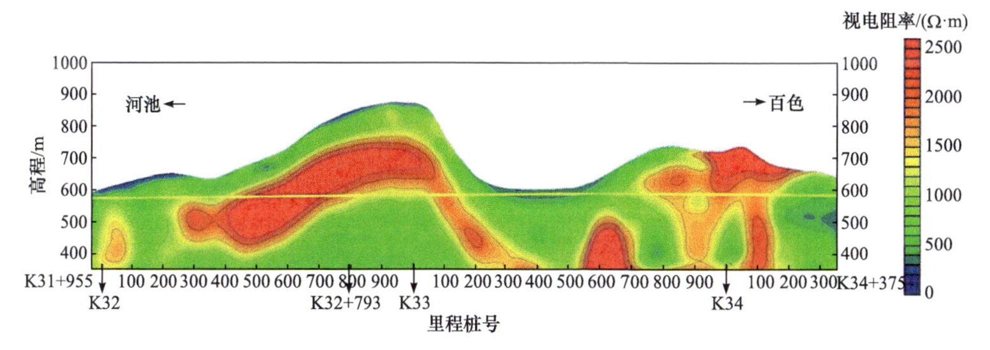

图 12.3.7　测线 11 视电阻率剖面

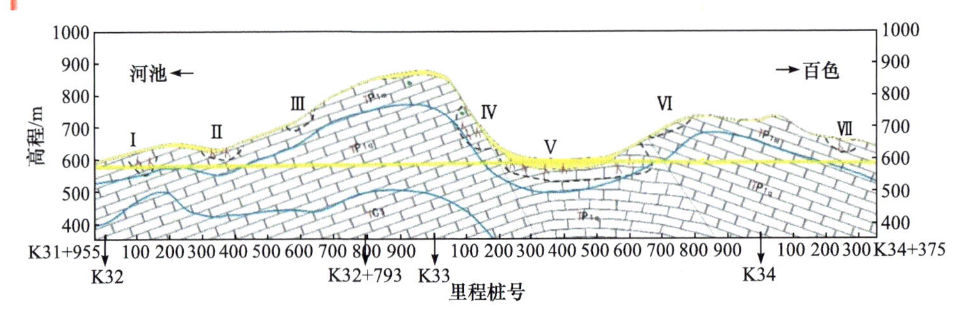

图 12.3.8 测线 11 推断解译结果

为了对比同一深度下不同位置视电阻率的变化情况，对测区视电阻率三维图进行水平切片，如图 12.3.9 所示。图 12.3.9(a)为高程 600m 水平方向的视电阻率切片，图 12.3.9(b)为高程 600m 水平方向解译结果。K33+175～K33+775 段呈现低阻，推断为龙林-平坎区域背斜的端末，地表为洼地，属破碎带，对应Ⅳ号和Ⅴ号岩溶区。水平测线 5、6 和 8 河池方向视电阻率相对较小。整体破碎带南部宽于北部，中间较宽，推断主要是受地表地形影响。K32+750～K33+100 段呈现低阻异常，南北向连通，且与 K33+175～K33+775 段异常区有近 70m 的高阻间隔，推断为Ⅳ号异常区沿地层倾斜向下延伸，地表裂隙给地表水下渗提供通道。以 K32+180

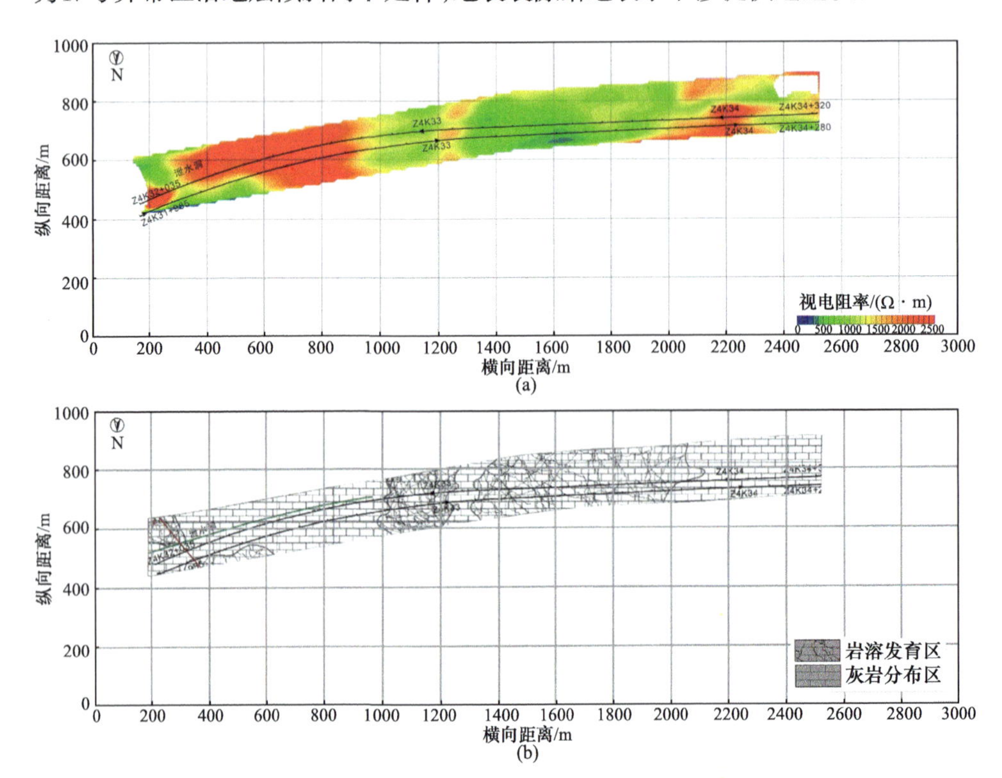

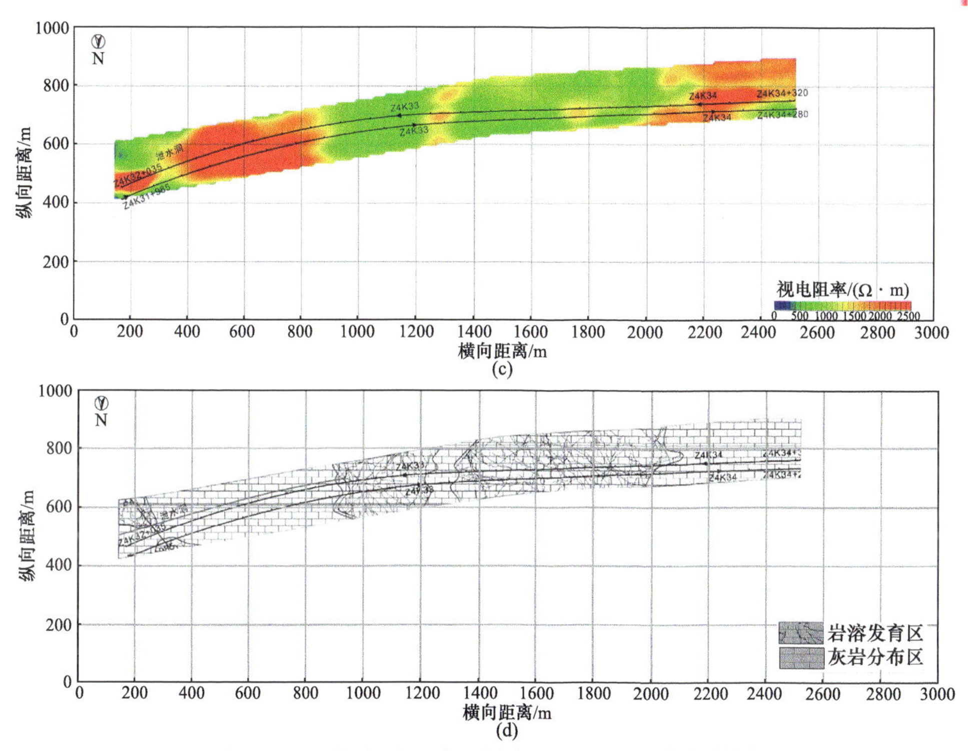

图 12.3.9　测区视电阻率不同高程 *xoy* 切片及解译结果

(a) 高程 600m 水平方向视电阻率切片；(b) 高程 600m 水平方向解译结果；(c) 高程 550m 水平方向视电阻率切片；(d) 高程 550m 水平方向解译结果

为中心，宽度近 30m，表现为低阻异常，推断为属性不明断层引起，该断层走向为北西向，倾斜北东向。图 12.3.9(c)为高程 550m 水平方向的视电阻率切片，图 12.3.9(d)为高程 550m 水平方向解译结果。该切片图中异常位置(K33+175～K33+775、K32+750～K33+100、K32+180)与高程 575m 切片图相似，但视电阻率低阻区面积增大，推断在 550m 深度地下水富集，呈现低阻，因此异常区域变大。

采用地空瞬变电磁工作方法，在隧道上方一定高度的南北 200m 范围内测量采集数据，根据不同测线视电阻率及解释结果，可知地表视电阻率<500Ω·m，符合表层第四系发育规律。地形较低处视电阻率减小，推测为表层水在地势低处汇集导致。地层中高阻块体视电阻率>1500Ω·m，结合地质资料推断为致密的灰岩块体。另外，地层中明显存在岩体破碎带，推断岩溶裂隙较发育，且高程 500m 及较深层存在地下水发育，视电阻率<600Ω·m。结合地质资料推断 K33+300～K33+500 段为背斜轴部，岩体较破碎，溶蚀裂隙稍发育引起低阻；K33+793～K34 段和 K33+300 处为背斜两翼，岩性破碎。隧道顶底板附近高程的 *xoy* 切片可见多处低阻异常，其中多个切片中均显示 K33+793 附近和 K33+300 即区域背斜轴部明显低阻。分析多个切片的低阻规模变化，综合推断 K33+793～K34 段和

K33+300 处溶蚀裂隙发育，易出现裂隙水倒灌，引发突水、突泥等地质灾害，应注意防范。

12.3.2 广西巴马—凭祥高速公路某隧道勘察

某隧道是巴马—凭祥高速公路的重要勘察路段，要求采用地空瞬变电磁法进行勘察，目的是要了解影响公路隧道安全的溶洞、竖井、地下河等地质问题。该隧道属构造溶蚀夹侵蚀剥蚀中低山丘陵地貌区。隧道走向约 184°，山脊走向 10°～80°，与山脊呈小～大角度相交。与岩层走向呈大角度相交。进、出洞口段位斜坡角 35°～40°。隧址区最高标高点位于 K88+523 右侧山顶，标高 640.94m，最低标高点位于隧道出口冲沟，标高 314.60m，隧道穿过地带相对高差达 326.34m，隧道最大埋深约 271m。隧址区植被较发育，局部基岩裸露，进出洞口缓坡、沟谷地带多为第四系残坡积、冲积层覆盖。

虽然测区内岩溶形态繁多、密集，但从地质构造、地形地貌、气象水文等方面分析，岩溶分布与发育规模仍呈现出明显的规律性。总体来看，岩溶形态以垂向发育的居多，水平岩溶管道依侵蚀基准面变迁呈现出明显分层特征，且多为单管状或脉管状，密度相对较小。

隧道勘探区域地表覆盖层主要由坡积黏土、碎石土或基岩出露组成，下覆基岩主要为灰岩。瞬变电磁法是以地下介质电阻率差异为基础来探测区分地下岩性的方法，影响电阻率的主要因素有矿物成分、岩石的结构、构造及含水情况等。总体上地下水体地质体与围岩有较明显的电性差异。

本工作区设计 1 个探测工作区，根据实际地质条件设置一条大致与测线平行的接地长导线源，发射源长 1.3km。使用凤凰公司的 V8 电磁发射机进行激发，信号接收使用六旋翼无人机搭载 GeoPen airTEM124sd 接收机飞行采集。有效测点 756 个，测线间距为 20m，共布设 11 条测线，如图 12.3.10 所示。

图 12.3.11 为测线 6 视电阻率剖面(中心剖面)，起始点位于隧道桩号 K87+500 处，终止于隧道桩号 K88+500 处。图 12.3.12 为测线 6 推断解译结果，推断浅层第四系分布较薄，受地形影响较大，在 K87+900～K88+100m 段较厚，其他区域均较薄。K87+500～K87+950 段，岩层倾向北西向，倾角约 78°；K87+950～K88+050 段，岩层倾向北东向，倾角约 28°；K88+050～K88+500 段，岩层倾向北西向，倾角约 33°；K87+950～K88+050 为破碎带，且破碎带向 K87+900 方向倾斜。

整个剖面推测有 3 处岩溶区。

Ⅰ号岩溶区：对应隧道桩号 K87+950～K88+050，宽度约 100m，为地表岩溶，地表水沿裂隙渗入，影响深度约 130m，推断为断层次生断层引起。该岩溶区是隧

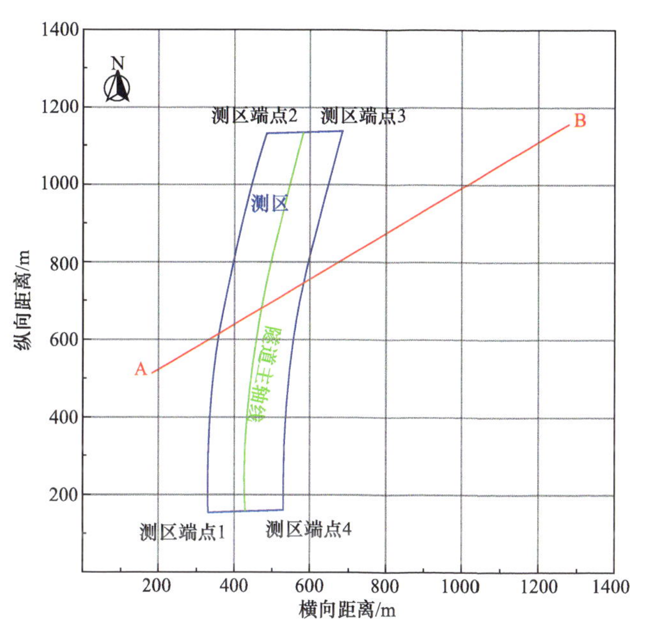

图 12.3.10　工区发射源及测线布置

道区主要岩溶区，视电阻率较小，含水含泥可能性极大，是主要风险区。

Ⅱ号岩溶区：对应隧道桩号 K88+050～K88+300。主要受地层走影响，地表水沿地层走向及裂隙斜向下溶蚀，平面上右洞受影响较左洞大。

Ⅲ号岩溶区：对应隧道桩号 K87+900～K87+950。受中间主岩溶区控制，加上地层走向倾角较大，垂直沿地层走向的裂隙有地表水渗入，推测容易形成挂壁溶洞，充水充泥性大。

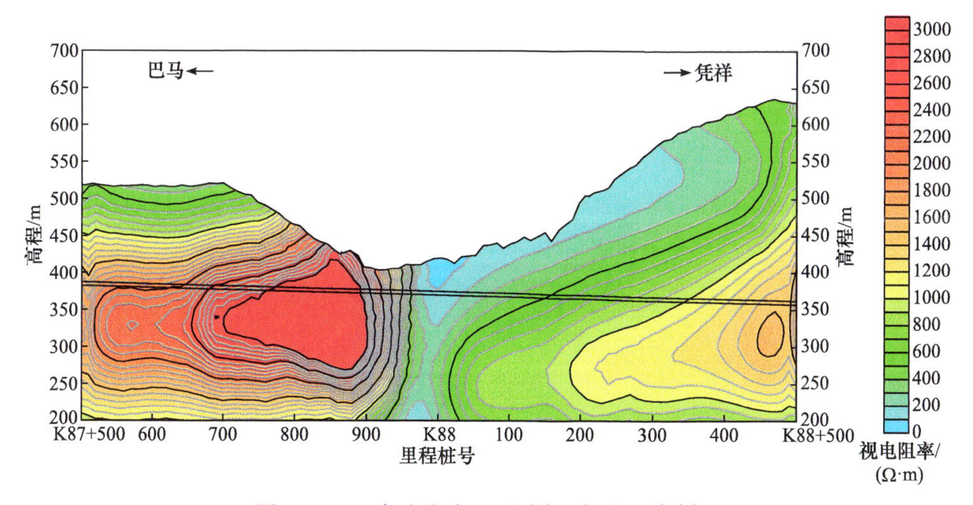

图 12.3.11　高速公路工区测线 6 视电阻率剖面

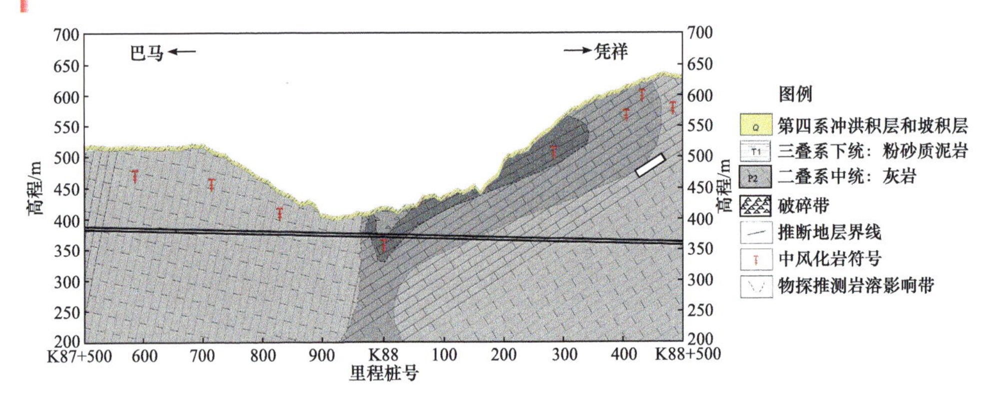

图 12.3.12　高速公路工区测线 6 推断解译结果

图 12.3.13 和图 12.3.14 分别为测线 1 和测线 11 视电阻率剖面，可见三个岩溶区位置相对固定，只是范围大小变化。

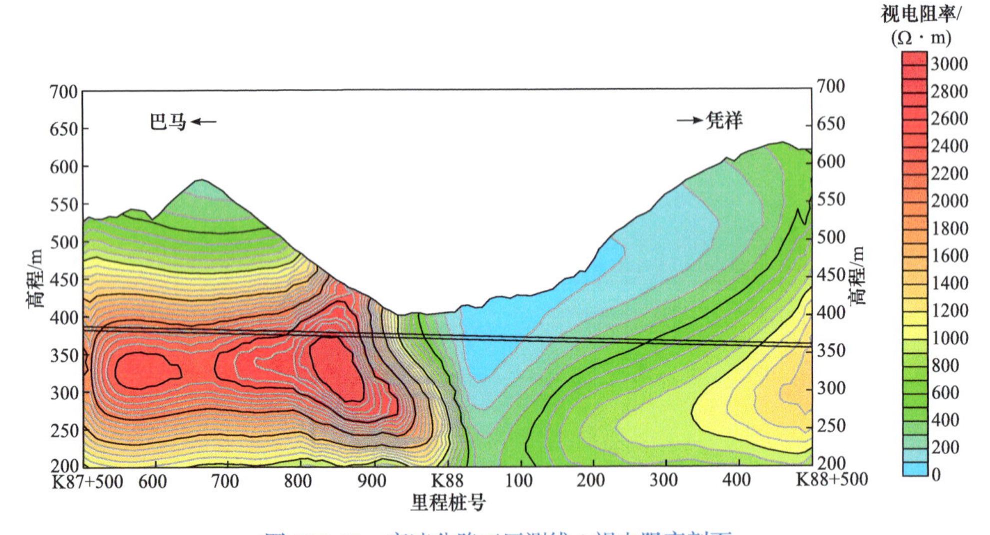

图 12.3.13　高速公路工区测线 1 视电阻率剖面

图 12.3.15 为高程 380m 水平方向的视电阻率切片，图 12.3.16 为高程 380m 水平方向解译结果。K87+950～K88+050 段呈现低阻，低阻区域向西南向变大，向东北区变小，推断破碎带方向受西南向影响大，走向是北东向，对隧道的右洞影响较左洞大。

图 12.3.17 为高程 360m 水平方向的视电阻率切片，是隧道下 20m 深度的水平切片。图 12.3.18 为高程 360m 水平方向解译结果。低阻区域较图 12.3.15 变小，推断深部破碎带向西南向偏移。

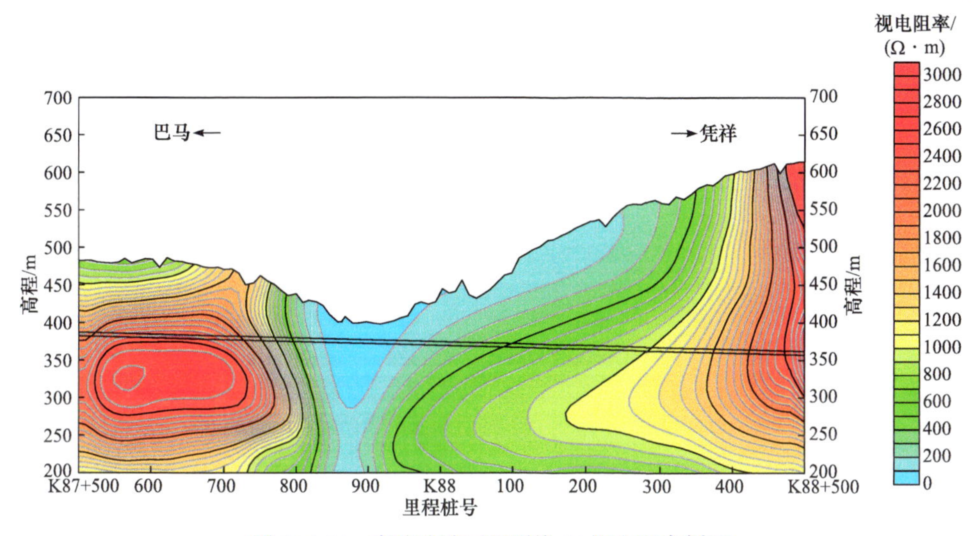

图 12.3.14　高速公路工区测线 11 视电阻率剖面

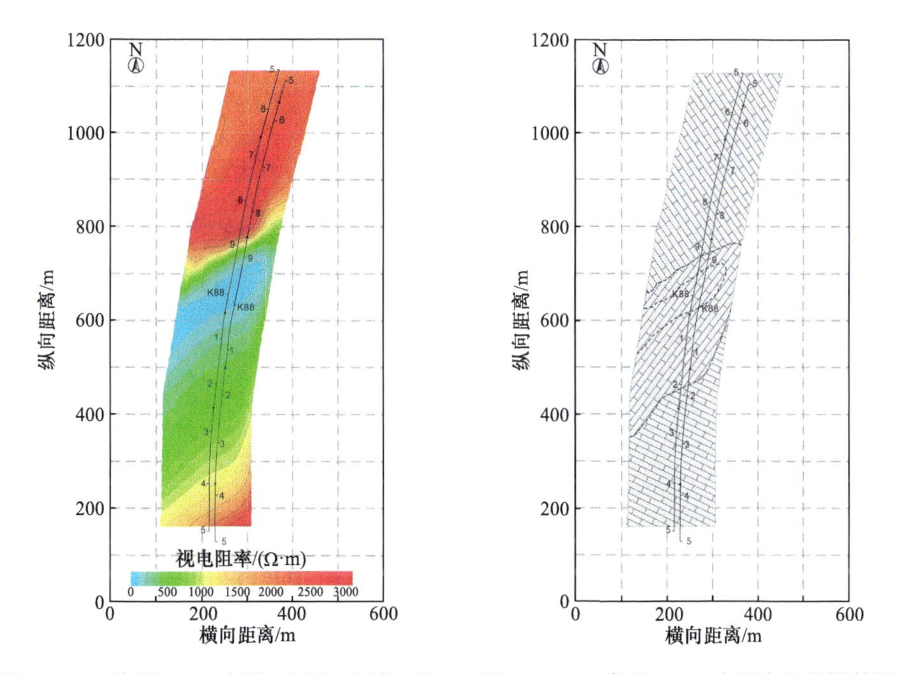

图 12.3.15　高程 380m 水平方向视电阻率切片　　图 12.3.16　高程 380m 水平方向解译结果

图 12.3.19 为高程 400m 水平方向的视电阻率切片，是隧道上 20m 深度的水平切片。图 12.3.20 为高程 400m 水平方向解译结果。低阻区域较图 12.3.15 变大，推断深部破碎带对隧道顶部影响较大。

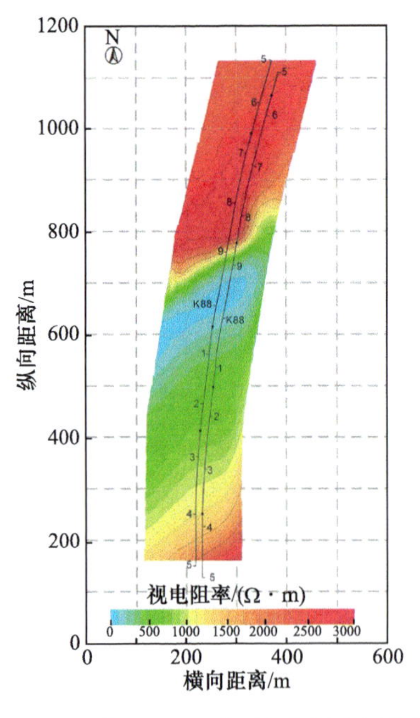

图 12.3.17　高程 360m 水平方向视电阻率切片　　图 12.3.18　高程 360m 水平方向解译结果

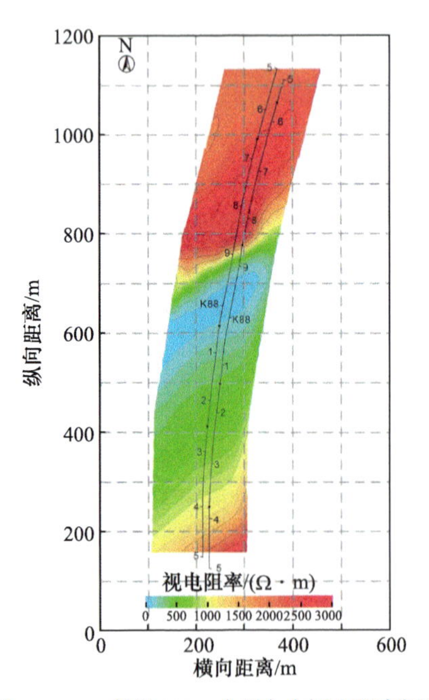

图 12.3.19　高程 400m 水平方向视电阻率切片

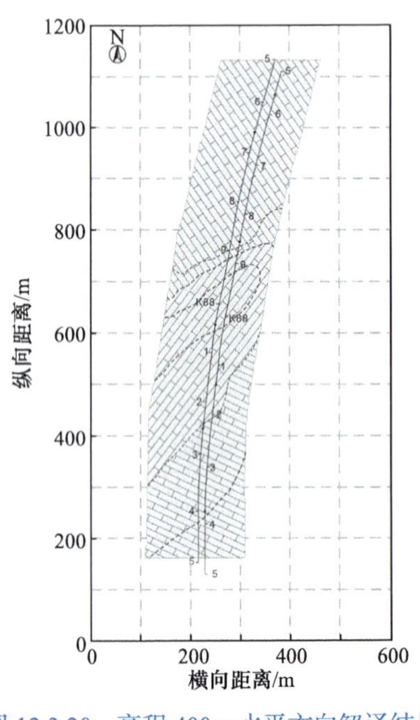

图 12.3.20　高程 400m 水平方向解译结果

采用地空瞬变电磁工作方法在隧道上方一定高度的南北 200m 范围内测量采集数据，根据不同测线视电阻率及解释结果，可知地表视电阻率<500Ω·m，符合表层第四系发育规律，且地形较低处视电阻率减小，推测是表层水在地势低处汇集导致。地层中高阻块体视电阻率>1500Ω·m，结合地质资料推断为致密的灰岩块体。另外，地层中明显存在岩体破碎带，推断岩溶裂隙较发育，且高程 300m 及较深层存在地下水发育，视电阻率<600Ω·m。隧道桩号 K87+950～K88+050 段宽度约 100m，为地表岩溶，地表水沿裂隙渗入，影响深度约 130m，推断为次生断层引起，是该隧道区主要岩溶区，视电阻率较小，含水含泥可能性极大，是主要风险区。其两侧为次级岩溶区，受总破碎带和两边地层岩石赋存状态综合控制。

参 考 文 献

陈本池, 李金铭, 周凤桐, 1999. 瞬变电磁场拟波动方程偏移成像[J]. 石油地球物理勘探, 34(5): 546-554.

陈向斌, 胡社荣, 张超, 2008. 瞬变电磁场响应计算的频-时域转换方法综述[J]. 工程地球物理学报, 5(2): 242-246.

丁科, 宋守根, 2004. 含多次波数据的奇性反演[J]. 石油地球物理勘探, 39(3): 287-290.

樊亚楠, 李貅, 戚志鹏, 等, 2022. 瞬变电磁虚拟波场二阶 Born 近似成像算法[J]. 地球物理学报, 65(3): 1144-1159.

范克睿, 2021. 地下工程瞬变电磁波场变换与含水构造多分辨成像方法[D]. 济南: 山东大学.

方文藻, 李予国, 李貅, 1993. 瞬变电磁测深法原理[M]. 西安: 西北大学工业出版社: 24-29, 66-73.

傅君眉, 冯恩信, 2000. 高等电磁理论[M]. 西安: 西安交通大学出版社: 33-36.

傅淑芳, 朱仁益, 1998. 地球物理反演问题[M]. 北京: 地震出版社: 3-9.

富明慧, 李勇息, 2018. 求解病态线性方程组的预处理精细积分法[J]. 应用数学和力学, 39(4): 462-469.

葛德彪, 闫玉波, 2005. 电磁波时域有限差分方法[M]. 2 版. 西安: 西安电子科技大学出版社.

何樵登, 1985. 地震勘探原理和方法[M]. 北京: 地质出版社: 26-73.

胡伟明, 2022. 多辐射源地空瞬变电磁法研究与应用[D]. 西安: 长安大学.

李贺, 2016. 特殊探测环境下的瞬变电磁探测方法研究[D]. 西安: 长安大学.

李金铭, 2005. 地电场与电法勘探[M]. 北京: 地质出版社.

李文翰, 2019. 复杂小目标体多分辨电磁仿真与高分辨成像方法研究[D]. 长春: 吉林大学.

李文翰, 李贺, 鲁凯亮, 等. 2018. 一种基于天基的瞬变电磁高分辨探测小尺度太空碎片的方法[J]. 地球物理学报, 61(12): 5066-5076.

李文翰, 刘斌, 李术才, 等, 2020. 基于高性能瞬变电磁辐射源的城市地下空间多分辨成像方法研究[J]. 地球物理学报, 63(12): 4553-4564.

李文渊, 2006. 祁连山岩浆作用有关金属硫化物矿床成矿与找矿[M]. 北京: 地质出版社: 1-208.

李貅, 2002. 瞬变电磁测深的理论与应用[M]. 西安: 陕西科学技术出版社: 49-51, 79-82.

李貅, 胡伟明, 薛国强, 2021b. 多辐射源地空瞬变电磁响应三维数值模拟研究[J]. 地球物理学报, 64(2): 716-723.

李貅, 戚志鹏, 孙怀凤, 等, 2022. 电磁法中的数值模拟方法[M]. 北京: 科学出版社.

李貅, 戚志鹏, 薛国强, 等, 2010. 瞬变电磁虚拟波场的三维曲面延拓成像[J]. 地球物理学报, 53(12): 3005-3011.

李貅, 薛国强, 2013a. 瞬变电磁法拟地震偏移成像研究[M]. 北京: 科学出版社.

李貅, 薛国强, 郭文波, 2007. 瞬变电磁法拟地震成像研究进展[J]. 地球物理学进展, 22(3): 811-816.

李貅, 薛国强, 李术才, 等, 2013b. 瞬变电磁隧道超前预报方法与应用[M]. 北京: 地质出版社.

李貅, 薛国强, 刘银爱, 等, 2012. 瞬变电磁合成孔径成像方法研究[J]. 地球物理学报, 55(1): 333-340.

李貅, 薛国强, 宋建平, 等. 2005. 从瞬变电磁场到波场的优化算法[J]. 地球物理学报, 48(5): 1185-1190.

李貅, 周建美, 戚志鹏, 2021a. 地球物理电磁理论[M]. 北京: 科学出版社.

林君, 薛国强, 李貅, 2021. 半航空电磁探测方法技术创新思考[J]. 地球物理学报, 64(9): 2995-3004.

刘长生, 2009. 基于非结构化网格的三维大地电磁自适应矢量有限单元法数值模拟[D]. 长沙: 中南大学.

刘文韬, 2019. 基于拟态有限体积与理 Krylov 空间方法的瞬变电磁三维正演模拟研究[D]. 西安: 长安大学.

鲁凯亮, 2022. 电性源瞬变磁多分辨偏移成像方法研究[D]. 西安: 长安大学.

鲁凯亮, 李貅, 戚志鹏, 等, 2021. 瞬变电磁扩散场到虚拟波场的精细积分变换算法[J]. 地球物理学报, 64(9): 3379-3390.

栾文贵, 1989. 地球物理中的反问题[M]. 北京:科学出版社: 2-10.
毛立峰, 王绪本, 何展翔, 2006. 矢量有限元法在井-地交流电法三维正演问题中的应用[C]//中国地球物理学会. 中国地球物理 2006. 成都: 四川科学技术出版社: 651-652.
孟令顺, 李舟波, 刘菁华, 等, 2015. 金属矿地球物理勘探指导手册[M]. 北京: 地质出版社.
朴化荣, 1990. 电磁测深法原理[M]. 北京: 地质出版社: 83-101, 112-126.
戚志鹏, 李貅, 郭建磊, 等, 2015. 基于微分电导的航空瞬变电磁合成孔径快速成像方法研究[M]. 地球物理学进展, 30(4): 1903-1911.
戚志鹏, 李貅, 吴琼, 等, 2013. 从瞬变电磁扩散场到拟地震波场的全时域反变换算法[J]. 地球物理学报, 56(10): 3581-3595.
齐彦福, 殷长春, 刘云鹤, 等, 2017. 基于瞬时电流脉冲的三维时间域航空电磁全波形正演模拟[J]. 地球物理学报, 60(1): 369-382.
任运通, 2021. 航空瞬变电磁多粒度并行加速正演算法研究[D]. 西安: 长安大学.
任运通, 李貅, 齐彦福, 等, 2020. 基于MPI+OpenMP 的时间域航空电磁快速正演算法[J]. 物探与化探, 44(2): 1-11.
孙怀凤, 2013. 隧道含水构造三维瞬变电磁场响应特征及突水灾害源预报研究[D]. 济南: 山东大学.
孙怀凤, 李貅, 李术才, 等, 2013. 考虑关断时间的回线源激发 TEM 三维时域有限差分正演[J]. 地球物理学报, 56(3): 1049-1064.
孙向阳, 聂在平, 赵延文, 等, 2008. 用矢量有限单元法方法模拟随钻测井仪在倾斜各向异性地层中的电磁响应[J]. 地球物理学报, 51(5): 1600-1607.
汤中立, 1990. 金川硫化铜镍矿床成矿模式[J]. 现代地质, 4(4): 55-64.
汤中立, 李文渊, 1995. 金川铜镍硫化物(含铂)矿床成矿模式及地质对比[M]. 北京: 地质出版社: 14-209.
滕吉文, 2006a. 当代中国地球物理学向何处去[J]. 地球物理学进展, 21(2): 327-339.
滕吉文, 2006b. 强化开展地壳内部第二深度空间金属矿产资源地球物理找矿、勘探和开发[J]. 地质通报, 25(7): 768-771.
王华军, 2004. 正余弦变换的数值滤波算法[J]. 工程地球物理学报, 1(4): 329-335.
王万银, 2010. 位场数据处理中的最小曲率方法及 Fortran 语言程序设计[M]. 北京: 地质出版社: 30-41.
王万银, 邱之云, 刘金兰, 等, 2009. 位场数据处理中的最小曲率扩边和补空方法研究[J]. 地球物理学进展, 24(4): 1327-1338.
王彦飞, 2007. 反演问题的计算方法及其应用[M]. 北京: 高等教育出版社.
沃德 S H, 1978. 地球物理用电磁理论[M]. 新疆工学院电磁法科研组, 译. 北京: 地质出版社: 14-18.
肖庭延, 于慎根, 王彦飞, 2003. 反问题的数值解法[M]. 北京: 科学出版社: 1-35, 143-153.
薛国强, 陈卫营, 周楠楠, 2013. 接地源瞬变电磁短偏移深部探测技术[J]. 地球物理学报, 56(1): 255-261.
薛国强, 李貅, 底青云, 2007. 瞬变电磁法理论与应用研究进展[J]. 地球物理学进展, 22(4): 1195-1200.
薛国强, 李貅, 郭文波, 等, 2006. 从瞬变电磁测深数据到平面电磁波场数据的等效转换[J]. 地球物理学报, 49(5): 1539-1545.
阎述, 2003. 基于三维有限元数值模拟的电和电磁探测研究[D]. 西安: 西安交通大学.
张莹莹, 2016. 地空瞬变电磁法逆合成孔径成像方法研究[D]. 西安: 长安大学.
张莹莹, 李貅, 李佳, 等, 2016. 多辐射场源地空瞬变电磁法快速成像方法研究[J]. 地球物理学进展, 31(2): 869-876.
张莹莹, 李貅, 姚伟华, 等, 2015. 多辐射场源地空瞬变电磁法多分量全域视电阻率定义[J]. 地球物理学报, 58(8): 2745-2758.
周建美, 刘文韬, 齐彦福, 等, 2022. 考虑发射波形的瞬变电磁三维模型降阶快速正演算法[J]. 地球物理学报, 65(3):

1160-1174.

Berland H, Skaflestad B, Wright W M, 2007. EXPINT: A MATLAB package for exponential integrators[J]. ACM Transactions on Mathematical Software, 33(1): 4-21.

Best M E, Duncan P, Jacobs F J, et al. 1985. Numerical modeling of the electromagnetic response of three-dimensional conductors in a layered earth[J]. Geophysics, 50(4): 665-676.

Bleistein N, Cohen J K, Stockwell J W Jr, 2001. Mathematics of Multidmensional Seismic Imaging, Migration and Inversion[M]. New York: Springer-Verlag.

Börner R, 2010. Numerical modelling in geo-electromagnetics: Advances and challenges[J]. Surveys in Geophysics, 31(2): 225-245.

Botchev M A, 2016. Krylov subspace exponential time domain solution of Maxwell's equations in photonic crystal modeling[J]. Journal of Computational and Applied Mathematics, 293(1): 20-34.

Boteler D H, Pirjola R J, 2019. Numerical calculation of geoelectric fields that affect critical infrastructure[J]. International Journal of Geosciences, 10(10): 930-949.

Commer M, Newman G, 2004. A parallel finite-difference approach for 3D transient electromagnetic modeling with galvanic sources[J]. Geophysics, 69(5): 1192-1202.

Elliot J, 1998. The principles and practice of FLAIRTEM[J]. Exploration Geophysics, 29(1-2): 58-60.

Güttel S, 2010. Rational Krylov methods for operator functions[D]. Manchester: The University of Manchester.

Haber E, Ascher U, Oldenburg D W, 2002. 3D forward modelling of time domain electromagnetic data[C]//SEG Technical Program Expanded Abstracts 2002. Salt Lake City: Society of Exploration Geophysicists.

Haber E, Ruthotto L, 2014. A multiscale finite volume method for Maxwell's equations at low frequencies[J]. Geophysical Journal International, 199(2): 1268-1277.

Higham N J, 2005. The scaling and squaring method for the matrix exponential revisited[J]. SIAM Journal on Matrix Analysis and Applications, 51(4): 747-764.

Hochbruck M, Ostermann A, 2010. Exponential integrators[J]. Acta Numerica, 19: 209-286.

Hoversten G M, Morrison H F, 1982. Transient fields of a current loop source above a layered earth[J]. Geophysics, 47(7): 1068-1077.

Jin J M, 2002. The Finite Element Method in Electromagnetics[M]. 2nd ed. New York: John Wiley & Sons.

Kunetz G, 1972. Processing and interpretation of magnetotelluric soundings[J]. Geophysics, 37(6): 1005-1021.

Lee K H, Liu G, Morrison H F, 1989. A new approach to modeling the electromagnetic response of conductive media[J]. Geophysics, 54(6): 1180-1192.

Levy S, Oldenburg D, Wang J, 1988. Subsurface imaging using magnetotelluric data[J]. Geophysics, 53(1): 104-117.

Lewis R, Lee T, 1978. The transient electric fields about a loop on a half-space[J]. Bulletin of the Australian Society of Exploration Geophysics, 9(4): 173-177.

Li J, Farquharson C G, Hu X, 2017. 3D vector finite-element electromagnetic forward modeling for large loop sources using a total-field algorithm and unstructured tetrahedral grids[J]. Geophysics, 82(1): 1-16.

Li J, Hu X, Zeng S, et al., 2013. Three dimensional forward calculation for loop source transient electromagnetic method based on electric field Helmholtz equation[J]. Chinese Journal of Geophysics, 56: 4256-4267.

Li J, Lu X, Farquharson C G, et al., 2018a. A finite-element time domain forward solver for electromagnetic methods with complex shaped loop sources[J]. Geophysics, 83: 117-132.

Li W, Li H, Lu K, et al., 2019. Multi-scale target detection for underground spaces with transient electromagnetics based on differential pulse scanning[J]. Journal of Environmental and Engineering Geophysics, 24(4): 593-607.

Li W, Lu K, Li H, et al., 2018b. New multi-resolution and multi-scale electromagnetic detection methods for urban underground spaces[J]. Journal of Applied Geophysics, 159: 742-753.

Mogi T, Kusunoki K, Kaieda H, et al., 2009. Grounded electrical-source airborne transient eletromagnetic (GREATEM) survey of mount Bandai, North-eastern Japan[J]. Exploration Geophysics, 40(1): 1-7.

Mogi T, Tanaka Y, Kusunoki K, et al., 1998. Development of grounded electrical source airborne transient EM (GREATEM)[J]. Exploration Geophysics, 29(1-2):61-64.

Moler C, van Loan C, 2003. Nineteen dubious ways to compute the exponential of a matrix, twenty-five years later[J].SIAM Review, 45(1): 3-49.

Movahhedi M, Abdipour A, Nentchev A, et al., 2007. Alternating-direction implicit formulation of the finite-element time-domain method[J]. IEEE Transactions on Microwave Theory and Techniques, 55(6): 1322-1331.

Nabighian M N, 1979. Quasi-static transient response of a conducting half-space: An approximate representation[J]. Geophysics, 44(10): 1700-1705.

Nabighian M N, 1987. Electromagnetic Methods in Applied Geophysics-Theory: vol.1[M]. Tulsa: Society of Exploration Geophysic: 217-231.

Oristaglio M L, Hohmann G W, 1984. Diffusion electromagnetic fields into a two-dimensional earth: A finite-difference approach[J]. Geophysics, 49(7): 870-894.

Ruhe A, 1994. Rational Krylov algorithms for nonsymmetric eigenvalue problems[C]//Golub G, Luskin M, Greenbaum A. Recent Advances in Iterative Methods. New York: Springer-Verlag.

Schenk O, Gärtner K, 2004. Solving unsymmetric sparse systems of linear equations with PARDISO[J]. Future Generation Computer Systems, 20(3): 475-487.

Schwarzbach C, Haber E, 2013. Finite element based inversion for time-harmonic electromagnetic problems[J]. Geophysical Journal International, 193(2): 615-634.

Song X Y , Danyushevsky L V, Keays R R, et al., 2012. Structural, lithological, and geochemical constraints on the dynamic magma plumbing system of the Jinchuan Ni-Cu sulfide deposit, NW China[J]. Mineralium Deposita, 47(3): 277-297.

Spies B R, Frischknecht F C, 1988. Electromagnetic sounding[M]//Nabighian M N. Electromagnetic Methods in Applied Geophysics: Vol.2. Tulsa: Society of Exploration Geophysics.

Spies B R, Parke P D, 1984. Limitation of large-loop transient electromagnetic surveys in conductive terrains[J]. Geophysics,49(7): 902-912.

Um E S, Harris J M, Alumbaugh D L, 2010. 3D time-domain simulation of electromagnetic diffusion phenomena: A finite-element electricfield approach[J]. Geophysics, 75: 115-126.

van den Eshof J, Hochbruck M, 2006. Preconditioning Lanczos approximations to the matrix exponential[J]. SIAM Journal on Scientific Computing, 27(4): 1438-1457.

Volakis J L, Sertel K, Usner B C, 2006. Frequency domain hybrid finite element methods for electromagnetics[J]. Synthesis Lectures on Computational Electromagnetics, 1(1): 1-156.

Wait J R, 1968. Electromagnetic induction in a small conducting sphere above a resistive half-space[J]. Radio Science, 3(10): 1030-1034.

Wang T, Hohmann W G, 1993. A finite-difference time-domain solution for three-dimensional electromagnetic modeling[J]. Geophysics, 58(6): 797-809.

Wang Y F, 2003. A restarted conjugate gradient method for ill-posed problems[J]. Acta Mathematicae Applicatae

Sinica(English Series), 19(1): 31-40.

Ward S H, Hohmann G W, 1988. Electromagnetic theory for geophysical applications[M]//Nabighian M N. Electromagnetic Methods in Applied Geophysics: vol.1. Tulsa: Society of Exploration Geophysicists.

Weidelt P, 1972. The inverse problem of geomagnetic induction[J]. Zeit fur Geophys, 38: 257-298.

Yin C C, Qi Y F, Liu Y H, et al., 2016. 3D time-domain airborne EM forward modeling with topography[J]. Journal of Applied Geophysics, 134: 11-22.

Zhdanov M S, Ellisz R, Mukherjee S, 2004. Three-dimensional regularized focusing inversion of gravity gradient tensor component data[J]. Geophysics, 69(4): 925-937.

Zhdanov M S, Tolstaya E, 2006. A novel approach to the model appraisal and resolution analysis of regularized geophysical inversion[J]. Geophysics, 71(6): 79-90.

Zhou J, Liu W, 2018. 3D transient electromagnetic modeling using a shift-and-invert Krylov subspace method[J]. Journal of Geophysics and Engineering, 15(4): 1341-1349.

Zhou J, Liu W, Li X, et al., 2020. 3-D full-time TEM modeling using shift-and-invert Krylov subspace method[J]. IEEE Transactions on Geoscience and Remote Sensing, 58(10): 7096-7104.